Axel v. Werder

Führungsorganisation

Axel v. Werder

Führungsorganisation

Grundlagen der Corporate Governance,
Spitzen- und Leitungsorganisation

2., aktualisierte und erweiterte Auflage

GABLER

Bibliografische Information Der Deutschen Nationalbibliothek
Die Deutsche Nationalbibliothek verzeichnet diese Publikation in der
Deutschen Nationalbibliografie; detaillierte bibliografische Daten sind im Internet über
<http://dnb.d-nb.de> abrufbar.

Prof. Dr. Axel v. Werder ist Inhaber des Lehrstuhls für Organisation und Unternehmensführung an der TU Berlin. Er ist Mitherausgeber der Zeitschrift Organization Science sowie Leiter des Arbeitskreises Organisation der Schmalenbach-Gesellschaft für Betriebswirtschaft e. V., Mitglied der Regierungskommission Deutscher Corporate Governance Kodex und Leiter des Berlin Center of Corporate Governance (BCCG).

1. Auflage 2005
2. Auflage 2008

Alle Rechte vorbehalten
© Betriebswirtschaftlicher Verlag Dr. Th. Gabler | GWV Fachverlage GmbH, Wiesbaden 2008

Lektorat: Ulrike Lörcher | Katharina Harsdorf

Der Gabler Verlag ist ein Unternehmen von Springer Science+Business Media.
www.gabler.de

Umschlaggestaltung: Ulrike Weigel, www.CorporateDesignGroup.de
Druck und buchbinderische Verarbeitung: Wilhelm & Adam, Heusenstamm
Gedruckt auf säurefreiem und chlorfrei gebleichtem Papier
Printed in Germany

ISBN 978-3-8349-0678-6

Vorwort zur 2. Auflage

Die erste Auflage der *Führungsorganisation* ist vor gut zwei Jahren erschienen. Seither hat die Thematik dieser Abhandlung in Wissenschaft, Wirtschaftspraxis und nicht zuletzt auch in der Politik weiter an Bedeutung gewonnen. Die aufgrund der freundlichen Aufnahme des Buchs durch den Markt nun zu besorgende Neuauflage bietet daher die willkommene Gelegenheit, neben den erforderlichen Aktualisierungen und redaktionellen Glättungen den zwischenzeitlichen Entwicklungen der Fachdiskussion Rechnung tragen zu können. Dies gilt insbesondere für die Corporate Governance-Debatte, die heute aktueller ist denn je. Die Führungsorganisation markiert mit ihren beiden Fragenkreisen der Einbettung der Unternehmensleitung bzw. des Topmanagements in das Organsystem der Unternehmensverfassung (Spitzenorganisation) sowie der organisatorischen Ausformung des Topmanagements und seiner Verkopplung mit den nachgelagerten Hierarchieebenen (Leitungsorganisation) ein zentrales Element der Corporate Governance jeder Unternehmung. Sie wird somit von den Implikationen der „Governancebewegung" unmittelbar berührt. Im Zuge der Überarbeitung der vorliegenden Schrift wurden dementsprechend die Ausführungen zur Corporate Governance erweitert und im ersten Kapitel prominenter platziert. Darüber hinaus werden die einschlägigen Empfehlungen und Anregungen des Deutschen Corporate Governance Kodex als Ausdruck von best practice der Führungsorganisation jetzt noch umfassender als bisher in die Darstellung einbezogen. Die vorgenommenen Ergänzungen unterstreichen zugleich auch die konzeptionelle Linie des hier verfolgten interdisziplinären, betriebswirtschaftlich-juristischen Ansatzes der Auseinandersetzung mit der Führungsorganisation, wie er im Vorwort zur ersten Auflage näher erläutert worden ist.

Bei der Fertigstellung der Neuauflage habe ich wiederum große Unterstützung aus dem Kreis meiner Mitarbeiterinnen und Mitarbeiter erfahren. Namentlich zu erwähnen sind als Hauptakteure der besonders arbeitsintensiven Schlussphase Frau Dipl.-Kffr. Anja Pissarczyk sowie Herr Dipl. oec. Sebastian Pitschner, der die Gesamtredaktion verantwortet hat. Allen Beteiligten am Projekt „Neuauflage" möchte ich für ihren großartigen Einsatz ganz herzlich danken. Dank gebührt ferner auch Frau Ulrike Lörcher, die auf Seiten des Gabler-Verlags das Werk von Anbeginn betreut, für die gewohnt gute Zusammenarbeit und die gekonnte Ausbalancierung von Ansporn und Verständnis in Terminfragen.

Berlin, im Dezember 2007   Axel v. Werder

Vorwort zur 1. Auflage

Die Organisation der Unternehmensführung markiert seit jeher einen bedeutsamen Teilkomplex der Unternehmensorganisation. Im Zuge der aktuellen Corporate Governance-Debatte hat der Stellenwert der *Führungsorganisation* gleichwohl noch einmal beachtlich zugenommen. Bemerkenswert ist dabei, dass dieses Thema neben der Wissenschaft in hohem Maße auch unmittelbar die Wirtschaftspraxis betrifft, wie nicht zuletzt der ‚aus der Praxis für die Praxis' entwickelte neue Deutsche Corporate Governance Kodex belegt.

Im Kern geht es bei der Führungsorganisation um zwei Gestaltungsfelder. Zum einen sind mit der *Spitzenorganisation* die Kompetenzverhältnisse zwischen der Unternehmensleitung (z. B. Vorstand) und den übrigen Organen der Unternehmensverfassung (z. B. Hauptversammlung, Aufsichtsrat und Betriebsrat) festzulegen. Zum anderen ist – als Ausdruck der *Leitungsorganisation* – die Aufgabenverteilung innerhalb einer mehrköpfigen Unternehmensleitung sowie die organisatorische Verknüpfung ihrer Mitglieder mit den Akteuren der nachgelagerten Hierarchieebenen zu bewerkstelligen. Beide Fragenkreise zeichnen sich dadurch aus, dass neben rein betriebswirtschaftlich-ökonomischen Überlegungen zahlreiche rechtliche Randbedingungen zu berücksichtigen sind, die gesetzlichen und (zunehmend) untergesetzlichen Regelwerken wie z. B. einem Kodex entstammen und als Restriktionen, Unterstützungen oder Konsequenzen alternativer Gestaltungsmöglichkeiten wirken können.

Ungeachtet der großen theoretischen wie praktischen Bedeutung der Führungsorganisation liegen bislang nur sehr wenige umfassendere Abhandlungen dieser Thematik vor. Ein Grund hierfür mag darin liegen, dass sich führungsorganisatorische Fragestellungen letztlich nur aus einer kombiniert betriebswirtschaftlich-rechtlichen, also dezidiert interdisziplinären Perspektive heraus angemessen erörtern lassen. Das vorliegende Buch möchte zur Schließung dieser Lücke beitragen, indem die wesentlichen Alternativen der Spitzen- und der Leitungsorganisation herausgearbeitet, in ihren rechtlichen Kontext gestellt und hinsichtlich ihrer betriebswirtschaftlichen Effizienz beurteilt werden.

Die Fertigstellung des hier vorgelegten Werkes wäre ohne mannigfaltige Unterstützung nicht realisierbar gewesen. Ein herzlicher Dank gebührt zunächst meiner langjährigen Sekretärin, Frau Margitta Schuster, die mit großer Sorgfalt handschriftliche Notizen und andere Textfragmente in eine erstmalig lesbare Version überführt hat. Zu großem Dank bin ich ferner meinen wissenschaftlichen Mitarbeiterinnen und Mitarbeitern verpflichtet, die über die Jahre in zahlreichen wertvollen Recherche- und Redaktionsfunktionen an dem Projekt „Führungsorganisation" mitgewirkt haben. Namentlich seien aus der aktuellen Assistentengeneration Herr PD Dr. Jens Grundei, Frau Dipl.-Verw. wiss. Isabell Osann, Herr Dr. Thorsten Minuth, Herr Dipl.-Ing. Till Talaulicar und Herr Dipl.-Kfm., Dipl. ESCP-EAP Talip T. Yenal genannt. Besondere Erwähnung verdient hier Herr Dipl.-Kfm. Georg L. Kolat, der mit ganz außerordentlichem Engagement und großer Umsicht die Gesamtredaktion übernommen hat. Beeindruckt hat nicht zuletzt seine Fähigkeit, auch in der ‚heißen Endphase' unermüdlichen Einsatz mit produktiver Gelassenheit zu kombinieren. Stellvertretend für alle studentischen Hilfskräfte sei Herrn cand.-Ing. Marc-André Drillose für die Erstellung sämtlicher Abbildungen gedankt. Einen letzten Dank möchte ich schließlich dem Gabler Verlag aussprechen, der großes Verständnis für die Überschreitung mancher Fristen aufgebracht und mit Frau Ulrike Lörcher eine ebenso kompetente wie angenehme Kooperationspartnerin zur Verfügung gestellt hat.

Berlin, im September 2005   Axel v. Werder

Inhaltsübersicht

Inhaltsverzeichnis

Abbildungsverzeichnis

Abkürzungsverzeichnis

Abl. EG	Amtsblatt der Europäischen Gemeinschaften
ABR	Aktenzeichen des Bundesarbeitsgerichts
AG	Aktiengesellschaft
AktG	Aktiengesetz
AnSVG	Anlegerschutzverbesserungsgesetz
AO	Abgabenordnung
AP	Arbeitsrechtliche Praxis
ArbeitserlaubnisVO	Arbeitserlaubnisverordnung
ArbNErfGDV	Durchführungsverordnung des Gesetzes über Arbeitnehmererfindungen
ArbZG	Arbeitszeitgesetz
ASiG	Gesetz über Betriebsärzte, Sicherheitsingenieure und andere Fachkräfte für Arbeitssicherheit (Arbeitssicherheitsgesetz)
AZR	Aktenzeichen des Bundesarbeitsgerichts
BAG	Bundesarbeitsgericht
BBiG	Bundesbildungsgesetz
BCCG	Berlin Center of Corporate Governance
BDSG	Bundesdatenschutzgesetz
bearb.	bearbeitet
begr.	begründet
BegrRegE	Begründung zum Regierungsentwurf
BetrAVG	Gesetz zur Verbesserung der betrieblichen Altersversorgung (Betriebsrentengesetz)
BetrVG	Betriebsverfassungsgesetz
BFH	Bundesfinanzhof
BGB	Bürgerliches Gesetzbuch

BGH	Bundesgerichtshof
BilKoG	Gesetz zur Kontrolle von Unternehmensabschlüssen (Bilanzkontrollgesetz)
BilReG	Gesetz zur Einführung internationaler Rechnungslegungsstandards und zur Sicherung der Qualität der Abschlussprüfung (Bilanzrechtsreformgesetz)
CAO	Chief Administrative Officer
CEO	Chief Executive Officer
CFO	Chief Financial Officer
COO	Chief Operating Officer
DB	Der Betrieb
DCGK	Deutscher Corporate Governance Kodex
DrittelbG	Gesetz über die Drittelbeteiligung der Arbeitnehmer im Aufsichtsrat (Drittelbeteiligungsgesetz)
ECGI	European Corporate Governance Institute
erl.	erläutert
EU	Europäische Union
EUGEN	Europäische Genossenschaft
EUGGES	Europäische Gegenseitigkeitsgesellschaft
EuGH	Europäischer Gerichtshof
EUV	Europäischer Verein
EWIV	Europäische wirtschaftliche Interessenvereinigung
FN	Fußnote
fortgef.	fortgeführt
GCCG	German Code of Corporate Governance
gem.	gemäß
GewO	Gewerbeordnung
GmbH	Gesellschaft mit beschränkter Haftung

GmbHG	Gesetz betreffend die Gesellschaften mit beschränkter Haftung (GmbH-Gesetz)
GoU	Grundsätze ordnungsmäßiger Unternehmungsleitung
HGB	Handelsgesetzbuch
IAS	International Accounting Standards
i. d. R.	in der Regel
IFRS	International Financial Reporting Standards
i. R. d.	im Rahmen der/im Rahmen des
i. V. m.	in Verbindung mit
JArbSchG	Gesetz zum Schutz der arbeitenden Jugend (Jugendarbeitsschutzgesetz)
KapMuG	Gesetz zur Einführung von Kapitalanleger-Musterverfahren (Kapitalanleger-Musterverfahrensgesetz)
KG	Kommanditgesellschaft
KGaA	Kommanditgesellschaft auf Aktien
KonTraG	Gesetz zur Kontrolle und Transparenz im Unternehmensbereich
KSchG	Kündigungsschutzgesetz
LadSchlG	Gesetz über den Ladenschluss (Ladenschlussgesetz)
MBCA	Model Business Corporation Act
MG	Muttergesellschaft
mitbegr.	mitbegründet
MitbestErgG	Gesetz zur Ergänzung des Gesetzes über die Mitbestimmung der Arbeitnehmer in den Aufsichtsräten und Vorständen der Unternehmen des Bergbaus und der Eisen und Stahl erzeugenden Industrie (Montan-Mitbestimmungsergänzungsgesetz)
MitbestG	Gesetz über die Mitbestimmung der Arbeitnehmer (Mitbestimmungsgesetz)

m. N.	mit Nachweisen
Montan-MitbestG	Gesetz über die Mitbestimmung der Arbeitnehmer in den Aufsichtsräten und Vorständen der Unternehmen des Bergbaus und der Eisen und Stahl erzeugenden Industrie (Montan-Mitbestimmungsgesetz)
MuSchG	Gesetz zum Schutz der erwerbstätigen Mutter (Mutterschutzgesetz)
m. w. N.	mit weiteren Nachweisen
OECD	Organisation for Economic Co-operation and Development
OHG	Offene Handelsgesellschaft
o. V.	ohne Verfasser
R	Richtlinie
RMBCA	Revised Model Business Corporation Act
Rn.	Randnummer
Rz.	Randziffer
S. A.	Société Anonyme
SE	Societas Europaea (Europäische Aktiengesellschaft)
SEAG	SE-Ausführungsgesetz
SEBG	SE-Beteiligungsgesetz
SEC	Securities and Exchange Commission
SEEG	Gesetz zur Einführung der Europäischen Gesellschaft
Sec.	Section
SGB	Sozialgesetzbuch
SOX	Sarbanes-Oxley Act
SprAuG	Gesetz über Sprecherausschüsse der leitenden Angestellten (Sprecherausschussgesetz)
TG	Tochtergesellschaft

TransPuG	Gesetz zur weiteren Reform des Aktien- und Bilanzrechts, zu Transparenz und Publizität (Transparenz- und Publizitätsgesetz)
Tz.	Textziffer
UMAG	Gesetz zur Unternehmensintegrität und Modernisierung des Anfechtungsrechts
Univ.	Universität
US-GAAP	United States – Generally Accepted Accounting Principles
VO	Verordnung
VorstOG	Gesetz über die Offenlegung der Vorstandsvergütungen (Vorstandsvergütungs-Offenlegungsgesetz)
VVaG	Versicherungsverein auf Gegenseitigkeit
ZR	Aktenzeichen des Bundesgerichtshofs

1 Grundlagen der Führungsorganisation

1.1 Corporate Governance als Ordnungsrahmen der Führungsorganisation

1.1.1 Grundlagen der Corporate Governance

1.1.1.1 Begriff und aktuelle Bedeutung der Corporate Governance

Corporate Governance markiert heute eines der am meisten diskutierten Managementthemen. Der angelsächsische Begriff hat seit Mitte der 1990er Jahre verstärkt Eingang in die deutsche Fachdiskussion gefunden[1]. *Corporate Governance* bezeichnet in einer Kurzformel den rechtlichen und faktischen Ordnungsrahmen für die Leitung und Überwachung eines Unternehmens[2]. Regelungen zur Corporate Governance konstituieren damit zugleich auch die zentralen Rahmenbedingungen der Führungsorganisation. Dabei lässt sich der Gegenstand der *Führungsorganisation* nach dem hier zugrunde gelegten Verständnis in einer ersten Annäherung als Organisation des Topmanagements und seiner Beziehungen zu den anderen Unternehmensorganen einerseits (Spitzenorganisation) sowie zu den nachgelagerten Hierarchieebenen andererseits (Leitungsorganisation) umreißen[3].

Der Terminus Corporate Governance lässt sich nicht ohne Weiteres wörtlich übersetzen, weist aber weitgehende Überschneidungen mit dem deutschen Begriff der Unternehmensverfassung auf[4]. Während die *Unternehmensverfassung* aber primär die Binnenordnung des Unternehmens (durch Festlegung

Corporate Governance

Führungsorganisation

Unternehmensverfassung

---

1 Vgl. etwa Baums/Buxbaum/Hopt [Investors]; Gerum [Governance]; Picot [Governance]; Scheffler [Governance]; Feddersen/Hommelhoff/Schneider [Governance].
2 Vgl. Hopt/Prigge [Preface] v; Böckli [Governance] 2 f.; v. Werder [Code] 2; v. Werder [Kommentierungen] Rn. 1.
3 Siehe zum Gegenstand der Führungsorganisation näher Abschnitt 1.2.1.1, S. 17 ff.
4 Vgl. auch Kübler [Aktienrechtsreform] 141 f.; Schmidt [Kontinuität] 65 sowie allgemein zur Unternehmensverfassung Gerum [Unternehmungsverfassung] 2480 ff.; Chmielewicz [Unternehmensverfassung] 4399 ff.; Schewe [Unternehmensverfassung].

von Informations- und Entscheidungsrechten verschiedener Akteure bzw. Interessengruppen) betrifft, werden unter dem Stichwort Corporate Governance auch Fragen der (rechtlichen und faktischen) Einbindung des Unternehmens in sein Umfeld (wie namentlich den Kapitalmarkt) adressiert. Dementsprechend kann zwischen einer *internen* und einer *externen Governanceperspektive* differenziert werden[5]. Bei der *Innensicht der Corporate Governance* geht es um die jeweiligen Rollen, Kompetenzen und Funktionsweisen sowie das Zusammenwirken der Unternehmensorgane wie Vorstand, Aufsichtsrat und Hauptversammlung. Die *Außensicht der Corporate Governance* hingegen bezieht sich auf das Verhältnis der (Träger der) Unternehmensführung zu den wesentlichen Bezugsgruppen des Unternehmens (Stakeholder), wobei den Anteilseignern (Shareholdern) im Kreis der Stakeholder besondere Bedeutung zukommt.

Innen- und Außensicht der Corporate Governance

Enge und weite Governanceperspektive

Im Einzelnen werden in der Governancediskussion höchst vielschichtige und verschiedenartige Fragestellungen verfolgt, die unterschiedlich weite Begriffsfassungen erkennen lassen. Dabei kann im Zeitablauf eine deutliche Ausdehnung des Begriffs der Corporate Governance festgestellt werden. Im ursprünglichen, amerikanisch geprägten Verständnis betreffen Governancefragen das (Kontroll-)Verhältnis zwischen den Aktionären (als Eigentümern des Unternehmens) und dem Management (als Inhaber der Verfügungsmacht im Unternehmen)[6]. Diese Richtung steht in der Tradition der bahnbrechenden Untersuchung von BERLE und MEANS über die dysfunktionalen Wirkungen der Trennung von Eigentum und Verfügungsmacht[7]. In der (kontinental)europäischen Debatte und zunehmend auch in der angelsächsischen Literatur[8] wird der Fokus dagegen breiter angelegt. Neben Governanceproblemen zwischen Aktionären und Management werden auch solche im Verhältnis zwischen dem Management und anderen Stakeholdern sowie zwischen verschiedenen Stakeholdergruppen thematisiert. Ferner finden Fragen der Binnenorganisation der Unternehmensführung im Kontext der Corporate Governance verstärkt Beachtung. Dabei steht insgesamt die große börsennotierte (Aktien-)Gesellschaft nach wie vor im Mittelpunkt des Interesses, da sich die typischen Governanceprobleme hier in besonders markanter Form zeigen. Allerdings werden zunehmend auch andere Rechts-

---

5   Siehe zu dieser Unterscheidung auch Walsh/Seward [Efficiency] 422; Hopt [Grundsätze] 782; Zingales [Search] 1642; Schmidt [Kontinuität] 76 f.

6   Vgl. auch Gerum [Governance] 34 ff.; Prigge [Survey] 945; Emmons/Schmidt [Governance] 59.

7   Siehe Berle/Means [Corporation].

8   Siehe z. B. Blair [Ownership] 3 ff.; Mayer [Systems] 146; Prahalad [Governance] insb. 56; Blair [Corporations] 199 f.; Weimer/Pape [Taxonomy] 152; O'Sullivan [Enterprise] 402 ff.; Charreaux/Desbrières [Governance] 108 ff.; Gamble/Kelly [Shareholder] 112 ff.; Monks/Minow [Governance] 2, 5; Vinten [Shareholder] 44 f.

formen und Unternehmen mittlerer Größenordnungen aus dem Blickwinkel ihrer spezifischen Anforderungen an die Corporate Governance analysiert[9].

Die inhaltliche Nähe von Corporate Governance und Unternehmensverfassung weist bereits darauf hin, dass die Erörterung der hiermit angesprochenen Fragen der Unternehmensführung gerade in Deutschland eine lange Tradition hat[10]. Dies gilt nicht zuletzt auch für die Auseinandersetzung mit der (mangelnden) Effizienz der Führungsorgane wie namentlich dem Aufsichtsrat[11]. Gleichwohl lässt sich ohne Zweifel konstatieren, dass die Diskussion über zweckmäßige Formen der Leitung und Überwachung börsennotierter Gesellschaften in den letzten Jahren unter dem Stichwort Corporate Governance sowohl national als auch international einen bislang noch nicht da gewesenen Stellenwert erlangt hat. Dabei beschränkt sich die Bedeutung keineswegs nur auf den wissenschaftlichen Diskurs. Bemerkenswert ist vielmehr auch die große Resonanz der Thematik in der Wirtschaftspraxis sowie nicht zuletzt beim Gesetzgeber, die sich in einer immer rascheren Abfolge von Gesetzesänderungen niederschlägt[12].

Stellenwert

Treiber dieser Entwicklung sind zum einen die bekannten zahlreichen Fälle von Missmanagement und Unternehmensschieflagen im In- und Ausland. Zum anderen verleihen die Globalisierung der Wirtschaft und die Liberalisierung der Kapitalmärkte der Diskussion um effiziente und transparente Formen der Unternehmensführung zusätzliche Schubkraft, da die global operierenden, einflussreichen Kapitalmarktakteure wie namentlich die großen institutionellen Investoren (z. B. Pensionsfonds) den Governancemodalitäten der Unternehmung zunehmend Beachtung schenken (siehe nachstehendes Interview mit dem langjährigen Finanzvorstand und stellvertretenden Vorstandsvorsitzenden der Schering AG).

Treiber der Governancebewegung

---

9 Vgl. z. B. Daily/Dalton [Relationship]; Fiegener et al. [Composition]; Talaulicar/Grundei/v. Werder [Start-ups]; Claussen/Bröcker [Kodex]; Grundei/Talaulicar [Start-ups]; Grundei/Talaulicar [Aufsichtsräte]. Aufschlussreich ist in diesem Zusammenhang auch die Präambel des Deutschen Corporate Governance Kodex (DCGK): „Der Kodex richtet sich in erster Linie an börsennotierte Gesellschaften. Auch nicht börsennotierten Gesellschaften wird die Beachtung des Kodex empfohlen.".

10 Vgl. z. B. Boetcher et al. [Unternehmensverfassung]; Steinmann/Gerum [Reform]; Witte [Verfassung] 331 ff.; Chmielewicz/Coenenberg/Köhler [Unternehmungsverfassung]; Bohr et al. [Unternehmungsverfassung] sowie auch den historischen Rückblick von Potthoff [Wandlungen] 318 ff. Siehe zum Folgenden auch v. Werder [Code] 2 ff.; v. Werder [Kodex] 801.

11 Siehe exemplarisch schon Schmalenbach [Überwachungspflicht] mit teils drastischer Kritik.

12 Erwähnt seien hier nur die bislang vier Finanzmarktförderungsgesetze aus den Jahren 1990, 1994, 1998, 2002 sowie das KonTraG (1998), das TransPuG (2002), das AnSVG (2004), das BilReG (2004), das BilKoG (2004), das VorstOG (2005), das KapMuG (2005), das UMAG (2005), das EHUG (2006), das TUG (2007) und das FRUG (2007).

Abbildung 1-1

Bedeutung von Analystengesprächen
„Fidelity Investments, Boston, USA. Eines der größten Geldhäuser der Welt. Die Anzeigentafel im Warteraum zeigt straff organisierte Termine: „Zehn Uhr Schering, elf Uhr Karstadt, zwölf Uhr BASF". Wie die Schuljungen warten die Finanzvorstände der mächtigen deutschen Konzerne, bis sie an die Reihe kommen. In der Analysten-Abteilung beginnt eine Stunde peinlicher Inquisition. Die jungen Anlageexperten, oft keine 30 Jahre alt, kennen keinen Respekt vor den Konzernlenkern, sie kennen nur Kapitalrenditen: „Ihr Unternehmensbereich xy bringt nur 6 Prozent. Warum haben Sie den nicht längst abgestoßen?" Genau eine Stunde dauert das scharfe Kreuzverhör, dann ist der Finanzvorstand gnädig entlassen. Er ist noch nicht ganz bei der Tür, schon wendet sich der Analyst zum Investmentbanker in der Ecke und diktiert seine Entscheidung: „Na gut, kaufen wir heute für ... 30 Mill. Dollar Schering-Aktien."

„Da wird man durch die Mühle gedreht", erzählt Schering-Finanzvorstand Klaus Pohle. Seit 17 Jahren ist er Vorstandsmitglied des Berliner Pharmakonzerns. Er weiß, dass die unangenehme Road-Show bei den mächtigen amerikanischen Investmenthäusern zu den unabdingbaren Pflichten seines Jobs zählt. „Sie müssen sich überlegen, da gibt es Teams, die legen jeden Tag fünf oder sechs Mrd. Dollar an." In der Entscheidung eines Augenblicks kann der Investmentriese seine Schering-Anteile verdreifachen – oder alle verkaufen. „Da können Sie in Deutschland hundertmal Regeln über den Aufsichtsrat und wer weiß was noch alles haben – das ist nichts gegen den Druck, den Sie von diesen Leuten kriegen", sagt Pohle.

Weltweit gibt es 24 Bank-Analysten, die die Berliner Schering AG ständig beobachten, Berichte schreiben, Anlage-Empfehlungen geben. Pohle kennt sie alle mit Vornamen. Sechs bis acht sind High-Professionals, „brilliante Leute, die mein Unternehmen fast besser kennen als ich selber." Ob der Kurs der Schering-Aktie steigt oder fällt, hängt im Wesentlichen von ihrer Entscheidung ab."

Quelle: Tagesspiegel v. 30.04./01.05.1997, S. 24. |

1.1.1.2 Probleme und Funktionen der Corporate Governance

Unternehmen bilden Orte der Bündelung von Beiträgen verschiedener Akteure bzw. Bezugsgruppen (z. B. Anteilseigner, Arbeitnehmer, Lieferanten und Gläubiger) zur arbeitsteiligen Wertschöpfung unter Leitung eines Topmanagements[13]. Dabei werden die Beziehungen der Bezugsgruppen zum

---

13   Vgl. zu ähnlichen Unternehmensdefinitionen z. B. Alchian/Demsetz [Production] 793; Jones [Stakeholder] 407; Monks/Minow [Governance] 9.

Unternehmen in *expliziten* oder *impliziten Verträgen* geregelt[14]. Die Governanceprobleme des Unternehmens lassen sich im Kern darauf zurückführen, dass die geschlossenen Verträge zwangsläufig bis zu einem gewissen Grade unvollständig sind und die diversen Bezugsgruppen teils unterschiedliche Interessen verfolgen. Je nach ihren Einflussmöglichkeiten auf das Unternehmensgeschehen können die Akteure somit versuchen, die Unvollständigkeiten der Verträge zu ihren Gunsten – und damit meist zu Lasten anderer Bezugsgruppen – auszunutzen. Je nach ihrer psychologischen Disposition werden sie dieser Versuchung auch tatsächlich erliegen.

Verträge sind *unvollständig*, da und soweit sie sich auf Transaktionen in der Zukunft beziehen und nicht alle (komplexen und unvorhersehbaren) Entwicklungen im Austauschverhältnis zwischen den Vertragsparteien im Detail richtig und fair regeln können[15]. Die gegenseitigen Rechte und Pflichten der Vertragsparteien können daher zwangsläufig nur (mehr oder weniger) lückenhaft vertraglich vereinbart werden. Ein typisches Beispiel bildet der (implizite) Vertrag der Aktionäre mit dem Unternehmen, Eigenkapital gegen eine angemessene Rendite zur Verfügung zu stellen. Schon aufgrund der Unsicherheit der wirtschaftlichen Entwicklung des Unternehmens lässt sich die tatsächliche Höhe der erzielbaren Rendite nicht ex ante fixieren.

Unvollständige Verträge

Eine spezielle und im Governancezusammenhang besonders wichtige Form der Unvollständigkeit von Verträgen bilden asymmetrische Informationsverteilungen zwischen den Vertragspartnern. *Informationsasymmetrien* liegen vor, wenn eine Partei vertragsrelevante Informationen besitzt oder während der Vertragslaufzeit erwirbt, welche die andere Partei entweder gar nicht oder aber nur zu unverhältnismäßig hohen Informationskosten erhalten kann[16]. So verfügt das Management in aller Regel über mehr Informationen zum Unternehmensgeschehen einschließlich seiner eigenen Wertschöpfungsbeiträge als die Aktieninhaber.

Informationsasymmetrien

Welche Art von Governanceproblemen als Folge unvollständiger Verträge konkret zu bewältigen sind bzw. in Überlegungen zur Corporate Governance betrachtet werden, hängt grundlegend vom Kreis der in die Analyse einbezogenen Bezugsgruppen sowie den ihnen unterstellten Verhaltensweisen ab. Dabei stehen sich in Hinblick auf die Abgrenzung der governancere-

Bezugsgruppen

---

[14] Siehe speziell zur vertragstheoretischen Interpretation des Unternehmens, die in der frühen Anreiz-Beitrags- bzw. Koalitionstheorie des Unternehmens (Barnard [Functions]; Cyert/March [Theory]) ihren Vorläufer hat, Jensen/Meckling [Theory] 310 sowie zur Differenzierung zwischen expliziten und impliziten Verträgen Fama/Jensen [Separation] 302 f.; Cornell/Shapiro [Stakeholders] 6 ff.; Jensen [Revolution] 849; Zingales [Search] 1633.
[15] Vgl. Hart [Contracts] 123; Hart/Moore [Contracts] 755.
[16] Siehe Ross [Theory] 134 ff.; Arrow [Economics] 37 ff.

levanten Gruppen mit dem Shareholder-Konzept und dem Stakeholder-Konzept zwei prominente Positionen gegenüber[17].

Shareholder-Ansatz

Der klassische *(Shareholder-)Ansatz* zur Corporate Governance thematisiert ausschließlich das Verhältnis zwischen Aktionären und Topmanagement, das als *Principal-Agent-Beziehung* modelliert wird[18]. Hiernach beauftragen die Anteilseigner (als Prinzipale) das Management (als ihre Agenten) mit der Leitung des Unternehmens. Dabei gelten für die beiden Bezugsgruppen strikte Verhaltensprämissen. Während die Aktionäre annahmegemäß nach Maximierung ihrer Kapitalrendite streben und risikoneutral sind, verhält sich das Management risikoavers und streng opportunistisch[19]. Aufgrund seiner weit reichenden Verfügungsrechte und Informationsvorsprünge hat das Management ohne weitere Governancevorkehrungen (in Form von Kontroll- und Anreizsystemen) gute Chancen, seine Eigeninteressen zu verfolgen und so das Unternehmensvermögen zum Nachteil der Aktionäre zu verschwenden.

Kritik am Shareholder-Ansatz

Der klassische Principal-Agent-Ansatz hat über lange Zeit die wissenschaftliche Governancediskussion mit zunehmenden Ausstrahlungseffekten in die Praxis[20] beherrscht. Er sieht sich jedoch in jüngerer Zeit zu Recht einer wachsenden Grundsatzkritik ausgesetzt, die vor allem an zwei Eckpfeilern des Konzepts ansetzt. Zum einen wird bemängelt, dass die Prämisse streng opportunistischer Verhaltensweisen (namentlich des Managements) so nicht realitätsgerecht und überdies dysfunktional ist. Sie kann Opportunismus durch die hierauf ausgerichteten Kontroll- und Anreizsysteme überhaupt auch erst generieren und dann als self-fulfilling prophecy wirken[21]. Die zweite Kritik richtet sich gegen die Verkürzung der Corporate Governance-Thematik auf das bilaterale Anteilseigner-Management-Verhältnis, welche die Governanceprobleme im Zusammenhang mit den übrigen Bezugsgruppen des Unternehmens ausklammert.

---

17   Vgl. zum Shareholder (Value)-Ansatz allgemein Rappaport [Shareholder]; Bühner [Konzept]; Copeland/Koller/Murrin [Valuation] und zum Stakeholder-Ansatz Freeman [Management]; Donaldson/Preston [Stakeholder].

18   Vgl. auch Mayer [Systems] 145; O'Sullivan [Enterprise] 395; Roe [Preconditions] 545 sowie allgemein zur Principal-Agent-Theorie Ross [Theory]; Jensen/Meckling [Theory]; Fama [Agency].

19   Siehe zum Ganzen Jensen/Meckling [Theory]; Fama [Agency].

20   Ein markantes Beispiel bildet die zwischenzeitlich rasante Verbreitung von Stock Option-Programmen für das Management, die nicht zuletzt auch in dem agency-inspirierten Gedanken ihre Ursache hat, die Eigeninteressen von Aktionären und Topmanagern zu harmonisieren, siehe hierzu v. Werder [Grundfragen] 15.

21   Vgl. Pfeffer [Directions] 48; Ghoshal/Moran [Practice] 14; Frey/Osterloh [Sanktionen] 316 und speziell auch die als Gegenentwurf zur Agency-Theorie konzipierte Stewardship-Theorie (hierzu Donaldson/Davis [Stewardship]; Davis/Schoorman/Donaldson [Stewardship]).

Im Gegensatz zur engen Shareholder (Value)-Perspektive des klassischen Modells bezieht der *Stakeholder-Ansatz* daher neben den Interessen der Aktionäre (als Share- und Stakeholdern zugleich) auch die Belange weiterer Bezugsgruppen wie Arbeitnehmer, Lieferanten, Gläubiger und Allgemeinheit explizit in Governanceüberlegungen mit ein[22]. Die unternehmenstheoretische Begründung hierfür liegt darin, dass die Aktionäre keineswegs als einzige Bezugsgruppe den Risiken unvollständiger Verträge ausgesetzt sind. Das (Eigenkapital-)Engagement der Anteilseigner ist zwar infolge der mangelnden betragsmäßigen Fixierung ihres Renditeanspruchs zweifelsohne dem Grunde nach in besonderem Maße riskant. In Hinblick auf die Risikohöhe ist aber bereits zu differenzieren, wenn man an die diesbezüglichen Unterschiede zwischen Groß- und Kleinanlegern denkt. Über die aktionärstypischen Risiken darf aber insbesondere nicht übersehen werden, dass auch die anderen Stakeholder Gefahr laufen können, Beiträge zur Wertschöpfung im Unternehmen zu leisten, die sich für sie persönlich nicht (im erwarteten Ausmaß) auszahlen („hold up")[23]. Zu denken ist beispielsweise an Lieferanten, die nach Ausbau der informationstechnologischen und produktionslogistischen Vernetzung mit ihrem Großabnehmer von dessen Management mehr oder weniger nachdrücklich zu Preiszugeständnissen ‚eingeladen' werden. Umgekehrt haben neben dem Management durchaus auch andere Bezugsgruppen Möglichkeiten, von Unvollständigkeiten ihrer Verträge zu profitieren. Ein Beispiel bilden Fremdkapitalgeber, die eingeräumte Kreditlinien ‚zur Unzeit' zurückfahren und damit das Unternehmen überhaupt erst in ernsthafte Schwierigkeiten bringen. Schon diese Beispiele zeigen, dass ein Governancekonzept zu kurz greift, welches das Problem der Risiken und Opportunismusoptionen aus unvollständigen Verträgen per se auf die Aktionäre bzw. das Management begrenzt.

Stakeholder-Ansatz

Welche *Bezugsgruppen* bzw. *Stakeholder* (neben Aktionären und Management) im Governancezusammenhang zu berücksichtigen sind, wird in der Literatur nicht einheitlich beurteilt[24]. Nach den zuvor dargelegten unternehmenstheoretischen Zusammenhängen sind zu den Stakeholdern alle (Gruppen von) natürlichen Personen und Institutionen zu zählen, die auf der Grundlage unvollständiger Verträge Transaktionen mit dem Unternehmen durchführen und aus diesem Grund ein (in weiterem Sinne) ökonomisches Interesse am Unternehmensgeschehen haben. Dabei zielt das Interesse der Stakeholder generell darauf ab, für ihre geleisteten Beiträge zur Wertschöp-

Abgrenzung der Stakeholder

---

[22] Vgl. Gerum [Governance] 25 ff.
[23] Siehe näher zum Problem der „hold-up-Situation" Goldberg [Exchange] 339 ff.; Grossman/Hart [Costs].
[24] Vgl. Donaldson/Preston [Stakeholder] 66; Cohen [Stakeholders] 3 ff.; Mitchell/Agle/Wood [Theory] 853.

fung eine adäquate Gegenleistung zu erhalten[25]. Nach diesem Verständnis sind im Grunde alle Akteure zu den Stakeholdern zu rechnen, die in wirtschaftlich deutbaren und nicht vollkommen vertraglich oder gesetzlich determinierten Austauschbeziehungen zum Unternehmen stehen. Zu denken ist namentlich an die Anteilseigner (Eigenkapital gegen Rendite), die Fremdkapitalgeber (Kredite gegen Zinsen), die Arbeitnehmer (Arbeitsleistungen gegen Entlohnung), das Management selbst (Leitung gegen Vergütung), die Lieferanten (Zulieferungen gegen Bezahlung), die Allgemeinheit in Form des Staats (Infrastrukturen gegen Steuern) sowie die Kunden (Bezahlung gegen Produkte). Dabei nehmen die Kunden insofern eine Sonderrolle ein, als sie neben Inputfaktoren (Finanzmittel qua Bezahlung) durch die Produktabnahme zu einem bestimmten Preis auch die Bewertung der Wertschöpfung liefern. Ohne solche Kaufakte schaffen die Beiträge der übrigen Stakeholder zum Wertschöpfungsprozess streng genommen keine marktgängigen Werte[26].

Opportunismus-risiken und -optionen

Alle sieben genannten Stakeholdergruppen können Risiken aus unvollständigen Verträgen ausgesetzt sein, zugleich aber grundsätzlich jeweils auch über Optionen verfügen, Unvollkommenheiten ihrer Verträge mit dem Unternehmen zu ihren Gunsten zu nutzen[27]. Beispielsweise können „räuberische Aktionäre" Anfechtungsklagen erheben[28], Arbeitnehmer mangelndes Engagement zeigen (Dienst nach Vorschrift) und Großkunden in Preisverhandlungen mit existenzgefährdender Abwanderung drohen. Das Unternehmensgeschehen stellt sich somit als komplexes Geflecht von Austauschbeziehungen zahlreicher Akteure mit Opportunismusoptionen und Opportunismusrisiken dar. Die Realisierung dieser Optionen und Risiken bewirkt der Tendenz nach Wohlfahrtsverluste und Verteilungsungleichgewichte, da und soweit die Stakeholder suboptimale Beiträge zur Wertschöpfung erbringen[29] bzw. Gegenleistungen erhalten, die ihre Beiträge (einschließlich des Opportunismusrisikos) nicht adäquat honorieren[30].

Governance-funktionen

Vor diesem Hintergrund haben Regelungen zur Corporate Governance grundsätzlich die Aufgabe, durch geeignete rechtliche und faktische Arrangements aus Verfügungsrechten und Anreizsystemen die Spielräume und Motivationen der Akteure für opportunistisches Verhalten einzuschränken[31]. Sie zielen darauf ab, unter Abwägung der Einbußen durch opportu-

---

25 Vgl. auch Hill/Jones [Theory] 133; Clarkson [Stakeholder] 105 ff.; Mitchell/Agle/Wood [Theory] 857 ff.
26 In diesem Sinne ist der Kunde also tatsächlich König (des Wertschöpfungsprozesses).
27 Siehe näher mit weiteren Beispielen v. Werder [Grundfragen] 8 ff.
28 Siehe hierzu Lutter [Abwehr] 193 ff.
29 Beispiel: Dienst nach Vorschrift.
30 Beispiel: Unzureichende Risikoprämie für Aktionäre.
31 Vgl. auch Jensen [Revolution] 831 ff.; Witt [Konsistenz] 75 ff.

nistisches Verhalten (Opportunismuskosten) und der Aufwendungen für die Regelungen (Regulierungs- bzw. Governancekosten)[32] möglichst günstige Bedingungen für eine produktive Wertschöpfung und faire Wertverteilung zu schaffen[33]. Dabei bemisst sich die Produktivität der Wertschöpfung (und damit auch der ökonomische Unternehmenswert) letztlich nach dem Ausmaß der Fähigkeit des Unternehmens, die Ansprüche seiner Bezugsgruppen (bei gegebenen Beiträgen) nachhaltig zu erfüllen[34]. Die Fairness der Wertverteilung kann unternehmenstheoretisch danach beurteilt werden, inwieweit sie den Relationen der Wertschöpfungsbeiträge und der Chancen bzw. Risiken aus unvollständigen Verträgen der einzelnen Stakeholder folgt.

1.1.2 Gestaltung der Corporate Governance

1.1.2.1 Systeme der Corporate Governance

Systeme der Corporate Governance zur Bewältigung der aufgezeigten Governanceprobleme bestehen aus diversen markanten Elementen rechtlicher und faktischer Natur, die unterschiedliche Ausprägungen annehmen können. Die jeweilige Kombination dieser (Ausprägungen der) Elemente führt zu spezifischen Arrangements institutioneller Regelungen und marktlicher Gegebenheiten, die insgesamt die Möglichkeiten der verschiedenen Stakeholder zur Einflussnahme auf das Unternehmensgeschehen bestimmen[35]. Zu den wichtigsten *rechtlichen Systemelementen* zählen die maßgebliche übergeordnete Zielsetzung des Unternehmens im Sinne einer Shareholder- oder einer Stakeholder-Orientierung, Strukturmerkmale wie beispielsweise eine monistische (Board-System) oder dualistische (Two Tier-System) Verfassung und eine direktoriale (CEO) oder kollegiale (Vorstand) Leitungsorganisation, die Verankerung der Arbeitnehmer (Partizipation durch Mitbestimmung oder Ausübung externen Arbeitsmarktdrucks bis hin zu Streiks) und die primäre Ausrichtung von Publizität und Prüfung nach dem (eher aktionärsfreundlichen) Marktwertprinzip (US-GAAP bzw. IAS/IFRS) oder dem (eher gläubigerschützenden) Vorsichtsprinzip (HGB). Die *faktischen Systemelemente* umfassen namentlich Indikatoren des Kapitalmarkts wie etwa die Aktionärsstrukturen (Anteilskonzentrationen oder Streubesitz), das

Governance-systeme

Rechtliche Systemelemente

Faktische Systemelemente

---

32 Beispielsweise der Aufwand für einen Aufsichtsrat und für die Unternehmenspublizität. Zum Begriff der Governancekosten Williamson [Institutions] 90 ff.
33 Vgl. auch O'Sullivan [Contests] 1; Blair [Ownership] 39.
34 Siehe zu dieser und vergleichbaren Definitionen der Wertschöpfung und des hieran anknüpfenden Unternehmenswerts auch Prahalad [Governance] 54 ff.; Blair [Corporations] 200; v. Werder [Richtschnur] 90; Schmidt/Maßmann [Mißverständnisse] 149 f.; Charreaux/Desbrières [Governance] 109 ff.
35 Vgl. Gerum [Governance] 25 ff.; Weimer/Pape [Taxonomy] 152 f.; Schmidt/ Hackethal/Tyrell [Convergence] 30.

Verhältnis von Eigen- und Fremdfinanzierung der Unternehmen, die Rolle der Banken (Universalbank- oder Trennungsprinzip) und die Existenz personeller Verflechtungen zwischen den Unternehmen (interlocking directorates). Von Bedeutung sind aber auch generellere sozio-kulturelle Faktoren wie beispielsweise die ‚Governanceatmosphäre‘[36], welche die governancerelevanten Werthaltungen der jeweiligen Gesellschaft zum Ausdruck bringt. Sie bestimmt z. B., welche Managementvergütungen noch als angemessen und inwieweit opportunistische Verhaltensweisen als verwerflich angesehen werden.

Relevanz der Führungs-organisation

Der Überblick über die wesentlichen Bestandteile von Corporate Governance-Systemen macht deutlich, dass die Corporate Governance und die Führungsorganisation einer Unternehmung im hier verstandenen Sinne auf der einen Seite nicht deckungsgleich sind. Fragen der Corporate Governance reichen vielmehr weit über den Gegenstand führungsorganisatorischer Betrachtungen hinaus. Allerdings zeigt sich auf der anderen Seite auch, dass die führungsorganisatorischen Gestaltungsfelder der Spitzenorganisation und der Leitungsorganisation der Unternehmung[37] zentrale Elemente jedes Corporate Governance-Systems markieren. So stehen nicht zuletzt die jeweiligen Stärken und Schwächen des monistischen Board-Systems angelsächsischer Prägung und des dualistischen Modells der deutschen AG mit seiner Trennung von Leitung (Vorstand) und Überwachung (Aufsichtsrat) im Mittelpunkt zahlreicher Beiträge der Governancediskussion[38]. Das Gleiche gilt für die Gegenüberstellung der kollegialen und der direktorialen Unternehmensführung, wie sie etwa für den Vorstand einer AG[39] bzw. den CEO einer US-amerikanischen Corporation[40] kennzeichnend ist. Die Auseinandersetzung mit den Gestaltungsoptionen der Führungsorganisation einer Unternehmung und ihren Effizienzwirkungen gewinnt folglich durch die aktuelle Corporate Governancebewegung einen neuen Stellenwert.

1.1.2.2   Regelungen und Prinzipien der Corporate Governance

Markt oder Regulierung

Die Lösung von Corporate Governance-Problemen und damit die Herausbildung von Systemen der Corporate Governance kann prinzipiell entweder dem Marktgeschehen überlassen werden (Beispiel: Markt für Unternehmenskontrolle) oder Gegenstand gezielter Regelungen sein[41]. Während im ersten Fall lediglich ein institutioneller Rahmen zur Kanalisierung der

---

36 In Anlehnung an die „Transaktionsatmosphäre" bei Williamson [Markets] 37 ff.
37 Siehe hierzu Abschnitt 1.2.2, S. 41 f.
38 Vgl. FN 126 sowie Abschnitt 2.2.2.1.3, S. 152 ff.
39 Siehe hierzu Abschnitt 2.2.2.1.3, S. 155 und Abschnitt 3.2.1.1.3.1, S. 189 f.
40 Siehe hierzu Abschnitt 2.2.2.1.1, S. 143.
41 Vgl. Kübler [Aktienrechtsreform] 142; Grundmann [Wettbewerb] 806; Watrin [Rechnungslegung] 23 f.

marktlichen Prozesse etabliert wird (Beispiel: Übernahmegesetz), erfolgt im zweiten Fall eine mehr oder weniger detaillierte Regulierung governance-relevanter Sachverhalte[42]. Da eine Regulierung grundsätzlich Kosten verursacht[43], sind marktliche Lösungen unter Effizienzgesichtspunkten im Prinzip vorzuziehen. Allerdings darf nicht übersehen werden, dass Märkte nicht selten unvollkommen sind und dann zu Wohlfahrtsverlusten und Verteilungsproblemen führen (*Marktversagen*). Infolgedessen kann auf ein gewisses Maß an Regulierung (auch) im Governancezusammenhang nicht verzichtet werden, wobei das Verhältnis von Regulierungsnutzen (aus einer Behebung der Folgen von Marktversagen) und Regulierungskosten möglichst zu optimieren ist[44].

Regelungen zur Corporate Governance können auf drei verschiedenen Regulierungsebenen angesiedelt werden. Dabei lassen sich zunächst die gesetzlichen Vorschriften von den untergesetzlichen Governancestandards abschichten. *Gesetzliche Vorschriften* zur Corporate Governance sind das Ergebnis eines parlamentarischen (Gesetzgebungs-)Verfahrens und für alle Adressaten des betreffenden Gesetzes verbindlich. *Untergesetzliche Governancestandards*, die gelegentlich auch als „soft law"[45] bezeichnet werden, haben hingegen nicht den Status formeller Rechtsnormen. Sie beruhen vielmehr häufig auf Initiativen aus Kreisen der Praxis, füllen die jeweils geltenden gesetzlichen Vorschriften aus und sollen qua (mehr oder weniger freiwilliger) Selbstbindung der Unternehmen wirksam werden.

Regulierungs-ebenen

Innerhalb der Gruppe untergesetzlicher Governancestandards wiederum können nach ihrer Geltungsreichweite generelle Kodizes und unternehmensindividuelle Leitlinien unterschieden werden. *Kodizes* stellen Regelwerke für eine bestimmte, größere Gruppe von Unternehmen dar. Die Abgrenzung der erfassten Unternehmen hängt im Einzelnen ebenso von der jeweiligen Ausgestaltung eines Kodex ab wie der Grad der Verbindlichkeit der Kodexregelungen. Die heute gängigen Kodizes stellen – mit Differenzierungen im Detail – vornehmlich auf das Merkmal der Börsennotierung ab und richten sich z. B. an alle Gesellschaften, die an einem bestimmten Börsenplatz oder an den Börsen eines bestimmten Landes gelistet sind. Die Verbindlichkeit der Standards eines Kodex kann von der völligen Freiwillig-

Kodizes

---

42 Siehe als Beispiel das Verbot der Personalunion zwischen Vorstand und Aufsichtsrat gem. § 105 AktG.

43 Zu denken ist vor allem an den Aufwand für den Erlass und die Durchsetzung der Regelungen. Siehe näher Braithwaite [Self-Regulation] 1470; Watrin [Rechnungslegung] 103 ff.; Kirchner [Regulierung] 113.

44 Vgl. Bebchuk [Federalism] 1485 ff.; Kübler [Aktienrechtsreform] 144; Hommelhoff [OECD] 2423.

45 So z. B. Lutter [Governance] 225; Kirchner [Regulierung] 100 f.

Unternehmens-leitlinien

keit der Kodexbefolgung über die Philosophie des „comply or explain"[46] bis zu dem faktischen Zwang reichen, die (meisten) Regeln eines Kodex als Voraussetzung etwa einer Börsenzulassung[47] zu akzeptieren. *Unternehmens-individuelle Governanceleitlinien* schließlich gelten jeweils nur für das erlassende Unternehmen (‚Hauskodex'). Sie liegen im Ermessen der betreffenden Unternehmensleitung und können – in den durch Gesetz und eventuelle Kodizes gezogenen Grenzen – inhaltlich ganz gezielt auf die spezifische Situation des Unternehmens zugeschnitten werden[48].

Prinzipien der Corporate Go-vernance

Ausgehend von den Ursachen der Governanceprobleme (unvollständige Verträge; unterschiedliche Interessen der Bezugsgruppen; opportunistisches Verhalten der Akteure) lassen sich bestimmte Gestaltungsprinzipien der Corporate Governance identifizieren, welche die produktive Wertschöpfung und faire Wertverteilung fördern (sollen). Zu den wichtigsten *Governanceprinzipien* zählen die Gewaltenteilung, die Transparenz und die Reduzierung von Interessenkonflikten sowie die Sicherstellung der Qualifikation und Motivation von Organmitgliedern zu wertorientiertem Verhalten.

Gewaltenteilung

Durch *Gewaltenteilung* werden Verfügungsrechte auf mehrere Akteure verteilt und so Machtmonopole abgebaut, die anderenfalls zur eigennützigen Ausschöpfung von Opportunismusoptionen missbraucht werden könnten. Auf diese Weise werden „checks and balances" etabliert, die das Handeln bestimmter Personen der Kontrolle (im weiten Sinne) anderer Akteure unterwerfen.

Transparenz

Die Förderung der *Transparenz* des Unternehmensgeschehens durch Governanceregelungen zielt darauf ab, *Informationsasymmetrien* zwischen den verschiedenen Akteuren abzuschwächen. Zu denken ist vor allem an die breite Palette publizitäts-, kapitalmarkt- und arbeitsrechtlicher Vorschriften, welche die Unternehmen zur Offenlegung wichtiger Informationen verpflichten. Opportunistische Verhaltensweisen werden durch Transparenz

---

[46] Wie der Deutsche Corporate Governance Kodex (DCGK), siehe hierzu Abschnitt 1.1.2.3, S. 14 . Siehe auch Gerum [Governance] 389 ff.

[47] So z. B. beim indischen Report of the Committee Appointed by the SEBI on Corporate Governance, im Internet abrufbar unter: http://web.sebi.gov.in/commreport /corpgov.html, Stand: 17.12.2007.

[48] Siehe zum Nutzen solcher unternehmensindividueller Leitlinien näher Pohle /v. Werder [Governance] sowie als konkrete Beispiele aus Deutschland die Governance-Leitsätze der Deutsche Bank AG (http://www.deutsche-bank.de/ir /index.html?contentOverload=http://www.deutsche-bank.de/ir/corporate_governance.shtml&loadFlash=/ir/1613.html, Stand: 15.9.2005), der Douglas Holding AG (http://www.douglas-holding.de/fileadmin/PDF/Corporate_Governance/CGG_12_ 2005.pdf, Stand: 17.12.2007), der Metro AG (http://www.metrogroup.de/servlet/ PB/menu/1002780_l1/index.html, Stand: 15.9.2005) und der SAP AG (http://www.sap.com/about/governace/statutes/pdf/Corp_Gov_e_Letter_11_2006. pdf, Stand: 10.1.2008).

eher sichtbar und daher mit Blick auf ansonsten drohende Sanktionen auch eher unterbleiben.

Governanceprobleme existieren u. a. nur deshalb, weil Stakeholder unterschiedliche und teils konträre Interessen verfolgen. Ein wichtiges Prinzip der Corporate Governance besteht daher in der Eindämmung von *Interessenkonflikten*. Im Mittelpunkt steht dabei bislang – entsprechend dem klassischen Principal-Agent-Ansatz der Corporate Governance – das Topmanagement, das aufgrund seiner privilegierten Verfügungsmacht besonders vielfältige Gelegenheiten hat, eigene Interessen über das Unternehmensinteresse zu stellen. Daneben werden aber auch andere Konfliktlagen wie etwa die von Banken, Aufsichtsratsmitgliedern, Abschlussprüfern und jüngst von Analysten adressiert. Interessenkonflikte lassen sich auf verschiedenen Wegen eindämmen. So können z. B. Unabhängigkeitsanforderungen an Organmitglieder formuliert werden. Die Forderung nach persönlicher *Unabhängigkeit* zielt auf die objektive, unvoreingenommene Eruierung des Unternehmeninteresses ab. Sie soll verhindern, dass Organmitglieder in Versuchung oder unter Druck geraten, durch unangemessene Rücksichtnahmen auf Eigen- oder Fremdinteressen das übergeordnete Unternehmenswohl aus dem Auge zu verlieren bzw. zu verletzen[49]. Ferner ist es zur Vermeidung von Interessenkonflikten z. B. möglich, konfliktträchtige Aktivitäten zu unterbinden (z. B. Trennung von Prüfung und Beratung) oder zumindest einem vorherigen Zustimmungsvorbehalt zu unterwerfen.

Mitglieder der Unternehmensorgane, konkret also beispielsweise Vorstandsmitglieder und Mitglieder von Aufsichtsräten, müssen ausreichend kompetent und engagiert sein, um das Unternehmensinteresse im Einzelfall konkretisieren und auf dieser Grundlage beurteilen zu können, ob anstehende Führungsmaßnahmen dem nachhaltigen Wohl des Unternehmens dienen. Eine hohe fachliche *Qualifikation* ist unabdingbare Voraussetzung dafür, dass die betreffenden Personen ihre Leitungs- und Überwachungsaufgaben kompetent wahrnehmen können. Organmitglieder müssen danach aufgrund eigener Kenntnisse und Erfahrungen zu einer fundierten Auseinandersetzung mit den zu erörternden Sachfragen der jeweiligen Gremien beitragen können[50].

Die *Motivation* der Akteure soll ihren (eventuellen) Präferenzen für opportunistische Verhaltensweisen entgegenwirken und kann an den verschiedenen Faktoren der intrinsischen und extrinsischen Motivation anknüpfen. Nicht zuletzt zählen hierzu auch die diversen Haftungssvorschriften zivil- und

Eindämmung von Interessenkonflikten

Unabhängigkeit

Qualifikation

Motivation

---

49 Hierzu speziell für Aufsichtsratmitglieder näher v. Werder/Wieczorek [Aufsichtsratsmitglieder] 298.
50 Siehe auch v. Werder/Wieczoreck [Aufsichtsratmitglieder] 298.

strafrechtlicher Natur, die vertrags- und gesetzwidrige Formen des Opportunismus mit entsprechenden Sanktionen belegen[51].

1.1.2.3 Deutscher Corporate Governance Kodex

Verbreitung von Kodizes

Ein markantes Erscheinungsmerkmal der internationalen Entwicklungen auf dem Gebiet der Corporate Governance besteht darin, dass die Bewältigung von Governanceproblemen heute in hohem und wachsendem Maße weder allein dem Markt überlassen noch dem parlamentarischen Gesetzgeber übertragen wird. Vielmehr erfolgt zunehmend ein Rückgriff auf das Regulierungsinstrument des ,soft law' als einer Zwischenform zwischen der rein marktlichen und der strikt gesetzlichen Lösung. Dementsprechend lassen sich mittlerweile in zahlreichen Staaten Codes, Guidelines, Principles, Reports und Statements über Standards guter Corporate Governance nachweisen[52].

In Deutschland ist die Idee eines Kodex zur Corporate Governance vergleichsweise spät aufgegriffen worden. Nachdem im Jahr 2000 zwei private Gruppen aus Wissenschaftlern und Praktikern unabhängig voneinander Vorschläge für einen solchen Kodex vorgelegt hatten[53], wurde im September 2001 eine Regierungskommission vom Bundesministerium der Justiz mit der Erarbeitung eines Deutschen Corporate Governance Kodex (DCGK) beauftragt[54]. Der DCGK wurde von der nach ihrem Vorsitzenden benannten *Cromme-Kommission* am 26. Februar 2002 der Öffentlichkeit vorgestellt und am 30. September 2002 im amtlichen Teil des elektronischen Bundesanzeigers bekannt gemacht.

Cromme-Kommission

---

[51] Siehe zur Motivation näher S. 209 ff.

[52] So wurden bereits 1998 in einer keinen Anspruch auf Vollständigkeit erhebenden Zusammenstellung der OECD Leitlinien zur Corporate Governance aus Australien, Belgien, Brasilien, Kanada, Südafrika, Großbritannien, den USA, Frankreich, Hongkong, Indien, Irland, Japan, der Kirgisischen Republik und den Niederlanden nachgewiesen, siehe Millstein et al. [Governance] 120 ff. Die Zahl der Regelungen ist in der Zwischenzeit noch erheblich gestiegen, vgl. nur die Auflistungen des European Corporate Governance Institute (ECGI) unter: http://www.ecgi.org/codes/all_codes.php, Stand: 17.12.2007. Siehe auch Gerum [Governance] 404 ff.

[53] Dabei handelt es sich zum einen um die von der Grundsatzkommission Corporate Governance (2000) aufgestellten „Corporate Governance-Grundsätze (,Code of Best Practice') für börsennotierte Gesellschaften" und zum anderen um den vom Berliner Initiativkreis German Code of Corporate Governance (2000) vorgelegten Entwurf eines German Code of Corporate Governance (GCCG). Siehe zu diesen Entwürfen hier nur Schneider/Strenger [Grundsatzkommission] bzw. v. Werder [Code].

[54] Siehe zur personellen Zusammensetzung der Kommission http://www.corporate-governance-code.de/ger/mitglieder/index.html, Stand: 17.12.2007.

Der DCGK richtet sich in erster Linie an börsennotierte Gesellschaften[55]. Nach ihrem Verbindlichkeitsanspruch lassen sich die Kodexregeln in drei Kategorien einteilen, die kurz als Muss-Vorschriften, Soll-Empfehlungen und Sollte- bzw. Kann-Anregungen bezeichnet werden[56]. *Muss-Vorschriften* referieren – wenn auch nicht unbedingt im Wortlaut, sondern lediglich sinngemäß – zwingende Regelungen, die sich aus dem Gesetz und der herrschenden Meinung seiner Auslegung ergeben. Sie sind daher naturgemäß stets (und auch ohne den Kodex) für die Unternehmen verbindlich. Regelungen der beiden anderen Kategorien stellen hingegen optionale Bestimmungen dar, von denen die Unternehmen abweichen dürfen. Aufgrund des im Jahr 2002 neu eingeführten § 161 AktG sind die börsennotierten deutschen Gesellschaften allerdings verpflichtet, jährlich in einer *Entsprechenserklärung* darzulegen, ob bzw. inwieweit sie die gesetzesergänzenden *Soll-Empfehlungen* befolgen[57]. Der DCGK folgt damit der international verbreiteten Regelungsphilosophie des „comply or explain"[58]. Die *Sollte-* bzw. *Kann-Anregungen* des Kodex hingegen verstehen sich nur als proaktive Anstöße für die weitere Entwicklung der Corporate Governance in Deutschland. Ihre Befolgung ist für die Unternehmen weder rechtlich verbindlich noch nach § 161 AktG zu publizieren. Allerdings regt der Kodex an, im empfohlenen Corporate Governance Bericht des Unternehmens (Tz. 3.10 Satz 1 DCGK) auch zu dem Umgang mit den Anregungen Stellung zu nehmen (Tz. 3.10 Satz 3 DCGK).

Muss-Vorschriften

Soll-Empfehlungen

Sollte-Anregungen

Dem Stellenwert entsprechend, den die Führungsorganisation im Rahmen der Corporate Governance einer Unternehmung einnimmt, finden sich im DCGK zahlreiche Empfehlungen und Anregungen mit führungsorganisatorischer Relevanz. Dabei liegt der thematische Schwerpunkt schon deshalb eindeutig auf Gestaltungsaspekten der Spitzenorganisation, weil der Kodex den Aufsichtsrat bisher deutlich stärker adressiert als den Vorstand. Konkret sind als spitzenorganisatorische Kodexbestimmungen vor allem die Standards zur (Erleichterung der) Wahrnehmung der Aktionärsrechte (Tz. 2.2.4 – 2.3.4 DCGK), zur Kooperation von Vorstand und Aufsichtsrat (Tz. 3.4 Abs. 3 – 3.7 DCGK) sowie zur Organisation (namentlich Ausschussbildung) und personellen Zusammensetzung des Aufsichtsrats (Tz. 5.1.2 – 5.4.6 DCGK) zu nennen[59]. Fragen der Leitungsorganisation hingegen werden bislang eher

Kodex und Führungs-organisation

---

55 Vgl. DCGK Präambel, Abs. 8.
56 Vgl. DCGK Präambel, Abs. 6 und hierzu v. Werder [Kommentierungen] Rn. 119 f.
57 Vgl. näher zu dieser Entsprechenserklärung Seibert [Kodex]; Lutter [Erklärung]; Schüppen [Unternehmensführung]; Ringleb [Kommentierungen] Rn. 46 ff., 1504 ff.; Peltzer [Leitfaden], Rn. 22 ff.
58 Siehe hierzu Baums [Bericht] Rz. 8; Lutter [Kodex] 464; Schüppen [Unternehmensführung] 1271; Borges [Selbstregulierung] 524 f.; Krieger [Entsprechenserklärung]; v. Werder [Kommentierungen] Rn. 121.
59 Siehe hierzu näher S. 87, S. 90 ff. und S. 97 ff.

rudimentär angesprochen. Der Kodex beschränkt sich insoweit im Kern auf die Empfehlungen, dass der Vorstand aus mehreren Personen bestehen und einen Vorsitzenden oder Sprecher haben soll (Tz. 4.2.1 Satz 1 DCGK). Ferner empfiehlt der Kodex, die Arbeitsweise des Vorstands (Abgrenzung der Ressortzuständigkeiten der einzelnen Mitglieder von dem Gesamtvorstand vorbehaltenen Angelegenheiten; erforderliche Beschlussmehrheit) in einer Geschäftsordnung zu regeln (Tz. 4.2.1 Satz 2 DCGK). Dem Themenfeld der Leitungsorganisation soll im Kodex allerdings zukünftig – wie einer entsprechenden Erklärung des Kommissionsvorsitzenden entnommen werden kann – größere Aufmerksamkeit gewidmet werden[60].

Akzeptanz des Kodex

Der DCGK ist – wie z. B. die regelmäßigen Erhebungen des Berlin Center of Corporate Governance (BCCG) belegen[61] – in der Praxis insgesamt auf sehr positive Resonanz gestoßen. Er hat sich damit als Ausdruck guter Corporate Governance in der deutschen Wirtschaft etabliert und kann für sich in Anspruch nehmen, ergänzend zu den geltenden Gesetzen Standards für die Leitung und Überwachung von Unternehmen im Sinne von ‚best practice' zu setzen. Soweit seine Empfehlungen und Anregungen die Gestaltungsfragen der Führungsorganisation betreffen, werden sie daher im Folgenden neben den rechtlichen Regelungen ebenfalls berücksichtigt.

---

[60] Siehe Regierungskommission Deutscher Corporate Governance Kodex [Mitteilung].

[61] Siehe v. Werder/Talaulicar/Kolat [Report 2003]; v. Werder/Talaulicar/Kolat [Report 2004]; v. Werder/Talaulicar [Report 2005]; v. Werder/Talaulicar [Report 2006]; v. Werder/Talaulicar [Report 2007];. Vgl. ferner auch die Studien von Oser/Orth/Wader [Umsetzung]; Oser/Orth/Wader [Beachtung]; Seibt [Zweifelsfragen].

1.2 Führungsorganisation als Element der Corporate Governance

1.2.1 Gegenstand der Führungsorganisation

1.2.1.1 Unternehmungsführung als Objekt organisatorischer Gestaltung

Die *Organisation der Unternehmungsführung* oder kurz die *Führungsorganisation* einer Unternehmung stellt einen zentralen Ausschnitt aus dem Gesamtproblem der Unternehmungsorganisation dar. Das Objekt dieses Organisationsthemas – die *Unternehmungsführung* – kann zum einen aus einer institutionalen Perspektive und zum anderen aus einer funktionalen Blickrichtung charakterisiert werden[62]. Diese beiden Sichtweisen repräsentieren allerdings nur verschiedene Seiten der gleichen Medaille.

Als *Institution* bezeichnet Unternehmungsführung den oder die Träger der grundlegenden, obersten Rahmenhandlungen in der Unternehmung. Unternehmungsführung in diesem institutionalen Sinne wird häufig – jedoch keineswegs einheitlich – auch mit dem Wort *Unternehmungsleitung*[63] belegt. In der üblichen organisationstheoretischen Betrachtung, die von den Regelungen der rechtlichen Unternehmensverfassung abstrahiert, handelt es sich hierbei um die oberste Ebene bzw. die Spitzeneinheit der Hierarchie. Die Gleichsetzung der Unternehmungsführung mit der Hierarchiespitze vernachlässigt allerdings den Tatbestand, dass die Unternehmensverfassung der gängigen Rechtsformen Führungskompetenzen regelmäßig auf mehrere juristisch etablierte Gremien verteilt. Infolgedessen ist die Identifizierung der Träger der Unternehmungsführung bei Einbeziehung der führungsorganisatorischen Implikationen der Unternehmensverfassung deutlich schwieriger.

Institutionale Sicht

Aus *funktionaler Blickrichtung* meint Unternehmungsführung die Vornahme der *unternehmungsbezogenen Rahmenhandlungen*. Diese Handlungen zeichnen die angestrebte Grundrichtung der Unternehmungsaktivitäten vor und wirken auf die richtungskonforme Entwicklung dieser Aktivitäten durch Schaffung entsprechender Rahmenbedingungen ein. Sie sind durch *Folgehandlungen* auf den nachgelagerten Hierarchieebenen umzusetzen, welche

Funktionale Sicht

---

[62] Vgl. bereits Gutenberg [Organisation] 20; Rühli [Unternehmungsführung] 16 ff.; Krüger [Organisation] 247; Becker/Fallgatter [Unternehmungsführung] 14; um eine prozessuale Perspektive ergänzt bei Macharzina [Unternehmensführung] 37.

[63] Vgl. Hoffmann [Unternehmungsleitung] 2261; Rühli [Unternehmungsführung] 31; Frese/Mensching/v. Werder [Unternehmungsführung] 15; Seidel/Redel [Führungsorganisation] 14; Becker/Fallgatter [Unternehmungsführung] 164.

die Vorgaben der Rahmenhandlungen weiter detaillieren und ausführen. Folgehandlungen können ebenso wie Rahmenhandlungen durchaus Führungscharakter im allgemeinen Sinne der zielorientierten Interaktion zwischen Vorgesetzten und Mitarbeitern haben. Aktivitäten der Mitarbeiterführung werden hier jedoch nur dann zum Gestaltungsproblem der Führungsorganisation gezählt, wenn sie von Trägern der Unternehmungsführung ausgeübt werden. Die Organisationsfragen der Führungshandlungen auf den tieferen Hierarchieebenen werden mithin ausgeblendet.

Versteht man Unternehmungsführung in dem soeben skizzierten Sinne, so lässt sich der Gegenstand der Führungsorganisation in einer ersten groben Annäherung wie folgt umreißen. Im Mittelpunkt der Organisation der Unternehmungsführung steht das Topmanagement der Unternehmung. Das Topmanagement bildet nach seiner Definition den Träger des überwiegenden Teils der unternehmungsführenden Rahmenhandlungen. Es ist zum einen in das rechtliche Gremiensystem der Unternehmensverfassung eingebunden und fungiert zum anderen als Spitze der organisatorischen Unternehmungshierarchie. Infolgedessen erstreckt sich die Führungsorganisation im Kern auf die Organisation (der Handlungen) des Topmanagements einschließlich der Regelung seiner Beziehungen zu den übrigen Gremien der Unternehmensverfassung auf der einen Seite (Spitzenorganisation) und zu den organisatorischen Einheiten auf den nachgelagerten Hierarchieebenen andererseits (Leitungsorganisation).

Topmanagement

Um die Position und Rolle des Topmanagements und damit den Gegenstand der Führungsorganisation näher zu charakterisieren, werden im Folgenden die prinzipielle Funktionsweise der Unternehmung als zu führendes Handlungssystem sowie die Träger und die Einzelhandlungen der Unternehmungsführung eingehender herausgearbeitet.

1.2.1.2 Unternehmungen als Objekt der Unternehmungsführung

Unternehmungen stellen wirtschaftlich selbständige, einheitlich geleitete Handlungssysteme dar, die in Märkte integriert und auf Wertschöpfung durch Kombination knapper Ressourcen angelegt sind (siehe Abbildung 1-2). Sie operieren unter bestimmten gesamtwirtschaftlichen, rechtlichen und sozialen Randbedingungen, die einen mehr oder weniger großen Spielraum für ihre Wertschöpfungsaktivitäten definieren. Die Ausfüllung dieser Handlungsspielräume erfolgt – als Ausdruck wirtschaftlicher Selbständigkeit der

Unternehmungen – nach Maßgabe ihrer je eigenen, autonomen Dispositionen[64].

Unternehmungen als Handlungssysteme

Abbildung 1-2

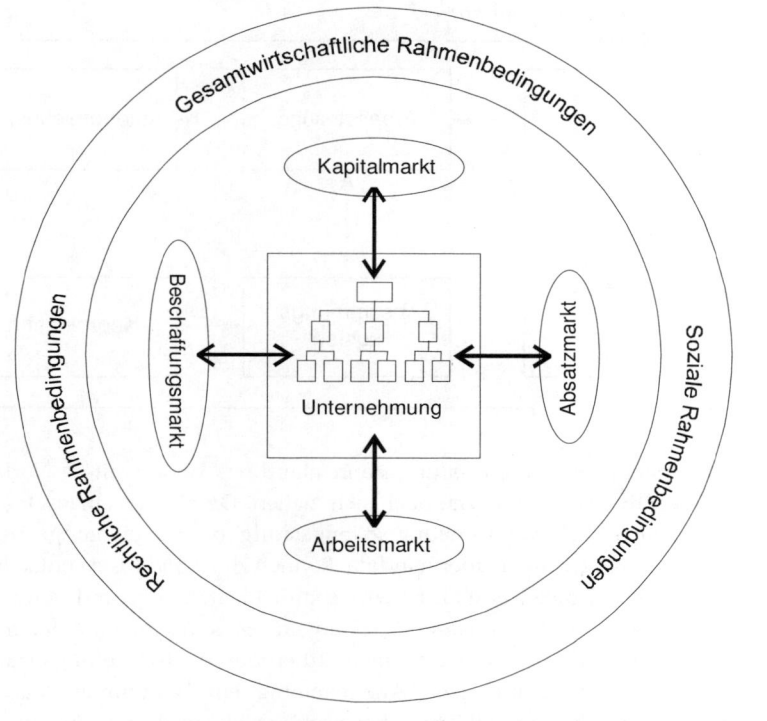

Abgesehen vom Ausnahmefall der Einpersonenunternehmung, die lediglich eine *intrapersonelle Arbeitsteilung* kennt, sind in jeder (größeren) Unternehmung mehrere Handlungsträger an der Erfüllung der Unternehmungsaufgabe beteiligt. Die Begründung hierfür liegt darin, dass die Gesamtaufgabe einer Unternehmung im Vergleich zur begrenzten Handlungskapazität einer einzelnen Person meist zu komplex ist (siehe Abbildung 1-3). Aufgrund dieses Missverhältnisses zwischen Komplexität und Kapazität ist die Gesamtaufgabe daher im Normalfall in Teilaufgaben zu zerlegen und auf meh-

Arbeitsteilung

---

64 Zum Begriff der Unternehmung Gutenberg [Grundlagen] 510 ff.; Ulrich [Unternehmung] 153 ff.; Schneider [Theorie] 1429 sowie zu einer Übersicht der Theorie der Unternehmung Schneider [Unternehmung].

rere Handlungsträger bzw. organisatorische Einheiten zu verteilen. Die hieraus resultierende *interpersonelle Arbeitsteilung* bewirkt eine Komplexitätsreduktion und ermöglicht so erst die Bewältigung der Unternehmungsaufgabe.

Abbildung 1-3 | *Grundtatbestände der Organisation*

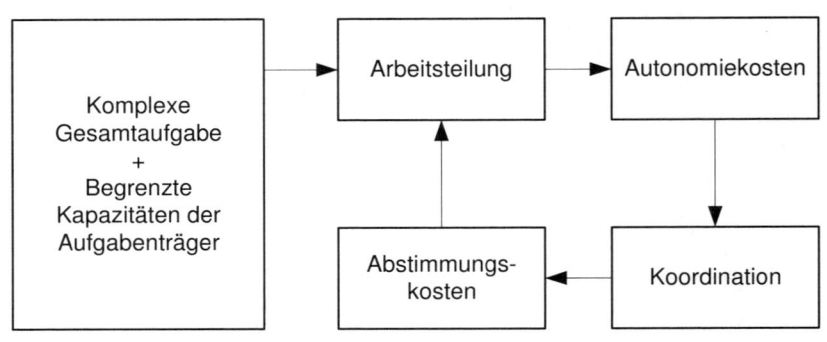

Eine interpersonelle Arbeitsteilung kann allerdings ohne weitere Vorkehrungen negative Konsequenzen nach sich ziehen. Da die einzelnen Organisationseinheiten bei Arbeitsteilung zwangsläufig bis zu einem gewissen Grade unabhängig voneinander handeln, können *Autonomiekosten* entstehen. Zu denken ist beispielsweise an Unwirtschaftlichkeiten aufgrund von Doppelarbeiten oder Produktionsunterbrechungen als Konsequenz einer mangelhaften Synchronisation der einzelnen Stufen des Wertschöpfungsprozesses. Infolgedessen bedingt jede Arbeitsteilung ein bestimmtes Maß an *Koordination*, welche die Teilaktivitäten aufeinander abstimmt und auf die Erfüllung der Unternehmungsaufgabe hin ausrichtet. Durch Koordination lassen sich folglich die Autonomiekosten (in gewissem Umfang) reduzieren. Zugleich entstehen allerdings *Abstimmungskosten*. Diese Kosten resultieren aus dem Einsatz von Ressourcen und Zeit für die Abstimmungsmaßnahmen und sind mit den Einsparungen an Autonomiekosten abzuwägen[65].

Unternehmungen lassen sich damit aus organisatorischer Sicht kurz als *arbeitsteilige Koordinationssysteme* kennzeichnen. Ihr charakteristisches Merkmal liegt nun darin, dass die zielorientierte Ausrichtung und Abstimmung der Einzelhandlungen letztlich in hierarchischer Form erfolgt[66]. Die

Autonomiekosten

Koordination

Abstimmungskosten

Hierarchie

---

[65] Dieser Zusammenhang bildet die zentrale Grundlage des Effizienzkonzepts zur Bewertung organisatorischer Alternativen, das später näher vorgestellt wird, siehe Abschnitt 3.2.1.2.1.1, S. 198 ff.

[66] Vgl. hierzu auch Frese [Grundlagen] 54 ff.

Teilaktivitäten der Unternehmungsmitglieder sind danach im Zweifel – sofern sie also strittig sind – entsprechend den Anordnungen der jeweils hierarchisch übergeordneten Organisationseinheit (Instanz) zu vollziehen. Als Folge dieses Koordinationsprinzips stehen – bei rein handlungslogischer Betrachtung – sämtliche Wertschöpfungsaktivitäten einer Unternehmung unter einer (teils unmittelbaren, häufiger aber mittelbaren) einheitlichen Leitung, die von der Hierarchiespitze als oberster Koordinationsebene ausgeübt wird. Um Missverständnisse zu vermeiden, ist bereits an dieser Stelle eine Anmerkung zum Charakter der einheitlichen Leitung angebracht. Aufgrund der unstrukturierten Natur managerialer Probleme darf dieser Begriff keineswegs im Sinne einer zielgenauen, vollständig beherrschbaren Steuerung der Unternehmungsaktivitäten verstanden werden. Unternehmungsführung und damit auch einheitliche Leitung bedeuten vielmehr realistisch betrachtet lediglich die Durchführung diverser Managementmaßnahmen, die eine möglichst positive Entwicklung der Unternehmung fördern (sollen). Diese Komplikationen werden jedoch hier noch ausgeklammert und erst im nachfolgenden Abschnitt bei der Erörterung der Handlungen der Unternehmungsführung thematisiert.

Unternehmungsinterne Aktivitäten grenzen sich durch ihre hierarchische Koordination von marktlichen Austauschbeziehungen ab[67]. Solche Transaktionen über den Markt basieren auf freiwilligen Verhandlungsprozessen ohne Konsenszwang und kommen bei fehlender Einigung nicht zustande. Die Unterscheidung zwischen Hierarchie und Markt als den beiden grundlegenden Koordinationsmechanismen ist allerdings lediglich als idealtypische Gegenüberstellung zu verstehen. Sie ist vor allem nicht trennscharf genug, um eine hinreichend exakte Definition der Unternehmungsgrenze zu erlauben (siehe Abbildung 1-4).

Markt

---

[67] Zur Gegenüberstellung der beiden Koordinationsformen Markt und Hierarchie grundlegend Coase [Nature]; Williamson [Institutions]. Vgl. auch Picot /Dietl/Franck [Organisation] 81 ff.; Ebers/Gotsch [Theorien] 238 ff.; Jost [Transaktionskostentheorie] 1452 f.

Abbildung 1-4 | *Koordinationsmechanismen für Transaktionen*

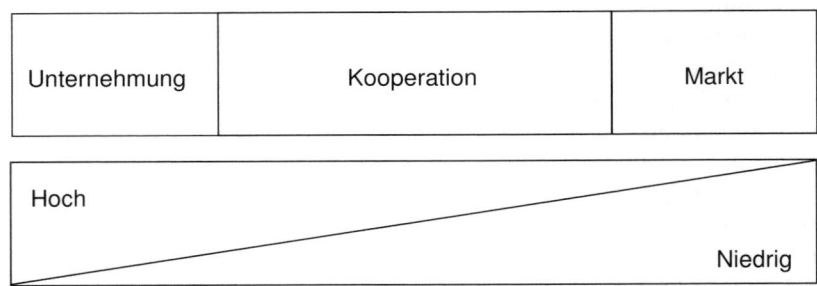

Koordinationsformen

| Unternehmung | Kooperation | Markt |

Hoch

Niedrig

Verfestigung der Koordination

Einheits- und Konzernunternehmungen

Zunächst können Unternehmungen unterschiedliche Rechtsstrukturen aufweisen, die bereits innerhalb dieses Koordinationstyps zu verschiedenartigen Abstimmungsbedingungen führen. Besondere Bedeutung kommt in diesem Zusammenhang der Trennung zwischen Einheitsunternehmungen und Konzernunternehmungen zu, die sich nach der Komplexität ihrer ‚Rechtskleider' voneinander unterscheiden (siehe Abbildung 1-5). *Einheitsunternehmungen* sind rechtseinheitlich verfasst, sodass hier die Grenzen der wirtschaftlichen Einheit (*Unternehmung*) und der gesellschaftsrechtlichen Einheit (*Unternehmen* oder synonym *Gesellschaft*) deckungsgleich sind. *Konzernunternehmungen* oder kurz *Konzerne* bestehen dagegen aus mehreren rechtlich selbständigen Konzernunternehmen bzw. Konzerngesellschaften, die unter einheitlicher Leitung stehen und daher je für sich wirtschaftlich unselbständig sind[68]. Konzerne stellen somit juristisch gegliederte Wirtschaftsgebilde dar, bei denen die Grenzen der Unternehmung und die Rechtsformgrenzen auseinander fallen.

---

[68] Vgl. die Konzerndefinitionen in § 18 Abs. 1 Satz 1 AktG.

Einheitsunternehmung und Konzernunternehmung

Abbildung 1-5

(Einheits-)Unternehmung   (Konzern-)Unternehmung

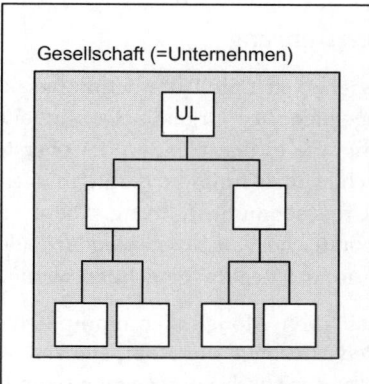

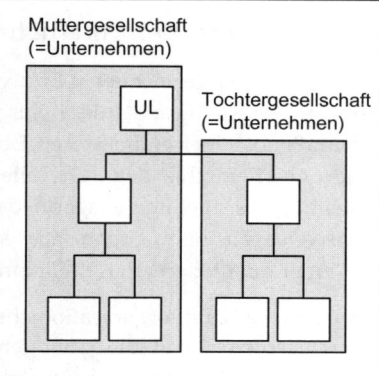

UL: Unternehmungsleitung

Ferner und vor allem aber kommen in der Realität zahlreiche Mischformen zwischen Hierarchie und Markt vor, die sich nicht sinnvoll einem der beiden Eckpunkte des Kontinuums zuordnen lassen und daher hier als Kooperationen bezeichnet werden sollen. *Kooperationen* wie z. B. strategische Allianzen[69], Netzwerke[70] oder ‚virtuelle Unternehmen'[71] zeichnen sich durch Koordinationssysteme aus, die mangels Weisungsbeziehungen zwischen den Kooperationspartnern einerseits zu locker sind, um als hierarchisch angesprochen zu werden. Auf der anderen Seite sind die Austauschbeziehungen hier jedoch so verfestigt, dass eine jederzeitige Auflösung des Transaktionsverbunds anders als beim reinen Marktmodell vernünftigerweise nicht (mehr) in Betracht kommt.

Kooperationen

In Anbetracht der Schwierigkeiten einer trennscharfen Abgrenzung unterschiedlicher Koordinationsgrade arbeitsteiliger Handlungssysteme soll im Folgenden zur Definition der Unternehmungsgrenze nicht auf ein organisatorisches, sondern auf ein rechtliches Kriterium zurückgegriffen werden, das normalerweise eine ausreichend eindeutige Grenzziehung und damit Identi-

Unternehmungs-grenze

---

69 Vgl. Backhaus/Piltz [Allianzen]; Bronder/Pritzl [Allianzen]; Picot/Reichwald/ Wigand [Unternehmung] 287 ff.
70 Vgl. z. B. Miles/Snow [Fit]; Jarillo [Networks]; Sydow [Netzwerke].
71 Vgl. etwa Davidow/Malone [Unternehmen]; Byrne/Brandt/Port [Corporation]; Scholz [Organisation].

fizierung der Unternehmungsmitglieder erlaubt. Danach umschließt die *Systemgrenze einer Unternehmung* alle Handlungsträger, die durch Arbeitsverträge (bei Arbeitnehmern) oder Dienstverträge (bei Mitgliedern gesellschaftsrechtlicher Gremien) mit der Unternehmung verbunden sind.

1.2.1.3 Träger der Unternehmungsführung

Hierarchiespitze

Nach dem bisher gezeichneten Bild vollziehen sich die Unternehmungsaktivitäten in einem System hierarchisch gegliederter Organisationseinheiten nach Maßgabe einer einheitlichen Leitung, die in den Händen der obersten Ebene der Hierarchie liegt. Die Hierarchiespitze fungiert damit in dieser Vorstellung als alleinige Trägerin der Unternehmungsführung. Diese vergleichsweise abstrakte organisationstheoretische Konzeption bedarf allerdings einer qualifizierenden Ergänzung, um der Realität gerecht zu werden.

Im Gegensatz zum organisationstheoretischen Modell der omnipotenten Hierarchiespitze teilen die gängigen Rechtsformen die Kompetenzen zur Unternehmungsführung meist auf mehrere juristisch vorgegebene Gremien auf. Ein Beispiel bildet der dreigliedrige Aufbau der Aktiengesellschaft (AG) aus Hauptversammlung, Aufsichtsrat und Vorstand, der zudem noch von mitbestimmungsrechtlichen Gremien flankiert wird. Die entsprechenden juristischen Unternehmensverfassungen sehen somit keine monostrukturelle Unternehmungsführung vor, sondern eine Ausdifferenzierung der organisatorischen Spitzeneinheit. Aus dem Kreis der rechtlich etablierten Gremien dürfen allerdings regelmäßig nur bestimmte (wenige) Organe über Befugnisse verfügen, die sie zur Wahrnehmung – des zumindest überwiegenden Teils – der Aufgaben einer Hierarchiespitze befähigen. Die übrigen Gremien sind demgegenüber vornehmlich auf die Artikulation spezifischer Interessen ausgerichtet.

Leitungsorgan

Für die Ableitung systematischer Aussagen zur Organisation der Unternehmungsführung ist es zweckmäßig, nur dasjenige Organ der jeweils betrachteten Rechtsstruktur als Bestandteil der Unternehmungshierarchie anzusehen, das der organisationstheoretisch gedachten Unternehmungsleitung nach seiner gesetzlich zugewiesenen und satzungsmäßig ergänzten (statutarischen) Kompetenzausstattung am nächsten kommt (siehe Abbildung 1-6)[72]. Diese Einheit wird im Folgenden als *Leitungsorgan* oder auch *Topmanagement* bezeichnet. Sie residiert im Fall der Einheitsunternehmung innerhalb der Rechtsform dieser Unternehmung und im Konzernfall in der Konzernobergesellschaft bzw. der Muttergesellschaft. Die übrigen rechtlichen Gremien sind hingegen als Einheiten außerhalb der Hierarchie zu interpretieren, deren Einflussnahmen den Handlungsspielraum des

---

[72] Siehe v. Werder [Organisationsstruktur] 98 ff.

Leitungsorgans begrenzen. Das Leitungsorgan verkoppelt somit gewissermaßen das organisationstheoretische Konstrukt der Hierarchie mit dem gesellschaftsrechtlichen System der Gremien. Während seine Mitglieder einerseits Weisungen an die ihnen hierarchisch untergeordneten organisatorischen Einheiten erteilen, erfahren sie auf der anderen Seite Einschränkungen ihrer Leitungsautonomie durch die übrigen rechtlichen Gremien.

Leitungsorgan als Hierarchiespitze

Abbildung 1-6

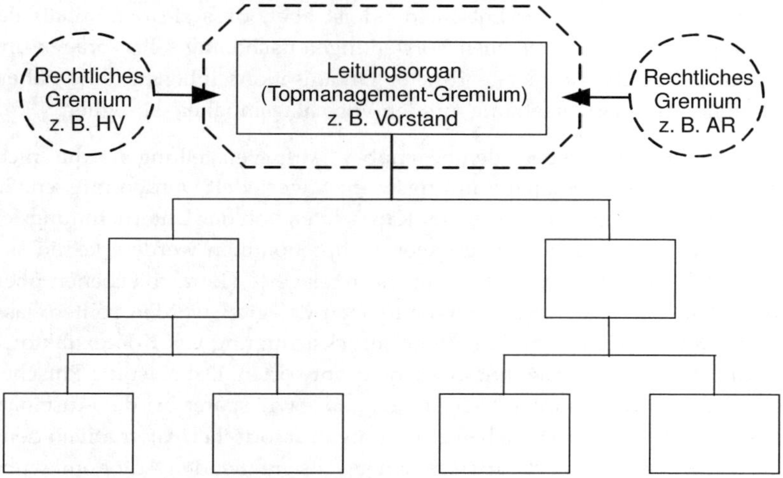

HV: Hauptversammlung
AR: Aufsichtsrat

Mit Hilfe der eingeführten Kategorien lassen sich nun die *Träger der Unternehmungsführung* präziser beschreiben. Es handelt sich hierbei primär um die Individuen, die – von dem zuständigen Bestellungsgremium – zum Mitglied des Leitungsorgans ernannt worden sind. Dabei kann die Unternehmungsleitung entweder in die Hände einer Einzelperson (Fall der *unipersonalen Unternehmungsleitung*) oder aber einer Personengruppe (Fall der *multipersonalen Unternehmungsleitung*) gelegt werden. Zu den Leitungsorganmitgliedern bzw. zum Topmanagement treten als Träger von Rahmenhandlungen ferner die Angehörigen weiterer rechtsformabhängig eingerichteter Gremien (z. B. Hauptversammlung und Aufsichtsrat) hinzu, die punktuell an Fragen der Unternehmungsführung mitwirken, jedoch außerhalb der organisatorischen Hierarchie stehen.

Unternehmungs-leitung

1.2.1.4 Handlungen der Unternehmungsführung

1.2.1.4.1 Kernaufgaben der Unternehmungsführung

Kernaufgaben

Die Aufgaben der Unternehmungsführung lassen sich zunächst in Kernaufgaben und Kannaufgaben einteilen. Die *Kernaufgaben* markieren diejenigen Managementmaßnahmen, deren Delegation auf Ebenen unterhalb des Topmanagements unverhältnismäßig hohe Autonomiekosten verursachen würde. Sie sollen daher von den Mitgliedern der Unternehmungsleitung zur Wahrung ihrer originären Führungsfunktion persönlich erfüllt werden. Dabei können die Topmanager zwar selbstredend eine Unterstützung durch ihre Mitarbeiter erfahren. Entscheidend ist aber, dass sie den Inhalt der Maßnahmen durch ihre eigenen Vorstellungen nachhaltig selbst prägen und nicht bloß Vorschläge nachgeordneter Organisationseinheiten ohne nähere materielle Auseinandersetzung mit den Vorschlagsinhalten ‚absegnen'.

Kannaufgaben

Kannaufgaben beschreiben demgegenüber Aufgabenstellungen, die nicht unbedingt auf der obersten Führungsebene angesiedelt werden müssen. Sie können zwar bei ausreichend freien Kapazitäten von der Unternehmungsleitung zusätzlich zu den Kernaufgaben wahrgenommen werden, lassen sich anderenfalls aber durchaus auch auf nachgelagerte Hierarchieebenen übertragen. Die Frage, inwieweit Kannaufgaben delegiert werden sollten, lässt sich im Detail nur im Einzelfall unter Berücksichtigung von Kontextfaktoren wie Unternehmungsgröße und Branche beantworten. Dabei ist die Entscheidung für einen bestimmten Delegationsgrad – wie später bei der Auseinandersetzung mit der Effizienzbewertung organisatorischer Alternativen deutlich werden wird – im Prinzip nach den jeweils anfallenden Autonomie- und Abstimmungskosten einer mehr oder weniger starken Zentralisation bzw. Dezentralisation zu bestimmen[73]. Ferner werden in der Realität auch verhaltensbezogene Einflussfaktoren wie der persönliche Führungsstil der Topmanager über das jeweilige Ausmaß der Delegation mitentscheiden. Die weiteren Ausführungen in diesem Abschnitt konzentrieren sich auf die nähere Charakterisierung der Kernaufgaben. Die Kannaufgaben hingegen werden erst später im Zusammenhang mit der Detailausformung der Leitungsorganisation wieder angesprochen[74].

Es bedarf keiner näheren Begründung, dass eine eindeutige und für alle Unternehmungen gültige Abgrenzung der Kernaufgaben praktisch nicht möglich ist. Gleichwohl finden sich in der Literatur im Prinzip recht homogene Auffassungen über den Charakter und die Inhalte der Aufgabenstellung einer Unternehmungsleitung (siehe Abbildung 1-7)[75]. Ausgangspunkt dieser ‚Stellenbeschreibung des Topmanagements' bildet die Deutung einer

---

[73] Siehe näher Abschnitt 3.2.1.2.1.1, S. 207 f. und Abschnitt 3.2.2.1.2.1, S. 289 ff.
[74] Siehe Abschnitt 3.2.2.1.2.1, S. 292.
[75] Vgl. Gutenberg [Unternehmensführung] 1677 ff.; Mintzberg [Nature] 59.

Unternehmung als Zweckgebilde, dessen zielorientierte Entwicklung lenkender Eingriffe durch die Unternehmungsleitung bedarf. Diese Eingriffe schlagen sich konkret in der Bewältigung einer Fülle verschiedenartiger Managementprobleme nieder, für die jedoch ein gemeinsames Merkmal kennzeichnend ist. Es handelt sich um ihr hohes Maß an Komplexität und Dynamik, das gerade heute im Zeichen rasanter Marktveränderungen stetig zunimmt. Probleme der Unternehmungsführung sind somit typischerweise unstrukturierter Natur und lassen sich daher nicht vollständig beherrschen. Infolgedessen kann auch die Entwicklung einer Unternehmung nicht zielgenau gesteuert werden. Unternehmungsführung bedeutet vielmehr realistisch betrachtet ‚nur' die Schaffung von Bedingungen, welche die Erreichung der gesetzten Ziele fördern sollen. Die Herstellung solcher Bedingungen verlangt die Vornahme von Managementhandlungen, die sich nach einer gängigen Einteilung von Handlungszyklen in Entscheidungen, Realisationsakte und Kontrollen ausdifferenzieren lassen.

Unstrukturierte Management- probleme

Managementaufgaben in der Literatur

Abbildung 1-7

Echte Führungsentscheidungen nach GUTENBERG

- Festlegung der Unternehmenspolitik auf weite Sicht
- Koordinierung der großen betrieblichen Teilbereiche
- Beseitigung von Störungen im laufenden Betriebsprozess
- Geschäftliche Maßnahmen von außergewöhnlicher betrieblicher Bedeutsamkeit
- Besetzung von Führungsstellen im Unternehmen

Managerrollen nach MINTZBERG

- Interpersonale Rollen *(interpersonal roles)*
  Repräsentant *(figurehead)*
  Vorgesetzter *(leader)*
  Liaison *(liaison)*
- Informationelle Rollen *(informational roles)*
  Monitor *(monitor)*
  Informationsverteiler *(disseminator)*
  Sprecher *(spokesman)*
- Entscheidungsrollen *(decisional roles)*
  Unternehmer *(entrepreneur)*
  Störungsregler *(disturbance handler)*
  Ressourcenzuteiler *(resource allocator)*
  Verhandler *(negotiator)*

Vor diesem Hintergrund kann die Aufgabenstellung der Unternehmungsleitung nun zunächst auf den allgemeinen Nenner von der *Zuständigkeit für die unternehmungsbezogenen Rahmenhandlungen* gebracht werden. Dabei liegt der substantielle Schwerpunkt nach heutigem Verständnis bei den Entscheidun-

Rahmen- und Folgehandlungen

gen. Der Unternehmungsleitung obliegen damit – innerhalb der durch Zuständigkeiten anderer rechtlicher Gremien gezogenen Grenzen – namentlich die ‚obersten' Grundlagenbeschlüsse in der Unternehmung, die über die *Folgehandlungen* auf den nachgelagerten Hierarchieebenen (qua Detailentscheidungen oder Realisationshandlungen) umzusetzen sind. Die zentrale Funktion des Topmanagements besteht hiernach darin, durch Festlegung der (unternehmungsinternen) Rahmendaten die mittel- bis langfristig verbindliche Richtung der Unternehmungsaktivitäten vorzuzeichnen und auf ihre richtungskonforme Entwicklung einzuwirken[76].

Die in dieser allgemeinen Fassung weitgehend konsensfähige Formel erfährt im betriebswirtschaftlichen Schrifttum (selbstverständlich) eine in den Einzelheiten unterschiedliche materielle Ausfüllung und Abrundung. Gleichwohl lässt sich ein Bündel von Kernaufgaben der Unternehmungsleitung identifizieren, die – mit verschiedenen Akzentuierungen und Grenzziehungen – ohne Zweifel im Mittelpunkt der Überlegungen stehen. Diese Kernaufgaben gliedern sich nach dem hier zu Grunde gelegten Aufgabenkatalog zunächst in Entscheidungs-, in Realisations- und in Kontrollhandlungen (siehe Abbildung 1-8)[77].

---

[76] Vgl. z. B. Mintzberg [Nature] 55 ff.; Kotter [Managers] 10 ff.; Steinmann/Schreyögg/Koch [Management] 8 ff.

[77] Siehe zum Folgenden v. Werder [Unternehmungsleitung] 43 ff.

Kernaufgaben der Unternehmungsleitung

Abbildung 1-8

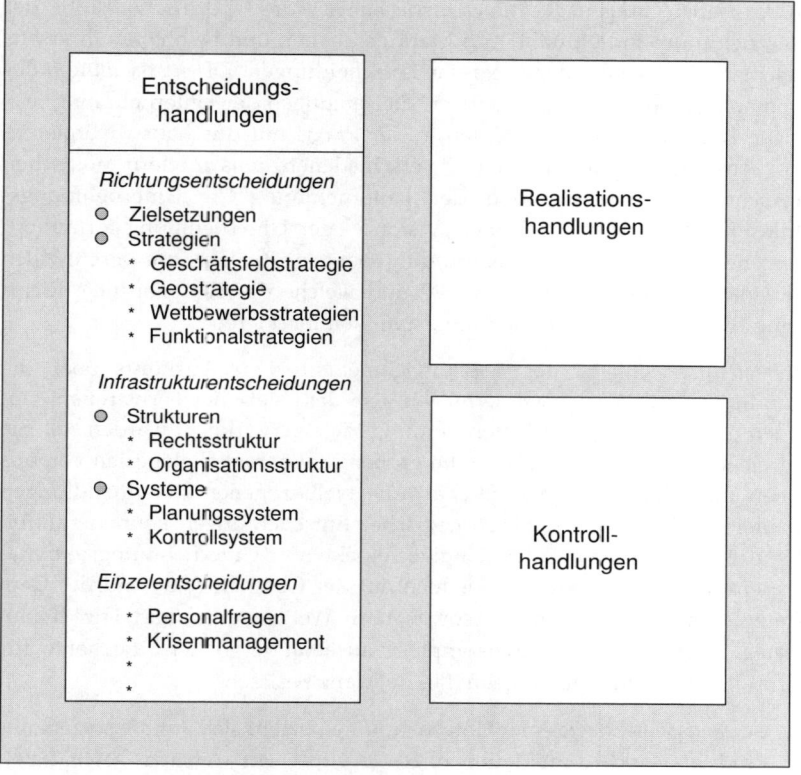

Entscheidungs-
handlungen

Richtungsentscheidungen

◎ Zielsetzungen
◎ Strategien
  * Geschäftsfeldstrategie
  * Geostrategie
  * Wettbewerbsstrategien
  * Funktionalstrategien

Infrastrukturentscheidungen

◎ Strukturen
  * Rechtsstruktur
  * Organisationsstruktur
◎ Systeme
  * Planungssystem
  * Kontrollsystem

Einzelentscheidungen

  * Personalfragen
  * Krisenmanagement
  *
  *

Realisations-
handlungen

Kontroll-
handlungen

Die *Entscheidungshandlungen des Topmanagements* umfassen mit den Richtungsentscheidungen, den Infrastrukturentscheidungen und den Einzelfallentscheidungen drei wesentliche Untergruppen. In dieser Dreiteilung kommt der zuvor schon angerissene Gedanke zum Ausdruck, dass das Topmanagement die Grundorientierung aller Unternehmungsaktivitäten vorgeben muss und durch Einsatz infrastruktureller Managementinstrumente dafür Sorge zu tragen hat, dass die Generierung und Implementierung seiner diesbezüglichen Vorstellungen in der Unternehmung unterstützt werden[78]. Dieser Rahmen ist vom Topmanagement ferner selbst mehr oder

*Entscheidungs-
handlungen*

---

[78] Vgl. hierzu auch Frese/Mensching/v. Werder [Unternehmungsführung] 113 sowie Hoffmann [Unternehmungsleitung] 2262; Steinmann/Schreyögg/Koch [Management] 8 ff.; ähnlich Becker/Fallgatter [Unternehmungsführung] 164.

weniger häufig durch Einzelentscheidungen auszufüllen, da und soweit Managementprobleme nicht vorhersehbar und delegierbar sind.

Richtungs-entscheidungen

Im Einzelnen prägen *Richtungsentscheidungen* das spezifische Profil der Unternehmungsindividualität im Marktgeschehen und beinhalten ihrerseits Zielentscheidungen und strategische Entscheidungen. *Zielentscheidungen* des Topmanagements legen die obersten Zielsetzungen der Unternehmung fest. Solche *Unternehmungsziele* werden in der Praxis mit durchaus divergierendem Abstraktionsgrad und unter verschiedenen, teils modern-modischen Bezeichnungen wie „Leitbild der Unternehmung"[79], „Unternehmungsphilosophie"[80], „Mission"[81] oder „Vision"[82] der Unternehmung formuliert. Letztendlich geht es aber stets um die (obersten) Zwecke, um derentwillen die Unternehmung betrieben wird[83] und welche die übergeordnete Richtschnur der gesamten Unternehmungstätigkeit markieren[84].

Strategische Entscheidungen

Strategieentscheidungen des Topmanagements geben Auskunft über die grundlegenden Wege, gewissermaßen also das ‚Netz der Fernstraßen', auf denen die Erreichung der Unternehmungsziele verwirklicht werden soll. Sie schreiben, konkreter formuliert, die groben Maßnahmenkategorien vor, aus denen im ‚operativen Tagesgeschäft' die zielbezogenen Detailhandlungen abzuleiten sind. Gegenstand strategischer Entscheidungen können zahlreiche und zum Teil einzelfallabhängige Aspekte der Unternehmungsaktivitäten sein. Insgesamt lassen sich jedoch mit der Geschäftsfeld- und der Geostrategie einer Unternehmung sowie ihren Wettbewerbs- und Funktionalstrategien grob vier Strategiekomplexe auseinander halten, die heute für (Groß-)Unternehmungen regelmäßig Relevanz besitzen[85].

Geschäftsfeld-strategie

Die *Geschäftsfeldstrategie* einer Unternehmung bezieht sich auf die so genannten Produkt-Markt-Kombinationen. Sie legt fest, auf welchen Geschäftsfeldern, die jeweils durch die Art der angebotenen Problemlösung und des anvisierten Käufersegments definiert werden, die Unternehmung tätig wer-

---

79 Siehe z. B. Malik [Strategie] 149; Hahn/Hungenberg [PuK] 20.
80 So Becker [Stabilitätspolitik] 35 ff.
81 Vgl. etwa Bleicher [Konzept] 116 f.
82 Siehe z. B. Henzler [Vision] 20 ff.
83 Also um das „Formalziel" im Gegensatz zum „Sachziel" (vgl. Kosiol [Unternehmung] 223 ff.), mit dessen Hilfe (Beispiel: »Herstellung und Vertrieb von Automobilen«) das Formalziel (Beispiel: »Gewinnerzielung«) erreicht werden soll.
84 Vgl. als konkretes Beispiel aus der Unternehmungspraxis etwa Bayer AG [Geschäftsbericht] 1: „Mit unseren Produkten und Dienstleistungen wollen wir den Menschen nützen und zur Verbesserung der Lebensqualität beitragen. Gleichzeitig wollen wir Werte schaffen durch Innovation, Wachstum und eine weiter verbesserte Ertragskraft.".
85 Vgl. auch die Strategieeinteilungen bei Bea/Haas [Management] 163 ff; Welge/Al-Laham [Management] 312 ff.; Macharzina [Unternehmensführung] 241 ff.

den möchte. Die geschäftsfeldstrategischen Basisalternativen lauten dabei vor allem ‚Diversifikation' oder ‚Konzentration auf Kerngeschäfte'[86].

Die *Geostrategie* einer Unternehmung determiniert mit den Standorten und der räumlichen Reichweite der Unternehmungsaktivitäten ihre geographische Konfiguration. Hier geht es somit um die – heute insbesondere mit Stichworten wie ‚Internationalisierung' oder ‚Globalisierung' verbundene – Entscheidung, welche der geschäftsfeldstrategisch vorgezeichneten (z. B. Produktions- und Absatz-)Aufgaben in welchen Regionen bzw. an welchen Lokationen anzusiedeln sind.

Geostrategie

Die *Wettbewerbsstrategien* heben die besonderen Stärken hervor, mit denen sich die Unternehmung auf dem jeweiligen Geschäftsfeld gegenüber den Mitbewerbern profilieren möchte. Solche Wettbewerbsvorteile können etwa in einer relativ günstigen Kostensituation oder in der ausgeprägten Kundennähe der Unternehmungsleistungen gesehen werden[87]. *Funktionalstrategien* schließlich legen die Grundlinien der operativen Entscheidungen entlang der wesentlichen Teilfunktionen einer Unternehmung wie Produktion, Personalwirtschaft etc. fest. Ein Beispiel bildet die personalstrategische Entscheidung, Führungskräfte primär aus dem eigenen Mitarbeiterstamm der Unternehmung zu rekrutieren.

Wettbewerbsstrategien

Funktionalstrategien

In Hinblick auf die herausgearbeiteten vier Strategiekomplexe kann festgestellt werden, dass die Entscheidungen über die Geschäftsfelder und die geographische Konfiguration – als Gesamtunternehmungsstrategien – im Prinzip auf der Ebene der Unternehmungsleitung zu fällen sind[88]. Hingegen hängt es in hohem Maße von den individuellen Merkmalen einer Unternehmung wie namentlich ihrer Größe und dem Diversifikationsgrad ihres Geschäftsfeldportfolios ab, ob die Bestimmung der Wettbewerbs- und/oder Funktionalstrategien zur Aufgabe der Unternehmungsleitung zählt oder auf tiefere Hierarchieebenen übertragen werden kann[89]. Insofern muss daher

---

[86] Siehe eingehender zur Bestimmung der Geschäftsfeldstrategien Ansoff /McDonnell [Management] 49 ff.; Bea/Haas [Management] 176 ff.; Welge/Al-Laham [Management] 363 ff.; Macharzina [Unternehmensführung] 248; Dowling [Unternehmensstrategien].

[87] Vgl. zu möglichen Inhalten wettbewerbsstrategischer Entscheidungen und ihrer Entwicklung näher Porter [Advantage] 11 ff.; Welge/Al-Laham [Management] 361 ff.; Steinmann/Schreyögg/Koch [Management] 223 ff.; Gerpott [Wettbewerbsstrategien].

[88] Vgl. z. B. auch Gälweiler [Planung] 1890; Kreikebaum [Unternehmensplanung] 191 ff. m. w. N.; Bea/Haas [Management] 59 ff.

[89] Vgl. auch Kreikebaum [Unternehmensplanung] 193 ff.; Bea/Haas [Management] 59 ff. Eine rechtlich bedingte Ausnahme ergibt sich in paritätisch mitbestimmten Unternehmungen, da und soweit hier das Personalwesen und damit personalstrategische Fragen über den Arbeitsdirektor zwingend Vorstandsrang besitzen, siehe hierzu auch Abschnitt 2.1.2.2.2.2, S. 80 und Abschnitt 2.2.1.1.2.2, S. 97.

1

nach den Umständen des Einzelfalls beurteilt werden, ob die Unternehmungsleitung wettbewerbs- bzw. funktionalstrategische Festlegungen selbst aktiv prägen, auf Vorschlag nachgeordneter Organisationseinheiten genehmigen oder vollständig delegieren sollte.

Infrastruktur-
entscheidungen

Mit den *Infrastrukturentscheidungen* veranlasst die Unternehmungsleitung die Schaffung eines ‚Unterbaus‘ aus Strukturen und Systemen, welcher die Entwicklung sowie die unternehmungsinterne Umsetzung ihrer Ziel- und Strategievorgaben unterstützen soll. Die *Strukturen der Unternehmung* werden durch die Rechtsstruktur und die Organisationsstruktur gebildet. Die *Rechtsstruktur* ergibt sich aus den gesellschafts- und konzernrechtlichen Merkmalen wie etwa der rechtseinheitlichen (Einheitsunternehmung) oder rechtlich gegliederten (Konzernunternehmung) Verfassung, der Rechtsform der Unternehmung bzw. der einzelnen Konzernunternehmen, den im Konzernfall eventuell abgeschlossenen Unternehmensverträgen usw. Die *Organisationsstruktur* setzt sich aus den unbefristeten Regelungen der Aufbau- und der Ablauforganisation zusammen, welche die Handlungskompetenzen und Handlungsbeziehungen der Organisationseinheiten (einschließlich der Unternehmungsleitung selbst) sowie die raum-zeitliche Abfolge der Handlungsprozesse festlegen. Die *Systeme der Unternehmung* stellen die informationelle Infrastruktur der Unternehmung her. Dabei lassen sich die Informationssysteme insgesamt (einschließlich des klassischen Rechnungswesens) grob in das *Planungssystem* und das *Kontrollsystem* einteilen[90].

Einzel-
entscheidungen

Einzelentscheidungen des Topmanagements schließlich betreffen operative Probleme im Zuge des ‚laufenden Tagesgeschäfts‘, die im Detail nicht planbar sind und aufgrund ihrer unternehmungsweiten Bedeutung oder Konfliktträchtigkeit nicht nachgeordneten Entscheidungsträgern überlassen werden können. Prominente Beispiele bilden etwa die Besetzung wichtiger Führungspositionen, Koordinationsentscheidungen zur Abstimmung interdependenter Aktivitäten verschiedener Unternehmungsbereiche und Maßnahmen des Krisenmanagements.

Realisations-
handlungen

Die Entscheidungshandlungen der Unternehmungsleitung werden in mehr oder weniger großem Umfang von Realisations- und Überwachungsaufgaben flankiert, die das Topmanagement selbst zu erfüllen hat. Bei den *Realisationshandlungen mit Vorstandsrang* handelt es sich im Kern um Maßnahmen, die aufgrund ihrer symbolischen Funktion die Einbringung des Prestiges der Hierarchiespitze erfordern[91]. Zu denken ist z. B. an die Unterzeichnung von

---

90   Siehe zu diesen beiden Systemgruppen und ihrer häufigen Integration in einem *Controllingsystem* näher Hahn/Hungenberg [PuK] 45 ff.; Horváth [Controlling] 167 ff.; Küpper [Controlling] 13 ff.; Macharzina [Unternehmensführung] 376 ff; Weber [Controlling] 153 ff.

91   Vgl. zu dieser Rolle der Unternehmungsleitung z. B. auch Mintzberg [Nature] 58 ff., 75 ff.

Verträgen über Geschäfte von herausragender Größenordnung oder mit prominenten Vertragspartnern (etwa Regierungen), Pressekonferenzen zur Unternehmungsentwicklung oder (andere) Repräsentationshandlungen.

Die *Überwachungsaufgaben* der Unternehmungsleitung beruhen auf sachlogischen und auf verhaltensbezogenen Momenten[92]. Ihre sachlogische Begründung liegt darin, dass die Konsequenzen unternehmerischer Entscheidungen infolge der Unsicherheit zukünftiger Entwicklungen anders als geplant ausfallen können und eintretende Planabweichungen möglicherweise Korrekturmaßnahmen erfordern. Infolgedessen ist jede Unternehmungsleitung gehalten, den Erfolg der von ihr selbst gefassten Beschlüsse zu überwachen.

Überwachungs-
handlungen

Im Gegensatz zu diesen sachlogischen Kontrollaufgaben der Unternehmungsleitung, die ihre eigenen Entscheidungen betreffen, richten sich ihre verhaltensbedingten Überwachungsmaßnahmen auf den Bereich der delegierten Handlungen. Sie resultieren aus dem Umstand, dass sich das Topmanagement insoweit nicht darauf beschränken kann, die Etablierung eines Kontrollsystems zu veranlassen und im Übrigen die konkreten Kontrollmaßnahmen vollständig auf nachgelagerte Hierarchieebenen zu übertragen. Vielmehr darf es – selbst bei einer ,Abkehr vom Misstrauensgrundsatz hin zur Vertrauensorganisation'[93] – als empfehlenswert gelten, wenn sich die Unternehmungsleitung stichprobenartig (und z. B. von der internen Revision unterstützt) ein eigenes Bild von der Funktionsfähigkeit des Kontrollsystems und der Verlässlichkeit der untergeordneten Handlungsträger verschafft.

Die voranstehende Übersicht über die Kernaufgaben des Topmanagements macht die große Spannweite der Aufgabenstellung einer Unternehmungsleitung deutlich. Da die einzelnen Aufgaben heterogene Anforderungen stellen, müsste eine Untersuchung über zweckmäßige Formen ihrer organisatorischen Verankerung streng genommen nach den verschiedenen Handlungen der Unternehmungsführung trennen. Ein solch differenziertes Vorgehen würde allerdings den Rahmen des vorliegenden Buchs bei weitem sprengen. Im Folgenden kann es daher lediglich darum gehen, Grundprinzipien der Führungsorganisation herauszuarbeiten, die vergleichsweise unempfindlich gegenüber den Spezialanforderungen der Einzelaufgaben sind. Zur Begrenzung des Umfangs erfolgt dabei eine Konzentration auf die Entscheidungshandlungen der Unternehmungsleitung, sodass die Organisation ihrer Realisations- und Kontrollhandlungen nur an besonders wichtigen Punkten eingehender thematisiert wird.

---

92 Vgl. hierzu und zum Folgenden auch Frese [Kontrolle] 61 f.; Franken/Frese [Kontrolle] 892 ff.

93 Vgl. Bleicher [Organisation] 70 ff.; Frese/v. Werder [Organisation] 22 f.

1.2.1.4.2 Arbeitsweise der Unternehmungsführung

Neben der Umschreibung der Aufgabenstellung einer Unternehmungsleitung, wie sie in dem voranstehend entwickelten Katalog der Kernaufgaben zum Ausdruck kommt, lässt sich die Tätigkeit der Unternehmungsführung als Objekt organisatorischer Gestaltung auch hinsichtlich der Art und Weise charakterisieren, wie Topmanager ihre Aufgaben erfüllen. Während die Aufgabendefinition eher für Fragen der Aufbauorganisation von Bedeutung ist, betrifft die zweite Sichtweise mehr den Aspekt der ablauforganisatorischen Regelung unternehmungsführender Prozesse.

Empirische Studien

Empirische Untersuchungen der Arbeitsweise hochrangiger Führungskräfte haben in der Betriebswirtschafts- und Managementlehre als Teil der Frage, ,was Manager wirklich tun'[94], eine lange Tradition[95]. So hat CARLSON in den frühen 1950er Jahren die charakteristischen Bestandteile des Tagesablaufs von neun schwedischen Managern der oberen Hierarchieebenen erhoben[96]. Die Daten wurden im Wege der Selbstaufschreibung ermittelt. Diese Methode hat STEWART in den 1960er Jahren in England aufgegriffen und in mehreren Untersuchungen verwendet[97].

Eine der nach wie vor einflussreichsten Studien zur managerialen Arbeitsweise wurde von MINTZBERG im Jahre 1973 veröffentlicht. MINTZBERG hat jeweils eine Woche lang die Aktivitäten von fünf Topmanagern mittlerer und großer amerikanischer Unternehmungen beobachtet[98]. Ferner hat KOTTER viel beachtete Ergebnisse einer mehrjährigen Studie vorgelegt, die neben anderen Erhebungsmethoden (z. B. Interviews) auch in größerem Umfang auf Beobachtungen basieren[99].

Es versteht sich von selbst, dass die in den bisherigen Erhebungen ermittelten Befunde schon aufgrund der relativ kleinen Stichproben nicht ohne weiteres verallgemeinert werden können. Bemerkenswert ist jedoch, dass die durchgeführten Untersuchungen zu beachtlichen Übereinstimmungen gelangen.

---

94 Siehe z. B. den Aufsatztitel des bekannten Beitrags von Kotter [Effective].
95 Die nachfolgende Darstellung lehnt sich an Frese/Mensching/v. Werder [Unternehmungsführung] 89 ff., insb. 95 ff., an.
96 Vgl. Carlson [Behavior].
97 Vgl. Stewart [Managers]; Stewart [Contrasts]; Stewart [Choices]. Ein Überblick über die wichtigsten bisher durchgeführten Untersuchungen findet sich bei Campbell [Behavior] 71 ff.; Dubin [Behavior]; Mintzberg [Nature] 21 ff. und 149 ff. Siehe zu neueren Studien ferner Schirmer [Arbeitsverhalten]; Goecke [Kooperationsformen]; Pribilla/Reichwald/Goecke [Telekommunikation].
98 Siehe Mintzberg [Nature]; Lorsch et al. [Management] 215 ff.
99 Vgl. Kotter [Managers]; Kotter [Effective]; Conger/Kotter [Managers].

Die Aktivitäten der Unternehmungsleitung zeichnen sich danach in aller Regel durch ein großes Arbeitspensum aus. Charakteristisch ist ferner ihre relativ kurze Dauer, ihre große Heterogenität und Vielfalt sowie ihre Diskontinuität aufgrund häufiger Unterbrechungen. Die Hälfte der von der Unternehmungsleitung erledigten Aktivitätskomplexe dauerte nach den Befunden von MINTZBERG weniger als neun Minuten. Nur 10 % der Aktivitäten nahmen mehr als eine Stunde in Anspruch, wobei es sich vorwiegend um geplante Sitzungen handelte[100].

Aktivitäts-merkmale

Nach MINTZBERG neigen Unternehmungsleitungen dazu, größere Projekte – aufgrund der Problemkomplexität und der begrenzten Kapazität der Topmanager – in eine Sequenz von Einzelentscheidungen aufzulösen. Es erfolgt keine zeitlich konzentrierte, umfassende Auseinandersetzung mit den Problemen, sondern eine schrittweise Lösung. Die in der Studie berücksichtigten Unternehmungsleitungen betreuten bis zu 50 solcher Projekte zur gleichen Zeit, wobei die Projekte im Einzelnen unterschiedliche Entwicklungsstadien und Aktivitätsniveaus aufwiesen (siehe Abbildung 1-9).

Manager als Jongleure

Abbildung 1-9

„Wie ein Jongleur hält sie (die Unternehmungsleitung) eine Zahl von Projekten in der Luft; regelmäßig kommt eines runter, bekommt einen neuen Stoß und wird wieder in die Luft befördert. In verschiedenen Abständen fügt sie neue Projekte in das Spiel ein und alte heraus".

Quelle: MINTZBERG [Folklore] 57.

Unternehmungsleitungen bevorzugen offensichtlich in hohem Maße die verbale Kommunikation in Form von Telefongesprächen und Sitzungen bzw. Besprechungen. Nach den Studien von STEWART[101] und MINTZBERG[102] verwenden die Manager hierfür 70 % bis 80 % ihrer Arbeitszeit. Hingegen wird die Beschäftigung mit schriftlichen Ausarbeitungen, insbesondere die Erledigung der eingehenden Post, von den meisten Personen als lästig empfunden. Die Betonung des verbalen Informationsaustausches wird nicht zuletzt durch ein ausgeprägtes Interesse an ‚weichen' Daten und Sachverhalten wie Gerüchten, Vermutungen, persönlichen Einschätzungen der Ge-

Verbale Kommu-nikation

---

[100] Siehe Mintzberg [Nature] 33.
[101] Vgl. Stewart [Managers] 49 f.
[102] Siehe Mintzberg [Folklore] 52.

sprächspartner gefördert, die durch Aktenstudium und formalisierte Berichte kaum zu gewinnen sind.

Zwei Illustrationen sollen abschließend einen noch plastischeren Eindruck von der managerialen Arbeitsweise vermitteln. Abbildung 1-10 zeigt den normalen Tagesablauf eines Managers, wie er von KOTTER nachgezeichnet wurde[103]. Abbildung 1-11 enthält die konkrete Tagesordnung einer typischen Sitzung des Zentralvorstands der Siemens AG[104].

Abbildung 1-10	***Managerialer Tagesablauf nach KOTTER***

7:35 A.M.	He arrives at work after a short commute, unpacks his briefcase, gets some coffee, and begins a "to do" list for the day.
7:40	Jerry Bradshaw, a subordinate, arrives at his office, which is right next to Richardson's. One of Bradshaw's duties is to act as an assistant to Richardson.
7:45	Bradshaw and Richardson converse about a number of topics. Richardson shows Bradshaw some pictures he recently took at his summer home.
8:00	Bradshaw and Richardson talk about a schedule and priorities for the day. In the process, they touch on a dozen different subjects and issues relating to customers, and other subordinates.
8:20	Frank Wilson, another subordinate, drops in. He asks a few questions about a personnel problem and then joins in the ongoing discussion. The discussion is straightforward, rapid, and occasionally punctuated with humor.
8:30	Fred Holly, the chairman of the firm and Richardson's "boss", stops in and joins in the conversation. He asks about an appointment scheduled for 11 o'clock and brings up a few other topics as well.
8:40	Richardson leaves to get more coffee. Bradshaw, Holly, and Wilson continue their conversation.
8:42	Richardson comes back. A subordinate of a subordinate stops in and says hello. The others leave.
8:43	Bradshaw drops off a report, hands Richardson instructions that go with it, and leaves.
8:45	Joan Swanson, Richardson's secretary, arrives. They discuss her new apartment and arrangements for a meeting later in the morning.
8:49	Richardson gets a phone call from a subordinate who is returning a call from the day before. They talk primarily about the subject of the report Richardson just received.
8:55	He leaves his office and goes to a regular morning meeting that one of his subordinates runs. There are about 30 people there. Richardson reads during the meeting.
9:09	The meeting is over. Richardson stops one of the people there and talks to him briefly.
9:15	He walks over to the office of one of his subordinates, who is corporate counsel. His boss, Holly, is there too. They discuss a phone call the lawyer just received. While standing, the three talk about possible responses to a problem. As before, the exchange is quick and includes some humor.

---

103 Entnommen aus Kotter [Effective] 156 ff.
104 Entnommen aus Maly [Entwicklung] 184.

9:30	Richardson goes back to his office for a meeting with the vice chairman of another firm (a potential customer and supplier). One other person, a liaison with that firm and a subordinate's subordinate, also attends the meeting. The discussion is cordial. It covers many topics, from their products to U.S. foreign relations.
9:50	The visitor and the subordinate's subordinate leave. Richardson opens the adjoining door to Bradshaw's office and asks a question.
9:52	Richardson's secretary comes in with five items of business.
9:55	Bradshaw drops in, asks a question about a customer, and then leaves.
9:58	Frank Wilson and one of his people arrive. He gives Richardson a memo and then the three talk about the important legal problem. Wilson does not like a decision that Richardson has tentatively made and urges him to reconsider. The discussion goes back and forth for 20 minutes until they agree on the next action and schedule it for 9 o'clock the next day.
10:35	They leave. Richardson looks over papers on his desk, then picks one up and calls Holly's secretary regarding the minutes of the last board meeting. He asks her to make a few corrections.
10:41	His secretary comes in with a card for a friend who is sick. He writes a note to go with the card.
10:50	He gets a brief phone call, then goes back to the papers on his desk.
11:03	His boss stops in. Before Richardson and Holly can begin to talk, Richardson gets another call. After the call, he tells his secretary that someone didn't get a letter he sent and asks her to send another.
11:05	Holly brings up a couple of issues, and then Bradshaw comes in. The three start talking about Jerry Phillips, who has become a difficult problem. Bradshaw leads the conversation, telling the others what he has done during the last few days regarding this issue. Richardson and Holly ask questions. After a while, Richardson begins to take notes. The exchange, as before, is rapid and straightforward. They try to define the problem and outline possible alternative next steps. Richardson lets the discussion roam away from and back to the topic again and again. Finally, they agree on a next step.
12:00 P.M.	Richardson orders lunch for himself and Bradshaw. Bradshaw comes in and goes over a dozen items. Wilson stops by to say that he has already followed up on their earlier conversation.
12:10	A staff person stops by with some calculations Richardson had requested. He thanks her and has a brief, amicable conversation.
12:20	Lunch arrives. Richardson and Bradshaw go into the conference room to eat. Over lunch they pursue business and nonbusiness subjects. They laugh often at each other's humor. They end the lunch talking about a potential major customer.
1:15	Back in Richardson's office, they continue the discussion about the customer. Bradshaw gets a pad, and they go over in detail a presentation to the customer. Then Bradshaw leaves.
1:40	Working at his desk, Richardson looks over a new marketing brochure.
1:50	Bradshaw comes in again, he and Richardson go over another dozen details regarding the presentation to the potential customer. Bradshaw leaves.
1:55	Jerry Thomas comes in. He is a subordinate of Richardson, and he has scheduled for the afternoon some key performance appraisals, which he and Richardson will hold in Richardson's office. They talk briefly about how they will handle each appraisal.
2:00	Fred Jacobs (a subordinate of Thomas) joins Richardson and Thomas. Thomas runs the meeting. He goes over Jacobs's bonus for the year and the reason for it. Then the

three of them talk about Jacobs's role in the upcoming year. They generally agree and Jacobs leaves.

2:30	Jane Kimble comes in. The appraisal follows the same format as for Fred Jacobs. Richardson asks a lot of questions and praises Kimble at times. The meeting ends on a friendly note of agreement.
3:00	George Houston comes in; the appraisal format is repeated again.
3:30	When Houston leaves, Richardson and Thomas talk briefly about how well they have accomplished their objectives in the meetings. Then they talk briefly about some of Thomas's other subordinates. Thomas leaves.
3:45	Richardson gets a short phone call. His secretary and Bradshaw come in with a list of requests.
3:50	Richardson receives a call from Jerry Phillips. He gets his notes from the 11 o'clock meeting about Phillips. They go back and forth on the phone talking about lost business, unhappy subordinates, who did what to whom, and what should be done now. It is a long, circular, and sometimes emotional conversation. Near the end, Phillips is agreeing with Richardson on the next step and thanking him.
4:55	Bradshaw, Wilson, and Holly all step in. Each is following up on different issues that were discussed earlier in the day. Richardson briefly tells them of his conversation with Phillips. Bradshaw and Holly leave.
5:10	Richardson and Wilson have a light conversation about three or four items.
5:20	Jerry Thomas stops in. He describes a new personnel problem and the three of them discuss it. More and more humor starts coming into the conversation. They agree on an action to take.
5:30	Richardson begins to pack his briefcase. Five people briefly stop by, one or two at a time.
5:45	He leaves the office.

Abbildung 1-11

Tagesordnung einer Vorstandssitzung der Siemens AG

Zentralvorstands-Sitzung (S) am 8.12.95 in Erlangen
- Voraussichtlicher Zeitplan -

Uhrzeit	Referenten und Programmpunkte
09.30 - 10.30	Herren Martinsen, Franke, Mönkemeyer, Rackow, Stubenrauch 1. VT Restrukturierung Mechan-Aktivitäten (SFG)
10.30 - 11.30	Herren Bubendorfer, Kosack 2. ASI USA: Erwerb „Fresno", Batavia/IL (Niederspannungsschaltgeräte 238' DM)

11.00 - 11.30	Herr Koch
	3. ÖN CHN: a) J.V. (35 %) für Mobil- und Festnetze, Guangzhou
	                          (P-Vorlage)
	                      b) J.V. (35 %) für Mobil- und Festnetze, Innere Mongolei
	                          (P-Vorlage)
	                      c) J.V. (51 %) für Vertrieb, Service und Fertigung
	                          von DECT-Systemen, Shandong (P-Vorlage)

11.30 - 11.45	Herren Desi, Bartsch
	4. AT KOR: J.V. (51 %) mit Keyang Electric Machinery Co.Ltd.
	                      auf dem Gebiet von Elektromotoren für Sitzversteller
	                      und Fensterheber (P-Vorlage 35' DM)

11.45 - 12.15	Herren Radomski, Dr. Mirow, Dr. Kleinfeld 6. ZV Weiteres Vorgehen im top-Projekt Unternehmensführung

12.15 - 13.00	Entscheidung aufgrund eingereichter Unterlagen:
	5. ANL USA: Erwerb (P-Vorlage)
	7. ASI J.V. (40 %)
	8. Med CRE
	9. ÖN Kapazitätserweiterung inkl. Gebäude und Infrastruktur Siecor
	                 GmbH & Co. KG, Neustadt/Coburg (34'7 DM)
	10. SNI FKR
	11. VT OES: Umbenennung der SGP Verkehrstechnik Ges.m.b.H.
	                     in Siemens SGP Verkehrstechnik Ges.m.b.H., Wien
	12. OSRAM HGK: Cash Pooling Service für OSRAM Prosperity
	                     Ltd., Hongkong
	13. NOR Erweiterung Standort Oslo-Linderud für die Zusammenführung
	                 von LG und SNI (19'4 DM)
	14. SWZ Erwerb (Straßenverkehrstechnik, 8'650 DM)
	15. IND Grundstück und Gebäude, Gurgaon/Delhi (24' DM)
	16. IND Grundstück und Gebäude, Madras (15' DM)

Es liegt auf der Hand, dass die – hier nur ganz rudimentär angerissenen – Arbeitsmodalitäten der Unternehmungsleitung eine bedeutsame ablauforganisatorische Dimension haben. Dieses Gestaltungsfeld wirft eine Fülle interessanter Fragen auf, die heute noch nicht annähernd ausreichend erforscht sind. Sie reichen bis in Aspekte des persönlichen Zeitmanagements hochrangiger Führungskräfte hinein und werden u. a. auch in hohem Maße von den technologischen Entwicklungen auf dem Gebiet der modernen Informations- und Kommunikationsmittel berührt. Es ist hier jedoch nicht der Ort, den facettenreichen Themen der Ablauforganisation des Topmanagements eingehender nachzugehen. Im Mittelpunkt der weiteren Darstellung stehen vielmehr die grundlegenden aufbaustrukturellen Gestaltungsprobleme der Organisation der Unternehmungsführung.

1.2.2 Gestaltungsfelder der Führungsorganisation

Organisatorische Gestaltung

Organisationsstrukturen legen die Handlungskompetenzen organisatorischer Einheiten fest. *Organisatorische Einheiten* wie Stellen, Abteilungen oder Bereiche bilden Orte der Aufgabenerfüllung, denen eine Person oder mehrere Unternehmungsmitglieder als *Handlungsträger* zugeordnet sind. Die *Handlungskompetenzen* oder kurz *Kompetenzen* solcher Organisationseinheiten definieren die Zuständigkeiten ihrer Handlungsträger. Sie fixieren – mehr oder weniger präzise – das Spektrum der Maßnahmen, zu denen die entsprechenden Personen im Zuge der Aufgabenerfüllung befugt (und aufgefordert) sind. Da organisatorische Einheiten Elemente eines arbeitsteiligen Systems darstellen, regelt die Kompetenzverteilung mit der Zuständigkeitsabgrenzung zugleich auch die *Handlungsbeziehungen*, in denen die Organisationseinheiten zueinander stehen. Wichtige Beispiele solcher Beziehungen bilden etwa Weisungslinien zwischen hierarchisch über- und untergeordneten Einheiten sowie Kommunikationskanäle, die dem institutionalisierten Informationsaustausch zwischen hierarchisch unverbundenen Handlungsträgern dienen.

Gestaltung der Führungsorganisation

Organisatorische Gestaltung bedeutet damit im Kern die Bildung organisatorischer Einheiten und die Formulierung ihrer Kompetenzen. Im Fall der Organisation der Unternehmungsführung lassen sich dabei mit der Spitzenorganisation und der Leitungsorganisation zwei wesentliche Gestaltungsfelder unterscheiden (siehe Abbildung 1-12). Die Trennung zwischen beiden Teilkomplexen der Führungsorganisation erklärt sich aus der schon angesprochenen Dualität zwischen der organisationstheoretisch vorausgesetzten und der gesellschaftsrechtlich vorgesehenen Trägerschaft der Unternehmungsführung. Nach der vereinfachten organisatorischen Vorstellung obliegt die Unternehmungsführung einer einzigen Einheit, die als Unternehmungsleitung die Hierarchiespitze markiert. Die gängigen Rechtsformen hingegen verteilen Kompetenzen zur Unternehmungsführung normalerweise auf ein System mehrerer Gremien. Das Bindeglied zwischen den beiden

Betrachtungsebenen der organisatorischen Hierarchie und des rechtsform-
bedingten Gremiensystems bildet das *Leitungsorgan*, das im Kreis der juristisch vorgegebenen Gremien über die vergleichsweise größten Kompetenzen
verfügt und daher der Unternehmungsleitung im organisatorischen Sinne
am nächsten kommt.

Spitzenorganisation und Leitungsorganisation

Abbildung 1-12

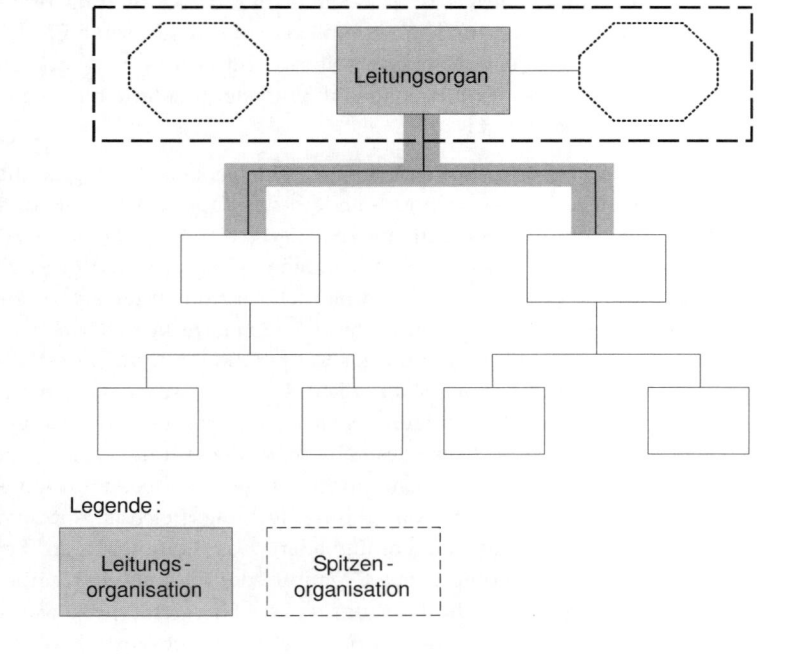

Vor diesem Hintergrund umfasst das Gestaltungsfeld der *Spitzenorganisation*
die Organisationsfragen der Systeme gesellschaftsrechtlicher Gremien, die
nach den jeweils rechtsformabhängig geltenden Vorschriften zu etablieren
und mit bestimmten Befugnissen zur Unternehmungsführung auszustatten
sind. Im Einzelnen geht es hier vor allem um die Analyse, welche Gremien
konkret rechtsformspezifisch vorgesehen sind, über welche Kompetenzen
diese Gremien verfügen müssen und dürfen, welchen Gremien hiernach die
Funktion des Leitungsorgans eingeräumt werden kann, wie sich das Kompetenzverhältnis zwischen diesem Leitungsorgan und den übrigen Gremien
ausgestalten lässt und welche (betriebswirtschaftlichen wie juristischen)

*Spitzen-
organisation*

Konsequenzen jeweils mit den alternativen Gestaltungsformen verbunden sind.

Im Rahmen der *Leitungsorganisation* oder *Topmanagement-Organisation* stellt sich zunächst die Vorfrage, ob das Leitungsorgan der Unternehmung unipersonal oder multipersonal ausgeformt werden soll. Eine multipersonale Leitung größerer Unternehmungen ist in der Praxis vorherrschend[105], unter bestimmten Voraussetzungen – wie etwa bei einer AG mit mehr als 2.000 Arbeitnehmern – gesetzlich vorgeschrieben[106] und im Regelfall auch betriebswirtschaftlich empfehlenswert[107]. Zudem ist hier das Gestaltungsproblem der Leitungsorganisation ungleich komplexer (und damit seine Erörterung ergiebiger) als bei einer Einmannleitung. Infolgedessen wird im Weiteren ein mehrköpfiges Topmanagement unterstellt, sofern nicht ausdrücklich etwas anderes gesagt ist.

Gegenstand der Leitungsorganisation bei einer Mehrpersonenleitung ist die Kompetenzverteilung zwischen den Mitgliedern des Topmanagements und die Regelung ihrer Zusammenarbeit mit den nachgeordneten Handlungsträgern. Zu beachten ist, dass das so verstandene Gestaltungsfeld der Leitungsorganisation bei genauerer Betrachtung nicht nur die organisatorische Ausformung der Unternehmungsleitung betrifft. Es erstreckt sich vielmehr streng genommen auf die Organisation der Kooperation innerhalb des Leitungsorgans (*organinterne Leitungsorganisation*) sowie zwischen Organmitgliedern und anderen Handlungsträgern (*organübergreifende Leitungsorganisation*). Diese Unterscheidung ist deshalb von Bedeutung, weil der Zuständigkeitsbereich der »Unternehmungsleitung« als oberster Handlungseinheit der Hierarchie nicht zwangsläufig deckungsgleich ist mit dem Kompetenzbereich der Leitungsorganmitglieder. Das Leitungsorgan bezeichnet zwar das rechtlich vorgesehene Gremium, das nach seiner Kompetenzausstattung am ehesten (auch) die Aufgaben der Hierarchiespitze wahrnimmt. Aufgrund der rechtlichen und nicht betriebswirtschaftlich-organisatorischen Abgrenzung des Leitungsorgans sind dessen Mitglieder jedoch nicht zwangsläufig auf die Funktionsausübung in der Spitzeneinheit der Hierarchie beschränkt. Sie können vielmehr je nach der organinternen Organisation neben oder anstelle ihrer unternehmensführenden Funktion in

---

[105] Siehe z. B. Bleicher/Paul [Board-Modell] 267; Finkelstein/Hambrick [Leadership] 8; Spencer Stuart [Index] 36, 68 ff.; Grundei [Management] 1446.

[106] In diesem Fall ist nach § 33 Abs. 1 MitbestG ein Arbeitsdirektor zu bestellen, sodass die mitbestimmte AG über einen mindestens zweiköpfigen Vorstand verfügt, siehe näher Abschnitt 2.2.1.1.2.3, S. 103 m. N.

[107] Siehe die Effizienzbewertung bei v. Werder [Führung] 261 ff. sowie auch die diesbezügliche Empfehlung in Tz. 4.2.1 Satz 1 des Deutschen Corporate Governance Kodex (DCGK) für börsennotierte Gesellschaften und zu einem entsprechenden Grundsatz ordnungsmäßiger Unternehmungsleitung v. Werder [Unternehmungsleitung] 60.

der Hierarchiespitze auch unterhalb der Ebene der Unternehmungsleitung operieren und damit mehrere Ebenen der organisatorischen Hierarchie abdecken. Abbildung 1-13 illustriert eine solche fehlende Deckungsgleichheit von Unternehmungsleitung und Leitungsorgan für den Beispielsfall, dass die Vorstandsmitglieder einer AG neben der Ausübung der Unternehmungsleitung auch die Teilbereiche der Unternehmung leiten.

Fehlende Deckungsgleichheit von Unternehmungsleitung und Leitungsorgan | *Abbildung 1-13*

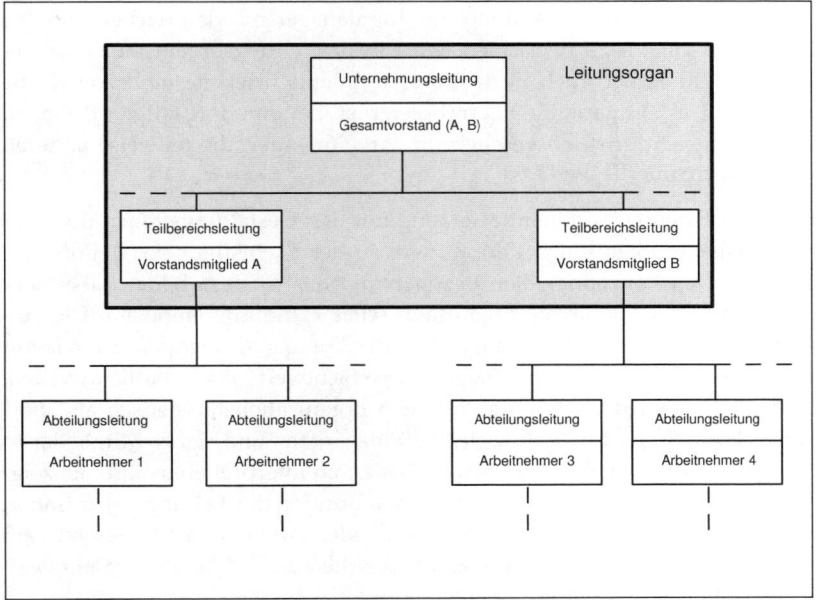

Eine ausschließliche Fokussierung auf die organisatorische Ausformung und Einbindung der Spitzeneinheit der Hierarchie würde eine Reihe bedeutsamer Fragestellungen ausklammern, die traditionell im Zusammenhang mit den Problemen der „Organisation der Unternehmungsleitung" angesprochen werden[108]. Die Begründung hierfür liegt darin, dass sich die Literatur regelmäßig nicht auf die Betrachtung der Spitzeneinheit (Hierarchiespitze) beschränkt. Sie erörtert vielmehr genau genommen – etwa am prominenten

Organisation des Leitungsorgans

---

[108] Vgl. z. B. Stratoudakis [Unternehmensführung]; Arbeitskreis Dr. Krähe [Leitungsorganisation]; Hoffmann [Organisation]; Hoffmann [Unternehmungsleitung]; Rühli [Unternehmungsführung] 67 ff.; Krüger [Organisation] 247 ff.; Becker/Fallgatter [Unternehmungsführung] 163 ff.

Beispiel der Vorstandsorganisation – die Gestaltungsprobleme des Leitungsorgans und dehnt damit ihr Erkenntnisobjekt von der Hierarchiespitze auf weitere Ebenen der Hierarchie aus.

Organisation des Topmanagements

Die hier zu Grunde gelegte weite Fassung des Begriffs der Leitungsorganisation steht folglich in Übereinstimmung mit dem Schrifttum. Sie deckt nicht nur die Organisation der Unternehmungsleitung im Sinne der Hierarchiespitze ab, sondern bezieht sämtliche Fragen der organisatorischen Gestaltung des Topmanagements bzw. Leitungsorgans mit ein. Zum Regelungsbereich der Leitungsorganisation zählen danach konkret zunächst alle Ebenen der Hierarchie, auf denen Leitungsorganmitglieder tätig werden. Um auch die organisatorische Verbindung der Topmanager mit den nachgeordneten Handlungsträgern zu betrachten, wird in das leitungsorganisatorische Gestaltungsfeld ferner auch noch die erste Hierarchieebene einbezogen, die nicht mehr mit Organmitgliedern besetzt ist. Bei den dort tätigen Personen handelt es sich juristisch gesehen um Arbeitnehmer, die teilweise anderen Regelungen unterliegen[109].

Die nachstehende Auseinandersetzung mit den Gestaltungsfragen der Topmanagement-Organisation knüpft zwar an der Rechtsfigur des Leitungsorgans an. Den konzeptionellen Bezugspunkt der Analyse bildet dabei aber das Modell der Hierarchie organisatorischer Handlungseinheiten. Die einzelnen Möglichkeiten der Organisation des Topmanagements werden somit auf das Hierarchiemodell projiziert. Diese Sichtweise lässt deutlich werden, dass die einzelnen Gestaltungsvarianten organisationstheoretisch als alternative Formen der Einbettung des Leitungsorgans und seiner Mitglieder in das System der organisatorischen Einheiten zu interpretieren sind. Sie zeigt ferner, dass Hierarchieebenen je nach Ausformung der Leitungsorganisation entweder mit Leitungsorganmitgliedern oder Arbeitnehmern besetzt sein können. Infolgedessen ist konsequent zwischen der Hierarchie organisatorischer Einheiten und der Personenhierarchie zu trennen.

Basismodelle und Detailausformungen der Leitungsorganisation

Um das komplexe Gestaltungsfeld der Organisation des Topmanagements weiter zu strukturieren, wird zwischen der Wahl eines Basismodells der Leitungsorganisation und der Detailausformung des gewählten Modells durch Maßnahmen der Delegation und der Bereichsbildung differenziert. Während die *Delegation* die Handlungsspielräume hierarchisch verbundener Organisationseinheiten festlegt, bestimmen die jeweiligen Formen der *Bereichsbildung* die Handlungsinhalte hierarchisch unverbundener Einheiten. Die angesprochenen Basis- und Detailmaßnahmen der Topmanagement-Organisation betreffen zwar wie dargelegt streng genommen das Leitungs-

---

[109] Vgl. zu den Unterschieden zwischen Organmitgliedern und Arbeitnehmern nur Schaub [Kommentierungen] § 14 Rn. 4 ff.; Fleck [Organmitglied]; Haberkorn [Arbeitsrecht] 11; Henssler [Organmitglieder] m. w. N.

organ und nicht die Spitzeneinheit. Sie sollen aber zur sprachlichen Vereinfachung und mit Blick auf die gängige Terminologie im Weiteren gleichwohl auch als Formen der Organisation der Unternehmungsleitung bezeichnet werden.

1.2.3 Führungsorganisation und Organisationsrecht

Die organisatorische Gestaltung einer Unternehmung findet in der Praxis nicht im rechtsfreien Raum statt, sondern unterliegt zahlreichen juristischen Vorschriften[110]. Dieser Tatbestand gilt in besonderem Maße für die Organisation der Unternehmungsführung. Es handelt sich hierbei um ein Gestaltungsfeld, das geradezu einen der hauptsächlichen Regelungsbereiche des Organisationsrechts markiert. Diese Feststellung lässt sich bereits durch den Hinweis auf die gesellschaftsrechtlichen Organisationsnormen untermauern, die im Kern die spezifische Ausgestaltung der Unternehmungsführung bzw. Unternehmensverfassung der einzelnen Rechtsformen zum Gegenstand haben.

Bedeutung des Organisationsrechts

Rechtsnormen bilden demnach gewichtige Einflussfaktoren der Führungsorganisation, die eine realitätsgerechte Analyse nicht ausklammern darf. Ihre Beachtung im Rahmen der Organisationsgestaltung kann zum einen zwingend erforderlich sein, um die Überschreitung juristischer Gestaltungsgrenzen mit der Folge von Gesetzesverstößen zu vermeiden. Zum anderen ist es ein Gebot ökonomischer Vernunft, neben den rein betriebswirtschaftlichen Konsequenzen auch die organisationsabhängigen Rechtsfolgen in die Bewertung alternativer Organisationsstrukturen einzubeziehen.

Die Berücksichtigung der juristischen Dimension bei der organisatorischen Gestaltung wird allerdings namentlich dadurch erschwert, dass ein *Organisationsrecht* als eigenständige Teildisziplin der Rechtswissenschaft nicht existiert. Es ist vielmehr als gedankliche Summe aller Rechtsnormen anzusehen, die an der Organisation arbeitsteiliger Handlungssysteme ansetzen. Diese Normen sind in einer kaum überschaubaren Fülle von Rechtsquellen verankert. Beschränkt man sich auf das hier verhandelte Thema der Führungsorganisation, so zählen zu den wichtigsten Quellen relevanter Rechtsvorschriften das schon erwähnte *Gesellschaftsrecht*, das *Betriebsverfassungsrecht*, das *Mitbestimmungsrecht* und das *Konzernrecht*. Hinzu treten in jüngster Zeit die zunehmend wichtiger werdenden Standards guter Corporate Governance, die zwar keine Gesetzeskraft haben, als ,soft law' aber gleichwohl nicht unbeachtlich sind[111]. Nicht zuletzt diese Komplexität der Regelungs-

Quellen des Organisationsrechts

---

[110] Grundlegend v. Werder [Organisationsstruktur].
[111] Siehe näher Abschnitt 1.1.2.3, S. 14 f.

materie dürfte einer mehrerer Gründe sein, weshalb juristische Aspekte in der Organisationsliteratur häufig ausgeblendet werden.

Rechtsnorm-orientierte Organisationstheorie

Die Auseinandersetzung mit der organisatorischen Ausformung der Unternehmungsleitung in der vorliegenden Abhandlung trägt der gravierenden Bedeutung des Rechts eingehender Rechnung. Sie ergänzt daher die rein betriebswirtschaftlich-organisatorische Perspektive um die Einbeziehung der zentralen rechtlichen Einflüsse der Führungsorganisation. Zu diesem Zweck wird im Folgenden die Grundkonzeption einer *rechtsnormorientierten Organisationstheorie* skizziert, die eine systematische Integration juristischer Implikationen in organisatorische Gestaltungsüberlegungen erlaubt.

In Anbetracht des interdisziplinären Charakters organisatorisch-juristischer Fragestellungen ist zunächst das konzeptionelle Verhältnis festzulegen, mit dem die beiden Kategorien „Organisation" und „Recht" in die nachstehenden Überlegungen eingehen[112]. Räumt man wie hier einer betriebswirtschaftlich-gestaltungsorientierten Perspektive den Vorrang ein, so sind die Rechtsnormen als Bestimmungsgrößen zu interpretieren, die neben anderen Faktoren bei der Generierung und Auswahl organisatorischer Gestaltungsalternativen zu berücksichtigen sind. Die rechtlichen Vorschriften werden

Rechtsnormen als Datum

somit dem Datenkranz organisatorischer Gestaltungsentscheidungen zugeordnet und zur Steigerung der Entscheidungsqualität in die Entscheidungsfindung einbezogen. Dabei werden die Rechtsregeln aufgrund ihres unterstellten Datencharakters in Zweifelsfragen nicht einer eigenen juristischen Auslegung unterzogen, sondern nach Maßgabe der in der Rechtswissenschaft herrschenden Meinung angewendet. Soweit sich für bestimmte Fragen (noch) keine überwiegende juristische Auffassung herausgebildet hat, ist das insoweit bestehende Rechtsrisiko auszuweisen.

Um die angestrebte betriebswirtschaftlich-gestaltungsorientierte Blickrichtung zu unterstützen, werden die Rechtsnormen auf die einzelnen Gestaltungsalternativen der Organisation bezogen (siehe Abbildung 1-14). Die Analyse des geltenden Rechts erfolgt somit nicht nach einer primär juristischen Gliederung, bei der beispielsweise zunächst die gesamten organisationsrelevanten Vorschriften des Gesellschaftsrechts, anschließend diejenigen des Betriebsverfassungsrechts, des Mitbestimmungsrechts etc. untersucht werden. Für das genannte Anliegen erscheint es vielmehr zweckmäßiger, getrennt für die einzelnen organisatorischen Gestaltungsalternativen

Rechtsnorm-implikationen

nur die alternativenspezifischen Regeln – allerdings über sämtliche relevanten Rechtsbereiche hinweg – herauszuarbeiten. Im Vergleich mit einer an juristischen Systematiken orientierten Vorgehensweise bietet diese Projektion der rechtlichen Gegebenheiten auf die Organisationsalternativen den Vorteil, dass – im Idealfall alle – Rechtsnormimplikationen der einzelnen

---

[112] Vgl. zum Folgenden v. Werder [Organisationsstruktur] 15 ff.

organisatorischen Gestaltungsmöglichkeiten zusammengefasst aufgezeigt werden können. Aus der Sicht der organisationsbezogenen Entscheidungsfindung wird so die juristische Dimension – vor allem beim Vergleich alternativer Organisationslösungen – transparenter.

Untersuchungsansatz einer rechtsnormorientierten Organisationslehre | *Abbildung 1-14*

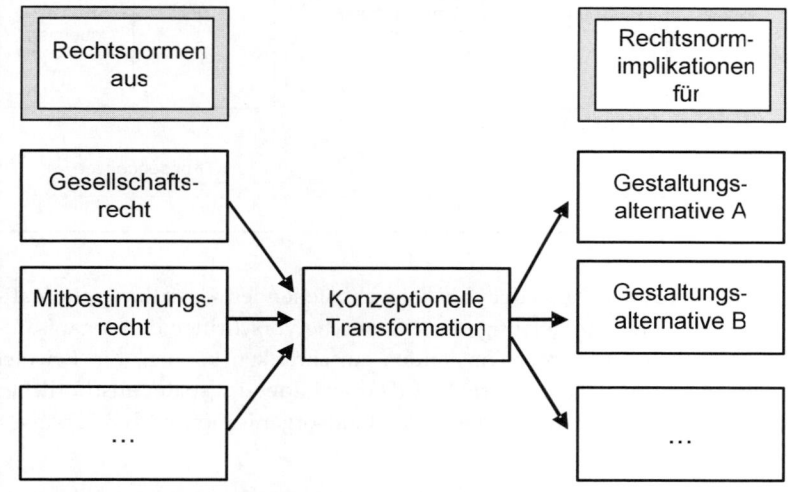

Fasst man die Ausformung der Organisation als Entscheidungsproblem auf, so lassen sich die Gestaltungsimplikationen von Rechtsnormen nach ihrer Stellung im Entscheidungsmodell differenzieren. Dabei kann generell zwischen rechtsnorminduzierten Restriktionen, Unterstützungen und Konsequenzen der jeweiligen Organisationsgestaltungen unterschieden werden (siehe Abbildung 1-15)[113].

---

[113] Vgl. zu dieser Einteilung v. Werder [Organisationsstruktur] 48 ff.

| Abbildung 1-15 | Implikationsarten des Rechts |

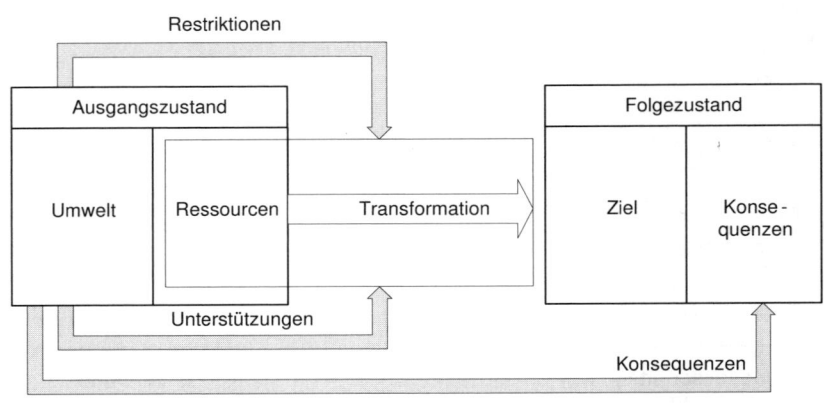

Restriktionen

In Hinblick auf den Kreis der zur Auswahl stehenden Gestaltungsalternativen ist die Vorstellung geläufig, dass juristische Vorschriften den organisatorischen Aktionsraum unter Umständen einschränken können. Ein Beispiel für derartige *rechtsnorminduzierte Restriktionen* bildet das später ausführlicher erörterte Verbot einer direktorialen Vorstandsorganisation nach § 77 Abs. 1 AktG[114].

Unterstützungen

Der eventuelle Unterstützungscharakter rechtlicher Regelungen wird hingegen oft nicht hinreichend hervorgehoben. Rechtsnormen vermögen zwar die Zahl der denkbaren organisatorischen Alternativen aus logischen Gründen nicht auszudehnen und übernehmen insofern allenfalls eine Anregungsfunktion für unvollständig informierte Entscheidungsträger[115]. Sie können aber den Einsatz organisatorischer Aktionsparameter über das zur Verfügung gestellte rechtliche Instrumentarium juristisch absichern oder durch den gewährten Rechtsschutz gar erst ermöglichen. Während Restriktionen die rechtlich zulässigen von den unzulässigen Organisationsalternativen trennen, helfen die *rechtsnorminduzierten Unterstützungen* folglich innerhalb des rechtsnormverträglichen Aktionsraums bei der organisatorischen Gestaltung, indem sie letztlich Transaktionskosten senken[116]. Solche Unterstützungsbeziehungen resultieren beispielsweise aus der mit § 37 Abs. 1 GmbHG eröffneten Möglichkeit, den Gesellschaftern der GmbH ein generelles Weisungsrecht gegenüber den Geschäftsführern einzuräumen. Hierdurch

---

[114] Siehe näher Abschnitt 3.2.1.1.3.1, S. 189.

[115] Vgl. auch Seidel [Organisation] 445.

[116] Zur Transaktionskostentheorie allgemein Coase [Nature]; Klein/Crawford/Alchian [Integration]; Williamson [Institutions]; Jost [Transaktionskostentheorie].

wird – anders als in der AG – auch eine Führung der Unternehmung durch die Anteilseigner ermöglicht[117].

Rechtsnorminduzierte Restriktionen und Unterstützungen umgrenzen das Bündel der organisatorischen Gestaltungsmöglichkeiten, die zulässigerweise und mit hinreichender Aussicht auf reibungslose Durchsetzbarkeit wählbar sind. Demgegenüber schlagen sich in *rechtsnorminduzierten Konsequenzen* die entscheidungserheblichen Rechtsfolgen nieder, die mit den zur Wahl stehenden Organisationsalternativen verbunden sind. Hierzu zählen zum Beispiel die Auswirkungen der vorstandsinternen Arbeitsteilung auf das individuelle Haftungsrisiko der einzelnen Vorstandsmitglieder[118].

Konsequenzen

---

117 Siehe näher Abschnitt 2.2.1.2.2.1, S. 117 ff.
118 Siehe näher Abschnitt 3.2.1.2.2, S. 249 ff.

2 Kompetenzverteilung zwischen Führungsgremien: Spitzenorganisation

2.1 Grundfragen der Spitzenorganisation

2.1.1 Gestaltungsparameter der Spitzenorganisation

Bedeutung der Spitzenorganisation

Die *Spitzenorganisation* als zentraler Gegenstand der *Unternehmensverfassung*[119] regelt die Teilhabe bestimmter Personen und Personengruppen an der Formulierung und Realisierung der Zielsetzungen einer Unternehmung. Sie sorgt mit den festgelegten Rechten und Pflichten der verfassungsmäßig legitimierten Handlungsträger für eine Kanalisierung der Einflussnahmen auf das Unternehmungsgeschehen oder genauer: auf die Unternehmungsführung. Diese Führungsbeteiligung dient namentlich dem Ausgleich der Interessen zwischen der Unternehmung und ihrer Umwelt sowie zwischen den diversen Interessengruppen innerhalb der Unternehmung.

Zahl und Art der Gremien

Die Alternativen der Spitzenorganisation ergeben sich aus einer Kombination mehrerer Gestaltungsvariablen. Zu den wichtigsten Parametern zählen vor allem die Zahl und die Art, die Kompetenzen und die Besetzung der einflussbefugten Gremien bzw. Organe. Die Ausprägungen dieser Parameter und damit das jeweils gültige System der Verfassungsregelungen einer Unternehmung werden in hohem Maße durch die jeweils gewählte Rechtsstruktur und die vorliegende Mitbestimmungssituation geprägt. Diese beiden Gestaltungsdeterminanten geben mit der *Zahl* und der *Art* der einzurichtenden Gremien, kurz also der spezifischen Gremienstruktur, zunächst einen bestimmten institutionellen Rahmen der Spitzenorganisation vor. Sie greifen dabei auf gewisse organisatorische Grundmuster zurück, die in den beiden nachfolgenden Abschnitten näher herausgearbeitet werden.

---

[119] Zum Verhältnis von Spitzenorganisation, Unternehmensverfassung und Corporate Governance siehe Abschnitt 1.1.1.1, S. 1 f.

Die *Kompetenzausstattung* der einzelnen Gremien bietet naturgemäß besonders zahlreiche Ansatzpunkte für Regelungen und Regelungsvarianten. Um die diesbezüglichen rechtlichen Implikationen systematisch zu analysieren, empfiehlt sich eine Differenzierung zwischen der Kompetenzausstattung im gesetzlichen Normalfall sowie den zulässigen minimalen und maximalen Kompetenzen eines Gremiums (siehe Abbildung 2-1).

Kompetenzaus-stattung der Gremien

Gestaltungsspielraum von Kompetenzpositionen

Abbildung 2-1

Zwingende Mindestkompetenzen	,Normalstatut'	Zulässige Maximalkompetenzen

Die Unterscheidung zwischen normalen, minimalen und maximalen Gremienbefugnissen erklärt sich aus dem Tatbestand, dass unternehmensverfassungsrechtliche Vorschriften keineswegs stets *obligatorische Normen* und damit zwingender Natur sind. Es handelt sich vielmehr nicht selten um *dispositives Recht*, das für abweichende Gestaltungen des Rechtsanwenders offen ist. Die betreffenden *fakultativen Normen* zeichnen somit lediglich das gesetzliche Modell der Kompetenzverteilung für den Fall, dass keine anderen Regelungen getroffen werden (*Normalstatut*). Da die Zuständigkeiten der Gremien somit bis zu einem bestimmten Grade gestaltbar sind, erfordert eine Identifizierung derjenigen Organe, die als Leitungsorgan im oben definierten Sinne[120] in Betracht kommen, eine eingehende Auslotung der zulässigen Kompetenzspielräume. Neben den Befugnissen nach Normalstatut ist somit auch zu analysieren, inwieweit die Kompetenzen der einzelnen Gremien jeweils eingeschränkt bzw. erweitert werden dürfen. Da eine solche Ausmessung der Gestaltungsoptionen eine detaillierte Untersuchung der einschlägigen Rechtsvorschriften erfordert, kann sie im Rahmen dieses Buches nur für ausgewählte Rechtsformen durchgeführt werden. Daher wird mit der Erörterung der AG, der GmbH, der amerikanischen Corporation und der europäischen SE (Societas Europaea) eine Beschränkung auf vier wichtige nationale und supranationale Gesellschaftstypen erfolgen.

In Hinblick auf die *personelle Besetzung* der Gremien stellt zum einen die Anzahl der Mitglieder eine wesentliche Gestaltungsvariable dar. Sie kann z. B. generell auf ein bestimmtes Minimum oder Maximum fixiert oder aber offen gelassen und der Festlegung im Einzelfall überantwortet werden. Die

Besetzung der Gremien

---

[120] Siehe Abschnitt 1.2.1.3, S. 24 f.

Mitgliederzahl eines Gremiums hat weit reichende Konsequenzen. Sie reichen vom Einfluss auf die Qualität und den Aufwand der Gremienhandlungen über Aspekte der Machtkonzentration und der Balance zwischen divergierenden Interessengruppen bis hin zu Fragen persönlicher Besitzstände.

Mitgliedschaft in mehreren Gremien

Das zweite wesentliche Thema der Gremienbesetzung bilden die Regelungen für parallele Mitgliedschaften in verschiedenen Gremien. Dabei kann die Zugehörigkeit zu einem bestimmten Gremium irrelevant, Voraussetzung oder aber Hindernis für die Mitgliedschaft in einem anderem Gremium sein. So ist beispielsweise in der AG der Status des (zur Hauptversammlung zugelassenen) Anteilseigners irrelevant für die Zugehörigkeit zum Aufsichtsrat, da ein Aktionär Aufsichtsratsmitglied sein darf, aber nicht sein muss. Hingegen ist die gleichzeitige Positionierung einer Person im Aufsichtsrat und im Vorstand nach § 105 Abs. 1 AktG ausgeschlossen. Die Bedeutung einer personellen Verkopplung mehrerer Gremien liegt auf der Hand. Die Personalunion führt zu einer Zusammenfassung der entsprechenden Gremienkompetenzen in den Händen derjenigen Handlungsträger, die den betreffenden Gremien angehören. Im Extremfall kann so eine einzige Person trotz rechtlicher Ausdifferenzierung der Spitzenorganisation sämtliche Kompetenzen zur Unternehmungsführung auf sich vereinigen. Ein Beispiel bildet die betriebsratslose kleine GmbH, in welcher der alleinige Gesellschafter auch die Geschäftsführung übernimmt[121]. Aufgrund dieser Kompetenzimplikationen werden die Fragen der personellen Besetzung gemeinsam mit der Analyse der Gremienbefugnisse für die vier ausgewählten Rechtsformen erörtert.

2.1.2   Grundmuster der Spitzenorganisation

2.1.2.1   Rechtsstrukturabhängige Grundmuster

Rechtsstruktur

Die *Rechtsstruktur* einer Unternehmung stellt den juristischen, durch die jeweils eingreifenden Gesetzesvorschriften typisierten Rahmen des Wertschöpfungsprozesses zur Verfügung. Insoweit kann zunächst grundlegend zwischen der homogenen Rechtsstruktur der Einheitsunternehmung und der heterogenen Rechtsstruktur der Konzernunternehmung unterschieden werden[122]. Während im ersten Fall sämtliche Aktivitäten der wirtschaftlichen Einheit »Unternehmung« innerhalb einer einzigen Rechtsform vollzogen werden, sind sie im Fall des Konzerns auf mehrere rechtlich selbständige Einheiten (Konzernunternehmen bzw. Konzerngesellschaften) verteilt.

---

[121] Siehe hierzu näher Abschnitt 2.2.1.2.2.2, S. 125 f.
[122] Siehe Abschnitt 1.2.1.2, S. 22 f.

2.1.2.1.1 Einheitsunternehmung

Für die Gestaltung einer homogenen Rechtsstruktur stehen zahlreiche Rechtsformen zur Auswahl[123]. Die Alternativen lassen sich nach verschiedenen Merkmalen einteilen, die teils auf bestimmte Gründungsvoraussetzungen und teils auf grundlegende Struktureigenschaften der Rechtsformen abstellen. Abbildung 2-2 gibt einen Überblick über die wichtigsten Rechtsformen[124].

System der Rechtsformen | *Abbildung 2-2*

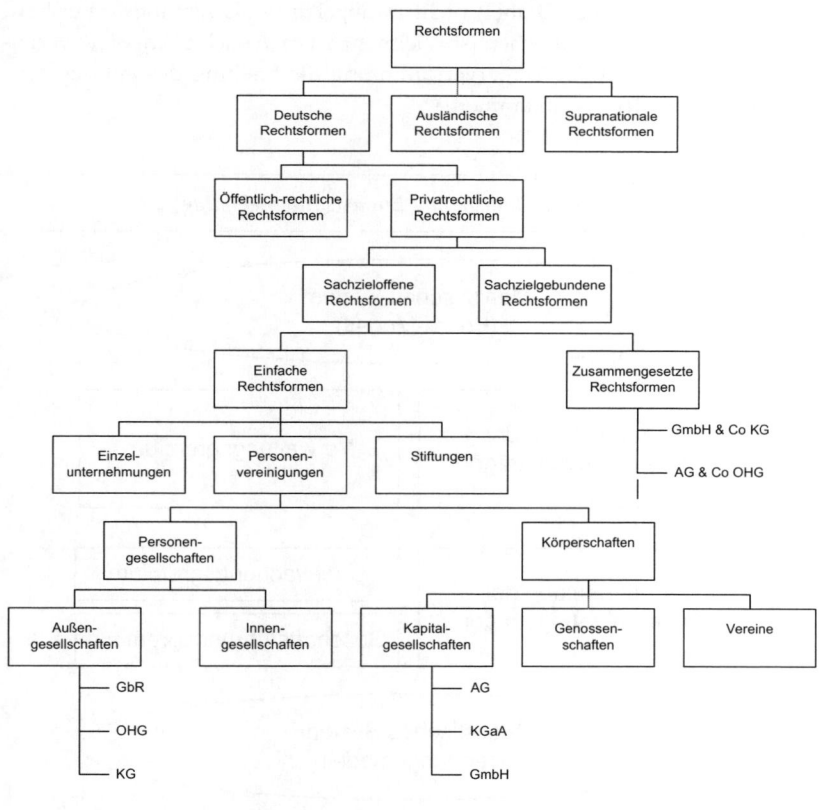

---

[123] Siehe zum Folgenden auch v. Werder [Rechtsformenwahl] 2-20.
[124] Zur Einteilung der verschiedenen Rechtsformen mit gewissen Unterschieden im Detail z. B. Stehle/Stehle [Gesellschaftsformen] 26 ff.; Rose/Glorius-Rose [Unternehmungsformen] 2 ff.; Kolbeck [Rechtsformwahl] 3742 ff.; Kessler/ Schiffers/Teufel [Rechtsformwahl] § 1 Rn. 23.

Sieht man vom Ausnahmefall einer fehlenden Ausdifferenzierung der Spitzenorganisation (Beispiel: Einzelkaufmann im Sinne von § 18 Abs. 1 HGB) ab, so schreiben die gängigen Rechtsformen im Prinzip entweder einen zwei- oder einen dreigliedrigen Aufbau des Systems einflussbefugter Gremien vor (siehe Abbildung 2-3). Dieses Gremiensystem kann unter Umständen noch durch zusätzliche freiwillige Gremien (z. B. Beiräte) ergänzt werden.

Zweigliedrige Gremienstruktur

Im Fall des *zweigliedrigen Aufbaus* fungiert prinzipiell das eine Gremium als *Versammlung der Unternehmungsträger* (Beispiel: Gesellschafterversammlung der GmbH), während dem anderen Gremium die Verwaltung der Unternehmung obliegt. Zu beachten ist, dass das *Verwaltungsgremium* (Beispiel: Geschäftsführung einer GmbH) nicht zwangsläufig als Leitungsorgan bzw. Topmanagement anzusprechen ist. Vielmehr kann je nach Kompetenzverteilung durchaus auch der Trägerversammlung die Stellung des entscheidenden Leitungszentrums zukommen[125].

Abbildung 2-3 | *Spitzenorganisatorische Grundmuster der Einheitsunternehmung*

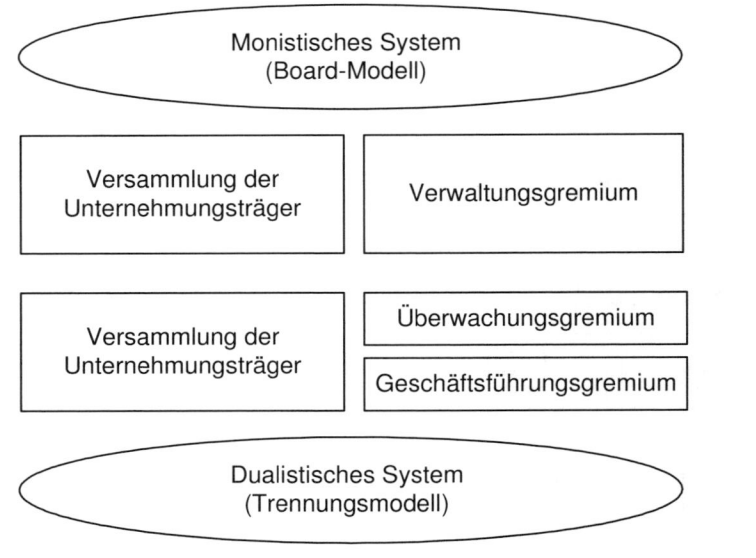

---

[125] Vgl. als Beispiel die gesellschaftergeleitete GmbH, siehe hierzu Abschnitt 2.2.1.2.3.1, S. 131 ff.

Beim *dreigliedrigen Aufbau* erfolgt grundsätzlich eine Aufspaltung des Verwaltungsgremiums in ein *Überwachungsgremium* (Beispiel: Aufsichtsrat) und ein *Geschäftsführungsgremium* (Beispiel: Vorstand). Unter Abblendung von der weiterhin existierenden Trägerversammlung wird diese Form auch als *dualistisches System* (oder *Trennungsmodell*) der Spitzenorganisation bezeichnet und dem *monistischen System* (oder Board-Modell) des zweigliedrigen Aufbaus gegenübergestellt[126]. Auch für das dualistische System gilt wiederum, dass die eigentliche Unternehmungsleitung bzw. das Topmanagement erst nach einer genaueren Analyse der zwingenden und fakultativen Gremienbefugnisse bestimmt werden kann. Das Geschäftsführungsgremium ist somit keinesfalls von vornherein als Leitungsorgan prädestiniert[127].

Dreigliedrige Gremienstruktur

2.1.2.1.2 Konzernunternehmung

Bei einer Konzernunternehmung ist die Unternehmungsführung in der Muttergesellschaft angesiedelt. Das Gestaltungsfeld der Spitzenorganisation liegt hier somit innerhalb der Rechtsformgrenzen der Konzernmutter. Infolgedessen entscheiden im Konzernfall primär die Rechtsform (sowie die Mitbestimmungssituation) der Muttergesellschaft über das Grundmuster der Spitzenorganisation. Der Konzerntatbestand ist unter spitzenorganisatorischen Gestaltungsaspekten allerdings keineswegs bedeutungslos. Die rechtliche Untergliederung der Unternehmung berührt vielmehr die Reichweite der Gremienkompetenzen, indem bestimmte Unternehmungsteile (außerhalb der Muttergesellschaft) von den Einflussnahmen der Spitzengremien mehr oder weniger weitgehend abgeschottet werden. Das Ausmaß dieser Kompetenzmodifikationen hängt namentlich von dem jeweils vorliegenden Konzerntyp ab, wobei zwischen juristischen und strukturellen Gestaltungsvarianten zu unterscheiden ist[128]. Diese Alternativen werden im Folgenden näher dargestellt.

Juristische und strukturelle Gestaltung

---

[126] Siehe z. B. Bleicher/Paul [Board-Modell]; Bleicher [Organisation] 13 ff.; Krüger [Organisation] 250 ff.; Potthoff [Board-System]; Hopt [Board] 12 ff.; Böckli [Konvergenz] m. w. N.

[127] So ist die „Geschäftsführung" in der gesellschaftergeleiteten GmbH mit Aufsichtsrat zwar als Geschäftsführungsgremium, nicht aber als Topmanagementeinheit im Sinne unserer Definitionen zu qualifizieren. Vgl. näher Abschnitt 2.2.1.2.3.1, S. 131 ff.

[128] Ein eingehender Überblick über die verschiedenen Konzerntypen findet sich bei Scheffler [Konzernmanagement] 6 ff.; Hoffmann [Konzernhandbuch] 5 ff.; v. Werder [Konzernstrukturen] 148 ff.; Emmerich/Sonnenschein [Konzernrecht] 56 ff.; Theisen [Konzern] 34 ff.

2.1.2.1.2.1 Juristische Konzernformen

Rechtsformen der Konzern-gesellschaften

Analog zu den Rechtsformen der Einheitsunternehmung existieren auch für die juristische Konzernform zahlreiche Alternativen. Da der Konzern eine Zusammenfassung mehrerer Konzernunternehmen unter einheitlicher Leitung darstellt, bilden die jeweiligen Rechtsformen der einzelnen Konzernunternehmen sowie die Art der Verbindungen zwischen diesen Gesellschaften naturgemäß die zentralen juristischen Parameter der Konzerngestaltung. Beschränkt man sich bezüglich der Rechtsformen auf die gängigen Gesellschaftstypen des deutschen Privatrechts, so kommen als Varianten der rechtlichen Einkleidung vor allem die beiden Personengesellschaften OHG und KG sowie die Kapitalgesellschaften AG, KGaA und GmbH in Betracht. Je nach der gewählten Kombination dieser Alternativen können dann reine *Personengesellschaftskonzerne* (oder noch spezifischer: OHG-Konzerne; KG-Konzerne) reinen *Kapitalgesellschaftskonzernen* (AG-Konzerne; KGaA-Konzerne; GmbH-Konzerne) sowie *gemischten Konzernen* gegenübergestellt werden, die sich aus Personen- und Kapitalgesellschaften zusammensetzen.

Verbindungen der Konzern-gesellschaften

In Hinblick auf die Verbindung der Gesellschaften repräsentieren die herangezogenen Verbindungsinstrumente und die Zahl der Konzernstufen die wichtigsten Differenzierungskriterien. Die wesentlichen Instrumente für die Herstellung der Unternehmensverbindungen umfassen die Kapitalbeteiligung als regelmäßige Mindestvoraussetzung der Konzernierung sowie Unternehmensverträge und personelle Verflechtungen als eventuell flankierende Maßnahmen zur stärkeren Absicherung und Intensivierung des Konzernverbunds. Die Höhe der *Beteiligung* muss im Regelfall wenigstens die einfache Mehrheit der Stimmrechte gewährleisten. Sie kann über eine qualifizierte Beteiligung (z. B. 75 % der Stimmen) bis hin zu einer 100 %-Beteiligung reichen, bei der in der Beteiligungsgesellschaft keine *außenstehenden Minderheitsgesellschafter* mehr vorhanden sind.

Vertragskonzern

Die Möglichkeit zum ergänzenden *Abschluss von Unternehmensverträgen* führt zu der wichtigen Trennung zwischen den beiden Konzernformen des Vertragskonzerns und des Faktischen Konzerns. Dabei gründet der *Vertragskonzern* im Rechtssinne auf einem *Beherrschungsvertrag,* der häufig aus steuerlichen Gründen von einem Gewinnabführungsvertrag begleitet wird (siehe für die AG § 291 AktG[129]). Eine Sondervariante, die lediglich im Fall des reinen AG-Konzerns offen steht, bildet die Eingliederung nach § 319 AktG. Sie setzt eine Mindestbeteiligung von 95 % an der einzugliedernden AG voraus und führt zum zwangsläufigen Ausscheiden eventueller Minder-

---

[129] Zum Vertragskonzern näher Scheffler [Konzernmanagement] 6 ff.; Hoffmann [Konzernhandbuch] 32 ff.; Emmerich/Sonnenschein [Konzernrecht] 129 ff.; Theisen [Konzern] 46 ff.

heitsaktionäre (*Eingliederungskonzern*[130]). Ein Beherrschungsvertrag gewährt dem herrschenden Unternehmen einerseits ein prinzipielles Weisungsrecht gegenüber dem vertraglich gebundenen Konzernunternehmen (§ 308 AktG). Auf der anderen Seite löst der Abschluss eines Beherrschungsvertrags gesetzliche Schutzmechanismen aus, welche die Sicherung des beherrschten Konzernunternehmens gewährleisten und eventuelle Beeinträchtigungen der Interessenpositionen seiner Gläubiger und außenstehenden Minderheitsgesellschafter kompensieren sollen (siehe §§ 300 ff. AktG).

Ein *Faktischer Konzern* liegt vor, sofern auf eine beherrschungsvertragliche Bindung oder Eingliederung des abhängigen Unternehmens (einschließlich einer vertraglichen Gewinnabführung) verzichtet und allenfalls einer der in § 292 AktG aufgelisteten ,anderen Unternehmensverträge' (Gewinngemeinschaft, Teilgewinnabführungsvertrag, Betriebspachtvertrag, Betriebsüberlassungsvertrag) geschlossen wird[131]. Diese Abgrenzung beruht darauf, dass bei fehlendem Beherrschungsvertrag sowohl die Einwirkungsrechte des herrschenden Konzernunternehmens als auch (dementsprechend) die Schutzvorkehrungen für die abhängige Gesellschaft reduziert sind. Danach genießt das faktisch herrschende Unternehmen kein Weisungsrecht und ist auf seine – vor allem beteiligungsgeborenen – tatsächlichen Einflussnahmemöglichkeiten angewiesen.

Personelle Verflechtungen als drittes Instrumentarium zur Gestaltung von Unternehmensverbindungen beruhen auf der Besetzung von Organpositionen mehrerer Konzernunternehmen mit denselben Personen. Neben der klassischen Entsendung von Vertretern des herrschenden Unternehmens in Anteilseigner- und Überwachungsorgane der abhängigen Gesellschaft haben in der Praxis vor allem Konstruktionen Bedeutung erlangt, die unter dem Stichwort *Vorstands-Doppelmandate* bekannt geworden sind. Bei dieser Lösung gehören Mitglieder des Leitungsorgans des herrschenden Konzernunternehmens zugleich dem Leitungsorgan eines abhängigen Unternehmens an. Diese Modelle ermöglichen aufgrund der (wenigstens teilweisen) Personalunion zwischen Managementpositionen in verschiedenen Konzernunternehmen eine besonders enge Verzahnung der Unternehmen. Sie werden unten als Besonderheiten der Leitungsorganisation im Konzern näher erörtert[132].

Nach der Zahl der Konzernstufen schließlich lassen sich zweistufige und mehrstufige Unternehmensverbindungen unterscheiden. *Zweistufige Kon-*

Faktischer Konzern

Personelle Verflechtungen

Konzernstufen

---

[130] Zum Eingliederungskonzern näher Scheffler [Konzernmanagement] 8; Emmerich/Sonnenschein [Konzernrecht] 111 ff.; Theisen [Konzern] 43 ff.

[131] Zum Faktischen Konzern näher Scheffler [Konzernmanagement] 8 ff.; Hoffmann [Konzernhandbuch] 37 ff.; Emmerich/Sonnenschein [Konzernrecht] 328 ff.; Theisen [Konzern] 52 ff.

[132] Siehe Abschnitt 3.3.1, S. 335 ff.

zerne bestehen lediglich aus einem herrschenden Unternehmen (*Muttergesellschaft*) sowie aus einem oder mehreren abhängigen Unternehmen (*Tochtergesellschaften*), an denen die Muttergesellschaft direkt beteiligt ist. In *mehrstufigen Konzernen* erstrecken sich die Beteiligungen hingegen über mindestens drei Ebenen, sodass die Konzerntöchter ihrerseits an *Enkelgesellschaften* beteiligt sind und die Konzernenkel Beteiligungen an *Urenkelgesellschaften* usw. halten können. Die nachfolgenden Erörterungen konzentrieren sich auf zweistufige Konzerne.

2.1.2.1.2.2 Strukturelle Konzernformen

Unternehmensprofil

Unter strukturellen Aspekten lassen sich Konzerne danach typisieren, wie das Beziehungsgefüge zwischen den *organisatorischen Einheiten* (Stellen, Abteilungen, Bereiche etc.) und den *rechtlichen Einheiten* (Konzerngesellschaften) der Gesamtunternehmung ausgestaltet ist. Dieses Zusammenspiel zwischen den organisatorischen und den rechtlichen Subsystemen kann durch das individuelle *Unternehmensprofil* eines Konzerns abgebildet werden, das die jeweilige Zahl der Konzerngesellschaften sowie den Verlauf ihrer, um die Organisationseinheiten gezogenen, Gesellschafts- bzw. Rechtsformgrenzen aufzeigt. In Anbetracht der praktisch unbegrenzten Menge möglicher Profiltypen können im Folgenden nur diejenigen Profilvarianten vorgestellt werden, die unter dem Gestaltungsaspekt der Spitzenorganisation die größte Bedeutung haben[133].

Hierarchische Positionierung von Konzerntöchtern

In Hinblick auf die Verzahnung organisatorischer und rechtlicher Einheiten ist zunächst zu beachten, dass Tochtergesellschaften – bei konstanter juristischer Beteiligungsbeziehung zwischen Muttergesellschaft und Konzerntöchtern – hierarchisch höher oder niedriger in den Unternehmungsaufbau ‚eingehängt' werden können (siehe Abbildung 2-4). Bei vergleichsweise hoher *hierarchischer Positionierung* decken Konzerntöchter (wie TG$_1$ in Abbildung 2-4) tendenziell größere organisatorische Teilkomplexe des Gesamtsystems ab als bei relativ niedriger Position. Dieser Zusammenhang hat eine unmittelbare, mitunter nicht hinreichend beachtete Bedeutung für das Gewicht, das einer Tochtergesellschaft im Rahmen des Konzernmanagements beizumessen ist. So ist es z. B. bei rechtlicher Verselbständigung einer kleinen Organisationseinheit (wie im Fall der TG$_2$ in Abbildung 2-5) ungeachtet der direkten Beteiligung der Konzernmutter an der Tochtergesellschaft nicht selten zu aufwendig, wenn Mitglieder des Leitungsorgans der Muttergesellschaft persönlich die Anteilseigner- und Aufsichtsfunktionen bei der Tochter ausüben[134].

---

[133] Ausführlicher zu den verschiedenen Unternehmensprofilen v. Werder [Organisationsstruktur] 332 ff.

[134] Siehe eingehender Abschnitt 2.3, S. 168 ff.

Hierarchische Positionierung von Tochtergesellschaften

Abbildung 2-4

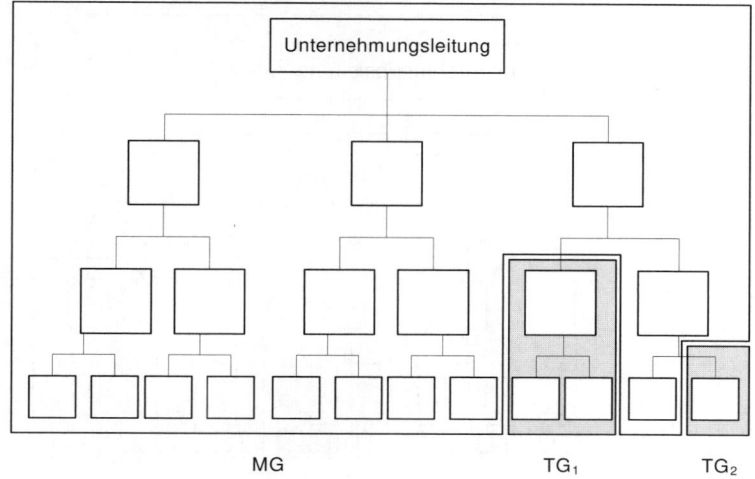

MG: Muttergesellschaft

TG: Tochtergesellschaft

Auf den Gedanken der hierarchischen Positionierung lassen sich letztlich auch die beiden wichtigen Strukturkonzepte des Stammhaus- und des Holdingkonzerns zurückführen (siehe Abbildung 2-5 und Abbildung 2-6)[135].

---

[135] Zu diesen Konzernformen Keller [Unternehmungsführung] 31 ff., 90 ff.; Bleicher [Konzernorganisation]; Keller [Führung] § 4 Rn. 94 ff.; Lutter [Holding] § 1 Rn. 14 ff.; Theisen [Konzern] 169 ff.

Abbildung 2-5 | *Stammhauskonzern*

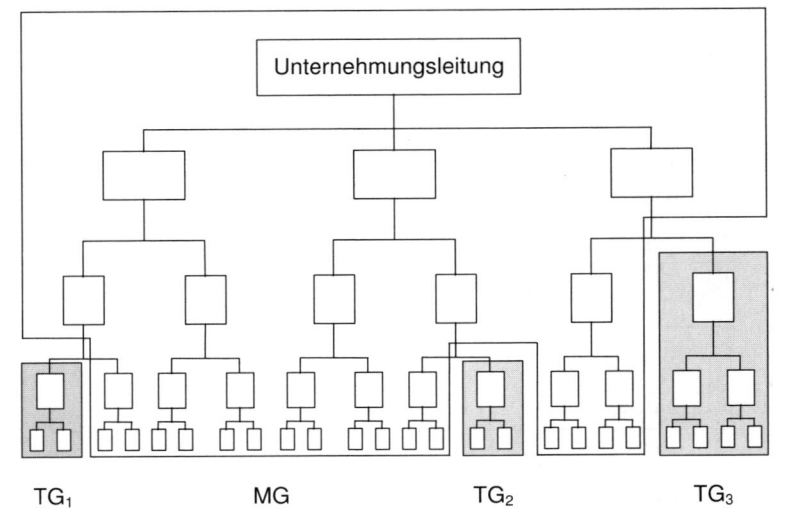

Abbildung 2-6 | *Holdingkonzern*

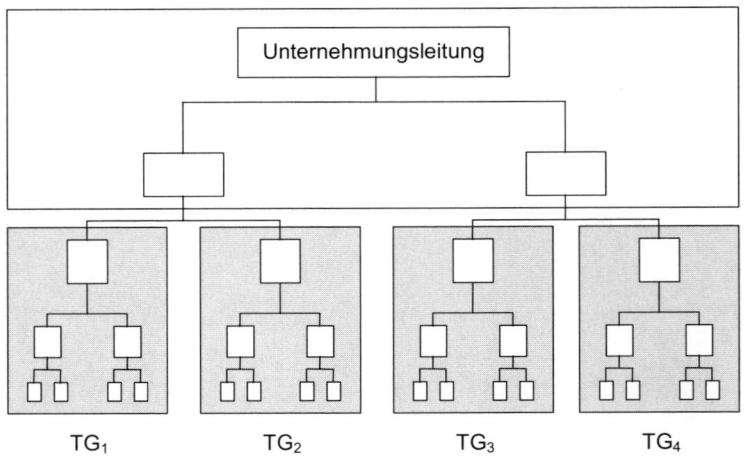

MG: Muttergesellschaft
TG: Tochtergesellschaft

Der *Stammhauskonzern* zeichnet sich dadurch aus, dass die Rechtsformgrenze zwischen Muttergesellschaft und Konzerntöchtern eher uneinheitlich und niedrig gezogen ist. Dies bedeutet, dass operative Produktions- und Absatzaktivitäten der Unternehmung auch und oft sogar überwiegend in der Muttergesellschaft als Stammhaus stattfinden und den Töchtern mehr oder minder Satellitencharakter zukommt. Ein typisches Beispiel für eine Stammhauslösung bildet der Daimler AG (siehe Abbildung 2-7).

Stammhaus-konzern

Abbildung 2-7 | *Stammhauskonzept der Daimler AG*

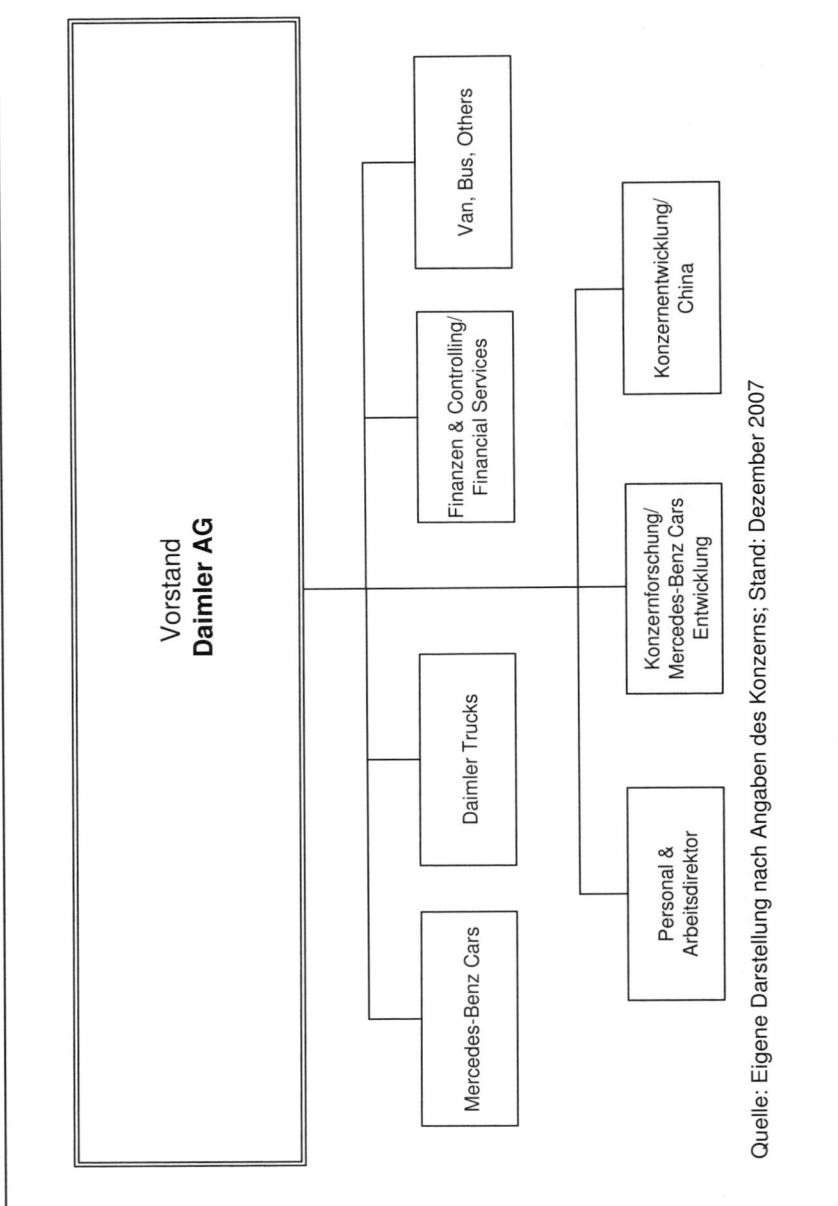

Vorstand
Daimler AG

Mercedes-Benz Cars

Daimler Trucks

Finanzen & Controlling/
Financial Services

Van, Bus, Others

Personal &
Arbeitsdirektor

Konzernforschung/
Mercedes-Benz Cars
Entwicklung

Konzernentwicklung/
China

Quelle: Eigene Darstellung nach Angaben des Konzerns; Stand: Dezember 2007

Im Fall des *Holdingkonzerns* verläuft die gesellschaftsrechtliche Trennlinie zwischen Konzernmutter und Tochtergesellschaften hingegen tendenziell einheitlich auf einer vergleichsweise hohen Ebene der Unternehmungshierarchie. Sie bringt damit zum Ausdruck, dass sich die Muttergesellschaft im Wesentlichen auf die strategische Leitung des Konzerns konzentriert. Die operativen Aktivitäten hingegen werden hier grundsätzlich in den Tochtergesellschaften abgewickelt (siehe zu einem Praxisbeispiel Abbildung 2-8). Dem Holdingkonzept werden eine Reihe von Vorteilen für die rechtliche Einkleidung großer und diversifizierter Unternehmungen zugeschrieben[136]. Die herausgestellten Konsequenzen knüpfen allerdings häufig schon am Tatbestand der juristischen Verselbständigung bestimmter Subsysteme als solchem an und sind dann weniger im speziellen Profiltyp der Holding begründet. Eine umfassende Auseinandersetzung mit den spezifischen Stärken und Schwächen des Stammhaus- und des Holdingmodells würde jedoch den Rahmen der vorliegenden Abhandlung sprengen. Die spätere Analyse wird sich daher auf die führungsorganisatorischen Implikationen dieser beiden Konzerntypen konzentrieren[137].

---

[136] Vgl. z. B. Bernhardt/Witt [Holding] 1341 ff.; Keller [Holding] 1634 f.; Bühner [Management-Holding] 43 ff.; Lutter [Holding] § 1 Rn. 2 f.
[137] Siehe zur Spitzenorganisation im Konzern Abschnitt 2.3, S. 167 ff. und zur Leitungsorganisation im Konzern Abschnitt 3.3.1, S. 335 ff.

Abbildung 2-8 | *Holdingkonzept der METRO AG*

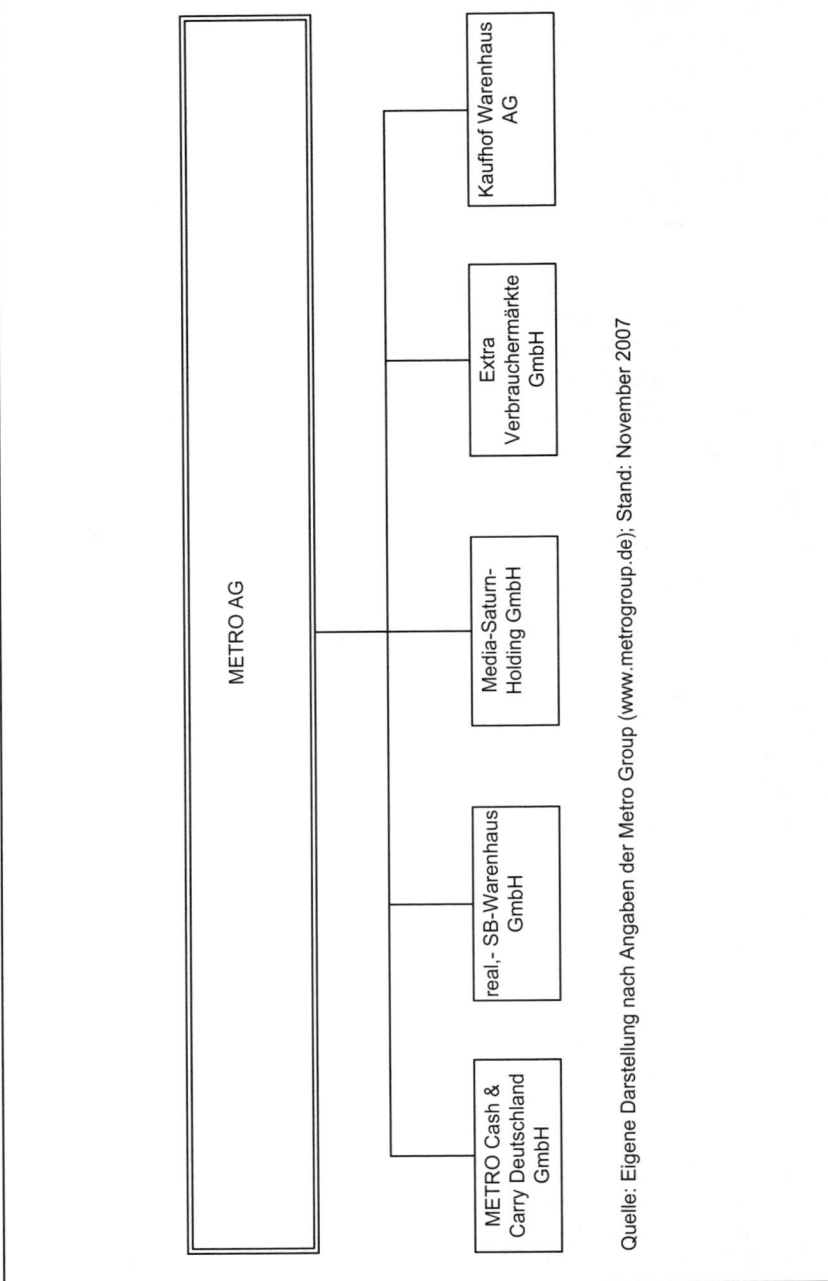

METRO AG

METRO Cash & Carry Deutschland GmbH

real,- SB-Warenhaus GmbH

Media-Saturn-Holding GmbH

Extra Verbrauchermärkte GmbH

Kaufhof Warenhaus AG

Quelle: Eigene Darstellung nach Angaben der Metro Group (www.metrogroup.de); Stand: November 2007

2.1.2.2 Mitbestimmungsabhängige Grundmuster

Die *Mitbestimmung der Arbeitnehmer* umfasst in Deutschland zahlreiche Formen der Einbeziehung von Mitarbeitern in Fragen der Unternehmungsführung. Diese vielschichtige Institutionalisierung von Arbeitnehmerinteressen ist für die deutsche Unternehmensverfassung charakteristisch und hat in diesem Ausmaß in anderen Ländern kein vergleichbares Pendant[138].

Mitbestimmung

In Hinblick auf die Struktur der Interessenverankerung lässt sich eine grundlegende Unterscheidung zwischen den beiden Ebenen der betrieblichen und der unternehmerischen Mitbestimmung treffen. Diese Ebenen folgen unterschiedlichen institutionellen Grundmustern und haben jeweils spezifische Führungsthemen zum Mitbestimmungsgegenstand. Die *Mitbestimmung auf Betriebsebene* oder kurz *betriebliche Mitbestimmung* erfolgt über gesonderte Gremien wie namentlich den Betriebsrat, die speziell für Zwecke der Interessenvertretung etabliert werden. Infolgedessen kann hier von einer *separaten Verankerung* der Mitbestimmung gesprochen werden.

Ebenen der Mitbestimmung

Betriebliche Mitbestimmung

Die *Mitbestimmung auf Unternehmensebene* oder *unternehmerische Mitbestimmung* hingegen greift auf gesellschaftsrechtlich vorgegebene Organe der Unternehmung zurück. Im Mittelpunkt steht dabei der Aufsichtsrat, der nach bestimmten Quoten auch mit Repräsentanten der Arbeitnehmer zu besetzen ist. Die Mitbestimmung kommt hier über die Teilhabe der Arbeitnehmervertreter an den Kompetenzen des Aufsichtsrats zustande, sodass eine *integrale Verankerung* des Mitarbeitereinflusses vorliegt.

Unternehmerische Mitbestimmung

Während die betriebliche Mitbestimmung materiell relativ enge Bezüge zu den individuellen Anliegen der einzelnen Arbeitnehmer aufweist[139], zielt die unternehmerische Mitbestimmung eher auf Fragen von unternehmungspolitischem Rang. Trotz dieser verschiedenen inhaltlichen Schwerpunktsetzungen und der unterschiedlichen institutionellen Verankerung der beiden Mitbestimmungsdimensionen sind beide Ebenen nicht völlig voneinander isoliert. Überschneidungen ergeben sich einmal durch Entscheidungen, bei denen aus mitbestimmungsrechtlicher und aus gesellschaftsrechtlicher Sicht die Autonomie der Leitungsorgane eingeschränkt ist. Dieser Fall kann z. B. bei Betriebsstilllegungen eintreten, sofern sie nach §§ 111, 112 BetrVG eine „Betriebsänderung" darstellen und zugleich der Zustimmung des Aufsichtsrats gem. § 111 Abs. 4 Satz 2 AktG bedürfen. Zum anderen existieren in der Praxis Verbindungen, weil Betriebsratsmitglieder häufig

Beziehungen zwischen betrieblicher und unternehmerischer Mitbestimmung

---

138 Zum Überblick über Mitbestimmungsregelungen in Europa Gerum [Mitbestimmung] 150 ff.; Niedenhoff [Mitbestimmung]; Wymeersch [Report] 1140 ff.; Köstler/Büggel [Mitbestimmungsrecht]; Baums/Ulmer [Unternehmens-Mitbestimmung]; Schmidt [Mitbestimmung] 889 ff.
139 Siehe zur Charakterisierung der Kompetenzen des Betriebsrats näher Abschnitt 2.2.1.1.2.4, S. 104 ff.

auch im Aufsichtsrat vertreten sind. Für die Unternehmungsleitung ergeben sich daraus z. B. besondere Anforderungen bei der Wahrnehmung ihrer Informationspflichten gegenüber den verschiedenen Gremien. Ferner kann es durch die Personalunion zur Vermengung strategischer Fragen mit operativen Themen kommen. Vor diesem Hintergrund wird heute zunehmend die Frage nach der Effizienz der Unternehmensführung unter Mitbestimmungsbedingungen diskutiert (siehe die nachstehende Zusammenstellung von Mitbestimmungsproblemen in Abbbildung 2-9)[140].

Abbildung 2-9 | *Governancefriktionen der Unternehmensmitbestimmung*

Die Implikationen der paritätischen Mitbestimmung für die Leitung und Überwachung deutscher Unternehmen werden in jüngerer Zeit verstärkt thematisiert und problematisiert. Kritiker weisen u. a. auf Organisations-, Legitimations- und Kompromissprobleme der unternehmerischen Mitbestimmung hin.

Das *Organisationsproblem* liegt darin, dass die mitbestimmungsrechtlichen Vorgaben für die Zusammensetzung des Aufsichtsrats und ihre praktische Umsetzung in den Unternehmen im Ergebnis zu übergroßen Überwachungsorganen führen. Schon hierdurch wird eine zielführende Gremienarbeit und damit die Überwachungseffizienz insgesamt erheblich behindert. Ferner ist die durch die Mitbestimmung induzierte gängige Praxis getrennter Vorbesprechungen der Anteilseigner- und der Arbeitnehmervertreter vor den Sitzungen des Aufsichtsrats organisatorisch problematisch. Die eigentliche Aufsichtsratssitzung wird inhaltlich entleert, soweit bereits im Vorfeld faktische Festlegungen erfolgen, die in der offiziellen Sitzung nur noch „abgenickt" werden. Zudem kann auf diese Weise das „Denken in Bänken" noch verstärkt werden.

In internationalen Unternehmungen existiert ein systematisches *Legitimationsproblem* der Mitbestimmung, da die Arbeitnehmervertreter im Aufsichtsrat nach den Vorschriften des MitbestG 1976 allein von den inländischen Arbeitnehmern gewählt werden. Im Ausland beschäftigte Arbeitnehmer haben dagegen weder ein passives noch ein aktives Wahlrecht für die Arbeitnehmerbank im Aufsichtsrat. Den Arbeitnehmerrepräsentanten im Aufsichtsrat fehlt damit generell die Legitimation durch den ausländischen Teil

---

140 Vgl. näher v. Werder [Modernisierung]; v. Werder [Mitbestimmung] sowie allgemein zur aktuellen Diskussion der Unternehmensmitbestimmung die Beiträge des Berliner Netzwerks Corporate Governance von v. Werder [Überwachungseffizienz]; Schwark [Unternehmensmitbestimmung]; Säcker [Anforderungen]; Schwalbach [Effizienz]; Windbichler [Arbeitnehmerinteressen]; Kirchner [Grundstruktur]. Siehe ferner Ulmer [Arbeitnehmermitbestimmung] 275 f.; Schiessl [Kontrollstrukturen] 240 f. m. w. N.; Sandrock [Regelungen] 60 ff.; Raiser [Entwicklungen].

der Belegschaft, der in manchen Konzernen mehr als die Hälfte aller Mitarbeiter ausmacht.

Das *Kompromissproblem* resultiert aus den Modalitäten der Konsensfindung im mitbestimmten Aufsichtrat. Zum einen können Maßnahmen bereits im Vorfeld ihrer Einbringung in den Aufsichtsrat in Hinblick auf die zu erwartenden Widerstände modifiziert werden. Im Extremfall wird gelegentlich von besonders konfliktträchtigen Vorhaben auch ganz Abstand genommen. Zum anderen – und häufiger – wird die Zustimmung der Arbeitnehmerseite zu bestimmten Plänen durch Zugeständnisse bei anderen Themen „erkauft". Dabei erfolgt nicht selten eine sachfremde Verquickung unternehmerisch-strategischer Fragen der Aufsichtsratebene mit unternehmerisch-operativen Angelegenheiten. Solche mikropolitisch bedingten Paketlösungen mit Kompromisscharakter können die Qualität der Überwachungsarbeit des Aufsichtsrats und damit die Effizienz der Unternehmensführung insgesamt naturgemäß erheblich beeinträchtigen.

Die Grundzüge der beiden Mitbestimmungsformen und ihre prinzipielle Bedeutung für die Führungsorganisation werden im Folgenden näher dargelegt

2.1.2.2.1 Betriebliche Mitbestimmung

Gremien betrieblicher Mitbestimmung

Die betriebliche Mitbestimmung beruht auf dem Betriebsverfassungsgesetz (BetrVG) und dem Gesetz über Sprecherausschüsse der leitenden Angestellten, kurz Sprecherausschussgesetz (SprAuG). Die beiden Rechtsgrundlagen sehen eine Reihe verschiedener Arten von Gremien für die Wahrnehmung der Arbeitnehmerinteressen vor. Diese Gremien unterscheiden sich in Hinblick auf ihre Etablierungsvoraussetzungen, hinsichtlich der wahrgenommenen Interessen sowie durch die Frequenz der Gremienarbeit. Im Einzelnen handelt es sich bei den Gremienarten um den Betriebsrat (§§ 1; 7 ff. BetrVG), die Einigungsstelle zur Beilegung von Meinungsverschiedenheiten zwischen Betriebsrat und Arbeitgeber (§ 76 BetrVG), die Jugend- und Auszubildendenvertretung (§§ 60 ff. BetrVG), die Betriebs- und Abteilungsversammlungen der Arbeitnehmer (§§ 42 ff. BetrVG), den Wirtschaftsausschuss (§§ 106 ff. BetrVG) sowie – speziell für die Vertretung der leitenden Angestellten – den Sprecherausschuss (§§ 1 ff. SprAuG). Im Kreis dieser Gremien kommt dem Betriebsrat (in Verbindung mit der Einigungsstelle) die mit Abstand größte Bedeutung für die Führungsorganisation zu. Diese Feststellung gilt schon deshalb, weil die übrigen Gremien im Kern nur Informations- und Beratungsrechte besitzen. Der Betriebsrat hingegen verfügt auch über wichtige Mitentscheidungskompetenzen, die autonome Alleinentscheidungen des Arbeitgebers über ein breites Spektrum betrieblicher Angelegenheiten ausschließen[141]. In Anbetracht dieser herausgehobenen Kompetenzposition konzentriert sich die weitere Darstellung auf den (von der Einigungsstelle flankierten) Betriebsrat.

Betrieb   Nach § 1 BetrVG sind Betriebsräte zu wählen in Betrieben mit in der Regel mindestens fünf ständigen wahlberechtigten Arbeitnehmern, von denen drei wählbar sind[142]. Den Anknüpfungspunkt für die Etablierung eines Betriebsrats bildet somit der Betrieb im Sinne des BetrVG. Der Betriebsbegriff ist gesetzlich allerdings nicht näher definiert. Nach einer im juristischen Schrifttum häufig verwendeten Formel handelt es sich bei einem *Betrieb* „...um die organisatorische Einheit, innerhalb derer ein Arbeitgeber allein oder mit seinen Arbeitnehmern mit Hilfe von sächlichen und immateriellen Mitteln bestimmte arbeitstechnische Zwecke fortgesetzt verfolgt, die sich nicht in der Befriedigung des Eigenbedarfs erschöpfen"[143]. Diese zunächst griffig anmutende Umschreibung erweist sich jedoch bei näherem Hinsehen vor allem bezüglich der Bestimmung des begriffstypischen arbeitstechnischen Zwecks als problematisch. Auf der einen Seite sollte jede Handlungseinheit einer Unternehmung einen arbeitstechnischen Zweck im allgemeinen Sinne verfolgen. Andererseits kann ein Betrieb nach der Rechtsprechung durchaus auch auf mehrere arbeitstechnische Zwecke ausgerichtet sein[144]. Infolgedessen hat sich das Schwergewicht der Begriffsabgrenzung mittlerweile auf den Definitionsbestandteil der ,organisatorischen Einheit' verlagert[145]. Als zen-

---

141 Siehe zu den Kompetenzen des Betriebsrats im Einzelnen Abschnitt 2.2.1.1.2.4, S. 104 ff.

142 Dies gilt grundsätzlich auch für *Tendenzbetriebe* im Sinne des § 118 BetrVG, die z. B. politischen, wissenschaftlichen oder publizistischen Bestimmungen dienen. In solchen Betrieben, die im Folgenden nicht weiter betrachtet werden, sind die Kompetenzen des Betriebsrats jedoch insoweit eingeschränkt, als sie der Eigenart des Betriebs entgegenstehen. Keine Anwendung findet das BetrVG auf Religionsgemeinschaften und ihre karitativen und erzieherischen Einrichtungen. Siehe zu Einzelheiten Fabricius/Weber [Kommentierungen] § 118 Rn. 1 ff.; Fitting et al. [Betriebsverfassungsgesetz] § 118 Rn. 1 ff.; Thüsing [Kommentierungen] § 118 Rn. 1 ff.

143 So in der Formulierung des BAG v. 17.2.1981 – 1 ABR 101/78, DB 1981, 1190. Nahezu gleichlautend z. B. Schaub [Kommentierungen] § 18 Rn. 1; Kraft [Kommentierungen] § 4 Rn. 5; Fitting et al. [Betriebsverfassungsgesetz] § 1 Rn. 63; Hess [Kommentierungen] § 1 Rn. 2; Richardi [Kommentierungen] § 1 Rn. 16 f.; Galperin/Löwisch [Betriebsverfassungsgesetz] § 1 Rn. 4.

144 Siehe z. B. BAG v. 14.9.1988 – 7 ABR 10/87, DB 1989, 127; Fitting et al. [Betriebsverfassungsgesetz] § 1 Rn. 69; Kraft [Kommentierungen] § 4 Rn. 15.

145 Vgl. schon Dietz [Selbständigkeit] 29 und Mothes [Probleme] 58 sowie Fitting et al. [Betriebsverfassungsgesetz] § 1 Rn. 63; Hess [Kommentierungen] § 1 Rn. 3; Kraft [Kommentierungen] § 4 Rn. 5; Richardi [Kommentierungen] § 1 Rn. 27; BAG v. 23.9.1982 – 6 ABR 42/81, DB 1983, 1499.

trale Merkmale dieser Einheit gelten ein „einheitlicher Leitungsapparat"[146] sowie eine ausreichende Entscheidungskompetenz der Betriebsleitung in den Fragen des Personal- und Sozialwesens, an denen der Betriebsrat zu beteiligen ist[147]. Die Grenze eines Betriebs umfasst danach diejenigen Stellen innerhalb einer Unternehmung, die unmittelbar oder mittelbar von einer gemeinsamen Instanz mit gerade schon ausreichenden beteiligungsrelevanten Entscheidungsbefugnissen geführt werden[148]. Der tragende Gedanke dieser Abgrenzung liegt in dem Bestreben, dem Betriebsrat einen für seine Belange kompetenten Ansprechpartner (in Form der betriebsleitenden Instanz) zur Verfügung zu stellen.

In Anbetracht der dargelegten juristischen Definition eines Betriebs können Unternehmungen je nach ihrer Größe und Organisationsstruktur unterschiedliche Betriebsprofile aufweisen. Dieser Tatbestand ist für das Verständnis der Implikationen der betrieblichen Mitbestimmung für die Organisation der Unternehmungsführung von großer Bedeutung. Dabei gibt das *Betriebsprofil einer Unternehmung* die Zahl ihrer Betriebe und den konkreten Verlauf der einzelnen Betriebsgrenzen an. Aus der Fülle der denkbaren Profilalternativen erweisen sich drei verschiedene Grundtypen mit Blick auf die Verortung der führungsorganisatorischen Implikationen des Betriebsrats als besonders aufschlussreich. Es handelt sich hierbei um die Betriebsprofile der Ein-Betrieb-Einheitsunternehmung, der Mehr-Betrieb-Einheitsunternehmung und der Mehr-Betrieb-Konzernunternehmung[149].

Betriebsprofil

Das Betriebsprofil der *Ein-Betrieb-Einheitsunternehmung* zeichnet sich dadurch aus, dass die Grenzen eines Betriebs im betriebsverfassungsrechtlichen Sinne mit den Grenzen der Unternehmung deckungsgleich sind (siehe Abbildung 2-10). Da die Unternehmung hier somit nur über einen Betrieb verfügt, kann dieser Profiltyp auch als *homogenes Betriebsprofil* angesprochen werden.

Ein-Betrieb-Einheitsunternehmung

---

146 BAG v. 29.5.1991 – 2 AZR 355/89, DB 1991, 500.
147 Vgl. Richardi [Wahl] 483; Fitting et al. [Betriebsverfassungsgesetz] § 1 Rn. 71; Kraft [Kommentierungen] § 4 Rn. 20; Galperin/Löwisch [Betriebsverfassungsgesetz] § 1 Rn. 7; zusammenfassend Mothes [Probleme] 77 f.
148 Siehe hierzu näher v. Werder [Organisationsstruktur] 359 ff.
149 Siehe zu den möglichen Profilen eingehender v. Werder [Organisationsstruktur] 312 ff.

Abbildung 2-10	*Homogenes Betriebsprofil der Ein-Betrieb-Einheitsunternehmung*

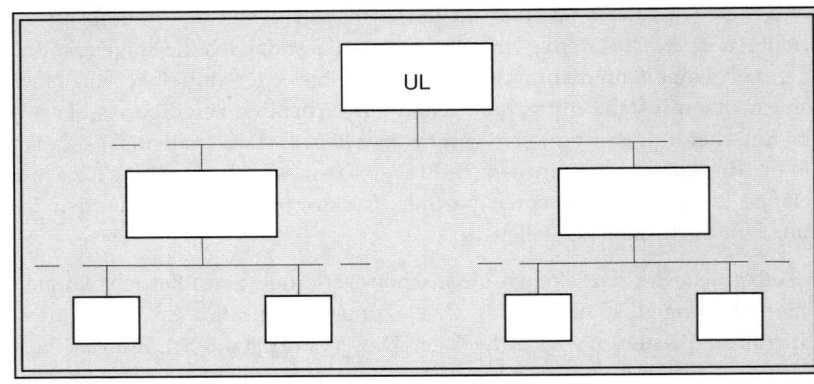

UL: Unternehmungsleitung

☐ : Betrieb

═ : Rechtsformgrenze

Mehr-Betrieb-Einheitsunternehmung

Bei einer *Mehr-Betrieb-Einheitsunternehmung* fallen demgegenüber Unternehmungs- und Betriebsgrenzen auseinander. Die Unternehmungsgrenze umschließt hier mehrere Betriebe, deren individuelle Grenzen im Einzelnen ganz unterschiedlich verlaufen können. Abbildung 2-11 veranschaulicht diesen Grundtyp des *heterogenen Betriebsprofils* am Beispiel einer symmetrischen Profilvariante mit fünf Betrieben.

Homogenes Betriebsprofil einer Mehr-Betrieb-Einheitsunternehmung

Abbildung 2-11

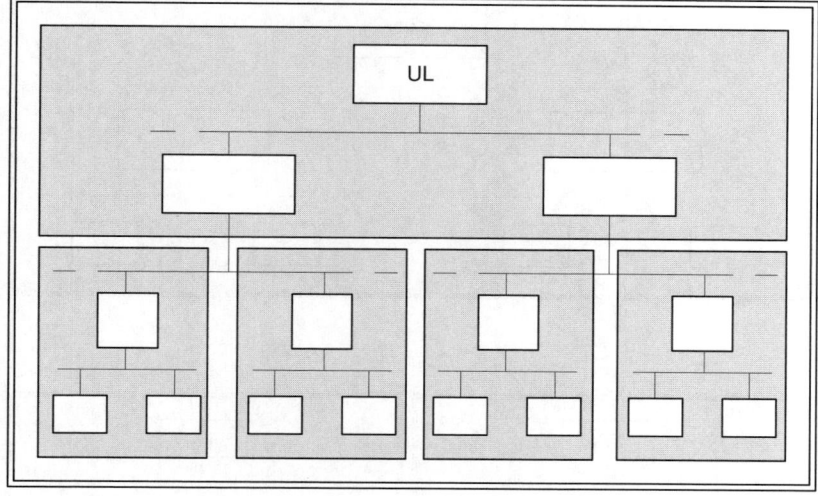

UL: Unternehmungsleitung
▢ : Betrieb
═ : Rechtsformgrenze

Im Fall der *Mehr-Betrieb-Konzernunternehmung* können die einzelnen Konzerngesellschaften jeweils entweder nur einen Betrieb oder aber mehrere Betriebe umfassen. Geht man zur Vereinfachung davon aus, dass sowohl die Muttergesellschaft als auch die Konzerntöchter nur über je einen Betrieb verfügen, so lässt sich diese Spielart eines heterogenen Betriebsprofils wie in Abbildung 2-12 illustrieren.

Mehr-Betrieb-Konzernunternehmung

Abbildung 2-12 │ *Heterogenes Betriebsprofil einer Mehr-Betrieb-Konzernunternehmung*

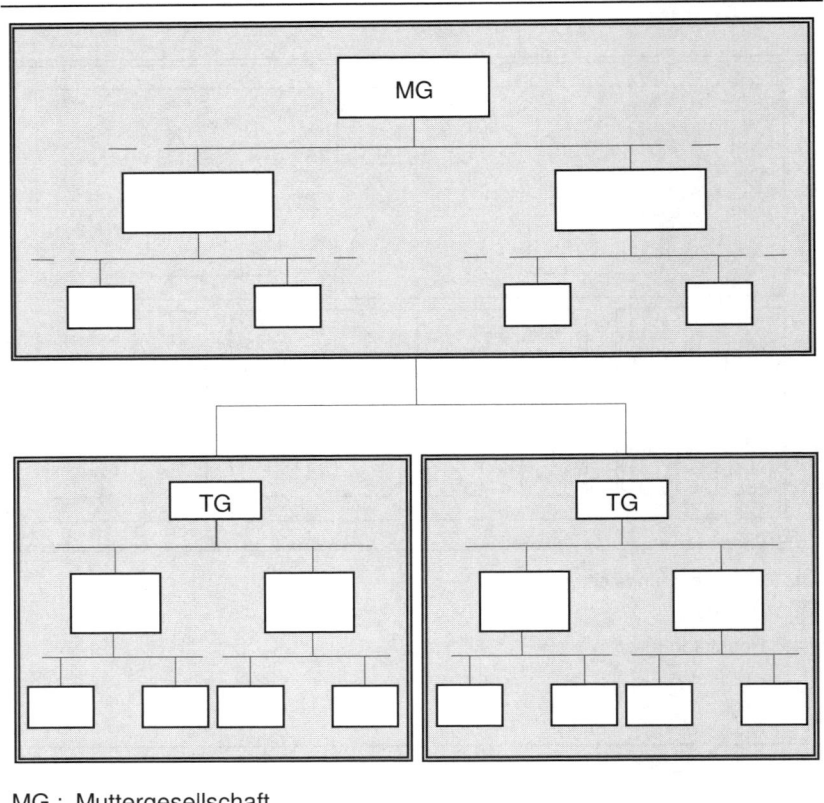

MG : Muttergesellschaft

TG : Tochtergesellschaft

☐ : Betrieb

═ : Rechtsformgrenze

Sofern – wie im Weiteren stets unterstellt wird – Betriebe die nach § 1 BetrVG erforderliche Anzahl wahlberechtigter und wählbarer Arbeitnehmer aufweisen, variieren mit der profilabhängigen Zahl der Betriebe auch die Zahl und die Struktur der zu etablierenden Betriebsräte. Im Fall des homogenen Betriebsprofils der Ein-Betrieb-Einheitsunternehmung muss danach lediglich ein Betriebsrat gewählt werden. Bei einer Mehr-Betrieb-Einheitsunternehmung hingegen ist zum einen jeweils ein Betriebsrat pro Betrieb zu etablieren. Zum anderen schreibt § 47 Abs. 1 BetrVG für diesen Fall die zusätzliche Errichtung eines *Gesamtbetriebsrats* durch die Betriebsräte der einzelnen Betriebe (*Einzelbetriebsräte*) vor. Im Konzern schließlich kann zu den Einzelbetriebsräten und den eventuellen Gesamtbetriebsräten der einzelnen Konzerngesellschaften noch ein *Konzernbetriebsrat* für die Gesamtunternehmung nach § 54 BetrVG hinzutreten. Voraussetzung ist, dass die Gesamtbetriebsräte von Gesellschaften mit mehreren Betrieben und die Einzelbetriebsräte von Ein-Betriebs-Gesellschaften einer Konzernunternehmung seine Errichtung beschließen[150]. Der Konzernbetriebsrat ist insofern folglich als fakultatives Gremium der betrieblichen Mitbestimmung zu qualifizieren.

Einzelbetriebsrat

Gesamt betriebsrat

Konzern betriebsrat

Das jeweilige Betriebsprofil einer Unternehmung beeinflusst somit die institutionelle Struktur der betrieblichen Mitbestimmung in hohem Maße. Hieraus können sich unter Umständen beachtliche Konsequenzen ergeben. Ein wichtiges Beispiel bildet die personelle Ausstattung der betriebsverfassungsrechtlichen Gremien. So richtet sich gemäß § 9 BetrVG die Zahl der zu wählenden Mitglieder des Betriebsrats und gemäß § 38 Abs. 1 BetrVG die Zahl der freizustellenden Betriebsratsmitglieder zwar grundsätzlich nach der Arbeitnehmerzahl des jeweiligen Betriebs. Allerdings ist in §§ 9; 38 Abs. 1 BetrVG eine Degression der mit wachsender Betriebsgröße steigenden Mitgliederzahl des Betriebsrats vorgesehen. Aus Sicht der Gesamtunternehmung nimmt dabei bei gegebener Stärke der Gesamtbelegschaft die Anzahl der zu wählenden und freizustellenden Mandatsträger bei zunehmender Größe und deshalb sinkender Zahl der Betriebe tendenziell ab (siehe Abbildung 2-13).

Implikationen der Gremien struktur

---

[150] In der Praxis wird hierauf häufig verzichtet, sodass der größte Einfluss oft beim Gesamtbetriebsrat der Muttergesellschaft liegt. Vgl. Schmidt [Konzernführung] 187.

Abbildung 2-13	*Betriebsgröße und Zahl der Betriebsratsmitglieder*

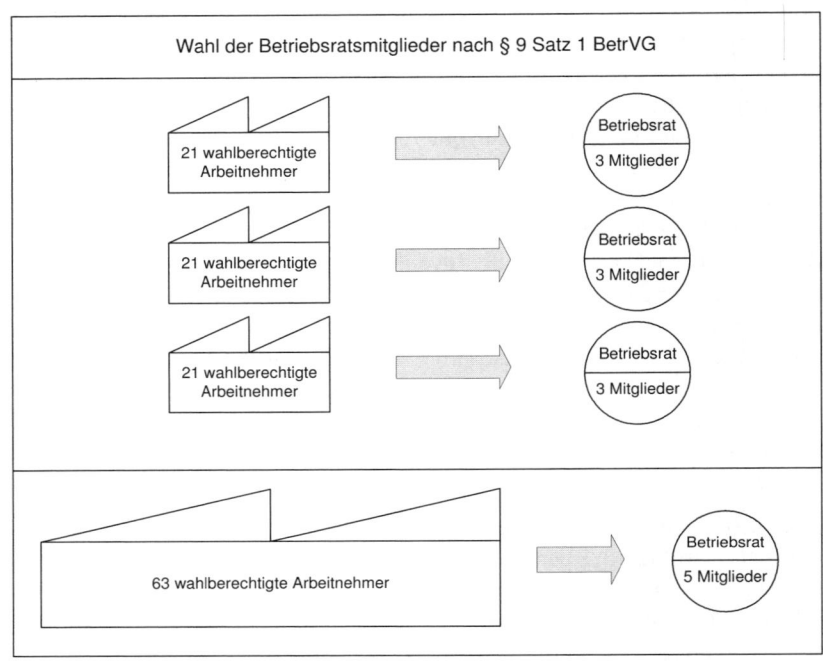

Reichweite der Kompetenzen

Für die hier interessierende führungsorganisatorische Frage nach den möglichen Einschränkungen der Handlungsautonomie des Topmanagements durch die Normen der Betriebsverfassung[151] hat die jeweilige Struktur der Arbeitnehmergremien hingegen keine nennenswerte Bedeutung. Die Befugnisse von Einzelbetriebsrat, Gesamtbetriebsrat und Konzernbetriebsrat unterscheiden sich im Grundsatz nicht inhaltlich und intensitätsmäßig, sondern nur hinsichtlich ihrer betrieblichen Reichweite. Im Fall eines heterogenen Betriebsprofils ist der Einzelbetriebsrat danach regelmäßig für diejenigen Angelegenheiten zuständig, die (nur) einen Betrieb betreffen. Die Kompetenzen des Gesamtbetriebsrats dagegen erstrecken sich auf die – materiell gleichen – Fragen, die das Gesamtunternehmen oder mehrere Betriebe betreffen und nicht durch die einzelnen Betriebsräte innerhalb ihrer Betriebe geregelt werden können (§ 50 Abs. 1 Satz 1 BetrVG). Analog obliegen dem eventuellen Konzernbetriebsrat diejenigen Angelegenheiten, die den Konzern oder mehrere Konzernunternehmen berühren und sich nicht

---

[151] Siehe Abschnitt 2.2.1.1.2.4, S. 104 ff.

innerhalb der einzelnen Konzernunternehmen durch die dortigen Gesamtbetriebsräte regeln lassen (§ 58 Abs. 1 Satz 1 BetrVG).

Vor diesem Hintergrund ist es für die Ausmessung des Handlungsspielraums prinzipiell unerheblich, ob die Arbeitnehmerinteressen auf Ebene der Unternehmungsleitung durch den einen und einzigen Betriebsrat der Einheitsunternehmung mit homogenem Betriebsprofil wahrgenommen werden oder bei heterogenem Betriebsprofil durch einen Einzelbetriebsrat (etwa den des Hauptverwaltungsbetriebs), einen Gesamtbetriebsrat oder einen Konzernbetriebsrat. Unter bestimmten Sonderkonstellationen können sich zwar gewisse Ausnahmen von diesem Grundprinzip ergeben[152]. So setzt die Inanspruchnahme einiger im BetrVG aufgeführter Mitwirkungs- und Mitbestimmungsrechte Betriebsgrößen voraus, die über die in § 1 BetrVG für die Betriebsratsfähigkeit festgelegte Mindestgröße (fünf wahlberechtigte und drei wählbare Arbeitnehmer) hinausgehen. Nach § 95 Abs. 2 Satz 1 BetrVG beispielsweise kann der Betriebsrat nur in Betrieben mit über 500 Arbeitnehmern verbindlich die Aufstellung von Richtlinien für die Personalauswahl verlangen. Verteilen sich die Arbeitnehmer einer Unternehmung mit einer Gesamtbelegschaft von knapp über 500 Mitarbeitern gleichmäßig auf mehrere Betriebe, so sind die Einzelbetriebsräte – anders als der eine Betriebsrat im Fall des homogenen Betriebsprofils – von diesem Recht ausgeschlossen. Da die vorliegende Abhandlung nur die Grundzüge der betriebsverfassungsrechtlichen Implikationen für die Führungsorganisation aufzeigen kann, müssen solche Details im Weiteren allerdings ausgeblendet werden. Im Folgenden soll daher zur Vereinfachung nicht mehr zwischen den verschiedenen Betriebsratsräten differenziert und nur noch von den Kompetenzen *des* Betriebsrats gesprochen werden.

Betriebsrat und Führungsorganisation

2.1.2.2.2 Unternehmerische Mitbestimmung

Die Mitbestimmung auf Unternehmensebene basiert auf vier verschiedenen Rechtsquellen, dem Gesetz über die Mitbestimmung der Arbeitnehmer in den Aufsichtsräten und Vorständen der Unternehmen des Bergbaus und der Eisen und Stahl erzeugenden Industrie (Montan-MitbestG), dem Gesetz über die Drittelbeteiligung der Arbeitnehmer im Aufsichtsrat (DrittelbG) (bis 30.6.2004: BetrVG 1952), dem Gesetz zur Ergänzung des Gesetzes über die Mitbestimmung der Arbeitnehmer in den Aufsichtsräten und Vorständen der Unternehmen des Bergbaus und der Eisen und Stahl erzeugenden Industrie (MitbestErgG) und dem Gesetz über die Mitbestimmung der Arbeitnehmer (MitbestG).

Rechtsquellen

---

[152] Siehe im Einzelnen v. Werder [Organisationsstruktur] 132 ff. und 364 f.

Montan-MitbestG

MitbestErgG

DrittelbG

MitbestG

Die einzelnen Mitbestimmungsgesetze differenzieren ihre Anwendungsbereiche nach der Belegschaftsstärke, der Branche sowie der Rechtsform der erfassten Unternehmen und unterscheiden sich in ihrer Mitbestimmungsintensität[153]. Den Ausgangspunkt in der historischen Gesetzgebungsfolge bildet das Montan-MitbestG vom 21.5.1951, dessen Mitbestimmungsmodell seine Vorläufer in den nach 1945 von den Alliierten entflochtenen Unternehmen der Montan-Industrie hatte[154]. Die Reichweite dieser Montan-Mitbestimmung wurde durch das MitbestErgG vom 7.8.1956 für bestimmte Konzernverhältnisse ausgedehnt. Da das MitbestErgG in der Praxis aber kaum noch eine Rolle spielt – es betraf 1977/78 nur noch die Salzgitter AG[155] –, können seine Regelungen im Weiteren unberücksichtigt bleiben.

Das DrittelbG vom 1.7.2004 beruht ursprünglich auf dem BetrVG 1952 vom 11.10.1952, das sowohl Elemente der betrieblichen Mitbestimmung als auch der unternehmerischen Mitbestimmung enthielt. Das BetrVG 1952 wurde 1972 durch das neue BetrVG abgelöst, das selbst keine Regeln zur aufsichtsratsgebundenen Mitbestimmung enthält, die der Unternehmensmitbestimmung gewidmeten §§ 76-77a, 81, 85 und 87 des BetrVG 1952 aber weiter in Kraft ließ. Diese Vorschriften sind 2004 mit geringfügigen Modifikationen zum DrittelbG zusammengefasst worden. Das MitbestG vom 4.5.1976 schließlich bildet den vorläufigen Abschluss der (originären) Mitbestimmungskodifikationen.

Da die unternehmerische Mitbestimmung primär an der rechtlichen Einheit »Unternehmen« ansetzt und nicht an der wirtschaftlichen Einheit »Unternehmung«, hängen ihre Konsequenzen für die Unternehmensführung teilweise davon ab, ob eine rechtlich unverbundene Einheitsunternehmung oder eine juristisch gegliederte Konzernunternehmung vorliegt. Dementsprechend wird die Grundstruktur der unternehmerischen Mitbestimmung im Folgenden getrennt für die Einheitsunternehmung und den Konzern erörtert.

2.1.2.2.2.1 Unternehmerische Mitbestimmung in der Einheitsunternehmung

Als Grundregel für den Anwendungsbereich der einzelnen Mitbestimmungsgesetze gilt, dass lediglich juristische Personen der unternehmerischen Mitbestimmung unterliegen können. Einzelunternehmen und Perso-

---

[153] Die folgenden Ausführungen lehnen sich an die Darstellung bei Frese/Mensching/v. Werder [Unternehmungsführung] 55 ff. an.

[154] Vgl. zur Entstehung Raiser [Mitbestimmungsgesetz] Einleitung Rn. 1 ff.; Potthoff [Montan-Mitbestimmung] 9 ff.

[155] Siehe Hoffmann/Lehmann/Weinmann [Mitbestimmungsgesetz] § 1 Rn. 47.

nengesellschaften hingegen sind angesichts der persönlichen Vollhaftung ihre Eigenkapitalgeber prinzipiell mitbestimmungsfrei[156].

Nach dem Rechtsformkriterium können die Aktiengesellschaft (AG) und die Gesellschaft mit beschränkter Haftung (GmbH) von sämtlichen hier betrachteten Gesetzen erfasst werden. Ferner können die Kommanditgesellschaft auf Aktien (KGaA) und die Erwerbs- und Wirtschaftsgenossenschaft sowohl dem DrittelbG als auch dem MitbestG unterfallen, während die zusätzliche Einbeziehung des Versicherungsvereins auf Gegenseitigkeit (VVaG) mit bestehendem Aufsichtsrat bzw. der Kommanditgesellschaft (KG) mit bestimmten Gesellschafterstrukturen eine Spezialität des DrittelbG bzw. des MitbestG bilden (vgl. im Einzelnen § 1 Abs. 1 Nr. 1-5 i. V. m. § 4 Abs. 1 DrittelbG; § 1 Abs. 2 Montan-MitbestG; §§ 1 Nr. 1; 4 Abs. 1 MitbestG).

Erfasste Rechtsformen

Um angesichts der rechtsformabhängigen Detailvorschriften die folgende Darstellung nicht zu überfrachten, konzentrieren sich die weiteren Überlegungen auf die beiden praktisch wichtigsten Rechtsformen der AG und GmbH und streifen die übrigen Rechtsformen nur bei bedeutsamen Besonderheiten.

Ob Unternehmen, die als AG oder GmbH geführt werden und damit prinzipiell mitbestimmungsfähig sind, von der Mitbestimmung erfasst werden und welchem der drei Gesetze sie dann unterliegen, richtet sich nach ihrem Zielsystem und ihrer Belegschaftsstärke (siehe Abbildung 2-14).

---

[156] Vgl. nur Fitting/Wlotzke/Wissmann [Mitbestimmungsgesetz] § 1 Rn. 9 f.; Raiser [Mitbestimmungsgesetz] § 1 Rn. 4.

Abbildung 2-14

Anwendungsvoraussetzungen der unternehmerischen Mitbestimmung für AG und GmbH

Arbeit-nehmer / Branche	bis 500	501-1.000	1.001-2.000	über 2.000
Außerhalb Montan-Bereich	DrittelbG für AG, die vor dem 10.8.1994 eingetragen und keine Familien-gesellschaft ist	DrittelbG	DrittelbG	MitbestG
Montan-Bereich		Montan-MitbestG	Montan-MitbestG	Montan-MitbestG

Tendenz-unternehmen

Bis zu 1.000 Arbeitnehmer

Ausgenommen von der unternehmerischen Mitbestimmung sind zunächst die Tendenzunternehmen im Sinne der §§ 1 Abs. 2 Satz 1 Nr. 2, Satz 2 Drittelbg; 1 Abs. 4 MitbestG, die etwa politische, gewerkschaftliche, konfessionelle, medienbezogene etc. Zwecke verfolgen und naturgemäß auch außerhalb des Geltungsbereichs des Montan-MitbestG liegen. Ansonsten werden eine AG und GmbH mit bis zu 1.000 Arbeitnehmern unabhängig von ihrer Branchenzugehörigkeit allenfalls vom DrittelbG erfasst. Dabei trifft dieses Gesetz Aktiengesellschaften mit weniger als 500 Arbeitnehmern, die vor dem 10.8.1994 eingetragen worden sind und keine Familiengesellschaften (Legaldefinition in § 1 Abs. 1 Nr. 1 Satz 3 DrittelbG) darstellen (§ 1 Abs. 1 Nr. 1 Satz 2 DrittelbG) und im Übrigen jede AG und jede GmbH mit mehr als 500 Arbeitnehmern (§ 1 Abs. 1 Nr. 1, 3 DrittelbG).

Mehr als 1.000 Arbeitnehmer

Bei einer Belegschaftsstärke von mehr als 1.000 Arbeitnehmern erfolgt dagegen eine mitbestimmungsrechtliche Einteilung in solche Unternehmen, die nach den Merkmalen des § 1 Abs. 1 Montan-MitbestG der Montan-Industrie zuzurechnen und nach Erreichen der genannten Mindest-Belegschaft stets montanmitbestimmt sind (§ 1 Abs. 1, Abs. 2 Montan-MitbestG; § 1 Abs. 2 Nr.

1 MitbestG)[157], und in die Unternehmen außerhalb des Montan-Bereichs. Diese zweite Gruppe unterliegt weiterhin solange den Regeln des DrittelbG, bis die Unternehmen mehr als 2.000 Arbeitnehmer beschäftigen und damit vom MitbestG erfasst werden (§ 1 MitbestG).

Mehr als 2.000 Arbeitnehmer

Sofern die genannten Anwendungsvoraussetzungen der einzelnen Gesetze erfüllt sind, muss zum einen der ohnehin vorhandene (Fall der AG) bzw. der zu bildende (Fall der GmbH, siehe § 1 Abs. 1 Nr. 3 DrittelbG) Aufsichtsrat mit Vertretern der Anteilseigner und der Arbeitnehmer besetzt werden. Dabei variiert die vorgeschriebene Zusammensetzung der mitbestimmten Aufsichtsräte je nach dem anzuwendenden Gesetz erheblich. Nach DrittelbG muss der Aufsichtsrat lediglich zu einem Drittel aus Arbeitnehmervertretern bestehen (§ 1 Abs. 1 Nr. 1, 3 i. V. m. § 4 Abs. 1 DrittelbG). Infolgedessen wird insoweit auch von einer *drittelparitätischen Mitbestimmung* gesprochen.

Drittelparität

Im Anwendungsbereich des MitbestG setzt sich der Aufsichtsrat hingegen je zur Hälfte aus Repräsentanten der Anteilseigner und der Arbeitnehmer zusammen (§ 7 Abs. 1 MitbestG). Die hier somit vorgeschriebene *Parität nach Sitzen* verlangt nach speziellen Verfahrensregeln, welche die mögliche Pattsituation bei kontroversen Abstimmungen verhindern bzw. auflösen. Der Gesetzgeber hat hierfür zum Instrument der zweiten Stimme gegriffen, die dem Vorsitzenden des Aufsichtrats (nicht aber seinem Stellvertreter, §§ 29 Abs. 2 Satz 3; 31 Abs. 4 Satz 3 MitbestG) zukommt und nach einer jeweils festgelegten Anzahl von Wahlgängen eingesetzt werden kann[158]. Da sich die Aufsichtsratsmitglieder der Anteilseigner bei der Wahl des Aufsichtsratsvorsitzenden im Zweifel gegenüber den Vertretern der Arbeitnehmer (die dann den Stellvertreter des Aufsichtsratsvorsitzenden wählen) durchsetzen können (zum Wahlmodus § 27 Abs. 1, 2 MitbestG), verfügen die Anteilseignervertreter somit nach den rechtlichen Regelungen über ein gewisses Übergewicht im Aufsichtsrat[159]. Infolgedessen wird die Mitbestimmung nach dem MitbestG gelegentlich auch als *quasiparitätische Mitbestimmung* bezeichnet.

Parität nach Sitzen

Unter der Geltung des Montan-MitbestG schließlich gehören dem Aufsichtsrat zu gleichen Teilen Anteilseigner- und Arbeitnehmervertreter einschließlich der jeweiligen „weiteren Mitglieder" beider ‚Bänke' sowie ein so ge-

Volle Parität

---

[157] 1997 waren das noch 45 Unternehmen, vgl. Bertelsmann Stiftung/Hans-Böckler-Stiftung [Mitbestimmung] 43.

[158] Vgl. zu Einzelheiten §§ 29 Abs. 2; 31 MitbestG und Raiser [Mitbestimmungsgesetz] §§ 29 Rn. 8 ff., 31 Rn. 17 f.

[159] Vgl. Mertens [Kommentierungen Aktiengesetz] Anh. § 117 B § 25 Rn. 3 ff.; Raiser [Mitbestimmungsgesetz] § 27 Rn. 3; Hoffmann/Preu [Aufsichtsrat] Rn. 117; Semler [Kommentierungen Arbeitshandbuch] § 4 Rn. 89.

nannter ‚Neutraler' an (§ 4 Abs. 1 Montan-MitbestG). In der Montan-Industrie ist damit eine *vollständig paritätische Mitbestimmung* realisiert.

Arbeitsdirektor

Neben den Regelungen für den Aufsichtsrat greifen das MitbestG und das Montan-MitbestG – nicht aber das DrittelbG – auch in die Zusammensetzung des Vertretungsorgans (z. B. Vorstand) ein. Danach muss dem Vertretungsorgan (außer bei der KGaA, § 33 Abs. 1 Satz 2 MitbestG) als gleichberechtigtes Mitglied zwingend ein Arbeitsdirektor angehören (§ 33 MitbestG bzw. § 13 Montan-MitbestG), dessen Person den Bereich »Personal und Sozialwesen« auf der Ebene der Unternehmensleitung verankert. Der notwendige „Kernbereich" seiner Kompetenzen ist in Einzelheiten zwar streitig, für beide Gesetze aber prinzipiell übereinstimmend abgegrenzt[160]. Demgegenüber unterscheiden sich die gesetzesindividuellen Wahlvorschriften für den Arbeitsdirektor. Im Geltungsbereich des MitbestG ist der Arbeitsdirektor wie jedes andere Mitglied des Vertretungsorgans (und somit auch unter eventuellem Einsatz der Zweitstimme des Aufsichtsratsvorsitzenden) zu wählen (§ 33 i. V. m. § 31 MitbestG). Im Unterschied hierzu legt § 13 Abs. 1 Satz 2, 3 Montan-MitbestG fest, dass der Arbeitsdirektor nicht gegen die Stimmen der Mehrheit der Arbeitnehmerbank bestellt bzw. abberufen werden kann. In montanmitbestimmten Unternehmen verfügt der Arbeitsdirektor somit über eine stärkere arbeitnehmerseitige Legitimation.

In Anbetracht der vergleichsweise geringen und weiter sinkenden Zahl von Unternehmen, die heute noch der Montan-Mitbestimmung unterliegen[161], konzentrieren sich die weiteren Ausführungen auf die unternehmerische Mitbestimmung nach dem DrittelbG und dem MitbestG. Dabei wird beim MitbestG vereinfachend von paritätischer Mitbestimmung in Abgrenzung zur drittelparitätischen Mitbestimmung beim DrittelbG gesprochen.

2.1.2.2.2.2 Unternehmerische Mitbestimmung im Konzern

Die Konzernunternehmung zeichnet sich durch ihre juristische Untergliederung in rechtliche Einheiten (Konzernunternehmen) aus. Sie bildet aber wie die Einheitsunternehmung eine wirtschaftliche Einheit, die unter der Leitung eines obersten Entscheidungszentrums (Unternehmungs- bzw. Konzernleitung) steht. Da die Mitbestimmungsgesetze primär an rechtlichen Einheiten anknüpfen, institutionalisieren sie die unternehmerische Mitbestimmung zunächst jeweils nur für die juristischen Teilsysteme (Muttergesellschaft, Tochtergesellschaften, Enkelgesellschaften etc.) des Konzerns, nicht aber für die Unternehmung insgesamt. Ohne konzernspezifische Sonderregeln ist somit die mit der Leitung der Muttergesellschaft identische

---

160 Vgl. Näheres in Abschnitt 3.2.1.1.3.1, S. 191 f.
161 Vgl. FN 157. Aufschlussreich ist auch, dass im Kreis der DAX-Unternehmen gegenwärtig keine Gesellschaft mehr montanmitbestimmt ist.

Unternehmungsleitung allenfalls nach den für die Muttergesellschaft geltenden Vorschriften mitbestimmt. Sie erhält ihre Legitimation aus Arbeitnehmersicht aber nicht – wie in der Einheitsunternehmung – durch die Belegschaft der (Konzern-)Unternehmung, sondern nur durch die Arbeitnehmer der Konzernmutter. Diese mangelnde Vertretung der Gesamtbelegschaft bei der Unternehmungsleitung wird durch die Mitbestimmung auf der Ebene der abhängigen Konzernunternehmen nur unzureichend kompensiert, da der Arbeitnehmereinfluss dort ins Leere laufen kann, sofern die Konzernleitung Entscheidungen für diese Konzernunternehmen anstelle der jeweiligen Unternehmensleitungen (z. B. Tochtervorstände) trifft.

Vor diesem Hintergrund zielen die konzernbezogenen Sondervorschriften der Mitbestimmungsgesetze im Kern darauf ab, die wirtschaftliche Einheit »Konzern« ungeachtet ihrer rechtlichen Untergliederung prinzipiell auch als Mitbestimmungseinheit zu behandeln. In Anbetracht der außerordentlichen Vielfalt möglicher Konzernkonstruktionen, die sich (unter anderem) je nach den gewählten Rechtsformen der Konzernunternehmen, den Unternehmensverbindungen, Beteiligungsquoten und Konzernstufen unterscheiden können, enthalten die einzelnen Gesetze zu diesem Zweck zum Teil äußerst differenzierte Spezialnormen für den Konzern. Diese Vorschriften können allerdings die angestrebte Gleichbehandlung von rechtseinheitlich verfasster und rechtlich gegliederter Unternehmung nicht in allen Fällen sicherstellen. Angesichts der Komplexität der konzernspezifischen Mitbestimmungsregelungen muss sich die folgende Darstellung auf die Grundformen der unternehmerischen Mitbestimmung im Konzern beschränken. Im Weiteren können daher nur (vergleichsweise unproblematische) Konzernverhältnisse betrachtet werden, die außerhalb des Montan-Bereichs liegen, lediglich aus inländischen Aktiengesellschaften oder Gesellschaften mit beschränkter Haftung zusammengesetzt und durch jeweils 100-prozentige Beteiligungen charakterisiert sind[162].

Konzern-dimensionale Mitbestimmung

Die mitbestimmungsrechtlichen Kernregelungen für den Konzern finden sich in den Zurechnungsvorschriften der §§ 2 DrittelbG und 5 Abs. 1 Satz 1 MitbestG sowie in den Bestimmungen, welche die Beteiligung der Arbeitnehmer der abhängigen Konzerngesellschaften an den (eventuellen) Wahlen zum Aufsichtsrat des herrschenden Unternehmens regeln.

Gemäß § 2 Abs. 2 DrittelbG gelten bei der Prüfung, ob die geforderten Arbeitnehmerzahlen für die Anwendung der drittelparitätischen Mitbestimmung erreicht werden, auch die Arbeitnehmer der abhängigen Konzernunternehmen als Arbeitnehmer des herrschenden Unternehmens, sofern die Unternehmen durch Beherrschungsverträge oder Eingliederungsverhältnis-

Zurechnung der Konzern-arbeitnehmer

---

162 Vgl. weiterführend z. B. Theisen [Konzern] 404 ff. m. w. N.

se verbunden sind. Ohne eine derartige Einschränkung auf bestimmte Konzernverhältnisse bestimmt § 5 Abs. 1 Satz 1 MitbestG im Übrigen vergleichbar, dass für die Anwendung dieses Gesetzes auf das herrschende Unternehmen auch die Arbeitnehmer der anderen Konzernunternehmen als dessen Arbeitnehmer gelten. Aufgrund dieser Zurechnungsvorschriften können somit auch Muttergesellschaften, die selbst die Anwendungsvoraussetzungen der jeweiligen Gesetze nicht erfüllen, den entsprechenden Mitbestimmungsregeln unterliegen, falls der Gesamtkonzern über eine ausreichende Belegschaft verfügt.

Wahlrechte der Konzern-arbeitnehmer

In Hinblick auf die Wahlrechte der in den abhängigen Konzernunternehmen beschäftigten Arbeitnehmer bestimmt § 2 Abs. 1 DrittelbG, dass diese an der Wahl der Arbeitnehmervertreter für den Aufsichtsrat des herrschenden Unternehmens teilnehmen. In Übereinstimmung hiermit lässt sich § 5 Abs. 1 Satz 1 MitbestG entnehmen, dass auch bei der Wahl des Aufsichtsrats eines herrschenden Unternehmens nach MitbestG die Belegschaften der abhängigen Konzernunternehmen den Arbeitnehmern des herrschenden Unternehmens bezüglich der Wahlberechtigung gleichgestellt sind[163].

Mit-bestimmungs-konstellationen

Untersucht man für den Bereich zweistufiger Konzerne, auf welchen Konzernebenen nach den skizzierten Regelungen welche Mitbestimmungsmöglichkeiten in Betracht kommen, so können unter den gesetzten Prämissen je nach den mitbestimmungsrechtlich relevanten Merkmalen des Konzerns und seiner juristischen Glieder die in Abbildung 2-15 veranschaulichten Mitbestimmungskonstellationen eintreten. Dabei ist unterstellt, dass alle Tochtergesellschaften eines Konzerns jeweils den gleichen Mitbestimmungsregeln unterliegen.

---

163 Vgl. Fitting/Wlotzke/Wißmann [Mitbestimmungsgesetz] § 5 Rn. 48.

Mitbestimmungskonstellationen im zweistufigen Konzern außerhalb des Montan-Bereichs

Abbildung 2-15

Mitbestimmungs-gesetz / Mitbestimmungsebene	Anwendung des						
Ebene der Muttergesellschaft	./.	Drittelb G	Mit-bestG	./.	Drittelb G	Mit-bestG	Mit-bestG
Ebene der Tochtergesellschaften	./.	./.	./.	Drittelb G	Drittelb G	Drittelb G	Mit-bestG
Mitbestimmungskonstellation	1	2	3	4	5	6	7

Die Mitbestimmungskonstellationen 1 bis 3 in Abbildung 2-15 zeichnen sich übereinstimmend dadurch aus, dass die Mitbestimmung auf Tochterebene entfällt. Diese Situation liegt dann vor, wenn die Tochtergesellschaften entweder als *Neu-AGs*, die ab dem 10.8.1994 eingetragen wurden[164], oder als GmbHs mit jeweils höchstens 500 Arbeitnehmern geführt werden.

Die Mitbestimmungsform auf der Ebene der Konzernmutter hängt bei den Konstellationen 1 bis 3 von der Rechtsform und der Arbeitnehmerzahl der Muttergesellschaft, der Gesamtbelegschaftsstärke des Konzernkreises insgesamt und von den gewählten Unternehmensverbindungen ab. Eine Mitbestimmung auf Konzernmutter-Ebene kann zunächst unterbleiben (Mitbestimmungskonstellation 1), falls es sich bei der Muttergesellschaft um eine Familien-Alt-AG, eine Neu-AG oder eine GmbH handelt und im Konzernkreis höchstens 500 Arbeitnehmer beschäftigt werden. Unter diesen Bedingungen reicht die Arbeitnehmerzahl der Konzernmutter nicht für eine eigene Mitbestimmungspflicht aus (vgl. § 1 Abs. 1 Nr. 1, 3 DrittelbG). Ferner ist die Gesamtbelegschaft des Konzerns keinesfalls zahlreich genug, um eine Mitbestimmung auf der Ebene der Muttergesellschaft kraft Zurechnung gemäß § 2 Abs. 2 DrittelbG zu begründen. Sofern die Arbeitnehmerzahl im

Mit-bestimmungs-konstellation 1

---

[164] In Abgrenzung zu der vor dem 10.8.1994 eingetragenen *Alt-AG*, siehe hierzu auch S. 78.

Konzern insgesamt – nicht aber auch bei der Konzernmutter – 500 übersteigt (und höchstens 2.000 beträgt), kann Mitbestimmungskonstellation 1 zum anderen noch vorliegen, falls die Anforderungen des § 2 Abs. 2 DrittelbG an die Qualität der Unternehmensverbindungen (Beherrschungsvertrag oder Eingliederung) nicht erfüllt sind.

*Mit-
bestimmungs-
konstellation 2*

Ist die Konzernmutter dagegen als Nicht-Familien-Alt-AG verfasst und werden im Konzern insgesamt höchstens 2.000 Arbeitnehmer beschäftigt, so unterliegt die Muttergesellschaft dem DrittelbG (Mitbestimmungskonstellation 2). Die gleiche Konstellation liegt vor, falls eine Familien-Alt-AG, eine Neu-AG oder eine GmbH die Muttergesellschaft bildet und die zurechenbare Konzernbelegschaft zwar mehr als 500, aber nicht mehr als 2.000 Arbeitnehmer umfasst. Sofern unter sonst gleichen Annahmen die Zahl der Konzernarbeitnehmer 2.000 übersteigt, tritt Mitbestimmungskonstellation 3

*Mit-
bestimmungs-
konstellation 3*

unabhängig davon ein, ob die Konzernmutter die Rechtsform der AG oder GmbH aufweist (vgl. zum Ganzen §§ 1 Abs. 1 Nr. 1, 3; 2 DrittelbG; §§ 1 Abs. 1; 5 Abs. 1 Satz 1 MitbestG).

*Mit-
bestimmungs-
konstellation 4*

Die Konstellation 4 stellt den Ausnahmefall dar, bei dem die unternehmerische Mitbestimmung zwar auf Tochterebene, nicht aber auf der Ebene der Muttergesellschaft eingreift. Er kann z. B. vorliegen, sofern die Tochtergesellschaft(en) in der Rechtsform der Alt-AG geführt werden und die GmbH-Konzernmutter mangels ausreichender (eigener oder gemäß § 2 Abs. 2 DrittelbG zugerechneter) Arbeitnehmer mitbestimmungsfrei bleibt. Ansonsten gilt, dass die Mitbestimmung auf der Ebene der Tochtergesellschaften zumindest in gleicher Stärke auf die Konzernmutter-Ebene durchschlägt. So bewirkt bereits eine Tochtergesellschaft mit mehr als 500 zurechenbaren

*Mit-
bestimmungs-
konstellation 5-7*

Arbeitnehmern, dass die Muttergesellschaft unabhängig von den übrigen Konzernmerkmalen wenigstens dem DrittelbG unterfällt (Mitbestimmungskonstellation 5). Sofern die mitbestimmten Tochtergesellschaften jeweils höchstens, der Gesamtkonzern hingegen über 2.000 Arbeitnehmer beschäftigen, kommt die Mitbestimmungskonstellation 6 zum Tragen, während bei mehr als 2.000 Arbeitnehmern bei einer Tochter zwangsläufig Konstellation 7 greift (vgl. §§ 1 Abs. 1; 5 Abs. 1 Satz 1 MitbestG).

*Konzernmitbe-
stimmung und
Führungs-
organisation*

Die herausgearbeiteten Mitbestimmungskonstellationen machen deutlich, dass die unternehmerische Mitbestimmung im Konzern nur unter bestimmten Voraussetzungen Bedeutung für die Führungsorganisation im hier verstandenen Sinne hat. Da die Unternehmungsleitung primär in den Händen des Topmanagements der Gesamtunternehmung liegt, nehmen nur diejenigen Mitbestimmungsträger Einfluss auf die Führung der Unternehmung, die auf der Ebene der Muttergesellschaft angesiedelt und damit der Hierarchiespitze zugeordnet sind. Die Mitbestimmung auf Tochterebene hingegen betrifft nachgelagerte Teilbereiche der Unternehmung und ist daher aus führungsorganisatorischer Sicht im Prinzip ohne Belang. Vor diesem Hintergrund werden im Folgenden unter einer *mitbestimmungsfreien Konzernführung* neben der durch Mitbestimmungskonstellation 1 charakterisierten Situation auch die Fälle verstanden, in denen zwar Konzerntöchter, nicht aber die Konzernmutter unternehmerisch mitbestimmt sind (Konstellation 4). Die übrigen Konstellationen werden dementsprechend als Spielarten der *mitbestimmten Konzernführung* angesprochen.

2.2 Spitzenorganisation ausgewählter Einheitsunternehmungen

2.2.1 Deutsche Rechtsformen

2.2.1.1 AG

2.2.1.1.1 Rechtliche Gremien der AG

Die gesellschaftsrechtliche Verfassung der AG folgt dem Trennungsmodell[165] und sieht einen dreigliedrigen Aufbau aus Hauptversammlung, Aufsichtsrat und Vorstand vor. Die *Hauptversammlung* fungiert als Organ der Unternehmungsträger (Aktionäre). Sie bestimmt – unter Berücksichtigung der jeweils eingreifenden mitbestimmungsrechtlichen Regelungen – die Mitglieder des Aufsichtsrats. Der *Aufsichtsrat* bildet das Überwachungsorgan der AG und bestellt seinerseits den *Vorstand*, dem die Rolle des Geschäftsführungsgremiums zukommt. Die aktienrechtliche Spitzenorganisation wird ergänzt durch den *Betriebsrat*, der unter den oben dargelegten Voraussetzungen zu wählen[166] und Interessenvertreter der Arbeitnehmer im Rahmen der Unternehmungsführung ist.

Gremienstruktur

Im Mittelpunkt der folgenden Ausführungen steht die Frage, welche Mindest- und welche Maximalkompetenzen diesen vier Gremien nach den gesetzlichen Vorschriften zugeordnet werden dürfen. Diese Analyse der zulässigen Kompetenzspielräume zielt auf die Identifizierung derjenigen Einheiten, welche die Funktion des Leitungsorgans bzw. des Topmanagements in der AG übernehmen können.

---

[165] Siehe hierzu Abschnitt 2.1.2.1.2.1, S. 55.
[166] Siehe Abschnitt 2.1.2.2.1, S. 67 ff.

2.2.1.1.2 Kompetenzspielräume und Besetzungsmodalitäten der Gremien

2.2.1.1.2.1 Hauptversammlung

*Kompetenzaus-
übung auf der
Hauptver-
sammlung*

Die Aktionäre einer AG können ihren Einfluss auf die Unternehmungsführung im Grundsatz nur über die Hauptversammlung geltend machen (§ 118 Abs. 1 AktG), deren Entscheidungskompetenzen entweder auf Gesetz oder Satzung beruhen (§ 119 Abs. 1 AktG). Eine Modifizierung der gesetzlichen Hauptversammlungs-Kompetenzen mit Hilfe der Satzung ist allerdings aufgrund der weitgehend zwingenden aktienrechtlichen Kompetenzzuweisungen nur in sehr engen Grenzen möglich und kann daher im Folgenden unberücksichtigt bleiben. Jenseits der gesetzlich geregelten Zuständigkeiten kann die Hauptversammlung im Übrigen nur auf Verlangen des Vorstands über Fragen der Geschäftsführung entscheiden (§ 119 Abs. 2 AktG). Seit der berühmten „Holzmüller-Entscheidung" des BGH vom 25.2.1982 kann der Vorstand allerdings auch verpflichtet sein, grundlegende Maßnahmen, die weitreichende Auswirkungen auf die Rechtsstellung der Aktionäre haben, der Hauptversammlung zur Beschlussfassung vorzulegen[167].

*Katalog-
kompetenzen*

Die Kompetenzen der Hauptversammlung betreffen nach üblichen Formulierungen die rechtlichen und wirtschaftlichen Grundlagen der AG[168]. Sie ergeben sich insbesondere aus dem Katalog des § 119 Abs. 1 AktG. Danach beschließt die Versammlung der Anteilseigner namentlich über die Bestellung der Aufsichtsratsmitglieder – soweit dem nicht mitbestimmungsrechtliche Regelungen entgegenstehen[169] –, die Verwendung des Bilanzgewinns, die Entlastung der Mitglieder von Vorstand und Aufsichtsrat, die Bestellung der Abschluss- und Sonderprüfer, Satzungsänderungen, Kapitalbeschaffungs- und Kapitalherabsetzungsmaßnahmen sowie die Auflösung der Gesellschaft. Die Kompetenzliste des § 119 Abs. 1 AktG ist allerdings nicht abschließend, sondern wird durch zahlreiche, über das Aktiengesetz verstreute Zuständigkeiten ergänzt[170]. Flankierende Informationsrechte wie das in § 131 AktG normierte Auskunftsrecht der Aktionäre in der Hauptversammlung unterstützen die Wahrnehmung dieser Einflussbefugnisse.

---

[167] Siehe BGH v. 25.2.1982 – II ZR 174/80, DB 1982, 795 ff. sowie zur jüngsten diesbezüglichen Rechtsprechung Fuhrmann [Gelatine]; Weißhaupt [Gelatine]; Liebscher [Hauptversammlungszuständigkeiten].

[168] Vgl. z. B. Eckardt [Kommentierungen] §§ 118 Rn. 5; 119 Rn. 7 ff.; Schaaf [Praxis] Rn. 8 f.; Hüffer [Gesellschaftsrecht] 298; Mülbert [Kommentierungen] § 119 Rn. 5, 17 ff.

[169] Siehe hierzu näher Abschnitt 2.1.2.2.2.1, S. 78 ff.

[170] Siehe z. B. §§ 50; 52; 83 Abs. 1; 84 Abs. 3; 93 Abs. 4; 103 Abs. 1; 111 Abs. 4 Satz 3; 113 Abs. 1 Satz 2; 116; 147; 171 Abs. 2 Satz 4; 172 Abs. 1; 173 Abs. 1; 179a; 234 Abs. 1; 261 Abs. 3 Satz 2; 265 Abs. 2, 5; 269 Abs. 2, 3; 270 Abs. 2; 274; 293 Abs. 1; 295 Abs. 1; 319; 320; 327 Abs. 1 Nr. 1 und zur Übersicht Semler [Kommentierungen Handbuch] § 34 Rn. 11.

Standards des DCGK zur Hauptversammlung	*Abbildung 2-16*

Der Versammlungsleiter sorgt für eine zügige Abwicklung der Hauptversammlung. Dabei sollte er sich davon leiten lassen, dass eine ordentliche Hauptversammlung spätestens nach 4 bis 6 Stunden beendet ist. **(Tz. 2.2.4 DCGK)**

Der Vorstand soll die vom Gesetz für die Hauptversammlung verlangten Berichte und Unterlagen einschließlich des Geschäftsberichts leicht zugänglich auf der Internet-Seite der Gesellschaft zusammen mit der Tagesordnung veröffentlichen. **(Tz. 2.3.1 Satz 3 DCGK)**

Die Gesellschaft soll allen in- und ausländischen Finanzdienstleistern, Aktionären und Aktionärsvereinigungen die Einberufung der Hauptversammlung mitsamt den Einberufungsunterlagen auf elektronischem Wege übermitteln, wenn die Zustimmungserfordernisse erfüllt sind. **(Tz. 2.3.2 DCGK)**

Die Gesellschaft soll den Aktionären die persönliche Wahrnehmung ihrer Rechte erleichtern. Auch bei der Stimmrechtsvertretung soll die Gesellschaft die Aktionäre unterstützen. Der Vorstand soll für die Bestellung eines Vertreters für die weisungsgebundene Ausübung des Stimmrechts der Aktionäre sorgen; dieser sollte auch während der Hauptversammlung erreichbar sein. **(Tz. 2.3.3 DCGK)**

Die Gesellschaft sollte den Aktionären die Verfolgung der Hauptversammlung über moderne Kommunikationsmedien (z. B. Internet) ermöglichen. **(Tz. 2.3.4 DCGK)**

Quelle: Deutscher Corporate Governance Kodex in der Fassung vom 14. Juni 2007

Unter den kasuistischen Entscheidungskompetenzen der Hauptversammlung hat die Satzungshoheit ohne Zweifel die größte Bedeutung für die Steuerung einer auch weiterhin rechtlich unverbundenen Gesellschaft mit aktivem Geschäftsbetrieb (*laufende Einheitsunternehmung*). Die Satzung muss u. a. den Gegenstand (§ 23 Abs. 3 Nr. 2 AktG) der Gesellschaft bestimmen und kann – in gewissen Grenzen – auch ihren Zweck festlegen[171].

Satzungshoheit

Der *Unternehmensgegenstand* grenzt das Aufgaben- bzw. Tätigkeitsfeld der AG ab. Durch seine Festlegung können die Anteilseigner folglich die geschäftsfeld- und geostrategische Grundrichtung der Gesellschaftsaktivitäten vorzeichnen.

Unternehmensgegenstand

Über Bestimmungen zum *Zweck der Gesellschaft* lassen sich die (Formal-)Zielsetzungen der Unternehmung in bestimmtem Umfang präzisieren und ergänzen. Sofern die Satzung schweigt, liegt der Zweck einer AG nach herr-

Gesellschaftszweck

---

171 Hierzu und zum Folgenden eingehender v. Werder [Organisationsstruktur] 106 ff. m. N. zur Abgrenzung von Unternehmungsgegenstand, -zweck und -ziel ferner Tieves [Unternehmensgegenstand] 12 ff.

schender Meinung grundsätzlich in der Gewinnerzielung, die allerdings nicht mit einer strikten Gewinnmaximierung gleichgesetzt werden darf. Vielmehr sind nach überwiegender Auffassung auch nach Streichung der sogenannten Gemeinwohlklausel in § 70 Abs. 1 2. Halbsatz AktG 1937 durch die Aktienrechtsnovelle von 1965 neben den Belangen der Aktionäre auch andere Interessen wie namentlich die der Arbeitnehmer und der Allgemeinheit in angemessenem Verhältnis zu berücksichtigen[172]. Hiervon abweichende Formulierungen des Gesellschaftszwecks liegen nach einhelliger Ansicht in der Kompetenz der Hauptversammlung, wobei die Reichweite dieser Befugnis jedoch umstritten ist. Während für eine Verschärfung der Gewinnerzielungsabsicht (z. B. durch Untersagung gemeinnütziger Spenden) recht enge Grenzen gezogen werden, erweist sich die Aufnahme gemeinwirtschaftlicher oder nicht-monetärer Ziele als weniger problematisch. Inwieweit solche Zweckbestimmungen für den Vorstand letztlich bindend sind, ist allerdings wiederum strittig[173].

---

172 Die Frage nach der Zwecksetzung der AG ist in jüngerer Zeit unter dem Stichwort Shareholder- oder Stakeholder-Ansatz wieder verstärkt diskutiert worden. Siehe v. Werder [Richtschnur]; Speckbacher [Stakeholder-Ansatz]; Schmidt/Weiß [Shareholder]; Fleischer [Shareholders]; Mülbert [Shareholder]; v. Werder [Kommentierungen] Rn. 353 ff.

173 Vgl. hier nur Großmann [Unternehmensziele] 246 ff.; Wiedemann [Gesellschaftsrecht] 321; Hefermehl/Spindler [Kommentierungen] § 76 Rn. 69 ff.

Zweckbestimmung aus § 3 der Satzung der Axel-Springer-Beteiligungs-AG   *Abbildung 2-17*

§ 3 Grundsätze der Unternehmensführung

1. Das Unternehmen bekennt sich zu folgenden Grundsätzen:

   a) Das unbedingte Eintreten für den freiheitlichen Rechtsstaat Deutschland als Mitglied der westlichen Staatengemeinschaft und die Förderung der Einigungsbemühungen der Völker Europas;

   b) Das Herbeiführen einer Aussöhnung zwischen Juden und Deutschen, hierzu gehört auch die Unterstützung der Lebensrechte des israelischen Volkes;

   c) die Unterstützung des transatlantischen Bündnisses und die Solidarität in der freiheitlichen Wertegemeinschaft mit den Vereinigten Staaten von Amerika;

   d) die Ablehnung jeglicher Art von politischem Totalitarismus;

   e) die Verteidigung der freien sozialen Marktwirtschaft.

2. Die Organe des Unternehmens sind an die strikte Beachtung und Einhaltung dieser Grundsätze gebunden.

Zum zwingenden Satzungsinhalt gehört ferner die Fixierung der Höhe des Grundkapitals (§ 23 Abs. 3 Nr. 3 AktG), sodass Grundkapitaländerungen (§ 119 Abs. 1 Nr. 6 AktG) stets auch Satzungsänderungen darstellen. Die Kapitalausstattung der AG kann die Hauptversammlung ferner durch ihre Zustimmungskompetenz bei der Ausgabe von Wandel- und Gewinnschuldverschreibungen (§ 221 Abs. 1 AktG) sowie bei der Gewährung von Genussrechten (§ 221 Abs. 3 AktG) und durch ihre Rechte bei Thesaurierungs- bzw. Ausschüttungsentscheidungen (§§ 58; 150 Abs. 2 AktG, die auch auf eventuelle Satzungsbestimmungen verweisen) beeinflussen.

Kapital-ausstattung

Mit ihren auf den Gegenstand, den Zweck und das Ressourcenpotential der Gesellschaft bezogenen Kompetenzen nehmen die Anteilseigner auf die Ziele und Strategien der Unternehmung Einfluss und bestimmen zu wesentlichen Teilen die materielle Basis zur Umsetzung dieser Richtungsentscheidungen. Dabei eröffnen die gesetzlichen Regelungen einen bestimmten Spielraum. So darf der Gegenstand der Gesellschaft in einem bestimmten Umfang mehr global oder mehr detailliert formuliert werden. Durch ausrei-

Einfluss der Aktionäre

chende Spezifizierung des Produktprogramms der Unternehmung einschließlich der von ihr betreuten Marktsegmente und Regionen in der Satzung können die Anteilseigner folglich eine unerwünschte Diversifikation und die hiermit häufig einhergehende Übernahme neuer Risiken der AG verhindern[174]. Auch durch die Wahl des Kapitalerhöhungs-Instruments lässt sich beispielsweise die Vorstandsautonomie unterschiedlich gestalten. So bietet das genehmigte Kapital (§§ 202 ff. AktG) gegenüber der Kapitalerhöhung gegen Einlagen (§§ 182 ff. AktG) und namentlich der bedingten Kapitalerhöhung (§§ 192 ff. AktG) deutliche Flexibilitätsvorteile für den Vorstand[175].

Mitbestimmung

Die eventuell eingreifenden Mitbestimmungsgesetze[176] modifizieren die Aktionärsbefugnisse im Kern nur durch die Beschneidung ihrer Besetzungskompetenzen für den Aufsichtsrat. Sämtliche Aufsichtsratsmitglieder können die Aktionäre danach lediglich in einer Alt-AG, die vor dem 10.8.1994 eingetragen wurde und als Familien-Gesellschaft einzustufen ist, oder in einer (nach dem 10.8.1994 eingetragenen) Neu-AG mit jeweils höchstens 500 Arbeitnehmern wählen (§ 1 Abs. 1 Nr. 1 DrittelbG). Im Übrigen, d. h. bei einer Alt-AG, die keine Familiengesellschaft darstellt, sowie bei einer Neu-AG mit mehr als 500 Arbeitnehmern, ist den Aktionären die Bestimmung von wenigstens einem Drittel der Aufsichtsratsmitglieder entzogen (§ 1 Abs. 1 Nr. 1 i. V. m. § 4 Abs. 1 DrittelbG). Die personalwirtschaftlichen Kompetenzen der Hauptversammlung reduzieren sich weiter auf die Hälfte der Mitglieder des Aufsichtsrats, falls die AG (außerhalb des Montan-Bereichs) mit einer Belegschaft von mehr als 2.000 Arbeitnehmern tätig ist (§§ 1 Abs. 1, 2; 7 ff. MitbestG).

2.2.1.1.2.2 Aufsichtsrat

Kompetenzspielräume

Stellung des Aufsichtsrats

Der Aufsichtsrat bildet das Überwachungsorgan der AG, das zur Bestellung, Beratung und Kontrolle des Vorstands berufen ist[177]. Seine gesellschafts-

---

174 Siehe v. Werder [Organisationsstruktur] 105; Mertens [Kommentierungen Aktiengesetz] § 82 Rn. 19.

175 Vgl. Lutter [Kommentierung Aktiengesetz] Vorb. § 182 Rn. 20; Krieger [Kommentierungen] § 58 Rn. 1; Kübler [Gesellschaftsrecht] 217; Hüffer [Aktiengesetz] § 202 Rn. 2.

176 Vgl. zur Wahlvoraussetzung und Zusammensetzung mitbestimmter Aufsichtsräte ausführlich Abschnitt 2.2.1.1.2.2, S. 96 ff.

177 So eine gängige Aufgabenbeschreibung des Aufsichtsrats sowie etwa Lutter/Krieger [Rechte] § 2 Rn. 57; Potthoff/Trescher/Theisen [Aufsichtsratsmitglied] Rn. 11 ff.; v. Werder [Kommentierungen] Rn. 99 ff.; Semler [Kommentierungen Arbeitshandbuch] § 1 Rn. 68.

rechtlichen Kompetenzen sind ebenfalls nicht in einer Vorschrift geordnet zusammengefasst, sondern an zahlreichen Stellen des Gesetzes normiert[178]. Die hierdurch umrissene Kompetenzausstattung des Überwachungsorgans lässt sich im Grundsatz ebenfalls kaum variieren, da die früher fakultative Formulierung zustimmungspflichtiger Geschäfte (§ 111 Abs. 4 Satz 2 AktG) seit Erlass des TransPuG im Jahre 2002 obligatorisch ist[179]. Allerdings findet sich weder im AktG noch im DCGK ein fester Katalog zustimmungspflichtiger Geschäfte, sodass in Hinblick auf ihren Umfang und Inhalt ein gewisser Gestaltungsspielraum besteht.

Bei systematischer betriebswirtschaftlicher Betrachtung verfügt der Aufsichtsrat im Kern über eine generelle Kontrollkompetenz, über punktuelle Entscheidungsbefugnisse mit differenzierten Abstufungen und ausschließlich für die Vertretung der Gesellschaft gegenüber den Vorstandsmitgliedern (§ 112 AktG) über originäre Realisationskompetenzen.

Kompetenzarten

Die Aufsichtsratskontrolle, die durch vielfältige Informationsrechte (vgl. nur §§ 90; 111 Abs. 2; 170 AktG) gestützt wird[180], richtet sich in funktionaler Hinsicht auf die Geschäftsführung (§ 111 Abs. 1 AktG) und ist in personaler Hinsicht nach herrschender Meinung an den (Gesamt-)Vorstand adressiert. Daraus folgt, dass der Aufsichtsrat auch im Delegationsfall (wichtige) Managementhandlungen auf den nachgelagerten Hierarchieebenen nicht direkt bei den (leitenden) Arbeitnehmern, sondern nur indirekt durch Überwachung des Vorstands zu kontrollieren hat[181].

Kontroll-kompetenzen

Entscheidungen kann der Aufsichtsrat teils nur gemeinsam mit dem Vorstand, teils autonom treffen. Seine *Mitwirkungskompetenzen* sind nicht sehr zahlreich und betreffen wichtige Einzelfragen der Gesellschaft wie etwa die Abschlagszahlung auf den Bilanzgewinn (§ 59 Abs. 3 AktG), die Rücklagenbildung (§ 58 Abs. 2 AktG), die Feststellung des Jahresabschlusses (§ 172 AktG), die Aktienausgabe im Rahmen des genehmigten Kapitals (§ 204 Abs.

Entscheidungs-kompetenzen

---

[178] Vgl. etwa §§ 58 Abs. 2; 59 Abs. 3; 77 Abs. 2 Satz 1; 78 Abs. 3; 84 Abs. 1-3; 87 Abs. 1, 2; 88 Abs. 1; 89; 90; 105 Abs. 2; 111; 112; 124 Abs. 3; 170; 171; 172; 188; 204 Abs. 1 Satz 2; 223; 245 Nr. 5; 249 Abs. 1 und zu dieser Zusammenstellung auch Mertens [Kommentierungen Aktiengesetz] § 111 Rn. 7; Semler [Leitung] Rn. 91 ff.

[179] Vgl. Lutter/Krieger [Rechte] § 2 Rn. 53; Kropff [Kommentierungen Arbeitshandbuch] § 8 Rn. 14.

[180] Siehe hierzu auch die Empfehlung des DCGK in Tz. 3.4 Abs. 3 Satz 1: „Der Aufsichtsrat soll die Informations- und Berichtspflichten des Vorstands näher festlegen.".

[181] Vgl. z. B. Meyer-Landrut [Kommentierungen] § 111 Anm. 2, 11; Semler [Leitung] Rn. 115 ff.; Semler [Kommentierungen Aktiengesetz] § 111 Rn. 110 ff.; Mertens [Kommentierungen Aktiengesetz] § 111 Rn. 21; Henn [Handbuch] § 19 Rn. 610; Lutter/Krieger [Rechte] § 3 Rn. 68 f.; Potthoff/Trescher/Theisen [Aufsichtsratsmitglied] Rn. 342; anderer Ansicht Dreist [Überwachungsfunktion] 87; Hüffer [Aktiengesetz] § 111 Rn. 3.

1 Satz 2 AktG) und die Beschlussvorschläge zur Hauptversammlung gem. § 124 Abs. 3 AktG.

Vorstands-
besetzung

Die *Alleinentscheidungskompetenzen* des Aufsichtsrats beziehen sich demgegenüber auf die Besetzung und die Organisation des Vorstands. Im personalwirtschaftlichen Bereich befindet der Aufsichtsrat danach allein – und insoweit auch grundsätzlich ohne rechtliche Bindung an Präferenzen der Hauptversammlung[182] – u. a. über die jeweils auf maximal fünf Jahre zu befristende[183] Bestellung von Vorstandsmitgliedern (§ 84 Abs. 1 AktG), ihre Vergütung (§ 87 AktG), ihre Beurteilung im Rahmen der §§ 171 Abs. 2; 111 Abs. 3 AktG und ihre eventuelle Abberufung aus wichtigem Grund (§ 84 Abs. 3 AktG) sowie über die fakultative Ernennung eines von mehreren Vorstandsmitgliedern zum Vorsitzenden des Vorstands (§ 84 Abs. 2 AktG). Die personalwirtschaftliche Alleinentscheidungskompetenz des Aufsichtsrats bedeutet keineswegs die Untersagung einer Fühlungsnahme mit dem Vorstand. Vielmehr soll der Aufsichtsrat nach einer Empfehlung des Deutschen Corporate Governance Kodex durchaus „…gemeinsam mit dem Vorstand für eine langfristige Nachfolgeplanung sorgen" (Tz. 5.1.2 Abs. 1 Satz 2 DCGK). Entscheidend ist aber, dass der Aufsichtsrat Herr des Verfahrens ist und bleibt.

Vorstands-
organisation

Zur organisatorischen Regelung der internen Zusammenarbeit in multipersonalen Vorständen gestattet § 77 Abs. 2 Satz 1 AktG dem Aufsichtsrat den vorrangigen Erlass einer Geschäftsordnung. Vorbehaltlich bindender Einzelregelungen der Satzung (§ 77 Abs. 1 Satz 2, Abs. 2 Satz 2 AktG) kann er hierin namentlich die Art der gewährten Geschäftsführungsbefugnisse (echte oder unechte Gesamt- oder aber Einzelgeschäftsführungsbefugnisse) sowie die vorgenommene Geschäftsverteilung (Bereichsbildung) niederlegen (§ 77 Satz 1 AktG) und so die Kompetenzen der einzelnen Vorstandsmitglieder definieren. Für die externe Vertretung der Gesellschaft schließlich darf der Aufsichtsrat bei einer entsprechenden Ermächtigung durch die Satzung bestimmen, ob die Vorstandsmitglieder nur gemeinsam, nur in Gemeinschaft mit einem Prokuristen oder aber auch allein vertretungsberechtigt sind (§ 78 Abs. 2 Satz 1, Abs. 3 Satz 1, Satz 2 AktG)[184].

---

[182] Vgl. Hefermehl/Spindler [Kommentierungen] § 84 Rn. 9; Meyer-Landrut [Kommentierungen] § 84 Anm. 2; Godin/Wilhelmi [Aktiengesetz] § 84 Anm. 2; Baumbach/Hueck [Aktiengesetz] § 84 Rn. 4; Potthoff/Trescher/Theisen [Aufsichtsratsmitglied] 386.

[183] Nach Tz. 5.1.2 Satz 4 DCGK sollte die maximal mögliche Bestelldauer von fünf Jahren bei Erstbestellungen nicht die Regel sein. Siehe hierzu Kremer [Kommentierungen] Rn. 935 ff.

[184] Siehe hierzu auch Tz. 4.2.1 Satz 2 DCGK: „Eine Geschäftsordnung soll die Arbeit des Vorstands, insbesondere die Ressortzuständigkeiten einzelner Vorstandsmitglieder, die dem Gesamtvorstand vorbehaltenen Angelegenheiten sowie die er-

Eine Sonderstellung zwischen Mit- und Alleinentscheidungskompetenzen nimmt die Bindung bestimmter Arten von Geschäften an die Zustimmung des Aufsichtsrats gem. § 111 Abs. 4 Satz 2 AktG ein. Diese Bindung kann entweder (durch die Aktionäre) in der Satzung oder durch den Aufsichtsrat selbst erfolgen. Dabei weist die wohl überwiegende Meinung dem Aufsichtsrat die Prärogative in dem Sinne zu, dass er berechtigt ist, den Katalog zustimmungspflichtiger Geschäfte ungeachtet etwaiger Satzungsbestimmungen selbständig zu erweitern[185].

Zustimmungs-
pflichtige
Geschäfte

Die Zustimmungserfordernisse nach § 111 Abs. 4 Satz 2 AktG sind nur als Präventiv-Kontrollen zur effektiveren Überwachung des Vorstands gedacht, nicht aber zur generellen Zuständigkeitsverschiebung in der AG zugelassen[186]. Aus diesem Grund bestehen für die Statuierung der Zustimmungspflicht des Aufsichtsrats – im Einzelnen strittige – Grenzen. Allgemeine Ansicht dürfte sein, dass weder Handlungen aus dem Bereich des gewöhnlichen Geschäftsbetriebs nach § 116 Abs. 1 HGB noch sämtliche außergewöhnlichen Handlungen im Sinne des § 116 Abs. 2 HGB der Zustimmungspflicht unterworfen werden können. Eine Bindung nach § 111 Abs. 4 Satz 2 AktG ist vielmehr nur für spezielle Handlungsarten (und auch Einzelhandlungen) von herausragender Bedeutung zulässig, wobei die Abschätzung ihres Gewichts im Einzelfall nach Größe und Art der Unternehmung vorzunehmen ist[187]. In diesem Sinne spricht der Deutsche Corporate Governance Kodex von „... Entscheidungen oder Maßnahmen, die die Vermögens-, Finanz- oder Ertragslage des Unternehmens grundlegend verändern" (Tz. 3.3 Satz 2 DCGK). Die juristische Literatur nennt als Einzelbeispiele etwa Grundstücksgeschäfte, Kreditaufnahmen, Erteilungen von Prokura und Handlungsvollmachten, Errichtungen und Desinvestitionen von Zweigniederlassungen sowie die langfristigen Investitions-, Produktions- und Absatzplanungen[188]. Stärker betriebswirtschaftlich ausgerichtet ist dagegen der in Abbildung 2-18 wiedergegebene Maßnahmenkatalog aus dem Berli-

Abgrenzung der
Zustimmungs-
pflicht

---

forderliche Beschlussmehrheit bei Vorstandsbeschlüssen (Einstimmigkeit oder Mehrheitsbeschluss) regeln.".

[185] Vgl. Semler [Leitung] Rn. 210 ff.; Semler [Kommentierungen Aktiengesetz] § 111 Rn. 403; Hoffmann-Becking [Kommentierungen] § 29 Rn. 40; Hüffer [Aktiengesetz] § 111 Rn. 17; Lutter/Krieger [Rechte] § 3 Rn. 105 m. w. N.

[186] Vgl. Semler [Kommentierungen Aktiengesetz] § 111 Rn. 394; Semler [Leitung] Rn. 229 f.; Hoffmann-Becking [Kommentierungen] § 29 Rn. 39; Hüffer [Aktiengesetz] § 111 Rn. 16.

[187] Zum Ganzen Meyer-Landrut [Kommentierungen] § 111 Anm. 15; Semler [Kommentierungen Aktiengesetz] § 111 Rn. 398 ff.; Lutter/Krieger [Rechte] § 3 Rn. 109 ff.; Kropff [Kommentierungen Arbeitshandbuch] § 8 Rn. 25 ff.

[188] Vgl. Hefermehl/Spindler [Kommentierungen] § 82 Rn. 28; Lutter/Krieger [Rechte] § 3 Rn. 109; Potthoff/Trescher/Theisen [Aufsichtsratsmitglied] 433 ff.; Kropff [Kommentierungen Arbeitshandbuch] Anlage § 8-1; anders zum Inhalt moderner Zustimmungskataloge Hoffmann/Preu [Aufsichtsrat] Rn. 301.

ner Vorschlag für einen German Code of Corporate Governance (GCCG)[189]. Insgesamt wird deutlich, dass bei Ausschöpfung der zulässigen Gestaltungsspielräume erhebliche Möglichkeiten zur Begrenzung der autonom vom Vorstand wählbaren Handlungsalternativen bestehen.

Abbildung 2-18 | **Katalog zustimmungspflichtiger Maßnahmen nach dem GCCG**

Zustimmungspflichtige Maßnahmen:

> ➢ Bedeutsame Änderungen der Unternehmensziele

> ➢ Strategische Neuausrichtungen des Geschäftsportfolios

> ➢ Mergers & Acquisitions-Transaktionen

> ➢ Veräußerung maßgeblicher Beteiligungen

> ➢ Grundsatzentscheidungen zu Übernahmeangeboten für das Unternehmen

> ➢ Weitreichende Neuordnungen der Rechts- und Organisationsstrukturen

> ➢ Massive Aufstockungen oder Reduzierungen der Belegschaft

> ➢ Investitionen ab einer konkret festgelegten Größenordnung

> ➢ Sonstige Entscheidungen, die der Zustimmung der Hauptversammlung bedürfen oder ihrer Beschlussfassung vorbehalten sind

Quelle: German Code of Corporate Governance, Abschnitt II. Nr. 3.4.

Vetorecht | Bei der Bewertung der Kompetenzimplikationen des § 111 Abs. 2 AktG ist allerdings relativierend zum einen zu beachten, dass der Aufsichtsrat insoweit lediglich mit einer negativen Entscheidungsbefugnis (Vetorecht) ausgestattet werden darf. Der Vorstand kann folglich vom Aufsichtsrat nicht zu einer (alternativen) Maßnahme positiv angewiesen werden. Ferner ist er selbst bei einer erteilten Zustimmung nicht zur Vornahme der akzeptierten Handlung verpflichtet[190]. Zum anderen eröffnen § 111 Abs. 4 Satz 3-5 AktG dem Vorstand die Möglichkeit, ein Veto des Aufsichtsrats durch einen quali-

---

189 Siehe zum GCCG Abschnitt 1.4.5, S. 47, insb. FN 53.
190 Vgl. Mertens [Kommentierungen Aktiengesetz] § 111 Rn. 88; Henze [Rechtsprechung] Rn. 776; Hoffmann-Becking [Kommentierungen] § 29 Rn. 39.

fizierten Zustimmungsbeschluss der Hauptversammlung zu ersetzen und somit bei entsprechenden Machtkonstellationen zu neutralisieren.

Die Organisation der Arbeit des Aufsichtsrats bildet den Gegenstand einer Reihe rechtlicher Vorschriften sowie untergesetzlicher Standards guter Corporate Governance. So regt der Deutsche Corporate Governance Kodex beispielsweise für mitbestimmte Aufsichtsräte an, dass die Vertreter der Aktionäre und der Arbeitnehmer die Sitzungen des Aufsichtsrats jeweils gesondert, gegebenenfalls mit Mitgliedern des Vorstands vorbereiten sollten (Tz. 3.6 Abs. 1 DCGK). Ferner sollten Aufsichtsräte nach den Vorstellungen des Kodex generell bei Bedarf ohne den Vorstand tagen (Tz. 3.6 Abs. 2 DCGK). Um die jeweils geltenden Regeln für das Zusammenwirken der Aufsichtsratsmitglieder zu dokumentieren, soll sich der Aufsichtsrat eine Geschäftsordnung geben (Tz. 5.1.3 DCGK).

Organisation

Unter den organisatorischen Aspekten der Aufsichtsratstätigkeit kommt der Stellung des Aufsichtsratsvorsitzenden sowie der Bildung von Ausschüssen besondere Bedeutung zu.

Nach § 107 Abs. 1 AktG hat der Aufsichtsrat nach näherer Bestimmung der Satzung aus seiner Mitte einen Vorsitzenden und mindestens einen Stellvertreter zu wählen. Der Vorsitzende des Aufsichtsrats bildet das Scharnier zwischen Vorstand und Aufsichtsrat. Einerseits koordiniert er die Arbeit im Aufsichtsrat, leitet dessen Sitzungen und nimmt die Belange des Aufsichtsrats nach außen wahr (Tz. 5.2 Abs. 1 DCGK). Andererseits soll er mit dem Vorstand, insbesondere mit dem Vorsitzenden bzw. Sprecher des Vorstands, regelmäßig Kontakt halten und mit ihm die Strategie, die Geschäftsentwicklung und das Risikomanagement des Unternehmens beraten (Tz. 5.2 Abs. 3 Satz 1 DCGK). Über wichtige Ereignisse, die für die Beurteilung der Lage und Entwicklung sowie für die Leitung des Unternehmens von wesentlicher Bedeutung sind, ist er unverzüglich durch den Vorsitzenden bzw. Sprecher des Vorstands zu informieren (Tz. 5.2 Abs. 3 Satz 2 DCGK). Der Aufsichtsratsvorsitzende soll sodann den Aufsichtsrat unterrichten und erforderlichenfalls eine außerordentliche Aufsichtsratssitzung einberufen (Tz. 5.2 Abs. 3 Satz 3 DCGK).

Vorsitzender des Aufsichtsrats

Der Aufsichtsratsvorsitzende soll zugleich Vorsitzender der Ausschüsse sein, die die Vorstandsverträge behandeln und die Aufsichtsratssitzungen vorbereiten. Den Vorsitz im Prüfungsausschuss (Audit Committee) sollte er dagegen nicht innehaben (Tz. 5.2 Abs. 2 DCGK).

Der Aufsichtsrat kann nach § 107 Abs. 3 Satz 1 AktG aus seiner Mitte einen oder mehrere Ausschüsse bestellen, namentlich, um seine Verhandlungen und Beschlüsse vorzubereiten oder die Ausführung seiner Beschlüsse zu überwachen. Der Deutsche Corporate Governance Kodex greift diese Option mit mehreren Empfehlungen und Anregungen zur Ausschussbildung auf,

Ausschussbildung

die insgesamt einer Effizienzsteigerung der Aufsicht dienen (siehe Abbildung 2-19).

Abbildung 2-19

Ausgewählte Standards des DCGK zur Bildung von Ausschüssen

Der Aufsichtsrat soll abhängig von den spezifischen Gegebenheiten des Unternehmens und der Anzahl seiner Mitglieder fachlich qualifizierte Ausschüsse bilden. Diese dienen der Steigerung der Effizienz der Aufsichtsratsarbeit und der Behandlung komplexer Sachverhalte. Die jeweiligen Ausschussvorsitzenden berichten regelmäßig an den Aufsichtsrat über die Arbeit der Ausschüsse. **(Tz. 5.3.1 DCGK)**

Der Aufsichtsrat kann die Vorbereitung der Bestellung von Vorstandsmitgliedern einem Ausschuss übertragen, der auch die Bedingungen des Anstellungsvertrages einschließlich der Vergütung festlegt. **(Tz. 5.1.2 Abs. 1 Satz 3 DCGK)**

Der Aufsichtsrat soll einen Prüfungsausschuss (Audit Committee) einrichten, der sich insbesondere mit Fragen der Rechnungslegung, des Risikomanagements und der Compliance, der erforderlichen Unabhängigkeit des Abschlussprüfers, der Erteilung des Prüfungsauftrags an den Abschlussprüfer, der Bestimmung von Prüfungsschwerpunkten und der Honorarvereinbarung befasst. Der Vorsitzende des Prüfungsausschusses soll über besondere Kenntnisse und Erfahrungen in der Anwendung von Rechnungslegungsgrundsätzen und internen Kontrollverfahren verfügen. Er sollte kein ehemaliges Vorstandsmitglied der Gesellschaft sein. **(Tz. 5.3.2 DCGK)**

Der Aufsichtsrat soll einen Nominierungsausschuss bilden, der ausschließlich mit Vertretern der Anteilseigner besetzt ist und dem Aufsichtsrat für dessen Wahlvorschläge an die Hauptversammlung geeignete Kandidaten vorschlägt. **(Tz. 5.3.3 DCGK)**

Der Aufsichtsrat kann weitere Sachthemen zur Behandlung in einen oder mehrere Ausschüsse verweisen. Hierzu gehören u. a. die Strategie des Unternehmens, die Vergütung der Vorstandsmitglieder, Investitionen und Finanzierungen. **(Tz. 5.3.4 DCGK)**

Der Aufsichtsrat kann vorsehen, dass Ausschüsse die Sitzungen des Aufsichtsrats vorbereiten und darüber hinaus auch anstelle des Aufsichtsrats entscheiden. **(Tz. 5.3.5 DCGK)**

Mitbestimmung

Während ein Eingreifen der drittelparitätischen Mitbestimmung die Kompetenzausstattung des Aufsichtsrats unberührt lässt[191], enthält das Gesetz zur

---

[191] Siehe § 1 Abs. 1 Nr. 1 DrittelbG sowie Huke/Prinz [Drittelbeteiligungsgesetz] 2633 f.; Seibt [Drittelbeteiligungsgesetz] 768 f. Für das BetrVG 1952 Kraft [Kommentierungen] vor § 76 BetrVG 1952 Rn. 5.

paritätischen Mitbestimmung – neben dem Generalverweis auf die aktien-rechtlichen Bestimmungen (§ 25 Abs. 1 Satz 1 Nr. 1 MitbestG) – eigene Kompetenznormen. Hierbei handelt es sich im Kern um das Recht zur Entscheidung über die Ausübung bestimmter Beteiligungsrechte (§ 32 MitbestG) sowie die Pflicht zur Bestellung eines Arbeitsdirektors (§ 33 MitbestG).

Als einzige Ausnahme von der generellen Freistellung des Vorstands von Aufsichtsratsweisungen ist in § 32 MitbestG festgelegt, dass der Vorstand bestimmte Rechte aus einer mindestens 25-prozentigen Beteiligung an einem anderen mitbestimmten Unternehmen (z. B. Bestellung und Entlastung von Verwaltungsträgern, Auflösung oder Umwandlung des anderen Unternehmens, Abschluss von Unternehmensverträgen) nur nach Maßgabe von Beschlüssen ‚seines‘ Aufsichtsrats ausüben darf. Dabei bedarf der Aufsichtsratsbeschluss nur der Stimmenmehrheit der Anteilseignervertreter. Durch diese Kompetenzerweiterung zu Gunsten des Aufsichtsrats der beteiligten Gesellschaft (und seiner Mitglieder der Aktionärsseite) soll einer Potenzierung der Mitbestimmung in mehrstufigen Unternehmensgruppen entgegengewirkt werden[192].

Beteiligungsent-scheidungen

Als weitere originäre mitbestimmungsrechtliche Norm mit Kompetenzrelevanz für das Überwachungsorgan sieht ferner § 33 MitbestG vor, dass der Aufsichtsrat einen Arbeitsdirektor als gleichberechtigtes Mitglied des Vertretungsorgans (im Fall der AG also: des Vorstands) bestellt. Diese Vorschrift hat einerseits bei einer entsprechenden Präferenz des Aufsichtsrats für die Etablierung eines eigenständigen Personalressorts mit Vorstandsrang Unterstützungscharakter[193], schränkt auf der anderen Seite aber auch seinen Gestaltungsspielraum zur Ausformung der Leitungsorganisation der Unternehmung ein[194].

Arbeitsdirektor

Personelle Besetzung

Die personelle Besetzung des Aufsichtsrats richtet sich danach, ob und welches Gesetz zur unternehmerischen Mitbestimmung eingreift. Im Fall des mitbestimmungsfreien Aufsichtsrats besteht das Überwachungsorgan aus drei Mitgliedern, soweit die Satzung nicht eine höhere Zahl festlegt (§ 95

Ohne Mitbe-stimmung

---

[192] Vgl. dazu Ulmer [Kommentierungen] § 32 Rn. 2; Hoffmann/Lehmann/Weinmann [Mitbestimmungsgesetz] § 32 Rn. 6; Oetker [Kommentierungen] §§ 32 MitbestG Rn. 1; 15 MitbestErgG Rn. 1 f.; Raiser [Mitbestimmungsgesetz] § 32 Rn. 1; Fitting/Wlotzke/Wißmann [Mitbestimmungsgesetz] § 32 Rn. 2; Lutter/Krieger [Rechte] § 8 Rn. 501 f.

[193] Zur Einteilung der Organisationsimplikationen des Rechts in Restriktionen, Unterstützungen und Konsequenzen siehe Abschnitt 1.2.3, S. 47 ff.

[194] Siehe hierzu Wiesner [Kommentierungen] § 24 Rn. 9; Henssler [Kommentierungen] § 33 Rn. 2; zurückhaltender Raiser [Mitbestimmungsgesetz] § 33 Rn. 5 sowie eingehender unten (bei Bereichsbildung).

Satz 1 und 2 AktG). Dabei muss die höhere Zahl durch drei teilbar sein und bestimmte Höchstgrenzen beachten, die von der Höhe des Grundkapitals der AG abhängen (§ 95 Satz 3 und 4 AktG). Danach darf der Aufsichtsrat bei einem Grundkapital bis zu 1,5 Mio. Euro höchstens neun Mitglieder, bei einem Grundkapital von mehr als 1,5 Mio. Euro höchstens 15 Mitglieder und bei einem Grundkapital von mehr als 10 Mio. Euro 21 Mitglieder haben. Aus den aktienrechtlichen Regelungen ergeben sich somit die in Abbildung 2-20 dargestellten Optionen für die Größe des Aufsichtsrats ohne Mitbestimmung.

Abbildung 2-20

Zulässige Größe des mitbestimmungsfreien Aufsichtsrats der AG

Zahl der AR-Mitglieder \ Grundkapital	bis zu 1,5 Mio. Euro	über 1,5 Mio. Euro	über 10 Mio. Euro
3	X	X	X
6	X	X	X
9	X	X	X
12		X	X
15		X	X
18			X
21			X

Drittel-paritätische Mitbestimmung

Sofern die AG der unternehmerischen Mitbestimmung unterliegt, ist nach dem vorgeschriebenen Mitbestimmungsniveau zu differenzieren. Die drittelparitätische Mitbestimmung enthält keine eigenen Bestimmungen zur Größe des Aufsichtsrats und legt lediglich fest, dass der Aufsichtsrat zu einem Drittel aus Vertretern der Arbeitnehmer bestehen muss (siehe § 4 Abs. 1 DrittelbG). Je nach der – von der Größe des Aufsichtsrats determinierten – Anzahl der zu wählenden Arbeitnehmervertreter muss dabei die Struktur der Belegschaft in bestimmtem Maße repräsentiert werden. In einem drei- oder sechsköpfigen Aufsichtsrat müssen der eine bzw. die beiden Arbeitnehmervertreter im Unternehmen beschäftigt sein (§ 4 Abs. 2 Satz 1 DrittelbG). Sind (in neunköpfigen oder größeren Überwachungsorganen) mehr als zwei Aufsichtsratsmitglieder der Arbeitnehmer zu wählen, so müssen mindestens zwei von ihnen als Arbeitnehmer im Unternehmen beschäftigt sein (§ 4 Abs. 2 Satz 2 DrittelbG). Ferner sollen Frauen und Männer entsprechend ihrem zahlenmäßigen Verhältnis im Unternehmen unter den Aufsichtsratsmitgliedern der Arbeitnehmer vertreten sein (§ 4 Abs. 4 DrittelbG). Unternehmensexterne Gewerkschaftsvertreter können bei drittelparitätischer Mitbestimmung somit nur in größeren Aufsichtsräten und bei entsprechenden Wahlergebnissen Mitglied des Überwachungsorgans sein. Da nach § 6 DrittelbG auch nur die Betriebsräte und die Arbeitnehmer (des Unternehmens) Wahlvorschläge machen können, verfügen die Gewerkschaften somit über keinen garantierten Einfluss auf die Besetzung des drittelparitätischen Aufsichtsrats.

Für den paritätisch mitbestimmten Aufsichtsrat ersetzt § 7 Abs. 1 MitbestG die grundkapitalabhängigen aktienrechtlichen Optionen für die Wahl der Aufsichtsratsgröße durch Regelungen, welche an die Arbeitnehmerzahl des Unternehmens anknüpfen. Danach setzt sich der Aufsichtsrat bei in der Regel nicht mehr als 10.000 Arbeitnehmern aus zwölf Mitgliedern, bei mehr als 10.000 Arbeitnehmern aus 16 Mitgliedern und bei mehr als 20.000 Arbeitnehmern aus 20 Mitgliedern zusammen, die je zur Hälfte Vertreter der Aktionäre bzw. der Arbeitnehmer sein müssen (§ 7 Abs. 1 Satz 1 MitbestG). Auch hier kann die Satzung in bestimmten Grenzen ‚nach oben' abweichen, woraus sich die in Abbildung 2-21 dargelegten zulässigen Aufsichtsratsgrößen ergeben.

Paritätische Mitbestimmung

Abbildung 2-21 | *Zulässige Größe des paritätisch mitbestimmten Aufsichtsrats der AG*

Zahl der AR-Mitglieder \ Regelmäßige Belegschaft	nicht mehr als 10.000 Arbeit-nehmer	mehr als 10.000 Arbeit-nehmer	mehr als 20.000 Arbeit-nehmer
12	X		
16	X	X	
20	X	X	X

Struktur der Arbeitnehmer-vertreter

Gewerkschafts-vertreter

Wie bei der drittelparitätischen Mitbestimmung sind auch im Fall des paritätisch besetzten Aufsichtsrats bestimmte Relationen innerhalb der Arbeitnehmervertreter einzuhalten, um die Belegschaft und ihre Teilgruppen zu repräsentieren. Gem. § 7 Abs. 2 MitbestG müssen einem zwölfköpfigen Aufsichtsrat vier Arbeitnehmer des Unternehmens und zwei (externe[195]) Gewerkschaftsvertreter, einem 16-köpfigen Aufsichtsrat sechs Arbeitnehmer des Unternehmens und zwei Gewerkschaftsvertreter sowie einem 20-köpfigen Aufsichtsrat sieben Arbeitnehmer des Unternehmens und drei Gewerkschaftsvertreter angehören. Dabei muss sich unter den unternehmensangehörigen Arbeitnehmervertretern im Aufsichtsrat nach § 15 Abs. 1 Satz 2 ein leitender Angestellter (§ 3 Abs. 1 Satz 1 Nr. 2 MitbestG) befinden. Die für die Gewerkschaften reservierten zwei bzw. drei Sitze auf der Arbeitnehmerbank sind auf der Grundlage von Wahlvorschlägen der Gewerkschaften zu besetzen, die damit den Kreis der Kandidaten bestimmen (§§ 7 Abs. 2; 16 MitbestG). Wird nur ein Wahlvorschlag gemacht, so muss dieser mindestens doppelt so viele Bewerber enthalten, wie Vertreter von Gewerkschaften in den Aufsichtsrat zu wählen sind (§ 16 Abs. 2 Satz 2, 3 MitbestG).

---

[195] Siehe Fitting/Wlotzke/Wißmann [Mitbestimmungsgesetz] § 7 Rn. 22, 42; Hanau [Kommentierungen] § 7 Rn. 18; Raiser [Mitbestimmungsgesetz] § 7 Rn. 21; Theisen [Aufsichtsrat] 63. Die beiden Gewerkschaftsvertreter müssen nicht zwangsläufig Externe sein, vgl. Henssler [Kommentierungen] § 7 Rn. 18; Fitting /Wlotzke/Wißmann [Mitbestimmungsgesetz] § 7 Rn. 22, 42 und vor allem Raiser [Mitbestimmungsgesetz] § 7 Rn. 21. Nach Köstler et al. [Aufsichtsratspraxis] Rn. 181 ist es bei DGB-Gewerkschaften allerdings gängige Übung, externe Mitglieder zu nominieren, um die Entsendung besonders qualifizierter Arbeitnehmervertreter zu ermöglichen und einem Betriebsegoismus entgegenzuwirken.

Auf diese Weise soll sichergestellt werden, dass die Arbeitnehmer des Unternehmens eine echte personelle Wahlalternative haben.

Ergänzend zu den gesetzlichen Vorschriften enthält der Deutsche Corporate Governance Kodex eine Reihe von Empfehlungen und Anregungen zur Zusammensetzung des Aufsichtsrats, die vor allem die Qualifikation und Unabhängigkeit der Aufsichtsratmitglieder sicherstellen sollen (siehe Abbildung 2-22).

Ausgewählte Standards des DCGK zur Zusammensetzung des Aufsichtsrats | *Abbildung 2-22*

Bei Vorschlägen zur Wahl von Aufsichtsratsmitgliedern soll darauf geachtet werden, dass dem Aufsichtsrat jederzeit Mitglieder angehören, die über die zur ordnungsgemäßen Wahrnehmung der Aufgaben erforderlichen Kenntnisse, Fähigkeiten und fachlichen Erfahrungen verfügen. Dabei sollen die internationale Tätigkeit des Unternehmens, potenzielle Interessenkonflikte und eine festzulegende Altersgrenze für Aufsichtsratsmitglieder berücksichtigt werden. **(Tz. 5.4.1 DCGK)**

Um eine unabhängige Beratung und Überwachung des Vorstands durch den Aufsichtsrat zu ermöglichen, soll dem Aufsichtsrat eine nach seiner Einschätzung ausreichende Anzahl unabhängiger Mitglieder angehören. Ein Aufsichtsratsmitglied ist als unabhängig anzusehen, wenn es in keiner geschäftlichen oder persönlichen Beziehung zu der Gesellschaft oder deren Vorstand steht, die einen Interessenkonflikt begründet. Dem Aufsichtsrat sollen nicht mehr als zwei ehemalige Mitglieder des Vorstands angehören. Aufsichtsratsmitglieder sollen keine Organfunktion oder Beratungsaufgaben bei wesentlichen Wettbewerbern des Unternehmens ausüben. **(Tz. 5.4.2 DCGK)**

Wahlen zum Aufsichtsrat sollen als Einzelwahl durchgeführt werden. Ein Antrag auf gerichtliche Bestellung eines Aufsichtsratsmitglieds soll bis zur nächsten Hauptversammlung befristet sein. Kandidatenvorschläge für den Aufsichtsratsvorsitz sollen den Aktionären bekannt gegeben werden. **(Tz. 5.4.3 DCGK)**

Der Wechsel des bisherigen Vorstandsvorsitzenden oder eines Vorstandsmitglieds in den Aufsichtsratsvorsitz oder den Vorsitz eines Aufsichtsratsausschusses soll nicht die Regel sein. Eine entsprechende Absicht soll der Hauptversammlung besonders begründet werden. **(Tz. 5.4.4 DCGK)**

Jedes Aufsichtsratsmitglied achtet darauf, dass ihm für die Wahrnehmung seiner Mandate genügend Zeit zur Verfügung steht. Wer dem Vorstand einer börsennotierten Gesellschaft angehört, soll insgesamt nicht mehr als fünf Aufsichtsratsmandate in konzernexternen börsennotierten Gesellschaften wahrnehmen. **(Tz. 5.4.5 DCGK)**

Quelle: Deutscher Corporate Governance Kodex in der Fassung vom 14. Juni 2007

2.2.1.1.2.3 Vorstand

Kompetenz-
spielräume

Die Position des Vorstands der AG wird im Wesentlichen durch generelle Vorschriften über die Kompetenzabgrenzung zwischen den rechtlichen Gremien beschrieben, wobei Bestimmungen für entscheidungsbezogene Leitungsbefugnisse von solchen für realisationswirksame Vertretungskompetenzen getrennt werden können.

Leitungsbefugnis

Nach der zentralen Kompetenznorm des § 76 Abs. 1 AktG obliegt dem Vorstand die Leitung der AG unter eigener Verantwortung. Entsprechend ist die Hauptversammlung in Geschäftsführungsfragen nur auf sein Verlangen hin entscheidungsbefugt (§ 119 Abs. 2 AktG) und der Aufsichtsrat gemäß § 111 Abs. 4 Satz 1 AktG von der aktiven Geschäftsführung ausgeschlossen. Da auch die noch zu erörternden Mitwirkungs- und Mitbestimmungsrechte des Betriebsrats nur punktueller Natur sind, lässt sich der Grundsatz formulieren, dass der Vorstand entscheidungskompetent ist, soweit nicht die festgelegten Einzelbefugnisse der übrigen Gremien als Ausnahmen seiner Leitungsautonomie Grenzen setzen[196].

Vertretungs-
befugnis

Neben dieser prinzipiellen Entscheidungszuständigkeit verfügt der Vorstand über die originäre Realisationskompetenz in der AG, da er – von wenigen Sonderfällen (z. B. § 112 AktG Vertretung der Gesellschaft gegenüber Vortandsmitgliedern) abgesehen – gemäß § 78 Abs. 1 AktG die Gesellschaft organschaftlich vertritt. Für den Bereich der Betriebsverfassung wird die Stellung des Vertretungsorgans als oberste Exekutive durch § 77 Abs. 1 BetrVG unterstrichen. Diese Vorschrift bestimmt, dass Vereinbarungen der Betriebspartner – vorbehaltlich einer ausdrücklichen abweichenden Übereinkunft im Einzelfall – nur vom Arbeitgeber (im Fall der AG vertreten durch den Vorstand) durchzuführen sind und der Betriebsrat nicht durch einseitige Handlungen in die Betriebsleitung eingreifen darf.

Modifizierung
der Kompetenzen

Die skizzierten Kompetenzen des AG-Vorstands zeichnen sich nicht nur durch ihre große Reichweite aus, sondern auch durch ein hohes Maß an Starrheit. Für eine Modifizierung seiner Zuständigkeiten existiert daher nur ein geringer Spielraum. Auf der einen Seite darf der Vorstand namentlich weder seine Entscheidungsrechte auch nur partiell an den Aufsichtsrat abgeben noch über den Weg des § 119 Abs. 2 AktG jede wichtigere Geschäftsführungsfrage durch die Hauptversammlung entscheiden[197] lassen. Vielmehr hat er seine nur ausnahmsweise eingeschränkte Leitungsautonomie unter Wahrung der Sorgfalt eines ordentlichen und gewissenhaften

---

[196] Hierzu und zum Folgenden Einzelheiten bei v. Werder [Organisationsstruktur] 169 ff.

[197] Vgl. Kubis [Kommentierungen] § 119 Rn. 22; Mülbert [Kommentierungen] § 119 Rn. 47; Henn [Handbuch] § 20 Rn. 693.

Geschäftsleiters (§ 93 Abs. 1 Satz 1 AktG) nach eigenem Ermessen auszufüllen[198].

Auf der anderen Seite sind die gesetzlichen Befugnisse von Hauptversammlung, Aufsichtsrat und Betriebsrat prinzipiell obligatorisch und nicht auf den Vorstand übertragbar. Für eine Stärkung seiner Stellung steht demnach allenfalls die Möglichkeit offen, diese Kompetenzen im Sinne einer Unterstützung der Autonomie des Vertretungsorgans auszuüben. So kann beispielsweise im rechtlich zulässigen Rahmen eine wenig restriktive Definition des Unternehmensgegenstands in der Satzung (§ 23 Abs. 3 Nr. 2 AktG) festgeschrieben und ein eher enger Katalog zustimmungspflichtiger Geschäfte (§ 111 Abs. 4 Satz 2 AktG) formuliert werden.

In Hinblick auf die personelle Besetzung legt § 76 Abs. 2 AktG fest, dass der Vorstand grundsätzlich aus einer oder mehreren Personen bestehen kann. Bei Gesellschaften mit einem Grundkapital von mehr als drei Mio. Euro muss er aber mindestens zwei Personen umfassen, falls die Satzung nicht einen einköpfigen Vorstand vorschreibt. Ferner bleiben die Vorschriften über die Bestellung eines Arbeitsdirektors unberührt. Hieraus folgt, dass jede AG über einen uni- oder einen multipersonalen Vorstand verfügen darf, sofern sie allenfalls der unternehmerischen Mitbestimmung nach DrittelbG, das keinen Arbeitsdirektor kennt, unterliegt. Unter Geltung des MitbestG hingegen muss eine AG einen mindestens zweiköpfigen Vorstand haben, da wenigstens ein weiteres Vorstandsmitglied neben dem dann zu wählenden Arbeitsdirektor (§ 33 MitbestG) vorhanden sein muss[199]. Unabhängig von der eventuell eingreifenden Mitbestimmung empfiehlt der Deutsche Corporate Governance Kodex, dass der Vorstand aus mehreren Personen bestehen (und dann einen Vorsitzenden oder Sprecher haben) soll (Tz. 4.2.1 Satz 1 DCGK)[200].

Personelle Besetzung

Die Kompetenzen des Arbeitsdirektors sowie die Organisation der Zusammenarbeit in einem multipersonalen Vorstand gehören zum Gestaltungsfeld

---

[198] Siehe zu ersten Ansätzen zur betriebswirtschaftlichen Konkretisierung der gebotenen Sorgfalt eines ordentlichen und gewissenhaften Geschäftsleiters durch Grundsätze ordnungsmäßiger Unternehmungsleitung (GoU) v. Werder [Grundsätze]; v. Werder [Unternehmungsleitung]; v. Werder [Vorstandsentscheidungen].

[199] Vgl. Hoffmann/Lehmann/Weinmann [Mitbestimmungsgesetz] § 33 Rn. 22; Fitting/Wlotzke/Wißmann [Mitbestimmungsgesetz] § 30 Rn. 3 m. w. N. sowie näher Abschnitt 2.1.2.2.2.2, S. 80 f.

[200] Nach den Befunden des Kodex Report 2007 liegt das Akzeptanzniveau dieser Empfehlung heute bei 95,8% aller befragten Unternehmen und im DAX bei 100%. Dabei umfassen Vorstände der Gesamtstichprobe im Durchschnitt 3,6 Mitglieder und bei den DAX-Gesellschaften 6,5 Personen.

der Leitungsorganisation und werden daher erst dort eingehender erörtert[201].

2.2.1.1.2.4 Betriebsrat

Die betriebliche Mitbestimmung nach dem BetrVG sieht eine Fülle detaillierter Einflussnahmemöglichkeiten des Betriebsrats auf die Unternehmensführung vor. Um die prinzipielle Stellung des Betriebsrats im Rahmen der Spitzenorganisation transparent zu machen, ist eine Systematisierung seiner Kompetenzen nach ihrer Intensität und ihren Inhalten zweckmäßig[202].

Kompetenz-
intensität

Mitwirkungs-
rechte

Mit Blick auf die Kompetenzintensität lassen sich die Befugnisse des Betriebsrats einer geläufigen Klassifikation zufolge zunächst in die beiden Gruppen der Mitwirkungsrechte und der Mitbestimmungsrechte einteilen. Die *Mitwirkungsrechte* betreffen (primär) die Phase der Vorbereitung interessenrelevanter Maßnahmen des Arbeitgebers. Sie sollen dazu beitragen, dass die berechtigten Arbeitnehmerinteressen bereits in diesem frühen Stadium Eingang in den Entscheidungsprozess finden. Die Mitwirkungsrechte sind verschieden stark ausgeprägt, wobei die Abstufung von der bloßen Information über die Anhörung bis zur Beratung reicht (siehe Abbildung 2-23). Diese Varianten der Mitwirkungsrechte unterscheiden sich tendenziell durch die Intensität der Kommunikation zwischen Arbeitgeber und Betriebsrat, die von der Information zur Beratung hin zunimmt. Zu beachten ist allerdings, dass die Grenzen zwischen Information und Anhörung sowie Anhörung und Beratung fließend sind. Bereits als Folge der grundsätzlichen Aufforderung an die Betriebspartner zu vertrauensvoller Zusammenarbeit (§§ 2; 74 BetrVG) wird sich der Arbeitgeber in der Regel nicht auf die akribische Befolgung des Gesetzeswortlauts zurückziehen können. So gehen auch die Gesetzeskommentierungen relativ einmütig davon aus, dass z. B. in § 105 BetrVG – entgegen dem Wortlaut der Bestimmung – der Betriebsrat durchaus ein Recht auf Anhörung seiner Gegenvorstellungen hat[203].

---

[201] Siehe Abschnitt 3.2.1.1.3.1, S. 191 ff. und Abschnitt 3.3.2.1, S. 344 f.

[202] Vgl. zum Folgenden auch v. Werder [Organisationsstruktur] 136 ff.; Frese /Mensching/v. Werder [Unternehmungsführung] 47 ff.

[203] Vgl. Galperin/Löwisch [Betriebsverfassungsgesetz] § 105 Rn. 6; Raab [Kommentierungen] § 105 Rn. 9; Schlochauer [Kommentierungen] § 105 Rn. 1; zurückhaltender Thüsing [Kommentierungen] § 105 Rn. 9.

Abbildung 2-23

Abstufung der Mitwirkungsrechte

Information

Eine beabsichtige Einstellung oder personelle Veränderung eines in § 5 Abs. 3 genannten leitenden Angestellten ist dem Betriebsrat rechtzeitig mitzuteilen **(§ 105 BetrVG).**

Anhörung

Der Betriebsrat ist vor jeder Kündigung zu hören. Der Arbeitgeber hat ihm die Gründe für die Kündigung mitzuteilen. Eine ohne Anhörung des Betriebsrats ausgesprochene Kündigung ist unwirksam **(§ 102 Abs. 1 BetrVG).**

Beratung

Der Arbeitgeber hat mit dem Betriebsrat die vorgesehenen Maßnahmen und ihre Auswirkungen auf die Arbeitnehmer, insbesondere auf die Art ihrer Arbeit sowie die sich daraus ergebenden Anforderungen an die Arbeitnehmer so rechtzeitig zu beraten, dass Vorschläge und Bedenken des Betriebsrats bei der Planung berücksichtigt werden können **(§ 90 Abs. 2 Satz 1 BetrVG).**

Mitbestimmungsrechte im strengen Sinne liegen nur vor, wenn die Beteiligung des Betriebsrats auch in die Entscheidungsphase hineinreicht und bei fehlendem Konsens zwischen Arbeitgeber und Betriebsrat bestimmte gesetzlich normierte Konfliktlösungsmechanismen in Kraft treten. Dabei ist die Einschaltung der Einigungsstelle von der Anrufung des Arbeitsgerichts zu unterscheiden.

Mitbestimmungsrechte

Die paritätisch besetzte *Einigungsstelle* (§ 76 BetrVG) ist im Kern für die so genannten *Regelungsfragen* zuständig, die zwischen Arbeitgeber und Betriebsrat umstritten sind. Sie hat zur Beilegung der Meinungsverschiedenheiten das gesamte Entscheidungsproblem nochmals zu beraten und bei ihrer Entscheidungsfindung sowohl die Interessen der Unternehmung als auch die Arbeitnehmerinteressen nach billigem Ermessen zu berücksichtigen (§ 76 Abs. 5 Satz 3 BetrVG). Die von der Einigungsstelle erarbeitete Kompromisslösung ist – im Fall des echten Mitbestimmungsrechts[204] – für die Betriebspartner auch ohne deren Zustimmung verbindlich. Der Spruch der Einigungsstelle ersetzt somit die fehlende Einigung zwischen Arbeitgeber und Betriebsrat.

Einigungsstelle

---

[204] Anders dagegen, wenn die Einigungsstelle nur auf Antrag bzw. mit Einverständnis beider Betriebspartner tätig wird und es sich daher nicht um ein Mitbestimmungsrecht im strengen Sinne handelt, siehe § 76 Abs. 6 BetrVG.

Arbeitsgericht

Im Gegensatz zur Einigungsstelle beschränkt sich die Zuständigkeit des *Arbeitsgerichts* grundsätzlich auf die Klärung der zwischen den Betriebspartnern strittigen *Rechtsfragen*. Hierzu zählt auch die Überprüfung der Einhaltung bestehender Rechtsnormen einschließlich der Frage, ob ein Einigungsstellenspruch die Grenzen des eingeräumten Ermessens überschreitet oder nicht[205].

Die Mitbestimmungsrechte des Betriebsrats lassen sich hinsichtlich ihrer Intensität weiter danach differenzieren, ob sie mit einem Initiativrecht verknüpft sind.

Vorschlagsrecht

§ 80 Abs. 1 Nr. 2 BetrVG räumt dem Betriebsrat die Möglichkeit ein, beim Arbeitgeber alle dem Betrieb oder der Belegschaft dienenden Maßnahmen zu beantragen. Aufgrund dieser extrem weiten Gesetzesformulierung ist der Betriebsrat wohl letztlich befugt, jedes betrieblich relevante Entscheidungsproblem von sich aus aufzugreifen und dem Arbeitgeber zur Stellungnahme zu unterbreiten. Durch den Grundsatz vertrauensvoller Zusammenarbeit gemäß §§ 2 Abs. 1; 74 Abs. 1 BetrVG ist dieses Recht des Betriebsrats zudem noch mit der Pflicht des Arbeitgebers verbunden, sich ernsthaft mit dem aufgeworfenen Entscheidungsproblem auseinander zu setzen[206].

Initiativrecht

Von diesem allgemeinen Vorschlagrecht nach § 80 Abs. 1 Nr. 2 BetrVG grundsätzlich zu unterscheiden ist das *Initiativrecht* des Betriebsrats im rechtstechnischen Sinne, welches entweder ausdrücklich in der betreffenden betriebsverfassungsrechtlichen Vorschrift normiert oder den einschlägigen Gesetzeskommentierungen mit der erforderlichen Klarheit zu entnehmen ist. Soweit ein solches Initiativrecht besteht, kann der Betriebsrat von sich aus Verhandlungen über eine mitbestimmungspflichtige Angelegenheit anstoßen und bei mangelnder Einigung ihre Regelung durch einen Spruch der Einigungsstelle herbeiführen[207]. Ein Abbruch des Entscheidungsprozesses gegen den Willen des Betriebsrats ist dem Arbeitgeber dann nicht möglich. Ist ein Mitbestimmungsrecht hingegen nicht mit einem Initiativrecht gekoppelt, greift die Mitbestimmung nur bei einer entsprechenden Aktion des Arbeitgebers ein. In diesem Fall hat entweder der Arbeitgeber die Zustimmung des Betriebsrats zu einer von ihm geplanten, der Mitbestimmung unterliegenden Maßnahme einzuholen (Mitbestimmungsrechte nach dem

---

[205] Zur Abgrenzung der Kompetenzbereiche von Einigungsstelle und Arbeitsgericht sowie zu möglichen Überschneidungen dieser Bereiche vgl. Richardi [Kommentierungen] § 76 Rn. 26 ff.; Fitting et al. [Betriebsverfassungsgesetz] § 76 Rn. 96 ff.
[206] Vgl. nur Thüsing [Kommentierungen] § 80 Rn. 25; Fitting et al. [Betriebsverfassungsgesetz] § 80 Rn. 18; Kraft [Kommentierungen] § 80 Rn. 31.
[207] Statt vieler Wiese [Kommentierungen] § 87 Rn. 135; Wildschütz [Kommentierungen] I Rn. 1237.

positiven Konsensprinzip[208]) oder der Betriebsrat ein Widerspruchsrecht gegen die mitbestimmungspflichtige Arbeitgeberhandlung (Mitbestimmungsrechte nach dem *negativen Konsensprinzip*[209]).

Die Inhalte der Mitwirkungs- und Mitbestimmungsrechte des Betriebsrats erfahren im Gesetz keine generelle Bestimmung, sondern sind kasuistisch geregelt. Sie beziehen sich nach den gesetzlichen Einteilungen auf

Kompetenz-inhalte

- die sozialen Angelegenheiten im Sinne der §§ 87-89 BetrVG, die mit den Arbeitsbedingungen im weitesten Sinne gleichzusetzen sind[210],

- auf die Gestaltung von Arbeitsplatz, Arbeitsablauf und Arbeitsumgebung (§§ 90 f. BetrVG)[211],

- die personellen Angelegenheiten im Sinne der §§ 92-105 BetrVG, welche die allgemeinen personellen Angelegenheiten (§§ 92-95 BetrVG), Fragen der Berufsausbildung (§§ 96-98 BetrVG) und personelle Einzelmaßnahmen (§§ 99-105 BetrVG) umschließen

- Sowie auf wirtschaftliche Angelegenheiten im Sinne der §§ 106-113 BetrVG.

Bei den Beteiligungsrechten des Betriebsrats hinsichtlich der wirtschaftlichen Angelegenheiten kommt den Bestimmungen über den *Interessenausgleich* und den *Sozialplan* bei Betriebsänderungen (§§ 111-113 BetrVG) die größte Bedeutung zu. Die Vorschriften zum Interessenausgleich und Sozialplan tangieren allerdings (abgesehen von eventuell einzukalkulierenden finanziellen Belastungen) nicht die unternehmerische Entscheidungsfreiheit des Arbeitgebers über die Vornahme einer Betriebsänderung. Sie sollen vielmehr lediglich die wirtschaftlichen Nachteile einer solchen Restrukturierung für die Arbeitnehmer ausgleichen bzw. mildern[212]. Infolgedessen lässt sich mit einer gewissen Vergröberung feststellen, dass sich die Mitwirkungs- und Mitbestimmungskompetenzen des Betriebsrats im Wesentlichen auf die beiden Bereiche des *Sozialwesens* und des *Personalwesens* der Unternehmung erstrecken.

Kern-kompetenzen

---

208 Vgl. hierzu Richardi [Kommentierungen] Vorbem. z. 4. Teil Rn. 30; Wildschütz [Kommentierungen] I Rn. 1236.
209 Vgl. hierzu Richardi [Kommentierungen] Vorbem. z. 4. Teil Rn. 30; Wildschütz [Kommentierungen] I Rn. 1238 f.
210 So Wiese [Kommentierungen] vor § 87 Rn. 3; Worzalla [Kommentierungen] § 87 Rn. 1; Richardi [Kommentierungen] Vor § 87 Rn. 3.
211 Die Abgrenzung zu den sozialen, personellen und wirtschaftlichen Angelegenheiten ist fließend und durch Auslegung zu ermitteln, vgl. Wiese [Kommentierungen] vor § 87 Rn. 3; Richardi [Kommentierungen] Vor § 87 Rn. 6.
212 Vgl. statt vieler auch Fitting et al. [Betriebsverfassungsgesetz] §§ 111 Rn. 5 ff.; 112 Rn. 1 ff.; 113 Rn. 1.

Modifizierung der Kompetenzen

Die dargelegten Befugnisse des Betriebsrats sind zum einen zwingend von der Unternehmensleitung zu respektieren. Zum anderen darf aber auch der Betriebsrat selbst nicht – etwa in Betriebsvereinbarungen – auf seine (wesentlichen) Beteiligungsrechte verzichten[213]. Die betriebsverfassungsrechtlich normierten Kompetenzen grenzen somit die *Mindestzuständigkeiten* des Betriebsrats ab.

Im Gegensatz zu ihrer grundsätzlichen Uneinschränkbarkeit können die im BetrVG verankerten Betriebsratsbefugnisse in bestimmten Grenzen hingegen erweitert werden. Als Regelungsinstrumente kommen hierfür vor allem ein *Tarifvertrag* oder eine *Betriebsvereinbarung* in Betracht[214]. Die Unterscheidung dieser beiden Instrumente hat (u. a.) Bedeutung für die Restriktionswirkung der jeweils ausgehandelten Zusatzkompetenzen des Betriebsrats für die Autonomie der Unternehmensleitung. Sieht man von den Fällen unternehmensindividueller („Firmen"-)Tarifverträge ab, so stellen tarifvertragliche Beteiligungsrechte für die Unternehmensleitung unter Umständen de facto ebenso ein Datum dar wie die gesetzlichen Mitwirkungs- und Mitbestimmungsrechte. Die einzelne Unternehmung ist unter diesen Bedingungen nicht unmittelbar an der Vertragsgestaltung beteiligt und kann auf die Inhalte der Tarifverträge nur im Rahmen der arbeitgeberverbandsinternen Einflussstrukturen einwirken. Betriebsvereinbarungen über zusätzliche Kompetenzen des Betriebsrats sind demgegenüber als freiwillige Vereinbarungen grundsätzlich ohne Nachwirkung (§ 77 Abs. 6 BetrVG) kündbar[215], sodass der Betriebsrat die entsprechenden Befugnisse letztlich nicht gegen den Willen der Unternehmensleitung erlangen und aufrechterhalten kann.

Kompetenz- erweiterung

In welchem Ausmaß die Mitwirkungs- und Mitbestimmungskompetenzen des Betriebsrats erweitert werden dürfen, ist vom Gesetzgeber bewusst offen gelassen worden[216] und dementsprechend streitig. Allein § 102 Abs. 6 BetrVG bestätigt im Bereich der personellen Einzelmaßnahmen für eine singuläre Angelegenheit (Mitbestimmung bei Kündigungen) explizit die Zulässigkeit einer kompetenzverstärkenden Betriebsvereinbarung. Trotz der Regelungsabstinenz des Gesetzgebers lassen sich aber gleichwohl – unter Hinweis auf die bestehende Rechtsunsicherheit – gewisse Meinungstendenzen aus den einschlägigen Stellungnahmen der Literatur herauskristallisieren[217].

---

213 Vgl. Wiese [Kommentierungen] § 87 Rn. 5; Fitting et al. [Betriebsverfassungsgesetz] § 1 Rn. 245.
214 Vgl. nur Hess [Kommentierungen] Vor § 1 Rn. 65 ff.
215 Vgl. § 77 Abs. 5 BetrVG und Richardi [Kommentierungen] Einleitung Rn. 140.
216 Vgl. Kraft [Kommentierungen] vor § 92 Rn. 19.
217 Hierzu und zum Folgenden v. Werder [Organisationsstruktur] 148 ff. m. w. N.

Bei der Zulässigkeitsbeurteilung einer Kompetenzerweiterung differieren die Auffassungen zwischen den eingesetzten Regelungsinstrumenten (Tarifvertrag, Betriebsvereinbarung) einerseits und den betroffenen Kompetenzbereichen andererseits, die in soziale, personelle und wirtschaftliche Angelegenheiten eingeteilt werden. Im Bereich der *sozialen Angelegenheiten* ist eine Ausdehnung der Betriebsratsbefugnisse nach überwiegender Ansicht sowohl durch Tarifvertrag als auch durch Betriebsvereinbarung grundsätzlich statthaft. Grenzen der zulässigen Kompetenzerweiterung ergeben sich insoweit allerdings aus dem allgemeinen Gesetzes- und Richterrecht, aus den vom BetrVG vornehmlich in §§ 2 Abs. 1; 75 formulierten Wertmaßstäben, der Billigkeitsvoraussetzung und speziell für Betriebsvereinbarungen aus vorrangigen tarifvertraglichen Regelungen.

Soziale Angelegenheiten

Für die *personellen Angelegenheiten* lässt sich keine derartige (zumindest ansatzweise) Konsolidierung der Rechtslage nachweisen. Teilweise wird eine Verstärkung der diesbezüglichen Position des Betriebsrats sowohl durch Tarifvertrag als auch durch Betriebsvereinbarung für zulässig bzw. unzulässig gehalten, teilweise auch nur für eines dieser beiden Regelungsinstrumente akzeptiert bzw. abgelehnt. Insgesamt deuten die Kontroversen allerdings darauf hin, dass die Ausweitung der Betriebsratsrechte in diesem Bereich mit Ausnahme der von § 102 Abs. 6 BetrVG eröffneten Möglichkeit juristisch nicht gesichert ist und eher verneint wird.

Personelle Angelegenheiten

Im Bereich der rein *wirtschaftlichen Angelegenheiten* schließlich ist der Standpunkt der herrschenden Meinung wieder deutlicher auszumachen, da hier die prinzipielle Ablehnung einer Verstärkung der Beteiligungsrechte für beide Regelungsinstrumente zweifelsfrei dominiert. Lediglich vereinzelt werden auch insoweit (tarifvertragliche) Kompetenzerweiterungsmöglichkeiten gesehen[218].

Wirtschaftliche Angelegenheiten

2.2.1.1.3 Identifizierung des Leitungsorgans

Bei der AG fällt die Lokalisierung desjenigen Organs, welches die höchste Übereinstimmung mit der organisationstheoretisch gedachten Unternehmungsleitung (Hierarchiespitze) aufweist, vergleichsweise leicht. Analysiert man die herausgearbeiteten Kompetenzspielräume von Hauptversammlung, Vorstand, Aufsichtsrat und Betriebsrat in Hinblick auf ihre Bedeutung für die permanente Erfüllung der Führungsaufgabe, so lassen sich folgende Feststellungen treffen. Die *Hauptversammlung* hat zwar eine Reihe so genannter Grundlagenfragen der Gesellschaft von – häufig – großer Bedeutung zu entscheiden. Sie darf jedoch nur punktuell und mit Ausnahme der dauerhaft wirksamen Auswirkungen ihrer Beschlüsse (z. B. über den Ge-

Hauptversammlung

---

[218] Vgl. z. B. Meier-Krenz [Erweiterung] 2149 ff.; Däubler [Kommentierungen] § 106 Rn. 4.

genstand der Unternehmung) lediglich sporadisch auf das Geschehen in der AG Einfluss nehmen. Als (Quasi-)Unternehmungsleitung kommt die Hauptversammlung daher nicht in Betracht.

Aufsichtsrat

Verglichen hiermit kann der *Aufsichtsrat* den Handlungsprozess in der AG stärker fortlaufend (mit-)prägen. Zu denken ist in diesem Zusammenhang vor allem an seine Vetorechte nach § 111 Abs. 4 Satz 2 AktG und seine Kompetenzen für die Besetzung und Organisation des Vorstands. Im Rahmen seiner personalwirtschaftlichen Zuständigkeiten bietet insbesondere die zwingende Befristung der Vorstandsbestellung auf jeweils höchstens fünf Jahre (§ 84 Abs. 1 Satz 1 AktG) dem Aufsichtsrat die periodisch wiederkehrende Gelegenheit, bei mangelnder unternehmungspolitischer Harmonie mit einzelnen Vorstandsmitgliedern (mehr oder weniger) zwanglos personelle Veränderungen vorzunehmen. Trotz der hieraus resultierenden Einflussnahmemöglichkeiten auf die Führung der Unternehmung ist aber zu beachten, dass sämtliche Kompetenzen des Aufsichtsrats nach dem aktienrechtlichen Modell letztlich nur der Abstützung seines umfassenden Überwachungsauftrags in der AG dienen. Infolgedessen nimmt auch dieses Gremium in der korrekt geführten AG nicht die Stellung des Leitungsorgans ein.

Betriebsrat

Der *Betriebsrat*, der im Übrigen ebenfalls nur mit kasuistisch festgelegten Kompetenzen ausgestattet ist, scheidet als unternehmungsführendes Organ bereits dadurch aus, dass er gemäß § 77 Abs. 1 Satz 2 BetrVG nicht durch einseitige Handlungen in die Leitung des Betriebs eingreifen darf. An dieser Einschätzung der Position des Betriebsrats ändert auch der Tatbestand nichts, dass bestimmte Betriebsratsmitglieder in unternehmerisch mitbestimmten Gesellschaften meist zugleich dem Aufsichtsrat angehören und dann auch an den Befugnissen des Überwachungsorgans partizipieren. So fungiert beispielsweise der Vorsitzende des Gesamtbetriebsrats in Unternehmungen, die dem MitbestG unterliegen, nicht selten als stellvertretender Aufsichtsratsvorsitzender[219]. Diese Kompetenzvereinigung in den Händen der betreffenden Arbeitnehmerrepräsentanten rechtfertigt aber gleichwohl keine abweichende Einordnung ihrer spitzenorganisatorischen Rolle.

Vorstand

Der *Vorstand* der AG verfügt demgegenüber nach den oben erarbeiteten Grundsätzen der gesetzlichen Kompetenzvorstellungen über die generelle Zuständigkeit für die kontinuierliche Unternehmungsführung (§ 76 Abs. 1 AktG), die nur durch die Einzelbefugnisse der übrigen Organe eingeschränkt ist. Er nimmt folglich aus dem Kreis der rechtlichen Gremien am ehesten die Funktionen der unternehmungsführenden Spitzeneinheit der

---

[219] Vgl. ähnlich Albach [Führung] 363 und Streeck [Mitbestimmung] 883, die den (Gesamt-)Betriebsratsvorsitzenden als regelmäßiges Mitglied des Präsidiums des Aufsichtsrats identifizieren.

organisatorischen Hierarchie wahr. Die Qualifikation des Vorstands als *Leitungsorgan* kann demnach nicht zweifelhaft sein, wenngleich sein rechtsnormverträglicher Führungsspielraum durchaus innerhalb einer gewissen Bandbreite schwanken darf. So kann z. B. in (Extrem-)Fällen ein Alleinaktionär durch Personalunion die Kompetenzen von Hauptversammlung und Aufsichtsrat[220] – vorbehaltlich mitbestimmungsrechtlicher Abschwächungen – auf sich vereinen und damit in rechtlich zulässiger Weise sowohl gewichtige Entscheidungskompetenzen (u. a. für Sachziel, Ressourcenpotential und Topmanagement) als auch die generelle Kontrollbefugnis innehaben. Seine Einflussnahme auf die laufende Unternehmungsführung (des Vorstands) darf sich aber gleichwohl aus Rechtsgründen nicht derart verdichten, dass die Position des Vorstands als Hierarchiespitze aufgehoben wird.

2.2.1.1.4 Konsequenzen spitzenorganisatorischer Alternativen

Die vorangegangene Analyse der Spielräume zur Kompetenzverteilung hat gezeigt, dass die Entscheidungsbefugnisse der gesellschafts- und betriebsverfassungsrechtlichen Gremien zwar nicht vollkommen starr abgegrenzt sind. Unterschiedlich starke Einflussnahmen der einzelnen Gremien auf die Unternehmungsführung können in der korrekt geführten AG aber vorwiegend nur faktisch durch divergente Nutzungsintensitäten der gesetzlich zur Verfügung gestellten Kompetenzen innerhalb der vorgegebenen Bandbreiten realisiert werden[221] und nicht durch generelle Kompetenzverschiebungen. So können die Aktionäre die Vorgaben für die Geschäftsfeld- und die Geostrategie durch entsprechende Bestimmungen des Unternehmungsgegenstands in der Satzung enger oder weiter fassen und vom Vorstand gem. § 119 Abs. 2 AktG mehr oder weniger häufig zur Beschlussfassung über Fragen der Geschäftsführung angefordert werden. Ferner lassen sich die Befugnisse des Aufsichtsrats im Kern lediglich über die Formulierung zustimmungspflichtiger Geschäfte dosieren.

Geringe Gestaltungsspielräume

Der Alternativenraum der Spitzenorganisation ist folglich in der AG sehr begrenzt. Dementsprechend ergeben sich bei dieser Rechtsform auch kaum Ansatzpunkte für rechtsnorminduzierte Konsequenzen spitzenorganisatorischer Gestaltungsvarianten. Lediglich für die vermehrte Beschlusstätigkeit

Kaum Gestaltungskonsequenzen

---

[220] Eine Personalunion zwischen Aufsichtsrat und Vorstand ist hingegen nach § 105 AktG grundsätzlich unzulässig.

[221] Siehe zum Spektrum der Kompetenznutzung in der Praxis, die – mit zahlreichen Zwischentypen – einerseits weitgehend autonome und andererseits in ihren Entscheidungsspielräumen stark eingeschränkte Vorstände kennt, die Untersuchungen von Pross [Manager]; Witte [Einfluß]; Witte [Arbeitnehmer]; Witte [Einflußsystem]; Bleicher/Leberl/Paul [Unternehmungsverfassung] 119 ff.; Gerum [Aufsichtsratstypen].

der Hauptversammlung lässt sich eine Auswirkung in Form der Verminderung des haftungsrechtlichen Risikos der Vorstandsmitglieder ableiten, da diese gegenüber der Gesellschaft prinzipiell nicht für Handlungen schadensersatzpflichtig sein können, die sie aufgrund eines gesetzmäßigen, von der Hauptversammlung im Rahmen ihrer organschaftlichen Zuständigkeit gefassten Beschlusses vorgenommen haben[222]. Die Ausdehnung der (Zustimmungs-)Kompetenzen des Aufsichtsrats schlägt sich demgegenüber nicht in einem entsprechenden Haftungseffekt nieder. Vielmehr hält § 93 Abs. 6 Satz 2 AktG die mögliche Ersatzpflicht in den Fällen einer Billigung durch den Aufsichtsrat ausdrücklich aufrecht.

2.2.1.2 GmbH

2.2.1.2.1 Rechtliche Gremien der GmbH

Organisations-
flexibilität

Im Gegensatz zum Aktiengesetz ist das Gesellschaftsrecht der GmbH durch eine große Organisationsflexibilität gekennzeichnet. Die weitreichenden Gestaltungsspielräume werden allerdings merklich eingeschränkt, sofern die unternehmerische Mitbestimmung eingreift. Infolgedessen ist bei der Analyse der Spitzenorganisation hier deutlich zwischen der (auf Unternehmensebene) mitbestimmungsfreien und der mitbestimmten GmbH zu unterscheiden, die entweder dem DrittelbG, dem Montan-MitbestG oder dem MitbestG unterliegt[223].

Gremienstruktur

Die GmbH-typische Organisationsflexibilität und die spitzenorganisatorische Bedeutung der unternehmerischen Mitbestimmung zeigen sich bereits in den Regelungen zur Grundstruktur der rechtlichen Gremien. Im Fall der mitbestimmungsfreien GmbH sieht das Gesellschaftsrecht als Minimumstruktur einen zweigliedrigen Aufbau aus Gesellschafterversammlung und Geschäftsführung vor (siehe §§ 48; 35 GmbHG). Die *Gesellschafterversammlung* als Gremium der Anteilseigner bildet nach dem gesellschaftsrechtlichen Normalstatut das oberste Organ der GmbH[224] und beruft die *Geschäftsführung,* die als Vertretungsorgan fungiert. Dieses monistische System kann außerhalb des Geltungsbereichs der unternehmerischen Mitbestimmung durch die Etablierung eines *fakultativen Aufsichtsrats* (§ 52 GmbHG) ergänzt und so in eine dualistische Verfassung überführt werden. Diese Option besteht hingegen nicht mehr in der mitbestimmten GmbH, da nach den drei einschlägigen Gesetzen ein Aufsichtsrat *obligatorisch* und damit das Tren-

---

[222] § 93 Abs. 4 Satz 1 AktG. Einzelheiten bei Hefermehl/Spindler [Kommentierungen] § 93 Rn. 110 ff.; Mertens [Kommentierungen Aktiengesetz] § 93 Rn. 110 ff. Vgl. ausführlicher v. Werder [Organisationsstruktur] 249 ff.

[223] Siehe zu den Anwendungsvoraussetzungen dieser Gesetze im Einzelnen Abschnitt 2.1.2.2.2, S. 75 ff.

[224] Vgl. Schmidt [Kommentierungen] § 45 Rn. 5 m. w. N.

nungsmodell zwingend vorgeschrieben ist (siehe §§ 77 Abs. 1 DrittelbG; 3 Abs. 1 Montan-MitbestG; § 6 Abs. 1 i. V. m. § 1 Abs. 1 MitbestG).

Das Organsystem aus Gesellschafterversammlung, Geschäftsführung und eventuellem Aufsichtsrat wird schließlich (sowohl in der mitbestimmungs-freien als auch in der mitbestimmten GmbH) um den Betriebsrat erweitert, wenn die oben erläuterten Wahlvoraussetzungen erfüllt sind[225]. Da die Kompetenzen der betrieblichen Interessenvertretungen der Arbeitnehmer rechtsformneutral ausgestaltet sind, müssen die Einflussmöglichkeiten des Betriebsrats auf die Unternehmungsführung an dieser Stelle nicht erneut erörtert werden. Vielmehr ergeben sich insoweit keine Unterschiede zwischen der GmbH und der AG, sodass auf die entsprechenden Ausführungen verwiesen werden kann[226].

Betriebsrat

Im Folgenden ist damit zu analysieren, welche Spielräume existieren, um Kompetenzen auf die Gesellschafterversammlung und die Geschäftsführung sowie einen fakultativen oder obligatorischen Aufsichtsrat zu übertragen. Angesichts der bereits hervorgehobenen prinzipiell großen Organisations-freiheit ist dabei jeweils zunächst die Kompetenzverteilung gemäß Normal-statut zu untersuchen, bevor die Möglichkeiten zur Einschränkung bzw. Erweiterung der normalen Gremienkompetenzen ausgemessen werden. Diese Analyse erfolgt mit Blick auf die Gesellschafterversammlung und die Geschäftsführung jeweils getrennt für die mitbestimmungsfreie und die mitbestimmte GmbH, während die Betrachtung des fakultativen und des obligatorischen Aufsichtsrats naturgemäß eine GmbH außerhalb bzw. innerhalb des Geltungsbereichs der unternehmerischen Mitbestimmung voraussetzt.

2.2.1.2.2 Kompetenzspielräume und Besetzungsmodalitäten der Gremien

2.2.1.2.2.1 Gesellschafterversammlung

Mitbestimmungsfreie GmbH

Die Anteilseigner einer GmbH üben ihre Kompetenzen grundsätzlich in der Gesellschafterversammlung aus (§ 48 Abs. 1 GmbHG). Allerdings kann – außer bei bestimmten Entscheidungen wie etwa Satzungsänderungen (§ 53 Abs. 2 GmbHG) und vorbehaltlich weiterer Vereinfachungen durch den Gesellschaftsvertrag – auf eine Zusammenkunft verzichtet werden, falls sämtliche Gesellschafter ihr Einverständnis mit der schriftlichen Abstim-

---

[225] Siehe Abschnitt 2.1.2.2.1, S. 67 ff.
[226] Siehe Abschnitt 2.2.1.1.1.2.2, S. 94 ff.

mung erklären[227]. Von einer terminologischen Differenzierung zwischen den Gesellschaftern und der Gesellschafterversammlung kann daher im Folgenden zur Vereinfachung abgesehen werden.

Aufgrund der weitreichenden Gestaltbarkeit der Gesellschafterkompetenzen in der mitbestimmungsfreien GmbH kann neben der Darstellung punktueller Zuständigkeiten, auf welche die Analyse der Aktionärsbefugnisse im Prinzip verwiesen ist, auch die Herausarbeitung genereller Kompetenzaussagen erfolgen. Nach der Darstellung des Normalstatuts der Gesellschaft, das mangels abweichender Bestimmungen des Gesellschaftsvertrags gilt, wird zunächst geprüft, welche der GmbH-rechtlich angesprochenen Zuständigkeiten auf andere Organe der GmbH übertragbar sind und welche zu den Mindestkompetenzen der Gesellschafter zählen. Im Anschluss hieran wird die größtmögliche Kompetenzausdehnung der Anteilseigner in der korrekt geführten GmbH vorgestellt.

Normalstatut

So wie das Aktienrecht kennt auch das GmbH-Gesetz keine zusammenhängende Regelung der Anteilseignerbefugnisse, sondern enthält ebenfalls zahlreiche verstreute Kompetenznormen[228]. Konzentriert man sich wie hier auf eine *Einheitsunternehmung mit laufendem Geschäftsbetrieb*, so stellen der Aufgabenkatalog des § 46 GmbHG und die Zuweisung der Befugnis zur Satzungsänderung an die Gesellschafter (§ 53 Abs. 1 GmbHG) die zentralen Vorschriften für konkrete Zuständigkeiten der Anteilseigner dar.

Katalog-kompetenzen

Nach dem Kompetenzvorschlag des § 46 GmbHG entscheiden die Gesellschafter in der mitbestimmungsfreien GmbH über die Feststellung des Jahresabschlusses und die Ergebnisverwendung (§ 46 Nr. 1 GmbHG), die Einforderung von Einzahlungen auf die Stammeinlagen (Nr. 2), die Rückzahlung von Nachschüssen (Nr. 3), die Teilung und Einziehung von Geschäftsanteilen (Nr. 4), die Bestellung, Entlastung und Abberufung der Geschäftsführer (Nr. 5), die Maßregeln zur Prüfung und Überwachung der Geschäftsführung (Nr. 6), die Bestellung von Prokuristen und Gesamthandlungsbevollmächtigten (Nr. 7) sowie die Geltendmachung bestimmter Ersatzansprüche (Nr. 8). Bei systematischer Betrachtung weist diese kasuistische Auflistung den Anteilseignern im Kern Kontrollbefugnisse (§ 46 Nr. 5 – Entlastung –, 6, 8 GmbHG) sowie Beschlusszuständigkeiten zu, welche das Ressourcenpotential der Unternehmung (§ 46 Nr. 1-4 GmbHG) und Personalentscheidungen (§ 46 Nr. 5, 7 GmbHG) betreffen (siehe Abbildung 2-24).

---

[227] § 48 Abs. 2 GmbHG; Roth [Kommentierungen] § 48 Rn. 2.
[228] Siehe z. B. §§ 26 Abs. 1; 46; 52; 53; 60 Abs. 1 Nr. 2, 4; 66 Abs. 1, 3; 74 Abs. 1 Satz 2 und zur Auflistung Schmidt [Kommentierungen] § 46 Rn. 3 ff., 178 ff.; Zöllner [Kommentierungen] § 46 Rn. 7 ff., 48 ff.

Katalogkompetenzen der Gesellschafterversammlung nach § 46 GmbHG   *Abbildung 2-24*

| Entscheidungs-kompetenzen | Ressourcenentscheidungen

- § 46 Nr. 1 GmbHG
- § 46 Nr. 2 GmbHG
- § 46 Nr. 3 GmbHG
- § 46 Nr. 4 GmbHG |
| | Personalentscheidungen

- § 46 Nr. 5 GmbHG (Bestellung und Abberufung)
- § 46 Nr. 7 GmbHG |

Kontrollkompetenzen

- § 46 Nr. 5 GmbHG (Entlastung)
- § 46 Nr. 6 GmbHG
- § 46 Nr. 8 GmbHG

Der Gesellschaftsvertrag bzw. die Satzung der GmbH muss gem. § 3 Abs. 1 GmbHG zumindest vier Festlegungen treffen. Hierbei handelt es sich um die Firma und den Sitz der Gesellschaft (§ 3 Abs. 1 Nr. 1 GmbHG), den Gegenstand des Unternehmens (Nr. 2), den Betrag des Stammkapitals (Nr. 3) und den Betrag der von jedem Gesellschafter zu leistenden Stammeinlage (Nr. 4). Daneben sind weitere Angaben lediglich in den Sonderfällen erforderlich, in denen das Unternehmen nur befristet existieren soll oder den Gesellschaftern neben den Kapitaleinlagen zusätzliche Verpflichtungen auferlegt werden (§ 3 Abs. 2 GmbHG).   *Satzung*

Untersucht man nun ausgehend von den dargelegten Regelungen des Normalstatuts die Möglichkeiten, die Befugnisse der Gesellschafterversammlung durch Kompetenzübertragung auf andere Gremien rechtlich zulässig einzuschränken, so ist zwischen den Katalogzuständigkeiten nach § 46 GmbHG und der Satzungskompetenz gem. § 53 Abs. 1 GmbHG zu differenzieren.   *Kompetenz-einschränkungen*

Die Kompetenzvorschläge des § 46 GmbHG stellen insgesamt abdingbares Recht dar (§ 45 GmbHG), sodass die organisatorische Zuordnung dieser drei Kompetenzbereiche (für Kontrolle, Ressourcen und Personal) im Grundsatz zur Disposition des Gesellschaftsvertrags steht. Nach den Vorstellungen des   *Katalog-kompetenzen*

GmbHG bildet die Gesellschafterversammlung zwar das oberste Organ der Gesellschaft, dessen Position somit nicht völlig ausgehöhlt werden darf. Gleichwohl wird es regelmäßig nicht zu beanstanden sein, wenn die Gesellschafter ihre Katalogkompetenzen nach § 46 GmbHG abgeben. Dabei hängt es von den Kompetenzinhalten ab, auf welche anderen Organe sich diese Befugnisse übertragen lassen.

Geht man von der vorgenommenen Einteilung in Kontroll-, Ressourcen- und Personalkompetenzen aus, so darf ein fakultativer Aufsichtsrat im Prinzip die genannten Kontrollbefugnisse wahrnehmen, während die Geschäftsführung hiervon grundsätzlich ausgeschlossen ist[229]. Hingegen lassen sich die angesprochenen Ressourcen- und Personalentscheidungen grundsätzlich sowohl der Geschäftsführung als auch dem fakultativen Aufsichtsrat zuweisen[230]. Betrachtet man exemplarisch die zweigliedrig verfasste GmbH, die nur die Gesellschafterversammlung und die Geschäftsführung kennt, so dürfen sich die Anteilseigner folglich zumindest ihrer Kompetenzen zur Feststellung des Jahresabschlusses und zur Ergebnisverwendung (§ 46 Nr. 1 GmbHG)[231], zur Einforderung von Einzahlungen auf die Stammeinlagen (§ 46 Nr. 2 GmbHG)[232], zur Rückzahlung von Nachschüssen (§ 46 Nr. 3 GmbHG)[233] und zur Teilung sowie Einziehung von Geschäftsanteilen (§ 46 Nr. 4 i. V. m. §§ 17, 34 GmbHG)[234] durch Übertragung auf die Geschäftsführer begeben. Ferner können die Geschäftsführer unbestritten zur Bestellung von Prokuristen und Generalhandlungsbevollmächtigten (§ 46 Nr. 7 GmbHG) ermächtigt werden[235]. Darüber hinaus ist es nach herrschender Meinung rechtmäßig, die Befugnis zur Bestellung und (ordentlichen[236])

---

[229] Vgl. im Einzelnen Zöllner [Kommentierungen] § 46 Rn. 62 f.; Koppensteiner [Kommentierungen GmbHG] § 45 Rn. 7 ff.

[230] Vgl. Zöllner [Kommentierungen] § 46 Rn. 62 f.; Koppensteiner [Kommentierungen GmbHG] § 45 Rn. 7 ff.

[231] Siehe Schmidt [Kommentierungen] § 46 Rn. 46; Zöllner [Kommentierungen] § 46 Rn. 11; zweifelnd Hüffer [Kommentierungen] § 46 Rn. 22.

[232] Vgl. Zöllner [Kommentierungen] § 46 Rn. 17; Lutter/Hommelhoff [Kommentierungen] § 46 Rn. 7.

[233] Siehe Schmidt [Kommentierungen] § 46 Rn. 61; Hüffer [Kommentierungen] § 46 Rn. 35; Zöllner [Kommentierungen] § 46 Rn. 18. Die Einforderung von Nachschüssen gehört zwar zur zwingenden Beschlusskompetenz der Gesellschafterversammlung, wird hier aber nicht weiter thematisiert, da die Nachschusspflicht zum fakultativen Inhalt des Gesellschaftsvertrags zählt (§ 26 Abs. 1 GmbHG).

[234] Vgl. Schmidt [Kommentierungen] § 46 Rn. 65; Hüffer [Kommentierungen] § 46 Rn. 39; Zöllner [Kommentierungen] § 46 Rn. 19 f.; Koppensteiner [Kommentierungen GmbHG] § 46 Rn. 19.

[235] Vgl. Hüffer [Kommentierungen] § 46 Rn. 84; Lutter/Hommelhoff [Kommentierungen] § 46 Rn. 19.

[236] Das – zumindest konkurrierende – Recht zur Abberufung eines Geschäftsführers aus wichtigem Grund (§ 38 Abs. 2 GmbHG) darf dagegen den Gesellschaftern nicht genommen werden, vgl. Altmeppen [Kommentierungen] § 38 Rn. 2; Stein

Abberufung von (Mit-)Geschäftsführern (§ 46 Nr. 5 GmbHG) bei den (übrigen) Mitgliedern der Geschäftsführung zu platzieren und diesen somit das Recht auf Kooptation einzuräumen[237]. Sofern ein (fakultativer) Aufsichtsrat existiert und damit eine dreigliedrige GmbH vorliegt, können die Gesellschafter zusätzlich auch ihre Kontrollbefugnisse (an das Überwachungsorgan) abgeben.

Im Unterschied zur – wenn auch teilweise nicht unbestrittenen – Übertragbarkeit der Gesellschafterrechte nach § 46 GmbHG fällt die Änderung des Gesellschaftsvertrags in die zwingende Zuständigkeit der Anteilseigner (§ 53 Abs. 1 i. V. m. § 45 Abs. 2 GmbHG). Für eine Untersuchung der Minimalkompetenzen der Gesellschafter, die mit ihrer unabdingbaren *Satzungshoheit* verbunden sind, ist nur der in § 3 Abs. 1 GmbHG aufgeführte gesetzliche Mindestinhalt der Satzung zu betrachten. Nimmt man hiervon die für die kontinuierliche Unternehmungsführung weniger bedeutsame Festlegung von Firma und Sitz[238] der Gesellschaft (§ 3 Abs. 1 Nr. 1 GmbHG) sowie die Aufteilung des Stammkapitals auf die Anteilseigner (§ 3 Abs. 1 Nr. 4 GmbHG) aus, so verbleiben insoweit für die zwingende Entscheidungskompetenz der Gesellschafter lediglich der Gegenstand (§ 3 Abs. 1 Nr. 2 GmbHG) und die Stammkapitalausstattung[239] der Unternehmung.

Satzungshoheit

Der weitreichenden Reduzierbarkeit der Kompetenzen einer Gesellschafterversammlung stehen die umfangreichen Möglichkeiten zur Erweiterung ihrer Befugnisse gegenüber. Da die freiwillige Einrichtung eines Aufsichtsrats und die Kompetenzabtretung an dieses Organ nicht plausibel erscheint, falls eine hohe Konzentration von Entscheidungsbefugnissen bei den Gesellschaftern angestrebt wird, interessieren hier allein die zulässigen Kompetenzen der Gesellschafterversammlung im Verhältnis zur Geschäftsführung.

Kompetenz-erweiterungen

[Kommentierungen] § 38 Rn. 20; Schmidt [Kommentierungen] § 46 Rn. 3; Koppensteiner [Kommentierungen GmbHG] § 45 Rn. 13.

[237] So – vorwiegend explizit nur für die Bestellung – Roth [Kommentierungen] § 46 Rn. 19; Sudhoff/Sudhoff [Gesellschaftsvertrag] 214; Ammon et al. [GmbH] 211; Hueck/Fastrich [Kommentierungen] § 6 Rn. 18; anderer Ansicht Hüffer [Kommentierungen] § 46 Rn. 77; Zöllner [Kommentierungen] § 46 Rn. 22.

[238] Der Gesellschaftssitz muss nicht zwangsläufig der geographischen Lage der Unternehmung folgen, vgl. Emmerich [Kommentierungen GmbH-Gesetz] § 4a Rn. 10.

[239] Siehe neben § 3 Abs. 1 Nr. 3 GmbHG auch §§ 55-58 GmbHG.

Kompetenz-
Kompetenz

Weisungsrecht

Die zentralen gesellschaftsrechtlichen Unterstützungen einer umfassenden Kompetenzausstattung der Gesellschafterversammlung finden sich in §§ 45 Abs. 1 und 37 Abs. 1 GmbHG. Nach § 45 Abs. 1 GmbHG ergeben sich die Zuständigkeiten der Gesellschafter grundsätzlich aus dem Gesellschaftsvertrag. § 37 Abs. 1 GmbHG legt fest, dass die Geschäftsführerbefugnisse intern durch den Gesellschaftsvertrag oder entsprechende Beschlüsse der Gesellschafter begrenzt werden dürfen. Die demnach in § 45 Abs. 1 GmbHG verankerte „Kompetenz-Kompetenz"[240] und das aus § 37 GmbHG ableitbare Weisungsrecht der Gesellschafter[241] gestatten sowohl die dauerhafte Kompetenzerweiterung durch den Gesellschaftsvertrag als auch fallweise Anordnungen durch bindende Gesellschafterbeschlüsse für prinzipiell sämtliche Fragen der laufenden Unternehmung[242]. Dabei werden diese Unterstützungen der Gesellschafterposition von einer ausgeprägten personalwirtschaftlichen Einwirkungsmöglichkeit der Anteilseigner flankiert, da § 38 GmbHG – anders als § 84 Abs. 3 AktG für den Vorstand („wichtiger Grund") – den jederzeitigen Widerruf der Bestellung zum Geschäftsführer erlaubt, sofern nicht der Gesellschaftsvertrag abweichende Bestimmungen enthält.

Grenzen

Die potentielle Zuständigkeit der Gesellschafter gilt allerdings nicht uneingeschränkt, sondern wird von Ausnahmen durchbrochen, die sich in zwei Bereichen lokalisieren lassen. Als Quellen dieser Restriktionen für Gesellschafterbefugnisse diskutiert die juristische Literatur zum einen den Gedanken eines allgemeinen *weisungsfreien Mindestkompetenzbereichs* der Geschäftsführung und verweist zum anderen auf zwingende gesetzliche *Zuständigkeiten* der Geschäftsführer für bestimmte, *im öffentlichen Interesse* liegende Maßnahmen wie beispielsweise die Buchführung[243]. Selbst wenn man mit der Mindermeinung davon ausgeht, dass eine (auch satzungsfeste) kompetenzielle Mindestausstattung der Geschäftsführer für die Führung der Unternehmung gesetzlich garantiert ist und sich der Gesellschaftereinfluss auf die Unternehmungsführung folglich nicht derart verdichten darf, dass die Geschäftsführer außer im öffentlich-rechtlichen Bereich (hierzu sogleich ausführlicher) lediglich als reines Exekutivorgan fungieren[244], wird man

---

[240] Vgl. Roth [Kommentierungen] § 45 Rn. 2; Koppensteiner [Kommentierungen GmbHG] § 45 Rn. 1.

[241] Hierzu statt vieler Schneider [Kommentierungen] § 37 Rn. 30; Mertens [Kommentierungen GmbHG] § 37 Rn. 8; Weber/Lohr [Rechtsprechung] 700.

[242] Vgl. z. B. Mertens [Kommentierungen GmbHG] § 37 Rn. 8. Enger Zöllner [Kommentierungen] § 37 Rn. 9; Wiedemann [Gesellschaftsrecht] 318 f.

[243] Siehe hierzu Mertens [Kommentierungen GmbHG] § 37 Rn. 15; Koppensteiner [Kommentierungen GmbHG] § 37 Rn. 6, 18.

[244] So z. B. Zöllner [Kommentierungen] § 37 Rn. 9, 11; Mertens [Kommentierungen GmbHG] § 37 Rn. 16, insb. FN 24, Rn. 19; Wiedemann [Gesellschaftsrecht] 320 m. w. N. Anderer Ansicht die wohl herrschende Meinung, vgl. Altmeppen [Kommentierungen] § 37 Rn. 4; Koppensteiner [Kommentierungen GmbHG] § 37 Rn. 22 ff.; Schneider [Kommentierungen] § 37 Rn. 30, alle m. w. N.

hiervon kaum konkrete Beschlussgegenstände ableiten können, die niemals der Gesellschafterentscheidung unterliegen dürfen[245]. Wirksame Beschränkungen der Gesellschafterkompetenzen werden daher im Wesentlichen lediglich aus den etwa in § 30 Abs. 1 (Auszahlungsverbot für das zur Stammkapitalerhaltung erforderliche Vermögen), § 33 (Erwerb eigener Geschäftsanteile), § 41 Abs. 1 (Buchführungspflicht), § 49 Abs. 3 (Anzeige eines Verlusts des halben Stammkapitals), § 64 Abs. 1 (Konkurs- und Vergleichsantragspflicht) und § 78 GmbHG (Handelsregisteranmeldungen) enthaltenen[246] Geschäftsführer-Zuständigkeiten mit öffentlich-rechtlichem Charakter resultieren, die überwiegend nur stark programmierte Wahlhandlungen vorsehen. Im Übrigen darf somit nach allem die Geschäftsführung der mitbestimmungsfreien GmbH im Grundsatz als – allerdings unverzichtbares[247] – *Exekutiv-* bzw. *Realisationsorgan* der Gesellschafterentscheidungen ausgeformt werden.

Mitbestimmte GmbH

Die GmbH-rechtliche Organisationsflexibilität erfährt bei Geltung der unternehmerischen Mitbestimmung Einschränkungen, deren Ausmaß von dem zur Anwendung gelangenden Mitbestimmungsgesetz abhängt. Da die rechtstatsächliche Bedeutung des Montan-MitbestG für die GmbH äußerst gering ist[248], werden im Folgenden nur die organisatorischen Implikationen des DrittelbG und des MitbestG erörtert.

Generell lässt sich zunächst feststellen, dass ein Eingreifen der Mitbestimmung zum einen die Gesellschafterbefugnisse durch die erzwungene Kompetenzabtretung an den Aufsichtsrat und durch eine (bestrittene) Stärkung der Geschäftsführerposition beschneidet. Zum anderen wird die Abgrenzung der Zuständigkeiten zwischen den Organen insgesamt starrer, sodass auch der freiwilligen Übertragung potentieller Gesellschafterkompetenzen auf die anderen Gremien eher Grenzen gesetzt sind. Während eine Kompetenzzuweisung an die aufsichtsratkontrollierte Geschäftsführung zumindest bei Interessengleichlauf der Anteilseigner und aus der Perspektive der Mitbestimmungsidee allerdings weniger problematisch ist, dürfen die Befugnisse des Aufsichtsrats zur Wahrung seiner Eigenschaft als Überwachungsorgan nur in engerem Rahmen erweitert werden.

Geringere Organisationsflexibilität

---

[245] Auf mangelnde Operationalität des ‚weisungsfreien Mindestbereichs' weisen auch Mertens [Kommentierungen GmbHG] § 37 Rn. 20 und Koppensteiner [Kommentierungen GmbHG] § 37 Rn. 22 hin.
[246] Vgl. zu dieser Zusammenstellung auch Raiser/Veil [Recht] § 32 Rn. 1 und zu weiteren Mertens [Kommentierungen GmbHG] § 37 Rn. 15; Altmeppen [Kommentierungen] § 37 Rn. 6; Lutter/Hommelhoff [Kommentierungen] § 37 Rn. 5.
[247] Siehe näher Abschnitt 2.2.1.2.2.2, S. 123.
[248] Vgl. Zöllner [Kommentierungen] § 52 Rn. 191.

Mitbestimmung
nach DrittelbG

Bei jeder GmbH mit mehr als 500 Arbeitnehmern, die nicht dem MitbestG oder dem Montan-MitbestG unterfällt, ist ein Aufsichtsrat zu bilden, dessen Zusammensetzung, Rechte und Pflichten sich nach §§ 90 Abs. 3, 4, 5 Satz 1, 2; 95-114; 116; 118 Abs. 2; 125 Abs. 3, 4; 170; 171 und 268 Abs. 2 AktG richten (§ 1 Abs. 1 Nr. 3 DrittelbG). Klammert man aus diesen Vorschriften die organinternen Organisationsregeln aus, so ordnet dieser Verweis des DrittelbG dem drittelparitätisch besetzten (§ 4 Abs. 1 DrittelbG) Aufsichtsrat im Wesentlichen die Überwachungsaufgabe nach § 111 AktG und die Prüfung des Jahresabschlusses gemäß § 171 AktG zu. Gravierende Beeinträchtigungen der Anteilseignerkompetenzen resultieren hieraus jedoch nicht, da nach herrschender Meinung die Gesellschafterversammlung neben dem Aufsichtsrat weiterhin zur Überwachung der Geschäftsführung befugt ist, ein vom Aufsichtsrat eingelegtes Veto gegen Geschäftsführermaßnahmen (§ 111 Abs. 4 Satz 2 AktG) mit einfacher Mehrheit überspielen kann und auch in der mitbestimmten GmbH zur Feststellung des Jahresabschlusses berufen bleibt[249]. Da ferner der zulässige Umfang von Weisungen der Gesellschafter an die Geschäftsführer durch die drittelparitätische Arbeitnehmervertretung grundsätzlich nicht tangiert wird[250], halten sich die mitbestimmungsbedingten Kompetenzeinbußen der Anteilseigner insgesamt beim DrittelbG in sehr engen Grenzen.

Die skizzierten Aufsichtsratsbefugnisse sind in dem Sinne satzungsfest, als sie nicht verkürzt, sondern allenfalls erweitert werden dürfen. Allerdings sind auch der *Kompetenzausdehnung* Grenzen gezogen, die in etwa auf der Linie der aktienrechtlichen Zuständigkeiten eines Aufsichtsrats liegen[251]. Danach dürfen durch Gesellschaftsvertrag vor allem die Befugnisse zur (Mit-)Feststellung des Jahresabschlusses sowie zur Bestellung und Abberufung der Geschäftsführer von der Gesellschafterversammlung auf den obligatorischen Aufsichtsrat delegiert werden, während er von Weisungskompetenzen gegenüber den Geschäftsführern zwingend ausgeschlossen ist[252].

Mitbestimmung
nach MitbestG

Eine GmbH außerhalb des Montan-Bereichs mit regelmäßig mehr als 2.000 Arbeitnehmern muss einen Aufsichtsrat haben (§ 6 Abs. 1 MitbestG), für dessen Bildung, interne Organisation und Kompetenzen ergänzend zu den vorrangigen mitbestimmungsrechtlichen Vorschriften die §§ 84; 85; 90 Abs.

---

[249] Vgl. im Einzelnen Schneider [Kommentierungen] § 52 Rn. 59, 83, 87; Lutter/ Hommelhoff [Kommentierungen] § 52 Rn. 29; Lutter/Krieger [Rechte] § 13 Rn. 920.

[250] Vgl. Mertens [Kommentierungen GmbHG] §§ 35 Rn. 4; 37 Rn. 21; Schneider [Kommentierungen] § 37 Rn. 40.

[251] Siehe eingehender Abschnitt 2.2.1.2.2.3, S. 126 ff.

[252] Zum Ganzen Raiser [Kommentierungen] § 52 Rn. 151; Schneider [Kommentierungen] § 52 Rn. 44.

3, 4, 5 Satz 1, 2; 96 Abs. 2; 97-101 Abs. 1, 3; 102-116; 118 Abs. 2; 125 Abs. 3; 171 und 268 Abs. 2 AktG gelten[253].

Die Einrichtung des paritätisch besetzten Aufsichtsrats bewirkt merklichere Einschränkungen der Anteilseignerkompetenzen als die Mitbestimmung nach DrittelbG. Wie ein Vergleich der Verweise auf die relevanten aktienrechtlichen Bestimmungen zeigt, muss die Gesellschafterversammlung zusätzlich vor allem ihre Zuständigkeit zur Bestellung (und auch Anstellung[254]) sowie Abberufung der Geschäftsführer an den Aufsichtsrat abtreten (§ 31 Abs. 1 Satz 1 MitbestG i. V. m. § 84 AktG). Ferner kann mit der herrschenden Meinung festgestellt werden, dass die Ablehnung einer zustimmungspflichtigen Maßnahme durch den Aufsichtsrat (§ 111 Abs. 4 Satz 2 AktG) nur durch einen mit qualifizierter Dreiviertelmehrheit gefassten Beschluss der Gesellschafter neutralisiert werden kann[255].

Darüber hinaus wird teilweise die – umstrittene – Auffassung vertreten, dass die paritätische Mitbestimmung die Kompetenzausstattung der Geschäftsführer, die im Übrigen nur (noch) aus wichtigem Grund abberufen werden können[256], verfestigt[257]. Danach dürften sich die Gesellschafterweisungen zumindest im Bereich des laufenden Tagesgeschäfts nicht mehr zu einer permanenten Einflussnahme verdichten. Während die Konsolidierung der diesbezüglichen Rechtslage bislang noch nicht abgeschlossen ist, besteht in der Literatur Übereinstimmung darüber, dass jedenfalls der vorgeschriebene Arbeitsdirektor (§ 33 MitbestG) keine Sonderstellung im Kreis der Geschäftsführer einnimmt, sondern den Weisungen der Gesellschafterversammlung wie die übrigen Mitglieder des Vertretungsorgans unterliegt[258].

Verfestigung der Kompetenzen

Da der obligatorische Aufsichtsrat der GmbH nach MitbestG dem aktienrechtlichen Vorbild in stärkerem Maße angenähert ist und die AG-Lösung wie beim DrittelbG den Rahmen für zulässige *Kompetenzerweiterungen* absteckt, verbleibt für die fakultative Ausdehnung seiner Befugnisse durch Kompetenzabgaben der Gesellschafterversammlung nur ein entsprechend

---

[253] Vgl. §§ 6 Abs. 2 Satz 1; 25 Abs. 1 Nr. 2; 31 Abs. 1 Satz 1 MitbestG und Koppensteiner [Kommentierungen GmbHG] § 52 Rn. 5 sowie eingehend zu der nach MitbestG mitbestimmten GmbH u. a. Zöllner [GmbH]; Hommelhoff [Unternehmensführung]; Vollmer [GmbH].

[254] Vgl. BGH v. 14.11.1983 – II ZR 33/83, DB 1984, 104; Raiser [Mitbestimmungsgesetz] § 31 Rn. 1; Raiser [Kommentierungen] § 52 Rn. 293; Altmeppen [Kommentierungen] § 52 Rn. 40.

[255] Siehe Koppensteiner [Kommentierungen GmbHG] § 37 Rn. 34; Raiser [Kommentierungen] § 52 Rn. 287.

[256] § 84 Abs. 3 Satz 1 AktG; Zöllner [Kommentierungen] § 38 Rn. 3.

[257] Zu Einzelheiten und Meinungsstand Schneider [Kommentierungen] § 37 Rn. 41; Mertens [Kommentierungen GmbHG] § 37 Rn. 21.

[258] Siehe Schneider [Kommentierungen] § 37 Rn. 48; Fitting/Wlotzke/Wißmann [Mitbestimmungsgesetz] § 33 Rn. 41.

geringerer Spielraum. Gedacht werden kann z. B. an die Übertragung von Mitwirkungskompetenzen bei der Feststellung des Jahresabschlusses[259].

2.2.1.2.2.2 Geschäftsführung

Normalstatut

Für die Geschäftsführung der GmbH kennt das Gesetz keine dem § 76 Abs. 1 AktG vergleichbare Stellenbeschreibung. Es legt vielmehr neben der grundsätzlichen organschaftlichen Vertretungsmacht der Geschäftsführer (§ 35 Abs. 1 GmbHG) lediglich zum einen ihre generelle Weisungsabhängigkeit fest (§ 37 Abs. 1 GmbHG) und bestimmt zum anderen im Wesentlichen *Einzelaufgaben* der Geschäftsführung, deren Erfüllung *im öffentlichen Interesse* liegt. Wie oben bereits dargelegt wurde, zählen zu den letzteren Regelungen beispielsweise das Auszahlungsverbot für das zur Stammkapitalerhaltung erforderliche Vermögen (§ 30 Abs. 1 GmbHG), die Bestimmungen über den Erwerb eigener Geschäftsanteile (§ 33 GmbHG), die Buchführungspflicht (§ 41 Abs. 1 GmbHG), die Verpflichtung zur Anzeige eines Verlustes des halben Stammkapitalls (§ 49 Abs. 3 GmbHG), die Konkurs- und Vergleichsantragspflicht (§ 64 Abs. 1 GmbHG) und die Vornahme der vorgeschriebenen Anmeldungen zum Handelsregister (§ 78 GmbHG)[260].

Aus den GmbH-rechtlichen Gesamtwertungen heraus folgert die herrschende Meinung darüber hinaus, dass bei Übernahme der Kompetenzvorschläge des GmbHG (Normalstatut) der Gesellschafterversammlung die *Formulierung der Unternehmungspolitik* sowie die *Entscheidung der außergewöhnlichen Maßnahmen* zukommt, während die Geschäftsführer für das *laufende Tagesgeschäft* prinzipiell entscheidungsbefugt sind[261]. Wie im Bereich der möglichen Gesellschafterbefugnisse sind diese Aussagen über bloß vorgeschlagene Zuständigkeiten aus der Sicht organisatorischer Gestaltungsüberlegungen allerdings nur bedingt aussagekräftig und daher um die Analyse der rechtsnormverträglichen Kompetenzbandbreiten zu ergänzen.

Kompetenz-einschränkungen

Anknüpfend an die oben erfolgte Analyse der zulässigen Gesellschafterbefugnisse lässt sich feststellen, dass die Geschäftsführung der mitbestimmungsfreien und der nach DrittelbG mitbestimmten GmbH mit Ausnahme ihrer Zuständigkeit im skizzierten Aufgabenbereich öffentlichen Interesses

---

259 Vgl. Raiser [Kommentierungen] § 52 Rn. 151 und zu weiteren Beispielen Abschnitt 2.2.1.2, S. 128 f. m. w. N.

260 Vgl. z. B. §§ 30 Abs. 1; 33; 41 Abs. 1; 49 Abs. 3; 64 Abs. 1; 78 GmbHG und hierzu Koppensteiner [Kommentierungen GmbHG] § 37 Rn. 6, 18; Lutter/Hommelhoff [Kommentierungen] § 37 Rn. 5.

261 Siehe Altmeppen [Kommentierungen] § 37 Rn. 20, 22; Lutter/Hommelhoff [Kommentierungen] § 37 Rn. 4, 8 ff. Vgl. zur Unterscheidung zwischen laufender Geschäftsführung, außergewöhnlichen Maßnahmen und Unternehmenspolitik näher Schneider [Kommentierungen] § 37 Rn. 5 ff.; Zöllner [Kommentierungen] § 37 Rn. 6 ff. sowie noch § 116 HGB.

grundsätzlich als *Ausführungsorgan* der Gesellschafterbeschlüsse ausgebildet werden darf. Ihre Stellung als zumindest oberste Realisationseinheit der GmbH ist allerdings unantastbar, da die organschaftliche Vertretungsmacht in der GmbH zwingend und prinzipiell ausschließlich der Geschäftsführung zusteht[262]. Die Gesellschafter können somit ihre unternehmensbezogenen Entscheidungen allenfalls mit Hilfe rechtsgeschäftlicher Vollmachten umsetzen, die aus der organschaftlichen Vertretungsmacht der Geschäftsführer abgeleitet sind. So üben Letztere auch gegenüber den Arbeitnehmern der Gesellschaft in Vertretung des Arbeitgebers «GmbH» das originäre Direktionsrecht aus[263].

Die Modifikationen der Mindestkompetenzen der Geschäftsführer durch das MitbestG bestehen im Kern zum einen aus der bereits angesprochenen, in hohem Maße rechtsunsicheren Verfestigung der Entscheidungskompetenzen des Vertretungsorgans im Bereich des laufenden Tagesgeschäfts[264]. Zum anderen ist die parallele Einbindung der Geschäftsführung in die Einflussnahme der Gesellschafterversammlung einerseits und des paritätisch besetzten Aufsichtsrats andererseits von Bedeutung. Diese zweiseitige Abhängigkeit tritt namentlich bei konkurrierender Ausübung des Weisungsrechts der Gesellschafter (§ 37 Abs. 1 GmbHG) und des dem Aufsichtsrat zustehenden Vetorechts (§ 111 Abs. 4 AktG)[265] zu Tage[266]. Zwar kann die Gesellschafterversammlung nach herrschender Meinung die verweigerte Zustimmung des Aufsichtsrats zu einer angewiesenen Geschäftsführungsmaßnahme mit qualifizierter Mehrheit ersetzen und sich damit letztlich behaupten. Gleichwohl werden Willenskundgebungen des Aufsichtsrats angesichts der Personalkompetenzen dieses Gremiums[267] in aller Regel durchaus keine unbeachtliche Größe in den Managementüberlegungen der Geschäftsführer darstellen.

MitbestG

Zur Ausdehnung der Befugnisse der Geschäftsführung dürfen zunächst nach den oben herausgearbeiteten Ergebnissen aus dem Kreis der Katalogzuständigkeiten der Gesellschafter (§ 46 GmbHG) die Ressourcen- und Personalkompetenzen auf die Geschäftsführung der mitbestimmungsfreien

Kompetenzerweiterungen

---

[262] §§ 35 Abs. 1; 37 Abs. 2 GmbHG und statt aller Lutter/Hommelhoff [Kommentierungen] § 35 Rn. 1; Altmeppen [Kommentierungen] § 35 Rn. 8; Mertens [Kommentierungen GmbHG] § 35 Rn. 42; anderer Ansicht Schneider [Kommentierungen] § 35 Rn. 21.

[263] Siehe Zöllner [Kommentierungen] § 35 Rn. 2, 39; Schneider [Kommentierungen] § 35 Rn. 32.

[264] Vgl. Abschnitt 2.2.1.2.2.1, S. 121.

[265] Siehe hierzu näher Abschnitt 2.2.1.1.2.2, S. 94.

[266] Zu Einzelheiten Hoffmann/Lehmann/Weinmann [Mitbestimmungsgesetz] § 25 Rn. 92 ff.; Fitting/Wlotzke/Wißmann [Mitbestimmungsgesetz] § 25 Rn. 68 f.; Raiser [Mitbestimmungsgesetz] § 25 Rn. 87 ff.

[267] Siehe hierzu Abschnitt 2.2.1.2.2.3, S. 126 f.

GmbH übertragen werden[268]. Darüber hinaus können die Geschäftsführer zur allgemeinen, neben die Kompetenzverlagerung in diesen Einzelfragen tretenden Stärkung ihrer Stellung grundsätzlich von den Weisungen der Gesellschafter freigestellt[269] und ferner auch zur Entscheidung über die außergewöhnlichen Maßnahmen und die Grundlagen der Unternehmungspolitik autorisiert werden[270]. Gemeinhin findet sich zwar der Hinweis, dass die Position der Gesellschafterversammlung als oberstes Gesellschaftsorgan nicht durch eine extensive Kompetenzausstattung der Geschäftsführer aufgehoben werden darf[271]. Selbst Vertreter dieses Standpunkts konzedieren aber die nur geringe Operationalität (und damit auch Justitiabilität) dieser GmbH-rechtsimmanenten Schranke der Geschäftsführerbefugnisse[272]. Restriktionen aus der Gesellschaftersphäre für die Führung der unverbundenen und mitbestimmungsfreien GmbH durch ihre Geschäftsführer resultieren demnach im Wesentlichen nur aus der Alleinzuständigkeit der Anteilseigner für den Gesellschaftsvertrag und ihren Kontrollbefugnissen nach § 46 GmbHG.

Vergleich mit AG   Vergleicht man die möglichen Entscheidungsbefugnisse der Geschäftsführung einer mitbestimmungsfreien GmbH mit den Kompetenzen des AG-Vorstands, so lässt sich bezüglich der Bestimmung des *Gegenstands der Gesellschaft*, die den Anteilseignern sowohl der GmbH als auch der AG obliegt, feststellen, dass die GmbH-rechtlichen Vorschriften über die (engere oder weitere) Formulierung des Sachziels der Unternehmung prinzipiell mit den entsprechenden aktienrechtlichen Regeln übereinstimmen[273].

Ein beachtliches Kompetenzgefälle zwischen der Geschäftsführung und dem Vorstand erlauben demgegenüber z. B. die möglichen *Kooptationsrechte* von Geschäftsführern, da die Bestellung und Abberufung von Vorstandsmitgliedern gemäß § 84 Abs. 1 Satz 1 AktG durch den Aufsichtsrat erfolgt. Schon vor diesem Hintergrund lässt sich konstatieren, dass der Geschäftsführung

---

268 Siehe im Einzelnen z. B. Koppensteiner [Kommentierungen GmbHG] § 37 Rn. 35.

269 Vgl. van Venrooy [Beeinträchtigung] 175; Mertens [Kommentierungen GmbHG] § 35 Rn. 161; Schneider [Kommentierungen] § 37 Rn. 55; kritisch Schmidt [Kommentierungen] § 45 Rn. 4.

270 Vgl. Mertens [Kommentierungen GmbHG] § 37 Rn. 11; Altmeppen [Kommentierungen] § 37 Rn. 22; Schneider [Kommentierungen] § 37 Rn. 10; Lutter/ Hommelhoff [Kommentierungen] § 37 Rn. 25.

271 Vgl. Schmidt [Kommentierungen] § 45 Rn. 5, 10; Lutter/Hommelhoff [Kommentierungen] § 45 Rn. 6; Hüffer [Kommentierungen] § 45 Rn. 22.

272 Vgl. z. B. Schmidt [Kommentierungen] § 45 Rn. 10; Koppensteiner [Kommentierungen GmbHG] § 45 Rn. 14; anderer Ansicht Lutter/Hommelhoff [Kommentierungen] § 45 Rn. 6.

273 Vgl. Hueck [Kommentierungen] § 3 Rn. 10; Emmerich [Kommentierungen GmbH-Gesetz] § 3 Rn. 12.

einer mitbestimmungsfreien GmbH eine – wenn auch widerruflich[274] – machtvollere Stellung verliehen werden kann als dem Vorstand der AG.

Das Eingreifen mitbestimmungsrechtlicher Vorschriften verengt wiederum – in gesetzesspezifischem Ausmaß[275] – den organisatorischen Gestaltungsspielraum. Hervorgehoben sei an dieser Stelle, dass bei Geltung des MitbestG die maximale Geschäftsführerautonomie vor allem um die Möglichkeit der Kooptation beschnitten wird, da dem obligatorischen Aufsichtsrat die Kompetenz zur Geschäftsführer-Bestellung nicht genommen werden darf (§ 31 Abs. 1 MitbestG i. V. m. § 84 AktG).

Mitbestimmung

Die *personelle Zusammensetzung der Geschäftsführung* ist in der mitbestimmungsfreien GmbH in die freie Entscheidung der Gesellschafter gestellt. Als einschlägige Vorschrift bestimmt § 6 Abs. 1 GmbHG lediglich, dass die Gesellschaft einen oder mehrere Geschäftsführer haben muss. Anders als im Fall der AG (siehe § 76 Abs. 2 AktG) spricht das Gesetz somit auch für die kapitalmäßig große GmbH keine Empfehlung zu Gunsten einer multipersonalen Geschäftsführung aus.

Personelle Besetzung

Die gesellschaftsrechtliche Wahlmöglichkeit zwischen der ein- und der mehrköpfigen Geschäftsführung bleibt erhalten, falls die GmbH der *drittelparitätischen Mitbestimmung* unterliegt, da dem DrittelbG ein Arbeitsdirektor fremd ist. Bei Eingreifen der *paritätischen Mitbestimmung* hingegen muss dem Vertretungsorgan ein *Arbeitsdirektor* angehören (§ 33 MitbestG), sodass die Geschäftsführung hier (wie der AG-Vorstand) zumindest zweiköpfig besetzt sein muss[276].

Geschäftsführer dürfen, müssen allerdings nicht, zugleich auch Gesellschafter der GmbH sein. Infolgedessen können Geschäftsführungen entweder ausschließlich aus Personen ohne Kapitalbeteiligung, also *Fremd-Geschäftsführern*, lediglich aus *Gesellschafter-Geschäftsführern*, die sämtlich am Kapital der GmbH beteiligt sind, oder aber teils aus Fremd- und teils aus Gesellschafter-Geschäftsführern bestehen. Bei einer Geschäftsführung durch

---

[274] Durch Änderung des Gesellschaftsvertrags, entsprechenden Gesellschafterbeschluss oder (eventuelle) Änderung des Anstellungsvertrags, wobei nach herrschender Meinung Gesellschaftsvertragsänderungen und Gesellschafterbeschlüsse entgegenstehenden Bestimmungen des Anstellungsvertrags vorgehen, vgl. nur van Venrooy [Beeinträchtigung] 175 m. w. N., der selbst eine abweichende Auffassung vertritt. Siehe im Übrigen zur unabdingbaren Kompetenz-Kompetenz der Gesellschafter Roth [Kommentierungen] § 45 Rn. 2.

[275] Siehe zu den Kompetenzen des obligatorischen Aufsichtsrats nach DrittelbG und nach MitbestG im Einzelnen Abschnitt 2.2.1.2.2.3, S. 127 ff.

[276] Vgl. für viele Hoffmann/Lehmann/Weinmann [Mitbestimmungsgesetz] § 33 Rn. 22; Fitting/Wlotzke/Wißmann [Mitbestimmungsgesetz] § 30 Rn. 3 m. w. N.

Gesellschafter spricht man auch von *Selbstorganschaft* im Unterschied zur *Fremdorganschaft* bei Geschäftsführern ohne Kapitalbeteiligung[277].

2.2.1.2.2.3 Aufsichtsrat

Kompetenz-spielräume

Sofern die Belegschaftsstärke einer GmbH 500 Arbeitnehmer nicht übersteigt, ist rechtlich die Einrichtung eines Aufsichtsrats den Gesellschaftern freigestellt (§ 52 Abs. 1 GmbHG i. V. m. §§ 1 Abs. 1 Nr. 3 Satz 1; 6 Abs. 1 MitbestG). Dem folgend hängen die Kompetenzspielräume des Aufsichtsrats der GmbH wesentlich davon ab, ob es sich um ein freiwillig durch Gesellschaftsvertrag vorgesehenes oder aber um ein mitbestimmungsrechtlich zwingend vorgeschriebenes Organ der Gesellschaft handelt.

Fakultativer Aufsichtsrat

Auf den fakultativen Aufsichtsrat sind gem. § 52 Abs. 1 GmbHG bestimmte aktienrechtliche Vorschriften (§§ 90 Abs. 3, 4, 5 Satz 1, 2; 95 Satz 1; 100 Abs. 1, 2 Nr. 2; 101 Abs. 1 Satz 1; 103 Abs. 1 Satz 1, 2; 105; 110-114; 116 i. V. m. 93 Abs. 1, 2; 170; 171 und 337 AktG) entsprechend anzuwenden, soweit der Gesellschaftsvertrag nichts anderes bestimmt. Die demnach dispositiven gesellschaftsrechtlichen Kompetenzen des Aufsichtsrats können sowohl eingeschränkt als auch erweitert werden, wobei allerdings jeweils bestimmte Grenzwerte einzuhalten sind.

Zur Sicherstellung der Qualifikation als Aufsichtsrat im Rechtssinne muss sich die Zuständigkeit eines freiwilligen Organs auf der einen Seite zumindest auf die Überwachung der Geschäftsführung analog § 111 AktG erstrecken. Dabei darf sein Recht zur eigenständigen Formulierung zustimmungspflichtiger Geschäfte (§ 111 Abs. 4 Satz 2 AktG) jedoch noch durch Gesellschaftsvertrag ausgeschlossen werden[278]. Auf der anderen Seite lassen sich im Prinzip sämtliche Befugnisse der Gesellschafter mit Ausnahme ihrer Mindestkompetenz für den Gesellschaftsvertrag (§ 53 Abs. 1 i. V. m. § 3 Abs. 1 GmbHG) auf den Aufsichtsrat einer GmbH mit bis zu 500 Arbeitnehmern übertragen[279]. Hierdurch können diesem Organ zunächst über den Vorschlag des § 52 Abs. 1 GmbHG hinaus die Rechte etwa für die Bestellung und Abberufung der Geschäftsführungsmitglieder (§ 46 Nr. 5 GmbHG i. V. m. § 84 AktG), für den Erlass der Geschäftsordnung der Geschäftsführung[280] sowie für die Feststellung des Jahresabschlusses und die Ergebnisverwendung (§ 46 Nr. 1 GmbHG i. V. m. § 172 AktG) zugeordnet und damit die

---

[277] Vgl. für viele Wiedemann [Gesellschaftsrecht] 325 ff.; Schmidt [Gesellschaftsrecht] 405 f.; Kübler [Gesellschaftsrecht] 21 f.

[278] Vgl. Altmeppen [Kommentierungen] § 52 Rn. 20; Zöllner [Kommentierungen] § 52 Rn. 64; Lutter/Hommelhoff [Kommentierungen] § 52 Rn. 10a.

[279] Vgl. Raiser [Kommentierungen] § 52 Rn. 19; Lutter/Hommelhoff [Kommentierungen] §§ 52 Rn. 10; 53 Rn. 7.

[280] Siehe Koppensteiner [Kommentierungen GmbHG] § 37 Rn. 42 f.; Zöllner [Kommentierungen] § 37 Rn. 16.

Kompetenzstellung des aktienrechtlichen Aufsichtsrats eingeräumt werden. Darüber hinaus kann der fakultative Aufsichtsrat der GmbH namentlich infolge seiner zulässigen Ermächtigung zur Anweisung der Geschäftsführer (§ 37 Abs. 1 GmbHG) und zur Kooptation der Aufsichtsratmitglieder[281] eine beachtlich stärkere Position als der Aufsichtsrat der AG erhalten. Vom Ausnahmefall der Vertretung der Gesellschaft gegenüber den Geschäftsführern[282] abgesehen, darf aber auch der GmbH-rechtliche Aufsichtsrat nicht über originäre Realisationskompetenzen anstelle der Geschäftsführung verfügen.

Die Kompetenzen des obligatorischen Aufsichtsrats der GmbH bleiben im Grundsatz zunächst hinter den Befugnissen des aktienrechtlichen Überwachungsorgans zurück, da die Mitbestimmungsgesetze nicht generell wie bei der AG, sondern nur selektiv auf diesbezügliche Regelungen des AktG verweisen[283]. Dabei zeigt ein Vergleich der im Einzelnen bereits oben[284] wiedergegebenen Verweise mit dem Katalog der Aufsichtsratsbefugnisse nach AktG, dass der *drittelparitätische Aufsichtsrat* nur über eine vergleichsweise eingeschränkte Kompetenzgarantie verfügt. Diese beinhaltet u. a. weder die Befugnis zur Besetzung des Vertretungsorgans (§ 84 AktG) noch zur (Mit-)Feststellung des Jahresabschlusses (§ 172 AktG). Die genannten Kompetenzen wie auch die restlichen in § 1 Abs. 1 Nr. 3 Satz 2 DrittelbG nicht aufgenommenen Zuständigkeiten des aktienrechtlichen Überwachungsorgans können jedoch prinzipiell dem drittelparitätisch besetzten Aufsichtsrat der GmbH durch Gesellschaftsvertrag eröffnet werden[285].

Obligatorischer Aufsichtsrat

DrittelbG

Die Kompetenzstellung des *paritätischen Aufsichtsrats* der GmbH bleibt demgegenüber in deutlich geringerem Maße hinter den Zuständigkeiten des AG-Aufsichtsrats zurück. Hervorgehoben seien hier die nicht in den Verweisen angesprochenen Kompetenzen zur organisatorischen Gestaltung der Geschäftsführer-Tätigkeit[286], zur Formulierung von Vorschlägen für die Beschlussfassung der Gesellschafterversammlung[287] und zur Mitwirkung bei der Feststellung des Jahresabschlusses gemäß § 172 AktG[288]. Ferner ist zu

MitbestG

---

[281] Siehe Raiser [Kommentierungen] § 52 Rn. 40; Schneider [Kommentierungen] § 52 Rn. 133.

[282] So Koppensteiner [Kommentierungen GmbHG] § 52 Rn. 14; Lutter/Hommelhoff [Kommentierungen] § 52 Rn. 10.

[283] Vgl. § 1 Abs. 1 Nr. 1 mit Nr. 3 DrittelbG und vor allem § 25 Abs. 1 Nr. 1 mit Nr. 2 MitbestG.

[284] Siehe Abschnitt 2.2.1.1.2.2, S. 98 f. für das DrittelbG und S. 99 f. für das MitbestG.

[285] Vgl. Raiser [Kommentierungen] § 52 Rn. 151.

[286] Vgl. § 77 Abs. 1 Satz 2 i. V. m. Abs. 2 Satz 1 AktG und zur Erlassbefugnis der Gesellschafter für die Geschäftsordnung nach herrschender Meinung Fitting/ Wlotzke/Wißmann [Mitbestimmungsgesetz] § 30 Rn. 40.

[287] Vgl. § 124 Abs. 3 AktG.

[288] Zum Ganzen Fitting/Wlotzke/Wißmann [Mitbestimmungsgesetz] § 25 Rn. 3, 62 ff.

beachten, dass dem paritätisch besetzten Aufsichtsrat der GmbH auch die rechtsformneutralen Befugnisse zukommen, die im MitbestG für AG und GmbH gleichermaßen normiert sind und vor allem die Kompetenz zur Entscheidung über die Ausübung bestimmter Beteiligungsrechte (§ 32 MitbestG) und zur Bestellung eines Arbeitsdirektors (§ 33 MitbestG) umfassen[289].

Verhältnis zur Gesellschafter-versammlung

Neben dem Ausmaß der Bezugnahme auf aktienrechtliche Vorschriften ist für die Einschätzung der gesetzlich vorgesehenen Position des Aufsichtsrats der GmbH allerdings ferner zu berücksichtigen, dass seine Kompetenzen teilweise parallel zu Befugnissen der Gesellschafter verlaufen, ausnahmsweise in ihrer Wirksamkeit auch rechtlich statthaft eingeschränkt werden können und insgesamt mit dem prinzipiellen Weisungsrecht der Gesellschafter gegenüber den Geschäftsführern[290] konkurrieren. Kompetenzparallelen resultieren beispielsweise aus den Kontrollzuständigkeiten, die neben dem mitbestimmten Aufsichtsrat auch weiterhin den Gesellschaftern obliegen[291]. Ein Beispiel für Aufsichtsratsbefugnisse, deren Wirksamkeit eingeschränkt werden kann, bildet das Recht des Aufsichtsrats zur Teilnahme an den Gesellschafterversammlungen (§ 118 Abs. 2 AktG). Dieses Teilnahmerecht kann durch schriftliche Abstimmungen der Gesellschafter ohne Zusammenkunft gem. § 48 Abs. 2 GmbHG mit Zustimmung der derzeit wohl herrschender Meinung unterminiert werden[292].

Kompetenz-modifizierungen

Die somit nach dem gesetzlichen Modell in der GmbH ebenfalls noch vergleichsweise schwächere Position des paritätischen Aufsichtsrats lässt sich durch den Gesellschaftsvertrag einerseits nicht einschränken, andererseits jedoch bis auf das Kompetenzniveau des Aufsichtsrats der mitbestimmten AG anheben. Zu diesem Zweck kommen u. a. ein Verzicht der Gesellschafter auf parallele Geschäftsführerkontrollen sowie die Übertragung der Geschäftsordnungskompetenz und der Befugnis zur (Mit-)Feststellung des Jahresabschlusses auf den Aufsichtsrat in Betracht[293].

Personelle Besetzung

In Hinblick auf die personelle Besetzung des Aufsichtsrats schließlich ist ebenfalls zwischen der mitbestimmungsfreien und der mitbestimmten GmbH zu unterscheiden. Sofern ein *fakultativer Aufsichtsrat* etabliert wird,

---

289 Siehe näher Abschnitt 2.2.1.1.2.2, S. 97 und zur Bedeutung des Arbeitsdirektors in der GmbH auch Abschnitt 3.2.1.1.3.2, S. 194 ff.

290 Vgl. § 37 Abs. 1 GmbHG sowie auch Abschnitt 2.2.1.2.2.1, S. 118.

291 Vgl. Schneider [Kommentierungen] § 52 Rn. 59; Fitting/Wlotzke/Wißmann [Mitbestimmungsgesetz] § 25 Rn. 71.

292 Vgl. im Einzelnen Hoffmann/Lehmann/Weinmann [Mitbestimmungsgesetz] § 25 Rn. 141; Ulmer [Kommentierungen] § 25 Rn. 91a; Zöllner [Kommentierungen] § 48 Rn. 17; Koppensteiner [Kommentierungen GmbHG] § 48 Rn. 18.

293 Vgl. Raiser [Kommentierungen] § 52 Rn. 286, 151; Fitting/Wlotzke/Wißmann [Mitbestimmungsgesetz] § 25 Rn. 65.

schlägt § 52 Abs. 1 GmbHG (lediglich) die Anwendung der für die AG geltenden Regelung des § 95 Abs. 1 AktG vor, die in Abhängigkeit von der Kapitalausstattung der Gesellschaft eine Aufsichtsratsgröße zwischen drei und 21 Mitgliedern vorsieht. Der Gesellschaftsvertrag darf hiervon jedoch abweichen sowie weitere Bestimmungen zur personellen Zusammensetzung des Aufsichtsrats treffen. Ist ein *obligatorischer Aufsichtsrat* zu bilden, so differenzieren die Mitbestimmungsgesetze hinsichtlich seiner personellen Besetzung nicht zwischen der AG und der GmbH[294]. Infolgedessen kann insofern auf die bereits oben erfolgte Darstellung der Regelungen verwiesen werden[295].

2.2.1.2.3 Identifizierung des Leitungsorgans

2.2.1.2.3.1 Mitbestimmungsfreie GmbH

Betrachtet man die herauskristallisierten geringst- und größtmöglichen Organbefugnisse in der mitbestimmungsfreien GmbH, so zeigt sich, dass die gesellschaftsrechtlichen Kompetenzregeln sowohl der Geschäftsführung als auch der Gesellschafterversammlung oder einem fakultativen Aufsichtsrat die potentielle Zuständigkeit für die unternehmungsleitenden Entscheidungen offen halten. Der Betriebsrat scheidet demgegenüber als Unternehmungsleitung aus den gleichen Gründen wie bei der AG von vornherein aus.

Alternative Leitungsorgane

Das GmbHG erlaubt somit im Gegensatz zum AktG keine eindeutige Lokalisierung des Leitungsorgans, sondern überlässt die Bestimmung der Unternehmungsleitung den Bedingungen der Kompetenzverteilungen im konkreten Einzelfall[296]. Im Folgenden sollen daher mit Hilfe einer Bildung von drei spitzenorganisatorischen Grundtypen die Voraussetzungen skizziert werden, unter denen jeweils eines der drei Organe organisationstheoretisch als Hierarchiespitze zu interpretieren ist. Dabei wird – sofern hiervon nicht ausdrücklich abgewichen wird – unterstellt, dass zwischen den gesellschaftsrechtlichen Organen keine *Personalunion* existiert. Mit dieser Prämisse werden aus Gründen des Umfangs vor allem Konstellationen prinzipiell ausgeklammert, bei denen Gesellschafter zugleich als Geschäftsführer fungieren. Die folgenden Überlegungen lassen sich jedoch analog auf diejenigen Situationen übertragen, bei denen mangels vollständiger Personenidentität

Organisatorische Optionen

---

[294] Siehe für die drittelparitätische Mitbestimmung § 1 Abs. 1 Nr. 3 DrittelbG sowie für die paritätische Mitbestimmung §§ 6 Abs. 1, Abs. 2; 7 MitbestG. Vgl. zur insoweit gegebenen Rechtsformneutralität auch Hoffmann/Lehmann/Weinmann [Mitbestimmungsgesetz] § 7 Rn. 5 ff.; Fitting/Wlotzke/Wißmann [Mitbestimmungsgesetz] § 7 Rn. 6; Seibt [Drittelbeteiligungsgesetz] 771 f.

[295] Siehe Abschnitt 2.2.1.1.2.2, S. 97 ff.

[296] Anders ohne eingehendere Problematisierungen zumeist die Literatur, vgl. nur Hübner [Recht] 2008; Grochla [Grundlagen] 47.

die Voraussetzung ungleicher Besetzung der beiden Organe zumindest teilweise erfüllt ist[297].

Der Typ der *geschäftsführergeleiteten GmbH* zeichnet sich dadurch aus, dass die Geschäftsführer im Rahmen der von den Gesellschaftern und einem eventuellen Aufsichtsrat gesetzten Entscheidungsprämissen diejenigen Beschlüsse fassen, welche die Zielrichtung der Gesamtunternehmung festlegen und die Handlungen in den (obersten) organisatorischen Teilbereichen der Unternehmung zur Erreichung dieser Ziele koordinieren. Dabei müssen sich die gesellschafter- und aufsichtsratsvermittelten Autonomiegrenzen der Geschäftsführer nicht auf das extrem reduzierte Maß beschränken, welches aus den gesetzlichen Mindestkompetenzen der Gesellschafterversammlung und des fakultativen Aufsichtsrats folgt. Da auch die organisationstheoretisch gedachte Unternehmungsleitung nicht vollkommen autonom, sondern in ein mehr oder weniger enges Netz interner und externer Restriktionen eingebunden ist, ist der hier definierte Typ der Geschäftsführerleitung der GmbH vielmehr innerhalb eines gewissen Schwankungsbereichs erfüllt. Die Bandbreite reicht von dem Eckpol der rechtlich vorgeschriebenen minimalen Kompetenzausstattung der Gesellschafterversammlung und des fakultativen Aufsichtsrats bis zu einer Kompetenzdichte, bei der die Gesellschafter neben ihrer obligatorischen Satzungshoheit (§ 53 Satz 1 GmbHG) etwa auch die in § 46 GmbHG aufgelisteten Entscheidungsbefugnisse wahrnehmen, darüber hinaus – z. B. in Anlehnung an § 111 Abs. 4 Satz 2 AktG (zustimmungspflichtige Geschäfte) – fallweise Fragen herausragender Bedeutung entscheiden und der Aufsichtsrat in etwa über die aktienrechtliche Position verfügt. Das ausschlaggebende Kriterium für die Qualifikation der Geschäftsführung als Unternehmungsleitung ist somit darin zu sehen, dass die Zuständigkeit für die *permanente Führung* der Gesamtunternehmung in den Händen der Geschäftsführer liegt, während die Gesellschafterversammlung und der Aufsichtsrat nur diskontinuierliche Entscheidungsbeiträge liefern. Angesichts dieser Kompetenzabgrenzung ist beiden Organen nur eine laterale Position außerhalb der auf die kontinuierliche Aufgabenerfüllung ausgerichteten Hierarchie organisatorischer Einheiten zuzuweisen, wie das Organigramm in Abbildung 2-25 veranschaulicht.

---

[297] Zusammen mit den Fällen reiner Fremd-Geschäftsführung dürften diese Personalstrukturen den überwiegenden Teil der GmbH-Realität abdecken. So ist z. B. nach der empirischen Untersuchung von Kornblum/Hampf/Naß [Rechtstatsachen] 1245, 1250, in ausgewählten Handelsregister-Bezirken die vollumfängliche Personenidentität in ca. 46 % und die reine Fremd-Organschaft in ca. 12 % der Fälle zu beobachten. Vgl. zu weiteren Befunden Kornblum/Hampf/Naß [Rechtstatsachen] 1245 ff.

Modell der Geschäftsführerleitung der mitbestimmungsfreien GmbH

Abbildung 2-25

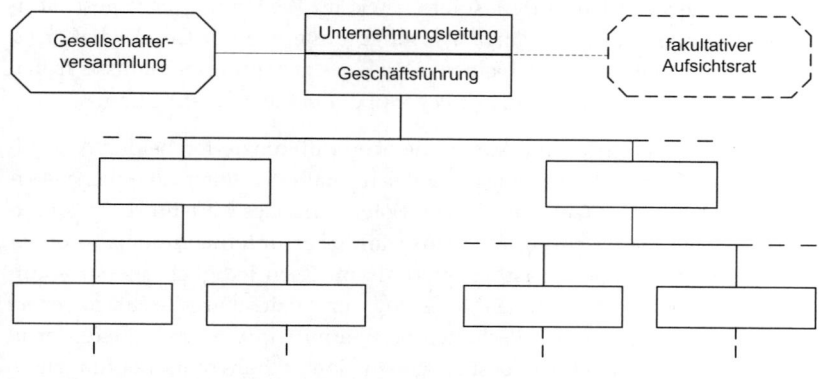

Für den Fall der Konzentration der Leitungskompetenzen bei den Anteilseignern kann – wie bereits dargelegt wurde[298] – die freiwillige Einrichtung eines Aufsichtsrats ausgeklammert werden, sodass an dieser Stelle allein der Übergang der Unternehmungsführung von den Geschäftsführern auf die Gesellschafter zu betrachten ist. Nach den Ergebnissen der vorangegangenen Analysen darf sich die Einflussnahme der Gesellschafterversammlung auf die Führung der Unternehmung derart intensivieren, dass das Organ der Anteilseigner aus organisatorisch-funktionaler Sicht ohne Zweifel als Unternehmungsleitung zu qualifizieren ist. Dabei kann der Typ der *gesellschaftergeleiteten GmbH* in einer extremen und einer moderaten Variante auftreten. Wird der gesamte rechtsnormverträgliche Spielraum zur Reduzierung der Geschäftsführerbefugnisse ausgenutzt, so liegt eine *extreme Gesellschafterleitung* vor. Allerdings reicht es für eine Gesellschafterleitung der GmbH aus organisationstheoretischer Sicht auch schon aus, wenn die Gesellschafter die führende Rolle im permanenten Entscheidungsprozess übernehmen, der die Zielorientierung der Unternehmung und die Koordination der Teilbereichshandlungen steuert (*moderate Gesellschafterleitung*).

Bei der Ausübung der Unternehmungsleitung durch die Gesellschafterversammlung ist zu beachten, dass die organbezogene Kompetenzambivalenz des GmbHG nur für Entscheidungen gilt, nicht aber für die Realisationsdimension. Da die organschaftliche Vertretungsmacht in der GmbH zwingend und prinzipiell ausschließlich der Geschäftsführung zusteht, sind die Gesellschafter für die Umsetzung ihrer Führungsentscheidungen – per Anordnungen gegenüber den Arbeitnehmern oder in Verhandlungen mit den Marktpartnern der Unternehmung – folglich auf die Geschäftsführer angewiesen.

Gesellschafter-leitung

Extreme Form

Moderate Form

Realisations-kompetenzen

---

[298] Siehe Abschnitt 2.2.1.2.2.1, S. 117 f.

Dies bedeutet z. B., dass die Anweisungen an Arbeitnehmer zwar inhaltlich von GmbH-Gesellschaftern determiniert, aber nur von Geschäftsführern ausgesprochen werden dürfen, sofern – wie im Weiteren – rechtsgeschäftliche Vertretungs- bzw. derivative Weisungsbefugnisse der Gesellschafter (z. B. Prokura) außer Betracht bleiben. Direkte Anordnungsbefugnisse haben die Gesellschafter demzufolge nur gegenüber der Geschäftsführung.

Aufgaben der Geschäftsführer

Vor diesem Hintergrund markieren die oben differenzierten beiden Ausprägungen der Gesellschafterleitung zugleich qualitativ unterschiedliche Aufgabenstellungen der Geschäftsführer. Sofern die Geschäftsführung bei extremer Gesellschafterleitung (nahezu) sämtlicher unternehmungsführender Entscheidungen enthoben ist, fungiert sie im Kern lediglich als ein – aufgrund ihrer ‚Realisationshoheit' allerdings unverzichtbares – *Exekutivorgan* für die Beschlüsse der Gesellschafter. So übermitteln die Geschäftsführer in diesem Fall z. B. die teilbereichsbezogenen Gesellschafterentscheidungen an die teilbereichsleitenden Arbeitnehmer, die ihrerseits im Rahmen ihrer Befugnisse weiterführende Entscheidungen für die ihnen untergeordneten organisatorischen Einheiten fällen. Diese *extreme Variante der Gesellschafterleitung* lässt sich wie in Abbildung 2-26 illustrieren.

Abbildung 2-26

Modell der Gesellschafterleitung der mitbestimmungsfreien GmbH mit arbeitnehmergeleiteten Teilbereichen

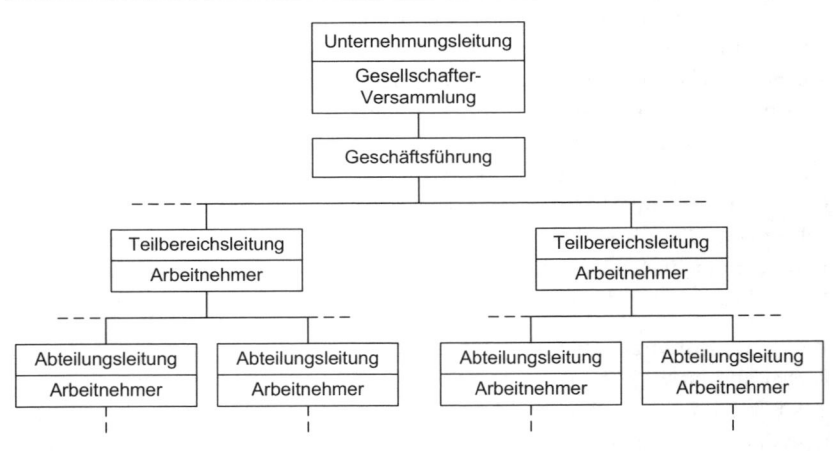

Moderate Gesellschafterleitung

Bei der *moderaten Form der Gesellschafterleitung* verfügen die Geschäftsführer über nicht unerhebliche Beschlusskompetenzen. Da aber auch bei dieser Variante die unternehmungsleitenden Maßnahmen einschließlich der koordinativen Rahmenvorgaben für die obersten Teilbereiche der Unternehmung der Gesellschafterentscheidung unterliegen, können sich diese Befugnisse nur auf die zweite Ebene der Hierarchie beziehen. Die Geschäftsführer übernehmen folglich bei dieser Form – unter Beachtung der Anordnungen der Gesellschafterversammlung – die Leitung der Teilbereiche. Da für die Zusammenarbeit mehrerer Geschäftsführer – abgesehen vom (rudimentären) Bereich ihrer Mindestkompetenzen – anders als im Aktienrecht (§ 77 Abs. 1 AktG) kein Kollegialprinzip gilt[299], kann hierbei eine organisatorische Einheit für gemeinsame Entscheidungen der Geschäftsführung vernachlässigt werden. Damit lässt sich das Modell der Gesellschafterleitung der GmbH mit geschäftsführergeleiteten Teilbereichen im Organigramm Abbildung 2-27 darstellen.

Modell der Gesellschafterleitung der mitbestimmungsfreien GmbH mit geschäftsführergeleiteten Teilbereichen

Abbildung 2-27

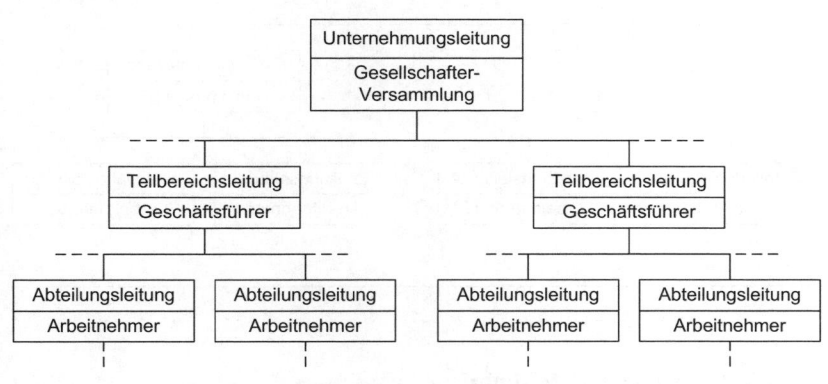

Die Unternehmungsführung durch einen *fakultativen Aufsichtsrat* stellt sich aus organisationstheoretischer Sicht im Prinzip gleichermaßen wie die Gesellschafterleitung der GmbH dar. Allerdings ist neben der Geschäftsführung auch die Gesellschafterversammlung als obligatorisches Organ zu berücksichtigen und folglich ein dreiseitiges Kompetenzverhältnis zu klären.

Aufsichtsratsleitung

Der idealtypische Fall der *aufsichtsratsgeleiteten GmbH* liegt vor, falls die (Mehrheit der) Entscheidungsrechte für die permanente Unternehmungsführung einschließlich der Weisungsbefugnis gegenüber den Geschäftsführern auf den Aufsichtsrat übertragen sind und sich die Gesellschafterversammlung auf die Wahrnehmung ihrer gesetzlichen Mindestkompetenzen

---

[299] Hierzu eingehend Abschnitt 3.2.1.1.3.2, S. 195 f.

sowie gelegentliche weitere Einflussnahmen in Einzelfragen beschränkt. Unter diesen Bedingungen nimmt das Organ der Anteilseigner eine laterale Position zur Hierarchiespitze (Aufsichtsrat) ein, während die Geschäftsführer der Unternehmungsleitung hierarchisch untergeordnet sind. Je nach ihren Befugnissen fungieren sie dabei entweder (primär) als Realisationsorgan oder als Teilbereichsleitungen. Abbildung 2-28 zeigt den Fall der aufsichtsratsgeleiteten GmbH mit teilbereichsleitenden Geschäftsführern.

Abbildung 2-28

Modell der Aufsichtsratsleitung der mitbestimmungsfreien GmbH mit geschäftsführergeleiteten Teilbereichen

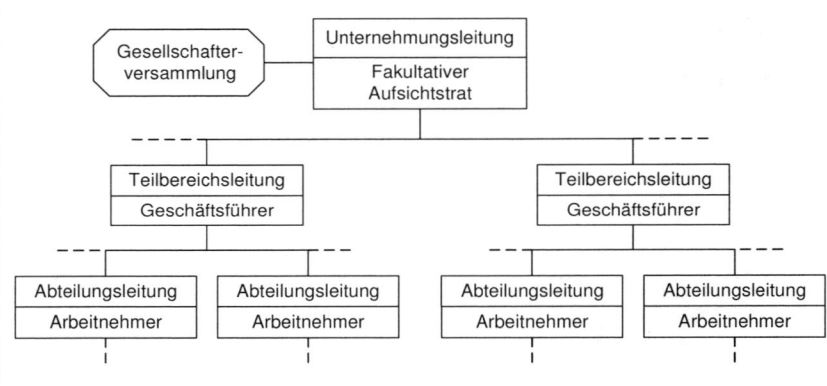

2.2.1.2.3.2 Mitbestimmte GmbH

Geschäftsführer-leitung

Für die mitbestimmte GmbH reduziert sich der Kreis der offen stehenden Gestaltungsoptionen. Das Modell der *geschäftsführergeleiteten GmbH* kann allerdings auch unter Geltung der Mitbestimmungsgesetze aufrechterhalten werden. Zwar bewirken die zwingenden Aufsichtsratsbefugnisse einerseits gewisse Einbußen an den maximal möglichen Kompetenzen der Geschäftsführer (z. B. den Wegfall eventueller Kooperationsrechte beim MitbestG), denen aber andererseits – wenn auch juristisch umstrittene – Verfestigungen ihres Kompetenzbereichs gegenüberstehen (können).

Gesellschafter-leitung

Die *Gesellschafterleitung* wird demgegenüber durch das DrittelbG und namentlich durch das MitbestG erschwert, das dem paritätisch besetzten Aufsichtsrat u. a. die Rechte nach § 84 AktG (Besetzung der Geschäftsführung) und § 111 Abs. 4 Satz 2 AktG (zustimmungspflichtige Geschäfte) zuordnet. Auch in der mitbestimmten GmbH verfügen die Anteilseigner aber noch über weitreichende Kompetenzen. Sie haben neben anderen Befugnissen weiterhin das grundsätzliche Weisungsrecht gegenüber den Geschäftsführern inne und können sich bei Organkonflikten mit dem Aufsichtsrat – vom Bereich der Geschäftsführerauswahl abgesehen – im Kern letztlich durchsetzen. Vor diesem Hintergrund kann die Unternehmungsführung durch die Gesellschafter hier zwar nur in geringerer Leitungsautonomie stattfinden und mit deutlich höheren Reibungsverlusten verbunden sein, als realistische Alternative zur Geschäftsführerleitung jedoch nicht ausgeschlossen werden.

Eine Unternehmungsführung durch den *Aufsichtsrat* scheidet dagegen unter Geltung der Mitbestimmungsgesetze rechtlich eindeutig aus, da der obligatorische Aufsichtsrat – wie oben belegt[300] – höchstens die auch nach Aktienrecht zulässige Kompetenzposition einnehmen und folglich insbesondere keine Weisungen an die Geschäftsführer richten darf.

Aufsichtsrats-leitung

Welche der herausgearbeiteten Formen der Spitzenorganisation einer GmbH in der Praxis vorkommen und vorherrschen, lässt sich beim gegenwärtigen Stand der empirischen Forschung nicht eindeutig beantworten. Die vorliegenden Befunde zeichnen insgesamt ein uneinheitliches Bild. Sie liefern allerdings beachtliche Anhaltspunkte dafür, dass auch die auf den ersten Blick eher ungewöhnlichen Optionen wie namentlich eine weit gehende Gesellschafterleitung oder die Aufsichtsratsleitung der GmbH für die Praxis keineswegs irrelevant sind[301]. Nach einer Studie von BRUHN/ WUPPERMANN werden GmbHs zwar überwiegend (ca. 80 % der 346 untersuchten GmbHs) von den Geschäftsführern geleitet[302]. Als Ergebnis einer Erhebung unter 186 Geschäftsführern kommt HUCKE jedoch zu dem Ergebnis: „Ohne Rücksprache mit den Gesellschaftern können einige der Befragten nicht einmal Kleininvestitionen (im Wert von 500 bis 10.000 DM) tätigen."[303]. Speziell für paritätisch mitbestimmte Unternehmungen schließlich weist eine Untersuchung von GERUM/OPPENRIEDER/STEINMANN die Kombination einer „omnipotenten" Gesellschafterversammlung mit einer nur als „Exekutivorgan" fungierenden Geschäftsführung als „ganz dominanten" Realtyp der mitbestimmten GmbH aus[304].

Empirische Befunde

---

300 Siehe Abschnitt 2.2.1.2.2.3, S. 127 ff.
301 Aufschlussreich ist in diesem Zusammenhang auch die lebhafte Rechtsprechung, die alternative Formen der Spitzenorganisation zu beurteilen hat, siehe hierzu näher Abschnitt 2.2.1.2.4.2, S. 139.
302 Siehe Bruhn/Wuppermann [Geschäftsführer] 424.
303 Hucke [Gesellschafter] 154.
304 Gerum/Oppenrieder/Steinmann [Unternehmensverfassung] 462.

2.2.1.2.4 Konsequenzen spitzenorganisatorischer Alternativen

Vielfältige Gestaltungs- optionen

Anders als die AG eröffnet eine GmbH beachtliche Optionen für die Ausformung der Spitzenorganisation. Bereits im Fall der mitbestimmten Gesellschaft kann hier zwischen den beiden Grundtypen der geschäftsführergeleiteten und der gesellschaftergeleiteten Unternehmung gewählt werden. Außerhalb des Geltungsbereichs der unternehmerischen Mitbestimmung erweitert sich der Alternativenkreis sogar noch um die Möglichkeit, die Unternehmungsleitung in die Hände des (fakultativen) Aufsichtsrats zu legen. Die GmbH wirft damit ein bedeutsames *spitzenorganisatorisches Entscheidungsproblem* auf, sodass sich die Frage nach den entscheidungsrelevanten Konsequenzen der rechtlich zulässigen Alternativen stellt. Um die folgende Darstellung in vertretbaren Grenzen zu halten, soll dieser Frage exemplarisch für die beiden Varianten der Gesellschafterleitung (im Vergleich zur Geschäftsführerleitung) nachgegangen werden. Diese Konzentration erscheint schon deshalb akzeptabel, weil zum einen das Modell der geschäftsführergeleiteten GmbH die größte Verwandtschaft zur organisationstheoretischen Vorstellung von der Leitung einer Unternehmung aufweist und daher keine gravierenden Besonderheiten mit sich bringt. Zum anderen dürfte der Aufsichtsratsleitung einer GmbH in der Unternehmungspraxis eine vergleichsweise geringere Bedeutung zukommen[305].

Bei der Entscheidung für eine bestimmte Form der Spitzenorganisation sind im Einzelnen zahlreiche Aspekte in Rechnung zu stellen, die im hier zur Verfügung stehenden Rahmen nicht vollumfänglich erörtert werden können. Gleichwohl soll mit Hilfe ausgewählter alternativer Gestaltungsmöglichkeiten zumindest ein Eindruck von der Komplexität des Entscheidungsproblems vermittelt werden[306]. Dabei werden neben bedeutsamen Rechtsfolgen der betrachteten Organisationsalternativen kurz auch einige betriebswirtschaftliche Auswirkungen angerissen. Insgesamt verdeutlichen bereits die hier thematisierten Gestaltungskonsequenzen, dass die verschiedenen GmbH-rechtlichen Organisationsspielräume in der Praxis jeweils durchaus mit guten Gründen ausgeschöpft werden können.

---

[305] Vgl. noch einmal die empirischen Befunde der auf S. 135 zitierten Studien.
[306] Vgl. zum Folgenden auch v. Werder [Führungsorganisation].

2.2.1.2.4.1 Betriebswirtschaftliche Konsequenzen

Für eine Nutzung des führungsorganisatorischen Gestaltungsspielraums der GmbH kommen die unterschiedlichsten Argumente in Betracht. Eine kompetenziell stark ausgehöhlte Position einzelner[307] Geschäftsführer kann etwa durch das Bestreben motiviert sein, praktisch unersetzbare Mitarbeiter (z. B. Spezialisten wie den Leiter des F&E-Bereichs) ohne (zu große) Ausdehnung ihres Einflusses auf die Unternehmungsführung aus Prestigegründen zu Geschäftsführern zu ‚befördern' und damit stärker an die Unternehmung zu binden.

Beförderung ohne Kompetenz-zuwachs

Eine an sich nahe liegende Übernahme des Geschäftsführer-Status durch den/die unternehmungsleitenden Gesellschafter kann unterbleiben und stattdessen die gesamte (uni- oder multipersonale Fremd-)Geschäftsführung weitgehend zum Realisationsorgan der Gesellschafterentscheidungen ausgeformt werden, um aus persönlichen Gründen eine gewisse Anonymität der Einflussnahme auf die Unternehmungsführung zu wahren[308]. Auf der anderen Seite können einflussreiche Geschäftsführer-Stellungen beispielsweise aus einer zwischen wenig harmonisierenden (Familien-)Gesellschaftergruppen getroffenen Übereinkunft resultieren, zur Konfliktreduzierung möglichst viele unternehmungsbezogene Entscheidungen auf ein (familien-)neutrales Topmanagement zu übertragen.

Anonymität

Konfliktlösung

Vor diesem generellen Hintergrund sollen im Folgenden die organisatorischen Konsequenzen der Gesellschafterleitung der GmbH (in ihren beiden Varianten) etwas eingehender analysiert werden. Die Begründung für eine organisatorische Ausdifferenzierung der Unternehmung liegt in der Komplexität des Gesamthandlungsproblems einerseits und der begrenzten Kapazität der Handlungsträger andererseits[309]. Analysiert man von diesem organisationstheoretischen Grundtatbestand ausgehend die *extreme Form der Gesellschafterleitung*, so kann angesichts der kaum vorhandenen Entscheidungskompetenzen der Geschäftsführer eine Entlastung der Unternehmungsleitung durch das zwingend einzurichtende Vertretungsorgan »Geschäftsführung« nur im Bereich der Realisationshandlungen in Betracht kommen. Die Abschottung der Gesellschafterversammlung von der Umsetzung ihrer Beschlüsse muss nicht stets als pathologische Organisationsgestaltung anzusehen sein. Bei fehlendem Verhandlungsgeschick und man-

Extreme Gesellschafter-leitung

---

[307] Im Gegensatz zur aktienrechtlichen Lösung (§ 77 Abs. 1 AktG) gilt für Geschäftsführer kein Gleichbehandlungsgebot, vgl. Zöllner [Kommentierungen] § 37 Rn. 17 ff.; Schneider [Kommentierungen] § 37 Rn. 29; Mertens [Kommentierungen GmbHG] § 37 Rn. 16 sowie auch Abschnitt 3.2.1.1.3.2, S. 195 f.

[308] Nach § 35a Abs. 1 Satz 1 GmbHG müssen auf Geschäftsbriefen der GmbH (u. a.) nur die Geschäftsführer, nicht aber die Gesellschafter aufgeführt werden.

[309] Vgl. zu den generellen organisationstheoretischen Grundlagen der folgenden Ausführungen näher Abschnitt 3.2.1.2.1.1, S. 205 f. m. N.

gelnden Führungsqualitäten von Anteilseignern, die ihren Präferenzen folgend gleichwohl permanenten Einfluss auf die Unternehmung nehmen wollen, kann die Nutzung der gesetzlich vorgeschriebenen Geschäftsführung als ‚Sprachrohr' durchaus der besseren Durchsetzung von Gesellschafterbeschlüssen dienen. So erfordert beispielsweise das in § 2 Abs. 1 BetrVG normierte Gebot der vertrauensvollen Zusammenarbeit von Arbeitgeber und Betriebsrat eine gewisse soziale Kompetenz (beider) Betriebspartner[310].

Entscheidungs-
verzögerungen

Es bedarf allerdings keiner eingehenden Beweisführung, dass den möglichen Vorteilen einer solchen ‚Transmissionseinrichtung' gravierende Nachteile gegenüberstehen. Aus sachlogischer Sicht werden sich vor allem die Entscheidungsverzögerungen nachteilig auswirken, welche durch die Zwischenschaltung der Geschäftsführer zwischen die Unternehmungsleitung und die Teilbereichsleitungen hervorgerufen werden und die sich z. B. im Verlust von Kundenaufträgen oder der Behinderung erforderlicher Anpassungsmaßnahmen der Unternehmung niederschlagen können. Ferner kann unter Motivationsaspekten nicht zweifelhaft sein, dass in Hinblick auf die Fachautorität eines hierarchisch übergeordneten bzw. eines mit Kontakten zur Unternehmungsumwelt beauftragten Handlungsträgers eine kritische Grenze für die Reduzierung seiner Entscheidungsbefugnisse existiert[311]. Bei Überschreiten dieser Kompetenzschwelle werden die Geschäftsführer daher für die Arbeitnehmer und insbesondere für die Marktpartner der Unternehmung keine überzeugende Interaktionsadresse mehr repräsentieren können. Vorbehaltlich einer detaillierteren und auch empirisch fundierten Untersuchung rechtfertigen schon diese Dysfunktionalitäten die Vermutung, dass die Gesellschafterleitung – rationale Organisationsgestaltung unterstellt – nur in Ausnahmefällen ihre extreme Form annehmen und überwiegend in ihrer moderaten Ausprägung auftreten wird.

Autoritäts-
einbußen

Moderate
Gesellschafter-
leitung

Bei der *moderaten Variante der Gesellschafterleitung* entlasten die teilbereichsleitenden Geschäftsführer einerseits die Unternehmungsleitung auch in der Entscheidungsdimension und verfügen andererseits über autoritätsstärkende Beschlusskompetenzen für die ihnen zugeordneten Teilbereiche der Unternehmung. Diese Führungsalternative ist daher organisationstheoretisch ungleich plausibler als die zuvor diskutierte extreme Form. So nehmen die einzelnen Geschäftsführer im unternehmungsinternen Entscheidungsprozess in etwa die Stellung einer ‚normalen' organisatorischen Einheit ein. Die Realisierung einer moderaten Gesellschafterleitung der GmbH muss somit nicht an ihren organisatorischen Auswirkungen scheitern, falls gute Gründe in anderen Bereichen für die Wahl dieser Konstruktion sprechen.

---

[310] Vgl. im Übrigen zur Bedeutung der interpersonellen Dimension (Repräsentation, Führung und Herstellung externer Kontakte) für die Aufgabenstellung der Unternehmungsleitung Abbildung 1-7 im Abschnitt 1.2.1.4.1, S. 27.

[311] Vgl. auch Zöllner [Kommentierungen] § 37 Rn. 9.

2.2.1.2.4.2 Rechtsnorminduzierte Konsequenzen

Ergänzend zu den vorstehenden (rein) betriebswirtschaftlich-organisatorischen Effekten werden im Folgenden Auswirkungen einer mehr gesellschafter- bzw. geschäftsführerzentrierten Spitzenorganisation der GmbH in den Bereichen des Haftungs- und Kontrollrechts, des Sozialversicherungs-, Versorgungs- und Arbeitsrechts sowie des Rechts der Betriebsverfassung angesprochen. Diese Rechtsfolgen können allerdings nicht sämtlich als juristisch gesichert angesehen werden, da sie teilweise außerordentlich strittig, kaum behandelt oder im Fluss sind. Da eigene Gesetzesinterpretationen den Rahmen dieses Buchs sprengen würden, können die offenen Rechtsfragen hier nicht entschieden werden. Die keinen Anspruch auf Vollständigkeit erhebende Wirkungsanalyse verdeutlicht aber, dass die einzelnen Organisationsalternativen außerordentlich vielschichtige rechtsnorminduzierte Konsequenzen aufweisen.

Nach GmbHG reduzieren vermehrte Entscheidungen der Gesellschafter das *haftungsrechtliche Risiko* der Geschäftsführer, da diese gemäß § 43 Abs. 3 Satz 3 GmbHG der Gesellschaft gegenüber grundsätzlich nicht für Maßnahmen schadensersatzpflichtig sind, die sie in Befolgung rechtmäßiger Gesellschafterbeschlüsse vorgenommen haben[312]. Hierzu korrespondierend intensivieren sich die Haftungsmöglichkeiten der verstärkt Einfluss nehmenden Anteilseigner. Gegenüber der Gesellschaft wird nach mittlerweile herrschender Meinung eine an die Grundsätze des § 43 GmbHG[313] heranreichende Schadensersatzverpflichtung der Gesellschafter für von ihnen getroffene, gesellschaftsschädigende Geschäftsführungsentscheidungen angenommen[314].

Haftungs- und Kontrollrecht

Neben dieser mit der Beschlusstätigkeit gleichsam ‚proportionalen' Haftungsverdichtung kann die Gesellschafterhaftung gegenüber Dritten ab einem bestimmten Grad der Einschränkung der Geschäftsführerautonomie auch sprunghaft zunehmen. So kann nach einem Leitsatz des BFH „der nicht formell geschäftsführende, aber beherrschende Gesellschafter einer Kapitalgesellschaft, der die tatsächliche Leitung des Unternehmens innehat, ... als Verfügungsberechtigter im Sinne des § 108 AO (entspricht § 35 AO 1977) zur Haftung für die Steuern der Kapitalgesellschaft heranzuziehen sein"[315]. Dieses Zitat deutet eine offensichtlich hohe Übereinstimmung der abgabenrechtlichen Haftungsanforderungen mit den oben herausgearbeiteten

---

[312] Vgl. Mertens [Kommentierungen GmbHG] § 43 Rn. 69; Schneider [Kommentierungen] § 43 Rn. 95, beide m. w. N. sowie Schneider [Haftung] § 2 Rn. 24 ff.

[313] Bedeutung erlangt hierbei vor allem der von § 43 Abs. 1 GmbHG verlangte Sorgfaltsmaßstab eines ordentlichen Geschäftsmanns, vgl. nur Schneider [Kommentierungen] § 43 Rn. 22.

[314] Vgl. zum Meinungsstand Koppensteiner [Kommentierungen GmbHG] § 43 Rn. 67 m. w. N.

[315] BFH v. 16.1.1980 – I R 7/77, DB 1980, 1779.

Merkmalen der Gesellschafterleitung an. Bei aller gebotenen Vorsicht kann somit davon ausgegangen werden, dass zumindest die extreme Variante dieses Typs den genannten Haftungseffekt nach sich ziehen wird.

Mit zunehmenden Geschäftsführerkompetenzen vermindert sich umgekehrt das Ausmaß potentieller Gesellschafterhaftung für unternehmungsleitende Beschlüsse. In der korrekt geführten GmbH wird aber bei wachsender Geschäftsführerzentrierung der Entscheidungen eine tendenziell steigende *Kontrollintensität* der Anteilseigner erforderlich sein, um die (zwingende) Stellung der Gesellschafterversammlung als oberstem Gesellschaftsorgan aufrechtzuerhalten[316].

Sozialversiche-rungs-, Versor-gungs- und Arbeitsrecht

Das Ausmaß der Beschlusskompetenzen von Geschäftsführern kann ferner Konsequenzen für ihren sozialversicherungs-, versorgungs- und arbeits-rechtlichen Status zur Folge haben, die zum Teil aber lebhaft umstritten sind[317] und an dieser Stelle nur in groben Zügen skizziert werden können. Die drei Rechtsbereiche differenzieren nach dem Kriterium der persönlichen und wirtschaftlichen Abhängigkeit (Sozialversicherungsrecht), der Einfluss-nahmemöglichkeit auf die Versorgungsregelung (Versorgungsrecht) und der Schutzbedürftigkeit (Arbeitsrecht) – mit unterschiedlichen Grenzziehungen im Detail – zwischen dem (unabhängigen) *Unternehmer-Geschäftsführer* und dem (arbeitnehmerähnlich) *abhängigen Geschäftsführer*[318]. Dabei spielt neben anderen Merkmalen wie insbesondere der Höhe einer eventuellen Kapital-beteiligung auch der Umfang der Entscheidungsbefugnisse eine Rolle. Der

Fremd-Geschäftsführer

an der GmbH nicht beteiligte, so genannte Fremd-Geschäftsführer, der hier aufgrund der gesetzten Prämissen allein zu betrachten ist, unterliegt danach grundsätzlich der Renten-, Kranken-, Arbeitslosen- und Unfallversiche-rung[319], ist prinzipiell in den Geltungsbereich der §§ 1-16 des Gesetzes zur Verbesserung der betrieblichen Altersversorgung (BetrAVG) einbezogen[320] und regelmäßig arbeitsrechtlich nicht als Arbeitnehmer zu behandeln[321].

---

316 Vgl. hierzu Lutter/Hommelhoff [Kommentierungen] § 45 Rn. 2; Schmidt [Kom-mentierungen] §§ 45 Rn. 5 f., 12; 46 Rn. 2 m. w. N.

317 Siehe als Beispiel die bei Zöllner [Kommentierungen] § 35 Rn. 97 b belegte Kon-troverse über die Arbeitnehmereigenschaft von Geschäftsführern.

318 Vgl. namentlich Groß [Anstellungsverhältnis] 219 ff.; Mertens [Kommentierungen GmbHG] § 35 Rn. 137 ff.; Schneider [Kommentierungen] § 35 Rn. 160 ff.; Zöllner [Kommentierungen] § 35 Rn. 97 b ff., jeweils m. w. N.

319 Statt vieler Raiser/Veil [Recht] § 32 Rn. 44; Stein [Kommentierungen] § 35 Rn. 172; Schneider [Kommentierungen] § 35 Rn. 269 sowie zur Rentenversicherungspflicht Müller [Rentenversicherungspflicht].

320 § 17 Abs. 1 Satz 2 BetrAVG; Raiser/Veil [Recht] § 32 Rn. 44; Stein [Kommentierun-gen] § 35 Rn. 264.

321 So die herrschende Meinung, siehe nur Zöllner [Kommentierungen] § 35 Rn. 97 b; Schaub [Kommentierungen] § 14 Rn. 11, beide m. w. N.; Hommelhoff/Kleindiek [Kommentierungen] Anh. § 6 Rn. 3.

Für diese Grundsätze werden aber (u. a.) Ausnahmen diskutiert, die teils mehr von der Befugnis der Geschäftsführer zur Entscheidung spezieller Fragen, teils mehr vom Grad ihrer generellen Autonomie abhängen. So sollen Geschäftsführer, die „kraft einer ihnen eingeräumten weit gehend eigenverantwortlich auszuübenden Leitungsmacht ... auf den Inhalt der Versorgungszusage maßgeblichen Einfluss nehmen können"[322], gemäß § 17 Abs. 1 Satz 2 BetrAVG von der Anwendung der §§ 1-16 BetrAVG ausgenommen sein. Da die herrschende Meinung die Arbeitnehmereigenschaft von Geschäftsführern zwar ablehnt, zumindest aber bestimmte arbeitsrechtliche Normen auf diese Organmitglieder entsprechend anwendet, soweit ihre Stellung – z. B. in Hinblick auf das Maß ihrer Weisungsabhängigkeit – einem Arbeitsverhältnis gleichkommt[323], bietet auch dieser Bereich Ansatzpunkte für organisationsabhängige rechtsnorminduzierte Konsequenzen. Schließlich wird teilweise angenommen, dass die Sozialversicherungspflicht eines Fremd-Geschäftsführers entfällt, wenn ihm „kraft der Ausgestaltung der Geschäftsführungsposition in der Satzung eine dem Vorstand in der Aktiengesellschaft entsprechende – selbstverantwortlich auszuübende – Leitungsmacht"[324] zukommt. Wie diese Beispiele zeigen, können die alternativen Formen einer mehr gesellschafter- bzw. geschäftsführerzentrierten Spitzenorganisation in den soeben genannten Rechtsbereichen somit eine nicht unerhebliche Bedeutung haben.

Unternehmer-Geschäftsführer

Auf dem Gebiet der Betriebsverfassung soll abschließend eine Fragestellung angesprochen werden, die in der juristischen Literatur bislang – soweit ersichtlich – noch nicht eingehend aufgegriffen worden ist. Im Rahmen der rechtlichen Problematisierung der Spartenorganisation wird – namentlich von gewerkschaftlicher Seite[325] – u. a. hervorgehoben, dass die Wahrnehmung der betriebsverfassungsrechtlichen Mitwirkungsrechte des Betriebsrats beeinträchtigt wird, falls mitbestimmungsrelevante Entscheidungskompetenzen auf Spartenleiter übertragen werden, die nicht mit der Betriebs- oder Unternehmensleitung identisch sind und zu denen daher kein rechtlich gesicherter Zugang existiert. In Analogie zu dieser (so allerdings – zumindest heute nach einer entsprechenden Änderung des BetrVG[326] – nicht mehr haltbaren) These der *juristischen Spartendiskussion* wirft vor allem die extreme Form der Gesellschafterleitung die Frage auf, inwieweit eine kompetentiell stark ausgehöhlte Stellung der Geschäftsführung mit ihrer Position als

Betriebs-verfassungsrecht

---

322 Stein [Kommentierungen] § 35 Rn. 148; auch Ammon et al. [GmbH] 217.
323 Siehe Hueck [Anstellungsverhältnis] 367 m. w. N.; Reiserer [GmbH-Geschäftsführer] 2026; Louven [Rechtsprechung] 1061.
324 Stein [Kommentierungen] § 35 Rn. 141; ebenso Ammon et al. [GmbH] 217.
325 Siehe vor allem Wendeling-Schröder [Sicherung] 201; Wendeling-Schröder [Divisionalisierung] 113 ff.; Volkmann/Wendeling-Schröder [Unternehmensorganisation] 292 f. sowie eingehender Abschnitt 3.2.2.2.1.2, S. 325 f.
326 Siehe § 3 BetrVG und hierzu Friese [Bildung].

‚oberstem' Verhandlungspartner des Betriebsrats vereinbar ist. Zur Klärung dieser Problematik wird zunächst insbesondere zu analysieren sein, inwieweit die betriebsverfassungsrechtlichen Befugnisse des Betriebsrats tatsächlich ins Leere laufen, falls die Geschäftsführung die Sprachrohr-Funktion der Gesellschafterversammlung einnimmt. Sofern merkliche Friktionen auftreten können, wäre anschließend nach Lösungsmöglichkeiten des Konflikts zwischen Gesellschafts- und Betriebsverfassungsrecht zu suchen. Dabei kann z. B. an die Einbeziehung der faktisch unternehmungsleitenden Gesellschafter in eine der Betriebsverfassung dienende Pflichtenstellung[327] oder aber an eine betriebsverfassungsrechtliche Restriktion für die Einschränkung (insbesondere) der personal- und sozialwirtschaftlichen Geschäftsführerkompetenzen gedacht werden.

2.2.2 Ausländische und supranationale Rechtsformen

Ausländische Rechtsformen

Erweitert man die führungsorganisatorische Betrachtung auf die Rechtsformen anderer Staaten, so kann zwischen ausländischen und supranationalen Rechtsformen unterschieden werden. *Ausländische Rechtsformen* beruhen auf den speziellen Gesetzen des jeweiligen Domizilstaats der Gesellschaft und stehen dementsprechend auch nur Unternehmen offen, die in dem betreffenden Staat ihren Sitz nehmen. Sie bilden mit den *deutschen Rechtsformen* (z. B. AG und GmbH) die *nationalen Rechtsformen*. Als Beispiele lassen sich etwa die Public Company in Großbritannien[328], die Société Anonyme (S. A.) in Frankreich[329] und die im Folgenden erörterte Corporation in den USA nennen. *Supranational-europäische* Gesellschaftsformen hingegen resultieren aus Akten der Rechtschöpfung, namentlich Verordnungen oder Richtlinien des Rates der EU, die in der Union entweder unmittelbar (Verordnungen) oder nach einer entsprechenden Transformation in die Nationalrechte (Richtlinien) gelten[330]. Mit den supranationalen Gesellschaftsformen sollen unionsweit möglichst einheitliche ‚Rechtskleider' für die Entfaltung wirtschaftlicher[331] Aktivitäten bereitgestellt werden, um so die Verwirklichung des

Supranationale Rechtsformen

---

[327] Analog zur oben vorgestellten Haftungsausdehnung auf faktisch geschäftsführende Anteilseigner.

[328] Hierzu Dreymüller [Haftung]; Güthoff [Gesellschaftsrecht] 20 ff.

[329] Hierzu Chaussade-Klein [Gesellschaftsrecht]; Guyon [Société] 551; Kandler/Seseke [Société] 448.

[330] Siehe allgemein zu diesen Instrumentarien der Rechtsetzung auch Hopt [Harmonisierung] 270.

[331] Die in europäischen Rechtsformen ebenfalls abwickelbaren außerwirtschaftlichen Aktivitäten werden hier ausgeklammert.

Binnenmarktes zu fördern[332]. Dabei stehen die originär europäischen Rechtsformen – von Ausnahmen abgesehen – im Grundsatz nur Unternehmen zur Verfügung, deren Träger aus mehreren EU-Staaten stammen[333]. Der Kreis der supranationalen Gesellschaftsformen umfasst gegenwärtig die *Europäische Wirtschaftliche Interessenvereinigung (EWIV)* und – seit dem 8.10.2004 – die *Europäische Aktiengesellschaft* bzw. *Societas Europaea (SE)* als bereits eingeführte Rechtsformen sowie die *Europäische Genossenschaft (EU-GEN)*, die *Europäische Gegenseitigkeitsgesellschaft (EUGGES)* und den *Europäischen Verein (EUV)* als geplante Rechtsformen. In Anbetracht der großen Bedeutung, welche die SE nach ihrer Einführung zukünftig erlangen kann, soll ihre Spitzenorganisation nachfolgend ebenfalls vorgestellt und analysiert werden.

2.2.2.1 US-Corporation

Als ein wichtiges Beispiel für die Organisation der Unternehmungsführung in ausländischen Rechtskreisen wird im Folgenden die Board-Organisation der US-amerikanischen Corporation dargestellt und mit der Verfassung der deutschen Aktiengesellschaft verglichen. Aufgrund der Staatenabhängigkeit des Organisationsrechts in den USA sind hierfür zunächst die untersuchungsrelevanten Rechtsvorschriften zu bestimmen.

2.2.2.1.1 Rechtsform- und staatenabhängiges Organisationsrecht in den USA

Der juristische Gestaltungsspielraum für die Organisation der Unternehmungsführung hängt in den Vereinigten Staaten von Amerika nicht nur von der gewählten Rechtsform ab, sondern auch von der Wahl des Sitzstaats der Unternehmung. Der Grund hierfür liegt darin, dass das Gesellschaftsrecht grundsätzlich in die Hoheit der einzelnen Bundesstaaten fällt und sich in Detailfragen nicht unerheblich voneinander unterscheidet[334]. Zwischen den Bundesstaaten lässt sich sogar ein ausgeprägter Wettbewerb um das unternehmensfreundlichste Recht feststellen[335]. Diese Konkurrenz verfolgt primär das Ziel, durch möglichst zahlreiche Unternehmensansiedlungen das

Sitzstaat-wettbewerb

---

[332] Vgl. die Erwägungsgründe des EU-Rates in den Verordnungen zur Schaffung der europäischen wirtschaftlichen Interessenvereinigung (EWIV-VO), der Europäischen Aktiengesellschaft beziehungsweise Societas Europaea (SE-VO), der Europäischen Genossenschaft (EUGEN-VO), der Europäischen Gegenseitigkeitsgesellschaft (EUGGES-VO) und des Europäischen Vereins (EUV-VO).

[333] Siehe hierzu näher v. Werder [Rechtsform] 65 ff.

[334] Hierzu und zum Folgenden Gregoire/Roehm [Gesellschaftsrecht] 157; von Samson-Himmelstjerna [Überblick] 152; Kessler [Leitungskompetenz] 605; Solomon/Palmiter [Corporations] 8.

[335] Siehe eingehend Romano [State]; Solomon/Palmiter [Corporations] 8, 40.

Steueraufkommen zu erhöhen. Aufgrund seiner sehr liberalen Gesetzgebung und Rechtsprechung ist es in der Vergangenheit vor allem *Delaware* – dem zweitkleinsten Staat der USA – gelungen, zum juristischen Domizil zahlreicher Unternehmen zu werden, die ihre ökonomischen Aktivitäten (zur Hauptsache) in anderen Regionen der Vereinigten Staaten entfalten[336].

Gemeinsame Grundprinzipien

Wenngleich die zwischenstaatlichen Detailunterschiede des Rechts im konkreten Einzelfall herausragende Bedeutung gewinnen können, lässt sich für eine generelle Betrachtung aber doch feststellen, dass die einzelstaatlichen Vorschriften in ihren Grundprinzipien eine recht hohe Übereinstimmung aufweisen[337]. Zur Harmonisierung tragen vor allem die so genannten „Uniform Laws" bei, die auf Regierungsebene oder durch Verbände (z. B. die amerikanische Anwaltsvereinigung American Bar Association) entwickelt werden und vielfach Modellcharakter für die Gesetzgebung der Einzelstaaten haben. Hinzu kommen in jüngerer Zeit zunehmend spezielle Anforderungen der Securities and Exchange Commission (SEC) sowie seit 2002 die Bestimmungen des Sarbanes-Oxley Acts (SOX), der nach den Bilanzskandalen um Unternehmen wie ENRON und WorldCom erlassen worden ist. Obwohl somit streng genommen nicht landesweit von *der* Unternehmensverfassung einer bestimmten Rechtsform gesprochen werden kann, lassen sich – insbesondere bei Zugrundelegung der Bestimmungen des jeweiligen Uniform Law sowie der SEC- und SOX-Vorschriften – immerhin Grundstrukturen mit einer gewissen Allgemeingültigkeit herausarbeiten.

Formen der Corporation

Die *Corporation*, deren Board-Organisation im Folgenden vorgestellt wird, ist die wichtigste US-amerikanische Gesellschaftsform mit eigener Rechtspersönlichkeit[338]. Sie firmiert alternativ unter Bezeichnungen wie „Corporation" („Corp."), „Incorporated" („Inc."), „Company" („Co.") oder „Limited" („Ltd.") und kommt in verschiedenen Varianten vor, für die bestimmte Sonderregelungen gelten. Von besonderer Bedeutung ist dabei die Unterscheidung nach der Struktur der Anteilseigner, die zur Trennung zwischen der – in der Regel börsennotierten – *Publicly Held Corporation* und der durch ihren (relativ) geschlossenen Gesellschafterkreis gekennzeichneten *Close*

---

336 Insbesondere Großunternehmungen bevorzugen diesen Standort, vgl. Lorsch [Governance] 201. Zu den Vorteilen einer Unternehmensgründung in Delaware etwa Solomon/Palmiter [Corporations] 40.

337 Vgl. Kessler [Leitungskompetenz] 605; Solomon/Palmiter [Corporations] 9; Elsing/Van Alstine [Wirtschaftsrecht] 231.

338 Daneben existiert seit 1990 die Limited Liability Company (LLC), die als hybride Gesellschaftsform mit selbständiger Rechtspersönlichkeit in der Mitte zwischen Limited Partnership (KG) und (Close) Corporation (GmbH bzw. AG) steht. Siehe zur LLC Bungert [Gesellschaftsrecht] 65 ff.; Elsing/Van Alstine [Wirtschaftsrecht] 265 ff.

Corporation führt[339]. Ferner wird die gemeinnützige *Nonprofit Corporation* der ‚normalen' gewinnorientierten Unternehmung gegenübergestellt[340].

Orientierungsmaßstab für die Corporation Laws vieler der 50 Bundesstaaten ist namentlich der Model Business Corporation Act, der vom Gesellschaftsrechtsausschuss der American Bar Association formuliert, 1984 einer umfangreicheren Revision (Revised Model Business Corporation Act) unterzogen wurde[341] und seither regelmäßig aktualisiert wird[342]. Die folgenden Überlegungen stützen sich daher vor allem auf die aktuellen Bestimmungen des Revised Model Business Corporation Act (RMBCA), greifen bei wichtigen Abweichungen aber auch noch auf die Fassung des Model Business Corporation Act vor dieser Revision (MBCA) zurück.

Modellgesetze

2.2.2.1.2 Rechtliche Kompetenzpositionen in der Corporation

Für die Verfassung der im Folgenden betrachteten ‚typischen' Publicly Held Corporation sieht der RMBCA als hier interessierende Kompetenzpositionen eine Anteilseignerversammlung („Shareholders' Meeting" gem. §§ 7.01. ff. RMBCA, häufig auch als „Shareholders' Assembly" bezeichnet), ein Direktorium („Board of Directors" gem. §§ 8.01. ff. RMBCA) sowie Stellen besonders hervorgehobener Handlungsträger im Management („Officers" gem. §§ 8.40. ff. RMBCA) vor.

Über den konkreten Inhalt der mit diesen Positionen verbundenen Einflussmöglichkeiten lassen sich kaum allgemein gültige Aussagen treffen. Die Kompetenzabgrenzung in der Corporation unterliegt weitgehend der *Satzungshoheit* und kann in den grundlegenden Statuten der Gesellschaft („Articles of Incorporation") oder deren Ergänzungen („Bylaws") verankert werden. So dürfen die *Articles of Incorporation* nach § 2.02. (b) (2) (iii) RMBCA die Befugnisse („Powers") der Gesellschaft, ihres Direktoriums und ihrer Anteilseigner definieren, limitieren und regulieren. Ferner können sie nach § 2.02. (b) (2) (ii) RMBCA jede Bestimmung für die Leitung der Unternehmung („Managing the Business") und die Regelung der Angelegenheiten der Gesellschaft enthalten, sofern sie nicht dem Gesetz zuwiderläuft. Aufbauend auf den Articles of Incorporation und in den durch die dortigen Festlegun-

Gestaltungsautonomie

---

[339] Siehe zu der hier nicht weiter betrachteten Close Corporation Bungert [Gesellschaftsrecht] 55 ff.; Cox/Hazen/O´Neal [Corporations] 24 ff., 357 ff.

[340] Siehe Badelt [Organisation] 6; Fremont-Smith [Organizations] 3; Theuvsen [Non-Profit-Organisationen] 948.

[341] Vgl. Martindale/Hubbell [Law] 8, 33; Cox/Hazen/O´Neal [Corporations] 32 ff.

[342] Vgl. Bungert [Gesellschaftsrecht] 3. Die Texte der dritten überarbeiteten Version des Model Business Corporation Act von 2002 befinden sich in aktualisierter Fassung auf der Homepage der American Bar Association www.abanet.org/buslaw/library/onlinepublications/mbca2002.pdf (Stand 04.12.2007).

gen gezogenen Grenzen dürfen die *Bylaws* weitere Regelungen zur Leitung und zu den Gesellschaftsangelegenheiten treffen (§ 2.06. (b) RMBCA).

Shareholder-leitung

Wenngleich nur der Board of Directors über eine originäre Vertretungsmacht und damit das Recht zur direkten Führung der Geschäfte einer Corporation verfügt (§ 8.01. [b] RMBCA)[343], kann angesichts dieses weiten Organisationsspielraums die Anteilseignerversammlung bei entsprechenden Machtkonstellationen durchaus rechtsnormverträglich mit Kompetenzen ausgestattet werden, die sie zum eigentlichen (wenn auch indirekten) Leitungszentrum der Unternehmung erheben[344]. Da das Shareholders' Meeting einer Corporation demnach unter dem Aspekt seines möglichen Kompetenzumfangs eine hohe Verwandtschaft zur Versammlung der Gesellschafter einer deutschen GmbH aufweist, wird es im Folgenden nicht näher erörtert. Die weiteren Überlegungen konzentrieren sich vielmehr auf die Strukturmerkmale des Board of Directors und sein organisatorisches Verhältnis zu den Officers.

Board of Directors

Ein Board kann aus einem oder aus mehreren Directors bestehen, wobei die erforderliche Mitgliederzahl des Direktoriums innerhalb oder nach Maßgabe der Statuten festzulegen ist (§ 8.03. (a) RMBCA). Bei einem mehrköpfigen Board kann ein Vorsitzender („Chairman of the Board") bestellt werden, der vom RMBCA zwar nicht explizit vorgeschrieben, aber z. B. in § 8.07. (a) erwähnt wird. Bei den Mitgliedern des Board kann es sich sowohl um „Inside Directors" als auch um „Outside Directors" handeln. *Inside Directors* nehmen zugleich auch laufende Managementaufgaben innerhalb der Unternehmung wahr und besetzen in Personalunion die Position eines „Officer". *Outside Directors* hingegen sind Externe („Non-management Directors"), die außer ihrer Mitgliedschaft im Board keine Funktion innerhalb der Unternehmung ausüben[345]. Vor allem im Gefolge der SOX-Gesetzgebung wird in Hinblick auf die Outside Directors ferner zunehmend die Gruppe der *Independent Directors* hervorgehoben, an die besondere Anforderungen gestellt werden[346]. Der durchschnittliche US-amerikanische Board umfasst zwölf

---

[343] Vgl. auch Kronstein/Hawkins [Haftung] 250; Girnghuber [Committee] 23; Elsing/Van Alstine [Wirtschaftsrecht] 237.

[344] Vgl. auch o. V. [Jurisprudence] Anm. 1483, mit dem Hinweis, dass ein Mehrheitsgesellschafter nicht nur die faktische Stellung, sondern auch das Recht hat, eine Corporation zu „managen" und zu „kontrollieren". Siehe zu den möglichen Einflussnahmen der Gesellschafter auf die Gesellschaftspolitik einer Corporation ferner v. Samson-Himmelstjerna [Überblick] 156; Elsing/Van Alstine [Wirtschaftsrecht] 242.

[345] Vgl. auch Hess et al. [Wirtschaftsrecht] 7; Salzberger [Board] 102. Siehe zum Problem der exakten Definition eines „Outsiders" Varallo/Dreisbach [Fundamentals] 16 f.

[346] Vgl. Sec. 101 (e) (3) SOX sowie Sec. 301 (m) (3) SOX und zur Unabhängigkeitsdefinition Klein [Committee] 386 f.; Kersting [Committee] 2010; Carter/Lorsch [Board] 42 ff.

Mitglieder und setzt sich aus neun Outside Directors und drei Inside Directors zusammen[347].

Nach der – rudimentären – Stellenbeschreibung des § 8.01. (b) RMBCA soll die Gesamtleitung der Corporation innerhalb der durch die Articles of Incorporation gezogenen Kompetenzgrenzen entweder durch den Board selbst oder aber (zumindest) nach Maßgabe seiner Direktiven erfolgen. Dabei legt § 8.24. (c) RMBCA hinsichtlich der Entscheidungen des Board fest, dass grundsätzlich die Mehrzahl der anwesenden Directors – bei gegebener Beschlussfähigkeit – wirksame Beschlüsse fassen kann.

Zum Zweck einer board-internen Arbeitsteilung gestattet § 8.25. (a) RMBCA vorbehaltlich abweichender statutarischer Bestimmungen die Bildung von Ausschüssen („Committees"). Derartige Ausschüsse können mit zwei oder mehr Directors besetzt sein (§ 8.25. (a) RMBCA) und durch den Board selbst, in den Articles of Incorporation oder in den Bylaws grundsätzlich mit den gesamten in § 8.01. RMBCA formulierten Leitungskompetenzen des Board ausgestattet werden (§ 8.25 (d) RMBCA). Ausgenommen von einer möglichen Kompetenzübertragung sind nach dem Modellgesetz im Kern nur einige herausragende Beschlussgegenstände wie die Genehmigung von Ausschüttungen, die Neubesetzung von Vakanzen im Board oder in seinen Ausschüssen, die Änderung der Articles of Incorporation und der Bylaws oder die Zustimmung zu Fusionen[348].

Committees

Während der frühere MBCA noch den Leitungsausschuss („Executive Committee") aus dem Kreis der übrigen Gremien explizit heraushob (§ 42. MBCA), verzichtet der revidierte Gesetzesvorschlag auf eine eigene Differenzierung zwischen verschiedenen Ausschusstypen. Blickt man in diesem Zusammenhang auf die Handhabung der Praxis, so lassen sich mit dem Leitungsausschuss, dem Prüfungsausschuss („Audit Committee"), dem Vergütungsausschuss („Compensation Committee"), dem Finanzausschuss („Finance Committee") und dem Nominierungsausschuss („Nominating Committee") fünf gebräuchliche Ausschüsse nennen, die in der Unternehmenspraxis nach (mehr oder weniger) einheitlichen Mustern eingesetzt werden[349]. Dabei ist die Einrichtung eines Audit Committee für börsenorientierte Gesellschaften heute gem. Sec. 301 SOX zwingend vorgeschrieben[350].

---

[347] Vgl. Ward [Board] 98; Salzberger [Board] 101. Ähnliche Zahlen bei Lorsch/ MacIver [Pawns] 17 f.; Schneider-Lenné [Board-System] 36; Schewe [Unternehmensverfassung] 73.

[348] Zu diesen und weiteren vorgeschlagenen „non delegable powers" § 8.25. (e) RMBCA und die Checkliste bei o. V. [Jurisprudence] Anm. 1509.

[349] Vgl. hierzu und zum Folgenden vor allem o. V. [Jurisprudence] Anm. 1513 ff. sowie noch Vance [Leadership] 60 ff.; Bacon [Directorship]; Bleicher/Paul [Board-Modell] 273; Cox/Hazen/O´Neal [Corporations] 168 ff.; Ward [Board] 204 ff.; So-

Executive Committee

Das *Executive Committee* handelt normalerweise in Vertretung des Gesamt-Board und verfügt daher – im Gegensatz zu den übrigen eher spezialisierten Ausschüssen – über generelle (Leitungs-)Kompetenzen. Es handelt sich hierbei häufig um das größte Board-Committee, dem beispielsweise (neben weiteren Mitgliedern) die Vorsitzenden der anderen wichtigen Ausschüsse angehören können.

Audit Committee

Das *Audit Committee* ist der am weitesten verbreitete Ausschuss des Board. Der Prüfungsausschuss trägt die Verantwortung für das gesamte Rechnungswesen einer Corporation und interagiert zu diesem Zweck sowohl mit den unternehmungsinternen Angehörigen dieses Bereichs als auch mit den externen Buch- bzw. Abschlussprüfern. Im Normalfall besteht das Audit Committee, das im Durchschnitt dreimal jährlich zusammentritt, aus drei bis fünf[351] Board-Mitgliedern, die einen gewissen Abstand vom Tagesgeschäft haben sollen und daher regelmäßig aus der Gruppe der Outside Directors rekrutiert werden[352]. Bei börsennotierten Gesellschaften müssen gem. Sec. 301 SOX alle Mitglieder des Audit Committees ‚independent' sein.

Compensation Committee

Das *Compensation Committee* hat regelmäßig die Aufgabe, die Angemessenheit der Gesamtvergütung der Manager auf sämtlichen Hierarchieebenen einer kritischen Prüfung zu unterziehen. Ergänzend zu dieser Funktion obliegt dem Vergütungsausschuss häufig auch die Begutachtung des Personalentwicklungssystems im Managementbereich. Zur Gewährleistung der erforderlichen Unabhängigkeit setzt sich das Compensation Committee strukturell ähnlich wie der Prüfungsausschuss – d. h. primär aus Outside Directors – zusammen und tagt durchschnittlich zweimal im Jahr.

Finance Committee

Das *Finance Committee* soll in der Zeit zwischen den Sitzungen des Gesamt-Board die finanziellen Transaktionen der Gesellschaft behandeln und einen stets aktuellen Überblick über die Finanzsituation der Corporation behalten. Aufgrund dieser Aufgabenstellung gehören dem Finance Committee in aller Regel auch mehrere Directors an, die (als Officers) in die laufende Unternehmungsleitung eingebunden sind (Inside Directors). Die Sitzungsfrequenz des Finanzausschusses ist in hohem Maße situationsabhängig und variiert im Regelfall zwischen drei und zwölf Treffen pro Jahr.

---

lomon/Palmiter [Corporations] 502; Macharzina [Unternehmensführung] 163; Carter/Lorsch [Board] 106 ff.

350 Siehe Arbeitskreis Externe und Interne Überwachung der Schmalenbach-Gesellschaft [Auswirkungen] 2402; Kersting [Auswirkungen] 234.

351 So Lück [Committees] 441; Xie/Davidson/DaDalt [Earnings] 304.

352 Vgl. auch zum Audit Committee näher Bacon [Committee]; DeZoort et al. [Committee]; Braiotta [Committee]; Colbert [Guidance]; Rossiter [Committee].

Das *Nominating Committee* schließlich ist prinzipiell dafür vorgesehen, geeignete Nachfolgekandidaten für Positionen im Board und/oder im Topmanagement zu suchen und bei Besetzungsbedarf dem Board of Directors oder dem sonst zuständigen Entscheidungsträger zu präsentieren. Es umfasst gewöhnlich drei bis vier Mitglieder, unter denen die Outside Directors mit Abstand überwiegen. Das Nominating Committee tritt regelmäßig – außer in akuten Fällen – nur ein- oder zweimal im Jahr zusammen.

Nominating Committee

Von den Positionen der Directors einer Corporation sind die Stellen der *Officers* zu unterscheiden. Hierbei handelt es sich zwar nicht um eigenständige Organpositionen, sondern um Führungskräfte, die bei der Corporation angestellt sind. Sie heben sich aber rechtlich (und organisatorisch) von den ,normalen' Arbeitnehmern („Employees") ab und nehmen neben dem Board of Directors eine zentrale Stellung im System der Corporate Governance ein[353]. Nach § 8.40. (a) RMBCA können die Bylaws oder der Board in Übereinstimmung mit den statutarischen Regelungen festlegen, welche Officer-Stellen in einer Gesellschaft existieren sollen. Die auf dieser Grundlage bestellten („duly appointed") Führungskräfte können ihrerseits wiederum („einfache") Officers oder Assistant Officers ernennen, soweit sie hierzu von den Bylaws oder dem Board autorisiert sind (§ 8.40. (b) RMBCA). In Hinblick auf die Kompetenzen der Officers regt § 8.40. (c) RMBCA lediglich an, einer dieser Führungspersonen die Verantwortung für die Protokollierung der Konferenzen der Directors und der Anteilseignerversammlungen sowie für die Beurkundung der Gesellschaftsdokumente zu übertragen. Im Übrigen richten sich die Kompetenzen der Officers direkt nach den Vorschriften der Bylaws oder nach den in Übereinstimmung mit den Bylaws vom Board getroffenen Festlegungen (§ 8.41. RMBCA). Im Gegensatz zum MBCA, der in § 50. noch explizit die Positionen des „President", der „Vice-Presidents", des „Secretary" und des „Treasurer" vorschlug, enthält die entsprechende Bestimmung der revidierten Modellfassung somit keine weiteren Spezifikationen. Da die genannten vier Positionen (neben anderen) aber charakteristische Officer-Stellen in der Praxis der amerikanischen Corporation repräsentieren, werden sie im Folgenden kurz beleuchtet[354].

Officers

Ungeachtet der juristischen Streitfrage, inwieweit der *President* einer Corporation bereits kraft seines Amtes über bestimmte Kompetenzen verfügt, lässt sich feststellen, dass ihm (zumindest) durch Satzungsbestimmungen oder Board-Beschlüsse die prinzipiell unbeschränkte Leitung der Unternehmung übertragen werden kann. Er verkörpert bei entsprechender Kompetenzausstattung somit die Spitzenposition der organisatorischen Hierarchie, der die

President

---

[353] Die Officers werden daher auch häufig mit den leitenden Angestellten des deutschen Rechts verglichen, vgl. etwa Potthoff [Board-System] 254.

[354] Vgl. zum Folgenden o. V. [Jurisprudence] Anm. 1534 ff.

übrigen Officer einschließlich der – in ihren Befugnissen ebenfalls von Satzung oder Board abhängigen – *Vice Presidents* untergeordnet sind.

Secretary Der *Secretary* übt zum einen die bereits im Zusammenhang mit § 8.40. (c) RMBCA angesprochenen Protokollierungsfunktionen aus. Er kann zum anderen aber auch darüber hinaus mit (Leitungs-)Kompetenzen ausgestattet werden, die bis an die Befugnisse eines Präsidenten bzw. Vize-Präsidenten der Corporation heranreichen können. Mit dem Amt des *Treasurer* schließ-

Treasurer lich ist zunächst die Aufgabe verbunden, unter der Kontrolle des Board die monetären Ressourcen der Gesellschaft zu verwalten. Auch die Kompetenzen des Treasurer können jedoch über seinen Kernbereich „Finanzen" hinaus erweitert werden.

Neben den soeben vorgestellten, mehr der gesellschaftsrechtlichen Terminologie entstammenden Positionstiteln lassen sich für die Corporation auch andere Officer-Nomenklaturen nachweisen. Sie stellen – bei uneinheitlichem Gebrauch – eher organisatorische Funktionsbeschreibungen dar und finden teilweise ergänzend oder synonym mit den vorgenannten Bezeichnungen Verwendung. Es handelt sich hierbei vor allem um die Stellenabgrenzung

CEO, COO, zwischen dem *Chief Executive Officer* (CEO), dem *Chief Operating Officer*
CFO, CAO (COO), dem *Chief Financial Officer* (CFO) und dem *Chief Administrative Officer* (CAO)[355]. Dabei ist der CEO regelmäßig den drei anderen Führungskräften hierarchisch übergeordnet. Eine Analyse des Verhältnisses zwischen diesen beiden Gruppen von Officer-Bezeichnungen zeigt, dass die Ämter des CFO und des Treasurer im Prinzip identisch sind[356]. Ansonsten kann aber zwischen Positionen beider Bezeichnungssysteme sowohl eine Personalunion als auch eine Personaldivergenz vorliegen. So ist beispielsweise eine personelle Trennung der Ämter des President, des CEO und des COO ebenso denkbar (und in der Unternehmenspraxis anzutreffen) wie eine Zusammenfassung zur Position des „President and CEO" oder des „President and COO"[357].

Personelle Untersucht man die Möglichkeiten der personellen Verknüpfung sämtlicher
Besetzung in diesem Abschnitt vorgestellten Kompetenzpositionen in der Corporation, so lässt sich zunächst für die Officers feststellen, dass bei Zugrundelegung des MBCA alle Positionen mit Ausnahme des Amtes des President und des Secretary personell miteinander kombinierbar sind (§ 50. Satz 3 MBCA). Das revidierte Modellgesetz, das wie erwähnt keine Differenzierung zwischen unterschiedlichen Officer-Kategorien vornimmt, untermauert diese Feststel-

---

[355] Vgl. hierzu auch Vance [Leadership] 198; Henzler [Führungsmodell] 19; Potthoff [Board-System] 255; Elsing/Van Alstine [Wirtschaftrecht] 239; Bungert [Gesellschaftsrecht] 39; Xie/Davidson/DaDalt [Earnings] 299.
[356] In diesem Sinne wohl auch Henzler [Führungsmodell] 19.
[357] Vgl. zum Ganzen auch Bleicher/Paul [Board-Modell] 266; Henzler [Führungsmodell] 19; Potthoff [Board-System] 255; Elsing/Van Alstine [Wirtschaftrecht] 239.

lung noch mit der Bestimmung, dass eine Person gleichzeitig mehr als ein Office in einer Corporation übernehmen darf (§ 8.40. (d) RMBCA). Ferner ist – wie schon ausgeführt wurde – eine Personalunion zwischen der Stelle eines Officer und derjenigen eines Director zulässig (Inside Director), wobei ein Officer beispielsweise durchaus auch die Position des Chairman of the Board einnehmen darf. So ist denn auch die Personalunion zwischen dem CEO und dem Chairman of the Board („CEO duality"[358]) heute in der Praxis (noch) bei der Mehrheit der Corporations zu finden[359]. Diese starke personelle Machtkonzentration wird allerdings zunehmend kritisiert[360].

2.2.2.1.3 Verfassungsvergleich zwischen Corporation und AG

Die Verfassung der US-amerikanischen Corporation wird in der Literatur – unter Stichworten wie „Vereinigungs- oder Trennungsmodell"[361] und „Monismus versus Dualismus"[362] – zumeist mit der rechtlichen Ordnung der AG verglichen. Aus Gründen des Umfangs beschränken sich auch die folgenden Erörterungen auf den Vergleich dieser beiden Rechtsformen.

Organisations-flexibilität der Corporation

Die vorangegangene Analyse der juristischen Kompetenzregeln für die Corporation lässt aus organisationstheoretischer Sicht im Kern lediglich die Feststellung zu, dass die Verfassung der Corporation in hohem Maße organisationsflexibel ausgestaltet ist. Angesichts des weiten rechtsnormverträglichen Organisationsspielraums kann vom Verfassungsmerkmal „Board-System" aber streng genommen nicht auf eine (bestimmte) Kompetenzverteilung in diesem Gesellschaftstyp geschlossen werden. Auskunft über die jeweiligen Zuständigkeiten in der Unternehmung vermögen angesichts der wenig restriktiven Organisationsnormen vielmehr allein die Kompetenzformulierungen durch Satzung und Board im konkreten Einzelfall zu geben. Ein Verfassungsvergleich zwischen der Corporation und der weitgehend starr geregelten AG kann auf der bisher erarbeiteten Informationsgrundlage somit – ähnlich wie die Gegenüberstellung von AG und GmbH – nur unterschiedliche Grade organisationsrechtlicher Gestaltungsunterstützungen und -restriktionen für die beiden Rechtsformen ausweisen. Weiter gehende Vergleichsaussagen mit einem gewissen Anspruch auf Allgemeingültigkeit erfordern demgegenüber zum einen den Rückgriff auf die rechtstatsächlich übliche Kompetenzausformung der Corporation. Zum anderen ist auch der

---

[358] Siehe Finkelstein/Mooney [Board]; Brickley/Coles/Jarrell [Leadership] 192; Daily/Dalton [CEO] 14.

[359] Siehe näher S. 152, insb. FN 364; Salzberger [Board] 103.

[360] Vgl. v. Hein [Rolle] 506; Peltzer [Aufgaben] 235, 239; Salzberger [Board] 103; Carter/Lorsch [Board] 16.

[361] Vgl. Steinmann/Gerum [Reform] 85 ff.; Bleicher [Organisation] 25; Potthoff [Board-System] 253; Macharzina [Unternehmensführung] 161.

[362] Vgl. Dülfer [Dualismus]; Lutter [System] 13; Potthoff [Board-System] 253.

empirische Normaltyp der AG in den Vergleich einzubeziehen, soweit Abweichungen zwischen der gesetzlich vorgegebenen und der in der Rechtswirklichkeit vorzufindenden Verfassung dieser Rechtsform existieren.

Studie von Bleicher/Paul

In einer sehr umfangreichen empirischen Untersuchung haben BLEICHER/PAUL schriftlich bzw. mündlich 62 bzw. 53 Aktiengesellschaften in der Bundesrepublik Deutschland und 42 bzw. 63 Corporations in den USA nach Organisationsmerkmalen ihrer Unternehmungsführung befragt[363]. Legt man die Ergebnisse dieser Erhebung zu Grunde, so lassen sich die verbreitetsten Realtypen der Corporation und der AG in ihren Grundstrukturen wie folgt beschreiben.

Realtyp der Corporation

In der Corporation konzentrieren sich die (überwiegenden) Kompetenzen zur Unternehmungsleitung regelmäßig in den Händen nur einer Person, die den Titel Chief Executive Officer (CEO) führt und in 75 % der befragten Unternehmungen zugleich das Amt des Chairman of the Board innehat[364].

Direktoriale Leitung

Diese direktoriale Prägung der Leitung einer Corporation wird zwar in zunehmendem Maße durch verschiedene organisatorische Strukturmaßnahmen abgemildert, aber nicht aufgehoben. Neben der Institution des Executive Committee ist in diesem Zusammenhang vor allem das Konzept des „Office of the President" (bzw. „Office of the Chief Executive") zu nennen. Dieses Konzept fasst die ranghöchsten Topmanager der Unternehmung (z. B. Chief Executive Officer, Chief Operating Officer, Chief Financial Officer und Chief Administrative Officer) zu einer gemeinsamen Leitungseinheit zusammen, behält die hierarchischen Unterstellungsverhältnisse (zwischen CEO einerseits und COO, CFO sowie CAO andererseits) jedoch innerhalb dieser Einheit bei[365].

Faktische Trennung von Leitung und Überwachung

Der CEO und (gegebenenfalls) die ihm direkt untergeordneten Führungskräfte (etwa COO, CFO etc.) bilden die Gruppe der Inside Directors, die ihre Leitung der Corporation im Gesamt-Board und seinen Ausschüssen zu verantworten haben. Dabei reicht der nachzuweisende Einfluss der Outside Directors auf die Unternehmungsführung von der bloßen Überwachung über die Entscheidung zustimmungspflichtiger Geschäfte bis zur Einbindung in die strategische Gesamtplanung der Unternehmung. Insgesamt tendieren aber die Interaktionen zwischen Inside und Outside Directors zu einer höheren Intensität als die Kontakte zwischen Vorstand und Aufsichtsrat[366]. Mit der (weitgehenden) Übertragung der Leitungskompetenzen auf

---

363 Vgl. Bleicher/Paul [Board-Modell] sowie zu den Hauptergebnissen der Studie auch Bleicher/Leberl/Paul [Unternehmungsverfassung].

364 Siehe Bleicher/Paul [Board-Modell] 266, 272. Vgl. auch Ward [Board] 242; v. Hein [Rolle] 506; Peltzer [Aufgaben] 235.

365 Vgl. hierzu Vance [Leadership] 198 ff.; Bleicher/Paul [Board-Modell] 281; Bleicher [Corporation] 448.

366 Vgl. im Einzelnen Bleicher/Paul [Board-Modell] 268 ff.

die Inside Directors und dem Kontrollauftrag der Outside Directors kommt es somit in der Realität auch unter Geltung des vermeintlich monistischen Board-Systems zumeist zu einer personellen Ausdifferenzierung der Unternehmungsführung[367].

Interpretiert man die skizzierte typische Kompetenzverteilung in der Corporation organisationstheoretisch, so besetzt der CEO die Spitzeneinheit der organisatorischen Hierarchie (Unternehmungsleitung), während dem Gesamt-Board und seinen Ausschüssen regelmäßig eine laterale Position zur Unternehmungshierarchie zugewiesen ist. Abbildung 2-29 veranschaulicht diese Interpretation des empirischen Normalfalls der Corporation-Verfassung.

---

[367] Vgl. Bleicher/Paul [Board-Modell] 279; Bleicher/Leberl/Paul [Unternehmungsverfassung] 261; Peltzer [Aufgaben] 224; Seibt/Wilde [Informationsfluss] 397.

Abbildung 2-29 | *Typische Kompetenzverteilung in der Corporation*

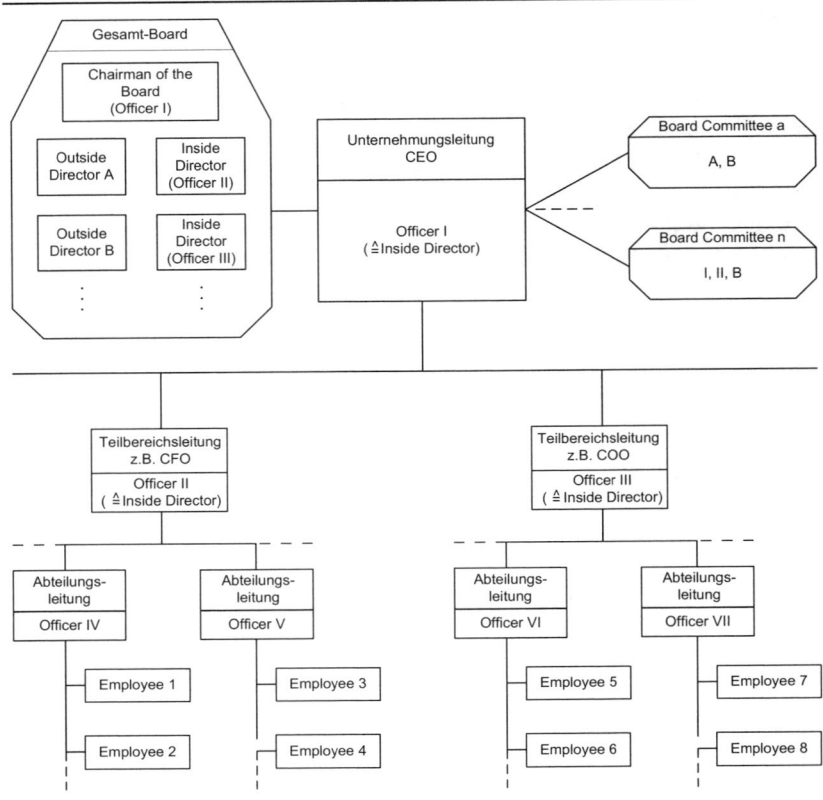

Vergleicht man die in der Praxis vorherrschende Verteilung der Kompetenzen innerhalb einer Corporation mit den bereits untersuchten[368] gesetzlichen Organisationsregeln für die AG, so lassen sich im Wesentlichen zwei wichtige Unterschiede herausstellen. Zum einen steht der in einer Corporation überwiegend praktizierten direktorialen Unternehmungsleitung, die sich in der Person des CEO und Chairman of the Board manifestiert, das aktienrechtlich vorgegebene Kollegialprinzip gegenüber. Zum anderen wäre das Ausmaß, mit dem sich die Outside Directors der Board-Praxis in der Unternehmungsführung engagieren, (häufig) mit dem streng formulierten Ausschluss des Aufsichtsrats von der aktiven Leitung einer AG unvereinbar.

---

[368] Siehe Abschnitt 2.2.1.1.1, S. 85 ff.

Bemerkenswert ist allerdings, dass sich diese Verfassungsunterschiede relativieren, sobald die Rechtswirklichkeit der deutschen AG in die Betrachtung einbezogen wird. Nach den Untersuchungsergebnissen von BLEICHER/PAUL neigt der typische AG-Vorstand zu deutlich direktorialen Zügen, die den Vorstandsvorsitzenden aus dem Kreis seiner Organ-‚Kollegen' hierarchisch herausheben und damit die gesetzliche Konzeption des primus inter pares als „wenig realitätsnah"[369] ausweisen[370]. Ferner läuft in der Praxis die Mehrzahl der Kontakte zwischen den Organen Vorstand und Aufsichtsrat nicht in Plenarveranstaltungen von Gesamt-Vorstand und Gesamt-Aufsichtsrat, sondern über die Vorsitzenden der beiden Gremien, woraus in der Tendenz eine „faktische Verwischung" der rechtlich klaren Trennung von Leitung und Kontrolle der AG resultieren kann[371]. Es darf zwar nicht übersehen werden, dass auch auf der empirischen Ebene noch – teilweise sehr bedeutsame – Organisationsunterschiede in der Unternehmungsführung einer Corporation und einer AG existieren, die ihre Ursache namentlich in den Regelungen des deutschen Mitbestimmungsrechts haben[372]. Ungeachtet dieser Divergenzen deuten die Untersuchungsergebnisse von BLEICHER/PAUL aber darauf hin, dass das US-amerikanische Vereinigungsmodell der Corporation und das deutsche Trennungsmodell der AG rechtstatsächlich keine prinzipiell unterschiedlichen Kompetenzstrukturen nach sich ziehen (müssen).

Realtyp der AG

Soweit derartige „Konvergenztendenzen" der praktizierten Verfassungen beider Rechtsformen bestehen[373], werden mit der Gegenüberstellung des Board-Systems und des Vorstand-Aufsichtsrat-Systems folglich keine unterschiedlichen Organisationsformen für die Unternehmungsführung miteinander verglichen. Der Systemvergleich arbeitet insoweit streng genommen vielmehr heraus, dass Verfassungskonzeptionen, die sich durch den Grad ihrer Organisationsflexibilität deutlich unterscheiden, in der Praxis zu übereinstimmenden Organisationsformen führen (können). Dabei weisen Konvergenztendenzen, die wie der unterstellte direktoriale Trend im Vorstand die gesetzlichen Vorgaben für die AG strapazieren, auf die eingeschränkte normative Kraft der entsprechenden organisationsrechtlichen Vorschriften

Konvergenz

---

[369] Bleicher/Paul [Board-Modell] 282.
[370] Hierzu auch Potthoff [Board-System] 257; Peltzer [Aufgaben] 234, 238.
[371] Siehe Bleicher/Paul [Board-Modell] 280; Peltzer [Aufgaben] 235, 238.
[372] Vgl. Bleicher/Paul [Board-Modell] 283 ff.; Potthoff [Board-System] 258; Peltzer [Aufgaben] 238.
[373] Vgl. hierzu auch schon Bleicher [Führungsstrukturen]; Zapp [Analyse] 173 ff.; Windbichler [Trennung]; Hopt [Board] 12; Macharzina [Unternehmensführung] 163; Böckli [Konvergenz]; Salzberger [Board] 99 f. Zurückhaltender etwa Lutter [System] 13, der aber immerhin auch zumindest ein Abschleifen der starken rechtlichen Unterschiede beider Systeme in der Praxis konstatiert. Vgl. ferner auch die Präambel des DCGK (hierzu v. Werder [Kommentierungen]) sowie Cromme [Report] 23 ff.

in der Rechtswirklichkeit hin. Andererseits verdeutlichen die angesprochenen Grenzen der Angleichung der Verfassungspraxis, die mit den Regelungen zur Mitbestimmung begründet werden, dass interessenerhebliche Organisationsnormen noch vergleichsweise wirksam sind.

2.2.2.2 Societas Europaea (Europäische Aktiengesellschaft)

2.2.2.2.1 Entstehungshintergrund der Europäischen Aktiengesellschaft

Historie

Der Gedanke einer Europäischen Aktiengesellschaft (SE) reicht – mindestens – bis ins Jahr 1959 zurück[374] und hat in zahlreichen Statutsentwürfen seinen Niederschlag gefunden[375]. Er kam lange Zeit nicht über das Vorschlagsstadium hinaus, da sich vor allem die Regelung des Verwaltungssystems (dualistisch oder monistisch) und der Mitbestimmung als Hinderungsgrund erwiesen. Durch den bemerkenswerten Kompromiss von Nizza im Jahre 2000 wurde jedoch der Weg für die SE frei gemacht und ein konsensfähiger Rechtsrahmen entwickelt. Die europa-rechtlichen Vorgaben wurden aus durchsetzungstaktischen Gründen[376] in die Verordnung über das Statut der Europäischen Aktiengesellschaft (SE-VO)[377] und die Richtlinie zur Ergänzung des SE-Statuts hinsichtlich der Beteiligung der Arbeitnehmer (SE-R)[378] aufgespalten. Die Verordnung und die Richtlinie sind inzwischen von der Bundesrepublik Deutschland durch den Erlass des Gesetzes zur Einführung der Europäischen Gesellschaft (SEEG)[379], das am 29.12.2004 in Kraft getreten ist, in das nationale Recht transformiert worden. Da bestimmte Vorschriften der SE-VO wie auch der SE-R weiterhin unmittelbare Geltung haben, entstammen die Regelungen zur Europäischen Aktiengesellschaft

---

[374] Vgl. Thibièrge [Statut] sowie auch Sanders [Aktiengesellschaft] und zur Historie näher Abeltshauser [Statutsvorschlag] 289 f.; Lutter [Regelungen] 413 f. Siehe eingehender zur SE namentlich die Beiträge in Lutter [Aktiengesellschaft] sowie auch Grote [Statut]; Leupold [Aktiengesellschaft]; Wenz [Societas]; Jaeger [Aktiengesellschaft]; Theisen/Wenz [Aktiengesellschaft]; Minuth [Führungssysteme].

[375] Siehe den Vorschlag einer Verordnung über das Statut für Europäische Aktiengesellschaften v. 30.6.1970 mit den Änderungen v. 10.4.1975, v. 25.8.1989 und v. 16.5.1991 sowie den Richtlinienvorschlag zur Ergänzung des SE-Statuts hinsichtlich der Stellung der Arbeitnehmer v. 25.8.1989 mit den Änderungen v. 6.4.1991.

[376] Für viele Jürgens [Aktiengesellschaft] 1145 f.; Wahlers [Rechtsgrundlage] 449 ff.

[377] Siehe Verordnung (EG) Nr. 2157/2001 des Rates vom 8.10.2001 über das Statut der Europäischen Gesellschaft (SE), Abl. EG Nr. L 294/1 vom 10.11.2001.

[378] Siehe Richtlinie 2001/86/EG des Rates vom 8.10.2001 zur Ergänzung des Statuts der Europäischen Gesellschaft hinsichtlich der Beteiligung der Arbeitnehmer, Abl. EG Nr. L 294/22 vom 10.11.2001.

[379] Gesetz zur Einführung der Europäischen Gesellschaft (SEEG) vom 22.12.2004. Das SEEG gliedert sich in einen gesellschaftsrechtlichen Teil (SEAG) und einen mitbestimmungsrechtlichen Teil (SEBG).

insgesamt einer Vielzahl von Rechtsquellen, welche die in Abbildung 2-30 dargestellte Regelungshierarchie ergeben.

Hierarchie der SE-Vorschriften gemäß Art. 9 I SE-VO

Abbildung 2-30

SE-spezifische Regelungsebenen

(1) Bestimmungen der SE-VO/SE-R

(2) Rechtsprechung EuGH

(3) Satzungsbestimmungen i. R. d. SE-VO/SE-R

(4) Bestimmungen des SEEG (SEAG und SEBG)

(5) Vorschriften des Sitzstaats (z. B. AktG)

(6) Rechtsprechung nationaler Gerichte

(7) Satzungsbestimmungen i. R. d. AktG

(8) Corporate Governance Kodizes (z. B. DCGK)

Quelle: In Anlehnung an Minuth [Führungssysteme] 33

Nach langsamem Start findet die SE mittlerweile zunehmende praktische Verbreitung in Deutschland[380]. Dies gilt sowohl für bekannte Großunternehmen wie etwa die Allianz SE, die Fresenius SE, die Porsche SE und die BASF SE. Aber auch kleinere Unternehmen wie beispielsweise die Mensch & Maschine Software SE, die Conrad Electronic SE, die Go East Invest SE, die Man Diesel SE sowie die Surteco SE haben sich bereits für diese neue Rechtsform entschieden.

Praktische Verbreitung

Die Regelungen zur SE zielen im Prinzip – wie eingangs schon angesprochen wurde – auf eine europaweit einheitlich verfasste Rechtsform. Diese Einheitlichkeitsmaxime wurde allerdings zur Förderung der politischen Akzeptanz der Vorschläge erheblich perforiert.[381] Zum einen sehen die Vorschriften eine Vielzahl von Wahlrechten vor, die (meist vorrangig) durch die einzelnen Mitgliedstaaten oder (häufig nachrangig) durch die einzelnen Unternehmen ausgeübt werden können. Zum anderen enthalten sie zahlreiche Verweise auf das jeweilige nationale Recht des Domizillands einer SE. Es

Grenzen der Harmonisierung

---

[380] Vgl. auch Bayer/Schmidt [SE].

[381] Siehe Bartone/Klapdor [Recht] 46 f. sowie Teichmann [Gesellschaftsrecht] 487ff. und van Hulle/Drinhausen/Maul [SE].

liegt auf der Hand, dass durch diese Optionen und Rückbezüge auf einzelstaatliche Regelungen die Harmonisierungsidee erheblich verwässert wird.

*Gründungsvor-
aussetzungen*

Die SE ist zur Hauptsache als neue Rechtsform für internationale Kooperationen und Fusionen zu jedem allgemein-zulässigen Zweck gedacht[382]. Ihre Gründung, die im Einzelnen auf zahlreichen verschiedenen Wegen und je nach Variante unter unterschiedlichen Voraussetzungen erfolgen kann, ist daher im Grundsatz Unternehmen bzw. „beteiligten Gesellschaften" (Legaldefinition in Art. 2 lit. b SE-R) vorbehalten[383]. Allerdings kann letztlich auch eine einzelne natürliche Person im Wege der vorherigen Errichtung gründungstauglicher Gesellschaften eine SE – wenn auch vergleichsweise umständlich – ins Leben rufen. Als typische rechtsformspezifische Bedingung gilt allerdings, dass zumindest entweder der Kreis der Gründungsgesellschaften international zusammengesetzt ist[384] oder aber die SE-Aktivitäten grenzüberschreitend angelegt sind[385].

Deutsche SE

Im Folgenden wird dargelegt, welche Alternativen zur Ausgestaltung der Spitzenorganisation einer SE mit Sitz in Deutschland offen stehen. Zu diesem Zweck ist wiederum zu untersuchen, welche Gremien das SE-Statut vorsieht und welches (oder welche) dieser Gremien als Topmanagementeinheit die Rolle der Unternehmensleitung übernehmen kann (bzw. können). Dabei sind sowohl die gemeinschaftsrechtlichen Vorschriften der Verordnung (SE-VO) bzw. der ergänzenden Richtlinie (SE-R) als auch die Ausführungsbestimmungen des deutschen SE-Einführungsgesetzes (SEEG) zu beachten. Als Ergebnis dieser Analyse wird sich zeigen, dass unter dem einheitlichen Rechtskleid «SE» Unternehmungen mit ganz unterschiedlichen Spitzenorganisationen firmieren dürfen.

---

[382] Vgl. die Erwägungsgründe des Rates zur SE-VO sowie Manz/Maier/Schröder [Handkommentar] und Kolvenbach [Statut] 1838.

[383] Siehe näher Art. 2, 3 SE-VO. Im Einzelnen lässt die SE-VO die Verschmelzungs-SE, die Holding-SE, die Tochter-SE und die Umwandlungs-SE als (primäre) Gründungsformen zu, vgl. Theisen/Wenz [Aktiengesellschaft] 619 ff.; Bayer [Gründung] 32 ff.; Hommelhoff [Bemerkungen] 280; Kersting [Societas] 2079; Blanquet [Statut] 44 ff.; Neun [Gründung] 61 ff. sowie Kalss [Minderheitenschutz] 606 ff. Eine sekundäre Gründungsform besteht darin, dass eine SE selbst eine oder mehrere Töchter in der Rechtsform der SE gründen kann (Art. 3 Abs. 2 SE-VO).

[384] Siehe Art. 2 Abs. 1, 2 lit. a, 3 lit. a SE-VO, die übereinstimmend fordern, dass mindestens zwei der Gründungsgesellschaften „dem Recht verschiedener Mitgliedstaaten" unterliegen müssen.

[385] Siehe Art. 2 Abs. 2 lit. b, 3 lit. b SE-VO, wonach es alternativ auch genügt, wenn mindestens zwei der Gründungsgesellschaften „eine Tochtergesellschaft oder eine Niederlassung in einem anderen Mitgliedsstaat als dem ihrer Hauptverwaltung haben" sowie die analoge Bestimmung in Art. 2 Abs. 4 SE-VO für den Fall der Umwandlung einer AG.

2.2.2.2.2 Rechtliche Gremien der Europäischen Aktiengesellschaft

Die Regelung des Gremiensystems legt die SE-Verordnung grundsätzlich insofern in die Hände der einzelnen SE, als der Satzungsgeber ermächtigt wird, zwischen einem dualistischen und einem monistischen System zu wählen (Art. 38 lit. b SE-VO).[386] Dieses *Unternehmenswahlrecht* besteht unabhängig davon, in welchem Mitgliedstaat sich der zukünftige Sitz der SE befinden wird. Es wird allerdings, was die Detailgestaltung der Systeme anbelangt, durch die den einzelnen Mitgliedstaaten eingeräumten Optionen zumindest teilweise eingeengt. So obliegt es beispielsweise der Entscheidung des einzelnen Mitgliedstaats, eine Mindest- bzw. eine Höchstzahl für die Besetzung des Leitungs-, Aufsichts- oder Verwaltungsorgans einer auf ihrem Hoheitsgebiet ansässigen Europäischen Aktiengesellschaft verbindlich vorzuschreiben (Art. 39 Abs. 4 Satz 2; 40 Abs. 3 Satz 2; 43 Abs. 2 Satz 2 SE-VO). Hinzu kommt, dass die SE-VO nicht selten auf die jeweiligen Bestimmungen des Mitgliedstaats verweist, die auch für die nach nationalem Recht gegründeten Aktiengesellschaften gelten und von Mitgliedstaat zu Mitgliedstaat durchaus unterschiedlich ausfallen können. Die Regelung des Gremiensystems steht demnach nicht in allen Punkten zur alleinigen Disposition des Satzungsgebers, wenngleich ihm die eigentliche Entscheidung für ein bestimmtes System vorbehalten bleibt.

Systemwahlrecht

Das *dualistische System* im Verordnungssinn sieht eine „Hauptversammlung" (Art. 38 lit. a SE-VO) sowie ein „Leitungsorgan" (Art. 38 lit. b SE-VO) und ein „Aufsichtsorgan" (Art. 38 lit. b SE-VO) vor. Bei der *monistischen Verfassung* hingegen tritt nur ein „Verwaltungsorgan" (Art. 38 lit. b SE-VO) neben die Hauptversammlung. Diese systemdifferente Gremienstruktur kann je nach der zur Anwendung gelangenden Form der Mitbestimmung zu erweitern sein[387]. Dabei stellt die Ergänzungsrichtlinie jedoch nicht mehr, wie in früheren Richtlinienentwürfen, konkrete Alternativen für die Mitbestimmung bereit. Sie überlässt vielmehr die Arbeitnehmerbeteiligung im Prinzip zunächst einer Vereinbarung zwischen den Leitungs- oder Verwaltungsorganen der Gesellschaften, die eine SE gründen, und dem eigens zu diesem Zweck zu bildenden „Verhandlungsgremium" der Arbeitnehmer dieser Gründungsgesellschaften (Art. 3 Abs. 2, Legaldefinition in Art. 2 lit. g SE-R). Nur für den Fall, dass es den Verhandlungsparteien nicht gelingen sollte, sich auf eine von beiden Seiten akzeptierte Mitbestimmungsform und -intensität zu verständigen, greift eine subsidiäre Auffangregelung (Teil 3 des Anhangs zur SE-R). Auch insoweit kommt den Mitgliedstaaten wiederum nur punktuell eine Vorrangkompetenz zu, da sie lediglich die Geltung der Auffangregelung für die Gründung durch Verschmelzung ausschließen

Dualistisches und monistisches System

Verhandlungsgremium

---

[386] Vgl. Schwarz [Verordnung Nr. 2157/2001], Art. 39–51.
[387] Eingehend Minuth [Führungssysteme] 210 ff.; Oetker [Mitbestimmung] sowie zur monistisch verfassten SE Teichmann [Verfassung] 214 ff.

(Art. 7 Abs. 3 SE-R) und die auf die inländischen Arbeitnehmer entfallenden Sitze im Aufsichts- oder Verwaltungsorgan vorgeben können.

Mitbestim-
mungsformen

Bei den prinzipiell in Betracht kommenden Mitbestimmungsformen, welche die SE-R (zumindest) ausdrücklich nennt, handelt es sich um die Mitbestimmung durch Arbeitnehmerrepräsentanten im Aufsichts- bzw. Verwaltungsorgan der SE gemäß Art. 4 Abs. 2 lit. g SE-R, deren Bestellung durch die Arbeitnehmer empfohlen oder abgelehnt wird oder direkt durch sie erfolgt. Zu denken ist aber auch an die schon früher vorgesehene Möglichkeit, die Mitbestimmung über ein so genanntes „separates Organ" zu verwirklichen, das sich aus Vertretern der Arbeitnehmer zusammensetzt und im Kern bestimmte Informations- und Konsultationsrechte hat[388]. Während somit eine Mitbestimmung nach Art. 4 Abs. 2 lit. g SE-R (Arbeitnehmerrepräsentanten im Aufsichts- bzw. Verwaltungsorgan) die Struktur des – dualistischen oder monistischen – Gremiensystems der SE unberührt lässt, ist die Spitzenorganisation im Fall einer Mitbestimmung in Form eines separaten Organs um ein individuell vereinbartes Gremium zu ergänzen.

2.2.2.2.3 Alternativen der Spitzenorganisation

Analysiert man zur Identifizierung der Topmanagementeinheit die Kompetenzausstattung der gesellschaftsrechtlich[389] vorgeschriebenen Gremien, so zeigt sich, dass das dualistische System im Verordnungssinn grundsätzlich dem Modell der deutschen AG entspricht. Es weist allerdings auch eine Reihe von Besonderheiten auf, von denen die Folgenden hier kurz erwähnt seien.

Haupt-
versammlung

Für die *Hauptversammlung* sieht Art. 52 SE-VO expressis verbis keine zentralen Katalogzuständigkeiten wie § 119 Abs. 1 AktG vor. Diese gelangen vielmehr erst durch den pauschalen Verweis auf die einschlägigen Bestimmungen des nationalen Aktienrechts zur Anwendung (Art. 52 lit. b SE-VO) und treten damit neben die in der SE-Verordnung verstreuten Einzelbefugnisse. Zu diesen punktuellen Kompetenzen zählt im Unterschied zur deutschen aktienrechtlichen Regelung namentlich das Recht zur Bestellung bzw. Abbestellung von Leitungsorganmitgliedern, sofern der Mitgliedstaat und das nationale Recht die Möglichkeit zur Einräumung einer derartigen Satzungsbestimmung vorsehen (Art. 39 Abs. 2 Satz 2 SE-VO). Da das SEEG jedoch

---

[388] Zu derartigen (Reform-)Überlegungen im Rahmen der aktuellen Debatte um die Modernisierung der deutschen Mitbestimmung (siehe Abschnitt 2.1.2.2, S. 65 ff.) jüngst v. Werder [Modernisierung].

[389] Das separate Organ kann von vornherein angesichts seiner Befugnisse, die sich im Wesentlichen auf Informationen und Konsultationen beschränken, und ein eventuell individuell vereinbartes Mitbestimmungsgremium mit der Begründung ausgeblendet werden, dass einem solchen Gremium in der Praxis kaum die Funktion der Unternehmensleitung übertragen werden dürfte.

keine dementsprechende Ermächtigung enthält, verbleibt die Personalhoheit bezüglich des Leitungsorgans beim Aufsichtsorgan einer in Deutschland ansässigen dualistisch strukturierten SE (§ 84 Abs. 1 AktG i. V. m. Art. 9 Abs. 1 lit. c ii SE-VO).

Das *Aufsichtsorgan* bestellt also und überwacht wie im deutschen System die Mitglieder des Leitungsorgans. Ferner hat dieses Organ nach Maßgabe des Mitgliedstaats und der – im Vergleich zur aktienrechtlichen Regelung (§ 111 Abs. 4 Satz 2 AktG) lockeren – Kann-Bestimmung des Art. 48 Abs. 1 Satz 2 SE-VO das Recht, jedoch keineswegs die Pflicht, einen Katalog inhaltlich bestimmter Geschäfte, die seiner Zustimmung bedürfen, aufzustellen[390]. Dieser Katalog kann durch die Satzung indes bereits verbindlich vorgegeben werden (Art. 48 Abs. 1 Satz 1 SE-VO). Allerdings wird den Mitgliedstaaten auch die alternative Möglichkeit eröffnet, für die SE auf ihrem Hoheitsgebiet unter den gleichen Bedingungen wie für nationale Aktiengesellschaften selbst einen Katalog aufzustellen (Art. 48 Abs. 2 SE-VO). Hierauf hat der deutsche Gesetzgeber jedoch verzichtet (§ 19 SEAG).

Aufsichtsorgan

Die Stellung des *Leitungsorgans* korrespondiert hingegen eindeutig mit der aktienrechtlichen Situation, wonach die SE (wie nach § 76 Abs. 1 AktG) der eigenverantwortlichen Leitung des Vorstands unterstellt ist (Art. 39 Abs. 1 Satz 1 SE-VO). Überdies enthält Art. 40 Abs. 1 Satz 2 SE-VO ein ausdrückliches Geschäftsführungsverbot für das Aufsichtsorgan. Eine Besonderheit besteht aber immerhin insofern, als die Mitgliedstaaten vorsehen können, dass die Verantwortung für die laufende Geschäftsführung einem oder mehreren Mitgliedern übertragen werden kann (Art. 39 Abs. 1 Satz 2 SE-VO). Da eine Ausübung dieses Wahlrechts jedoch an die Voraussetzung gebunden ist, dass Entsprechendes auch für den Vorstand einer nach nationalem Recht gegründeten Aktiengesellschaft gilt, bleibt diese Option dem deutschen Gesetzgeber (vorerst) verwehrt. Insgesamt nimmt daher angesichts der eher punktuellen Kompetenzen von Hauptversammlung und Aufsichtsrat das Leitungsorgan recht eindeutig die Rolle der Topmanagementeinheit im Sinne der Hierarchiespitze ein. In Anlehnung an das Führungsmodell der deutschen AG kann hier somit von einer *Vorstandsleitung* der SE gesprochen werden.

Leitungsorgan

Vorstandsleitung

Die Bestimmungen über das Verwaltungsorgan als alternativer Lösung zur dualistischen Verfassung eröffnen so große Gestaltungsspielräume, dass keineswegs von ‚dem‘ monistischen System einer SE die Rede sein kann. Hieraus folgt insbesondere, dass die Lokalisierung des Topmanagements bei einer monistischen SE im Einzelfall deutlich größere Probleme bereiten kann als bei einer dualistischen SE.[391] Zur Verdeutlichung des weiten Spektrums

Verwaltungsorgan

---

[390] Vgl. § 19 SEAG.
[391] Vgl. Holland [Führungsorganisation] 37 f.

der zulässigen Gestaltungsformen sollen im Folgenden nur zwei extreme Ausprägungsmöglichkeiten vorgestellt werden[392].

Nach Art. 43 Abs. 1 SE-VO obliegt dem Verwaltungsorgan im Prinzip die Geschäftsführung der SE. Der Verwaltungsrat darf aber auf der einen Seite – außerhalb des Bereichs zustimmungspflichtiger Geschäfte[393] – einem oder mehreren seiner Mitglieder die Geschäftsführung der SE übertragen (Art. 43 Abs. 4 SE-VO, § 44 Abs. 2 SEAG) oder bestimmte Geschäftsführungsbefugnisse auf Personen delegieren, die dem Verwaltungsrat nicht angehören (§ 40 Abs. 1 Satz 4 SEAG). In beiden Fällen spricht das SEAG von geschäftsführenden Direktoren. Da es sich hierbei um ein Unternehmenswahlrecht handelt, können somit Europäische Aktiengesellschaften mit Sitz (u. a.) in Deutschland unter dem Etikett des ‚monistischen Systems' eine Spitzenorganisation institutionalisieren, die funktional – wenn auch nicht juristisch – der dualistischen Trennung von Geschäftsführungs- und Überwachungseinheiten nahe kommt. Dies gilt sowohl für den Fall der Delegation der Geschäftsführung auf einzelne Mitglieder des Verwaltungsrats als auch auf verwaltungsratsfremde Personen. Bei entsprechend weitgehender Kompetenzübertragung lässt sich das von den sogenannten geschäftsführenden Direktoren gebildete Führungsgremium durchaus zum Topmanagement ausformen, sodass eine *Delegiertenleitung der SE* vorliegt. Gleich, ob eine Delegation nun auf entsandte Verwaltungsratsmitglieder oder auf Personen erfolgt, die nicht dem Verwaltungsrat angehören, bleiben dem Verwaltungsratsplenum jedoch „bestimmte" gesetzlich zugewiesene Befugnisse vorbehalten[394].

Delegiertenleitung der SE

Board-Leitung der SE

Verzichtet der Verwaltungsrat auf eine Delegation der wesentlichen Geschäftsführungskompetenzen sowie auf eine verwaltungsratsinterne Arbeitsteilung, so kann die SE auf der anderen Seite aber auch eine streng monistische Spitzenorganisation erhalten, die keinerlei institutionelle Aufteilung zwischen der Leitung und der Überwachung der SE kennt (*Board-Leitung*)[395]. In diesem Falle übt das Verwaltungsorgan naturgemäß (auch) die Funktion des Topmanagements aus. Bemerkenswert ist in diesem Zusammenhang, dass der Verwaltungsrat unter Umständen durchaus uniper-

---

[392] Siehe hierzu auch v. Werder [Rechtsform] 85 f. Eine Grundstruktur der monistisch verfassten SE in Deutschland formuliert z. B. Teichmann [Verfassung] 202 ff.

[393] Die der Zustimmung des Aufsichts- oder Verwaltungsrats zu unterwerfenden Geschäfte sind für das dualistische und das monistische System im Grundsatz identisch geregelt, vgl. Art. 48 SE-VO.

[394] Vgl. § 40 Abs. 2 Satz 3 SEAG.

[395] In diesem Falle besteht zwar weiterhin die Pflicht zur Bestellung mindestens eines geschäftsführenden Direktors, § 40 Abs. 1 Satz 1 SEAG. Seine Befugnisse können jedoch im Innenverhältnis soweit beschnitten werden, dass sich seine Funktion auf die Rolle eines reinen Ausführungsorgans beschränkt, § 44 Abs. 2 SEAG.

sonal besetzt sein kann[396]. Da für die SE nicht zwangsläufig ein Arbeitsdirektor vorgesehen ist[397], hängt die Zulässigkeit dieser Lösung allein von der jeweils zur Anwendung gelangenden Mitbestimmungsform ab. Sofern die Mitbestimmung dem Modell der Arbeitnehmervertretung im Verwaltungsrat folgt, besteht das Verwaltungsorgan aus mindestens drei Mitgliedern, deren Höchstzahl in der Satzung festzulegen ist (Art. 43 Abs. 2 Satz 3 SE-VO). Für die board-geleitete SE mit einem mitbestimmten Verwaltungsorgan scheidet folglich eine unipersonale Unternehmensleitung bzw. Managementeinheit aus. Im Fall einer zulässigen anderen Mitbestimmungsform (z. B. separates Organ) darf das Verwaltungsorgan dagegen auch aus bloß zwei Personen oder gar nur einem Mitglied bestehen (Art. 43 Abs. 2 SE-VO; § 23 Abs. 1 SEAG). Das SE-Statut erlaubt also – bei entsprechender Ausübung der Staaten- und Unternehmenswahlrechte – selbst in großen mitbestimmten Gesellschaften ein extrem direktoriales und nicht professionell überwachtes Management durch eine einzelne letztentscheidungsbefugte Person. Abbildung 2-31 veranschaulicht diese Option am Beispiel einer SE, die über ein separates Organ mitbestimmt ist und von einem einköpfigen Board geleitet wird. Hier liegt die Unternehmensleitung in den Händen einer einzigen omnipotenten Person, die (von Hauptversammlung und separatem Organ abgesehen) nicht einmal regelmäßig kontrolliert wird. Berücksichtigt man ferner die geringen Mindestanforderungen an die Tagungsfrequenz des Verwaltungsrats[398], die eine außerordentlich ausgedünnte Unternehmungsführung gestatten würde, so erscheinen die Regelungen zum monistischen System insoweit wenig durchdacht und in dieser Hinsicht betriebswirtschaftlich kaum akzeptabel[399].

---

[396] Vgl. § 23 Abs. 1 Satz 2 1. Halbsatz SEAG.

[397] Vgl. § 38 Abs. 2 Satz 2 SEBG und zum Richtlinienentwurf von 1991 Chmielewicz [Harmonisierung] 34. Anders dagegen in der deutschen AG, bei der die im Rahmen des § 76 Abs. 2 AktG ebenfalls gegebene Zulässigkeit des einköpfigen Vorstands entfällt, sofern ein Arbeitsdirektor nach Montan-MitbestG oder MitbestG zu bestellen ist. Siehe Abschnitt 2.2.1.1.2.3, S. 103.

[398] Art. 44 Abs. 1 SE-VO überlässt die Festlegung der Sitzungsabstände des Verwaltungsorgans prinzipiell der Satzung und fordert lediglich als Minimum alle drei Monate eine Zusammenkunft.

[399] Siehe zu einer eingehenden Effizienzbewertung der unipersonalen Führung der Europäischen Aktiengesellschaft v. Werder [Führung] 261 ff.

Abbildung 2-31 | *SE bei unipersonaler Board-Leitung und Mitbestimmung über separates Organ*

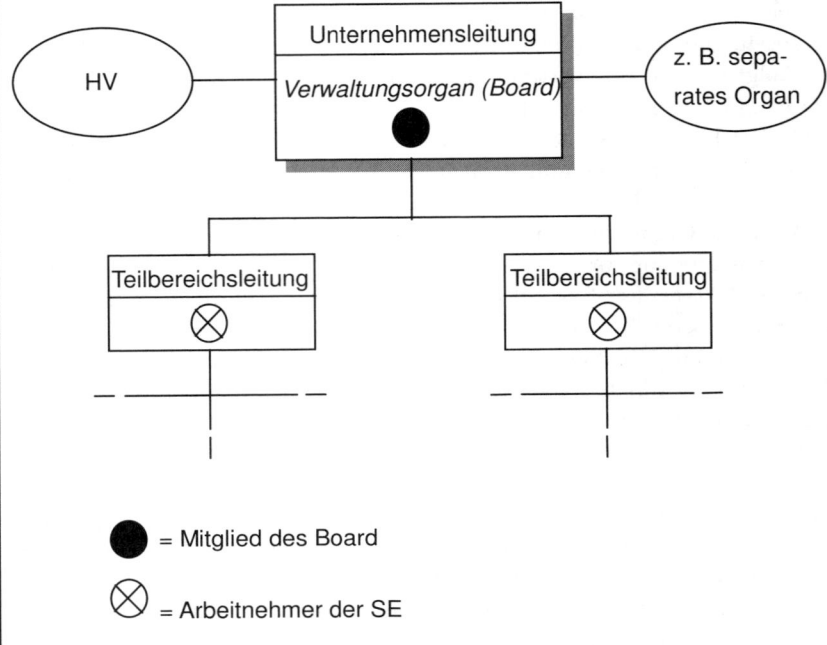

Als Fazit lässt sich damit konstatieren, dass Europäische Aktiengesellschaften bei entsprechender Ausübung der Staaten- und der Unternehmenswahlrechte dualistisch oder monistisch verfasst sein können. Dabei kommen insgesamt drei verschiedene Gremien für eine Funktionsübernahme der Unternehmensleitung in Betracht. Während in der dualistisch verfassten SE stets das Leitungsorgan im Sinne der Verordnung als Managementeinheit zu identifizieren ist, kann diese Rolle in der monistischen SE je nach Detailgestaltung entweder dem gesamten Verwaltungsorgan (Board-Leitung) oder einer geschäftsführenden Untereinheit des Verwaltungsorgans (Delegiertenleitung) zukommen (siehe Abbildung 2-32).

Zulässige Formen der Spitzenorganisation

Abbildung 2-32

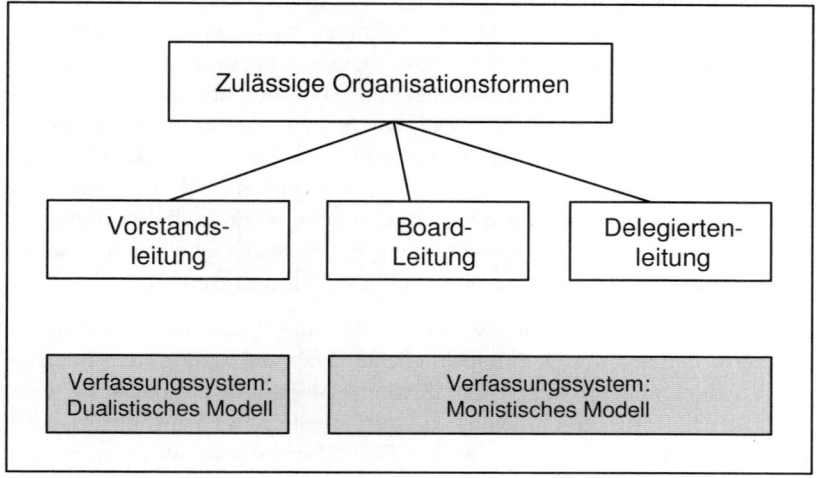

2.2.2.2.4 Beurteilung

Die durchgeführte organisationstheoretische Analyse der einschlägigen Rechtsgrundlagen für das Statut der SE zeigt damit die große Spannweite auf, welche die zulässigen Ausprägungen der Spitzenorganisation dieser Rechtsform abdecken. Dieser weite führungsorganisatorische Gestaltungsspielraum ist allerdings an eine entsprechende Ausübung der betreffenden Staaten- und Unternehmenswahlrechte gebunden. Infolgedessen könnte eingewendet werden, dass die herauskristallisierte theoretische Vielfalt der organisatorischen Ausgestaltung Europäischer Aktiengesellschaften in der Wirklichkeit der Europäischen Union kaum vorkommen wird und daher allenfalls ein akademisches Problem markiert. So erfordert in der Tat z. B. eine streng direktoriale Board-Leitung u. a., dass (1.) das monistische System im Domizilland derart extreme Ausformungen de jure annehmen darf und (2.) eine im Vergleich zum gegebenenfalls zuvor existierenden Mitbestimmungsregime verdünnte[400] Mitbestimmung über das separate Organ zwischen den Verhandlungsparteien tatsächlich vereinbart wird. Diese Bedin-

Führungsorganisatorischer Gestaltungsspielraum

---

[400] Während die Arbeitnehmerrepräsentanten im Aufsichts- bzw. Verwaltungsorgan (Art. 4 lit. g SE-R-Mitbestimmung) an allen Befugnissen dieser Gremien teilhaben können, stehen ihnen mit dem separaten Organ lediglich Informations- und Konsultationsrechte zu. Vgl. zum Gefälle der Mitbestimmungsintensität zwischen Art. 4 SE-Richtlinienentwurf 1991 einerseits und Art. 5, 6 SE-Richtlinienentwurf 1991 andererseits auch Chmielewicz [Harmonisierung] 34 ff.

gungen werden voraussichtlich gerade in Deutschland nur zum Teil erfüllt sein, da die Tradition des deutschen Gesellschaftsrechts, wie sie ansatzweise auch in den Regelungen des SEEG zum Ausdruck kommt, gegen die rein monistische Verfassung und die Arbeitnehmer- bzw. Gewerkschaftsinteressen gegen ihre Einflussminderung sprechen. Es ist aber keineswegs auszuschließen, dass andere Mitgliedstaaten der EU ihre Optionen im Sinne einer Organisationsliberalität ausüben und zwischen einigen Staaten geradezu ein entsprechender Wettlauf einsetzt, um zahlreiche (auch steuerkräftige) Gesellschaften anzuziehen und so zum ‚Delaware Europas'[401] zu werden. Die herausgearbeiteten organisatorischen Optionen können daher schon in Anbetracht der möglichen Abwanderung deutscher Unternehmen in solche ‚Organisationsoasen' durchaus auch praktisch relevant werden.

Organisations-
oasen

Die zahlreichen Organisationsvarianten, die einer SE danach offen stehen (können), laufen zwar der ursprünglichen Harmonisierungsidee naturgemäß zuwider. Hiervon abgesehen müssen sie aber nicht zwangsläufig negativ einzuschätzen sein. Einheitlichen Grundmustern der Führungsorganisation von Unternehmungen gleicher Rechtsform kann zwar unter dem Aspekt der Transparenz der Verfassungs- und Leitungsverhältnisse für Marktpartner und andere interessierte Kreise durchaus ein gewisser Eigenwert zugesprochen werden. Auf der anderen Seite ist allerdings zu beachten, dass unterschiedliche Unternehmenssituationen nicht selten divergente Organisationslösungen nahe legen und daher ein gewisses Maß an führungsorganisatorischer Flexibilität einer Rechtsform rechtfertigen können. Entscheidend kommt es vielmehr darauf an, ob die zur Auswahl gestellten Optionen aus organisatorisch-betriebswirtschaftlicher Sicht überzeugen können. Ohne an dieser Stelle in eine detailliertere Beurteilung der Effizienz der verschiedenen Gestaltungsformen einsteigen zu können, sei mit Blick auf die Spitzenorganisation zumindest festgehalten, dass die bislang durchgeführten (auch empirischen) Untersuchungen weder für das dualistische noch für das monistische System einen eindeutigen Effizienzvorteil nachweisen konnten[402]. Insofern kann es bis auf weiteres im Grundsatz als akzeptabel angesehen werden, dass das SE-Statut durch eine entsprechende Organisationsflexibilität einen ‚Wettbewerb der Systeme'[403] zulässt. Erinnert sei im Übrigen in diesem Zusammenhang noch einmal an den schon refe-

Effizienz der
Gestaltungs-
formen

Wettbewerb der
Systeme

---

401 Siehe zur Attraktivität des US-Staats Delaware als Sitzstaat (nicht notwendig auch Aktivitätsstaat) amerikanischer Unternehmen aufgrund seiner liberalen Gesetzgebung Abschnitt 2.2.2.1.1, S. 144.

402 Vgl. namentlich die empirischen Studien zum Verfassungsvergleich des aktienrechtlich-dualistischen Systems und des monistischen Modells der amerikanischen Corporation der Forschergruppe um Bleicher (Bleicher [Führungsstrukturen]; Bleicher/Paul [Board-Modell]; Bleicher/Leberl/Paul [Unternehmungsverfassung]) sowie auch Lorsch/MacIver [Pawns]; Chmielewicz [Harmonisierung].

403 So auch Chmielewicz [Harmonisierung] 17; Minuth [Führungssysteme] 69.

rierten aufschlussreichen Befund, dass nach den vorliegenden empirischen Erkenntnissen die realen Führungsstrukturen großer Unternehmungen auch bei unterschiedlichen (dualistischen bzw. monistischen) rechtlichen Ausgangsbedingungen ohnehin in beachtlichem Maße konvergieren[404].

2.3 Spitzenorganisation im Konzern

Der Konzern stellt mittlerweile das typische ‚Rechtskleid' der Unternehmung in Deutschland dar[405]. Dieser empirische Befund wirft für die Praxis die bedeutsame Frage auf, inwieweit die Überlegungen zur Spitzenorganisation der Einheitsunternehmung auf den Konzern übertragbar oder aber konzernbezogen zu modifizieren sind.

Die *Konzernunternehmung* oder kurz der *Konzern* zeichnet sich im Vergleich zur Einheitsunternehmung dadurch aus, dass die wirtschaftliche Einheit *Unternehmung* in rechtlich selbständige Einheiten (*Konzernunternehmen* oder auch *Konzerngesellschaften*) untergliedert ist[406]. Vor diesem Hintergrund resultieren die Besonderheiten der Konzernunternehmung und damit der Führungsorganisation im Konzern ganz allgemein aus den Implikationen, die für die Spitzen- und die Leitungsorganisation aus der eigenen Rechtspersönlichkeit der Konzerngesellschaften resultieren. Mit Blick auf die Spitzenorganisation ist dabei im Einzelnen zu analysieren, inwieweit die Zuständigkeiten der Führungsgremien durch die komplexere Rechtsstruktur im Konzern tangiert werden.

Besonderheiten der Konzernorganisation

Die Aufgaben der Unternehmungsführung liegen im Konzernfall in den Händen der Führungsgremien der Muttergesellschaft. Diese Gremien haben im Grundsatz neben (und mit) der Leitung und Überwachung der Konzernmutter zugleich auch die Leitung und Überwachung des Gesamtkonzerns auszuüben. Der Vorstand[407] der Muttergesellschaft wird damit zum *Konzernvorstand*, der Aufsichtsrat der Muttergesellschaft zum *Konzernaufsichtsrat*[408] und ihre Hauptversammlung zur *Konzernhauptversammlung*. Für

Konzerndimensinalität der Kompetenzen

---

404 Siehe Abschnitt 2.2.2.1.3, S. 155 f.
405 Vgl. Nachweise bei Ordelheide [Konzern] 294 f.; Theisen [Konzern] 21; Emmerich/Sonnenschein [Konzernrecht] 4; Hoffmann [Konzernhandbuch] 60; v. Werder [Konzernmanagement] 642 m. w. N.; Bronner/Mellewigt [Realtypologie] 146.
406 Siehe näher Abschnitt 1.2.1.2, S. 22 ff.
407 Die folgenden Ausführungen zur Spitzenorganisation im Konzern beschränken sich aus Gründen des Umfangs auf aktienrechtlich verfasste Konzernunternehmungen.
408 Vgl. für den Aufsichtsrat auch Potthoff/Trescher/Theisen [Aufsichtsratsmitglied] Rn. 500 mit dem zutreffenden Hinweis, dass es den Begriff des Konzernaufsichtsrats rechtlich nicht gibt. Dies gilt im Übrigen ebenso für den des Konzernvorstands und der Konzernhauptversammlung. Hingegen wird der Konzernbetriebsrat im BetrVG explizit angesprochen, siehe hierzu näher Abschnitt 2.1.2.2.1, S. 73.

die genannten drei Organe der Muttergesellschaft stellt sich jeweils die Frage, inwieweit ihre jeweiligen Kompetenzen an den Grenzen der Muttergesellschaft enden oder aber *konzerndimensional* ausgestaltet sind. Im zweiten Fall sind die betreffenden (Informations-, Entscheidungs- etc.)Befugnisse *unternehmungsweit* angelegt und erstrecken sich dann auf den gesamten Konzern.

Konzernformen

Die konzernbezogene Ausmessung der Kompetenzen der Organe der Muttergesellschaft erweist sich schon in Anbetracht der zahlreichen Einzelbefugnisse der Führungsgremien als komplexes Unterfangen. Hinzu kommt, dass – selbst bei einer Konzentration auf aktienrechtlich verfasste Konzerne – Wahlmöglichkeiten zwischen verschiedenen Konzernstrukturalternativen offen stehen. Zu denken ist beispielsweise an die Alternativen des *Faktischen Konzerns* und des *Vertragskonzerns*[409]. Diese Optionen unterscheiden sich im Grad der *Konzernierungsintensität*, woraus sich nicht unerhebliche Folgen für die Abgrenzung und Durchsetzung der Organkompetenzen ergeben. Vor diesem Hintergrund soll im Folgenden zur Begrenzung des Umfangs lediglich exemplarisch die Diskussion um die Konzernleitungspflicht des Vorstands der Muttergesellschaft nachgezeichnet werden[410].

Konzern-leitungspflicht

Im juristischen Schrifttum besteht bis heute keine Einigkeit darüber, ob die gesetzliche Beauftragung des Vorstands, die Gesellschaft zu leiten, auch die Aufforderung umfasst, abhängige Unternehmen im Rahmen der beteiligungsvermittelten Möglichkeiten seiner einheitlichen Leitung zu unterstellen und damit zu konzernieren. Nach einer vor allem von HOMMELHOFF ausgearbeiteten These ist der Muttervorstand grundsätzlich zur Konzernleitung verpflichtet[411]. Die Gegenmeinung hingegen lehnt eine prinzipielle Konzernleitungspflicht mit unterschiedlichen Begründungslinien ab[412]. Die

---

[409] Siehe Abschnitt 2.1.2.1.2.1, S. 56 f. sowie auch zur Leitungsorganisation im Konzern Abschnitt 3.3.2.1, S. 340 ff.

[410] Siehe weiterführend zu den Kompetenzen von Hauptversammlung, Aufsichtsrat und Konzernbetriebsrat im Konzern v. Werder [Organisationsstruktur] 151 ff. sowie für den Aufsichtsrat auch Potthoff/Trescher/Theisen [Aufsichtsratsmitglied] Rn. 500 ff.; Lutter/Krieger [Rechte] Rn. 131 ff. m. w. N.

[411] Vgl. neben Hommelhoff [Konzernleitungspflicht] 43 ff., 165 ff., z. B. Timm [Konzernspitze] 95 ff., 136; Schneider [Konzernleitung] 253, 256 ff.; Kropff [Konzernleitungspflicht] 115 f.; Semler [Doppelmandats-Verbund] 727 f.; Semler [Leitung] Rn. 275 ff.; Wiesner [Kommentierungen] § 19 Rn. 12; Hommelhoff/Mattheus [Risikomanagement] 222 ff.; Scheffler [Konzernmanagement] 14 f., 78 f.

[412] So z. B. Martens [Grundlagen] 425 f.; Koppensteiner [Kommentierungen Aktiengesetz] Vorb. § 291 Rn. 71 f.; §§ 308 Rn. 60; 309 Rn. 6; Altmeppen [Haftung] 32; Eschenbruch [Konzernhaftung] Rz. 4019; Mertens [Kommentierungen Aktiengesetz] § 76 Rn. 54 f.; Mülbert [Aktiengesellschaft] 28 ff.; Götz [Leitungssorgfalt] 529 f.; Krieger [Kommentierungen] § 69 Rn. 21; Hüffer [Aktiengesetz] §§ 76 Rn. 17; 311 Rn. 8; Hefermehl/Spindler [Kommentierungen] § 76 Rn. 39 ff.; Fleischer [Konzernleitung] 761 f.; Habersack [Kommentierungen Konzernrecht] § 311 Rn. 11; Kort [Kommentierungen] § 76 Rn. 139.

wesentlichen Argumente lauten beispielsweise, dass die Leitungsverantwortung des Tochtervorstands weiter besteht[413], dass Anforderungen der Konzernorganisation hinter einem adäquaten Außenseiterschutz zurückzustehen haben[414] und im Übrigen bereits eine Kontrolle über den Tochteraufsichtsrat zur Wahrung des Mutterinteresses ausreicht[415]. Im Extremfall dürfte der Vorstand danach auch maßgebliche Beteiligungen als reine Kapitalanlagen behandeln, ohne unternehmerischen Einfluss zu nehmen.

In der rechtlichen Kontroverse um die Konzernierungspflicht hat sich bislang nicht einmal eine herrschende Auffassung herauskristallisiert. Vielmehr ist sogar die Einschätzung des Meinungsstands noch strittig. Während HOMMELHOFF seinen Standpunkt als im Grundsatz mittlerweile weithin anerkannt einstuft[416], überwiegt nach anderer Ansicht die gegenteilige Position[417]. Die Rechtslage ist demnach noch weit von einer Konsolidierung entfernt und eröffnet damit eine juristische Grauzone für das Vorstandshandeln. Das Leitungsorgan sieht sich mit der keineswegs unwichtigen Frage konfrontiert, ob es sein Einflusspotential gegenüber abhängigen Unternehmen zum Zweck der Konzernierung nicht nur (in den durch die Konzernform jeweils gezogenen Grenzen) nutzen darf, sondern auch ausschöpfen muss.

*Rechts-
unsicherheit*

Aus betriebswirtschaftlicher Sicht bedeutet Unternehmungsführung letztlich die optimale Allokation verfügbarer (prinzipiell knapper) Ressourcen. Dabei liegen die obersten Führungsentscheidungen in den Händen der Unternehmungsleitung als Spitzeneinheit der Hierarchie[418]. Da im Fall der AG der Vorstand als Hierarchiespitze fungiert[419], zählt es somit zu seinen zentralen Aufgaben, die Verwendung der Ressourcen seines Einflussbereichs durch Richtungs-, Infrastruktur- und eventuelle Einzelentscheidungen zu steuern[420]. Offensichtlich gehören auch die in Beteiligungsgesellschaften vorhandenen Ressourcen – nach Maßgabe der jeweiligen Anteils- und Stimmrechtsquoten – zur potentiellen Einflusssphäre des Vorstands. Infolgedessen können aus ökonomischer Perspektive kaum Zweifel daran herrschen, dass der Vorstand seinem Leitungsauftrag nur dann gerecht wird, wenn er den Ressourceneinsatz auch in abhängigen Unternehmen durch seine Manage-

---

[413] Vgl. Mertens [Kommentierungen Aktiengesetz] § 76 Rn. 54; Hüffer [Aktiengesetz] §§ 76 Rn. 17; 311 Rn. 8, 48.

[414] Vgl. Koppensteiner [Kommentierungen Aktiengesetz] Vorb. § 311 Rn. 9, 19.

[415] Vgl. Koppensteiner [Kommentierungen Aktiengesetz] Vorb. § 291 Rn. 72; anderer Ansicht Götz [Leitungssorgfalt] 535.

[416] Siehe Hommelhoff [Aufsichtsratsüberwachung] 343.

[417] So z. B. Hüffer [Aktiengesetz] §§ 76 Rn. 17; 311 Rn. 8.

[418] Siehe Abschnitt 1.2.1.3, S. 24 f.

[419] Siehe näher Abschnitt 2.2.1.1.2.4, S. 110 f.

[420] Siehe zu den Kernaufgaben der Unternehmungsleitung Abschnitt 1.2.1.4.1, S. 26.

Konzernierungs-
grundsatz

mentmaßnahmen prägt. Stellt man die niedrige Einwirkungsschwelle in Rechnung, ab der nach herrschender juristischer Lehre bloße Abhängigkeitslagen bereits in den Konzerntatbestand umschlagen[421], so werden solche Einflussnahmen regelmäßig zur Konzerneinbindung der betreffenden Unternehmen führen. Dementsprechend lässt sich als spezielles Prinzip ordnungsmäßigen Konzernmanagements folgerichtig auch der *Grundsatz der Konzernleitung* (kurz: *Konzernierungsgrundsatz*) aufstellen[422]. Hiernach kann es als Ausdruck guter Managementpraxis angesehen werden, Beteiligungsgesellschaften unter der Voraussetzung ausreichender Einflusspotentiale prinzipiell auch tatsächlich der einheitlichen Leitung zu unterstellen und damit zu konzernieren. Verspricht die Konzerneinbindung allerdings – auch auf längere Sicht – keine zufriedenstellende Wertschöpfung, so wäre eine Veräußerung der betreffenden Anteile in Betracht zu ziehen[423].

Konzernierungs-
spielräume

Der hier vorgeschlagene Konzernierungsgrundsatz bedingt keineswegs streng zentralistische Strukturen der Konzernunternehmung. Er lässt vielmehr durchaus auch Raum für betont locker geführte Konzerne. Unter der Regie der Konzernleitung können somit Tochtervorstände mit weitreichenden Entscheidungskompetenzen operieren. Solche dezentralen Formen des Konzernmanagements sind teilweise sogar juristisch vorgeschrieben. Wie im Rahmen der Ausführungen zur Konzernleitungsorganisaton näher dargelegt wird, muss sich die Konzernspitze im Fall eines Faktischen Konzerns ohnehin aus Rechtsgründen (§§ 311 ff. AktG) auf die koordinationsnotwendigen Rahmenvorgaben für die Konzerntöchter beschränken und die Folgeentscheidungen zur Ausfüllung dieses Handlungsrahmens den Tochtervorständen überlassen[424].

---

[421] Siehe Bayer [Kommentierungen] § 18 Rn. 30; Emmerich/Sonnenschein [Konzernrecht] 58; Koppensteiner [Kommentierungen Aktiengesetz] § 18 Rn. 24 ff.; anderer Ansicht Windbichler [Kommentierungen] § 18 Rn. 19 ff.

[422] Siehe hierzu v. Werder [Konzern] 158 ff.

[423] Als Empfehlung für den Regelfall, die wohlbegründete Ausnahmen zulässt, schließt der Grundsatz der Konzernleitung das Halten von Beteiligungen als reine Kapitalanlagen allerdings nicht vollkommen aus. Zu denken ist beispielsweise an hoch profitable Anteile an Unternehmen aus fremden Branchen. Siehe zum Charakter von GoU allgemein die in FN 198 zitierten Quellen.

[424] Siehe Abschnitt 3.3.2.1, S. 340 f.

3 Organisation des Topmanagements: Leitungsorganisation

3.1 Grundfragen der Leitungsorganisation

Das Topmanagement einer Unternehmung wird von den Mitgliedern des Organs gebildet, das im Kreis der gesellschaftsrechtlichen Gremien nach seinen gesetzlichen und statutarischen Befugnissen den organisationstheoretischen Vorstellungen von der Hierarchiespitze bzw. Unternehmungsleitung am nächsten kommt (*Leitungsorgan*)[425]. Die organisatorischen Fragen des Topmanagements – kurz also das Feld der *Leitungsorganisation* – beziehen sich im Kern auf zwei Gestaltungsbereiche[426]. Zum einen sind im Fall einer multipersonalen Besetzung des Leitungsorgans die Kompetenzen der einzelnen Topmanager und ihre Kooperation innerhalb dieses Gremiums zu regeln (*organinterne Leitungsorganisation*). Zum anderen muss das Topmanagement (bei uni- wie bei multipersonalen Leitungsorganen) organisatorisch mit den nachgelagerten Ebenen der Unternehmungshierarchie verknüpft werden. Dieses Gestaltungsproblem der *organübergreifenden Leitungsorganisation* markiert gewissermaßen das hierarchiebezogene Pendant zur organisatorischen Einbindung des Leitungsorgans in das System der rechtlichen Gremien, die den Gegenstand der Spitzenorganisation bildet.

Leitungs-organisation

- organinterne

- organüber-greifende

Die beiden Gestaltungsbereiche der organinternen und der organübergreifenden Leitungsorganisation werfen im Einzelnen sehr vielschichtige und komplexe Fragestellungen auf. Dies gilt namentlich für die Organisation des Zusammenwirkens zwischen dem Topmanagement und den nachfolgenden Hierarchieebenen, da hiermit wesentliche Aspekte der Unternehmungsorganisation insgesamt angesprochen werden. Hinzu kommt, dass das Thema der Leitungsorganisation ebenfalls in erheblichem Maße rechtlichen Einflüssen unterliegt und sowohl die Einheitsunternehmung als auch den Konzern betrifft. Dabei sind die Fragen der organinternen und der organübergreifen-

Komplexität der Leitungs-organisation

---

[425] Ausführlich zum Begriff des Leitungsorgans und seines Verhältnisses zur Unternehmungsleitung Abschnitt 1.2.1.3, S. 24 f.

[426] Zur grundlegenden Charakterisierung des Gestaltungsfelds der Leitungsorganisation eingehender Abschnitt 1.2.2, S. 42 ff.

den Gestaltung je nach vorliegender Rechtsstruktur teilweise unterschiedlich zu beantworten. Im Konzernfall repräsentiert zwar das Leitungsorgan der Muttergesellschaft – analog zu dem der rechtlich unverbundenen Gesellschaft – das Topmanagement der Unternehmung. Die leitungsorganisatorischen Gestaltungsprobleme beschränken sich hier aber gleichwohl nicht stets (und nicht einmal zumeist) nur auf den Bereich der Konzernmutter. Häufig erstrecken sie sich vielmehr rechtsformübergreifend auf mehrere Konzerngesellschaften, indem organinterne wie organübergreifende Organisationsmaßnahmen sowohl die Muttergesellschaft als auch Tochtergesellschaften tangieren. So kann bereits die Ausformung der Zuständigkeitsverteilung innerhalb des Leitungsorgans der Muttergesellschaft unmittelbar auf die Organisation der Konzerntöchter ausstrahlen, sofern personelle Verflechtungen zwischen der Mutter- und der Tochterebene in Form so genannter Vorstands-Doppelmandate vorliegen[427]. Insbesondere aber die (organübergreifende) organisatorische Verknüpfung zwischen Topmanagement und den nachgelagerten Führungsebenen überschreitet im Konzern offenkundig in vielen Fällen Rechtsformgrenzen und unterliegt dann juristisch bedingten Besonderheiten im Vergleich zur Einheitsunternehmung.

In Anbetracht der skizzierten Problemfülle der Leitungsorganisation müssen sich die nachfolgenden Ausführungen in mehrfacher Hinsicht beschränken. Zum einen steht im Weiteren in rechtsstruktureller Hinsicht die Einheitsunternehmung im Vordergrund der Betrachtung. Allerdings werden ergänzend auch ausgewählte wichtige Sonderprobleme der Leitungsorganisation im Konzern in den Blick genommen[428].

Zum anderen erfolgt eine Aufteilung der leitungsorganisatorischen Gesamtproblematik in die beiden Komplexe der prinzipiellen Gestaltung der Leitungsorganisation durch die Wahl eines Basismodells sowie der Ausformung des gewählten Basismodells im Detail. Die *Basismodelle* legen für den Fall multipersonaler Leitungsorgane die Grundzüge der Kompetenzverteilung zwischen den Topmanagern fest und sind damit im Kern ein Thema der organinternen Leitungsorganisation. Die *Detailausformung* der Basismodelle betrifft hingegen sowohl die organinterne als auch die organübergreifende Gestaltung. Sie umfasst die Festlegung des Verhältnisses der Kompetenzspielräume zwischen der Spitze und den nachgelagerten Ebenen der Hierarchie (*Delegation*) sowie die prinzipielle inhaltliche Abgrenzung der Zuständigkeiten ab der zweiten Hierarchieebene (*Bereichsbildung*). Sofern die Regelung der Delegation und der Bereichsbildung auf allen Ebenen der Hierarchie erfolgt, wird hiermit letztlich die Organisationsstruktur der Unternehmung schlechthin zu wesentlichen Teilen bestimmt. Da die vorliegende Schrift aber die Perspektive des Topmanagements einnimmt und keine

Basismodelle

*Detail-
anforderung*

---

[427] Hierzu näher Abschnitt 3.3.4.1, S. 352 ff.
[428] Siehe Abschnitt 3.3.1, S. 335 ff.

allgemeine Abhandlung zur Unternehmungsorganisation darstellt, sollen die diesbezüglichen Gestaltungsfragen nur bis zur ersten außerhalb des Leitungsorgans gelegenen Hierarchieebene verfolgt werden. Diese Konzentration reicht aus, um die hier interessierende organisatorische Verzahnung von Topmanagement und nachfolgenden Ebenen der Unternehmungshierarchie zu adressieren. Im Mittelpunkt der weiteren Ausführungen steht damit der Gestaltungskomplex der Basismodelle der Leitungsorganisation, die zunächst erläutert und sodann in Hinblick auf ihre rechtsformabhängige Zulässigkeit, ihre betriebswirtschaftliche Zweckmäßigkeit und ihre rechtsnorminduzierten Konsequenzen eingehend erörtert werden[429]. Die anschließenden Ausführungen zur Detailausformung der Leitungsorganisation[430] folgen im Prinzip der gleichen Systematik. Sie müssen sich aber bei der betriebswirtschaftlich-juristischen Analyse und Bewertung der Gestaltungsmöglichkeiten auf Grundzüge beschränken.

3.2 Leitungsorganisation in der Einheitsunternehmung

3.2.1 Basismodelle der Leitungsorganisation

3.2.1.1 Gestaltungsspielräume

3.2.1.1.1 Modellkomponenten

Die Organisation der Zusammenarbeit in einem multipersonalen Topmanagement umfasst im Kern zwei Gestaltungsaspekte, deren Ausprägungen einen ersten Rahmen für die Delegation und die Bereichsbildung im Leitungsorgan setzen[431]. Danach ist zum einen das prinzipielle Kompetenzverhältnis zwischen den Mitgliedern des Leitungsorgans festzulegen (Delegationsaspekt). Zum anderen ist der Grad der Arbeitsteilung im Leitungsorgan zu determinieren (Aspekt der Bereichsbildung). Dabei liegt eine Arbeitsteilung im organisatorischen Sinne dann vor, wenn anfallende Aufgaben nicht ad hoc auf bestimmte Mitglieder des Leitungsorgans verteilt werden, sondern eine generelle, zeitlich (zunächst) unbefristete Aufgabenverteilung erfolgt. Die Aktivitäten der einzelnen Organmitglieder werden hierdurch dauerhaft auf jeweils spezifische Tätigkeitsfelder in der Unternehmung ausgerichtet, die etwa funktionale Aspekte wie Beschaffung, Produktion und Absatz oder unterschiedliche Produkte oder Märkte betreffen können. Die Vornahme einer so verstandenen Arbeitsteilung im Topmanagement ist zwar

*Kompetenz-
verteilung im
Leitungsorgan*

---

[429] Siehe Abschnitt 3.2.1, S. 173 ff.
[430] Siehe Abschnitt 3.2.2, S. 262 ff.
[431] Vgl. zum Folgenden auch v. Werder [Organisation]; Frese/Mensching/v. Werder [Unternehmungsführung] 333 ff.

letztlich nicht zwingend. Es bedarf jedoch keiner näheren Begründung, dass ein genereller Verzicht auf prinzipiell arbeitsteilige Entscheidungshandlungen im Leitungsorgan unter Effizienzgesichtspunkten nur wenig überzeugen kann. Er hat auch empirisch bei Unternehmungen nennenswerter Größenordnung keine Bedeutung, wie bereits eine überschlägige Durchsicht von Geschäftsberichten belegt[432]. Im Folgenden werden daher ausschließlich Gestaltungsformen betrachtet, die organisatorisch – und damit jeweils zumindest für bestimmte Zeitspannen – inhaltliche Differenzierungen der Zuständigkeiten der Organmitglieder vorsehen.

Kollegialprinzip

Zur Regelung des allgemeinen Kompetenzverhältnisses der Mitglieder des Leitungsorgans untereinander kann alternativ auf das Kollegialprinzip oder auf das Direktorialprinzip zurückgegriffen werden[433]. Unter Geltung des *Kollegialprinzips* nehmen die Organmitglieder im Grundsatz gleichberechtigt an der Unternehmensleitung teil. Hiernach werden die Entscheidungen zur Führung der Unternehmung von sämtlichen Topmanagern gemeinsam getroffen, wobei entweder das Einstimmigkeitsprinzip oder aber ein Mehrheitsprinzip (einfache oder qualifizierte Mehrheit) Anwendung finden. Dabei darf ein Organmitglied kein ausgeprägtes Übergewicht bei der Beschlussfassung haben, sondern allenfalls über eine Zweitstimme zur Auflösung etwaiger Pattsituationen oder über ein Vetorecht bei einem Dissenz im Gremium verfügen. Prinzipielle hierarchische Abstufungen zwischen den Mitgliedern des Leitungsorgans bestehen nach diesem Prinzip (darüber hinaus) aber nicht, sodass insbesondere Weisungen zwischen den Organmitgliedern ausgeschlossen sind.

Direktorial-prinzip

Das *Direktorialprinzip* bewirkt demgegenüber eine Hierarchisierung innerhalb des Topmanagements, indem (meist) einem Mitglied oder (seltener) einigen wenigen Mitgliedern des Leitungsorgans Weisungsbefugnisse gegenüber den restlichen Organmitgliedern eingeräumt werden. Zu dieser Form zählen auch diejenigen Abstimmungsregeln im Rahmen ‚gemeinsamer' Beschlüsse, die bei Meinungsverschiedenheiten im Leitungsorgan einem Mitglied (namentlich dem Vorsitzenden des Gremiums) das Alleinbzw. Letztentscheidungsrecht einräumen. Bei Anwendung des Direktorialprinzips liegt die Funktion der Hierarchiespitze (Unternehmungsleitung) folglich nicht in den Händen des Gesamtgremiums, sondern nur bei dem (den) hierarchisch übergeordneten Mitglied(ern) des Topmanagements.

---

[432] Siehe in diesem Zusammenhang auch die eindeutige Empfehlung des Deutschen Corporate Governance Kodex für börsennotierte Gesellschaften: „Eine Geschäftsordnung soll die Geschäftsverteilung und die Zusammenarbeit im Vorstand regeln.", Tz. 4.2.1 Satz 2 DCGK und hierzu Ringleb [Kommentierungen] Rn. 682 ff.

[433] Zu diesen Prinzipien schon Gutenberg [Organisation] 44 ff.; Kosiol [Organisation] 117 f.

Mit dem *Grad der Arbeitsteilung* im Leitungsorgan wird festgelegt, welche Kompetenzen die Topmanager für ihre jeweiligen Handlungssegmente unterhalb der Unternehmungsleitung (Hierarchiespitze) erhalten. Diese Kompetenzen können wahlweise nach dem Prinzip der portefeuillegebundenen[434] oder der ressortgebundenen Unternehmensführung[435] formuliert werden. Bei *portefeuillegebundener Unternehmungsführung* haben die Topmanager hinsichtlich ihrer jeweiligen Handlungssegmente (Portefeuilles) lediglich die Aufgabe, die ihr Portefeuille betreffenden Entscheidungen vorzubereiten und in die Beschlussfassung der Unternehmungsleitung einzubringen. Autonome Entscheidungen für ihre Handlungssegmente dürfen die Mitglieder des Leitungsorgans somit nicht fällen.

Portefeuille-bindung

Eine *ressortgebundene Unternehmungsführung* ist demgegenüber dadurch charakterisiert, dass den Leitungsorganmitgliedern individuelle Entscheidungskompetenzen für ihre jeweiligen Handlungssegmente (Ressorts) übertragen werden. Sie dürfen damit ihre Ressorts im Rahmen der von der Unternehmungsleitung gesetzten Entscheidungsprämissen selbständig leiten.

Ressortbindung

Aus der Kombination der angesprochenen Gestaltungsprinzipien ergeben sich die vier Basismodelle der Organisation des Topmanagements (Abbildung 3-1). Diese Grundalternativen der Leitungsorganisation werden im Folgenden näher vorgestellt.

---

[434] Der Begriff der portefeuillegebundenen Unternehmensführung wird hier an Stelle der ressortlosen Unternehmensführung (siehe FN 435) eingeführt, um die vorhandene Arbeitsteilung im Leitungsorgan akzentuierter zum Ausdruck zu bringen.

[435] Zum Konzept der ressortlosen und der ressortgebundenen Unternehmensführung vor allem Höhn [Unternehmensführung] sowie Becker [Unternehmensführung] 123 ff.

Abbildung 3-1

Basismodelle der Leitungsorganisation

Status der Mitglieder im Leitungs- organ Arbeitsteilung im Leitungsorgan	Kollegialprinzip	Direktorialprinzip
Portefeuillebindung	Sprecher-Modell	Stabs-Modell
Ressortbindung	Ressort-Modell	Hierarchie-Modell

3.2.1.1.2 Modellalternativen

3.2.1.1.2.1 Sprecher-Modell

Das *Sprecher-Modell* oder auch *Portefeuille-Modell* beruht auf der Zusammen-führung des Kollegialprinzips mit der portefeuillegebundenen Unterneh-mensführung. Abbildung 3-2 veranschaulicht diese Konstruktion in allge-meiner Form[436].

---

[436] In dem Organigramm symbolisieren die Rechtecke organisatorische Einheiten mit Entscheidungskompetenzen, die Ovale organisatorische Einheiten mit Kompeten-zen zur Entscheidungsvorbereitung und die fett gedruckte Linie die Grenze des Leitungsorgans.

Sprecher-Modell der Organisation des Topmanagements

Abbildung 3-2

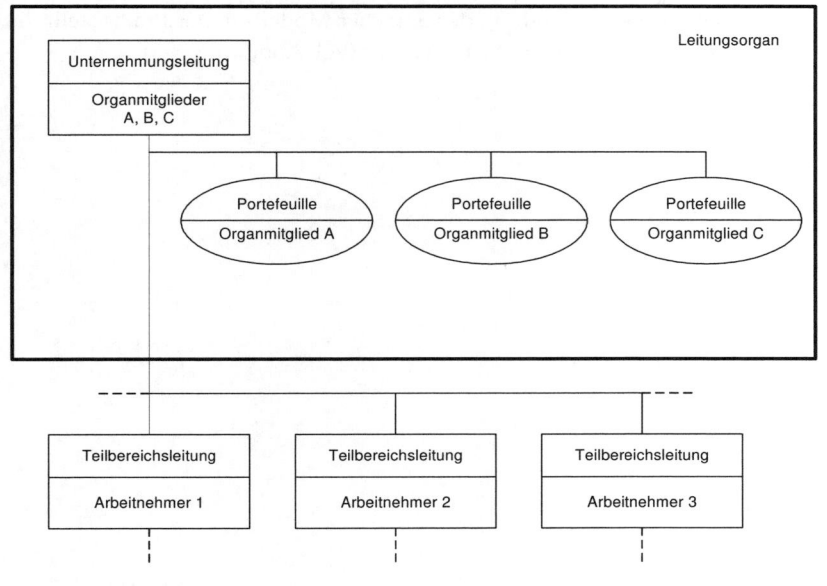

Die Anwendung des Kollegialprinzips bewirkt, dass die Hierarchiespitze der Unternehmung (Unternehmungsleitung) mit sämtlichen Angehörigen des Leitungsorgans besetzt ist. Die Organmitglieder fixieren folglich gemeinsam die strategische Richtung und die Infrastruktur der Unternehmung.

Kollegialprinzip

Da die individuellen Handlungssegmente der Topmanager ferner als Portefeuilles ausgeformt sind, haben die einzelnen Leitungsorganmitglieder im Rahmen der gemeinsamen Unternehmungsführung die Aufgabe, Probleme aus ihren jeweiligen Zuständigkeitsbereichen zu analysieren und in die Willensbildung des Organplenums einzubringen. Sie dürfen diese Probleme hingegen nicht autonom lösen, sondern fungieren im Leitungsorgan gewissermaßen als ‚Sprecher' der von ihnen vertretenen Tätigkeitsfelder der Unternehmung. Aus organisationstheoretischer Sicht üben sie damit im Kern jeweils die Funktion entscheidungsvorbereitender Stäbe für das allein entscheidungsbefugte Gesamtgremium (Unternehmungsleitung) aus, dem sie zugleich als gleichberechtigtes Mitglied angehören. Aus den Konstruktionsmerkmalen des Sprecher-Modells folgt darüber hinaus, dass auf der zweiten Ebene der Hierarchie organisatorischer Entscheidungseinheiten

Portefeuille-bindung

Arbeitnehmer die Leitung der (obersten) Teilbereiche (etwa Sparten oder Zentralabteilungen) übernehmen.

Ein Beispiel für die Anwendung des Sprecher-Modells in der Praxis stellt die Vorstandsorganisation der Siemens AG dar (vgl. Abbildung 3-3).

Vorstandsorganisation der Siemens AG nach dem Sprecher-Modell

Abbildung 3-3

Zentralvorstand

Peter Löscher
Vorsitzender
Leitung: CD
Betreuung: CC

Prof. Dr. Dr. E.h.
Erich R. Reinhardt
Leitung: Med

Dr. Heinrich
Hiesinger
Betreuung: Siemens
IT Solutions and
Services, SBT, SIS,
CIO, CSP, GSS,
Europa, einschl. RO
Deutschland

Joe Kaeser
Leitung: CF
Betreuung: SFS,
Nokia Siemens
Network, SRE

Prof. Dr. Hermann
Requardt
Leitung: CT
Betreuung: SV,
Japan

Eduardo Montes
Leitung: Com
Betreuung: Siemens
Networks, Siemens
Enterprise
Communications

Peter Y. Solmssen
Chefjustiziar

Dr. Uriel J. Sharef
Betreuung: PG,
PTD, Amerika

Dr. h.c. Dr. h.c.
Jürgen Radomski
Leitung: CP
Betreuung: Med,
Osram GmbH, MCP

Prof. Dr. Dr. E.h.
Klaus Wucherer
Betreuung: A&D,
I&S, TS, Programm
top², Asien,
Australien

Rudi Lamprecht
Betreuung: Bosch &
Siemens Hausgeräte,
Fujitsu-Siemens
Computers, Home and
Office Communication
Devices, Afrika, Naher &
Mittlerer Osten, GUS-
Länder

Zentralstellen

Corporate Communications and Government
Affairs (CC)
Corporate Information Office (CIO)
Corporate Supply Chain & Procurement (CSP)
Global Government Affairs (GA)
Global Shared Services (GSS)
Management Consulting Personnel (MCP)

Zentralabteilungen

Corporate Development (CD)

Corporate Finance (CF)

Corporate Personnel (CP)

Corporate Technologies (CT)

Operatives Geschäft

Automation & Control

Automation & Drives (A&D)

Industrial Solutions & Services (I&S)

Siemens Building Technologies (SBT)

Power

Power Generation (PG)

Power Transmission and Distribution (PTD)

Transportation

Transportation Systems (TS)

Siemens VDO Automotive AG (SV)

Medical

Medical Solutions (Med)

Information & Communications

Siemens IT Solutions and Services

Finanz- und Immobiliengeschäft

Lighting

Osram GmbH

Siemens Financial Services GmbH (SFS)
Siemens Real Estate (SRE)

Regionale Einheiten
Regionalorganisation Deutschland (RD), Regionalgesellschaften, Repräsentanzen, Vertretungen

Quelle: Eigene Darstellung nach Angaben des Konzerns; Stand: November 2007

3.2.1.1.2.2 Ressort-Modell

Kollegialprinzip

Das Modell der *Personalunion* oder auch *Ressort-Modell* liegt bei kollegialer Unternehmungsführung mit Ressortbindung vor (vgl. Abbildung 3-4). Aufgrund der Anwendung des Kollegialprinzips ist die Hierarchiespitze wie beim Sprecher-Modell mit sämtlichen Mitgliedern des Leitungsorgans besetzt. Die Topmanager treffen aber Entscheidungen nicht nur im Rahmen der gemeinsamen Unternehmensführung. Vielmehr verfügen sie bei dieser

Ressortbindung

Variante auch über gewisse[437] individuelle Entscheidungskompetenzen für die ihnen jeweils unterstellten Unternehmungsaktivitäten (Ressorts).

Abbildung 3-4

Ressort-Modell der Organisation des Topmanagements

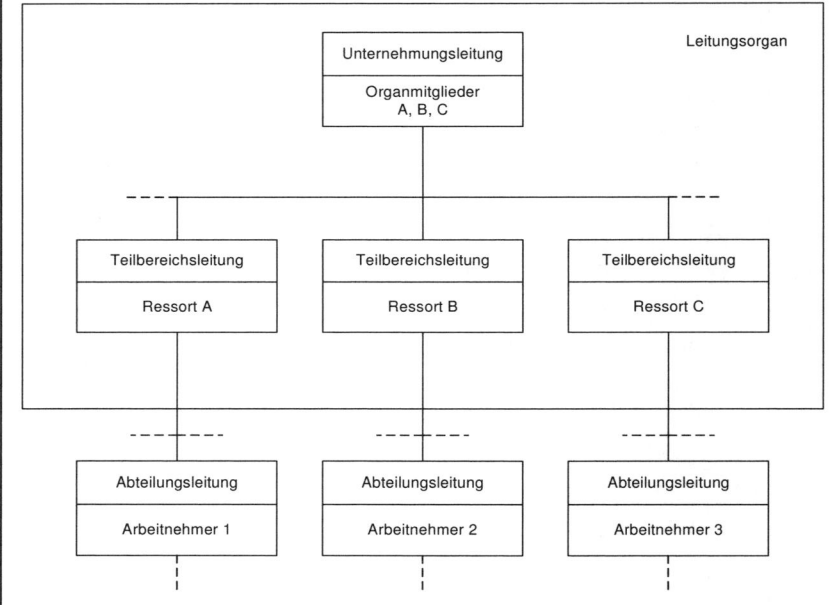

---

[437] Das Ausmaß dieser individuellen Entscheidungskompetenzen hängt vom Delegationsgrad zwischen Unternehmungsleitung und nachgelagerter Hierarchieebene ab. Siehe zu dieser Frage der Detailausformung des Basismodells näher Abschnitt 3.2.2.1, S. 262 ff.

Die leitungsorganinterne Ressortbildung ist aus organisationstheoretischer Perspektive als Gliederung und personelle Besetzung der zweiten Ebene der Entscheidungshierarchie zu interpretieren. Die Organmitglieder fungieren folglich in *Personalunion* einerseits gemeinsam als Unternehmungsleitung und andererseits jeweils als Leiter eines organisatorischen Teilbereichs, den sie im Rahmen der Vorgaben der Unternehmungsleitung selbständig führen („zwei Hüte-Prinzip")[438]. Demzufolge nehmen Arbeitnehmer bei dieser Lösung ihren Platz erst ab der dritten Ebene der Hierarchie organisatorischer Entscheidungseinheiten ein.

Personalunion

Ein Beispiel aus der Praxis für die Verwendung des Ressort-Modells bildet die Organisation des Vorstands der Deutsche Post World Net (siehe Abbildung 3-5)

---

[438] So z. B. Bleicher/Leberl/Paul [Unternehmungsverfassung] 272 f.; Krüger [Organisation] 254; Frese [Grundlagen] 562.

Abbildung 3-5 | *Vorstandsorganisation der Deutsche Post World Net nach dem Ressort-Modell*

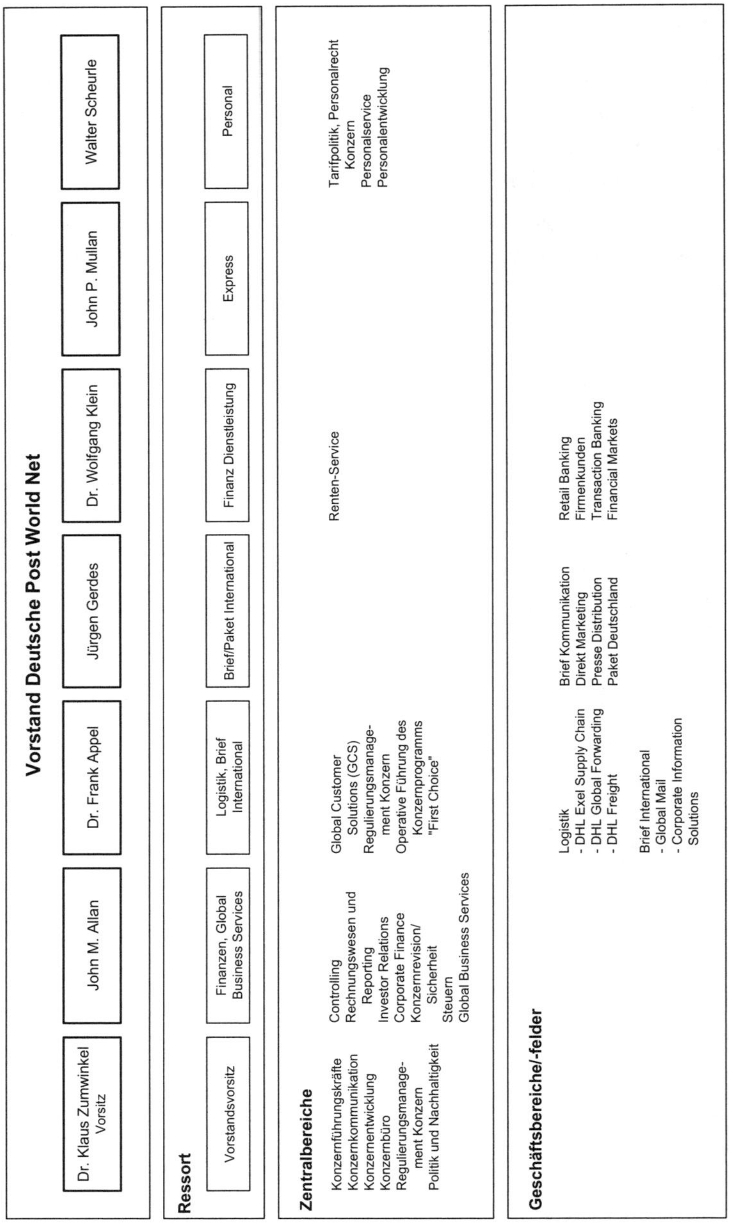

Vorstand Deutsche Post World Net

Dr. Klaus Zumwinkel	John M. Allan	Dr. Frank Appel	Jürgen Gerdes	Dr. Wolfgang Klein	John P. Mullan	Walter Scheurle
Vorsitz						

Ressort

| Vorstandsvorsitz | Finanzen, Global Business Services | Logistik, Brief International | Brief/Paket International | Finanz Dienstleistung | Express | Personal |

Zentralbereiche

Konzernführungskräfte
Konzernkommunikation
Konzernentwicklung
Konzernbüro
Regulierungsmanagement Konzern
Politik und Nachhaltigkeit

Controlling
Rechnungswesen und Reporting
Investor Relations
Corporate Finance
Konzernrevision/Sicherheit
Steuern
Global Business Services

Global Customer Solutions (GCS)
Regulierungsmanagement Konzern
Operative Führung des Konzernprogramms "First Choice"

Renten-Service

Tarifpolitik, Personalrecht Konzern
Personalservice
Personalentwicklung

Geschäftsbereiche/-felder

Logistik
- DHL Exel Supply Chain
- DHL Global Forwarding
- DHL Freight

Brief International
- Global Mail
- Corporate Information Solutions

Brief Kommunikation
Direkt Marketing
Presse Distribution
Paket Deutschland

Retail Banking
Firmenkunden
Transaction Banking
Financial Markets

Eigene Darstellung nach Angaben des Konzerns; Stand: November 2007

3.2.1.1.2.3 Hierarchie-Modell

Dem *Hierarchie-Modell* liegt die Verknüpfung des Direktorialprinzips mit einer ressortgebundenen Unternehmensführung zu Grunde. Idealtypisch lässt sich dieses Modell wie in Abbildung 3-6 darstellen.

Hierarchie-Modell der Organisation des Topmanagements

Abbildung 3-6

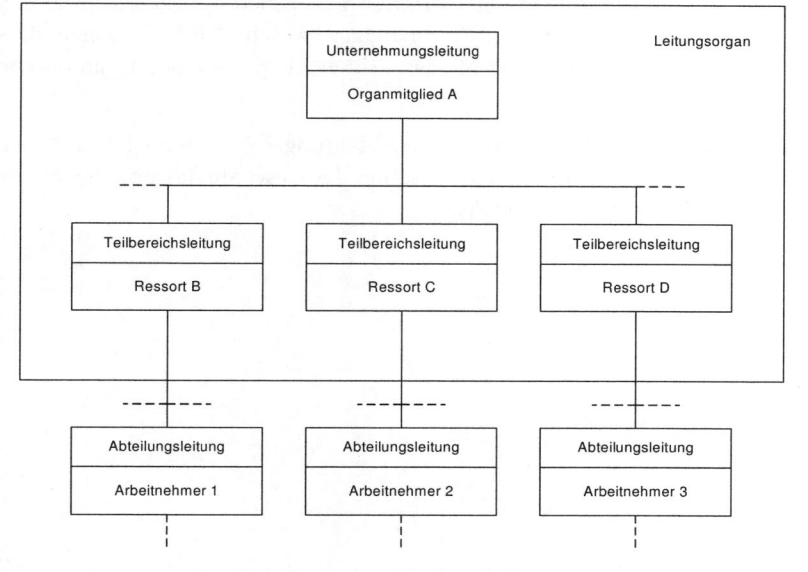

Im Gegensatz zu den beiden bisher behandelten Lösungen wird die Unternehmungsleitung beim Hierarchie-Modell aufgrund der direktorialen Komponente nicht von sämtlichen Angehörigen des Leitungsorgans getragen. Sie konzentriert sich vielmehr in den Händen nur eines[439] Organmitglieds (A). Die organisationstheoretische Projektion der leitungsorganinternen Kompetenzregelungen auf die Hierarchie der organisatorischen Entscheidungseinheiten, die mit der eingeführten konzeptionellen Trennung von Unternehmungsleitung und Leitungsorgan verbunden ist, legt damit eine Gestaltungsmöglichkeit offen, die im Schrifttum häufig nicht hinreichend beachtet wird. Die Unternehmungsleitung – als Hierarchiespitze im organisatorischen Sinne – kann auch bei multipersonaler Besetzung des Leitungs-

*Direktorial-
prinzip*

---

[439] Zur Entlastung des Textes wird hier nur der – vermutlich häufigere – Fall betrachtet, bei dem die Unternehmungsleitung durch ein einziges Organmitglied ausgeübt wird.

organs (vorbehaltlich rechtlicher Restriktionen)[440] als Singularinstanz ausgestaltet werden, indem das Direktorialprinzip – zu Gunsten nur eines Organmitglieds – Verwendung findet.

Ressortbindung

Da beim Hierarchie-Modell zugleich eine Ressortbindung existiert, sind die übrigen Mitglieder des Leitungsorgans (B, C, D) in die Hierarchie der organisatorischen Entscheidungseinheiten eingegliedert. Sie unterstehen damit einerseits den Weisungen ihres hierarchisch übergeordneten Organ-,Kollegen', leiten andererseits aber ihre jeweiligen organisatorischen Teilbereiche (Ressorts) innerhalb der hierdurch gezogenen Grenzen selbständig. Diese Teilbereichsleitung durch Topmanager hat schließlich zur Folge, dass Arbeitnehmer wiederum erst ab der dritten Ebene der organisatorischen Hierarchie eingesetzt werden.

Als Beispiel aus der Praxis lässt das in Abbildung 3-7 wiedergegebene Organigramm erkennen, dass die Organisation der Geschäftsführung der Nestlé S. A. dem Hierarchie-Modell folgt.

---

[440] Siehe hierzu Abschnitt 2.1.2.2.2.2, S. 80 f.

Leitungsorganisation der Nestlé S. A. nach dem Hierarchie-Modell

Abbildung 3-7

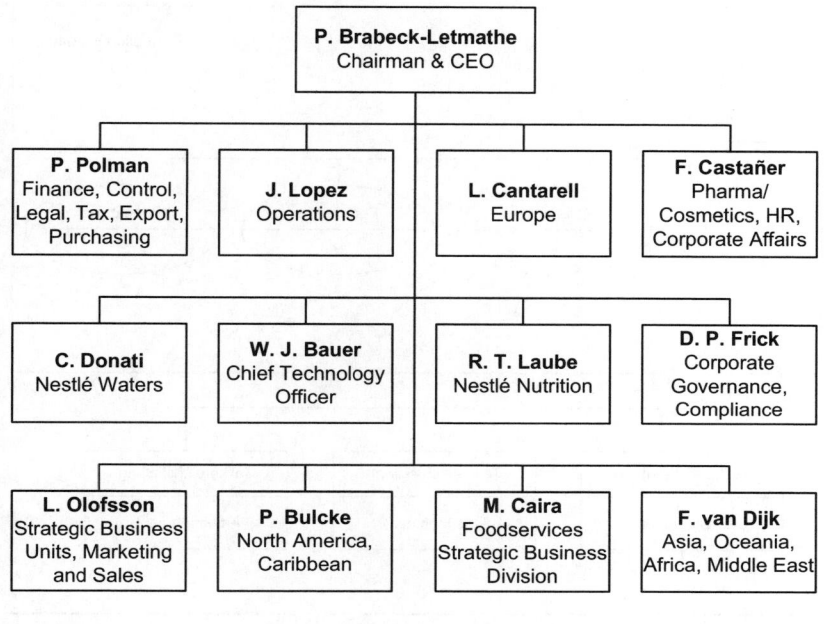

Quelle: Nestlé; Stand: November 2007

3.2.1.1.2.4 Stabs-Modell

Das *Stabs-Modell* basiert auf einer direktorialen Unternehmensführung mit Portefeuillebindung. Seine prinzipielle Konstruktion ist in Abbildung 3-8 wiedergegeben.

Abbildung 3-8   Stabs-Modell der Organisation des Topmanagements

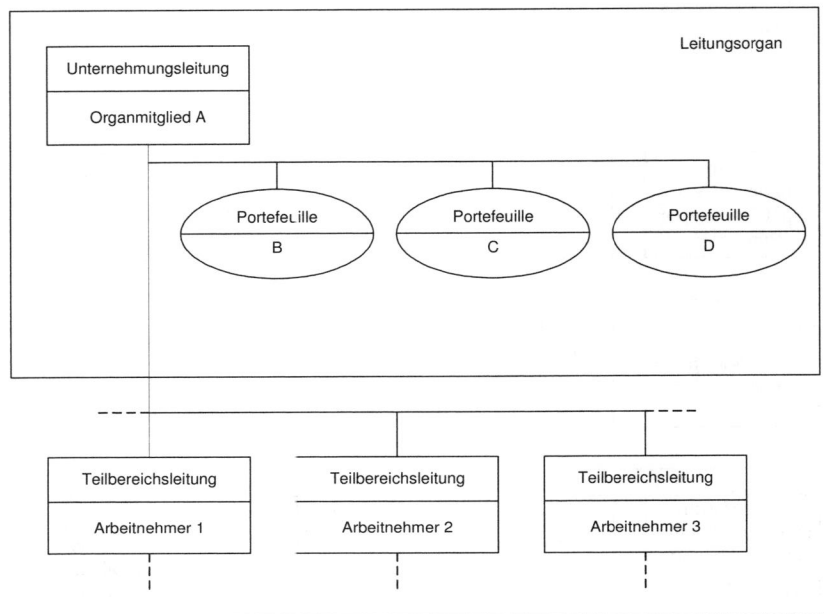

Mit dem Hierarchie-Modell hat das Stabs-Modell die Ausformung der Unternehmungsleitung als Singularinstanz gemeinsam, da wiederum nur ein Organmitglied (A) die Unternehmung direktorial führt. Der Portefeuillecharakter der individuellen Handlungssegmente der übrigen Topmanager (B, C, D) weist diesen Personen hier jedoch lediglich die Aufgabe zu, die Lösung von Entscheidungsproblemen vorzubereiten und in die Entscheidungsfindung der Hierarchiespitze einzubringen. Die organisatorischen Teilbereiche auf der zweiten Hierarchieebene sind demgegenüber der Leitung durch Arbeitnehmer unterstellt.

Die Portefeuille-Inhaber (B, C, D) sind damit von jeglicher Beschlussfassung – sowohl in der Unternehmungsleitung als auch auf nachgelagerten hierarchischen Stufen – ausgeschlossen. Sie haben vielmehr lediglich das unternehmungsleitende Organmitglied (A) aus einer Stabsposition heraus zu unterstützen.

Das Stabs-Modell lässt sich in den offiziellen Organigrammen deutscher Unternehmen kaum nachweisen. Dieser Befund schließt aber – wie auch die späteren Effizienzbewertungen nahe legen[441] – keineswegs aus, dass diese

---

[441] Siehe Abschnitt 3.2.1.2.1.2, S. 217 ff.

186

Gestaltungsvariante de facto, also nach der jeweils tatsächlich gelebten Leitungsorganisation in der Praxis, doch Verwendung findet. Dies gilt namentlich für mittelständische Familienunternehmen, die naturgemäß nur selten Organigramme veröffentlichen.

3.2.1.1.3 Rechtsformabhängige Zulässigkeit der Basismodelle

3.2.1.1.3.1 AG

Die rechtlich zulässigen Gestaltungsmöglichkeiten für die Organisation des Vorstands einer AG hängen davon ab, ob dem Vorstand kraft mitbestimmungsrechtlicher Vorschriften ein *Arbeitsdirektor* angehört. Infolgedessen ist bei der Ausmessung der Optionen für die Vorstandsorganisation zwischen dem Vorstand ohne Arbeitsdirektor und dem Vorstand mit Arbeitsdirektor zu differenzieren. Beschränkt man sich auf konzernfreie Aktiengesellschaften, so liegt der erste Fall dann vor, wenn die AG (außerhalb des Montan-Bereichs[442]) nicht mehr als 2.000 Arbeitnehmer beschäftigt (vgl. § 1 Abs. 1 MitbestG) und damit allenfalls der drittelparitätischen Mitbestimmung nach dem DrittelbG unterliegt, die keinen obligatorischen Arbeitsdirektor vorsieht.

Bedeutung des Arbeitsdirektors

Der Vorstand ohne Arbeitsdirektor kann nach § 76 Abs. 2 Satz 1 AktG aus einer oder mehreren Personen bestehen. Für Gesellschaften mit einem Grundkapital von mehr als drei Mio. Euro empfiehlt das Gesetz zwar einen mindestens zweiköpfigen Vorstand (§ 76 Abs. 2 Satz 2 1. Halbsatz AktG). Die Satzung darf von diesem Vorschlag aber abweichen und einen Einmann-Vorstand vorsehen (§ 76 Abs. 2 Satz 2 2. Halbsatz AktG). Auch in einer – nach dem Grundkapital berechnet – großen AG besteht somit die Wahlmöglichkeit zwischen einem unipersonalen und einem multipersonalen Vorstand. Voraussetzung ist lediglich, dass die Unternehmung hinsichtlich der Mitarbeiterzahl unter dem mitbestimmungsrechtlichen Schwellenwert von 2.000 Arbeitnehmern liegt und damit kein Arbeitsdirektor zu bestellen ist[443]. In der Praxis wird von der Option auf einen unipersonalen Vorstand allerdings nur in seltenen Fällen Gebrauch gemacht[444]. Vielmehr zählt es zu den allgemein akzeptierten Grundsätzen ordnungsmäßiger Unternehmenslei-

Ein- und mehrköpfige Vorstände

---

[442] Im Ausnahmefall einer Montan-Unternehmung, der in der vorliegenden Schrift nicht näher erörtert wird (siehe Abschnitt 2.1.2.2.2.1, S. 77 f.) liegt die entsprechende Grenze bei 1.000 Arbeitnehmern.

[443] Anderenfalls muss der AG-Vorstand mindestens zwei Personen umfassen, siehe näher Abschnitt 2.2.1.1.2.3, S. 103.

[444] Vgl. auch Ringleb [Kommentierungen] Rn. 663 ff. Ein prominentes Beispiel bildet etwa der Vorstand der VARTA AG, im Internet abrufbar unter: http://company. varta.com/de/index.php?content=konzern/portrait.php, Stand: 15.9.2005.

tung, zumindest größere Aktiengesellschaften im Normalfall mit einem mehrköpfigen Vorstand auszustatten[445].

Vorsitzender und Sprecher des Vorstands

Innerhalb multipersonaler Vorstände finden sich in der Unternehmungspraxis Unterscheidungen zwischen dem Vorsitzenden und dem Sprecher des Vorstands auf der einen Seite sowie zwischen ordentlichen und stellvertretenden Vorstandsmitgliedern[446] andererseits. Während der *Vorsitzende* des Vorstands im AktG ausdrücklich als Rechtsfigur angesprochen wird, handelt es sich beim *Sprecher* des Vorstands um eine Position, die sich in der Praxis herausgebildet hat[447]. Im Gegensatz zum Vorstandsvorsitzenden, der vom Aufsichtsrat ernannt wird (§ 84 Abs. 2 AktG), erfolgt die Wahl zum Sprecher des Vorstands (in Ermangelung eines vom Aufsichtsrat ernannten Vorstandsvorsitzenden) durch die Mitglieder des Vorstands selbst. Wenngleich sich die Kompetenzen des Vorstandsvorsitzenden in Nuancen von den Befugnissen eines Vorstandssprechers unterscheiden und im Zweifel weiter reichen[448], sind für die Wahl einer der beiden Alternativen in der Praxis Branchengepflogenheiten letztlich ausschlaggebender als Kompetenzüberlegungen. So verfügen beispielsweise Vorstände von Banken traditionell eher über Sprecher und Vorstände von Industrieunternehmen eher über Vorsitzende. Vor diesem Hintergrund kann im Weiteren zur Entlastung des Textes auf eine Unterscheidung zwischen dem Vorsitzenden und dem Sprecher des Vorstands verzichtet werden.

Ordentliche und stellvertretende Vorstandsmitglieder

Die Differenzierung zwischen ordentlichen und stellvertretenden Vorstandsmitgliedern soll eine gewisse rangmäßige Abstufung zum Ausdruck bringen und wird vor allem bei Neuberufungen praktiziert, indem die betreffenden Personen zunächst zu *stellvertretenden Vorstandsmitgliedern* ernannt und nach entsprechender Bewährung zu *ordentlichen Mitgliedern* des Vorstands ‚befördert' werden[449]. Mit Blick auf die juristischen Spielräume

---

445 Siehe v. Werder [Unternehmungsleitung] 60 und die zustimmenden empirischen Befunde bei v. Werder et al. [Grundsätze] 1196 sowie auch Tz. 4.2.1 Satz 1 DCGK: „Der Vorstand soll aus mehreren Personen bestehen und einen Vorsitzenden oder Sprecher haben.".

446 So z. B. bei der DaimlerChrysler AG.

447 Siehe hierzu und zum Folgenden Ringleb [Kommentierungen] Rn. 669 ff.; Hefermehl/Spindler [Kommentierungen] § 84 Rn. 80 ff.; Lutter/Krieger [Rechte] Rn. 438 ff.; Hüffer [Aktiengesetz] § 84 Rn. 20 ff.; Hoffmann-Becking [Organisation] 517 f.

448 Nach Lutter/Krieger [Rechte] Rn. 442 hat der Sprecher nicht die besonderen Koordinations- und Überwachungsfunktionen des Vorsitzenden, sondern ist auf sitzungsleitende und repräsentative Sonderfunktionen beschränkt. Vgl. auch Hüffer [Aktiengesetz] § 84 Rn. 22; Hoffmann-Becking [Organisation] 517; Hefermehl/Spindler [Kommentierungen] § 84 Rn. 83.

449 Siehe zur Bedeutung der Differenzierung zwischen ordentlichen und stellvertretenden Vorstandsmitgliedern auch Schlaus [Vorstandsmitglied] 1653 f.; Mertens [Kommentierungen Aktiengesetz] § 94 Rn. 2 ff.; Lutter/Krieger [Rechte] Rn. 453;

der Vorstandsorganisation ist allerdings zu beachten, dass die Stellvertreter gem. § 94 AktG vollumfänglich den rechtlichen Status der ordentlichen Organmitglieder bekleiden[450]. Da sämtliche einschlägigen Rechtsvorschriften somit gleichermaßen für ordentliche und stellvertretende Vorstandsmitglieder gelten, wird im Folgenden zwischen diesen beiden Gruppen nicht mehr unterschieden.

Vorstand ohne Arbeitsdirektor

Für die Regelung der Zusammenarbeit im Mehrpersonen-Vorstand ohne Arbeitsdirektor bildet § 77 Abs. 1 AktG die Zentralnorm, an der sämtliche Organisationsmaßnahmen zu messen sind. Diese Bestimmung verankert in Satz 1 den Grundsatz der Gesamtgeschäftsführung, der die Vorstandsmitglieder nur zur gemeinschaftlichen Unternehmungsführung befugt. Satz 2 der Vorschrift gestattet hiervon zwar Abweichungen durch Satzung oder Geschäftsordnung, begrenzt die zulässigen Modifikationen jedoch durch das Verbot, einzelnen Vorstandsmitgliedern ein Entscheidungsrecht gegen die Vorstandsmehrheit einzuräumen. Mit der Verankerung der Gesamtgeschäftsführungsbefugnis als Prinzip und insbesondere durch die Untersagung von Minderheitsentscheiden schreibt § 77 Abs. 1 AktG für die Willensbildung im Leitungsorgan der AG zwingend das Kollegialprinzip vor[451].

Kollegialprinzip

Hüffer [Aktiengesetz] § 94 Rn. 1 ff.; Hefermehl/Spindler [Kommentierungen] § 94 Rn. 1 ff.

[450] Vgl. nur Hefermehl/Spindler [Kommentierungen] § 94 Rn. 1; Tomat [Kommentierungen] § 22 Rn. 189; Hüffer [Aktiengesetz] § 94 Rn. 1 f.; Habersack [Kommentierungen Aktiengesetz] § 94 Rn. 1.

[451] Vgl. nur Kort [Kommentierungen] § 77 Rn. 1 f.; Hefermehl/Spindler [Kommentierungen] § 77 Rn. 6; Hoffmann-Becking [Organisation] 507 f. sowie Seibt [Kommentierungen] § 77 Rn. 5 f., 13.

*Gesamtvorstand
als Unterneh-
mungsleitung*

Aus der aktienrechtlichen Verpflichtung auf das Kollegialprinzip folgt zunächst, dass aus dem Kreis der vorgestellten vier Basismodelle das Hierarchie-Modell und das Stabs-Modell für die Organisation eines AG-Vorstands nicht zur Verfügung stehen. Dieser Ausschluss der beiden direktorialen Modelle bewirkt zugleich, dass (nur) das aus sämtlichen Vorstandsmitgliedern bestehende Gremium *Gesamtvorstand* die Unternehmungsleitung der korrekt geführten AG bilden darf. Konkret bedeutet dies vor allem, dass der vom Aufsichtsrat eventuell ernannte Vorsitzende des Vorstands (§ 84 Abs. 2 AktG) nicht allein als Hierarchiespitze, sondern nur als primus inter pares im Gesamtgremium fungieren darf. So kann der Vorstandsvorsitzende zwar beispielsweise neben seiner Befugnis, die Vorstandssitzungen vorzubereiten und zu leiten, berechtigt werden, bei einer Ressortbindung seiner Vorstandskollegen koordinationsunterstützend zu wirken und – wie andere Organmitglieder bei entsprechender Ermächtigung auch – bei Pattsituationen im Vorstand mit seiner Stimme den Ausschlag zu geben[452]. Er darf aber

*Kein
Generaldirektor*

nicht über die (Allein-)Entscheidungskompetenzen des früher nach AktG 1937 zulässigen so genannten „Generaldirektors" verfügen[453]. In der AG kann eine rechtlich statthafte direktoriale Unternehmungsführung demnach nur dann realisiert werden, wenn mangels Arbeitsdirektor und aufgrund einer entsprechenden Satzungsbestimmung ein unipersonaler Vorstand etabliert wird und etabliert werden darf.

Sprecher-Modell

Das Sprecher-Modell und das Ressort-Modell sind demgegenüber im Prinzip gleichermaßen mit den aktienrechtlichen Organisationsnormen vereinbar. Dabei korrespondiert das Sprecher-Modell in Hinblick auf die ausschließliche Formulierung gemeinsamer Entscheidungskompetenzen mit dem Grundsatz der Gesamtgeschäftsführung, der die Beteiligung sämtlicher Vorstandsmitglieder an den Beschlüssen des Leitungsorgans vorsieht. Die Willensbildung kann hier entweder nach dem Einstimmigkeitsprinzip erfolgen, das jedem Mitglied des Vorstands zugleich ein Vetorecht verleiht, oder – bei einem mehr als zweiköpfigen Vorstand – nach einem Mehrheitsprinzip (z. B. einfache oder qualifizierte Mehrheit)[454].

Ressort-Modell

Das Ressort-Modell lässt sich in seiner Grundkonstruktion verwirklichen durch die Einräumung von Einzelgeschäftsführungsbefugnissen, die in Verbindung mit einer so genannten „Geschäftsverteilung" individuelle

---

[452] Im Fall eines zweiköpfigen Vorstands ist ein Stichentscheidungsrecht für den Vorstandsvorsitzenden allerdings nach ganz herrschender Meinung unzulässig, vgl. Priester [Stichentscheid] 254.

[453] Vgl. z. B. Henn [Handbuch] § 18 Rn. 537; Hefermehl/Spindler [Kommentierungen] § 77 Rn. 15; Hüffer [Aktiengesetz] § 77 Rn. 2.

[454] Vgl. insgesamt zu den Formen der rechtlich zulässigen Organisation der Vorstandsarbeit Hefermehl/Spindler [Kommentierungen] § 77 Rn. 4 ff.; Kort [Kommentierungen] § 77 Rn. 23 f., 36, 46 ff.; Dose [Rechtsstellung] 47 ff.; Hoffmann-Becking [Organisation] 506 ff.

Entscheidungskompetenzen der einzelnen Vorstandsmitglieder für ihre Ressorts schaffen[455]. Bei der Ausformung des Modells sind allerdings die Gestaltungsgrenzen zu beachten, die das aktienrechtliche Kollegialprinzip einer Kompetenzübertragung vom Gesamtvorstand auf einzelne seiner Mitglieder setzt. Diese Organisationsrestriktionen betreffen im Einzelnen die Delegation und die Bereichsbildung innerhalb des Leitungsorgans und werden geschlossen im Rahmen der Ausführungen zur diesbezüglichen Detailausformung der Basismodelle erörtert[456].

Vorstand mit Arbeitsdirektor

In Aktiengesellschaften, die dem MitbestG unterfallen, ist als gleichberechtigtes Mitglied des Vorstands ein Arbeitsdirektor zu bestellen, der wie die übrigen Mitglieder des Leitungsorgans im engsten Einvernehmen mit dem Gesamtorgan seine Aufgaben auszuüben hat (§ 33 Abs. 1 Satz 1, Abs. 2 Satz 1 MitbestG). Die spezifischen Aufgaben des Arbeitsdirektors, die neben seine allgemeinen Organzuständigkeiten treten, erhalten durch das Gesetz keine nähere Präzisierung. Sie umfassen nach einer im juristischen Schrifttum gemeinhin akzeptierten Formel zumindest den so genannten *Kernbereich der personellen und sozialen Fragen in der Unternehmung*[457]. Über den Umfang dieses Kernbereichs und damit das Ausmaß der gesetzlichen Kompetenzgarantie für den Arbeitsdirektor herrscht zwar hinsichtlich der Details keine Einigkeit[458]. Die in der Literatur entwickelten Aufgabenkataloge vermitteln aber immerhin gewisse Vorstellungen über konkrete Zuständigkeiten, die Arbeitsdirektoren im Einzelfall per se zukommen. Als Beispiel gibt Abbildung 3-9 eine von Arbeitgeber-Seite erarbeitete „Musterstellenbeschreibung" wieder[459]. Darüber hinaus können einem nach MitbestG be-

Aufgaben des Arbeitsdirektors

---

[455] Zur Einzelgeschäftsführung und Geschäftsverteilung statt vieler Hefermehl/Spindler [Kommentierungen] § 77 Rn. 21 ff.; Hoffmann-Becking [Organisation] 506 ff.; Wiesner [Kommentierungen] § 22 Rn. 12 ff.

[456] Siehe Abschnitt 3.2.2.1, S. 262 ff.

[457] Vgl. nur Hoffmann [Kernbereich] 18 sowie allgemein aus der Literatur zum Arbeitsdirektor Leicht [Arbeitsdirektor]; Martens [Arbeitsdirektor] 57 ff.; Ostertag [Arbeitsdirektoren]; Przybylski [Bedeutung].

[458] So ist die Zugehörigkeit der personal- und sozialwirtschaftlichen Angelegenheiten der leitenden Angestellten zum Kernbereich umstritten. Sie wird z. B. von Säcker [Geschäftsordnung] 1994 f. grundsätzlich bejaht, von Hoffmann [Kernbereich] 19 prinzipiell verneint.

[459] Vgl. Ausschuss für Soziale Betriebsgestaltung bei der Bundesvereinigung der Deutschen Arbeitgeberverbände [Leiter] 3 f. und ferner die Aufgabenkataloge in LG Frankfurt, AG 1984, 277; Spie/Piesker [Geschäftsbereich] 76 ff.; Hoffmann/Lehmann/Weinmann [Mitbestimmungsgesetz] § 33 Rn. 15; Spie [Personalmanager] 101 ff.; Hammacher [Praxis] 164 f.; Raiser [Mitbestimmungsgesetz] § 33 Rn. 16, 21; Köstler et al. [Aufsichtsratspraxis] Rn. 642 sowie Gach [Kommentierungen] § 33 MitbestG Rn. 32 f. m. w. N.

stellten Arbeitsdirektor auch ‚normale' Aufgaben außerhalb des personellen und sozialen Bereichs übertragen werden, sofern es seine Kapazitäten erlauben[460].

Abbildung 3-9

Beispiel einer Stellenbeschreibung für den Leiter des Bereichs „Personal- und Sozialwesen"

1. Aufgaben als Mitglied des Vertretungsorgans

1.1 Mitwirken bei der Festlegung und Durchsetzung der allgemeinen unternehmenspolitischen Ziele (Gesamtgeschäftsführung), d. h. Mitwirken bei Entscheidungen von allgemeiner und grundsätzlicher unternehmenspolitischer Bedeutung, vor allem über Fragen der
- Grundlagenforschung
- Produktionsgestaltung und -entwicklung
- Investitionsplanung
- Absatz- und Preisgestaltung
- Beschaffungspolitik
- Organisation
- Finanzpolitik

1.2 Vertretung des Personal- und Sozialressorts in der Unternehmensleitung

1.3 Generelle Abstimmung der Personal- und Sozialaufgaben mit der allgemeinen Unternehmenspolitik, spezielle Abstimmung im Einzelfall mit den beteiligten Fachressorts

1.4 Regelmäßige Information der Unternehmensleitung über Vorgänge des Personal- und Sozialressorts sowie über Abweichungen von den allgemeinen Zielsetzungen

1.5 Mitwirken bei sonstigen der Unternehmensleitung vorbehaltenen Regelungen und Entscheidungen, z. B. über Kapitalrendite, Kapitaleinsatz, Budget und andere – in der Geschäftsordnung der Personalzusatzleistungen
- Personalplanung (Bedarf, Beschaffung bzw. Abbau, Einsatz, Umsetzung, Entwicklung, Kosten)
- Arbeitsgestaltung
- Personalorganisation
- Mitarbeiterführung (Information, Beurteilungswesen, Motivation)
- Innerbetriebliche Konfliktregelung
- Aus- und Fortbildung von Mitarbeitern, Führungsnachwuchs
- Betriebliches Vorschlagwesen
- Verwaltung von Sozialeinrichtungen (Betriebliche Altersversorgung, Betriebskrankenkasse, Werksküchen und Kantinen, Unterstützungskassen, Sozialfonds, Werkswohnungen, Erholungsheime usw.)

– Personalverwaltung (Einstellung und Ausscheiden, Führung der Personalakten, Personal- und Sozialstatistik, Lohn- und Gehaltsabrechnung, EDV-Systeme, Arbeitsgerichtsprozesse) des Vorstandes näher bestimmte – Fragen

1.6 Mitwirken bei der regelmäßigen Information des Aufsichtsrates über die allgemeine Geschäftslage sowie über Einzelfragen von grundsätzlicher oder größerer Bedeutung

1.7 Vertretung des Unternehmens nach innen und nach außen

2. Aufgaben als Leiter des Personalressorts

2.1 Vertretung der Unternehmensleitung gegenüber Betriebsrat und Belegschaft, z. B. in
- Verhandlungen mit dem Betriebsrat und/oder Gesamtbetriebsrat und deren Gremien
- Betriebsversammlungen

2.2 Vertretung des Unternehmens in Fragen der betrieblichen Personal- und Sozialpolitik nach außen (in Arbeitgeberverbänden, Kammern, publizistischen Medien usw.)

2.3 Vertretung der Unternehmerinteressen in Tarifverhandlungen zwischen Arbeitgeberverbänden und Gewerkschaften

2.4 Umsetzen der von der Unternehmensleitung festgelegten allgemeinen Unternehmenspolitik in Richtlinien für die Personal- und Sozialpolitik und Überwachen ihrer Einhaltung auf folgenden Gebieten:
- Gestaltung der betrieblichen Lohn- und Gehaltspolitik einschließlich

2.5 Mitwirkung bei Planung und Durchführung der arbeitsmedizinischen Betreuung

2.6 Mitwirkung bei Planung und Realisierung der Arbeitssicherheit

2.7 Einzelverhandlungen mit Mitarbeitern in Sonderfällen

2.8 Betreuung der Führungskräfte

2.9 Allgemeine Koordinierungsaufgaben

2.10 Übernahme weiterer Aufgaben gemäß Geschäftsverteilungsplan

Quelle: Bundesvereinigung der Deutschen Arbeitgeberverbände [Personalpolitik] 21 ff.

---

460 Vgl. Fitting/Wlotzke/Wißmann [Mitbestimmungsgesetz] § 33 Rn. 35 f.

Die skizzierten Bestimmungen bewirken zunächst zum einen, dass eine paritätisch mitbestimmte AG zwangsläufig über ein multipersonales Leitungsorgan verfügt, da § 33 MitbestG nach herrschender Meinung zumindest ein weiteres Organmitglied neben dem Arbeitsdirektor voraussetzt[461]. Im Gegensatz zur allenfalls drittelparitätisch mitbestimmten AG[462] untersagen sie hiermit auch die direktoriale Unternehmungsführung durch den einköpfigen Vorstand.

Zum anderen verleihen die genannten Organisationsnormen dem Personal- und Sozialwesen in der Gestalt des Arbeitsdirektors unabdingbar Vorstandsrang. Hiermit sind bestimmte Implikationen für die Detailausformung der organinternen Delegation und Bereichsbildung verbunden, die weiter unten eingehender erörtert werden. Für die hier allein interessierende Frage nach der Zulässigkeit der vier Basismodelle hingegen resultiert aus der gesetzlich geforderten Gleichberechtigung (lediglich) das Verbot, dem Arbeitsdirektor (aus unsachlichen Gründen) geringere Entscheidungskompetenzen zu eröffnen als seinen Vorstandskollegen. Dieses *Diskriminierungsverbot* besagt konkret auf der einen Seite z. B., dass der Arbeitsdirektor nicht allein nur gesamtgeschäftsführungsbefugt sein darf, falls die übrigen Vorstandsmitglieder sämtlich über Einzelgeschäftsführungsbefugnisse verfügen. Es schließt aber auf der anderen Seite beispielsweise nicht aus, einen Vorstandsvorsitzenden im bereits umrissenen aktienrechtlich zulässigen Kompetenzrahmen zu ernennen und/oder stets gemeinsame Entscheidungen sämtlicher Vorstandsmitglieder vorzusehen[463]. Hieraus folgt namentlich, dass sowohl das Sprecher-Modell als auch das Ressort-Modell unter der Bedingung einer (prinzipiellen) Gleichbehandlung der Vorstandsmitglieder auch für die Organisation eines AG-Vorstands mit Arbeitsdirektor zur Verfügung stehen. Dabei bedeutet die Zulässigkeit des Sprecher-Modells für die Intensität der organisatorischen Verankerung des Personal- und Sozialwesens im Vorstand, dass sämtliche Fragen aus diesem Bereich auch bei korrekter Bestellung und Kompetenzausstattung eines Arbeitsdirektors nicht von diesem Vorstandsmitglied allein, sondern – wie alle übrigen Vorstandsangelegenheiten – nur vom Gesamtgremium entschieden werden können. Das Ressort-Modell erlaubt es hingegen dem Arbeitsdirektor – wie seinen Vorstandskollegen auch –, die Entscheidungen seines (Personal-)Ressorts innerhalb der Rahmenvorgaben der Unternehmungsleitung selbständig zu treffen.

---

[461] Vgl. nur Hoffmann/Lehmann/Weinmann [Mitbestimmungsgesetz] § 33 Rn. 22.

[462] Siehe Abschnitt 3.2.1.1.3.1, S. 190.

[463] Vgl. zum Ganzen Fitting/Wlotzke/Wißmann [Mitbestimmungsgesetz] § 33 Rn. 42 ff.

3.2.1.1.3.2 GmbH

Nach den oben durchgeführten Untersuchungen zur Spitzenorganisation können zumindest in der mitbestimmungsfreien GmbH mehrere Gesellschaftsorgane alternativ die Funktion der Unternehmungsleitung ausüben[464]. Vor diesem Hintergrund müsste die rechtliche Analyse der leitungsorganisatorischen Gestaltungsspielräume an dieser Stelle streng genommen für sämtliche statthaften Organkonfigurationen durchgeführt werden. Konkret wäre danach zu prüfen, welche der eingeführten vier Basismodelle für die Organisation des Leitungsorgans im Fall der gesellschaftergeleiteten, der aufsichtsratsgeleiteten und der geschäftsführergeleiteten GmbH gewählt werden dürfen. Aus Gründen des Umfangs kann im Folgenden jedoch nur die Situation eingehender behandelt werden, bei der Geschäftsführer über hinreichende Entscheidungskompetenzen verfügen, um als Hierarchiespitze qualifiziert zu werden (geschäftsführergeleitete GmbH).

Wie im Fall der AG richten sich die rechtlich zulässigen Optionen für die Ausgestaltung der Spitzenorganisation danach, ob die Unternehmung paritätisch mitbestimmt und somit ein Arbeitsdirektor als Mitglied des Leitungsorgans zu bestellen ist. Infolgedessen trennen die weiteren Ausführungen zwischen der Geschäftsführung ohne Arbeitsdirektor und der Geschäftsführung mit Arbeitsdirektor.

Geschäftsführung ohne Arbeitsdirektor

Die für die Spitzenorganisation, also das Verhältnis der Gesellschaftsorgane untereinander herausgearbeitete GmbH-typische Organisationsflexibilität lässt sich auch für den Bereich der Organisation der Geschäftsführung (Leitungsorganisation) konstatieren. Die im Vergleich zum AktG deutlich geringere Regelungsdichte kommt bereits darin zum Ausdruck, dass das GmbHG die Zahl der Geschäftsführer nicht explizit thematisiert. Vielmehr darf jede GmbH ohne Arbeitsdirektor alternativ eine uni- oder multipersonale Geschäftsführung aufweisen[465]. Ferner enthält das GmbHG keine mit § 77 AktG korrespondierende zentrale Organisationsnorm für die Geschäftsführung durch ein multipersonales Leitungsorgan.

---

[464] Siehe Abschnitt 2.2.1.2.3.1, S. 129 ff.

[465] Siehe auch Hommelhoff/Kleindiek [Kommentierungen] § 6 Rn. 5; Hueck/Fastrich [Kommentierungen] § 6 Rn. 5; Schneider [Kommentierungen GmbH-Gesetz] § 6 Rn. 7.

Trotz fehlender gesetzlicher Verankerung verfügen die Mitglieder einer mehrköpfigen Geschäftsführung nach herrschender Meinung zwar im Normalfall ebenfalls nur über eine Gesamtgeschäftsführungsbefugnis[466]. Die Satzung oder die Geschäftsordnung des Leitungsorgans dürfen hiervon aber in stärkerem Maße als nach AktG abweichen. Bemerkenswert ist in diesem Zusammenhang vor allem, dass die Modifikationen nicht nur auf Einzelgeschäftsführung basierende Geschäftsverteilungen (und damit Ressortbildungen) vorsehen können. Erlaubt sind vielmehr auch deutliche Kompetenz-Ungleichgewichte zwischen den Topmanagern, da das Kollegialprinzip für die Geschäftsführung der GmbH nicht in vergleichbarem Umfang wie bei der AG gilt. Zwar dürfen einzelne Mitglieder des Leitungsorgans einerseits nach herrschender Meinung nicht gänzlich von der Geschäftsführung ausgeschlossen werden, da allen Geschäftsführern bestimmte zwingende Organpflichten obliegen[467]. Andererseits ist es nach wohl überwiegender Ansicht aber durchaus rechtmäßig, einzelne Organmitglieder in ihrer Zuständigkeit auf den Bereich dieser gesetzlichen Mindestkompetenzen zu beschränken oder außerhalb dieses Kompetenzbereichs den Weisungen anderer Geschäftsführer zu unterstellen[468].

Kein Kollegialprinzip

Die Konturen der obligatorischen Organaufgaben, die sämtliche Geschäftsführer zwangsläufig treffen, werden in der juristischen Literatur zwar nur vage umrissen und sind dementsprechend rechtsunsicher. Soweit die einschlägigen Beiträge die erforderlichen Mindestzuständigkeiten eines Geschäftsführers überhaupt näher ausloten, listen sie zum einen gesetzlich begründete Einzelpflichten (etwa § 41 Abs. 1 GmbHG: Buchführung, § 49 Abs. 3 GmbHG: Einberufung der Gesellschafterversammlung bei Verlust der Hälfte des Stammkapitals und § 64 GmbHG: Konkursantragspflicht) auf[469]. Zum anderen wird auf die generellen Informations- und Überwachungsaufgaben jedes Geschäftsführers zur Gewährleistung eines recht- und ordnungsmäßigen Geschäftsbetriebs hingewiesen[470]. Mit einer gewissen Verein-

Mindest-zuständigkeiten

---

[466] Vgl. Zöllner [Kommentierungen] § 37 Rn. 16; Schneider [Kommentierungen] § 37 Rn. 21.

[467] Siehe Koppensteiner [Kommentierungen GmbHG] § 37 Rn. 39; Schneider [Kommentierungen] § 37 Rn. 37; Mertens [Kommentierungen GmbHG] § 37 Rn. 15.

[468] Vgl. Schneider [Kommentierungen] § 37 Rn. 37; Mertens [Kommentierungen GmbHG] § 37 Rn. 16; Koppensteiner [Kommentierungen GmbHG] § 37 Rn. 39; Wagner [Stellung] 21; Altmeppen [Kommentierungen] § 37 Rn. 33; Ammon et al. [GmbH] 218 („Die Gesellschafter unterliegen bei der Festlegung der Geschäftsverteilung keinerlei Schranken."); Sudhoff/Sudhoff [GmbH] 253 ff.

[469] So Fleck [Haftung] 225; Schneider [Kommentierungen] § 37 Rn. 37 nennt neben § 64 GmbHG auch § 34 AO 1977 – steuerliche Pflichten der gesetzlichen Vertreter –; Koppensteiner [Kommentierungen GmbHG] § 37 Rn. 6; Raiser/Veil [Recht] § 32 Rn. 1; Mertens [Kommentierungen GmbHG] § 37 Rn. 15; Altmeppen [Kommentierungen] § 37 Rn. 6.

[470] Zum Letzteren vor allem Mertens [Kommentierungen GmbHG] § 37 Rn. 15.

fachung lässt sich aus diesen Äußerungen folgern, dass die Erfüllung des im öffentlichen Interesse liegenden Pflichtenkreises, der auch im lateralen Verhältnis zu Gesellschafterversammlung und Aufsichtsrat satzungsfest ist[471], sowie ein Kernbestand an Kontrollkompetenzen sämtlichen Mitgliedern des Leitungsorgans zustehen. Hiervon abgesehen dürfen einzelne Geschäftsführer aber insbesondere von den an dieser Stelle in erster Linie interessierenden betriebswirtschaftlichen Entscheidungen der Unternehmungsleitung ausgeschlossen werden.[472]

Alle Basismodelle zulässig

Vor dem Hintergrund dieser Befunde kann festgestellt werden, dass im Fall der GmbH ohne Arbeitsdirektor alle vier Basismodelle der Organisation der Unternehmungsleitung von ihrer Grundkonzeption her rechtsnormverträglich sind. Dabei ergeben sich beim Sprecher-Modell keine wesentlichen Unterschiede zwischen Vorstand und Geschäftsführung bei der Modellausgestaltung, da diese Organisationsform dem Grundsatz der Gesamtgeschäftsführung am ehesten entspricht. Demgegenüber erweitert die fehlende Betonung des Kollegialprinzips im GmbH-Recht den Organisationsspielraum bereits beim Modell der Personalunion, da Geschäftsführer ihre Ressorts tendenziell unabhängiger voneinander leiten dürfen als vergleichbare Vorstandsmitglieder[473].

Hierarchie-Modell

Die vollständige hierarchische Unterordnung bestimmter Geschäftsführer unter andere Mitglieder des Topmanagements läuft zwar aufgrund der obligatorischen Mindestzuständigkeiten jedes Angehörigen des Leitungsorgans GmbH-rechtlichen Vorschriften zuwider. Das Hierarchie-Modell lässt sich in seiner Grundstruktur der Kompetenzverteilung aber gleichwohl weit gehend verwirklichen. Es ist demnach zulässig, einzelne – ordentliche oder stellvertretende (§ 44 GmbHG) – Geschäftsführer außerhalb ihres zwingenden Kompetenzbereichs lediglich als weisungsgebundene Leiter organisatorischer Teilbereiche einzusetzen. Die Spitzeneinheit der Hierarchie (Unternehmungsleitung) wird bei dieser Lösung dann nur mit dem oder den organintern weisungsbefugten Geschäftsführern besetzt.

---

471 Siehe Abschnitt 2.2.1.2.2.1, S. 119 und S. 122 f.

472 Dieses Ergebnis harmoniert auch mit der rechtlich statthaften Gestaltungsmöglichkeit, die Geschäftsführung der mitbestimmungsfreien GmbH insgesamt von den betriebswirtschaftlichen Entscheidungen prinzipiell auszuschließen und auf die Stellung eines (Quasi-)Realisationsorgans der Gesellschafterweisungen zu reduzieren, vgl. hierzu Abschnitt 2.2.1.2.3.1, S. 132.

473 Auf bestehende Unterschiede zur AG weist explizit auch Schneider [Kommentierungen] § 43 Rn. 39 hin. Vgl. ferner Zöllner [Kommentierungen] § 35 Rn. 33, der Beschränkungen des allgemeinen Informationsrechts eines Geschäftsführers hinsichtlich fremder Ressorts anerkennt, „soweit dafür sachlicher Grund besteht, wie bei besonderem Geheimhaltungsinteresse oder ad hoc zu befürchtender Interessenkollision". Siehe im Übrigen zu Einzelheiten der Detailausformung der Basismodelle durch Delegation und Bereichsbildung Abschnitt 3.2.2, S. 262 ff.

Mit analogen Einschränkungen ist auch das Stabs-Modell als juristisch akzeptabel für die Organisation einer GmbH-Geschäftsführung ohne Arbeitsdirektor anzusehen. Der entscheidungsbefugte und organintern weisungsfreie (Teil der) Geschäftsführer übt hierbei aus organisationstheoretischer Sicht die Unternehmungsleitung aus. Die übrigen Organmitglieder hingegen werden – außer im rudimentären Bereich der zwingenden Geschäftsführerpflichten – rechtsnormverträglich bloß entscheidungsvorbereitend tätig.

Stabs-Modell

Geschäftsführung mit Arbeitsdirektor

Die mitbestimmungsrechtlichen Vorschriften über den Kompetenzstatus des Arbeitsdirektors im Leitungsorgan sind rechtsformneutral ausgestaltet (siehe § 33 MitbestG). Die im vorangegangenen Abschnitt analysierten Konsequenzen für die Vorstandsorganisation gelten daher grundsätzlich auch für die Organisation der Geschäftsführung einer vom MitbestG erfassten GmbH. In Anbetracht der größeren Flexibilität der Leitungsorganisation nach GmbH-Recht sind die organisatorischen Implikationen des Arbeitsdirektors bei der GmbH allerdings gravierender.

*Rechtsform-
neutraler
Arbeitsdirektor*

Während das Hierarchie-Modell und das Stabs-Modell für den Vorstand bereits aus aktienrechtlichen Gründen ausscheiden, sind beide Organisationsformen mit den Wertungen des GmbHG kompatibel. Die gesellschaftsrechtlich fehlende Betonung des Kollegialprinzips kollidiert aber mit den mitbestimmungsrechtlichen Normen, die den Arbeitsdirektor als gleichberechtigtes Organmitglied vorschreiben. Da nach der weit vorherrschenden Rechtsauffassung dem Gleichbehandlungsgebot in § 33 MitbestG der Vorrang auch im Falle der GmbH einzuräumen ist[474], erweisen sich Organisationslösungen als unzulässig, die den Arbeitsdirektor (etwa einem Vorsitzenden der Geschäftsführung) hierarchisch unterordnen oder ihm bloß entscheidungsvorbereitende Kompetenzen bei gleichzeitigen Alleinentscheidungsbefugnissen anderer Geschäftsführer übertragen[475]. Das Hierarchie- und das Stabs-Modell scheiden demnach – zumindest im Bereich der personal- und sozialwirtschaftlichen Willensbildung – auch für die GmbH aus Rechtsgründen aus, sobald der Geschäftsführung ein Arbeitsdirektor angehört. Eine Ausnahme kommt nur dann in Betracht, falls der Arbeitsdirektor selbst der unternehmungsleitenden Hierarchiespitze angehört und damit (gegebenenfalls zusammen mit weiteren Organmitgliedern) anderen

*Restriktionen
beim Hierarchie-
und Stabs-
Modell*

---

[474] Vgl. z. B. Fitting/Wlotzke/Wißmann [Mitbestimmungsgesetz] § 33 Rn. 42; Hoffmann/Lehmann/Weinmann [Mitbestimmungsgesetz] § 33 Rn. 29 f.; Mertens [Kommentierungen GmbHG] §§ 35 Rn. 114; 37 Rn. 16; Koppensteiner [Kommentierungen GmbHG] § 37 Rn. 40.

[475] Vgl. zum Ausmaß des Gleichbehandlungsgebots auch BGH v. 14.11.1983 – II ZR 33/83, DB 1984, 104.

Geschäftsführern übergeordnet ist (Hierarchie-Modell) bzw. von diesen entscheidungsvorbereitende Unterstützung erhält (Stabs-Modell).

3.2.1.2 Konsequenzen der Basismodelle

3.2.1.2.1 Betriebswirtschaftliche Konsequenzen

3.2.1.2.1.1 Organisationstheoretisches Effizienzkonzept

Bedeutung der Effizienzbewertung

Relevanz für Erklärungen und Empfehlungen

Die Beurteilung der Effizienz alternativer Organisationsformen zählt zu den zentralen Herausforderungen der betriebswirtschaftlichen Organisationstheorie[476]. Geht man von den organisationstheoretischen Kernaufgaben aus, Erklärungen für organisatorische Sachverhalte zu finden und Empfehlungen für eine zweckmäßige Sachverhaltsgestaltung zu formulieren[477], so setzen beide Aufgabenstellungen die Fähigkeit zur wissenschaftlichen Effizienzbewertung voraus. Da und soweit Unternehmen eine leistungsfähige Organisation ihrer Aktivitäten anstreben, sind Erkenntnisse über die Zweckmäßigkeit verschiedener Organisationsformen zum einen im Erklärungszusammenhang relevant. Hier geht es um die Frage, inwieweit sich Organisationsstrukturen der Unternehmenspraxis und ihre Änderungen im Zeitablauf (auch) auf die jeweiligen Vorteile der gewählten Formen zurückführen lassen. Zum anderen und in besonderem Maße ist eine fundierte Beurteilung der Stärken und Schwächen organisatorischer Gestaltungsalternativen naturgemäß erforderlich, um Erfolg versprechende Organisationsempfehlungen abzugeben.

Schwierigkeit der Effizienzbewertung

Organisatorische Gestaltungen nennenswerter Tragweite markieren allerdings komplexe, unstrukturierte Managementprobleme[478]. Das bedeutet, dass sich die Konsequenzen einer Organisationsmaßnahme nicht eindeutig bestimmen lassen, da die Wirkungsweise von zahlreichen, häufig dynamischen Veränderungen unterliegenden Einflussfaktoren abhängt. Infolgedessen kann die Vorteilhaftigkeit (bzw. Unzweckmäßigkeit) unterschiedlicher

---

[476] Vgl. auch Grochla/Welge [Problematik] 273 f.; Bahsi/Ringle [Bestimmung] 208; Grabatin [Effizienz] 14; Frese [Grundlagen] 21. Vgl. allgemein zur organisatorischen Effizienzbewertung auch Fuchs-Wegner/Welge [Kriterien]; Fessmann [Effizienz]; Welge/Fessmann [Effizienz].

[477] Siehe für viele Grochla [Organisationstheorie] 1796; Scherer [Kritik] 20, 22; Picot/Dietl/Franck [Organisation] 27.

[478] Vgl. hierzu und zum Folgenden Grochla/Welge [Problematik] 275; Drumm [Grundlagen] 312; Welge/Kubicek [Unternehmungsführung] 589; Laux/Liermann [Grundlagen] 51, 206; Hill/Fehlbaum/Ulrich [Organisationslehre] 28, 51 ff., 320 f.; v. Werder [Argumentationsrationalität] 1 und passim m. w. N.; v. Werder [Begründung] 481 f.; v. Werder [Gestaltung] 1089; Frese [Grundlagen] 253 ff.

Organisationsstrukturen nicht zweifelsfrei ‚bewiesen' werden. Eine organisatorische Effizienzbeurteilung kann vielmehr lediglich – mehr oder weniger fundierte – Gründe herausarbeiten, die tendenziell für bzw. gegen bestimmte Formen der Organisation sprechen. Im Folgenden werden die Grundzüge einer solchen Organisationsbewertung dargelegt.

Grundtatbestände der Effizienzbewertung

Nach dem gegenwärtigen Stand der Organisationsforschung zeichnen sich überzeugende organisatorische Effizienzbewertungen durch drei Merkmale aus. Urteile zur Zweckmäßigkeit alternativer Organisationsstrukturen sind danach auf bestimmte Subziele ausgerichtet, nehmen Bezug auf den Kontext der Organisationsgestaltung und hängen ab von den zu Grunde gelegten Prämissen über das menschliche Verhalten (siehe Abbildung 3-10). Diese drei Grundtatbestände der Subzielorientierung, Kontextbezogenheit und Verhaltensabhängigkeit werden nachstehend näher erläutert.

Grundtatbestände der Organisationsbewertung

Abbildung 3-10

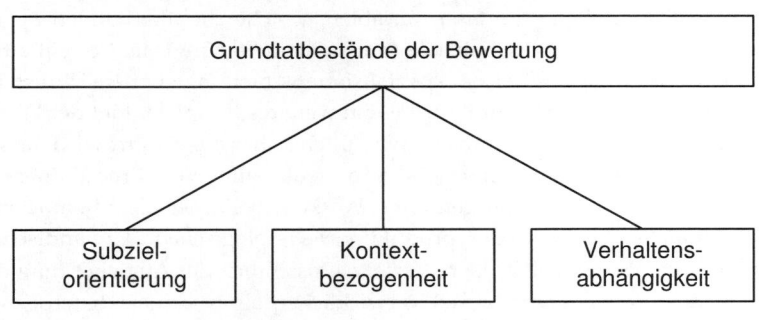

Wie bereits SIMON frühzeitig herausgestellt hat, ist es schwierig, die Auswirkungen der Organisationsstruktur eines Unternehmens auf die Verwirklichung ‚höherer' Unternehmensziele wie beispielsweise Steigerung von Gewinn, Unternehmenswert oder Wettbewerbsfähigkeit zu bestimmen. Nach dem anschaulichen Bild von SIMON käme ein solches Unterfangen dem Versuch gleich, den Einfluss eines Regenschauers in Minnesota auf die Niagarafälle zu ermitteln[479]. Die Ursache hierfür liegt schlicht darin, dass die Realisierung derartiger Unternehmensziele nicht nur von der Organisation eines Unternehmens abhängt, sondern von zahlreichen weiteren Einflussfak-

Subzielorientierung

---

[479] Siehe Simon et al. [Centralization] VI. Vgl. auch Frese [Grundlagen] 253 f.

toren wie beispielsweise der Qualität und dem Marketing ihrer Produkte. Als Konsequenz sind der Organisationsbewertung *Subziele* zu Grunde zu legen, die zwei Bedingungen genügen müssen. Zum einen muss es sich um *organisatorische* Subziele in dem Sinne handeln, dass direkte(re) Zusammenhänge zwischen den jeweiligen Ausprägungen der Organisationsstruktur und der Zielerreichung festgestellt werden können. Zum anderen soll davon ausgegangen werden dürfen, dass eine Erreichung der Subziele zur Verwirklichung der übergeordneten Unternehmensziele zumindest beiträgt, wenn dieser Beitrag auch unter Umständen durch Defizite des Unternehmens auf anderen Gebieten überkompensiert wird.

Kontextbezug   Zur Bewertung organisatorischer Gestaltungsmaßnahmen sind zunächst die relevanten Subziele zu bestimmen, die der Evaluation zu Grunde gelegt werden sollen. Sodann ist zu untersuchen, in welchem Ausmaß die betrachteten Organisationsalternativen diese Subziele jeweils erfüllen. Bei dieser Analyse ist zu beachten, dass die Subzielerreichung auch von außerorganisatorischen Größen abhängt und zudem im Normalfall keine dominante, allen anderen Alternativen überlegene Gestaltungsvariante existiert. Organisatorische Effizienzurteile stehen daher unter dem Einfluss von Kontextfaktoren. Diese Faktoren lassen sich zwei Kategorien zuordnen.

Kontextfaktoren   Die erste Faktorgruppe umfasst Variablen, welche die alternativenspezifischen Erfüllungsgrade der Subziele (mit)prägen. So hängt die Vorteilhaftigkeit der Einrichtung zahlreicher spezialisierter Abteilungen offensichtlich (u. a.) von der Unternehmensgröße ab[480]. Ein weiteres Beispiel bildet der Diversifikationsgrad des Unternehmens. Wie unten näher ausgeführt wird, lassen sich durch eine organisatorische Zusammenfassung von Produktionsressourcen (etwa in Form von zentralen Werken) bei einer eher homogenen Produktpalette aufgrund der produktionstechnologischen Verwandtschaft der Produkte tendenziell größere Vorteile hinsichtlich der Ausschöpfung der Ressourcen (Ressourceneffizienz) verwirklichen als bei einem heterogenen Produktionsprogramm.

Strategie-bezogene Zielgewichtung   Die zweite Kategorie der Kontextfaktoren ist für die Auflösung der Zielkonflikte bedeutsam, die zwischen den einzelnen Subzielen auftreten können. So weist eine Spartenorganisation beispielsweise der Tendenz nach Stärken bei der Prozesseffizienz auf, zugleich jedoch auch Schwächen in Hinblick auf die Ressourceneffizienz[481]. Bei den Kontextfaktoren der zweiten Gruppe handelt es sich um unternehmerische Grundsatzentscheidungen, die eine strategisch begründete Gewichtung der verschiedenen Subziele erlauben[482].

---

[480] Vgl. auch die klassischen Studien von Blau/Schoenherr [Structure] 62 ff., 301 ff.; Pugh et al. [Context] 97 f. sowie zum Überblick Ebers [Kontingenzansatz].

[481] Siehe näher Abschnitt 3.2.2.2.2, S. 330 ff.

[482] Vgl. hierzu auch Frese/v. Werder [Kundenorientierung] 8; Frese [Grundlagen] 27 ff., 278 ff.

Verfolgt das Unternehmen z. B. eine Wettbewerbsstrategie der Kostenführerschaft, so ist im Zweifel der Ressourceneffizienz ein größeres Gewicht beizumessen als der Prozesseffizienz. Sollen demgegenüber Wettbewerbsvorteile durch eine besonders große Flexibilität der Reaktionen auf Kundenwünsche erzielt werden, wäre (u. a.) die Prozesseffizienz stärker in den Vordergrund zu rücken.

Organisationsstrukturen stellen Systeme von Regelungen dar, die durch Formulierung von Handlungskompetenzen die Gesamtaufgabe der Unternehmung auf mehrere Personen bzw. Handlungsträger verteilen (*Arbeitsteilung*) und das Verhalten der Handlungsträger auf die Erreichung der Unternehmensziele hin ausrichten sollen (*Koordination*). Organisationsstrukturen bilden also kurz gesprochen Regelungen zur Verhaltensbeeinflussung und können somit nur über das individuelle Verhalten der organisierten Akteure wirksam werden. Vor diesem Hintergrund liegt es auf der Hand, dass Effizienzurteile in hohem Maße davon abhängen, welche Vorstellungen über die Verhaltensweisen von Handlungsträgern in Unternehmen zu Grunde gelegt werden[483]. Insoweit lassen sich gegenwärtig drei prinzipiell verschiedene Ansätze der Organisationstheorie unterscheiden, die hier als handlungsrationale, handlungsopportunistische und handlungsreale Perspektiven bezeichnet werden sollen (siehe Abbildung 3-11). Während der handlungsrationale und der handlungsopportunistische Ansatz *sachlogischer Natur* sind und von idealisierenden, allerdings konträren Verhaltensprämissen ausgehen, sucht die handlungsreale Blickrichtung die in der Praxis zu beobachtenden, *tatsächlichen Verhaltensmuster* in die Effizienzanalyse einzubeziehen.

Verhaltens-abhängigkeit

---

[483] Vgl. auch March/Simon [Organizations] 25.; Lichtman/Hunt [Personality] 271; Laßmann [Koordination] 8 f.; Williamson [Organization] 49.

Abbildung 3-11	*Verhaltensgrundlagen organisationstheoretischer Ansätze*

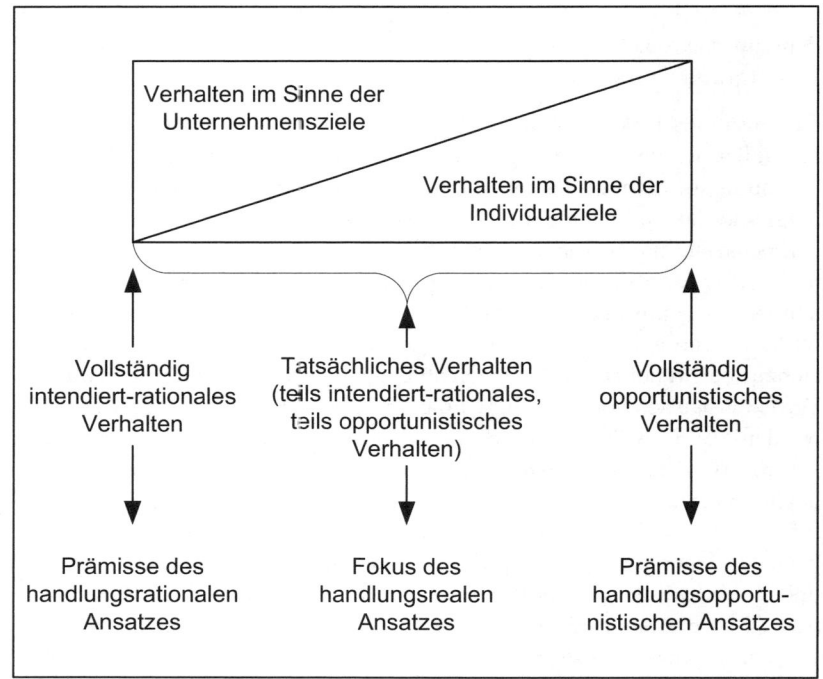

Handlungs-
rationale
Perspektive

Im Einzelnen unterstellt die *handlungsrationale* Perspektive intendiert-rational handelnde Akteure, die ihre kognitiven Fähigkeiten und praktischen Fertigkeiten grundsätzlich zur Erreichung der Unternehmensziele einsetzen. Mit diesem Ansatz werden folglich eventuelle Konflikte zwischen den Zielsetzungen der Unternehmung und den individuellen Interessen der Handlungsträger prinzipiell ausgeblendet. Im Gegensatz hierzu stehen Interessengegensätze zwischen Unternehmen und Individuum ganz im Mittelpunkt der *handlungsopportunistischen* Perspektive, wie sie etwa für die neueren institutionenökonomischen Richtungen der Organisationstheorie kennzeichnend ist[484]. Charakteristisch ist hier die Prämisse streng opportunistischen Verhaltens. Sie besagt, dass Handlungsträger in Unternehmen stets danach streben, ihre Individualziele – z. B. durch Ausnutzung von

Handlungs-
opportunistische
Perspektive

---

[484] Vgl. zum Überblick Picot/Schuller (Institutionenökonomie) 515.

Informationsasymmetrien – möglichst weit gehend und im Zweifel auch zu Lasten der Unternehmensziele zu verwirklichen.

In der Realität verhalten sich Handlungsträger offensichtlich weder streng intendiert-rational noch ausschließlich opportunistisch. Die beiden Verhaltensprämissen beschreiben damit keine Muster des tatsächlichen Verhaltens, sondern dienen (durch Ausklammerung des erheblich breiteren Spektrums realer Verhaltensweisen) der Vereinfachung organisatorischer Analysen. Sie markieren dabei die beiden gegensätzlichen Eckpole des Kontinuums der Verhaltensalternativen, die möglich und mehr oder weniger realistisch sind. Die tatsächlichen Verhaltensweisen zwischen den Endpunkten dieses Kontinuums – oder genauer formuliert: das ‚Mischungsverhältnis‘ zwischen rationalem und opportunistischem Verhalten – bilden den Gegenstand der *handlungsrealen* Perspektive. Dieser stark empirisch geprägte Ansatz fragt, welche (verschiedenen) Verhaltensmuster Handlungsträger in der Realität (in verschiedenen Situationen) typischerweise zeigen und welche Implikationen hieraus für die Effizienz alternativer Organisationsformen resultieren[485].

Handlungsreale Perspektive

Auf der einen Seite sind rein sachlogische Effizienzanalysen (bei Zugrundelegung rationaler wie opportunistischer Handlungen) bis zu einem gewissen Grade (bewusst) unrealistisch. Andererseits ist zu beachten, dass das Wissen um tatsächliche Verhaltensweisen beim heutigen Stand der Organisationsforschung noch sehr lückenhaft ist und zudem tatsächliche Rationalabweichungen betriebswirtschaftlich nicht durchgängig akzeptiert werden können. Umfassende und praktisch verwertbare Beurteilungen organisatorischer Strukturen erfordern folglich eine Kombination sachlogischer und handlungsrealer Untersuchungen. Dabei ist es letztlich eine forschungsheuristische Frage, ob im Bereich der Sachlogik aus betriebswirtschaftlicher Sicht die Prämisse rationalen oder opportunistischen Verhaltens fruchtbarer ist. Ein nicht unbeachtlicher Vorteil der Annahme rationaler Verhaltensweisen liegt offensichtlich darin, dass sich auf diese Weise das Effizienzniveau herausarbeiten lässt, dass im Idealfall (also durch zweckmäßigste Organisation bei unternehmenszielkonformem Verhalten) maximal erreicht werden kann. Damit wird zugleich auch ein Vergleichsmaßstab gewonnen, um eventuelle tatsächliche Rationalabweichungen mit ihren (negativen) Konsequenzen für das Effizienzniveau bestimmen zu können. Hinzu kommt, dass Gestaltungsübertragungen unter der Annahme opportunistischer Verhaltensweisen die Gefahr dysfunktionaler Wirkungen in sich bergen, da hierauf basierende Anreizsysteme – im Sinne einer ‚self-fulfilling prophecy‘ – die intrinsische Motivation von Handlungsträgern zu unternehmenszielkon-

Verknüpfung der Perspektiven

---

485 Vgl. zu den verhaltenswissenschaftlichen Ansätzen der Organisationstheorie den Überblick bei Bronner [Entscheidungsprozesse] und Klimecki [Organisationsmodelle].

formem Verhalten beeinträchtigen können[486]. Die weiteren Überlegungen basieren daher auf einem Effizienzkonzept, das die Rationalperspektive und die Realperspektive der Organisationsbewertung verknüpft.

Handlungstheoretisches Effizienzkonzept

Im Folgenden werden organisatorische Subziele bzw. Kriterien für die Bewertung von Organisationsstrukturen systematisch abgeleitet. Der Darstellung liegt ein *handlungstheoretisches Effizienzkonzept* zu Grunde, das im zuvor beschriebenen Sinne eine handlungsrationale und eine handlungsreale Dimension der Organisationsbewertung umfasst[487] (vgl. Abbildung 3-12). Die Rationaldimension und die Realdimension werden zunächst getrennt erörtert und anschließend integriert.

| *Abbildung 3-12* | *Dimensionen des handlungstheoretischen Effizienzkonzepts* |

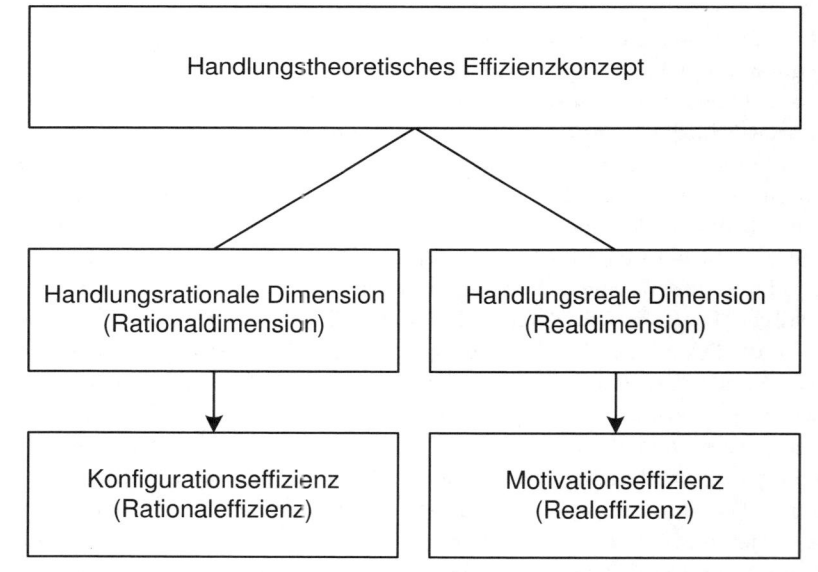

---

[486] Vgl. zu diesem so genannten „crowding-out effect" näher Deci [Motivation]; Frey/Osterloh [Sanktionen].

[487] Siehe zu den theoretischen Grundlagen der hier verwendeten Effizienzkonzeption Frese/v. Werder [Zentralbereiche] 24 ff.; v. Werder [Führung] 262 ff.; v. Werder [Organisationsstrategien] 2555 ff.; v. Werder [Gestaltung] 1092 ff.

Zur systematischen Ableitung von Feldern und Kriterien der Konfigurationseffizienz kann an die bereits angesprochenen beiden organisatorischen Grundphänomene Arbeitsteilung und Koordination angeknüpft werden[488].

Die in einem Unternehmen anfallenden Aufgaben sind normalerweise so komplex, dass ihre Bewältigung die (begrenzten) Kapazitäten einzelner Personen übersteigt und daher nur arbeitsteilig erfolgen kann. Zu diesem Zweck wird die Gesamtaufgabe in Teilaufgaben zerlegt und verschiedenen Handlungsträgern überantwortet. Die Einführung von *Arbeitsteilung* erlaubt somit die Bewältigung großer Aufgabenkomplexe und ist insofern grundsätzlich als positiv zu bewerten.

Arbeitsteilung kann jedoch auch mit problematischen Konsequenzen einhergehen. Die Nachteile beruhen auf der für die Arbeitsteilung charakteristischen Autonomie der Handlungsträger. Sie bestehen darin, dass die (bis zu einem gewissen Grade) isoliert voneinander durchgeführten Einzelhandlungen vom Optimum des theoretischen Idealfalls einer Aufgabenerfüllung ‚aus einer Hand' abweichen. Arbeitsteilig vollzogene Einzelhandlungen haben folglich eine (im Vergleich zum Idealfall) tendenziell niedrigere *Qualität*. Hierdurch entstehen *Autonomiekosten*, die konkret beispielsweise in Form von Doppelarbeiten oder Unterbrechungen im Wertschöpfungsprozess auftreten können. So kann es z. B. in der Fertigung zu Stockungen kommen, wenn der Beschaffungsbereich keine ausreichenden Mengen der erforderlichen Rohstoffe eingekauft hat.

Autonomiekosten lassen sich jedoch (in bestimmtem Umfang) reduzieren, indem die Einzelaktivitäten der arbeitsteilig operierenden Handlungsträger aufeinander abgestimmt werden. Eine solche *Koordination* hat neben dem Vorteil des Abbaus von Autonomiekosten allerdings ebenfalls nachteilige Konsequenzen zur Folge. Sie ergeben sich daraus, dass Abstimmungsaktivitäten einen (mehr oder minder großen) *Aufwand* an Personal, Sachressourcen sowie Zeit verlangen und somit *Abstimmungskosten* anfallen. Jede Organisationsstruktur ist folglich durch ein bestimmtes Verhältnis von Qualität und Aufwand bzw. Autonomie- und Abstimmungskosten der Einzelhandlungen charakterisiert, die mit den jeweils gewählten Formen der Arbeitsteilung und Koordination variieren und bei der Effizienzbewertung gegeneinander abzuwägen sind. Beim Vergleich mehrerer Organisationsstrukturen ist diejenige Alternative aus theoretischer Sicht optimal, bei der die Summe aus Autonomie- und Abstimmungskosten (in der betrachteten Situation) am geringsten ist.

Bei der Umsetzung dieser Grundgedanken im Rahmen der Bewertung konkreter Organisationsalternativen steht man vor dem Problem, dass sich die

Rationaldimension: Konfigurationseffizienz

Arbeitsteilung

Autonomiekosten

Koordination

Abstimmungskosten

---

[488] Siehe auch Abschnitt 1.2.1.2, S. 20 und dort insb. Abbildung 1-3 zum Zusammenhang von Arbeitsteilung, Koordination, Autonomie- und Abstimmungskosten.

alternativenspezifischen Autonomie- und Abstimmungskosten nicht direkt quantifizieren lassen. Um diese Kosten zumindest in ihrer Größenordnung abschätzen zu können, sind die Einflussfaktoren herauszuarbeiten, welche die Höhe von Autonomie- und Abstimmungskosten bestimmen.

Entscheidungs-qualität

Entscheidungs-aufwand

Konzentriert man sich auf Entscheidungshandlungen[489], so hängt die (kognitive) *Entscheidungsqualität* der Handlungen von den jeweils eingehenden Informationen und methodischen Kenntnissen zur Informationsverarbeitung – oder kurz: dem *entscheidungsfundierenden Wissen* – ab. Der *Entscheidungsaufwand* hingegen bemisst sich nach dem Zeit- und Ressourceneinsatz der Handlungen. Um die in die Einzelentscheidungen eingehenden Informationen und Kenntnisse sowie den damit verbundenen Zeit- und Ressourcenverbrauch bei den betrachteten organisatorischen Alternativen konkreter abschätzen zu können, empfiehlt es sich, die Bestimmung und Abwägung von Entscheidungsqualität und -aufwand jeweils getrennt nach den wesentlichen Instrumenten der Arbeitsteilung und den hieraus resultierenden Koordinationsursachen vorzunehmen. Auf diese Weise entstehen *Felder der Effizienzbeurteilung*, für die jeweils anhand bestimmter *Effizienzkriterien* die feldspezifischen Autonomie- und Abstimmungskosten zu erfassen sind.

Felder der Effizienz-bewertung

Für die diversen Gestaltungsprobleme der Konfiguration einer Organisationsstruktur lässt sich ein Grundbestand generell relevanter Felder und Kriterien der *Rationaleffizienz* bzw. *Konfigurationseffizienz* umreißen, die sodann je nach Untersuchungszweck zu modifizieren und weiter zu verfeinern sein können. Diese Beurteilungsaspekte knüpfen an den beiden zentralen organisatorischen Gestaltungsdimensionen Delegation und Bereichsbildung an. Die *Delegation* betrifft die vertikale Kompetenzverteilung und legt die Handlungsspielräume der Organisationseinheiten fest, die in der Hierarchie einander über- und untergeordnet sind. Die *Bereichsbildung* regelt die horizontale Kompetenzverteilung zwischen hierarchisch unverbundenen Einheiten und grenzt ihre Handlungsinhalte gegeneinander ab. Mit Blick auf diese Kerndimensionen der Organisationsgestaltung lassen sich die drei grundlegenden Beurteilungsfelder der Delegationseffizienz sowie der Potential- und der Interdependenzeffizienz unterscheiden und anhand je spezifischer Kriterien der Rationaleffizienz (*Konfigurationskriterien*) analysieren (siehe Abbildung 3-13).

---

[489] Die Besonderheiten von Realisations- und Kontrollhandlungen können an dieser Stelle ausgeblendet werden.

Grundlegende Felder und Kriterien der Konfigurationseffizienz

Abbildung 3-13

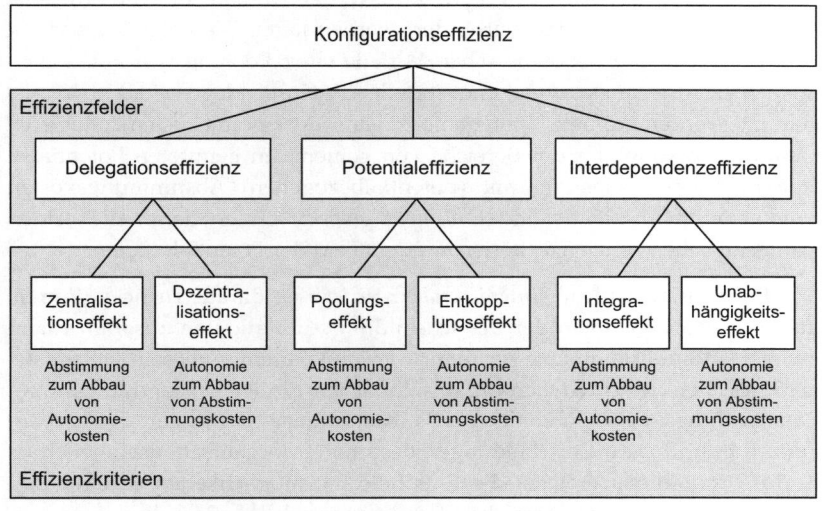

Das Beurteilungsfeld der *Delegationseffizienz* beruht auf dem Tatbestand, dass eine hierarchisch übergeordnete Organisationseinheit tendenziell mehr Informationen und Know-how in eine Entscheidung einbringen kann als eine ihr nachgelagerte Einheit. Der Grund hierfür liegt darin, dass die übergeordnete Einheit neben ihrem eigenen Wissen auch die informationellen und methodischen Kenntnisse der untergeordneten Einheit hat oder zumindest einholen kann, dass aber umgekehrt nicht jede untergeordnete Einheit den Kenntnisstand der übergeordneten Einheit besitzt oder erwerben kann. Infolgedessen weisen Entscheidungen übergeordneter Einheiten – intendiert-rationales Handeln der Entscheidungsträger unterstellt – in der Tendenz eine höhere Qualität auf als Entscheidungen tieferer Hierarchieebenen. Damit fallen bei einer Delegation von Entscheidungskompetenzen auf nachgelagerte Organisationseinheiten (delegationsbezogene) Autonomiekosten an. Zugleich sinken allerdings auch die (delegationsbezogenen) Abstimmungskosten, da der Zeit- und Ressourcenaufwand bei Entscheidungen auf höheren Hierarchieebenen (z. B. durch Nachfragen oder Entscheidungsstaus aufgrund von Überlastungen) tendenziell größer ist. Konkrete Delegationsmaßnahmen sind folglich prinzipiell danach zu beurteilen, welche *Zentralisationseffekte* in Form von Verbesserungen der Entscheidungsqualität bei Entscheidungen höherer Einheiten und welche *Dezentralisationseffekte* in Form einer Reduzierung der Abstimmungskosten bei Kompetenzverlagerungen auf untergeordnete Einheiten jeweils realisiert werden können.

Delegationseffizienz

3

*Potential-
effizienz*

Das Beurteilungsfeld der *Potentialeffizienz* ergibt sich daraus, dass durch eine horizontale Bereichsbildung zum einen die Aufspaltung vorhandener Ressourcen- und Marktpotentiale bewirkt bzw. der Aufbau und die effiziente Nutzung solcher Potentiale verhindert werden kann. Die Folge hiervon ist, dass die eventuellen ökonomischen Vorteile einer Poolung von Potentialen (z. B. Spezialisierungsvorteile und Vorteile der Größendegression) nicht ausgenutzt werden können (potentialbezogene Autonomiekosten). Zugleich kann die Entkopplung der Bereiche von gemeinsam genutzten Potentialen eine niedrigere Belastung mit (potentialbezogenen) Abstimmungskosten bedeuten. *Poolungseffekte* und *Entkopplungseffekte* bilden damit die beiden grundsätzlichen Effizienzkriterien auf dem Feld der Potentialeffizienz.

*Interdependenz-
effizienz*

Das Beurteilungsfeld der *Interdependenzeffizienz* ist darauf zurückzuführen, dass durch Maßnahmen der Bereichsbildung zum anderen zusammenhängende Handlungskomplexe zertrennt werden können. In diesem Fall entstehen zwischen verschiedenen organisatorischen Einheiten Handlungs- bzw. Entscheidungsinterdependenzen. Als Konsequenz derartiger Interdependenzen beeinflussen Entscheidungen bestimmter Organisationseinheiten (z. B. des Produktionsbereichs) die Entscheidungsmöglichkeiten anderer Einheiten (z. B. des Absatzbereichs). Eine mangelnde Abstimmung (Integration) bestehender Interdependenzen verursacht tendenziell eine Qualitätseinbuße von Entscheidungshandlungen (interdependenzbezogene Autonomiekosten). Die hiermit einhergehende Unabhängigkeit der Bereiche kann sich allerdings positiv auf die (interdependenzbezogenen) Abstimmungskosten auswirken. Demnach repräsentieren *Integrationseffekte* und *Unabhängigkeitseffekte* die beiden grundlegenden Effizienzkriterien zur Abschätzung der Interdependenzeffizienz.

*Feinjustierung
des Effizienzkon-
zepts*

Die soeben herausgearbeiteten grundlegenden Felder und Kriterien der Effizienzbewertung lassen sich im Detail weiter ausdifferenzieren oder auch umgruppieren und so auf das jeweils vorliegende Bewertungsproblem zuschneiden. Beispiele bilden die weitere Unterteilung der Marktpotentiale in Potentiale des Beschaffungs- und des Absatzmarktes sowie die Trennung der Interdependenzen in Prozessinterdependenzen aufgrund innerbetrieblicher Leistungsverflechtungen und Marktinterdependenzen zwischen Unternehmensbereichen, die auf gemeinsamen Märkten entweder konkurrieren (Substitutionskonkurrenz) oder kooperieren (Systemgeschäft)[490]. Bevor diese Feinjustierung des Effizienzkonzepts für die hier interessierende Bewertung der Basismodelle der Unternehmensleitung erfolgt, werden zunächst die Grundlagen der Beurteilung der Motivationseffizienz und ihrer Zusammenführung mit der Konfigurationseffizienz dargelegt.

---

[490] Siehe zu den Interdependenzen näher Frese [Grundlagen] 58 ff.

Im Rahmen der Rationaldimension werden Effizienzanalysen unter der Annahme durchgeführt, dass die Handlungsträger ihre Fähigkeiten und Fertigkeiten im Sinne der Unternehmensziele einsetzen. Diese Prämisse wird in der Wirklichkeit, also unter handlungsrealen Bedingungen, selbstredend nicht immer erfüllt sein. Aus diesem Grund muss eine umfassende Bestandsaufnahme der Effizienz organisatorischer Alternativen auch eine Bewertung aus Sicht der Realdimension umfassen und die *strukturimmanenten Motivationseffekte* bestimmen, die alternative Organisationsformen aufgrund ihrer jeweiligen Kompetenzstrukturen bewirken. Zu diesem Zweck sind – analog zur Rationaldimension – Kriterien der *Realeffizienz bzw. Motivationseffizienz* einzuführen, die einen Zusammenhang zwischen alternativen Strukturausprägungen und dem mutmaßlichen Motivationsniveau der Handlungsträger herstellen. Im Unterschied zu den Kriterien der Konfigurationseffizienz, die sich vergleichsweise stringent aus einem sachlogischen Organisations- bzw. Effizienzkonzept ableiten lassen, bereitet die Identifizierung verhaltensbezogener Bewertungskriterien und namentlich die Formulierung diesbezüglicher Wirkungsaussagen über organisatorische Alternativen beim gegenwärtigen Stand der Organisationsforschung allerdings ungleich größere Schwierigkeiten. *Kriterien der Realeffizienz (Motivationskriterien)* sind daher stärker auf die jeweils spezifischen Problemstellungen auszurichten und Beurteilungen der Motivationseffizienz unter den Vorbehalt des derzeit noch brüchigen empirischen Fundaments zu stellen. Mit diesen Einschränkungen lassen sich aber gleichwohl bestimmte Mechanismen herausarbeiten, welche die organisationstheoretische Diskussion um die Motivation seit langem beherrschen. Wichtige Beispiele bilden etwa die Effekte der Autorität und der Autonomie, die Handlungsträgern eingeräumt werden.

Autorität und Autonomie markieren im Prinzip konträre Mechanismen der strukturimmanenten Motivation, sodass die hieran anknüpfenden Effizienzkriterien alternativen Charakter haben. Infolgedessen ist bei der Bewertung der Motivationseffizienz im praktischen Einzelfall entweder auf die Realisierung von Autoritätseffekten oder aber die Verwirklichung von Autonomieeffekten abzustellen[491]. Die Kriterienauswahl richtet sich dabei nach der Vorstellung des Organisationsgestalters darüber, welche der mit den beiden Motivationsmechanismen verbundenen Verhaltenstheorien (zumindest für das fragliche Gestaltungsproblem) gültig ist, von welchem Effekt er sich also mit anderen Worten die bessere Motivationswirkung verspricht.

---

[491] Diese Feststellung schließt natürlich nicht aus, dass wissenschaftliche Effizienzanalysen die Autoritäts- und die Autonomiekonsequenzen alternativer Organisationsformen parallel herausarbeiten (sollten), um beide Effekte für die Gestaltungspraxis transparent zu machen.

Autoritätseffekte

Einem Streben nach *Autoritätseffekten* liegt die Annahme zu Grunde, dass sich die Handlungen von Mitarbeitern am ehesten durch den Einsatz kompetenz- und qualifikationsgestützter Führungs- und Fachautorität auf die Unternehmensziele hin ausrichten lassen. Nach diesem ‚Menschenbild‘ engagieren sich die Mitarbeiter bei der Erfüllung ihrer Aufgaben umso mehr, je stärker höherrangige kompetent-qualifizierte Handlungsträger auf ihre Aufgabenerfüllung einwirken[492]. Betrachtet man exemplarisch die – unter dem Aspekt ihrer Durchsetzung durchaus nicht unproblematischen – Aufgaben des betrieblichen Umweltschutzes, so wäre bei Zugrundelegung dieser ‚Autoritätstheorie‘ der Motivation somit Organisationslösungen der Vorzug zu geben, bei denen spezialisierte Umweltmanager mit weit reichenden Befugnissen und Befähigungen die operativen Mitarbeiter zu umweltverträglichen Verhaltensweisen anhalten[493].

Autonomieeffekte

Das Motivationsziel, durch organisatorische Gestaltung *Autonomieeffekte* zu realisieren, beruht hingegen auf einem anderen, gegensätzlichen Menschenbild. Danach verhalten sich Handlungsträger umso leistungsbereiter, je größer ihre eigenen Partizipationsmöglichkeiten und Handlungsspielräume sind[494]. Nach dieser ‚Autonomietheorie‘ der Motivation würden beispielsweise Organisationsstrukturen das Umweltengagement auf Seiten der operativen Mitarbeiter fördern, die ‚fremdbestimmte‘ Maßnahmen möglichst vermeiden und den Umweltschutz eher in die selbstverantwortete Zuständigkeit der operativen Einheiten geben.

Integration der Effizienzdimensionen

Die Effizienzbewertung organisatorischer Alternativen aus Sicht der Konfigurations- und der Motivationseffizienz kann zu widersprüchlichen Ergebnissen führen. Geht man von einer schrittweisen Bewertung aus, bei der zunächst rationale und sodann reale Verhaltensweisen zu Grunde gelegt werden, so ist vor allem der Fall von Bedeutung, bei dem die sachlogische Konfigurationseffizienz einer bestimmten Organisationsform insgesamt positiv beurteilt wird, die Motivationseffizienz jedoch unzureichend erscheint. In dieser Situation kann entweder eine, allerdings nicht empfehlenswerte, einseitige Orientierung der Organisationsgestaltung an den Konfigurations- oder den Motivationskonsequenzen erfolgen oder aber der Versuch einer Integration der beiden Bewertungsdimensionen vorgenommen werden. Hierzu bieten sich mit der Flankierung und der Modifizierung prinzipiell zwei Wege an (siehe Abbildung 3-14).

---

[492] Vgl. in diesem Zusammenhang auch die bekannte „Theory X" von McGregor [Side] 33 ff.

[493] Vgl. auch v. Werder [Organisationsstrategien] 2556.

[494] Vgl. nur Schanz [Partizipation] 1901 ff.; von Rosenstiel [Grundlagen] 304 ff.; Hackman/Lawler [Employee]; Hackman/Oldham [Work] 71 ff. sowie auch die „Theory Y" in der Einteilung von McGregor [Side] 45 ff.

Abbildung 3-14

Integration durch Flankierung und Modifizierung

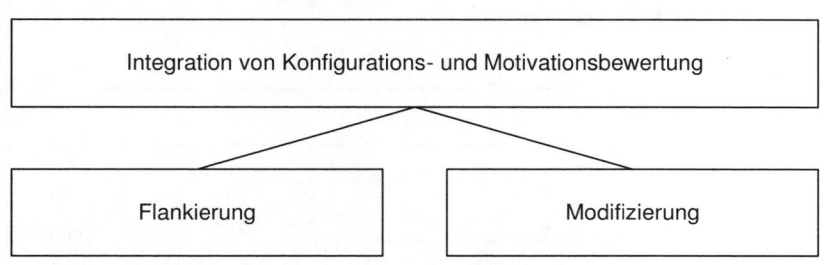

Bei einer *Flankierung* werden die Kompetenzregelungen der sachlogisch präferierten Organisationsalternative im Prinzip beibehalten. Sie werden jedoch durch Installierung eines Motivationssystems ergänzt, um Diskrepanzen zwischen den offiziellen Unternehmenszielen und den individuellen Zielen der Handlungsträger, die durch die strukturimmanenten Motivationseffekte nicht ausreichend überwunden werden, abzubauen. Dabei kommen als *strukturflankierende Motivationsmechanismen* vor allem Transaktionssysteme und Transformationssysteme in Betracht[495]. *Transaktionssysteme* versuchen, durch Anreize (z. B. Prämien oder Beförderungen) und Sanktionen eine Brücke zwischen den – als solchen unveränderten – Individualzielen und den Unternehmenszielen zu schlagen, um so zu einem Zielausgleich zu gelangen. *Transformationssysteme* hingegen haben den Anspruch, Unternehmens- und Individualziele zu harmonisieren, indem die Handlungsträger die Zielsetzungen des Unternehmens – beispielsweise im Wege unternehmenskultureller Prozesse – internalisieren und ihre eigenen Präferenzen entsprechend anpassen bzw. substituieren.

Flankierung

Im Fall einer *Modifizierung* werden demgegenüber mit Blick auf die Motivationsdimension Korrekturen an der ursprünglichen, sachlogisch positiv beurteilten Kompetenzverteilung vorgenommen. Ein Beispiel bildet eine Erhöhung der Delegation über das durch Abwägung von Zentralisations- und Dezentralisationseffekten bestimmte Maß hinaus. Eine solche Modifikation könnte z. B. durch Zweifel daran begründet sein, dass die übergeordneten Entscheidungsträger tatsächlich – wie bei der Rationalanalyse unterstellt – hinreichend motiviert sind, auch das problemrelevante Wissen ihrer Mitarbeiter zur Entscheidungsvorbereitung einzuholen. Da zentralisierte Entscheidungen dann keine deutlich höhere Qualität hätten, wird der Handlungsspielraum der nachgelagerten Einheiten erweitert, um (zumindest) von

Modifizierung

---

495 Zu dieser Unterscheidung Burns [Leadership]; Bass/Riggio [Leadership] 14; Bass/Steyrer [Führung] 2053 ff.

den niedrigeren Abstimmungskosten (sowie den motivationsförderlichen Autonomieeffekten für die tieferen Hierarchieebenen) einer starken Dezentralisation profitieren zu können.

Abbildung 3-15 | *Integrationsschritte*

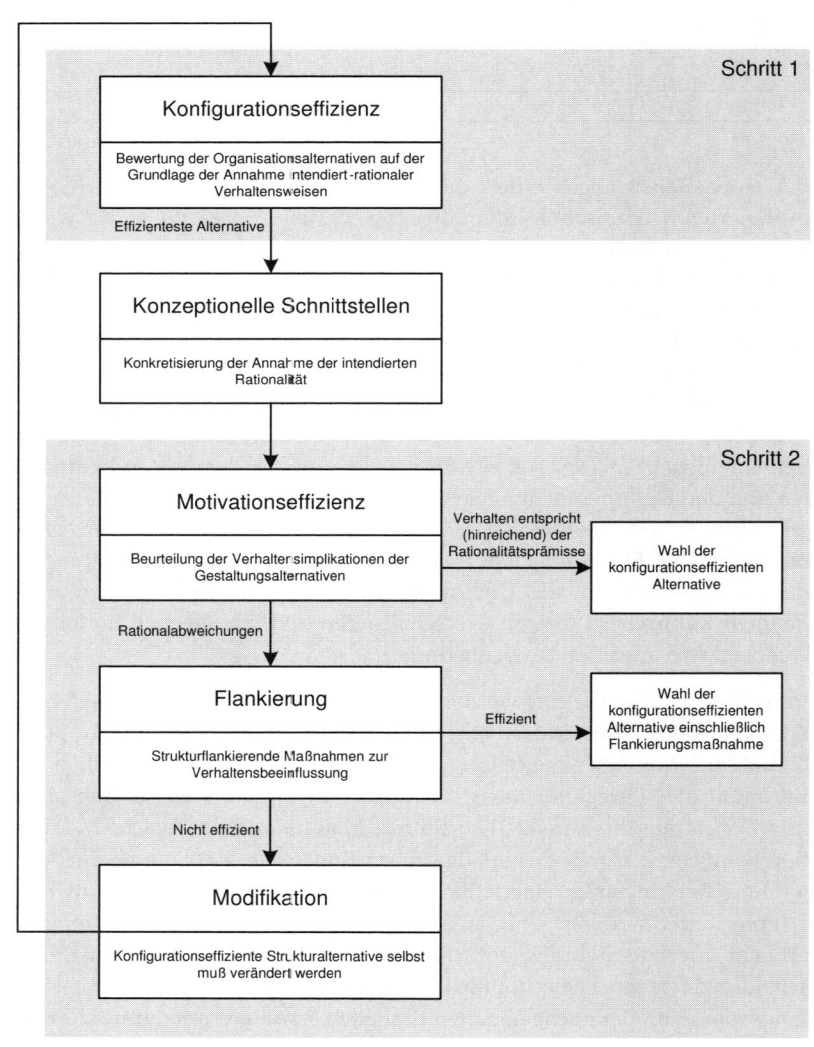

Zur Auswahl einer der beiden Integrationsformen müssen im Bewertungsprozess mehrere Schritte, unter Umständen iterativ, durchlaufen werden (siehe Abbildung 3-15).

Bewertungsprozess

Ausgehend von einer Organisationsalternative, die als besonders konfigurationseffizient eingeschätzt wird, sind zunächst die *konzeptionellen Schnittstellen* zwischen der Konfigurations- und der Motivationsbewertung zu identifizieren. Bei diesen Schnittstellen handelt es sich um die speziellen Verhaltensannahmen, in denen sich die generelle Prämisse der intendierten Rationalität des sachlogischen Effizienzkonzepts konkret(er) niederschlägt. Im Delegationsfall kommt die generelle Rationalitätsprämisse beispielsweise konkret in der Annahme zum Ausdruck, dass übergeordnete Entscheidungsträger das relevante Wissen ihrer Mitarbeiter nutzen. Geleitet von den Überlegungen zur Motivationseffizienz ist sodann im konkreten Bewertungsfall zu entscheiden, welches tatsächliche Verhalten der Handlungsträger zu erwarten ist. Sofern Rationalabweichungen realistisch erscheinen, die strukturimmanenten Motivationseffekte also ein im Unternehmensinteresse liegendes Verhalten der Mitarbeiter nicht (ausreichend) gewährleisten, sind Alternativen der Flankierung und Modifizierung zu erarbeiten, zu evaluieren und schließlich auszuwählen. Zu diesem Zweck ist u. a. zu untersuchen, welches strukturflankierende Motivationssystem die größten motivationalen Erfolge verspricht und ob dessen *strukturflankierende Motivationswirkungen* im Verein mit den strukturimmanenten Motivationseffekten Rationalabweichungen hinreichend eindämmen. Anderenfalls sind Modifizierungen der ursprünglichen Kompetenzregelungen (eventuell einschließlich flankierender Motivationsmaßnahmen) zu erwägen. Dabei werden Modifikationen der Ursprungslösung umso eher in Betracht kommen, je größer deren motivationale Defizite sind, je mehr sich anders gewendet also die Realität gegen die Rationalprämisse sperrt.

Konzeptionelle Schnittstellen

Rationalabweichungen

Problembezogene Effizienzkriterien

Um aus den eingeführten allgemeinen Effizienzfeldern (der Delegations-, Potential- und Interdependenzeffizienz) Bewertungsmaßstäbe zu entwickeln, die speziell auf die Effizienzbeurteilung der Basismodelle für die Organisation der Unternehmensleitung zugeschnitten sind, ist an den Besonderheiten dieser Modelle anzusetzen. Sie bestehen darin, dass sich die einzelnen Basismodelle streng genommen nicht durch verschiedene Formen der Bildung organisatorischer Bereiche unterscheiden, sondern durch alternative Lösungen für die personelle Zuordnung von Managementressourcen – genauer: Topmanagern – zu bestimmten Organisationseinheiten. So heben sich die zwei kollegialen Varianten der Leitungsorganisation (Sprecher-Modell; Ressort-Modell) von den beiden direktorialen Gestaltungsmöglichkeiten (Hierarchie-Modell; Stabs-Modell) dadurch ab, dass sie die Unter-

Konfigurationseffizienz

nehmensleitung als oberste Einheit der Hierarchie (Spitzeneinheit) mit allen Organmitgliedern, also mehreren Personen, besetzen. Ferner übernehmen die Topmanager bei den Basismodellen mit Ressortbindung (Ressort-Modell; Hierarchie-Modell) auch bzw. zum Teil die Leitung der obersten Teilbereiche des Unternehmens, während diese Aufgabe bei den portefeuillegebundenen Lösungen in den Händen von Dritten (Arbeitnehmern) liegt. Im Kern geht es damit bei der Effizienzbewertung der Basismodelle um die Beurteilung alternativer Formen der Nutzung und Weiterentwicklung des Potentials der Organmitglieder – oder konkreter: der Ausschöpfung ihres Wissens – für Entscheidungen in unterschiedlichen Organisationseinheiten bzw. für unterschiedliche Arten von Entscheidungen. Im Einzelnen handelt es sich hierbei um die Entscheidungen der Unternehmensleitung im engen Sinne der Hierarchiespitze, um die bereichsbezogenen Entscheidungen der einzelnen Teilbereichsleitungen und um die Entscheidungen zur Abstimmung der Teilbereiche bei bereichsübergreifenden Fragestellungen.

Effizienzfeld der Fundierungs- effizienz

Aus dem Kreis der allgemeinen Effizienzfelder steht somit die Potentialeffizienz – hier bezogen auf das Managementpotential der Organmitglieder – bei der Evaluation der Basismodelle für die Leitungsorganisation im Mittelpunkt. Allerdings spielen auch Aspekte der Delegationseffizienz (im Sinne der Aufgabenverteilung zwischen Topmanagern und Führungskräften der zweiten Ebene) sowie der Interdependenzeffizienz (bezüglich der Bereichsabstimmung) in die Effizienzbewertung hinein. Vor diesem Hintergrund bietet es sich an, mit der Fundierungseffizienz ein problembezogenes Effizienzfeld zu bilden, das die spezifischen (sachlogischen) Bewertungsfragen der Basismodelle insgesamt abdeckt. Die *Fundierungseffizienz* gibt Auskunft über die Qualität und den Aufwand der Managemententscheidungen bei den alternativen Formen der Leitungsorganisation. Sie kann im Einzelnen mit Hilfe von fünf Kriterien bemessen werden, die teils den Qualitäts- und teils den Aufwandsaspekt betreffen (siehe Abbildung 3-16).

Effizienzkriterien für die Beurteilung der Basismodelle

Abbildung 3-16

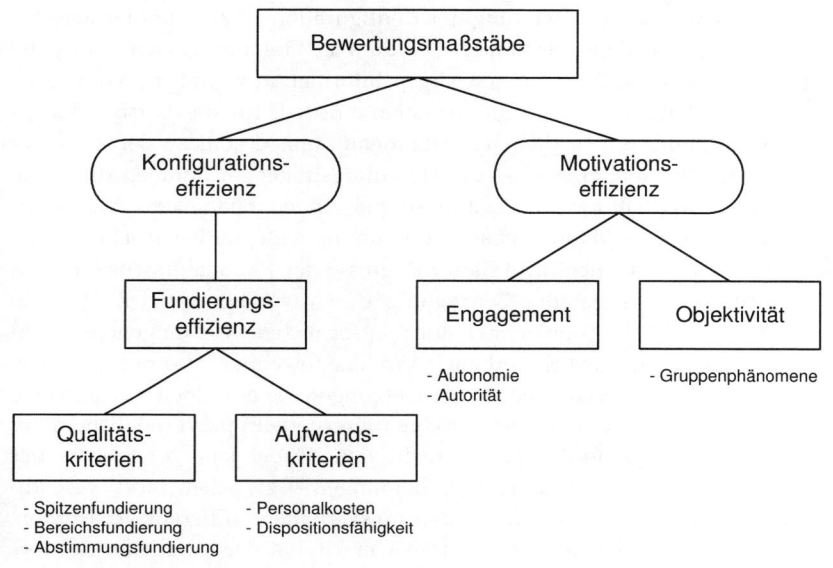

Die qualitätsbezogenen Kriterien prüfen als *Spitzenfundierung* die Fundierungsgüte der Entscheidungen zur Unternehmensleitung ab, als *Bereichsfundierung* die Fundierungsgüte der Entscheidungen zur Bereichsleitung und als *Abstimmungsfundierung* die Fundierungsgüte der Entscheidungen zur Bereichsabstimmung. Ihnen stehen mit den Personalkosten und der Dispositionsfähigkeit zwei aufwandsbezogene Effizienzkriterien für die Bewertung der Basismodelle gegenüber. Dabei wird mit den *Personalkosten* der Aufwand der mit den jeweiligen Basismodellen verbundenen Personalausstattung in Rechnung gestellt. Demgegenüber misst die *Dispositionsfähigkeit* mit Blick auf den zeitlichen Aufwand von Entscheidungen die modelltypischen Möglichkeiten des Topmanagements, schnelle Beschlüsse herbeiführen zu können. Das Augenmerk liegt hier somit auf der Fähigkeit, rasch und flexibel auf Veränderungen im Unternehmen sowie im Unternehmensumfeld reagieren zu können.

Qualitäts-kriterien

Aufwands-kriterien

Die Ableitung problembezogener Kenngrößen der Motivationseffizienz kann sich an dem generellen Schema der Effizienzbewertung orientieren, das zur Verbindung von Rational- und Realdimension die Suche nach den

Motivations-effizienz

konzeptionellen Schnittstellen zwischen der Konfiguration und der Motivation empfiehlt[496].

Bei der sachlogischen Bewertung der Konfigurations- bzw. Fundierungseffizienz der Basismodelle wird unterstellt, dass die Organmitglieder (sowie die übrigen Führungskräfte) ihre jeweiligen Informationen und ihr Know-how in dem modellspezifisch vorgezeichneten Ausmaß für die Entscheidungsfundierung nutzen. Die allgemeine Rationalprämisse konkretisiert sich hier folglich in der Annahme, dass die Handlungsträger im Rahmen des (u. a. von der Ausgestaltung der Leitungsorganisation abhängigen) Möglichen problemrelevantes Wissen aufbauen und im Interesse der Unternehmensziele ausschöpfen. In Anbetracht dieser Prämisse der Rationaldimension muss

Fundierungs-motivation

die zentrale Frage bei der Beurteilung der Motivationseffizienz folglich lauten, ob sich die Topmanager auch tatsächlich in der angenommenen Weise fundierungsdienlich verhalten. Anders gewendet ist somit zu untersuchen, welche motivationalen Voraussetzungen die einzelnen Basismodelle jeweils mitbringen, um das gewünschte (und modelltypisch mögliche) Maß der Entscheidungsfundierung zu realisieren. Dabei kann angesichts der diversen Merkmale fundierter Entscheidungen[497] zwischen zwei wesentlichen Teilaspekten des realen Fundierungsverhaltens differenziert werden. Sie sollen hier als Engagement und als Objektivität der Mitglieder des Leitungsorgans bei der Entscheidungsfundierung bezeichnet werden.

Engagement

Mit dem *Engagement* wird die ‚reine' Intensität der Fundierungsaktivitäten der Organmitglieder bei den einzelnen Basismodellen beurteilt. Dieses Kriterium misst somit gewissermaßen das Niveau der Anstrengungen der Topmanager, Einsichten in die Problemzusammenhänge zu gewinnen und zu verarbeiten. Entsprechend den allgemeinen Ausführungen zur Motivation[498] kann dabei auf das Ausmaß an Autonomie und Autorität abgestellt werden, das die Topmanager in modellcharakteristischer Weise erfahren. Insofern ist konkret zu analysieren, inwieweit die Organmitglieder individuelle Handlungsspielräume erhalten bzw. durch Einsatz von (Fach- und Führungs-)Autorität zur Entscheidungsfundierung angehalten werden.

Objektivität

Das Kriterium der *Objektivität* hingegen nimmt Bezug auf die Art der Entscheidungsfundierung. Es betrifft die Frage, in welchem Maß die Topmanager ihre Fundierungsbemühungen (einer bestimmten Intensität) darauf anlegen, sowohl die Vorteile (Chancen) als auch die Nachteile (Risiken) managerialer Maßnahmen zu eruieren und unvoreingenommen im Unternehmensinteresse gegeneinander abzuwägen. Zur Abschätzung des (mutmaßlichen) tatsächlichen Ausmaßes der so verstandenen Ausgewogenheit

---

[496] Siehe Abschnitt 3.2.1.2.1.1, S. 210 f. und insb. Abbildung 3-14.
[497] Siehe grundlegend v. Werder [Argumentationsrationalität].
[498] Siehe Abschnitt 3.2.1.2.1.1, S. 209 f.

der Entscheidungsfundierung bei den verschiedenen Basismodellen ist vor allem auf Erkenntnisse über gruppenpsychologische Phänomene zurückzugreifen.

Die vier Basismodelle für die Ausformung der Leitungsorganisation werden im Folgenden anhand der herausgearbeiteten fünf Effizienzkriterien auf ihre Zweckmäßigkeit hin analysiert. Dabei erfolgt jeweils eine möglichst weitgehende Verknüpfung der sachlogischen und der verhaltensbezogenen Bewertungsüberlegungen. Zu diesem Zweck wird zunächst die Güte der Entscheidungen zur Unternehmensleitung bei allen vier Modellen aus Sicht der Konfigurations- und der Motivationseffizienz evaluiert. In analoger Weise werden sodann die Qualität der Entscheidungen zur Bereichsleitung und die Qualität der Entscheidungen zur Bereichsabstimmung bei rationalen und realen Verhaltensweisen untersucht, bevor abschließend die Personalkosten und die Dispositionsfähigkeit der vier Basismodelle bewertet werden.

3.2.1.2.1.2 Effizienz der Basismodelle

Entscheidungsqualität der Unternehmensleitung

Bei der Beurteilung der Basismodelle nach Maßgabe der Spitzenfundierung ist zu untersuchen, welche Informationen und methodischen Kenntnisse unter der Prämisse intendiert-rationaler Verhaltensweisen der Akteure jeweils in die Beschlüsse der Unternehmensleitung bzw. Hierarchiespitze eingehen. Anknüpfungspunkt dieser Analyse bildet die modellspezifische Personalausstattung der Spitzeneinheit.

Konfigurations-effizienz

Geht man von einer gegebenen Zahl von Mitgliedern des Leitungsorgans aus, so stattet das Sprecher-Modell die Hierarchie – im Vergleich zu den anderen Organisationslösungen – mit den meisten Managementressourcen aus. Es folgen sodann das Ressort-Modell, das Stabs-Modell und das Hierarchie-Modell der Leitungsorganisation (siehe Abbildung 3-17).

Abbildung 3-17 | *Entscheidungsqualität der Unternehmensleitung bei den vier Basismodellen*

Basismodell Effizienzkriterien	Sprecher-Modell	Ressort-Modell	Hierarchie-Modell	Stabs-Modell
Entscheidungsqualität				
■ Unternehmensleitung				
➢ Spitzenfundierung	●	◕	○	◑
➢ Engagement	◐	●	●	●
➢ Objektivität	●	◕	○	◔

Legende:

● Größere Stärken   ○ Größere Schwächen

◐ Kleinere Stärken   ◔ Kleinere Schwächen

Sprecher-Modell | Der Vorteil des *Sprecher-Modells* hinsichtlich der Managementkapazität beruht zum einen darauf, dass als Ausfluss des Kollegialprinzips sämtliche Organmitglieder gleichberechtigt an den Entscheidungen zur Unternehmensleitung teilnehmen. Zum anderen steht aufgrund der fehlenden Ressortbindung eine vergleichsweise große Leitungskapazität für die Hierarchiespitze zur Verfügung, da sich alle Topmanager voll auf die unternehmensleitenden, insbesondere strategischen Aufgaben konzentrieren können. Die mangelnde Ressortbindung hat allerdings auch den unter Fundierungsaspekten eher nachteiligen Effekt, dass das Wissen der Organmitglieder nicht kontinuierlich durch die (konkreten) Anforderungen der Bereichsleitung fortentwickelt und aktualisiert wird. Das Sprecher-Modell führt somit tendenziell zu einer „Entfernung der Topmanager vom laufenden Tagesgeschäft"[499], die ein systematisches Kennenlernen neuer Entwicklungen behindern kann. Inwieweit diese Einschränkungen der Weiterqualifizierung bei der Spitzenfundierung tatsächlich ins Gewicht fallen, wird

---

[499] Siehe auch Höhn [Unternehmensführung] 110 ff., 134; Seidel/Redel [Führungsorganisation] 23; Frese [Grundlagen] 566.

nicht zuletzt davon abhängen, welche Vorbildung die Organmitglieder mitbringen und wie lange sie bereits als ‚bloße' Sprecher keine operative Verantwortung (mehr) tragen.

Beim *Ressort-Modell* werden der Spitzeneinheit der Hierarchie vergleichsweise weniger Managementressourcen zugeordnet. Zwar gehören infolge des auch hier geltenden Kollegialprinzips wiederum sämtliche Mitglieder des Leitungsorgans der Hierarchiespitze an. Die Ressortbindung teilt aber die Leitungskapazität der Organmitglieder zwischen der Unternehmensleitung und der jeweiligen Ressort- bzw. Bereichsleitung auf. Spiegelbildlich zum Sprecher-Modell hält die Ressortverantwortung die Topmanager indes über die neuen Trends des operativen Geschäfts systematisch(er) und direkter auf dem Laufenden. Die Organmitglieder haben beim Ressort-Modell also – salopp formuliert – eine größere, qualifikationssteigernde und damit fundierungsförderliche ‚Bodenhaftung'.

Ressort-Modell

Das Stabs-Modell und das Hierarchie-Modell setzen die Managementressourcen der Hierarchiespitze ceteris paribus noch deutlich weiter herab. Aufgrund des beiden gemeinsamen Direktorialprinzips liegt hier die Unternehmensleitung in den Händen bloß eines Mitglieds des Leitungsorgans oder allenfalls einiger weniger Organmitglieder. Dabei erfährt der unternehmensleitende Topmanager[500] im Fall des *Stabs-Modells* immerhin noch eine entscheidungsvorbereitende Unterstützung durch die übrigen Organmitglieder. Beim *Hierarchie-Modell* dagegen werden die restlichen Mitglieder des Leitungsorgans nicht für die Zuarbeit zur Unternehmensleitung, sondern für die Leitung der Teilbereiche eingesetzt.

Stabs- und Hierarchie-Modell

Vor dem Hintergrund der dargelegten Personalausstattungen der Hierarchiespitze bei den vier Basismodellen lässt sich mit Blick auf die Spitzenfundierung feststellen, dass im Fall der beiden kollegialen Organisationsformen (Sprecher-Modell; Ressort-Modell) diejenigen Informationen und methodischen Kenntnisse in die Entscheidungen zur Unternehmensleitung eingehen, welche die Organmitglieder insgesamt entweder bereits selbst besitzen oder aber bei den nachgelagerten (Führungs-)Kräften einholen. Bei den direktorialen Basismodellen (Hierarchie-Modell; Stabs-Modell) beruhen die Entscheidungen zur Unternehmensleitung dagegen nur auf dem Wissen, das die eine Person an der Spitze der Hierarchie entweder selbst bereits besitzt oder aber durch Nachfragen (bei den anderen Organmitgliedern sowie den übrigen Mitarbeitern) erwirbt. Die kognitive Basis der Leitungsentscheidungen und damit der Spitzenfundierung ist folglich bei den kollegialen Alternativen der Leitungsorganisation – intendiert-rationale Verhaltensweisen vorausgesetzt – der Tendenz nach größer. Präziser formuliert

Spitzenfundierung

---

[500] Im Folgenden wird der Fall einer Unternehmensleitung durch einige (wenige) Organmitglieder nicht mehr stets explizit erwähnt.

kann die mehrköpfige Unternehmensleitung bei gegebener Vorbereitungszeit Entscheidungen eingehender fundieren als die Einmann-Leitung. Die sachlogische Aussage vom tendenziellen Vorteil der kollegialen Modelle hinsichtlich der Spitzenfundierung gilt auch dann, wenn eine Variation des Fundierungszeitraums in die Betrachtung einbezogen wird. Zwar lässt sich grundsätzlich ein gewisser Trade-off zwischen der Managementkapazität, die für die Vorbereitung einer Entscheidung mit bestimmter Fundierungsgüte zur Verfügung steht, und der hierfür erforderlichen Zeit konstruieren. Danach kann die geringere Kapazität der unipersonalen Entscheidungsfindung in gewissem Maße durch eine entsprechende Verlängerung des Vorbereitungszeitraums kompensiert werden, um das Fundierungsniveau der ressourcenintensiven, aber schnelleren multipersonalen Entscheidung zu erreichen[501]. Zu beachten ist allerdings, dass die kognitive Qualität komplexer unipersonaler Managemententscheidungen unter realistischen Bedingungen nur in einem bestimmten Umfang durch Ausdehnung der Fundierungszeit gesteigert und der Güte mehrköpfiger Entscheidungen angenähert werden kann. Der in der Praxis verbreitete Termindruck setzt einer zeitlichen Expansion von Entscheidungsprozessen deutliche Grenzen. Diese können zwar unter Umständen durchaus nach hinten verschoben werden (und sollten bei zutreffender Würdigung des Risikos überhasteter Beschlüsse zweifelsohne mitunter auch verschoben werden[502]). Sie lassen sich letztlich aber häufig doch nicht gänzlich aufheben. Zu denken ist nur an den im Vergleich zu den üblichen Entscheidungsfristen übergroßen Zeitbedarf des Erwerbs von Know-how über bestimmte Geschäftsfelder oder gar Branchen, der eine gewisse erfahrungsgeborene Vertrautheit mit der fraglichen Materie voraussetzt[503].

Insgesamt lässt sich damit aus der Rationalperspektive die Tendenzaussage treffen, dass die Spitzenfundierung im Fall des Stabs- und des Hierarchie-Modells im Zweifel nicht so ausgeprägt sein wird wie diejenige bei der Sprecher- und der Ressortlösung für die Leitungsorganisation[504]. Dieses

---

[501] Dieses Austauschverhältnis wird besonders dann augenfällig, wenn man den benötigten Zeit- und Ressourceneinsatz über das Konstrukt der ‚Manntage' aggregiert. So könnte z. B. – bei der vereinfachenden Annahme eines proportionalen Trade-offs – der fiktiven Dauer einer Einmann-Entscheidung von 20 Manntagen ein Zeitraum von 10 Tagen für eine Zweimann-Entscheidung gegenüberstehen, sodass in beiden Fällen 20 Manntage aufzuwenden wären.

[502] Vgl. hierzu näher v. Werder [Argumentationsrationalität] 137 ff.

[503] Vgl. in diesem Kontext auch das Konzept des von einem tiefen Verständnis für die Wirkungszusammenhänge geprägten „thick management", das Mintzberg [Management] 154, 348 ff. dem steril-zahlenorientierten „thin management" gegenüberstellt.

[504] Vgl. auch allgemein aus der Literatur zum Direktorial- und Kollegialprinzip Becker [Unternehmungsleitung] 132 ff.; Höhn [Unternehmensführung] 19;

Ergebnis deckt sich im Übrigen auch mit den allgemeinen Untersuchungen zur Vorteilhaftigkeit von Gruppenentscheidungen gegenüber Individualentscheidungen. Hiernach fällt die Gruppe bei komplexen, unstrukturierten Problemstellungen im Prinzip die bessere (d. h. informiertere) Entscheidung, sofern die Gruppenmitglieder jeweils spezielle, problemrelevante Fachkenntnisse einbringen[505].

Nach den voranstehenden Überlegungen bieten die vier Basismodelle der Leitungsorganisation jeweils unterschiedliche sachlogische Voraussetzungen für die (Spitzen-)Fundierung von Entscheidungen zur Unternehmensleitung. Im Folgenden ist nun zu untersuchen, in welchem Maße die Topmanager vermutlich motiviert sein werden, die hierdurch vorgezeichneten Fundierungsaktivitäten auch tatsächlich durchzuführen. Von besonderem Interesse ist dabei die Frage, inwieweit sie die bei den kollegialen Organisationsformen gegebene Chance nutzen werden, Leitungsentscheidungen auf eine (im Vergleich zu den direktorialen Modellen) fundiertere Basis zu stellen.

*Motivations-
effizienz*

Wie im Zuge der Ableitung der Effizienzkriterien dargelegt wurde, ist bei der Abschätzung der (Fundierungs-)Motivation der Organmitglieder zwischen ihrem Engagement und ihrer Objektivität zu differenzieren[506]. Das an dieser Stelle zunächst zu betrachtende *Engagement* gibt die Intensität der tatsächlichen Bemühungen der Topmanager an, entscheidungsrelevantes Wissen aufzubauen und in ihre Beschlüsse zur Unternehmensleitung einzubringen. Die Bereitschaft der Organmitglieder, ihre vorhandenen Arbeitskapazitäten in diesem Sinne einzusetzen, kann nach den allgemeinen Ausführungen zur Motivation prinzipiell entweder durch Einräumung von Autonomie oder durch Ausübung von Autorität gefördert werden[507]. Da bei keinem der Basismodelle eine Person in der Hierarchiespitze[508] einem übergeordneten Dritten (mit entsprechender Fach- und Führungsautorität) untersteht[509], scheidet die Realisierung von Autoritätseffekten allerdings inso-

Engagement

Schwarz [Betriebsorganisation] 76 ff.; Rühli [Unternehmungsführung] 143 ff.; Krüger [Organisation] 255 m. w. N.

[505] Siehe Abschnitt 3.2.1.2.1.2, S. 219 f. Siehe auch Ruppel [Vorstandsorganisation] 136 ff.

[506] Siehe Abschnitt 3.2.1.2.1.1, S. 216 f.

[507] Siehe Abschnitt 3.2.1.2.1.1, S. 209 f.

[508] Anders dagegen hinsichtlich der bereichsleitenden Personen, die beim Hierarchie- und beim Stabs-Modell dem (in der Hierarchiespitze angesiedelten) unternehmensleitenden Organmitglied unterstellt sind. Siehe daher insoweit Abschnitt 3.2.1.2.1.2, S. 228 ff.

[509] Nach Maßgabe der jeweiligen Spitzenorganisation können die Mitglieder des Leitungsorgans zwar Weisungen anderer Organe unterstellt sein (Beispiel: Gesellschafterweisungen an Geschäftsführer einer GmbH, siehe Abschnitt 2.2.1.2.3.1, S.

weit von vornherein aus. Zur Prognose des mutmaßlichen Engagements der Topmanager sind daher nur die Autonomieeffekte der vier Organisationsformen zu untersuchen.

Direktoriale Modelle

Unter dem Gesichtspunkt der Handlungsautonomie bieten die *direktorialen Modelle* besonders gute Motivationsvoraussetzungen für die Unternehmensleitung. Der eine Topmanager in der Hierarchiespitze kann seine Entscheidungen letztlich unabhängig von den anderen Organmitgliedern fällen. Er ist damit insbesondere nicht dem Zwang der kollegialen Formen zur mitunter mühsamen, möglicherweise auch frustrierenden Konsensfindung mit gleichberechtigten Kollegen (und gelegentlich Konkurrenten) in der Unternehmensleitung ausgesetzt. Dieser positive Motivationseffekt wird noch dadurch verstärkt, dass die Leitungsentscheidungen dem Topmanager in der Hierarchiespitze – als Pendant zu seiner Autonomie – unmittelbar zugerechnet werden können. Nach den geläufigen Annahmen über die Verhaltenswirkung der Zurechenbarkeit von Arbeitsergebnissen[510] darf daher erwartet werden, dass die alleinige Letztverantwortung für die Unternehmensentwicklung den betreffenden Manager zu einer vergleichsweise großen Arbeitsanstrengung (genauer: Fundierungsintensität) anspornt.

Kollegiale Modelle

Im Fall des *Ressort-Modells* und der *Sprecher-Lösung* ist die individuelle Autonomie der einzelnen Topmanager vergleichsweise geringer, da sie nur als Teil des Kollegiums an den Beschlüssen zur Unternehmensleitung mitwirken. Beim Ressort-Modell verfügen die Organmitglieder zwar immerhin über eigene Entscheidungszuständigkeiten für die Leitung der Teilbereiche und insoweit folglich über eine größere Autonomie als die Sprecher bei der zweiten kollegialen Organisationsform. Es kann jedoch beim heutigen Stand der verhaltensbezogenen Forschung nur darüber spekuliert werden, ob die Manager hierdurch stärker als beim Sprecher-Modell motiviert sein werden, für Fragen der Unternehmensleitung[511] Fundierungsanstrengungen zu unternehmen. Für beide kollegialen Modelle gilt zumindest aber in gleicher Weise, dass die Motivationswirkung der Zurechenbarkeit von Arbeitsergebnissen hier entsprechend der eingeschränkten Autonomie schwächer sein wird, da sich die Verantwortung für die Unternehmensleitung ‚auf mehrere Schultern' verteilt und das Verantwortungsgefühl daher eher diffundieren kann[512].

---

131 f.). Diese Möglichkeit wird hier bei der Betrachtung der Leitungsorganisation aber ausgeblendet, da sie von der Wahl des Basismodells unabhängig ist.

510 Vgl. Hackman/Oldham [Work] 72 ff.; Frese [Grundlagen] 274.

511 Anders dagegen mit Blick auf die Bereichs- bzw. Ressortleitung, siehe hierzu Abschnitt 3.2.1.2.1.2, S. 230 ff.

512 Vgl. auch das Argument vom „Risikoschub" der Gruppenentscheidung, das allerdings primär die Objektivität der Entscheidungsfindung betrifft und daher erst nachfolgend näher erörtert wird, siehe Abschnitt 3.2.1.2.1.2, S. 223 ff.

Fazit

Als *Zwischenresümee* lässt sich damit konstatieren, dass die beiden direktorialen Formen der Leitungsorganisation (Hierarchie-Modell; Stabs-Modell) günstigere Voraussetzungen für die Realisierung von Autonomieeffekten bieten als die kollegialen Organisationslösungen (Ressort-Modell; Sprecher-Modell). Sofern die Fundierungsmotivation tatsächlich mit der Handlungsautonomie (und der komplementären Zurechenbarkeit) steigt, darf folglich beim Hierarchie- und beim Stabs-Modell damit gerechnet werden, dass der eine Topmanager an der Hierarchiespitze zu einer intensiven Spitzenfundierung bereit ist. Abgesehen davon, dass dieser Manager auch bei noch so hoher Motivation die sachlogischen Kapazitätsgrenzen der Einmann-Leitung[513] nicht überwinden kann, ist allerdings zu beachten, dass der Zusammenhang zwischen Handlungsautonomie und Engagement zwar plausibel, aber keineswegs garantiert ist. Wenn aber die hohe Autonomie – zumindest bei dem in Rede stehenden konkreten Topmanager – keine besondere (intrinsische) Fundierungsmotivation bewirkt, kann sein Engagement auch deutlich unter dem der Mitglieder einer mehrköpfigen Unternehmensleitung liegen. Der direktorial leitende Manager unterliegt nämlich beim Hierarchie- und Stabs-Modell einem tendenziell geringeren institutionalisierten Druck, der eine mangelnde intrinsische Motivation (aus Autonomie) kompensieren könnte. Anders als beim Ressort- und Sprecher-Modell fehlen hier die Leitungskollegen in der Hierarchiespitze, die schon aus eigenem Interesse (an einer Teilung der Arbeitslast) Leistungs- bzw. Fundierungsbeiträge der jeweils anderen Mitglieder der Unternehmensleitung einfordern werden[514].

Dieser *Teamdruck* gehört allerdings streng genommen schon nicht mehr zu den bislang betrachteten individualpsychologischen Motivationsmechanismen. Er leitet vielmehr über zu den gruppenpsychologischen Phänomenen, die im Folgenden aus dem Blickwinkel der mutmaßlichen Objektivität der Topmanager bei der Entscheidungsfindung näher erörtert werden.

Objektivität

Wie schon mehrfach angesprochen wurde, erlaubt der gegenwärtige Stand der Verhaltensforschung noch keine theoretisch geschlossene und empirisch abgesicherte Einschätzung der realen Verhaltenswirkungen alternativer Organisationsformen. Diese Feststellung gilt auch und gerade für die Frage nach dem Fundierungsverhalten von Topmanagern in (unterschiedlich organisierten) multipersonalen Unternehmensleitungen. In der gruppentheoretischen Literatur finden sich zwar durchaus eine Reihe von konzeptionellen Ansätzen und empirischen Studien, die u. a. auch die Effizienz von Gruppenentscheidungen im Vergleich zu Individualentscheidungen thema-

---

[513] Siehe Abschnitt 3.2.1.2.1.2, S. 219 ff.
[514] Vgl. allgemein auch Gebert/von Rosenstiel [Organisationspsychologie] 145 f.; Wiswede [Gruppen] 750 f.

tisieren[515]. Diese Untersuchungen bieten aber schon deshalb bislang nur ein recht unsicheres Fundament für die Beantwortung unserer Fragestellung, weil sie häufig als Laborexperimente in artifiziellen Entscheidungssituationen stattfinden und zudem kaum dezidiert unstrukturierten Managemententscheidungen der Unternehmensleitung gewidmet sind[516]. Vor diesem Hintergrund kann es hier nur darum gehen, aus dem breiten Spektrum der verhaltenstheoretischen Ansätze und Theoriefragmente die besonders plausibel erscheinenden Einsichten herauszufiltern und auf dieser Grundlage weitere (auch gruppenpsychologische) Anhaltspunkte über das Realverhalten zu gewinnen. Im Blickpunkt steht dabei an dieser Stelle mit der Objektivität das vermutliche Bemühen der unternehmensleitenden Person(en), die möglichen positiven wie negativen Konsequenzen geplanter Maßnahmen vorurteilsfrei zu eruieren. Die alternativen Basismodelle sind insoweit folglich als umso vorteilhafter zu bewerten, je mehr sie (auch) aus Verhaltenssicht dazu beitragen, einseitige (wenn auch gegebenenfalls noch so engagierte) Fundierungsaktivitäten zu vermeiden und zu ausgewogenen Entscheidungsgrundlagen für die Unternehmensleitung zu gelangen.

Direktoriale
Modelle

Bei den *direktorialen Basismodellen* für die Leitungsorganisation können innerhalb der (unipersonalen) Hierarchiespitze naturgemäß keine gruppenpsychologischen Mechanismen wirksam werden. Die Urteilsbildung über Maßnahmen zur Unternehmensleitung stellt im Fall der Einmann-Leitung vielmehr letztlich – d. h. jenseits der eventuellen Kommunikation mit den anderen Organmitgliedern und Mitarbeitern zur Informationsgewinnung – einen intrapersonellen Vorgang dar. Infolgedessen kann hier die Entscheidungsfindung in der Hierarchiespitze vergleichsweise leicht einem Bias unterliegen. Ein *Bias* bildet eine individualpsychologisch geläufige systematische Verzerrung bei der Gewinnung und Verarbeitung von Informationen, die in zahlreichen Spielarten auftreten kann. Zu den bekanntesten Beispielen zählen etwa die Überbewertung von zuletzt erhaltenen gegenüber früheren Informationen und die stärkere Gewichtung von (rhetorisch) besonders eindrucksvoll artikulierten Auskünften[517]. Als Folge solcher Informations-

---

[515] Vgl. zum Überblick von Rosenstiel [Gruppen] 801 f.; Hackman [Groups]; Wiswede [Gruppen]; Steinmann/Schreyögg/Koch [Management] 591 ff. und als Auswahl besonders prominenter Beiträge z. B. Hackman [Teams]; Hackman/Oldham [Work]; Shaw [Group] 57 ff.

[516] So auch Wiswede [Gruppen] 751. Komplexe Managemententscheidungen, wenn auch keineswegs durchgängig der (durch besondere Überwachungs-, Legitimations- etc. Bedingungen vom restlichen Management abgehobenen) Unternehmensleitung, bilden immerhin den Gegenstand der Beiträge von Eisenhardt [Decisions]; Eisenstat [Group]; Cohen [Team]; Cohen [Management] und Eisenstat/Cohen [Groups]; Butler et al. [Investment]; Papadakis [Processes]; Bronner [Entscheidungsprozesse]; Talaulicar/Grundei/v. Werder [Strategic].

[517] Eingehender Tversky/Kahneman [Judgment]; Bazerman [Judgment]; Tenbrunsel [Cognitions] 320 f.; Plous [Psychology] 107 ff.

verzerrungen wird die Objektivität bei Einpersonen-Entscheidungen in vielen Fällen eingeschränkt sein, da und soweit die Vor- und Nachteile angedachter Maßnahmen nicht rigoros und gänzlich unvoreingenommen gegeneinander abgewogen werden (können). Diese Gefahr subjektiver, also vorgefasst-einseitig fundierter Beschlüsse kommt sehr anschaulich in dem bekannten Bild von den ‚einsamen Entscheidungen des Mannes (oder der Frau) an der Spitze' zum Ausdruck.

Bei der Analyse der mutmaßlichen Objektivität der multipersonalen Entscheidungen zur Unternehmensleitung bei den kollegialen Leitungsformen sind die Struktur und Zusammensetzung des Leitungsorgans als Einflussgröße zu beachten[518]. Geht man von einem Gremium mittlerer Größe mit zwischen drei und neun Mitgliedern aus[519], die jeweils für unterschiedliche Fachgebiete (namentlich Produktsparten, Funktionen und Regionen) qualifiziert sind (und als Sprecher oder Ressortleiter weiterqualifiziert werden), so bietet die multipersonale Form günstige Voraussetzungen für ausgewogene Entscheidungsvorbereitungen. Eine solche mehrköpfig-multiqualifizierte Unternehmensleitung ersetzt die intrapersonale Entscheidungsfindung der direktorialen (Hierarchie- und Stabs-)Modelle durch einen interpersonalen Entscheidungsprozess. Sie eröffnet damit strukturell eher die *Chance*, Probleme in Diskussionen aus verschiedenen Blickrichtungen zu analysieren[520]. Da und soweit jedes einzelne Leitungsmitglied (annahmegemäß) einen unterschiedlichen Erfahrungshintergrund hat, steigt die Wahrscheinlichkeit, dass bias-getrübte Informationsausfilterungen und Informationsüberzeichnungen thematisiert und neutralisiert werden. Zur Begründung kann auf die gängigen Rollenkonzepte hingewiesen werden[521]. Sie gehen davon aus, dass sich Handlungsträger mit den ihnen jeweils übertragenen Positionen identifizieren und für die Wahrung der Interessen ihrer Einflussbereiche engagie-

Kollegiale Modelle

---

[518] Siehe zu den diversen Determinanten der Gruppenleistung auch Hofstätter [Entscheidungen] 230 ff.; Gebert/von Rosenstiel [Organisationspsychologie] 376; Wiswede [Gruppen] 750 f.; Ruppel [Vorstandsorganisation] 89 ff.; Staehle [Management] 283 ff.

[519] Bei den am Kodex Report 2005 teilnehmenden Unternehmen beträgt die durchschnittliche Vorstandsgröße im DAX 6,5, im TecDAX 3,5, im MDAX 4,3, im SDAX 3,5, im Prime Standard 2,8 und im General Standard 2,9 Mitglieder, siehe v. Werder/Talaulicar [Kodex] 843.

[520] Vgl. zu dieser geläufigen Argumentation zu Gunsten eines Leistungsvorteils der heterogen zusammengesetzten Gruppe bei unstrukturierten Entscheidungen allgemein auch Kelley/Thibaut [Group] 65 ff.; Gebert/von Rosenstiel [Organisationspsychologie] 148 ff.; Thomas [Grundriß] 152 ff.; Staehle [Management] 287 sowie auch schon die entsprechenden Überlegungen zur Spitzenfundierung aus sachlogischer Sicht Abschnitt 3.2.1.2.1.2, S. 219 ff.

[521] Siehe zum Überblick Thomas [Sozialpsychologie] 80 ff.; Fischer [Rollentheorie]; Wiswede [Rollentheorie].

ren[522]. Dabei wird dieser Gruppeneffekt der konstruktiven Kritik vorgelegter Handlungsentwürfe und kreativen Entwicklung alternativer Vorschläge um so stärker ausfallen, je mehr die Diskussionsfreude zum akzeptierten Bestandteil der Rolle des Topmanagements zählt[523].

Groupthink

Das nach den voranstehenden Überlegungen zu erwartende höhere Niveau an Objektivität im Sinne der Ausgewogenheit kollegialer Entscheidungen ist allerdings keineswegs garantiert und kann zudem auch negative Begleiterscheinungen haben. Analog zur individuellen Vermeidung intrapersoneller kognitiver Dissonanzen[524] kann das Bestreben, gruppeninterne soziale Disharmonien zu verhindern, in mehrköpfigen Unternehmensleitungen ebenfalls eine Tendenz zur einseitigen Informationsselektion begünstigen. Vor allem die starke Abschottung einer Gruppe von der Umwelt und kraftvolle gruppeninterne Normen können danach eine ausgewogene Situationsanalyse und Meinungsbildung behindern. Hinzuweisen ist in diesem Zusammenhang namentlich auf das Phänomen des „Groupthink", das JANIS in seiner berühmten Studie u. a. im Führungszirkel um Kennedy in der Entscheidungsphase der Schweinebucht-Operation mit ihren fatalen Folgen nachgewiesen hat[525]. Aber auch im zivilen – und gerade im zivilisierten – Kontext der Unternehmensleitung kann der von Gruppennormen ausgehende Zwang zur Konformität abweichende Problemsichten als aus Prinzip nicht verhandlungsfähig ausschließen und schon das Aufwerfen kritischer Fragen im Keim ersticken. Das gilt insbesondere dann, wenn die ungeschriebenen Gesetze der Zusammenarbeit das Anschneiden solcherart ‚indiskutabler' Themen – wie etwa die Hinterfragung strategischer Weichenstellungen – als Loyalitätsverstoß gegenüber dem Gesamtgremium oder seinem Vorsitzenden erscheinen lassen[526]. Praxisberichte aus amerikanischen Boards of Direc-

---

522 Vgl. auch die organisationstheoretisch bekannte Erscheinung des ‚Ressortegoismus', auf die im Zusammenhang mit der Abstimmungsfundierung noch näher eingegangen wird, siehe Abschnitt 3.2.1.2.1.2, S. 237.

523 Vgl. in diesem Zusammenhang auch die Feststellung des Deutschen Corporate Governance Kodex: „Gute Unternehmensführung setzt eine offene Diskussion zwischen Vorstand und Aufsichtsrat sowie in Vorstand und Aufsichtsrat voraus." (Tz. 3.5 Satz 1 DCGK) und hierzu näher v. Werder [Kommentierungen] Rn. 387 ff.

524 Siehe hierzu bereits Festinger [Theory] sowie Bierhoff [Sozialpsychologie] 313; Beckmann/Irle [Dissonance] 131.

525 Vgl. Janis [Groupthink]. Siehe auch Ruppel [Vorstandsorganisation] 154 ff.; Janis [Decisions] 56 ff. sowie zu einer Erweiterung Whyte [Groupthink]. Vgl. ferner zu den eventuellen Konformitätskonsequenzen einer hohen Gruppenkohäsion auch Gebert/von Rosenstiel [Organisationspsychologie] 144 ff. m. w. N.

526 Zum Phänomen der „indiscussability" Argyris [Strategy] 5 ff. (Zitat auf S. 6) und zu seiner großen Bedeutung für die praktische Arbeit amerikanischer Boards of Directors Lorsch/MacIver [Pawns] 91 ff. Vgl. auch die ähnlich gelagerte Selektionswirkung starker Unternehmenskulturen, hierzu Schreyögg [Konsequenzen] 99 ff.

tors belegen eindrucksvoll die fundierungshinderliche Kohäsionswirkung eines solchen esprit de corps[527].

Neben den eventuellen Konformitätstendenzen dürfen ferner nicht die spezifischen gruppendynamischen Phänomene außer Acht gelassen werden, die multipersonale Entscheidungsfindungen mit erheblichen Spannungen belasten können[528]. Derartige Reibungsverluste entstehen im Wesentlichen durch (Fehl-)Verhaltensweisen der Mitglieder, die durch den Gruppenkontext stimuliert sind und sich beispielsweise in Akten der Selbstdarstellung und von Dominanzbestrebungen äußern. Sie können namentlich dann zu Friktionen der Entscheidungsfundierung führen, wenn Sachauseinandersetzungen durch derartige Defizite der sozialen und kommunikativen Kompetenz der beteiligten Manager in persönliche Konflikte umschlagen. Anders als beim Groupthink kann dann der Entscheidungsprozess insgesamt paralysiert werden, sodass bereits die Intensität der Spitzenfundierung (sowie ferner auch die Dispositionsfähigkeit der Unternehmensleitung[529]) beeinträchtigt werden.

Insgesamt kann damit das Fazit gezogen werden, dass die Basismodelle für die Organisation der Unternehmensleitung – wie kaum anders zu erwarten – aus Sicht des Realverhaltens auch hinsichtlich der Objektivität heute noch nicht abschließend beurteilt werden können. Konstatieren lässt sich nur – aber auch immerhin –, dass die mehrköpfige Besetzung der Unternehmensleitung zwar keinesfalls automatisch ausgeglichenere Entscheidungsanalysen sicherstellt, nach bisherigem Erkenntnisstand aber doch zumindest die günstigeren Chancen für weniger einseitig-subjektiv gefärbte Leitungsentscheidungen bietet. Um im Rahmen des Möglichen sicherzustellen, dass diese Chancen von den Topmanagern auch tatsächlich genutzt werden, sind aber mit Blick auf die eventuellen Rationalabweichungen im Realverhalten der Manager durch Groupthink und Gruppendynamik modellergänzende

---

[527] Siehe Lorsch/MacIver [Pawns], insb. 141 ff. Angemerkt sei in diesem Zusammenhang, dass die vorliegenden Befunde über die Vorstandsarbeit in Deutschland auf eine ebenfalls hohe Konsensorientierung hindeuten. So fällen nach Bleicher/Paul [Board-Modell] 274, 70 % aller befragten Vorstände formale Beschlüsse einstimmig. Vgl. zu ähnlichen Einschätzungen auch schon Dose [Rechtsstellung] 118; Trenkle [Organisation] 107 ff. Ferner finden auch in mitbestimmten Aufsichtsräten ‚Kampfabstimmungen' eher selten statt, vgl. hierzu v. Werder [Modernisierung] 232. Hingewiesen sei an dieser Stelle schließlich noch auf den ähnlich gelagerten Effekt des Risikoschubs, der Gruppen allgemein (allerdings wiederum nicht speziell für den Bereich realer Topmanagementscheidungen) zugeschrieben wird, vgl. Ruppel [Governance] 136 ff.; Thomas [Grundriß] 176 ff.; Wiswede [Gruppen]; Staehle [Management] 291 ff.

[528] Vgl. auch allgemein von Rosenstiel [Gruppen] 801; Wiswede [Gruppen]; Staehle [Management] 266.

[529] Siehe hierzu näher Abschnitt 3.2.1.2.1.2, S. 241 ff.

Flankierungsmaßnahmen[530] in Betracht zu ziehen. Zu denken ist konkret etwa an die Kontrolle der Entscheidungsfundierung durch Dritte, wie sie z. B. in der Spitzenorganisation der deutschen Aktiengesellschaft qua Aufsichtsrat auch vorgesehen ist[531]. Interessant ist in diesem Zusammenhang auch die Beobachtung, dass Managemententscheidungen börsennotierter Unternehmen heute zunehmend durch Analysten und institutionelle Investoren systematisch – und mit beachtlicher Rigorosität – ‚durchleuchtet' werden[532]. Der Kapitalmarkt übernimmt damit faktisch ebenfalls eine gewisse Kontrollfunktion, wenn und soweit die Intensität und Ausgewogenheit der Entscheidungsfundierung kritisch hinterfragt, konkret also insbesondere realistische Chancen-Risiko-Prognosen geplanter Maßnahmen eingefordert werden.

Entscheidungsqualität der Bereichsleitung

Konfigurations-effizienz

Bereichs-fundierung

Mit dem Effizienzkriterium der Bereichsfundierung wird für die alternativen Basismodelle geprüft, welche Informationen und methodischen Kenntnisse auf der zweiten Ebene der Hierarchie in die Entscheidungen zur Leitung der einzelnen Teilbereiche eingehen, wenn sich die Bereichsleiter intendiert-rational verhalten. Insofern bietet das Ressort-Modell deutliche Vorteile (siehe Abbildung 3-18).

---

[530] Siehe zu den beiden Strategien der Flankierung und Modifizierung für die Integration der Erkenntnisse zur Konfigurations- und Motivationseffizienz Abschnitt 3.2.1.2.1.1, S. 211 f.

[531] Vgl. hierzu auch v. Werder [Arbeit] 2223.

[532] Vgl. an dieser Stelle die in Abschnitt 1.1.1.2, S. 4 f. wiedergegebenen anschaulichen Ausführungen des Finanzvorstands eines DAX-Unternehmens zur Befragung durch institutionelle Investoren.

Entscheidungsqualität der Bereichsleitung bei den vier Basismodellen

Abbildung 3-18

Basismodell \\ Effizienzkriterien	Sprecher-Modell	Ressort-Modell	Hierarchie-Modell	Stabs-Modell
Entscheidungsqualität				
■ **Bereichsleitung**				
➢ Bereichsfundierung	◐	●	◐	◐
➢ Engagement	◕	●	◕	◑
➢ Objektivität	◐	◑	○	○

Legende:

● Größere Stärken   ○ Größere Schwächen

◕ Kleinere Stärken   ◐ Kleinere Schwächen

Bei der *Ressortlösung* sind die Organmitglieder in Personalunion sowohl in der Hierarchiespitze als auch als ressortleitend tätig. Die Topmanager fungieren damit gewissermaßen als ‚linking pin' zwischen der ersten und der zweiten Hierarchieebene im Sinne des klassischen Konzepts der überlappenden Gruppen von LIKERT[533]. Sie können daher das übergeordnete Wissen, das sie als Mitglied der Unternehmensleitung besitzen bzw. erwerben, unmittelbar in die Führung der operativen Teilbereiche einbringen. Hierdurch kann die Bereichsleitung tendenziell fundierter auf die letztlich entscheidenden Unternehmensziele hin ausgerichtet werden.

Ressort-Modell

Beim *Sprecher-Modell* nehmen die Organmitglieder zwar ebenfalls kollegial-gleichberechtigt an der Unternehmensleitung teil. Ihre hieraus gewonnenen Informationen und Kenntnisse werden jedoch nicht direkt für die Bereichsfundierung genutzt, da sie als Sprecher keine Entscheidungen zur Leitung der Teilbereiche treffen.

Sprecher-Modell

---

[533] Siehe Likert [Organization].

Hierarchie-Modell

Im Fall des *Hierarchie-Modells* liegt die Bereichsleitung zwar in den Händen von Organmitgliedern. Die Ressortbindung bringt hier jedoch keinen prinzipiellen Fundierungsvorteil, da die bereichsleitenden Personen nicht zugleich auch an den Beschlüssen der Unternehmensleitung beteiligt sind und an deren Wissensstand partizipieren. Die ressortverantwortlichen Manager können hier folglich nicht als grundsätzlich informierter angesehen werden als die Teilbereichsleiter beim Sprecher-Modell, die nicht dem Leitungsorgan angehören.

Stabs-Modell

Beim *Stabs-Modell* ist die Leitung der Teilbereiche wie bei der Sprecherlösung auf Führungskräfte übertragen, die nicht Mitglied des Leitungsorgans (sondern juristisch Arbeitnehmer) sind. Die Bereichsfundierung kann hier folglich – aus Sicht der institutionellen Voraussetzungen – derjenigen im Fall des Sprecher-Modells gleichgesetzt werden. Sie entspricht damit nach der vorangegangenen Analyse im Prinzip auch der Fundierung von Bereichsentscheidungen beim Hierarchie-Modell.

Insgesamt erweist sich somit aus sachlogischer Sicht das Ressort-Modell in Hinblick auf die Bereichsfundierung als überlegen. Die drei anderen Basismodelle bieten dagegen grundsätzlich übereinstimmende und schlechtere strukturelle Bedingungen für die Realisierung dieses Kriteriums der Effizienzbewertung.

Motivations-effizienz

Engagement

Das *Engagement* der Topmanager für die Bereichsleitung kann nach den allgemeinen Überlegungen durch Autonomie- oder Autoritätseffekte gefördert werden[534]. Unter *Autonomieaspekten* erscheint das Ressort-Modell als vergleichsweise vorteilhafte Gestaltungsform. Die Ressort- bzw. Bereichsleiter gehören hier zugleich der Unternehmensleitung an und können so direkten Einfluss nehmen auf die Entscheidungen der Hierarchiespitze, die den Handlungsspielraum der Bereichsleitungen umgrenzen. Die Organmitglieder sind also mit anderen Worten in Anbetracht des geltenden ‚Zwei-Hüte-Prinzips' durch ihre Mitwirkung in der Unternehmensleitung selbst an der Festlegung (und eventuellen Einschränkung) ihrer Bereichsleiterautonomie beteiligt.

Autonomieeffekte

Bei den drei anderen Modellen stehen die Bereichsleiter außerhalb und unterhalb der Unternehmensleitung. Ihre Handlungsautonomie hängt folglich von den (Delegations-)Entscheidungen der hierarchischen Spitzeneinheit ab und ist damit fremdbestimmt. Dabei ist das jeweilige Maß an Autonomie vom gewählten Basismodell prinzipiell unabhängig, sodass die Bereichsleiter (wie im Übrigen auch beim Ressort-Modell) über große oder kleine Entscheidungsspielräume verfügen können[535]. Insofern lassen sich somit keine deutlichen (autonomiebedingten) Motivationsunterschiede fest-

---

[534] Siehe Abschnitt 3.2.1.2.1.1, S. 209 f.
[535] Siehe zur Delegationsthematik näher Abschnitt 3.2.2.1, S. 262 ff.

stellen. Zu beachten ist allenfalls zum einen, dass die Leiter der Bereiche beim Hierarchie-Modell und im Fall der Stabs-Lösung einem einzigen Topmanager unterstellt sind, während bei der Sprecher-Alternative die ihnen übergeordnete Instanz (= Unternehmensleitung) mit mehreren Personen (genauer: mit allen Organmitgliedern) besetzt ist. Da sich die Macht der Hierarchiespitze hier folglich auf sämtliche Organkollegen verteilt, mag die (persönliche) Unabhängigkeit der Bereichsleiter beim Sprecher-Modell somit etwas größer sein als bei den beiden direktorialen Organisationsformen. Dieser Effekt wird um so stärker ausfallen, je mehr sich die Sprecher aufgrund organinterner Konflikte gegenseitig blockieren und damit faktisch ein Machtvakuum schaffen, das von den Führungskräften der zweiten Ebene ausgefüllt wird.

Zum anderen ist für den Vergleich der drei Modelle ohne Personalunion zwischen Unternehmens- und Bereichsleitung zu berücksichtigen, dass die Bereichsleiter beim Hierarchie-Modell dem Leitungsorgan angehören. Sie tragen damit den Titel eines Organmitglieds – im Fall der hier betrachteten Rechtsformen konkret also den Titel eines GmbH-Geschäftsführers[536] –, dem gemeinhin ein höheres *Prestige* als der Positionsbezeichnung eines Bereichs- bzw. Abteilungsleiters zugesprochen wird[537]. Sofern dieser Prestigevorsprung tatsächlich motiviert, könnten die organzugehörigen Bereichsleiter daher ceteris paribus engagierter sein als die bereichsleitenden ‚bloßen‘ Arbeitnehmer beim Sprecher- und beim Stabs-Modell. Hinzu kommt ihre strenge(re) gesellschaftsrechtliche *Verantwortung* als Organmitglieder. Einschränkend ist allerdings darauf hinzuweisen, dass sich die mit prestigeträchtigen Organpositionen üblicherweise verbundene Vorstellung vergleichsweise großer Handlungsautonomie für die betreffenden Manager aufgrund starker Zentralisation im Organ leicht auch als Autonomieillusion herausstellen und dann motivationsneutral oder gar frustrierend wirken kann.

Soll das Engagement der Bereichsleiter durch den Einsatz von (Fach- und Führungs-)*Autorität* einflussreicher übergeordneter Instanzen gefördert werden, so bieten das Hierarchie-Modell und namentlich das Stabs-Modell hierfür relativ günstige strukturelle Voraussetzungen. In beiden Fällen kann die eine und einzige Person an der Hierarchiespitze besonders machtvoll auf die Aufgabenerfüllung in den Bereichen einwirken. Zu denken ist insbesondere an die regelmäßige Einforderung von Entscheidungsbegründungen, die einen systematischen Rechtfertigungsdruck aufbaut und so die Bereichsleiter zu fundierten Entscheidungsvorbereitungen anhalten kann. Dabei spricht aus dieser Sicht für die Stabslösung noch der Umstand, dass die

Autoritätseffekte

---

536 Bei der AG ist das Hierarchie-Modell dagegen rechtlich nicht zulässig, siehe Abschnitt 3.2.1.1.3.1, S. 190.

537 Vgl. z. B. Loos [Wahl]; Schubert/Küting [Aspekte].

Bereichsleiter hier als Arbeitnehmer nicht die juristische Verantwortung eines Leitungsorganmitglieds tragen, die mit bestimmten weisungsimmunen Mindestkompetenzen verbunden ist[538]. Angemerkt sei an dieser Stelle jedoch noch einmal, dass eine positive Motivation durch Autoritätseffekte auf Seiten der zu motivierenden Manager autoritätszugängliche Persönlichkeitsprofile voraussetzt. Dieser Bedingung aber werden Führungskräfte auf höheren Ebenen der Hierarchie – und insbesondere die Bereichsleiter der zweiten Ebene – vermutlich eher selten genügen[539].

Objektivität

Mit der *Objektivität* der Bereichsleitung als zweitem Motivationsaspekt neben dem Engagement wird untersucht, inwieweit neben den Chancen auch die Risiken geplanter Maßnahmen des Bereichsmanagements ausgewogen in die Entscheidungsvorbereitung einbezogen werden. Insoweit weisen alle vier Basismodelle für die Leitungsorganisation übereinstimmend ein gewisses Manko auf. Sie legen die Leitung der einzelnen Teilbereiche des Unternehmens jeweils nur in die Hände einer Person, sodass die Bereichsleitung stets mit der Gefahr unipersonaler Entscheidungsfundierung behaftet ist, einseitig-voreingenommen zu sein. Bei jeder der vier Organisationsformen ist somit eine gewisse Subjektivität der Bereichsfundierung möglich, der die Unternehmensleitung als übergeordnete Instanz durch entsprechende Kontrollen begegnen muss (und die im Übrigen natürlich qua Modifikation der Basismodelle durch Installierung mehrköpfiger Bereichsleitungen gemildert werden könnte[540]). Die systematische Gefahr unausgewogener Bereichsentscheidungen mag dabei im Fall der beiden direktorialen Modelle tendenziell noch etwas größer sein, da und soweit eine subjektiver fundierte Unternehmensleitung das Fundierungsverhalten auf den nachgelagerten Hierarchieebenen prägen kann. Bei den kollegialen Basismodellen dagegen kann umgekehrt die potentiell objektivere Fundierung der Entscheidungen zur Unternehmensleitung eine positive Ausstrahlung auf die Ausgewogenheit der Bereichsleitung haben.

---

[538] Siehe im Einzelnen Abschnitt 1.2, S. 44 FN 109 sowie auch Abschnitt 3.2.2.1.2.2, S. 296 ff.

[539] Vgl. auch die allgemeinen Erkenntnisse über die Motivatoren von Führungskräften, die z. B. bei Donaldson/Lorsch [Decision] 10; Krüger [Machtdefizit] 122; McClelland/Burnham [Power]; Kotter [Managers] 35 ff. referiert werden.

[540] Vgl. in diesem Kontext auch die später näher erörterten, den dargelegten Einseitigkeitseffekten entgegenwirkenden Möglichkeiten der kompetenziellen Verknüpfung von Bereichsleitungen (bei Bereichsbildung – ZB-Modelle) sowie das bekannte „Vier-Augen-Prinzip", hierzu allgemein Hauschka [Compliance] 467; Theisen [Aufgaben] 286.

Entscheidungsqualität der Bereichsabstimmung

Entscheidungen zur Bereichsabstimmung dienen der Koordination der Aktivitäten in den verschiedenen Teilbereichen der Unternehmung in Hinblick auf die übergeordneten Unternehmensziele. Konkret geht es dabei im Einzelnen um die Berücksichtigung der Interdependenzen, die zwischen den Unternehmensbereichen existieren und (vor allem als Prozess- und Marktinterdependenzen) in verschiedenen Ausprägungen auftreten können. Ferner ist an die koordinierte Ausschöpfung von (Ressourcen- und Markt-)Potentialen zu denken, die für mehrere Bereiche von Bedeutung sind[541]. Diese Abstimmungsentscheidungen können prinzipiell entweder von den betroffenen Bereichsleitern als Selbstabstimmung auf der zweiten Hierarchieebene getroffen werden oder aber von der Unternehmensleitung als übergeordneter Instanz (Hierarchiespitze). Bei der folgenden Analyse der Entscheidungsqualität der Bereichsabstimmung für die vier Basismodelle wird einheitlich unterstellt, dass die Koordination durch die Hierarchiespitze erfolgt. Nur unter dieser Bedingung ergeben sich nennenswerte Unterschiede zwischen den Basismodellen, die hier im Fokus der Betrachtung stehen. Der Fall einer Delegation der Abstimmungsentscheidungen auf die (zweite) Ebene der Bereichsleiter wird dagegen im Zusammenhang mit den Überlegungen zur Detailausformung der Leitungsorganisation behandelt[542].

Konfigurations-effizienz

Unter der Prämisse intendiert-rationaler Verhaltensweisen eignen sich das Sprecher-Modell und insbesondere das Ressort-Modell (analog zur Situation bei der Spitzenfundierung) vergleichsweise gut, um eine hohe Abstimmungsfundierung zu erreichen. Bei beiden Modellen bewirkt die kollegiale Entscheidungsfindung, dass Abstimmungsprobleme von mehreren Personen und prinzipiell unter gleichgewichtiger Einbeziehung ihres jeweiligen Wissens bewältigt werden (siehe Abbildung 3-19).

Abstimmungs-fundierung

---

541 Siehe Abschnitt 3.2.1.2.1.1, S. 208 sowie zur Abhängigkeit dieser Koordinationsanlässe von der jeweils gewählten Form der Bereichsbildung näher im Abschnitt 3.2.2.2.2, S. 328 ff.

542 Siehe Abschnitt 3.2.2.1.1.2, S. 273 ff. und Abschnitt 3.2.2.2, S. 302 ff.

Abbildung 3-19 | *Entscheidungsqualität der Bereichsabstimmung bei den vier Basismodellen*

Effizienzkriterien / Basismodell	Sprecher-Modell	Ressort-Modell	Hierarchie-Modell	Stabs-Modell
Entscheidungsqualität				
■ Bereichsabstimmung				
➤ Abstimmungs-fundierung	◗	●	○	◖
➤ Engagement	◖	◕	●	●
➤ Objektivität	●	◔	○	◖

Legende:

● Größere Stärken   ○ Größere Schwächen

◗ Kleinere Stärken   ◖ Kleinere Schwächen

Sprecher-Modell | Beim *Sprecher-Modell* kann die fehlende Ressortbindung der Topmanager allerdings dazu führen, dass nicht generell vorhersehbare, sondern nur aus den laufenden Operationen der Teilbereiche ad hoc erkennbare Koordinationsnotwendigkeiten im Leitungsorgan unerkannt bleiben, falls und soweit die (organexternen) Bereichsleiter keinen Abstimmungsbedarf sehen[543] und jeweils isolierte bereichsbezogene Entscheidungen fällen. Die Abkoppelung

---

[543] Hierbei muss es sich nicht um bewusste Rationalabweichungen der Bereichsleiter handeln. Zu beachten ist vielmehr, dass Entscheidungskompetenzen gerade auf höheren Hierarchieebenen aufgrund der Komplexität der zu bewältigenden Managementprobleme auch aus sachlogischer Sicht nicht so präzise formuliert werden können, dass ein Bereichsleiter stets exakt wissen kann, bei welchen (Koordinations-)Fragen er die Unternehmensleitung einschalten sollte. Infolgedessen können Entscheidungsprobleme aus der isolierten Bereichsperspektive heraus durchaus (auch bei *intendiert*-rationalem Verhalten) als koordinationsunerheblich angesehen werden, die aus der übergeordneten Sicht der Unternehmensleitung koordinationsrelevant sind.

der Organmitglieder vom ‚laufenden Tagesgeschäft' kann somit Koordinationsdefizite zur Folge haben, indem die Bereichsentscheidungen sich an den jeweiligen Bereichszielen orientieren und nicht an den (in Zweifelsfällen von der Hierarchiespitze zu interpretierenden) Unternehmenszielen. Solche Mängel der Bereichsabstimmung drohen z. B. besonders bei Marktinterdependenzen, die in aller Regel eine geringere Merklichkeit im unternehmensinternen Handlungsprozess aufweisen als innerbetriebliche Leistungsverflechtungen[544].

Das *Ressort-Modell* vermittelt den Mitgliedern des Leitungsorgans demgegenüber einen direkteren Einblick in den ad hoc entstehenden Abstimmungsbedarf zwischen den Teilbereichen. Ihre gesteigerte Problemsensibilisierung kann die Organangehörigen daher veranlassen, Abstimmungsfragen verstärkt im Gesamtgremium zur Sprache zu bringen und damit die Koordinationsintensität der Unternehmensleitung zu erhöhen.

Ressort-Modell

Im Gegensatz zu den beiden kollegialen Formen der Leitungsorganisation tragen das *Hierarchie-Modell* und das *Stabs-Modell* nicht aus sich allein heraus dafür Sorge, dass verschiedene, jeweils bereichsspezifische Kenntnisse bei der Koordination der organisatorischen Teilbereiche gleichgewichtige Beachtung finden. Die Abstimmungsentscheidungen beruhen hier vielmehr (nur) auf dem Wissen, welches das eine unternehmensleitende Organmitglied entweder selbst besitzt oder bei den Bereichsleitern einholt. Dabei gilt hier zum einen wie beim Sprecher-Modell, dass das Erkennen des sich ad hoc einstellenden Koordinationsbedarfs institutionell (durch die mangelnde operative Verantwortung des Unternehmensleiters) eher behindert als gefördert wird. Zum anderen wird bei realistischer Einschätzung der für Abstimmungsentscheidungen zur Verfügung stehenden (oft knappen) Zeit wiederum[545] davon auszugehen sein, dass die kognitive Basis der Einmann-Koordinationsbeschlüsse durch Nachfragen bei den Bereichsleitern häufig nicht derjenigen multipersonaler Entscheidungen angenähert werden kann. Diese Tendenzaussage wird insbesondere für das Hierarchie-Modell zutreffen, da in diesem Fall die anderen (nicht unternehmensleitenden) Organmitglieder in der Teilbereichsleitung eingesetzt sind. Beim Stabs-Modell hingegen können diese Mitglieder den Unternehmensleiter eher entscheidungsvorbereitend unterstützen. Inwieweit die Abstimmungsfundierung hier wirklich nennenswert hinter derjenigen bei der Sprecherlösung zurückbleibt[546], erweist sich daher eher als eine Frage des im Folgenden erörterten tatsächlichen Fundierungsverhaltens bei diesen Alternativen.

Stabs- und Hierarchie-Modell

---

[544] Vgl. Frese/Mensching/v. Werder [Unternehmungsführung] 227.
[545] Vgl. die analoge Argumentation zur Spitzenfundierung.
[546] Hingewiesen sei an dieser Stelle noch einmal darauf, dass die strukturellen Unterschiede zwischen dem Sprecher- und dem Stabs-Modell letztlich nur darin beste-

235

Motivations-
effizienz

Nach der durchgeführten sachlogischen Analyse lassen die beiden kollegialen Modelle der Leitungsorganisation und insbesondere die Ressortlösung der Tendenz nach eine bessere Abstimmungsfundierung erwarten als die direktorialen Formen (und hier namentlich das Hierarchie-Modell). Zu untersuchen ist nun, inwieweit diese Effizienzaussage auch unter Einbeziehung des zu vermutenden tatsächlichen Fundierungsverhaltens belastbar ist.

Die mutmaßliche Intensität (Engagement) und Ausgewogenheit (Objektivität) der Fundierungsaktivitäten der Unternehmensleitung bei der Bereichsabstimmung hängen zunächst von den allgemeinen Verhaltenswirkungen der vier Basismodell ab, die bereits oben im Zusammenhang mit den Entscheidungen zur Unternehmensleitung herausgearbeitet worden sind. Im Kern zeichnen sich die direktorialen Modelle danach eher durch eine engagementförderliche Autonomie des Unternehmensleiters (bei gleichzeitig fehlendem Teamdruck) aus, während die kollegialen Organisationsformen größere Chancen (wenn auch keine Garantie) für ausgewogen-objektivere Entscheidungen bieten[547].

Engagement

Untersucht man nun zur Fortschreibung dieser allgemeinen Wirkungen die besonderen Modelleffekte für die Entscheidungen zur Bereichsabstimmung, so ist u. a. zu beachten, dass neben der Fundierungsmotivation des bzw. der Angehörigen der Unternehmensleitung auch das Verhalten der Bereichsleiter von Bedeutung ist. Die Hierarchiespitze ist nämlich bei den Modellen ohne Personalunion zwischen der ersten und der zweiten Hierarchieebene – also außer beim Ressort-Modell – darauf angewiesen, dass die Leiter der Teilbereiche den nur aus dem operativen Geschäft heraus erkennbaren Koordinationsbedarf tatsächlich auch ‚nach oben' melden. Insofern weist das Hierarchie-Modell gegenüber der Sprecher- und der Stabs-Lösung den Vorteil auf, dass die Bereichsleiter dem Leitungsorgan angehören. Sie tragen damit einen prestigeträchtigeren Titel[548] sowie eine größere, organschaftliche Verantwortung als die bereichsleitenden Personen (Arbeitnehmer) des Sprecher- und des Stabs-Modells, die außerhalb des Leitungsorgans stehen[549]. Die Bereichsleiter mögen daher hier tendenziell engagierter sein, Abstimmungsnotwendigkeiten zu eruieren und zu kommunizieren.

---

hen, dass die Entscheidungen – nicht aber die Entscheidungsvorbereitung – in den Händen nur eines Organmitglieds liegen.

[547] Siehe im Einzelnen Abschnitt 3.2.1.2.1.2, S. 217 ff.

[548] Vgl. auch Abschnitt 3.2.1.2.1.2, S. 231 für die Entscheidungen zur Bereichsleitung.

[549] Vgl. zu den unterschiedlichen Rechtspositionen von Organmitgliedern und Arbeitnehmern Abschnitt 1.2. S. 44, insb. FN 109 und für haftungsrechtliche Unterschiede eingehend Abschnitt 3.2.2.1.2.2, S. 296 ff.

Im Objektivitätsvergleich der Kollegialmodelle untereinander bietet das *Sprecher-Modell* den speziellen Vorteil, dass die Mitglieder der Unternehmensleitung lediglich als Sprecher für einzelne oder sogar mehrere und verschiedenartige Bereiche eingesetzt sind. Die fehlende persönliche (Entscheidungs- und damit auch Erfolgs-)Verantwortung für einen bestimmten Teilbereich kann es den Organmitgliedern psychologisch erleichtern, die jeweiligen Belange der verschiedenen Teilbereiche objektiv zu bewerten und so die Bereichsabstimmung wie erwünscht am Gesamtoptimum (aus Unternehmenssicht) zu orientieren. Sie stehen gewissermaßen ‚über den (operativen) Dingen'. Beim *Ressort-Modell* dagegen sind zwanglose Abstimmungsentscheidungen aus der gesamtoptimalen Perspektive heraus nicht in gleichem Maße gewährleistet. Die einzelnen Organmitglieder laufen hier angesichts ihrer Ressortbindung eventuell Gefahr, die Interessen ‚ihrer' Teilbereiche über die Erreichung der Gesamtzielsetzung zu stellen. Dieser so genannte *Ressortegoismus* kann dann konkret (je nach Machtverhältnissen) entweder dazu führen, dass die Belange bestimmter Bereiche im Zuge der Abstimmungsentscheidungen übergewichtet werden. Alternativ kann es auch zu ‚kollegialen' Kompromissen bei der Koordination der Teilbereiche kommen, welche die Bereichsinteressen jeweils möglichst weit gehend bedienen, aus Sicht der Unternehmensziele aber (ebenfalls) suboptimal sind[550].

Objektivität

Kollegiale Modelle

„Faule" Kompromisse bei der Bereichskoordination

Abbildung 3-20

„Der eine Bereichsfürst spuckt dem
anderen nicht in die Suppe,
solange der ihn in Ruhe lässt."

Ehemaliges Vorstandsmitglied eines
großen DAX-Unternehmens

---

[550] Vgl. in diesem Zusammenhang auch die auf eigenen praktischen Erfahrungen beruhenden Überlegungen von Rosenthal [Gedanken] 15; Gasser [Gedanken] und Mohn [Dialogbeitrag] 526.

Direktoriale Modelle

Im Fall der Direktorialmodelle kann aufgrund der unipersonalen Unternehmensleitung ein einzelnes Mitglied des Leitungsorgans nach eigenem Ermessen die Gesamtpolitik des Unternehmens festlegen und damit auch (in hohem Maße) autonom den Maßstab definieren, der Koordinationsentscheidungen zur Bereichsabstimmung steuert. Den übrigen Organmitgliedern verbleibt hier nur die Möglichkeit, aus ihrer hierarchisch untergeordneten Position heraus (Hierarchie-Modell) bzw. durch entscheidungsvorbereitende Beiträge (Stabs-Modell) die Belange der von ihnen repräsentierten Teilbereiche zu vertreten. Diese personelle Konzentration der Koordinationskompetenz kann auf der einen Seite ohne Zweifel subjektiv geprägte Fehlentscheidungen durch ‚einsame Beschlüsse‘ des Unternehmensleiters befördern. Andererseits ist es jedoch auch nicht ausgeschlossen und bei entsprechender Motivation des unternehmensleitenden Organmitglieds zu objektiver Bereichsabstimmung durchaus denkbar, dass durch das Direktorialprinzip eher als bei den kollegialen Formen ineffiziente Kollegial-Kompromisse verhindert werden.

Personalkosten

Beim Kostenvergleich der vier Basismodelle ist zum einen zwischen den Personalkosten für die (unternehmensleitende sowie bereichsabstimmende) *Hierarchiespitze* und denjenigen für die *Portefeuille-* und die *Ressortleitungen*

Kostenarten

zu trennen. Ferner ist zu beachten, dass sich der Ressourcenaufwand streng genommen aus den ‚normalen‘ *pagatorischen Personalkosten* der Manager und den Opportunitätskosten der Managementressourcen zusammensetzt. Während sich die eigentlichen Personalkosten aus den Vergütungen (Gehälter, Prämien etc.) ergeben, beruhen die *Opportunitätskosten* darauf, dass Manager bei der Befassung mit einer bestimmten Entscheidung andere Probleme vertagen (oder auch gänzlich ungelöst lassen) müssen.

Hierarchiespitze

Für die *Hierarchiespitze* liegen die *pagatorischen Personalkosten* bei den beiden kollegialen Modellen tendenziell höher als bei den Direktorialformen der Leitungsorganisation (siehe Abbildung 3-21). Bei der Sprecher- und der Ressortlösung stehen eben schlicht nicht nur ein einziger Entscheidungsträger, sondern mehrere Topmanager auf der Gehaltsliste der Hierarchiespitze. Die Mehrpersonenleitung ist allerdings nicht zwangsläufig mit höheren Personalkosten belastet. Sie kann vielmehr in Ausnahmefällen auch kostengünstiger sein, sofern dem einen Entscheidungsträger (direktorialer Fall) eine Vergütung gewährt wird, welche die Gesamtvergütung der Manager im Mehrpersonenfall übersteigt. Diese praktisch vermutlich eher seltene Konstellation soll im Weiteren allerdings nicht näher betrachtet werden.

Personalkosten bei den vier Basismodellen

Abbildung 3-21

Basismodell Effizienzkriterien	Sprecher- Modell	Ressort- Modell	Hierarchie- Modell	Stabs- Modell
Personalkosten				
▪ Pagatorische Kosten	○	◖ (rechts)	●	◕
▪ Opportunitätskosten	●	◕	○	◖ (rechts)

Legende:

● Größere Stärken ○ Größere Schwächen

◖ Kleinere Stärken ◖ Kleinere Schwächen

Der tendenzielle Vorteil der direktorialen Modelle bei den Personalkosten der Hierarchiespitze kann jedoch durch vergleichsweise hohe *Opportunitäts-kosten* dieser Organisationsformen abgeschwächt oder auch (über-)kompensiert werden. Die Unternehmensleitung verfügt hier über vergleichsweise geringere Problemlösungskapazitäten. Dieses Manko gilt in besonderem Maße für das Hierarchie-Modell, da der Unternehmensleiter hier nicht durch die restlichen Organmitglieder aus (kapazitätserweiternden) Stabspositionen heraus unterstützt wird. Die direktorial organisierte Hierarchiespitze kann somit pro Zeiteinheit tendenziell weniger Entscheidungen einer bestimmten Fundierungsqualität treffen als die mehrköpfige Spitzeneinheit beim Ressort-Modell und namentlich bei der Sprecherlösung, welche die Organmitglieder von der operativen Ressortleitung freistellt[551]. In welchem

Opportunitäts-kosten

---

[551] Zur Vermeidung von Missverständnissen sei darauf hingewiesen, dass hier mit den Opportunitätskosten die Folgen kapazitätsmäßiger Engpässe durch vertagte bzw. gänzlich unterlassene Entscheidungen angesprochen werden, während es bei den Überlegungen zur Spitzen-, Bereichs- und Abstimmungsfundierung (Abschnitt 3.2.1.2.1.2, S. 219 ff.) sowie sogleich bei der Dispositionsfähigkeit (Abschnitt 3.2.1.2.1.2, S. 241 ff.) um die Folgen für die getroffenen Entscheidungen geht. Siehe auch Bernhardt/Witt [Ressortverteilung] 825 ff.

Umfang dieser Kapazitätsnachteil sich tatsächlich in Opportunitätskosten niederschlägt, ist zwar einzelfallabhängig, da sie sich nach der Anzahl der auf Lösung wartenden Probleme sowie dem Nutzen bzw. der Dringlichkeit ihrer Bewältigung richtet. Bedenkt man die typischerweise große Zahl der klärungsbedürftigen Fragen zur Unternehmensleitung und Bereichsabstimmung in der Praxis[552], so werden die denkbaren Opportunitätskosten der Direktorialmodelle aber durchaus faktisch ins Gewicht fallen. Bei den Kollegialmodellen werden umgekehrt folglich die Opportunitätskosten merklich niedriger sein. Gerade das Sprecher-Modell bietet insoweit beachtliche Vorteile. Zum einen können hier aufgrund der mangelnden Ressortverantwortung der Organmitglieder noch größere Kapazitäten für die Unternehmensleitung mobilisiert werden als beim Ressort-Modell. Zum anderen kann im Fall der Sprecherorganisation zwanglos auch der gegenläufig denkbaren Gefahr einer mangelnden Auslastung der multipersonalen Hierarchiespitze begegnet werden, indem das Leitungsorgan verkleinert wird. Bei der Ressortlösung dagegen können Auslastungsdefizite vor allem dann auftreten, wenn zahlreiche Teilbereiche im Unternehmen existieren und alle Bereichsleiter in die Unternehmensleitung berufen werden. Das Sprecher-Modell bietet somit kurz gesprochen den unter Personal- wie Opportunitätskostenaspekten bedeutsamen Vorteil, die Kapazität der Hierarchiespitze besonders gut und einzelfalladäquat dosieren zu können[553].

Portefeuille- und Ressortleitung

Bei der Beurteilung der Personalkosten für die *Portefeuille-* und die *Ressortleitungen* ist zunächst zu beachten, dass lediglich das Sprecher-Modell und die Stabslösung Organisationseinheiten vorsehen, die entscheidungsvorbereitend für die Hierarchiespitze tätig sind. Infolgedessen liegen die Personalkosten insoweit bei den beiden portefeuillegebundenen Organisationsformen naturgemäß höher[554]. Im Übrigen fallen für die Ressort- bzw. Bereichsleitungen nach den Modellmerkmalen der vier Basisformen jeweils Personalkosten für eine Person pro Teilbereich an. Geht man davon aus, dass Organmitglieder eine tendenziell höhere Vergütung erhalten als Führungskräfte außerhalb des Leitungsorgans, so können sich insofern gleichwohl gewisse Personalkostenunterschiede zwischen den ressortgebundenen und den portefeuillegebundenen Gestaltungsalternativen ergeben. Danach werden die Personalkosten für die Bereichsleitungen namentlich beim Hierarchie-Modell ceteris paribus diejenigen der Sprecher- und der Stabslösung

---

[552] Siehe zur Arbeitsbelastung von Topmanagern auch Abschnitt 1.2.1.4.2, S. 36 ff.

[553] Diese Eigenschaft des Sprecher-Modells ist ferner auch für die Dispositionsfähigkeit von Vorteil, wie im nächsten Abschnitt 3.2.1.2.1.2, S. 241 ff. näher dargelegt wird.

[554] Diese höheren Personalkosten sind allerdings, wie zuvor herausgearbeitet wurde, mit den vergleichsweise niedrigeren Opportunitätskosten der Sprecherorganisation (gegenüber der Ressortlösung) und des Stabs-Modells (gegenüber dem Hierarchie-Modell) zu verrechnen.

tendenziell übersteigen. Im ersten Fall üben Organmitglieder die Bereichsleitung aus, in den beiden anderen Fällen dagegen Arbeitnehmer[555]. Der Motivationsvorteil der prestigeträchtigeren Positionsbezeichnung der Bereichsleiter beim Hierarchie-Modell[556] muss somit gegebenenfalls (also bei gegebenem Gehaltsgefälle) durchaus erkauft werden[557].

Dispositionsfähigkeit

Mit der Dispositionsfähigkeit wird der Zeitbedarf der Entscheidungen (zur Unternehmens- und Bereichsleitung sowie zur Bereichsabstimmung) erfasst und vor allen Dingen gefragt, wie schnell die Entscheidungsträger bei den verschiedenen Basismodellen der Leitungsorganisation auf Veränderungen im Unternehmen und im Unternehmensumfeld reagieren können. Dieser Zeitbedarf ist bei intendiert-rationalen Verhaltensweisen im Kern eine Funktion der (modellabhängig) zur Verfügung stehenden Entscheidungskapazitäten sowie der Fundierungsqualität der Entscheidungen (siehe Abbildung 3-22).

---

[555] Bei der Ressortlösung liegt die Bereichsleitung zwar ebenfalls in den Händen von Mitgliedern des Leitungsorgans. Streng genommen ist hier aber zu berücksichtigen, dass ein Teil der Entscheidungskapazitäten der Organmitglieder von der Leitung des Ressorts für die Unternehmensleitung abgezogen wird.

[556] Siehe Abschnitt 3.2.1.2.1.2, S. 231.

[557] Ergänzend sei in diesem Zusammenhang noch erwähnt, dass die Portefeuilleleiter beim Stabs-Modell aufgrund ihrer Organangehörigkeit ebenfalls als vergleichsweise teure Stäbe der Unternehmensleitung angesehen werden und alternativ auch durch Arbeitnehmer ersetzt werden könnten. Diese Gestaltungsmöglichkeit verlässt aber die Betrachtung der hier zu Grunde gelegten Basismodelle und bietet zudem keine Möglichkeit, von den Motivationspotentialen der Organmitgliedschaft der Stabspersonen zu profitieren. So können durch die Stabslösung z. B. verdiente Mitarbeiter (oder auch familiäre Nachwuchskräfte) zum Führungsorganmitglied befördert werden, ohne sie an den Entscheidungen der Hierarchiespitze beteiligen zu müssen.

Abbildung 3-22	*Kapazität, Fundierung und Zeitbedarf von Entscheidungen*

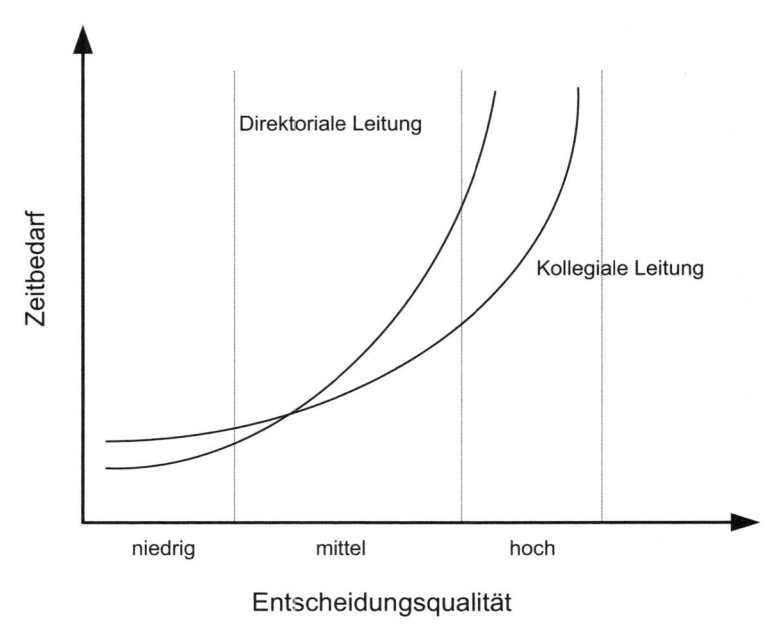

Entscheidungs-kapazitäten

Bei den beiden Kollegialmodellen stehen der Hierarchiespitze aufgrund der multipersonalen Leitung größere *Entscheidungskapazitäten* zur Verfügung als bei den direktorialen Organisationsformen mit ihrer unipersonalen Spitze. Dabei wächst der Kapazitätsvorsprung der kollegialen Leitungsorganisation mit der Anzahl der Organmitglieder und ist bei der Sprecherorganisation besonders groß, da die Organmitglieder hier keine operativen Bereiche leiten. Umgekehrt weist unter den direktorialen Modellen gerade die Hierarchielösung kapazitätsmäßige Nachteile auf, da der eine Unternehmensleiter beim Stabs-Modell zumindest noch durch die übrigen Organmitglieder entscheidungsvorbereitend unterstützt wird.

Unternehmens-leitung

Mittlere Fundierungs-qualität

Vor dem Hintergrund dieser modellspezifischen Kapazitätsausstattungen der vier Basisformen lässt sich zunächst für ein *mittleres Niveau der Fundierungsqualität* erwarten, dass Entscheidungen zur Unternehmensleitung beim Ressort- und namentlich beim Sprecher-Modell tendenziell schneller getroffen werden können als bei der Stabslösung und insbesondere beim Hierarchie-Modell (siehe Abbildung 3-23). Insofern wird gewissermaßen ein Tradeoff zwischen dem Zeitaufwand und dem Ressourcen- bzw. Managementeinsatz (pro Entscheidung) wirksam, indem die größere Fundierungskapazität der Mehrpersonen-Leitung zur Verkürzung des Fundierungszeitraums (bei gegebener Fundierungsqualität) genutzt wird.

Dispositionsfähigkeit bei den vier Basismodellen

Abbildung 3-23

Basismodell ⟍ Effizienzkriterien	Sprecher-Modell	Ressort-Modell	Hierarchie-Modell	Stabs-Modell
Dispositionsfähigkeit				
■ Hohe Fundierung	●	◕	○	◑
■ Niedrige Fundierung	○	◔	◕	●

Legende:

● Größere Stärken   ○ Größere Schwächen

◕ Kleinere Stärken   ◑ Kleinere Schwächen

Wie an anderer Stelle bereits ausgeführt wurde, lassen sich die geringeren Kapazitäten der direktorialen Hierarchiespitze nur in gewissen Grenzen durch eine zeitliche Ausdehnung der Entscheidungsprozesse kompensieren[558]. Infolgedessen können Entscheidungen ab einer bestimmten *hohen Fundierungsgüte* praktisch nur beim Ressort- und Sprecher-Modell in einer realistischen Zeit getroffen werden. Im Fall der Stabs- und Hierarchielösung dagegen benötigen derartige hochfundierte Entscheidungen so viel Zeit, dass die Dispositionsfähigkeit der Unternehmensleitung in (zu) hohem Maße eingeschränkt wird.

Hohe Fundierungs-qualität

---

[558] Siehe Abschnitt 3.2.1.2.1.2, S. 235 f.

*Niedrige
Fundierungs-
qualität*

Wird demgegenüber auch eine *niedrige Fundierungsgüte* der Entscheidungen zugelassen, so kehren sich die Vorteilhaftigkeitsaussagen über die Basismodelle hinsichtlich des Zeitbedarfs bzw. der Dispositionsfähigkeit um. Während eine Entscheidung nennenswerter Qualität im kollegial-multipersonalen Fall kapazitätsbedingt vergleichsweise schneller getroffen werden kann, weist die einköpfige direktoriale Unternehmensleitung einen komparativen Vorteil auf, wenn ein Beschluss möglichst rasch gefasst werden soll und dafür gegebenenfalls auch eine noch so geringe Fundierung in Kauf genommen wird. Die Begründung hierfür liegt darin, dass die Einmann-Leitung im Extremfall – gewissermaßen ,aus dem Bauch' – zu einem sofortigen Entschluss kommen kann. Die entscheidungsvorbereitende Kommunikation mehrerer Personen ist dagegen schon aus sachlogischer Sicht zwangsläufig mit einem gewissen Mindestzeitaufwand verbunden, der durch die oben schon angesprochenen Gruppenphänomene[559] noch erheblich vergrößert werden kann. Zu denken ist nur an die Notwendigkeit, das Entscheidungsproblem darzulegen und ein gemeinsames Situationsverständnis in der Gruppe herzustellen. Ferner kann sich die gemeinsame Entscheidungsfindung auch ,technisch' aufwendiger gestalten, da je nach dem gewählten Formalisierungsgrad z. B. Einladungen zu den offiziellen Sitzungen des Kollegiums mit Ankündigungen der Tagesordnungspunkte zu versenden, Quoren für die Beschlussfähigkeit einzuhalten und auch Unterschriftenregelungen zu beachten sein können. Wird ein bestimmtes Fundierungsniveau unterschritten, erweisen sich die Direktorialmodelle folglich in Hinblick auf die Dispositionsfähigkeit der Hierarchiespitze als überlegen.

*Bereichs-
abstimmung*

Die voranstehenden Überlegungen zum organisationsbedingten Zeitbedarf der Hierarchiespitze für Entscheidungen zur Unternehmensleitung gelten im Prinzip auch analog für die Beschlüsse zur *Bereichsabstimmung*. Insofern ergibt sich lediglich die Besonderheit, dass die gleichzeitige Zuständigkeit der Organmitglieder für die Unternehmens- und die Bereichsleitung beim Ressort-Modell besonders positiv für die koordinationsbezogene Dispositionsfähigkeit ist. Die Mitglieder des Leitungsorgans können hier aus ihrer operativen Tätigkeit heraus vergleichsweise schnell einen eventuellen Abstimmungsbedarf zwischen den Teilbereichen erkennen und als Angehörige der Hierarchiespitze auch relativ rasch eine Koordinationsentscheidung der Spitzeneinheit herbeiführen. Bei den drei anderen Organisationsformen kann die personelle Trennung zwischen Bereichs- und Unternehmensleitung dagegen Abstimmungsprozesse eher verzögern und sich damit insofern als Hemmschwelle der Dispositionsfähigkeit erweisen.

---

[559] Siehe Abschnitt 3.2.1.2.1.2, S. 223 ff.

Bezüglich der Dispositionsfähigkeit der Bereichsleitungen schließlich erge- *Bereichsleitung*
ben sich zwischen der Sprecher-, der Hierarchie- und der Stabslösung aus
sachlogischer Sicht keine grundsätzlichen Unterschiede. Bei allen drei Organisationsformen steht vielmehr jeweils die Fundierungskapazität einer Person für die Leitung der Teilbereiche zur Verfügung. Allein das Ressort-
Modell spielt auch insoweit wiederum eine gewisse – nun allerdings negative – Sonderrolle, da die Bereichsleiter hier einen Teil ihrer Kapazität für die
Hierarchiespitze abziehen müssen.

Fazit

Die durchgeführte Effizienzanalyse der vier Basismodelle für die Organisation der Unternehmensleitung zeigt die Komplexität des Unterfangens, die
jeweiligen betriebswirtschaftlichen Stärken und Schwächen der Gestaltungsalternativen wissenschaftlich herauszuarbeiten und so die Modellwahl zu
unterstützen. Die Vielschichtigkeit des Bewertungsproblems liegt vor allem
darin begründet, dass verschiedene Effizienzkriterien heranzuziehen und
sachlogische (Konfigurationseffizienz) wie psychologische (Motivationseffizienz) Zusammenhänge zu berücksichtigen sind (siehe Abbildung 3-24).

Effizienzbewertung der vier Basismodelle   *Abbildung 3-24*

Basismodell / Effizienzkriterien	Sprecher-Modell	Ressort-Modell	Hierarchie-Modell	Stabs-Modell
Entscheidungsqualität				
■ Unternehmens- leitung				
➤ Spitzenfundierung	●	◕	○	◔
➤ Engagement	◔	◕	●	●
➤ Objektivität	●	◕	○	◔

■ Bereichsleitung				
➤ Bereichs-fundierung	◔	●	◑	◑
➤ Engagement	◕	●	◕	◔
➤ Objektivität	◔	◔	○	○
■ Bereichs-abstimmung				
➤ Abstimmungs-fundierung	◕	●	○	◔
➤ Engagement	◔	◕	●	●
➤ Objektivität	●	◕	○	◔

Personalkosten

■ Pagatorische Kosten	○	◔	●	◕
■ Opportunitäts-kosten	●	◕	○	◔

Dispositionsfähigkeit

■ Hohe Fundierung	●	◕	○	◔
■ Niedrige Fun-dierung	○	◔	◕	●

Legende:

●	Größere Stärken	○	Größere Schwächen
◕	Kleinere Stärken	◔	Kleinere Schwächen

Als Ergebnis der Modellbewertung lässt sich zunächst festhalten, dass keine der betrachteten Organisationsformen den anderen Gestaltungsmöglichkeiten eindeutig im Sinne einer dominanten Alternative[560] überlegen ist. Vielmehr weist jede Lösung jeweils spezifische Vorteile (und Nachteile) auf, sodass streng genommen nur durch Abwägen der Modellkonsequenzen im Einzelfall entschieden werden kann, welches Modell die situativ beste Wahl ist. Gleichwohl zeigen die Vorteilhaftigkeitsprofile der vier Grundformen der Leitungsorganisation gewisse Charakteristiken, die – bei aller gebotenen Vorsicht – doch gewisse verallgemeinerbare Aussagen über die modelltypischen Stärken und Schwächen erlauben.

Keine dominante Alternative

Die beiden *kollegialen Basismodelle* (Sprecher-Modell; Ressort-Modell) bieten tendenziell vor allem die Chance auf (wenn auch keine Garantie für) fundiertere sowie ausgewogenere Entscheidungen der Hierarchiespitze zur Unternehmensleitung und zur Bereichsabstimmung. Dabei fällt der Vergleich zwischen der Sprecherorganisation und der Ressortlösung ambivalent aus. Auf der einen Seite verankert eine Ressortbindung die Topmanager auch im operativen Tagesgeschäft und eröffnet ihnen damit eine systematische Gelegenheit, Bereichsentwicklungen aktuell(er) zu erfahren und in die Entscheidungsprozesse der Hierarchiespitze einbringen zu können. Andererseits sind zwanglose Entscheidungen der Spitzeneinheit aus der übergeordneten Sicht der Unternehmensziele hier aufgrund potentieller Ressortegoismen nicht in gleichem Maße gewährleistet wie beim Sprecher-Modell.

Kollegiale Modelle

Die charakteristischen Vorteile der *Direktorialmodelle* liegen dagegen in der Möglichkeit, Entscheidungen mit geringerer Fundierungsqualität im Zweifel äußerst rasch treffen zu können. Ferner fallen relativ niedrige pagatorische Personalkosten an, gegen die allerdings die tendenziell höheren Opportunitätskosten aufzurechnen sind. Diese Effizienzvorteile gelten namentlich für das Hierarchie-Modell, das eine besonders schlanke (oder aber auch magere) einköpfige Führungsspitze vorsieht, die (nach den Modellvoraussetzungen[561]) nicht einmal von entscheidungsvorbereitenden Einheiten unterstützt wird. Das Stabs-Modell bietet demgegenüber (bei höheren Personalkosten, aber niedrigeren Opportunitätskosten) strukturell durchaus eine Option, in einer gegebenen – kürzeren – Zeitspanne fundiertere Beschlüsse fassen zu

Direktoriale Modelle

---

560 Siehe für viele Sieben/Schildbach [Entscheidungstheorie] 48 f.; Eisenführ/Weber [Entscheiden] 11 ff., 87 ff.; Bamberg/Coenenberg [Entscheidungslehre] 39 f.; Laux [Entscheidungstheorie] 107 f.

561 Natürlich können beim Hierarchie-Modell auch zusätzliche Stabseinheiten angelagert werden, welche die Unternehmensleitung unterstützen und mit Arbeitnehmern besetzt sind. Diese Modifikation verwischt allerdings die Unterschiede zwischen den Basismodellen, da sie die Hierarchielösung bis auf die Rechtsposition der Stäbe (Arbeitnehmer vs. Organmitglied) dem Stabsmodell annähert. Siehe Becker [Unternehmungsleitung] 147 ff. Vgl. im Übrigen zur (betriebswirtschaftlichen) Bedeutung dieser Rechtsposition FN 557, S. 241.

können, ohne die gruppenbedingten Verzögerungen kollegialer Entscheidungen in Kauf nehmen zu müssen. Allerdings hängt die tatsächliche Ausübung dieser Option letztlich entscheidend davon ab, inwieweit die eine unternehmensleitende Person (kognitiv) in der Lage und (motivational) willens ist, neben ihren eigenen Kenntnissen auch das von den Stäben aufbereitete Wissen intrapersonell ebenso fundiert bzw. engagiert und objektiv in ihre Entscheidungsfindung einfließen zu lassen wie die interpersonell um die optimale Entscheidung ringende Mehrpersonen-Leitung der Kollegialmodelle. Nach aller verhaltenswissenschaftlicher wie lebenspraktischer Erfahrung liegt hierin eine große und mit der Dauer der Amtszeit erheblich steigende Herausforderung, der nur wenige (Ausnahme-)Persönlichkeiten auf Dauer gewachsen sein werden.

Grundsatz-
entscheidung

Pointiert zugespitzt erweist sich die Entscheidung zwischen den Basismodellen der Leitungsorganisation somit als Wahl zwischen der Chance auf eine (durch bessere Fundierung begründete) weniger riskante Unternehmensführung (Kollegialmodelle) und der Möglichkeit, rasch und konsequent profilierte unternehmerische Visionen (mit unsicherem Ausgang) umsetzen zu können (Direktorialmodelle). Da bislang keine gesicherten Erkenntnisse darüber vorliegen, welche Form der Unternehmensführung auf Dauer und im Durchschnitt der Unternehmen erfolgreicher (im Sinne der nachhaltigen Steigerung des Unternehmenswertes[562]) ist[563], muss daher letztlich die Risikopräferenz des Organisationsgestalters den Ausschlag geben. Dabei ist der Organisationsgestalter zur Umsetzung seiner Risikoneigung umso eher legitimiert, je mehr er von den Folgen seiner Gestaltungsentscheidung (als Risikokapitalgeber) selbst betroffen ist.

Leitung der AG

Vor diesem Hintergrund sprechen gute Gründe für die Entscheidung des Gesetzgebers (als Gestalter genereller Organisationsrahmen), im Fall der – typischerweise durch Trennung von Eigentum und Leitungsgewalt gekennzeichneten – Aktiengesellschaft das Kollegialprinzip für die mehrköpfige Unternehmensleitung vorzuziehen[564]. Kombiniert mit einem gesonderten Überwachungsorgan (Aufsichtsrat) bietet diese Lösung die realistische Chance, dass das Management die Einlagen der Aktionäre auf einer fundier-

---

[562] Hierzu näher Abschnitt 1.1.2.1, S. 9.

[563] Aufschlussreich sind in diesem Zusammenhang vor allem die Untersuchungen zum Vergleich der Zweckmäßigkeit des amerikanischen CEO-Modells und des Kollegialprinzips in deutschen Aktiengesellschaften, die keine signifikanten Unterschiede nachweisen konnten. Siehe vor allem Bleicher/Paul [Board-Modell]; Bleicher/Leberl/Paul [Unternehmungsverfassung] sowie allgemein auch Charkham [Company]; Lutter [System]; Potthoff [Board-System]; v. Hein [Rolle]; Böckli [Konvergenz].

[564] Siehe Abschnitt 3.2.1.1.3.1, S. 189 sowie auch die Empfehlung des Deutschen Corporate Governance Kodex, in börsennotierten Gesellschaften prinzipiell einen multipersonalen Vorstand zu etablieren (Tz. 4.2.1 Satz 1 DCGK).

te(re)n Entscheidungsgrundlage investiert und nicht zu risikofreudig – fasziniert von einer großen Idee – aufs Spiel setzt. Dabei kann ein effizient arbeitender Aufsichtsrat der Kollegialmodellen stets immanenten Gefahr entgegenwirken, dass Ressortegoismen oder lähmende ‚kollegiale' Kompromisse faktisch doch eine gesamtzielorientierte, dynamische Unternehmensleitung stören.

Je mehr – wie häufig z. B. bei der (konzernunabhängigen) GmbH – ein Gleichklang zwischen Leitungsmacht und Kapitaleinsatz vorliegt, desto eher können dagegen auch die tendenziell ‚riskanteren' Direktorialmodelle in Betracht gezogen werden. Diese Organisationsformen eröffnen dem (Eigentümer-)Unternehmer einerseits die attraktiven Gewinnaussichten der raschen, visionären Entscheidung. Allerdings trifft ihn hier auf der anderen Seite auch selbst das Risiko, durch einseitig-schwachfundierte (va banque-) Beschlüsse Kapital zu verlieren.

Leitung der GmbH

3.2.1.2.2 Rechtsnorminduzierte Konsequenzen

Neben den für sich schon facettenreichen betriebswirtschaftlichen Vor- und Nachteilen der Alternativen für die Leitungsorganisation muss eine umfassende Bewertung auch den juristischen Folgen Rechnung tragen, die mit den verschiedenen Gestaltungsoptionen jeweils verbunden sind. Besonders markante organisationsabhängige Rechtsfolgen betreffen die haftungsrechtlichen Risiken, denen die Mitglieder des Leitungsorgans bei den einzelnen Basismodellen unterliegen. Diese Haftungskonsequenzen werden im Folgenden für den wichtigen Teilkomplex der Haftung gegenüber der Gesellschaft[565] für Pflichtverletzungen exemplarisch näher untersucht. Die diesbezüglichen Haftungsnormen sind bislang zwar rechtstatsächlich erst in seltenen, eher pathologischen Ausnahmefällen zur Anwendung gelangt[566]. In Anbetracht der heute intensiv geführten Diskussion um die Corporate Governance[567] sowie der umfangreichen aktuellen Gesetzgebungsaktivitäten kann ihre praktische Bedeutung in Zukunft allerdings merklich wachsen[568]. Schadensersatzvorschriften für Topmanager repräsentieren mit ande-

---

[565] Siehe Abschnitt 2.2.1.1.4, S. 111 m. N. für die AG und Abschnitt 2.2.1.2.4.2, S. 139 m. N für die GmbH.

[566] So z. B. Goette [Haftung] 751; Rieger [Gesetzeswortlaut] 350; Wirth [Organhaftung] 101. Vgl. auch die Rechtsprechungsübersicht bei Henze [Rechtsprechung] Rn. 451 ff.; Goette [Leitung] 129 ff. m. w. N.; Thümmel [Haftung] Rn. 8; Sieg [Tendenzen] 1760; Schneider [Anwendungsvoraussetzung] 707; Meyke [Haftung] Rn. 31 ff. sowie Weber/Lohr [Rechtsprechung].

[567] Siehe Abschnitt 1.1, S. 1 ff.

[568] Vgl. zu dieser Einschätzung auch Thümmel/Sparberg [Haftungsrisiken] 1013; Kästner [Probleme] 113 f.; Vetter [Probleme] 453; Schilling [Manager] 790; Dreher [Abschluss] 294; Sieg [Tendenzen] 1759; Kiethe [Haftung] 537.

ren Worten in Deutschland[569] zwar bislang noch „kein ‚lebendes' Recht"[570], können zukünftig aber durchaus zum Leben erwachen.

3.2.1.2.2.1 Sprecher-Modell

Vorstand der AG

Haftungs-grundlagen

Vorstandsmitglieder haften gem. § 93 Abs. 1 Satz 1 i. V. m. Abs. 2 Satz 1 AktG gegenüber der Gesellschaft, wenn sie bei ihrer Geschäftsführung die Sorgfalt eines ordentlichen und gewissenhaften Geschäftsleiters schuldhaft missachten und die AG hierdurch schädigen. Welche Sorgfalt ein Vorstandsmitglied objektiv anzuwenden hat, lässt sich nicht allgemein gültig konkretisieren, sondern richtet sich nach den Umständen des Einzelfalls wie insbesondere den Geschäftsfeldern und der Größe des Unternehmens, den Umweltbedingungen und dem Aufgabenbereich des betreffenden Organmitglieds[571]. Angesichts der exponierten Stellung des AG-Vorstands sind an seine Mitglieder aber grundsätzlich strengere Sorgfaltsanforderungen zu stellen als an den ordentlichen Kaufmann nach § 347 HGB[572].

Verschulden

Der Maßstab für das vorausgesetzte *Verschulden* ist nach § 93 Abs. 1 Satz 1 AktG weit gehend objektiviert. Das bedeutet, dass von den persönlichen Eigenschaften des Vorstandsmitglieds prinzipiell abstrahiert wird und die Verletzung der objektiv erforderlichen Sorgfalt regelmäßig zugleich auch den subjektiven Schuldvorwurf begründet. AG-Vorstandsmitglieder haben folglich dafür einzustehen, dass sie über das zur ordentlichen und gewissenhaften Geschäftsführung notwendige Know-how verfügen; sie können sich zur Haftungsfreistellung nicht auf eine – nach dem geforderten Standard – ungenügende Qualifikation zur Bewältigung ihrer Führungsaufgaben berufen[573]. Haben mehrere Vorstandsmitglieder ihre Sorgfaltspflichten

---

[569] Anders z. B. in den USA, wo die drastisch gestiegenen Schadensersatzrisiken von Board-Mitgliedern gelegentlich schon dazu geführt haben, dass angesprochene Kandidaten die Übernahme eines angetragenen Mandats abgelehnt haben. Vgl. zur Verschärfung Scheifele [Manager] 3, 12 m. w. N.; Bungert [Pflichten] 301 m. N.; Ihlas [Organhaftung] 35 ff. sowie eingehender v. Werder/Feld [Sorgfaltsanforderungen].

[570] Wiedemann [Gesellschaftsrecht] 604; Thümmel [Haftung] Rn. 1. Ähnlich Theisen [Haftung] 295, 303.

[571] Vgl. zur Konkretisierung der juristischen Sorgfaltsanforderungen durch betriebswirtschaftlich geprägte Grundsätze ordnungsmäßiger Unternehmungsleitung (GoU) näher v. Werder [Grundsätze]; v. Werder [Unternehmungsleitung]; v. Werder [Vorstandsentscheidungen].

[572] Vgl. hierzu und zum Folgenden Hefermehl/Spindler [Kommentierungen] § 93 Rn. 22, 83; Mertens [Kommentierungen Aktiengesetz] § 93 Rn. 98 f.

[573] Nach Hefermehl/Spindler [Kommentierungen] § 93 Rn. 83, liegt „das schuldhaft pflichtwidrige Verhalten ... darin, dass das Vorstandsmitglied das Vorstandsamt

schuldhaft verletzt, so müssen sie der Gesellschaft gegenüber als *Gesamt-schuldner* jeweils für den gesamten Schaden einstehen (§ 93 Abs. 2 Satz 1 AktG), sodass das Ausmaß ihres individuellen Verschuldens insoweit keine Rolle spielt. Der persönliche Verschuldensumfang kann allenfalls erst beim internen Ausgleich zwischen den Vorstandsmitgliedern zum Tragen kommen[574].

Die skizzierten generellen Haftungsregeln bilden die Grundlage für die haftungsrechtliche Situation der einzelnen Vorstandsmitglieder beim Sprecher-Modell. Dabei ergeben sich die spezifischen Haftungsmerkmale dieser Organisationsalternative aus dem Einfluss, den die modellcharakteristische Struktur der Aufgabenverteilung auf die anzuwendende Sorgfalt der einzelnen Organmitglieder ausübt. Nach der Konstruktionsidee des Sprecher-Modells fassen sämtliche Vorstandsmitglieder gemeinsam die Beschlüsse im Vorstand. Insoweit beruht dieses Modell juristisch auf dem Grundsatz der Gesamtgeschäftsführung. Die einzelnen Mitglieder des Vorstands bereiten allerdings arbeitsteilig jeweils unterschiedliche Entscheidungen (bzw. Entscheidungsaspekte) für die gemeinsame Beschlussfassung vor, sodass fraglich ist, inwieweit die zur Gesamtgeschäftsführung entwickelten Sorgfaltspflichten angesichts dieser Arbeitsteilung zu modifizieren sind.

Aufgaben-abhängige Haftung

Die haftungsrechtliche Relevanz der entscheidungsvorbereitenden (Stabs-) Aktivitäten von Vorstandskollegen ist juristisch bislang noch nicht eingehend untersucht worden[575]. Immerhin findet sich vereinzelt die Feststellung, dass jedes Vorstandsmitglied bei Entscheidungen des Gesamtvorstands gehalten ist, sich zur Bildung eines selbständigen Urteils ausreichend zu informieren und zu diesem Zweck im Zweifel auch die von anderer Seite eingebrachten Entscheidungsunterlagen zu prüfen[576]. Die Sorgfalt des ordentlichen und gewissenhaften Geschäftsleiters kommt hier folglich darin zum Ausdruck, Entscheidungsvorschläge aus den Portefeuilles anderer Vorstandsmitglieder einer eigenen kritischen Würdigung zu unterziehen, ihre betriebswirtschaftliche Zweckmäßigkeit (sowie ihre Rechtmäßigkeit[577]) also in einem unabhängigen Bewertungsvorgang selbst zu ermitteln. Die gemeinsame Beschlussfassung im Gesamtvorstand darf demnach nicht auf

Eigene Prüfung

---

oder den ihm zugewiesenen Geschäftsbereich, dem er nicht gewachsen ist, übernommen hat". Vgl. ferner auch Kock/Dinkel [Haftung] 442, 447.

[574] Gem. §§ 426, 254 BGB, vgl. Hefermehl/Spindler [Kommentierungen] § 93 Rn. 67; Wahl [Stellung] 140.

[575] Vgl. jüngst immerhin Fleischer [Gesamtverantwortung] 454.

[576] So Mertens [Kommentierungen Aktiengesetz] § 93 Rn. 56. Vgl. ferner Dose [Rechtsstellung] 52 f., 117 ff.; Fleischer [Gesamtverantwortung] 455 m. w. N.

[577] Bei Rechtszweifeln muss sich das Vorstandsmitglied grundsätzlich beraten lassen, Hefermehl/Spindler [Kommentierungen] § 93 Rn. 83. Im Folgenden wird die neben der Zweckmäßigkeitsprüfung erforderliche Beurteilung der Rechtmäßigkeit einer Handlung zur Vereinfachung nicht stets gesondert betont.

einen bloß formalen Akt der billigenden Übernahme von Vorschlägen der einzelnen Mitglieder des Vorstands hinauslaufen.

Prüfungsumfang

Die juristisch gebotene zeitliche Intensität und inhaltliche Tiefe der Auseinandersetzung mit der jeweils anstehenden Materie im Gesamtvorstand bedarf zwar noch weiterer rechtswissenschaftlicher Forschung. Bereits angesichts der soeben dargelegten Anforderungen an die gemeinsame Entscheidungsfindung kann aber ohne Zweifel festgestellt werden, dass die Entscheidungsvorbereitung durch bestimmte Angehörige des Vorstands die Sorgfaltspflichten der übrigen Organmitglieder nicht prinzipiell reduziert[578]. Ein anderes Ergebnis würde offensichtlich auch der Philosophie der Gesamtgeschäftsführungsbefugnis zuwider laufen, welche die Nutzung der (potentiellen) positiven Einflüsse von Gruppenentscheidungen auf die Entscheidungsqualität[579] sicherzustellen sucht[580]. Diese Intention könnte ohne einen hierzu korrespondierenden haftungsrechtlichen Sanktionsmechanismus ins Leere laufen, indem Vorstandsmitglieder angesichts mangelnder Verantwortlichkeit Entscheidungsvorlagen im Gesamtvorstand lediglich (pauschal) ‚abklopfen'.

*Entscheidungs-
verantwortung*

Als haftungsrechtliche Konsequenz folgt daher aus den kollegialen Entscheidungsaktivitäten beim Sprecher-Modell, dass alle Vorstandsmitglieder für die ganze Breite der Entscheidungen auf Vorstandsebene inhaltlich voll verantwortlich sind[581]. Sie tragen damit eine *Entscheidungsverantwortung*[582], die durch die Notwendigkeit der selbständigen Alternativenbewertung gekennzeichnet ist. Die Vorstandsmitglieder haften so grundsätzlich über sämtliche Portefeuillegrenzen hinweg für alle von ihnen mitgetragenen Vorstandsbeschlüsse, die sorgfaltswidrig sind und die AG schädigen. Für ein überstimmtes Vorstandsmitglied kommt dabei eine Exkulpation nur dann in Betracht, falls es alles Zumutbare unternommen hat, um den Entscheid und seine Durchführung zu verhindern. Erforderliche Maßnahmen sind in diesem Zusammenhang z. B. eine engagierte Beteiligung an der vorangegangenen Diskussion sowie gegebenenfalls die Anrufung des Auf-

---

[578] Vgl. im Übrigen auch die strengen Bedingungen, die für den haftungsrechtlichen Entlastungseffekt einer Geschäftsverteilung gelten und im Zusammenhang mit dem Ressort-Modell erörtert werden.

[579] Durch intensivere und ausgewogenere Urteilsbildung, siehe im Einzelnen Abschnitt 3.2.1.2.1.2, S. 219 ff

[580] Vgl. zur Teleologie des § 77 Abs. 1 AktG Kropff [Aktiengesetz] 98 f., BegrRegE zu § 77 Abs. 1 AktG sowie auch Dose [Rechtsstellung] 53, 117 ff.

[581] Zur Haftung bei Gesamtgeschäftsführung allgemein vgl. Hopt [Kommentierungen] § 93 Rn. 55 ff., 298 f., Mertens [Kommentierungen Aktiengesetz] § 93 Rn. 21, 54; Golling [Sorgfaltspflicht] 59; Fleischer [Gesamtverantwortung] m. w. N.

[582] In Abgrenzung von der unten erörterten Überwachungsverantwortung siehe Abschnitt 3.2.1.2.2.2, S. 255 f.

sichtsrats, während eine Amtsniederlegung nach herrschender Meinung nicht notwendig ist[583].

Insgesamt bringt die Sprecher-Lösung somit ein nicht unbeträchtliches haftungsrechtliches Risiko für die Vorstandsmitglieder mit sich, da Haftungsgründe aus der Sphäre anderer Mitglieder des Leitungsorgans auf ihre individuelle Haftung ausstrahlen können[584]. Zu denken ist hierbei namentlich an Initiativen aus fremden Portefeuilles, die von dem betreffenden Vorstandsmitglied mit dem Gesamtvorstand akzeptiert, aber nicht hinreichend auf ihre (nachteiligen) Konsequenzen untersucht worden sind. Die Tragweite dieses – von Rechtsunsicherheit flankierten – Risikos tritt deutlich zu Tage, wenn man sich die komplexen und differenzierten Anforderungen vor Augen hält, welche die Führung (großer) Unternehmen stellt. Hinzu kommt, dass Vorstände in der Praxis trotz eventueller innerer Vorbehalte einzelner ihrer Mitglieder häufig einstimmig entscheiden, um die Einheitlichkeit der Unternehmensführung zu wahren[585].

Haftungsrisiko

Geschäftsführung der GmbH

Nach § 43 Abs. 1 und 2 GmbHG haben die Geschäftsführer in den Angelegenheiten der Gesellschaft die Sorgfalt eines ordentlichen Geschäftsmanns anzuwenden und bei einer Verletzung ihrer Obliegenheiten der Gesellschaft solidarisch für den entstandenen Schaden zu haften. Diese haftungsrechtlichen Bestimmungen des GmbHG für Geschäftsführer stimmen mit den entsprechenden aktienrechtlichen Vorschriften zur Schadensersatzverpflichtung von Vorstandsmitgliedern inhaltlich überein.

Haftungsgrundlagen

Zunächst ist die Sorgfalt eines „ordentlichen Geschäftsmannes" (§ 43 Abs. 1 GmbHG) nach herrschender Meinung deckungsgleich mit derjenigen eines „ordentlichen und gewissenhaften Geschäftsleiters" (§ 93 Abs. 1 Satz 1 AktG)[586]. Die konkret anzuwendende Sorgfalt richtet sich dementsprechend wiederum nach den Situationsbedingungen des Einzelfalls (namentlich den Unternehmensmerkmalen und der Aufgabenverteilung im Leitungsorgan), wobei im Allgemeinen die Anforderungen nach § 347 HGB überschritten werden. Daneben ist der Verschuldensmaßstab im GmbH-Fall ebenfalls weit gehend objektiviert[587], sodass auch Geschäftsführer sich nicht mit ihrer

Sorgfalt

Verschulden

---

[583] Vgl. Dose [Rechtsstellung] 118 ff.; Hefermehl/Spindler [Kommentierungen] § 93 Rn. 77; Wahl [Stellung] 141 f.; Hopt [Kommentierungen] § 93 Rn. 54; Mertens [Kommentierungen Aktiengesetz] §§ 77 Rn. 38; 93 Rn. 17; anderer Ansicht wohl Fleischer [Gesamtverantwortung] 457, mit Hinweis auf BFH-Rechtsprechung.

[584] Voraussetzung ist aber eine eigene schuldhafte Pflichtverletzung.

[585] Vgl. Dose [Rechtsstellung] 118; Trenkle [Organisation] 107 ff.

[586] Siehe statt vieler nur Mertens [Kommentierungen GmbHG] § 43 Rn. 16; Weber/Lohr [Rechtsprechung] 699; Schneider [Haftung] § 2 Rn. 14 ff.

[587] Vgl. jüngst Joussen [Sorgfaltsmaßstab] 442.

mangelnden Qualifikation zur Unternehmensführung entlasten können. Schließlich haften Geschäftsführer bei gemeinsamer Pflichtverletzung wie Vorstandsmitglieder als Gesamtschuldner[588].

Entscheidungs-
verantwortung

In Anbetracht der Übereinstimmung der GmbH-rechtlichen und der aktienrechtlichen Haftungsregeln lassen sich die Befunde zum Haftungsprofil der Sprecher-Organisation vor der AG auf die GmbH übertragen. Auch Geschäftsführer haben im Rahmen gemeinsamer Entscheidungen die Pflicht, sich über den Beschlussgegenstand eine fundierte eigenständige Meinung zu bilden und hierzu nötigenfalls die vorliegenden Entscheidungsunterlagen einer Kontrolle zu unterziehen[589]. Sie sind damit für die betriebswirtschaftliche Zweckmäßigkeit sämtlicher von der Geschäftsführung beschlossener Maßnahmen (entscheidungs-)verantwortlich und sehen sich wie die Mitglieder des AG-Vorstands der Gefahr ausgesetzt, bei nicht ausreichend sorgfältiger Entscheidungsfindung oder unzulänglicher Opposition[590] schadensersatzpflichtig zu werden.

3.2.1.2.2.2 Ressort-Modell

Vorstand der AG

Doppelfunktion
der Vorstands-
mitglieder

Beim Ressort-Modell fungieren die Vorstandsmitglieder in zwei unterschiedlichen Rollen als Entscheidungsträger. Zum einen fassen sie gemeinsam die Beschlüsse zur Unternehmungsführung in der organisatorischen Spitzeneinheit (Hierarchiespitze). Zum anderen treffen sie jeweils allein Entscheidungen als Leiter der organisatorischen Teilbereiche auf der zweiten Hierarchieebene (Ressorts). Diese Mehrfachfunktion ist zu beachten, wenn die Haftungsmöglichkeiten der Organmitglieder bei der Ressortlösung analysiert werden.

Leitungs-
entscheidungen

In Hinblick auf die gemeinsamen Entscheidungen sämtlicher Vorstandsmitglieder in der *Hierarchiespitze* ergeben sich keine Anhaltspunkte für grundsätzliche haftungsrechtliche Abweichungen vom Sprecher-Modell. Hier wie dort ist jedes Vorstandsmitglied angesichts der gemeinschaftlichen Be-

---

588 Zum Ganzen Mertens [Kommentierungen GmbHG] § 43 Rn. 54 ff., 62 ff.; Koppensteiner [Kommentierungen GmbHG] § 43 Rn. 7 ff.; Altmeppen [Kommentierungen] § 43 Rn. 3 f., 78 ff ; Hommelhoff/Kleindiek [Kommentierungen] § 43 Rn. 1 ff.; Zöllner [Kommentierungen] § 43 Rn. 7 ff.; Brandmüller [GmbH-Geschäftsführer] Rn. 307, 316, alle m. w. N.

589 Für die GmbH explizit Mertens [Kommentierungen GmbHG] § 43 Rn. 32; Thümmel [Haftung] Rn. 181.

590 Die zum Haftungsausschluss notwendigen Aktionen überstimmter Geschäftsführer entsprechen im Grundsatz den nach AktG erforderlichen Maßnahmen, wobei als Appellationsorgan in erster Linie die Gesellschafterversammlung in Betracht kommt, vgl. die Beispiele bei Mertens [Kommentierungen GmbHG] § 43 Rn. 23.

schlussfassung inhaltlich voll für die Wahlakte des Gesamtvorstands verantwortlich[591]. Die Erfüllung der aktienrechtlich gebotenen Sorgfalt setzt folglich insoweit die bereits beschriebene eigene Alternativenbewertung durch die Mitglieder des Vorstands voraus.

Für die Ebene der *Bereichsentscheidungen* lassen sich demgegenüber haftungsrechtliche Besonderheiten des Ressort-Modells registrieren. Diese Haftungscharakteristiken sind an die Voraussetzung gebunden, dass die Geschäftsverteilung bzw. Ressortbindung in der Satzung, in der Geschäftsordnung des Vorstands oder in den Anstellungsverträgen der Vorstandsmitglieder niedergelegt worden ist und damit die rechtlichen Formerfordernisse erfüllt[592].

*Bereichs-
entscheidungen*

Unter den genannten Bedingungen tragen die einzelnen Vorstandsmitglieder für den Inhalt ihrer jeweiligen Ressortentscheidungen im Grundsatz[593] allein die Verantwortung. Ihre Bereichsleitung haben sie wiederum mit der Sorgfalt eines ordentlichen und gewissenhaften Geschäftsleiters vorzunehmen, deren Vernachlässigung sie im Schadensfall ersatzpflichtig macht. Korrespondierend zu der prinzipiellen Alleinverantwortlichkeit für eigene Ressortentscheidungen wandeln sich bei Geschäftsverteilung die Sorgfaltspflichten der übrigen Vorstandsmitglieder. Sie sind nicht mehr generell für den Inhalt sämtlicher Entscheidungen in den fremden Ressorts verantwortlich, sondern nur zu einer (globaleren) Kontrolle der Bereichsleitung ihrer Organkollegen verpflichtet. Konkret ist folglich beim Ressort-Modell kein permanentes aktives Engagement der Vorstandsmitglieder in den Entscheidungsprozessen, die fremde Teilbereiche betreffen, notwendig. Zur Wahrung der erforderlichen Sorgfalt reicht insoweit vielmehr die Überwachung des Geschehens in den fremden Ressorts insgesamt aus.

*Entscheidungs-
verantwortung*

*Überwachungs-
verantwortung*

Der Umfang dieser *Überwachungsverantwortung* hängt von den Umständen des einzelnen Falls ab und wird im Detail unterschiedlich weit angenommen. Im Grundsatz kann aber davon ausgegangen werden, dass im Normalfall eine Plausibilitätskontrolle der in den periodischen Sitzungen des Gesamtvorstands zu gebenden Ressortberichte ausreicht und weiter gehende Maßnahmen nur bei Anzeichen für Missstände notwendig sind[594].

*Überwachungs-
umfang*

---

[591] Vgl. zur Gesamtverantwortung auch Mertens [Kommentierungen Aktiengesetz] § 93 Rn. 21, 54; Hefermehl/Spindler [Kommentierungen] § 93 Rn. 71; Hopt [Kommentierungen] § 93 Rn. 298 f.; Hüffer [Aktiengesetz] § 93 Rn. 13b.

[592] Vgl. Mertens [Kommentierungen Aktiengesetz] § 93 Rn. 54; Hefermehl/Spindler [Kommentierungen] § 93 Rn. 71; Hopt [Kommentierungen] § 93 Rn. 61; Golling [Sorgfaltspflicht] 51.

[593] Mit Ausnahme der Verantwortlichkeit der anderen Vorstandsmitglieder aus ihrer Überwachungspflicht für fremde Ressorts, siehe hierzu sogleich.

[594] Siehe zum Ganzen Hefermehl/Spindler [Kommentierungen] § 93 Rn. 71; Mertens [Kommentierungen Aktiengesetz] § 93 Rn. 54; Hopt [Kommentierungen] § 93 Rn.

Haftungsrisiko

Die Ressortlösung führt damit sowohl zu einer partiellen Intensivierung als auch zu einer teilweisen Rückführung der Haftungsmöglichkeiten der Vorstandsmitglieder. Auf der einen Seite unterliegen sie für die ihnen jeweils zugewiesenen Ressorts allein dem Risiko, schadensersatzpflichtig zu werden, sofern nicht andere Vorstandsmitglieder ihre entsprechenden Überwachungspflichten vernachlässigt haben und daher gesamtschuldnerisch haften[595]. Insoweit lässt sich also eine haftungsrechtliche Isolierung der betroffenen Vorstandsmitglieder im Gesamtorgan verzeichnen.

Andererseits bewirkt die Geschäftsverteilung eine Distanzierung der Mitglieder des Vorstands von den Risiken, die aus dem Bereich der fremden Ressorts herrühren, da die diesbezüglich verbleibende Überwachungsverantwortung geringere Anforderungen an die Begutachtung der dortigen Leitungsmaßnahmen stellt als die Entscheidungsverantwortung der Ressortleiter.

Vergleich mit Sprecher-Modell

Vergleicht man die Haftungsprofile des Sprecher-Modells und des Ressort-Modells, so zeichnet sich die zweite Organisationslösung folglich durch eine gewisse *haftungsrechtliche Entkopplung* der Vorstandsmitglieder aus. Welches materielle Gewicht dieser Entkopplung für den Modellvergleich zukommt, richtet sich allerdings streng genommen nach dem Umfang, in dem Entscheidungen beim Ressort-Modell von der Unternehmensleitung (Gesamtvorstand) auf die zweite Hierarchieebene (Ressortleiter) abgegeben werden, da die Haftungsregeln für die gemeinsame Beschlussfassung in der Hierarchiespitze modellindifferent sind.

Delegation

Generell gilt, dass der Delegationsgrad zwischen der obersten und der zweiten Hierarchieebene von der Wahl des Basismodells unabhängig ist, sodass sowohl die Sprecherorganisation als auch die Ressortlösung alternativ von einer hohen Zentralisation oder Dezentralisation der Entscheidungsbefugnisse begleitet sein können[596]. Geht man allerdings von einer übereinstimmenden Zahl und Kapazitätsauslastung der Mitglieder des Vorstands bei beiden Modellen aus, so erscheint gleichwohl die Annahme plausibel, dass die Entscheidungsfrequenz der Unternehmensleitung beim Sprecher-Modell in der Mehrzahl der Fälle eher höher als beim Ressort-Modell liegt, die Dezentralisation im zweiten Fall also tendenziell größer ist. Diese Tendenz erklärt sich daraus, dass die Organmitglieder hier nicht durch Ressortleitungsaufgaben beansprucht werden und ihre Aktivitäten letztlich sämtlich in Beschlussfassungen der Unternehmungsleitung einmünden. Infolgedes-

---

62; Golling [Sorgfaltspflicht] 51 ff.; Dose [Rechtsstellung] 121 ff.; Wahl [Stellung] 141; Hüffer [Aktiengesetz] § 93 Rn. 13b sowie Vetter [Risikobereich] § 17 Rn. 20 ff.

[595] Unter dieser Bedingung entfällt folglich auch ein interner Ausgleichsanspruch (vgl. FN 574) gegen die anderen Mitglieder des Leitungsorgans.

[596] Siehe näher Abschnitt 3.2.2.1.1.2, S. 273 f.

sen lässt sich festhalten, dass das haftungsrechtliche Risiko der einzelnen Vorstandsmitglieder bei der Ressortlösung im Vergleich zur Sprecherorganisation abnimmt, da und soweit Entscheidungen aus dem Gesamtvorstand herausgenommen und auf die Ebene der Ressorts übertragen werden.

Geschäftsführung der GmbH

Sofern die Geschäftsverteilung bzw. Ressortbindung im Gesellschaftsvertrag, in der Geschäftsordnung der Geschäftsführung, in den Anstellungsverträgen der Geschäftsführer oder durch Gesellschafterbeschluss fixiert ist[597], greifen ihre haftungsrechtlichen Entkopplungseffekte auch im Fall der GmbH ein. Während die Geschäftsführer für die gemeinsamen Beschlüsse in der Hierarchiespitze sowie ihre jeweils eigenen Entscheidungen zur Bereichsleitung voll entscheidungsverantwortlich sind, trifft sie hinsichtlich der fremden Ressorts nur eine Überwachungsverantwortung. Für die hierbei anzuwendende Sorgfalt gelten GmbH-rechtlich die gleichen Maßstäbe wie nach Aktienrecht[598]. Die Bewertung der Haftungssituation der einzelnen Organmitglieder beim Ressort-Modell stellt sich für die GmbH somit nicht anders dar als im bereits betrachteten Fall der AG. Auch die Geschäftsführer unterliegen bei dieser Organisationsform einem tendenziell geringeren Risiko als bei der Sprecherlösung, zu Schadensersatz verpflichtet zu werden. Dabei verstärkt sich diese Tendenz mit einer zunehmenden Delegation von Entscheidungen aus dem Gesamtgremium (Unternehmensleitung) heraus auf die einzelnen Geschäftsführer (Ressortleiter).

Entscheidungs- und Überwachungsverantwortung

---

[597] Eine bloß faktisch vorgenommene Geschäftsverteilung ist demgegenüber haftungsrechtlich wiederum irrelevant, vgl. nur Mertens [Kommentierungen GmbHG] § 43 Rn. 33; Altmeppen [Kommentierungen] § 43 Rn. 12; Koppensteiner [Kommentierungen GmbHG] § 43 Rn. 12.

[598] Vgl. zur Geschäftsführer-Haftung bei Geschäftsverteilung z. B. Mertens [Kommentierungen GmbHG] § 43 Rn. 31, mit Hinweisen auch auf die aktienrechtliche Literatur; Koppensteiner [Kommentierungen GmbHG] § 43 Rn. 11 f.; Hommelhoff/Kleindiek [Kommentierungen] § 43 Rn. 17; Espey/v. Bitter [Haftungsrisiken] 29 ff.

3.2.1.2.2.3 Hierarchie-Modell

Unter den Bedingungen des Hierarchie-Modells, das nur für die *GmbH ohne Arbeitsdirektor* in Betracht kommt[599], sind sämtliche Geschäftsführungsmitglieder entscheidungsbefugt, aber jeweils in unterschiedlichen Entscheidungsbereichen tätig. Während ein Mitglied der Geschäftsführung die Unternehmensleitung ausübt, nehmen die anderen Geschäftsführer die Leitung ihrer jeweiligen Teilbereiche (Ressorts) wahr. Untersucht man die Haftungsfolgen dieser Form der Zusammenarbeit im Leitungsorgan anhand der allgemeinen Regelungen, so sind wiederum zwei Haftungsgrundsätze auszutarieren: Einerseits hängen die Sorgfaltspflichten innerhalb bestimmter Grenzen von der Aufgabenverteilung in der Geschäftsführung ab. Andererseits sind die Geschäftsführer aber auch bei Arbeitsteilung nicht vollkommen ihrer Verantwortlichkeit für die Führung der GmbH im Ganzen enthoben[600]. Hieraus lässt sich zwanglos folgern, dass die einzelnen Geschäftsführer jeweils zumindest einzustehen haben für die sorgfältige Entscheidungsfindung in ihren eigenen Aufgabenbereichen (Unternehmensführung bei dem einen Geschäftsführer und Ressortleitung im Rahmen der zugewiesenen Kompetenzen bei den restlichen Geschäftsführern). Diese Schlussfolgerung entspricht dem für die Sprecherorganisation und für die Ressortlösung abgeleiteten Befund, dass Organmitglieder für die von ihnen (mit-)gefassten Beschlüsse inhaltlich voll entscheidungsverantwortlich zeichnen.

Als problematischer erweist sich dagegen die Konturierung der Geschäftsführerverantwortung für die fremden Entscheidungsbereiche. Dabei ist zwischen den Sorgfaltspflichten des einen unternehmensleitenden Geschäftsführers bezüglich der Bereichsleitungen einerseits und den Pflichten der übrigen Geschäftsführer hinsichtlich der Unternehmensleitung sowie der fremden Ressorts andererseits zu differenzieren.

Entscheidungs-verantwortung

---

[599] Siehe Abschnitt 3.2.1.1.3.2, S. 194 ff.
[600] Vgl. FN 598.

Das organisatorisch in der *Unternehmensleitung* (Hierarchiespitze) angesiedelte Mitglied der Geschäftsführung gibt mit seinen Entscheidungen den Rahmen vor, innerhalb dessen die übrigen Geschäftsführer ihre jeweiligen Ressorts autonom leiten. In den Grenzen ihrer Entscheidungsbefugnisse fassen die Ressortleiter mit anderen Worten die Beschlüsse für ihre organisatorischen Teilbereiche nach eigenem Ermessen. Insoweit unterscheidet sich die Position des unternehmensleitenden Geschäftsführers folglich nicht prinzipiell von derjenigen, welche die gesamte Geschäftsführung als Hierarchiespitze beim Ressort-Modell einnimmt. Die dort festgestellte Haftungsminderung lässt sich daher auch auf den hier behandelten Fall übertragen. Der Geschäftsführer an der Hierarchiespitze trägt zwar – wie bereits ausgeführt – für seine eigenen bereichsbezogenen Vorgaben die volle inhaltliche Entscheidungsverantwortung. In Bezug auf die von den Ressortleitern autonom ausgewählten Maßnahmen unterliegt er dagegen nur einer *Überwachungsverantwortung*. Dieses Ergebnis wird zudem von den eingehender diskutierten Haftungsbestimmungen gestützt, die bei einer Delegation von Entscheidungsbefugnissen auf Arbeitnehmer eingreifen und ein so genanntes ‚Organisationsverschulden‘ nur bei mangelhafter Auswahl, Anleitung oder Kontrolle der Kompetenzempfänger sehen[601]. Im hier behandelten Zusammenhang ist dabei in Rechnung zu stellen, dass der unternehmensleitende Geschäftsführer auf die Selektion seiner ‚Organkollegen‘ unter Umständen weniger Einfluss haben kann als auf die Auswahl direktionsrechtlich gebundener Arbeitnehmer für Positionen auf der nachgelagerten Hierarchieebene.

Unternehmensleiter

Überwachungsverantwortung

Die *bereichsleitenden Geschäftsführer* verfügen weder zur Unternehmensleitung noch zur Leitung der fremden Ressorts über Entscheidungsbefugnisse. Als Folge dieser Kompetenzverteilung sind sie für den Inhalt der diesbezüglichen Beschlüsse nicht entscheidungsverantwortlich. Ihre unabdingbare Pflicht, auch bei eingegrenzten Aufgabengebieten für die Zweck- und Rechtmäßigkeit des GmbH-Geschehens insgesamt (zumindest in gewissen Grenzen) Sorge zu tragen[602], konstituiert aber eine *Überwachungsverantwortung*. Die notwendige Kontrolle der fremden Bereiche wird wie beim Ressort-Modell im Regelfall durch Prüfung der Ressortberichte in gemeinsamen Geschäftsführer-Sitzungen vorzunehmen sein. In Hinblick auf die Unternehmensleitung fordert die Überwachungspflicht die ressortleitenden Geschäftsführer auch (und vor allem) auf, die an sie gerichteten Weisungen der Hierarchiespitze zur Bereichsleitung kritisch zu durchleuchten. Bei betriebswirtschaftlicher Unzweckmäßigkeit (oder rechtlicher Unzulässigkeit)

Bereichsleiter

Überwachungsverantwortung

---

[601] Zur Geschäftsführer-Haftung bei Delegation auf Arbeitnehmer Mertens [Kommentierungen GmbHG] § 43 Rn. 34; Espey/v. Bitter [Haftungsrisiken] 33 f.; Sina [Delegation] 66 f.; Meyke [Haftung] 67; Lutter [Haftung] 304 f. m. w. N.

[602] Vgl. FN 598 bzw. Abschnitt 3.2.1.2.2.2, S. 255 f.

angesonnener Maßnahmen werden bereichsleitende Geschäftsführer somit im Prinzip sorgfaltswidrig handeln, wenn sie der Umsetzung dieser Vorgaben keinen ausreichenden Widerstand entgegenbringen[603]. Sie befinden sich damit in einer anderen Pflichtenstellung als Arbeitnehmer, die infolge der arbeitsrechtlichen Weisungsbefugnisse der Hierarchiespitze den Vollzug rechtmäßiger Anordnungen letztlich auch dann nicht verweigern dürfen, wenn sie Zweifel an ihrer Zweckmäßigkeit hegen[604].

*Durchsetzungs-
probleme*

Es ist offensichtlich, dass die aufgezeigten Kontrollpflichten *praktische Durchsetzungsprobleme* für die bloß bereichsleitenden Geschäftsführer aufwerfen können. Im Vergleich zum Ressort-Modell kann die Überwachung der fremden Bereiche durch den Umstand erschwert sein, dass die Bereichsleiter nicht gleichberechtigt sind und gemeinsam Sitz und Stimme in der Unternehmensleitung haben. Die möglichen Kontrollbarrieren gegenüber dem hierarchisch übergeordneten Geschäftsführer bedürfen keiner näheren Begründung. In der Literatur wird aber darauf hingewiesen, dass mangelnde faktische Überwachungsmöglichkeiten prinzipiell keinen Grund zur Entschuldigung einer pflichtwidrigen Vernachlässigung der rechtlich gebotenen Kontrollaufgaben darstellen[605].

Haftungsrisiko

Zusammenfassend ist zu konstatieren, dass das Hierarchie-Modell einerseits für den unternehmensleitenden Geschäftsführer das Risiko begründet, aus alleiniger Entscheidungsverantwortung nicht nur für einen organisatorischen Teilbereich, sondern die ganze Breite der Unternehmensführung schadensersatzpflichtig zu werden. Zum anderen zeichnet sich dieses Modell durch eine gewisse Asymmetrie zwischen den Entscheidungsbefugnissen und den Verantwortlichkeiten derjenigen Geschäftsführer aus, die lediglich zur Bereichsleitung berufen sind.

3.2.1.2.2.4 Stabs-Modell

Die Stabslösung steht wie das Hierarchie-Modell aus Rechtsgründen nur für die Zusammenarbeit in der Geschäftsführung einer *GmbH ohne Arbeitsdirektor* zur Verfügung[606]. Nach den Strukturmerkmalen dieser Organisationsform wird ein Mitglied der Geschäftsführung als Hierarchiespitze tätig und

---

[603] Die erforderlichen Oppositionsmaßnahmen können sich an den Aktionen orientieren, die überstimmte Organmitglieder zur Haftungsfreistellung ergreifen müssen, vgl. hierzu FN 590.

[604] Vgl. Falkenberg [Gegenstand] 1089; Preis [Direktionsrecht] 515.

[605] Vgl. z. B. Altmeppen [Kommentierungen] § 43 Rn. 15: „Niemals kann ein Geschäftsführer sich damit entlasten, dass die Ressortabgrenzung ihm die erforderlichen Kontrollmöglichkeiten vorenthalten habe. Er darf sich mit solchen Einschränkungen nicht abfinden." Ferner auch Schneider [Kommentierungen] § 43 Rn. 37a, mit Hinweis auf BGH-Rechtsprechung.

[606] Siehe Abschnitt 3.2.1.1.3.2, S. 194 ff.

erhält hierbei entscheidungsvorbereitende Unterstützung durch die restlichen Geschäftsführer, die jeweils Stabsfunktionen bekleiden. Das Haftungsprofil dieser Variante ergibt sich wiederum aus den allgemeinen schadensersatzrechtlichen Bestimmungen, die kompetenzabhängige Sorgfaltsanforderungen bei gleichzeitig unabänderlichen Mindestkontrollpflichten hinsichtlich der Gesamt-GmbH vorsehen.

Das unternehmensleitende Mitglied der Geschäftsführung ist danach für die Zweckmäßigkeit und Rechtmäßigkeit seiner Beschlüsse voll verantwortlich. Eine Entscheidungsverantwortung der übrigen Geschäftsführer für diesen Bereich scheidet dagegen auf Grund ihrer fehlenden Entscheidungskompetenzen aus[607]. Insoweit obliegt ihnen aber eine generelle Überwachungspflicht, da sie ungeachtet ihrer rudimentären Befugnisse von der Sorge für die Zweck- und Rechtmäßigkeit der Unternehmensaktivitäten nicht vollkommen entbunden sind. Dabei werden im Prinzip auch Entscheidungen der Unternehmensleitung, die von anderen Geschäftsführern (in Stabsposition) vorbereitet worden sind, zum Kontrollfeld der übrigen Geschäftsführer gehören, da Portefeuillegrenzen wie beim Sprecher-Modell grundsätzlich keine ‚Überwachungs-Scheuklappen' rechtfertigen. Die Geschäftsführungsmitglieder in den Stabspositionen außerhalb der Hierarchiespitze haben somit die (wesentlichen) Entscheidungen des unternehmensleitenden Geschäftsführers zu kontrollieren und bei (im Rahmen der Kontrollpflichten erkennbaren) Mängeln einzuschreiten. Die Palette der Maßnahmen, die sie zur Korrektur oder Verhinderung der von ihnen negativ eingeschätzten Vorhaben der Unternehmensleitung ergreifen können (bzw. müssen), reicht wiederum von der engagierten Diskussion mit dem Geschäftsführer an der Hierarchiespitze bis zur Einschaltung der Gesellschafterversammlung oder eines eventuellen Aufsichts- oder Beirats[608].

Die vorangegangene Analyse zeigt, dass die (vergleichsweise riskante) Position des Geschäftsführers an der Hierarchiespitze beim Stabs-Modell derjenigen entspricht, die auch für das Hierarchie-Modell ausgewiesen wurde. Die übrigen Mitglieder der Geschäftsführung, die zwar zur Entscheidungsvorbereitung berufen, aber zu keinerlei Entscheidung ermächtigt sind, können in der Praxis dagegen tendenziell noch ausgeprägtere Schwierigkeiten bei der Wahrnehmung ihrer Überwachungsverantwortung zu überwinden haben.

Leiter

Stäbe

Haftungsrisiko

---

[607] Analog zur entfallenden Entscheidungsverantwortung der bereichsleitenden Geschäftsführer für die Unternehmensleitung beim Hierarchie-Modell.

[608] Vgl. FN 590 und 603. Siehe auch Becker [Unternehmungsleitung] 160 ff.

3.2.1.2.3 Zusammenfassung

Die vier Basismodelle für die Organisation der Unternehmensleitung haben vielfältige betriebswirtschaftliche und rechtliche Konsequenzen zur Folge, die keine pauschalen Vorteilhaftigkeitsaussagen zu Gunsten einer bestimmten Grundform der Leitungsorganisation erlauben. Soll die Organisationsform der Unternehmensleitung fundiert ausgewählt werden, sind die aufgezeigten Stärken und Schwächen der Gestaltungsalternativen vielmehr im Einzelfall zu gewichten und auf dieser Grundlage situativ-optimale organisatorische Rahmenbedingungen für die Unternehmensleitung zu schaffen. Dabei werden die betriebswirtschaftlichen Vor- und Nachteile in aller Regel den Ausschlag geben (müssen), um zu einer möglichst effizienten Leitungsorganisation zu gelangen. Die (haftungsbezogenen) Rechtsfolgen hingegen werden eher das Handeln der Topmanager innerhalb der gewählten Organisationsform bestimmen, indem sie die aus den (modellspezifischen) Entscheidungs- und Überwachungsverantwortlichkeiten folgenden Verhaltenspflichten Genüge tun. Sie werden aber (vernünftigerweise) kaum die Auswahlentscheidung determinieren.

3.2.2 Detailausformungen der Leitungsorganisation

3.2.2.1 Delegation

3.2.2.1.1 Gestaltungsspielräume

3.2.2.1.1.1 Alternativen der Delegation

Bedeutung der Delegation

Die Wahl eines bestimmten Basismodells für die Organisation der Unternehmensleitung legt das Grundmuster der Zusammenarbeit in einem mehrköpfigen Leitungsorgan fest. Sie bestimmt das prinzipielle Verhältnis zwischen den Organmitgliedern (Kollegial- vs. Direktorialprinzip) sowie die Kategorie ihrer individuellen Zuständigkeiten (Portefeuille- vs. Ressortverantwortung). Mit diesen Regelungen werden wichtige leitungsorganisatorische Eckpunkte festgeschrieben. Das Gestaltungsfeld der Leitungsorganisation reicht allerdings über diese Basisentscheidung hinaus, da der hierdurch geschaffene organisatorische Rahmen der Unternehmensleitung durch Maßnahmen der Delegation sowie der Abgrenzung der inhaltlichen Zuständigkeiten (Bereichsbildung) ausgefüllt und mit den nachgelagerten Hierarchieebenen verknüpft werden muss.

Die an dieser Stelle betrachtete *Delegation* regelt den Umfang der Handlungsspielräume von Entscheidungsträgern auf verschiedenen Hierarchieebenen und damit die vertikale Kompetenzverteilung[609]. Aus der hier zu Grunde gelegten Perspektive der Leitungsorganisation geht es dabei im Kern um die Frage, in welchem Maße Entscheidungskompetenzen von der Unternehmensleitung (Hierarchiespitze) auf nachgelagerte Führungsstufen übertragen werden. Zur Präzisierung der hiermit angesprochenen Kompetenzverhältnisse ist zum einen nach den jeweils betroffenen Hierarchieebenen zu differenzieren. Zum anderen ist zu beachten, dass die beteiligten Kompetenzträger je nach dem für die Organisation der Unternehmensleitung gewählten Basismodell unterschiedliche Rechtspositionen bekleiden können.

Gegenstand der Delegation

Delegationskonstellationen

Aufgrund der thematischen Konzentration der vorliegenden Abhandlung auf die Leitungsorganisation beziehen die nachfolgenden Delegationsüberlegungen nicht sämtliche Ebenen der Hierarchie in die Betrachtung ein. Sie beschränken sich vielmehr auf diejenigen Hierarchiestufen, die entweder Delegationsverhältnisse innerhalb des Topmanagements betreffen oder aber (als Ebene direkt unterhalb des Leitungsorgans) das Topmanagement mit dem Rest der Unternehmenshierarchie verkoppeln. Unter Berücksichtigung des oben dargelegten Zusammenhangs zwischen Leitungsorgan und Hierarchie[610] ergeben sich hieraus zwei *Detailgestaltungsfelder der Delegation*, die im Weiteren als Spitzendelegation und als Bereichsdelegation bezeichnet werden (siehe Abbildung 3-25).

Delegations-stufen

---

[609] Siehe zur Delegation als organisatorische Gestaltungsvariable allgemein Frese [Grundlagen] 11 f., 83 ff., 148 ff.; Krüger [Organisation] 67 f.; Drumm [Delegation]; Picot/Dietl/Franck [Organisation] 233 f.
[610] Vgl. Abschnitt 1.2.1.3, S. 24 f.

Abbildung 3-25 | *Spitzendelegation und Bereichsdelegation*

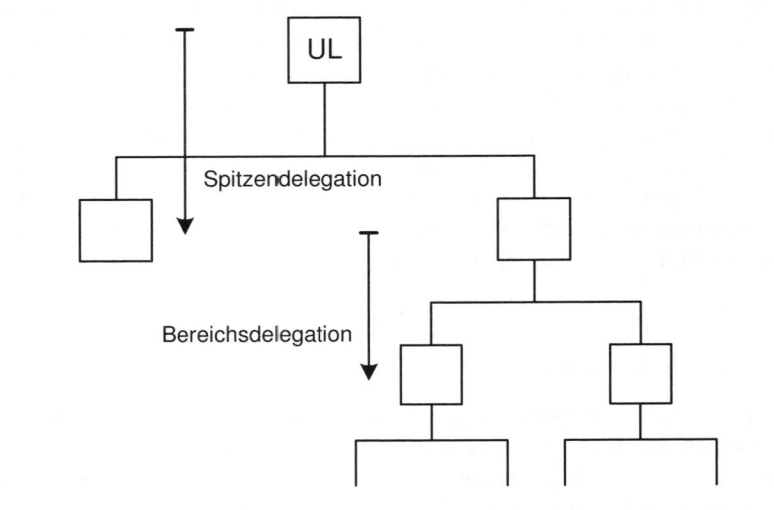

Spitzen- und Bereichs- delegation

Die *Spitzendelegation* betrifft das Kompetenzverhältnis zwischen der Unternehmensleitung als oberster Ebene der organisatorischen Hierarchie (Hierarchiespitze) und der zweiten Hierarchieebene. Die *Bereichsdelegation* dagegen beschreibt das Ausmaß der (De-)Zentralisation zwischen den Leitern der Teilbereiche auf der zweiten Hierarchieebene und den ihnen direkt unterstellten Kompetenzträgern auf der dritten Ebene.

Delegations- situationen

Mit Blick auf den juristischen Status von Kompetenzgebern und Kompetenzempfängern lassen sich die drei Fälle der organinternen, der organübergreifenden und der organexternen Delegation unterscheiden. Die Bedeutung dieser Ausdifferenzierung der *Delegationssituationen* beruht darauf, dass – wie später näher gezeigt wird[611] – mit den verschiedenen Rechtspositionen der Beteiligten (Gesamtorgan; Organmitglied; Arbeitnehmer) unterschiedliche juristische Rahmenbedingungen für die Kompetenzverteilung verbunden sind. Sie bewirken, dass die rechtlich zulässigen Delegationsoptionen sowie bestimmte Rechtsfolgen der Delegation in den genannten Fällen (teilweise) differieren.

Organinterne Delegation

Bei der *organinternen Delegation* handelt es sich um die Kompetenzübertragung innerhalb des Leitungsorgans, sodass alle beteiligten Handlungsträger Organmitglieder sind. Diese Delegationssituation setzt ein mehrköpfiges Leitungsorgan sowie ferner voraus, dass (alle oder einige) Organmitglieder

---

[611] Siehe Abschnitt 3.2.2.1.1.2, S. 272 ff.

unterhalb der Hierarchiespitze individuelle Entscheidungskompetenzen erhalten. Sie kommt daher nur für die Organisationsmodelle mit Ressortbindung – also das Ressort-Modell und das Hierarchie-Modell – in Betracht[612].

Die *organübergreifende Delegation* hingegen ist dadurch gekennzeichnet, dass nur der Kompetenzgeber Organeigenschaft hat, während der Kompetenzempfänger unterhalb des Leitungsorgans steht und Arbeitnehmer ist.

Organübergreifende Delegation

Eine organübergreifende Delegation kann sowohl bei einem unipersonalen als auch bei einem multipersonalen Leitungsorgan erfolgen, wobei im zweiten Fall sämtliche Basismodelle in Betracht kommen. Sofern eine portefeuillegebundene Organisationsform vorliegt (Sprecher- oder Stabs-Modell), regelt sie die Kompetenzverteilung zwischen der Spitze und der zweiten Ebene der Hierarchie. Bei den ressortgebundenen Lösungen (Ressort- oder Hierarchie-Modell) wird dagegen die (De-)Zentralisation zwischen der zweiten und der dritten Hierarchiestufe festgelegt.

Im Fall der *organexternen Delegation* schließlich sind die Beteiligten sowohl auf der übergeordneten als auch auf der untergeordneten Hierarchieebene außerhalb des Leitungsorgans tätig und damit als Arbeitnehmer zu qualifizieren. Diese Form der Delegation kann in dem hier allein behandelten Bereich der obersten drei Hierarchieebenen lediglich dann vorkommen, wenn Modelle mit Portefeuillebindung gewählt worden sind und folglich bereits ab der zweiten Ebene der Entscheidungshierarchie Arbeitnehmer tätig sind.

Organexterne Delegation

Der Zusammenhang zwischen der stufenbezogenen Einteilung (Spitzendelegation und Bereichsdelegation) und der juristisch orientierten Unterscheidung der Delegationssituationen (organinterne, organübergreifende und organexterne Delegation) richtet sich nach dem jeweils etablierten Basismodell der Leitungsorganisation. Wie Abbildung 3-26 verdeutlicht, stellt die Spitzendelegation bei Ressortbindung der Unternehmensleitung eine organinterne Kompetenzverteilung dar, bei den portefeuillegebundenen Lösungen hingegen eine organübergreifende Delegation. Die Bereichsdelegation erweist sich im Fall der Ressortbindung ebenfalls als organübergreifende Gestaltungsmaßnahme und bei den Portefeuillemodellen als organexterne Regelung.

Bedeutung des Basismodells

---

[612] Bei den portefeuillegebundenen Lösungen liegt mit anderen Worten stets eine Zentralisation aller organinternen Entscheidungskompetenzen bei der mehrköpfigen (Sprecher-Modell) oder einköpfigen (Stabs-Modell) Unternehmensleitung vor.

Abbildung 3-26 | *Delegationskonstellationen in Abhängigkeit vom Basismodell*

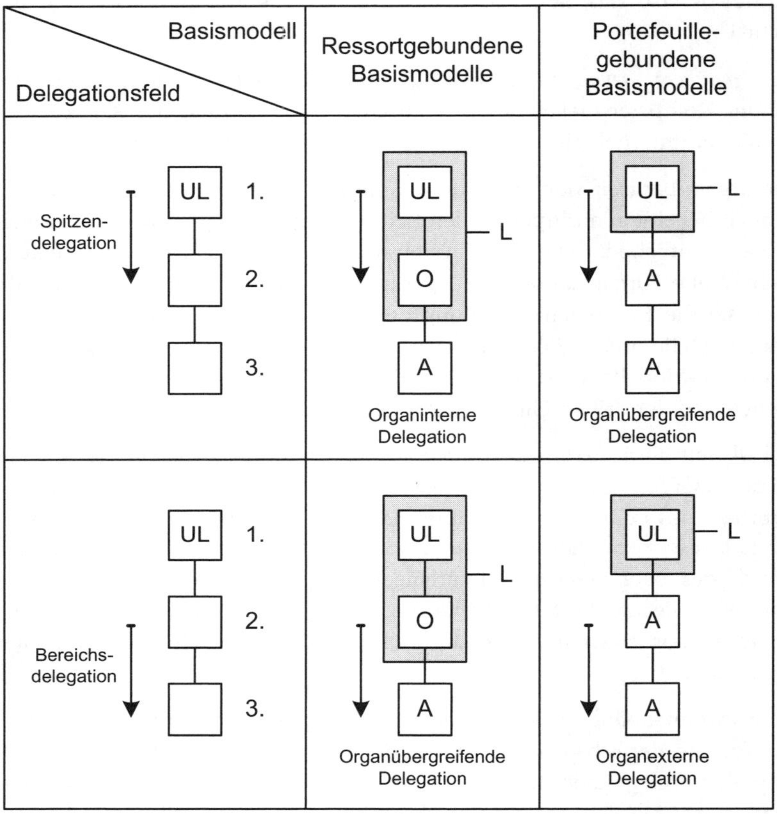

Delegationsfeld / Basismodell	Ressortgebundene Basismodelle	Portefeuille-gebundene Basismodelle
Spitzendelegation — 1. UL, 2. □, 3. □	UL — O — A, L / Organinterne Delegation	UL — A — A, L / Organübergreifende Delegation
Bereichsdelegation — 1. UL, 2. □, 3. □	UL — O — A, L / Organübergreifende Delegation	UL — A — A, L / Organexterne Delegation

U: Unternehmensleitung   O: Organmitglied
L: Leitungsorgan   A: Arbeitnehmer

Delegationsmessung

Messproblematik | Bei rein organisatorischer Betrachtung kann die Handlungsautonomie von Entscheidungsträgern ab der zweiten Hierarchieebene[613] im Prinzip stufen-

---

[613] Die Handlungsautonomie der Hierarchiespitze hingegen wird durch die Spitzenorganisation bestimmt (siehe Abschnitt 2, S. 50 ff.) und ist im Rahmen der Leitungsorganisation insofern als gegeben anzusehen, als die Unternehmensleitung ‚freiwillige' weitere Autonomieeinschränkungen, die auf Delegationsmaßnahmen

los dosiert werden. Die Gestaltungsalternativen der Delegation unterscheiden sich daher nur graduell voneinander. Sie decken ein Kontinuum ab, das von den beiden Eckpolen der vollständigen Zentralisation und Dezentralisation begrenzt wird (siehe bereits an dieser Stelle Abbildung 3-28). Dabei ist der Grad der Zentralisation (bzw. der Dezentralisation) tendenziell umso größer, je enger (bzw. je weiter) die Entscheidungsspielräume der Organisationseinheiten auf den nachgelagerten Hierarchieebenen formuliert sind. Von den einzelnen Gestaltungsalternativen der Delegation kann streng genommen allein der Grenzfall der vollständigen Zentralisation präzise operationalisiert werden. In diesem Extremfall besitzen die Handlungsträger der untergeordneten Einheit(en) keinerlei Entscheidungsautonomie, sodass sämtliche Entscheidungen von der Hierarchiespitze getroffen werden. Die verschiedenen Möglichkeiten der mehr oder weniger weit gehenden Kompetenzübertragung einschließlich der vollständigen Dezentralisation als zweitem Eckpol des Gestaltungskontinuums lassen sich hingegen kaum konkret und allgemein gültig definieren, da das *Problem der Messung* der Delegation – genauer: des Zentralisations- bzw. Dezentralisationsgrads – bis heute nicht zufriedenstellend gelöst ist. Zwar gibt es in der Literatur durchaus diverse Vorschläge zur Bewältigung der Messproblematik, unter denen das so genannte Aston-Maß besondere Prominenz genießt (siehe Abbildung 3-27)[614]. Alle Messkonzepte beruhen allerdings auf bestimmten Hilfskonstruktionen, welche die Aussagefähigkeit der entsprechenden Messergebnisse einschränken[615].

---

beruhen, im Grunde jederzeit durch eine entsprechende Rezentralisation wieder rückgängig machen kann.

[614] Siehe z. B. die Ansätze von Evan [Indices]; Whisler [Centralization]; Blau/Schoenherr [Structure]; Blankenship/Miles [Structure] sowie zur Bedeutung des Messkonzepts der Aston-Gruppe um Pugh (Pugh/Hickson [Structure]; Pugh/Hinings [Extensions]; Pugh/Payne [Behaviour]) für die (namentlich empirische) Organisationsforschung Kubicek/Welter [Messung] 8 f.; Welge/Kubicek [Unternehmungsführung] 162 ff.; Frese [Grundlagen] 92 f.

[615] Zur Kritik im Einzelnen z. B. Frese [Organisationstheorie] 1709 f.; Frese [Grundlagen] 93 f.; Kieser/Walgenbach [Organisation] 184 ff.; Drumm [Delegation] 182 f.; Walgenbach/Beck [Messung] 849 f.

Abbildung 3-27 | *Zentralisationsmaß der Aston-Gruppe*

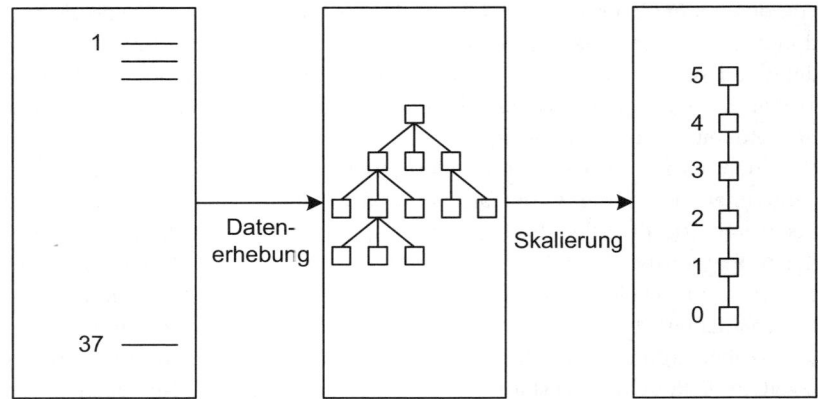

Zur Erfassung der Entscheidungs(de)zentralisation in Organisationen haben Forscher der sogenannten Aston-Gruppe in den 1970er Jahren ein Konzept entwickelt, auf dessen Grundlage umfangreiche empirische Organisationsstudien durchgeführt wurden. Den Ausgangspunkt dieses Ansatzes bilden 37 in einer Liste zusammengefasste Entscheidungs-aufgaben wie z. B. die Einstellung oder Beförderung von Personal. Durch Befragung von Mitgliedern der Unternehmensleitung wurde die jeweils niedrigste Hierarchiestufe ermittelt, die die formale Kompetenz zur Fällung der ausgewählten Entscheidungen besitzt. Um unterschiedlich gegliederte Organisationsstrukturen miteinander vergleichbar zu machen, wird im Zentralisationsmaß der Aston-Gruppe die Verzweigung von Hierarchien auf eine 'Linie' reduziert und die Anzahl der Hierarchieebenen auf ein Standardschema mit sechs Ebenen (niedrigste Ebene = 0, höchste Ebene = 5) normiert. Das jeweilige Zentralisa-tionsmaß einer Organisationsstruktur wird durch die Summe der für die aufgelisteten Entscheidungen bestimmten Skalenwerte ermittelt.

In der kritischen Auseinandersetzung mit dem Messkonzept der Aston-Gruppe wurden vor allem die begrenzte Auswahl der Entscheidungs-aufgaben sowie die fehlende operationale Anweisung zur Übertragung der in der Befragung für die jeweilige Organisationsstruktur ermittelten Hierarchiepositionen auf die Normhierarchie bemängelt.

Quellen: Frese [Grundlagen] 92 f. sowie eigene Ausführungen

In Anbetracht der bislang ungelösten Messproblematik der (De-)Zentralisa-tion wird im Weiteren eine Unterscheidung von drei *Delegationstypen* zu Grunde gelegt, welche die Alternativen der Delegation für die hier interessierenden Fragen der organinternen, organübergreifenden und organexternen Kompetenzübertragung hinreichend beschreibt (siehe Abbildung 3-28)[616]. Diese Typenbildung nimmt ihren Ausgangspunkt bei der Frage, wie der Begriff der (mehr oder weniger großen) Entscheidungsautonomie von Organisationseinheiten näher umrissen werden kann.

Allgemein lässt sich das Ausmaß von Kompetenzspielräumen charakterisieren durch das Gewicht der Entscheidungen, die Kompetenzträger autonom treffen dürfen[617]. Zur näheren Beschreibung der Bedeutung von Entscheidungen stellt das Schrifttum umfangreiche Merkmalbündel zur Verfügung, welche u. a. die Zahl der offen stehenden Alternativen, die sachliche, personelle und zeitliche Tragweite, das Risiko sowie die Häufigkeit von Entscheidungen umfassen[618]. Unter Heranziehung dieser Merkmale werden häufig – wenn auch in den Details wenig einheitlich – strategische, taktische und operative Entscheidungen unterschieden[619].

*Entscheidungs-
autonomie*

Strategische Entscheidungen zeichnen sich demnach namentlich dadurch aus, dass sie auf einer hohen Aggregationsebene die generelle und langfristige Entwicklung des Gesamtunternehmens vorgeben. *Taktische Entscheidungen* sind demgegenüber durch einen höheren Konkretisierungsgrad gekennzeichnet und beziehen sich unter einer mittelfristigen Perspektive auf bestimmte Unternehmensbereiche, während *operative Entscheidungen* in detaillierter Form die einzelnen Ausführungsaktivitäten bei kurzfristigem Entscheidungshorizont festlegen. Derartige Typisierungen vermitteln zwar einen Eindruck von der Bedeutung, die Entscheidungen zukommt. Sie sind aber im Einzelfall mit einer Fülle von Abgrenzungsproblemen behaftet. Allerdings lässt sich der mit diesen Einteilungen verbundene Hierarchiegedanke, wonach strategische bzw. taktische Entscheidungen Rahmendaten für taktische bzw. operative Wahlakte setzen, dadurch verallgemeinern, dass jeweils für bestimmte Ebenen der Hierarchie nach ihrem Gewicht Rahmen- und Folgeentscheidungen unterschieden werden. *Rahmenentscheidungen* weisen dabei in Bezug auf die Aktivitäten einer bestimmten Ebene n der Hierarchie die größte Bedeutung auf, indem sie die Handlungen auf dieser Ebene grundlegend prägen. Sie erfordern Wissen, das prinzipiell nur auf der jeweils vorgelagerten Hierarchieebene n-1 vorhanden ist. Rahmenentscheidungen für die Ebene n müssen daher definitionsgemäß auf der jeweils übergeordneten Ebene n-1 getroffen werden, da anderenfalls (d. h. bei Dele-

*Entscheidungs-
arten*

*Rahmen-
entscheidungen*

---

616 Siehe zur Bildung dieser Typen v. Werder [Organisationsstruktur] 79 ff.
617 Siehe z. B. auch Hoffmann [Führungsorganisation] 270.
618 Vgl. z. B. Drucker [Praxis] 213 ff.; Frese/Schmidt [Aufbauorganisation] 152; Rühli [Unternehmungsführung] 174 ff.; Kirsch [Koordination] 75; Heinen [Industriebetriebslehre] 24; Hill/Fehlbaum/Ulrich [Organisationslehre] 228; Schertler [Unternehmensorganisation] 51.
619 Vgl. z. B. Hinterhuber [Wettbewerbsstrategie] 179; Heinen [Industriebetriebslehre] 24; Bea [Entscheidungen] 376.

gation auf die Ebene n) aufgrund mangelnder Entscheidungsqualität übergroße Autonomiekosten anfallen[620]. Zu denken ist beispielsweise an die Allokation des Jahresbudgets einer Unternehmung mit divisionaler Organisation auf die einzelnen Sparten, die vernünftig nur aus der übergeordneten Perspektive der Unternehmensleitung heraus erfolgen und daher nicht sinnvoll auf die einzelnen Spartenleitungen delegiert werden kann.

Folge-
entscheidungen

Rahmenentscheidungen werden einerseits durch die *Folgeentscheidungen* für die Ebene n weiter detailliert. Ein Beispiel bilden etwa Investitionsbeschlüsse für die einzelnen Sparten im Rahmen der (durch die Unternehmensleitung) zugewiesenen Budgets. Dabei hängt es von den situationsspezifischen (sachlogischen wie psychologischen) Vor- und Nachteilen einer Dezentralisation bzw. Zentralisation ab, inwieweit bestimmte Folgeentscheidungen effizienter auf der Ebene n oder durch die übergeordnete Instanz selbst (auf Ebene n-1) getroffen werden[621]. Auf der anderen Seite können Rahmenentscheidungen (zur Ebene n) ihrerseits Folgeentscheidungen darstellen, sofern ihnen selbst wiederum (auf der Ebene n-2) Rahmenentscheidungen vorgelagert sind. So stellen z. B. die Ressortentscheidungen bereichsleitender Organmitglieder auf der zweiten Hierarchieebene Beschlüsse dar, die auf der einen Seite die Rahmenentscheidungen der Hierarchiespitze ausfüllen und andererseits zugleich den Rahmen der Folgenentscheidungen für die dritte Hierarchieebene abstecken.

Typen der
Delegation

Unter Heranziehung der beiden Kategorien der Rahmen- und der Folgeentscheidungen lassen sich drei *Typen der vertikalen Kompetenzverteilung* bilden, die zumindest eine grobe Klassifikation der Delegationsalternativen ermöglichen (siehe Abbildung 3-28). Dabei wird jeweils das Maß der (De-)Zentralisation zwischen zwei Hierarchieebenen bzw. Organisationseinheiten betrachtet, die einander direkt über- und untergeordnet sind. Diese Fokussierung der Delegationstypen auf zweistufige Kompetenzverhältnisse entspricht der hier interessierenden leitungsorganisatorischen Fragestellung nach der Kompetenzübertragung von der Unternehmensleitung (Hierarchiespitze) auf die Bereichsleitungen sowie derjenigen von den (organinternen) Bereichsleitungen auf die Führungskräfte der dritten Hierarchieebene.

---

[620] Siehe allgemein zu den durch Arbeitsteilung bedingten Autonomiekosten Abschnitt 1.2.1.2, S. 20 sowie im Einzelnen zur Abwägung der Autonomie- und Abstimmungskosten bei unterschiedlichen Graden der (De-)Zentralisation Abschnitt 3.2.2.1.2.1, S. 289 f.

[621] Vgl. zur umfassenden Effizienzbewertung der (De-)Zentralisation Abschnitt 3.2.2.1.2.1, S. 289 ff.

Delegationstypen

Abbildung 3-28

Typ / Entscheidung	A	B	C
Rahmenentscheidung	ü	ü	ü
Folgeentscheidung	ü	ü \ u	u

ü: übergeordnete Einheit

u: untergeordnete Einheit

Der *Delegationsgrad vom Typ A* bildet den extremen Fall der vollständigen Zentralisation ab. Hier wird der direkt nachgelagerten Hierarchieebene (und damit implizit auch allen Organisationseinheiten auf noch tiefer gelegenen Ebenen) keinerlei Entscheidungsautonomie eingeräumt, sodass alle Beschlüsse auf der übergeordneten Ebene gefasst werden. Beim gegenüberliegenden *Delegationsgrad vom Typ C* hingegen beschränkt sich die übergeordnete Einheit auf die unabdingbaren Rahmenentscheidungen, während sämtliche Folgeentscheidungen auf die nachgelagerte Einheit übertragen werden. Der mittlere *Delegationsgrad vom Typ B* schließlich zeichnet sich dadurch aus, dass die Rahmenentscheidungen (wie bei den Typen A und C) der übergeordneten Einheit obliegen, die Folgeentscheidungen nun aber teils auf der vorgelagerten und teils auf der nachgelagerten Ebene zu treffen sind. Dabei kann – wie Abbildung 1-29 veranschaulicht – das Verhältnis zwischen den zentralisierten und den dezentralisierten Folgeentscheidungen variieren.

Da die vorgestellten Delegationstypen jeweils Alternativen für die zweistufige Kompetenzverteilung beschreiben, können bestimmte Typen bei mehrstufigen Betrachtungen durchaus kombiniert werden. Abbildung 3-29 zeigt die denkbaren Kombinationsmöglichkeiten für die (dreistufige) Gesamtgestaltung der Spitzendelegation von der ersten Hierarchieebene (Unternehmensleitung) auf die zweite Ebene (Bereichsleitungen) und der Bereichsdelegation auf die dritte (Abteilungsleiter-)Ebene der Hierarchie. Hervorgehoben sei in diesem Zusammenhang noch einmal, dass Rahmen- und

Delegationstyp A

Delegationstyp C

Delegationstyp B

Typen-kombination

Folgeentscheidungen jeweils relativ zu einer bestimmten Hierarchieebene definiert sind. Infolgedessen kann beispielsweise auch bei einer eher zentralisierten Kompetenzverteilung zwischen Unternehmensleitung und Bereichsleitung nach Delegationstyp B für das Verhältnis zwischen Bereichs- und Abteilungsleitung der Typ C gewählt werden, sodass insgesamt die Konstellation BC vorliegt. Die Bereichsleiter verfügen dann zwar (im Vergleich zur Unternehmensleitung) über recht eingegrenzte Entscheidungsspielräume, geben hiervon aber einen großen Teil an die dritte Hierarchieebene weiter, indem sie lediglich die Rahmenentscheidungen für die Abteilungsleitungen treffen.

Abbildung 3-29   *Alternativen der Delegation bei Kombination der Delegationstypen*

Gestaltungsfelder der Delegation	Typen der Delegation						
Spitzendelegation	C	C	C	B	B	B	A
Bereichsdelegation	C	B	A	C	B	A	./.

3.2.2.1.1.2 Rechtsnorminduzierte Unterstützungen und Restriktionen

Bedeutung der Rechtsform

Die Gestaltungsspielräume für die juristisch zulässige Ausformung der Delegation werden im Wesentlichen von gesellschaftsrechtlichen und arbeitsrechtlichen Normen bestimmt. Während arbeitsrechtliche Vorschriften grundsätzlich rechtsformneutral sind, hängen die zu beachtenden gesellschaftsrechtlichen Unterstützungen und Restriktionen der Delegation von der jeweiligen Rechtsform des Unternehmens ab. Die folgende Auslotung der rechtsnormverträglichen Delegationsoptionen kann sich aber gleichwohl auf die Rechtslage in der AG konzentrieren. Zunächst beziehen sich die delegationsrelevanten GmbH-rechtlichen Vorschriften eher auf die organinterne Kompetenzverteilung, deren Grundzüge bereits oben im Zusammenhang mit den Basismodellen erörtert worden sind[622]. Zum anderen und

---

[622] Siehe Abschnitt 3.2.1.1, S. 173 ff.

insbesondere aber ist die GmbH – wie bereits dargelegt wurde[623] – rechtlich prinzipiell organisationsflexibler geregelt als die AG. Da sich im Folgenden zeigen wird, dass bereits in der AG weit reichende Möglichkeiten für die Zentralisation und Dezentralisation existieren und die zu beachtenden Gestaltungsrestriktionen vornehmlich arbeitsrechtlicher Natur sind, ist eine gesonderte Behandlung der GmbH entbehrlich. Die in der AG offen stehenden Optionen gelten mit anderen Worten mindestens auch in der GmbH.

Das Delegationsthema der Leitungsorganisation erstreckt sich auf die Spitzendelegation zwischen der ersten und der zweiten Ebene der Hierarchie sowie auf die Bereichsdelegation zwischen der zweiten und dritten Hierarchiestufe. Für beide Gestaltungsfelder ist im Folgenden jeweils zu prüfen, inwieweit eine Zentralisation und eine Dezentralisation von Entscheidungskompetenzen nach Maßgabe der Delegationstypen A, B und C zulässig sind. Dabei hängen die eingreifenden Rechtsvorschriften teilweise davon ab, ob die Spitzendelegation (bzw. die Bereichsdelegation) organintern oder organübergreifend (bzw. organübergreifend oder organextern) erfolgt. Welche Delegationssituation vorliegt, richtet sich nach dem jeweils gewählten Basismodell der Leitungsorganisation, wobei im Fall der AG aufgrund des Kollegialgebots lediglich das Ressort-Modell und das Sprecher-Modell in Betracht kommen. Im Einzelnen ist danach mit Blick auf die Spitzenorganisation konkret zu analysieren, welche rechtsnorminduzierten Unterstützungen und Restriktionen existieren für die Zusammenfassung von Entscheidungskompetenzen bei der Unternehmensleitung einerseits (*Spitzenzentralisation*) und für die Kompetenzübertragung auf einzelne Vorstandsmitglieder (im Fall des Ressort-Modells) bzw. Arbeitnehmer (bei der Sprecherlösung) andererseits (*Spitzendezentralisation*). Analog ist für die Bereichsdelegation zu untersuchen, welche Optionen juristisch offen stehen, um die – im Rahmen der Spitzendelegation den Vorstandsmitgliedern bzw. Arbeitnehmern der zweiten Hierarchieebene eingeräumten – Kompetenzen dort zu belassen (*Bereichszentralisation*) oder aber auf die Arbeitnehmer der dritten Hierarchieebene weiter zu übertragen (*Bereichsdezentralisation*).

Bedeutung der Delegationskonstellationen

Spitzenzentralisation und -dezentralisation

Bereichszentralisation und -dezentralisation

Spitzendelegation

Die Zentralisation von Entscheidungskompetenzen bei der Unternehmensleitung bzw. beim (Gesamt-)Vorstand wird in der juristischen Literatur eher am Rande erörtert. Sie kann vor allem auf die §§ 76 Abs. 1 und 77 Abs. 1 Satz 1 AktG sowie die arbeitsrechtliche Weisungsbefugnis (§ 106 GewO) gestützt werden.

---

[623] Siehe Abschnitt 2.2.1.2.1, S. 112.

Zentralisations-unterstützungen

Aufgrund der in § 76 Abs. 1 AktG verankerten eigenverantwortlichen Leitungskompetenz des Vorstands steht diesem Organ grundsätzlich auch die Entscheidung über die organisatorische Struktur der Unternehmung[624] und damit über den jeweiligen Grad der Zentralisation zu. Darüber hinaus formuliert § 77 Abs. 1 Satz 1 AktG für den mehrköpfigen Vorstand den Grundsatz der Gesamtgeschäftsführung, wonach alle Geschäftsführungsfragen von sämtlichen Vorstandsmitgliedern nach dem Einstimmigkeitsprinzip zu entscheiden sind[625]. Das mangels abweichender Bestimmungen der Satzung oder Geschäftsordnung gültige gesetzliche Modell sieht demnach im Fall des multipersonalen Leitungsorgans die Zuständigkeit des Gesamtvorstands und damit die organinterne Zentralisation vor.

Die gesellschaftsrechtlichen Zentralisationsunterstützungen werden im Verhältnis zu den Arbeitnehmern des Unternehmens von den arbeitsrechtlichen Weisungsbefugnissen flankiert. Aufgrund des *Direktionsrechts* kann der Vorstand prinzipiell „...Inhalt, Ort und Zeit..." (§ 106 GewO) der Handlungen der Arbeitnehmer festlegen und so die aus den Arbeitsverträgen resultierenden Arbeitsverpflichtungen konkretisieren[626].

Zentralisations-restriktionen

Eine uneingeschränkte Befugnis zur Vorgabe der Arbeitnehmer-Handlungen gewährt das Direktionsrecht allerdings nicht. Vielmehr findet die arbeitsrechtliche Weisungskompetenz in den einschlägigen gesetzlichen[627], kollektiv- und einzelvertraglichen[628] Bestimmungen, der betrieblichen Übung[629] und der Voraussetzung billigen Ermessens[630] ihre Grenzen[631]. Soweit hier-

---

624 Vgl. auch Wiedemann [Gesellschaftsrecht] 314 f.

625 Siehe Abschnitt 3.2.1.1.3.1, S. 189.

626 Vgl. Hanau/Adomeit [Arbeitsrecht] Rn. 68, 654; Löwisch [Arbeitsrecht] Rn. 868; Falkenberg [Gegenstand] 1088; Lieb/Jacob [Arbeitsrecht] Rn. 69; Preis [Kommentierungen] § 611 BGB Rn. 274 f.; Junker [Arbeitsrecht] Rn. 204 f. sowie Borgmann/Faas [Weisungsrecht].

627 Vgl. als Auswahl nur die arbeitsschutzrechtlichen Bestimmungen des ArbZG, der GewO, des MuSchG, JArbSchG und LadSchlG sowie eingehend zum gesamten Arbeitsschutzrecht Zöllner/Loritz [Arbeitsrecht] 341 ff.; Schaub [Kommentierungen] § 152 Rn. 1 ff.; Kittner/Pieper [Arbeitsschutzrecht] sowie die Ausführungen in Richardi/Wlotzke [Arbeitsrecht]; Dieterich et al. [Kommentar] und Tschöpe [Arbeitsrecht].

628 Eine besondere Bedeutung kommt hierbei der vereinbarten Berufsbezeichnung zu, siehe nur Weber/Ehrich [Direktionsrecht] 2246; Lakies [Weisungsrecht] 365.

629 Hierzu Gamillscheg [Übung]; Weber/Ehrich [Direktionsrecht] 2248; Schaub [Kommentierungen] §§ 31 Rn. 66; 111 Rn. 21; Lakies [Weisungsrecht] 365.

630 Siehe § 106 Satz 1 GewO; Weber/Ehrich [Direktionsrecht] 2248; Schaub [Kommentierungen] § 31 Rn. 68; Lakies [Weisungsrecht] 364 ff.; Hanau/Adomeit [Arbeitsrecht] Rn. 660.

631 Zu allem mit gewissen Abweichungen im Einzelnen Schaub [Kommentierungen] § 31 Rn. 1 ff.; Blomeyer [Kommentierungen] § 48 Rn. 36 ff.; Preis [Kommentierungen] § 611 BGB Rn. 276; Hanau/Adomeit [Arbeitsrecht] Rn. 68, 653 ff.; Lieb/Jacob

durch Arbeitnehmern Entscheidungsspielräume eröffnet bzw. Maßnahmen des Vorstands an ihre Zustimmung gebunden werden, stellen diese Grenzen des Direktionsrechts Restriktionen einer Zentralisation von Entscheidungskompetenzen dar[632]. So kann ein Arbeitnehmer beispielsweise grundsätzlich nicht gegen seinen Willen mit Tätigkeiten beauftragt werden, die außerhalb des in den Arbeitsvertrag aufgenommenen Berufsbildes liegen[633]. Eine eventuell betriebswirtschaftlich zweckmäßige (vorübergehende oder dauerhafte) Umsetzung zum Ausgleich von Über- und Unterkapazitäten ist daher insoweit der Alleinentscheidungskompetenz des Vorstands entzogen.

Aus Gründen des Umfangs können hier die *Grenzen des Direktionsrechts*, die u. a. durch eine umfangreiche Judikatur abgesteckt worden sind[634], im Detail nicht vollständig nachgezeichnet werden[635]. Mit einer gewissen Vereinfachung lässt sich jedoch konstatieren, dass Schranken des Weisungsrechts vorwiegend aus Vorschriften zum Schutz von Arbeitnehmerinteressen resultieren. Hingegen stehen arbeitsrechtliche Bestimmungen einer vollständigen Zentralisation im Bereich interessenneutraler Arbeitnehmerhandlungen grundsätzlich nicht entgegen. So darf ein Arbeitnehmer insbesondere den Vollzug einer rechtmäßigen Anordnung mit dem Hinweis auf eigene Zweifel an ihrer sachlichen Zweckmäßigkeit letztlich nicht verweigern[636].

Grenzen des Direktionsrechts

Neben den arbeitsrechtlich bedingten Schranken der Vorstandsautonomie kommen gesellschaftsrechtliche sowie öffentlich-rechtliche Zentralisationsrestriktionen in Betracht.

Die in § 76 Abs. 1 AktG statuierte Verpflichtung des Vorstands, die Gesellschaftsressourcen (und damit auch das in ihrem Topmanagement gebundene Leistungspotential) möglichst optimal einzusetzen[637], kann zu einem juristischen Delegationsgebot führen, sofern die Unternehmensleitung aufgrund übermäßiger Beanspruchung durch das Tagesgeschäft ihrer eigentli-

Gesellschaftsrechtliche Restriktionen

[Arbeitsrecht] Rn. 69; Junker [Arbeitsrecht] Rn. 206 f.; Leßmann [Grenzen] und BAG v. 27.3.1980 – 2 AZR 506/78, DB 1980, 1603.

[632] Anderenfalls liegt nach den hier verwendeten Begriffsdefinitionen (vgl. Abschnitt 3.2.2.1.1.2, S. 274 f.) keine Zentralisationsrestriktion, sondern eine Begrenzung der Vorstandsautonomie durch allgemeine Gesetze vor. Ein Beispiel bieten Arbeitszeitverlängerungen, welche das nach dem ArbZG höchstzulässige Maß übersteigen und daher auch bei einer Zustimmung des Arbeitnehmers unzulässig sind.

[633] Siehe hierzu und zur Versetzungsproblematik Linck [Kommentierungen] § 45 Rn. 23 ff., 34 ff.; Lakies [Weisungsrecht] 365 f.; Kittner [Kommentierungen] § 99 Rn. 86 ff.

[634] Siehe nur die in AP zu § 611 BGB Direktionsrecht abgedruckten Entscheidungen.

[635] Vgl. im Einzelnen hierzu Leßmann [Grenzen]; Weber/Ehrich [Direktionsrecht]; Lakies [Weisungsrecht].

[636] Siehe FN 604.

[637] Vgl. Hommelhoff [Konzernleitungspflicht] 58 f., 180 f.; ähnlich Semler [Leitung] Rn. 17 m. w. N.; Götz [Leitungssorgfalt] 527.

chen Führungsfunktion nicht mehr nachkommen kann[638]. In Anbetracht der (betriebswirtschaftlichen) Schwierigkeiten, delegierbare Aufgaben eindeutig zu identifizieren[639], dürfte diese Verpflichtung des Leitungsorgans jedoch nur eher selten justiziabel und damit als merkliche Zentralisationsrestriktion wirksam sein.

Aus öffentlich-rechtlichen Vorschriften lassen sich sowohl *situative* als auch generelle Zentralisationsrestriktionen ableiten. Als Beispiel für die erste Fallgruppe kann auf § 28 Abs. 1 Satz 2 BBiG hingewiesen werden, der für eine Ausbildertätigkeit im Rahmen der Berufsbildung u. a. eine fachliche Eignung im Sinne des § 30 Abs. 5 BBiG voraussetzt[640]. Sofern Vorstandsmitglieder nicht die danach erforderliche Qualifikation aufweisen, können sie zwar als Ausbildende, nicht aber als Ausbilder[641] fungieren. Sie müssen dann ausbildungsbezogene Entscheidungskompetenzen auf persönlich und fachlich geeignete Personen übertragen, wenn Berufsbildungsmaßnahmen im Unternehmen durchgeführt werden sollen[642].

Öffentlich-rechtliche *Zentralisationsrestriktionen genereller Art* resultieren beispielsweise aus Vorschriften des ASiG und des BDSG. Nach § 1 Satz 1 ASiG zu bestellende Betriebsärzte und Fachkräfte für Arbeitssicherheit sind in arbeitsmedizinischen bzw. sicherheitstechnischen Fragen weisungsfrei (§ 8 Abs. 1 Satz 1 ASiG) und unmittelbar dem Betriebsleiter zu unterstellen[643]. Hieraus folgt, dass Angehörige des Leitungsorgans der AG auch bei Erfüllung der in §§ 4 bzw. 7 ASiG normierten Anforderungen an die Qualifikation von Betriebsärzten bzw. Sicherheitsfachkräften nicht deren Funktionen selbst wahrnehmen dürfen, sondern die zu ihren Tätigkeiten gehörenden Kompetenzen delegieren müssen[644].

§ 4f Abs. 3 Satz 1 BDSG bestimmt in ähnlicher Weise, dass der unter den Voraussetzungen des Abs. 1 der Vorschrift zu bestellende Beauftragte für

---

[638] „Der Vorstand ist zur Delegation aller delegierbaren Aufgaben verpflichtet", Hommelhoff [Konzernleitungspflicht] 181 (im Original z. T. gesperrt).

[639] Siehe näher Abschnitt 3.2.2.1.2.1, S. 290 ff.

[640] So Schaub [Kommentierungen] § 174 Rn. 13 ff. mit weiteren Einzelheiten.

[641] Der *Ausbildende* steht dem Auszubildenden als Vertragspartner gegenüber, der *Ausbilder* führt die Ausbildung verantwortlich durch, so Schaub [Kommentierungen] § 173 Rn. 8.

[642] Vgl. § 28 Abs. 2 BBiG, Schaub [Kommentierungen] § 174 Rn. 13.

[643] § 8 Abs. 2 ASiG. Vgl. Anzinger/Bieneck [Arbeitssicherheitsgesetz] § 8 Rn. 32; Kittner/Pieper [Arbeitsschutzrecht] ASiG Rn. 107; Schaub [Kommentierungen] § 154 Rn. 49.

[644] Streng genommen kann von einer Delegation nur gesprochen werden, wenn die Betriebsärzte bzw. Fachkräfte für Arbeitssicherheit Arbeitnehmer der Unternehmung sind. Dies ist nicht zwangsläufig der Fall, vgl. Anzinger/Bieneck [Arbeitssicherheitsgesetz] § 2 Rn. 10 ff.; Schaub [Kommentierungen] § 154 Rn. 42, 48; Kittner/Pieper [Arbeitsschutzrecht] ASiG Rn. 33 sowie § 2 Abs. 3 Satz 2, 4 und § 5 Abs. 3 Satz 2, 4 ASiG.

den Datenschutz dem Vorstand unmittelbar zu unterstellen ist. Da der Datenschutzbeauftragte somit nicht in Personalunion Vorstandsmitglied sein darf[645] und „in Ausübung seiner Fachkunde ... weisungsfrei" (§ 4f Abs. 3 Satz 2 BDSG) ist, stellt auch diese Regelung eine gewisse Restriktion für die Zentralisation dar.

Die aufgezeigten arbeits-, gesellschafts- und öffentlich-rechtlichen Zentralisationsrestriktionen lassen erkennen, dass eine Spitzenzentralisation im Sinne des Delegationstyps A (vollständige Zentralisation)[646] trotz der umfassenden Leitungskompetenz des AG-Vorstands nicht durchgängig realisiert werden darf. In Verbindung mit den erörterten Zentralisationsunterstützungen verdeutlichen sie aber zugleich, dass juristische Vorschriften auch einer ausgeprägten Zentralisation von Folgeentscheidungen bei der Unternehmensleitung nur ausnahmsweise entgegenstehen. Infolgedessen kann ein Spitzenzentralisationsgrad vom Typ B[647] in der AG grundsätzlich als zulässig erachtet werden. Angesichts dieses weiten Zentralisationsspielraums und der mit zunehmender Unternehmensgröße tendenziell steigenden Notwendigkeit zur Kompetenzübertragung liegt die größere Bedeutung von Rechtsnormen für die Delegation bei den nun zu analysierenden Optionen der Spitzendezentralisation.

Sofern ein mehrköpfiger Vorstand vorliegt und als Basismodell für die Leitungsorganisation eine Ressortlösung gewählt worden ist, erfolgt durch die Spitzendelegation eine Übertragung von Entscheidungskompetenzen von der Unternehmensleitung (= Gesamtvorstand) auf die einzelnen Vorstandsmitglieder[648].

Das Ausmaß der Alleinentscheidungsautonomie eines Vorstandsmitglieds hängt in erster Linie von den Bestimmungen der Geschäftsordnung oder der Satzung ab[649]. Sofern beide Regelungswerke keine weiteren Einschränkungen enthalten[650], kann dem einzelnen Vorstandsmitglied im Prinzip die alleinige Entscheidungsbefugnis für das ihm zugewiesene Ressort einge-

Delegationstyp A unzulässig

Delegationstyp B zulässig

Spitzendezentralisation auf Vorstandsmitglieder

Dezentralisationsunterstützungen

---

[645] So die herrschende Meinung, vgl. Gola/Schomerus/Klug [Bundesdatenschutzgesetz] § 4 f Rn. 47.

[646] Siehe Abschnitt 3.2.2.1.1.1, S. 271.

[647] Zum Zentralisationsgrad vom Typ B siehe Abschnitt 3.2.2.1, S. 271.

[648] Siehe Abschnitt 3.2.2.1.1.1, S. 265 f.

[649] Siehe Schiessl [Spartenorganisation] 66; Mertens [Kommentierungen Aktiengesetz] § 77 Rn. 12; Witt [Vorstand]; Hefermehl/Spindler [Kommentierungen] § 77 Rn. 24 f.

[650] Diese fakultativen Autonomieeinschränkungen wie beispielsweise Veto- oder Widerspruchsrechte einzelner Vorstandsmitglieder, hierzu Mertens [Kommentierungen Aktiengesetz] § 77 Rn. 8, 16; Hefermehl/Spindler [Kommentierungen] § 77 Rn. 17 f., 23, werden an dieser Stelle nicht weiter thematisiert, da hier die gesetzlichen Grenzen der <u>De</u>zentralisation ausgemessen werden sollen.

räumt werden[651]. Dieser Grundsatz wird allerdings von gewichtigen Ausnahmen durchbrochen, die zwei unterschiedliche Kategorien von Restriktionen für die Dezentralisation ergeben.

Dezentralisationsrestriktionen

Die eine Begrenzung der individuellen Entscheidungsautonomie eines Vorstandsmitglieds beruht auf dem unabdingbaren *Interventionsrecht* der übrigen Organangehörigen. Diese dürfen zwar grundsätzlich nicht unmittelbar in Ressorts anderer Vorstandsmitglieder eingreifen. Sie können aber Geschäftsführungsfragen aus fremden Ressorts jederzeit dem Gesamtvorstand zur Entscheidung vorlegen und damit einen für das jeweilige Mitglied verbindlichen Beschluss des Gesamtgremiums bewirken[652]. Da überstimmte Mitglieder rechtlich einwandfreie Beschlüsse des Vorstands loyal ausführen müssen, soweit ihnen kein Vetorecht zusteht, kommt Entscheidungen der Unternehmungsleitung (Gesamtvorstand) insoweit für die einzelnen Vorstandsmitglieder eine Bindungswirkung zu, die derjenigen einer Weisung vergleichbar ist.

- Interventions recht

- Organschaftliche Mindestzuständigkeiten

Grenzen der Übertragung von Entscheidungskompetenzen auf einzelne Vorstandsmitglieder resultieren zum anderen aus den so genannten *organschaftlichen Mindestzuständigkeiten*[653]. Welche Entscheidungsbereiche im Einzelnen zwingend beim Gesamtvorstand verbleiben müssen, lässt sich zwar nicht eindeutig herauskristallisieren[654]. Zum einen kann von der Verwendung des Terminus „Vorstand" im Gesetzeswortlaut nicht ohne weiteres auf die Zuständigkeit des Gesamtorgans geschlossen werden[655]. Zum anderen besteht im juristischen Schrifttum keine Einigkeit über das zu verwendende Abgrenzungsprinzip[656]. Mit Abweichungen im Detail werden aber vor allem die im öffentlichen Interesse liegenden Aufgaben[657] und die das Verhältnis zu den anderen Gesellschaftsorganen betreffenden Maßnah-

---

[651] Vgl. nur Hefermehl/Spindler [Kommentierungen] § 77 Rn. 29; Kort [Kommentierungen] § 77 Rn. 23; Baumbach/Hueck [Aktiengesetz] § 77 Rn. 3; Hüffer [Aktiengesetz] § 77 Rn. 14. So spricht denn auch Dose [Rechtsstellung] 74 insoweit dem Vorstandsvorsitzenden explizit ein „Weisungsrecht" gegenüber einzelnen Organmitgliedern zur Durchsetzung der Beschlüsse des Gesamtvorstands zu.

[652] Vgl. Mertens [Kommentierungen Aktiengesetz] § 77 Rn. 22 f.; Kort [Kommentierungen] § 77 Rn. 38; Hefermehl/Spindler [Kommentierungen] § 77 Rn. 29; Wiesner [Kommentierungen] § 22 Rn. 14.

[653] Siehe Semler [Leitung] Rn. 22; Hefermehl/Spindler [Kommentierungen] § 77 Rn. 30 f.; Hoffmann-Becking [Organisation] 508; Hüffer [Aktiengesetz] § 77 Rn. 17; Endres [Organisation] 446 sowie Vetter [Risikobereich] § 17 Rn. 26 ff.

[654] So z. B. auch Dose [Rechtsstellung] 58 f. und Sündermann [Verantwortlichkeit] 16.

[655] Siehe Golling [Sorgfaltspflicht] 60; Dose [Rechtsstellung] 59.

[656] Vgl. nur die bei Dose [Rechtsstellung] 58 ff. nachgezeichnete Kontroverse; Mertens [Kommentierungen Aktiengesetz] § 77 Rn. 18.

[657] Siehe z. B. §§ 91, 92 und 160 AktG sowie noch Semler [Leitung] Rn. 7, insb. FN 13, Rn. 23; Hoffmann-Becking [Organisation] 508.

men[658] sowie namentlich die Leitung des Unternehmens[659] als Tätigkeitsbereiche hervorgehoben, in denen Entscheidungen nicht delegiert werden dürfen[660].

Konzentriert man sich auf die hier primär interessierende *Leitungsverpflichtung* des Vorstands, so eröffnet die fehlende Legaldefinition des Leitungsbegriffs wiederum Auslegungsspielräume bei der Analyse der Dezentralisationsrestriktionen. Relativ einmütig werden in der juristischen Literatur aber Grundlagenentscheidungen wie die Festlegung der Unternehmenspolitik, die Organisation und Koordination der mit Führungsaufgaben ausgestatteten Teilbereiche, die Kontrolle von delegierten Aufgaben sowie die Besetzung von Führungsstellen im Unternehmen als Leitungsaufgaben des Gesamtvorstands aufgelistet, die von sämtlichen Vorstandsmitgliedern gemeinsam zu initiieren[661] und zu entscheiden sind[662].

Korrespondierend hierzu wird (als Begrenzung der Einzelgeschäftsführungsbefugnis) rechtlich die Verpflichtung der einzelnen Vorstandsmitglieder herausgestellt, für die grundlegenden Fragen aus ihren Ressorts sowie für die teilbereichsübergreifenden Angelegenheiten, bei denen mit den Vorstandskollegen der jeweils betroffenen Ressorts keine Einigung erzielt werden kann, eine Entscheidung des Gesamtvorstands herbeizuführen[663].

---

[658] Siehe z. B. §§ 83, 90, 97 Abs. 1, 98 Abs. 2, 104 Abs. 1, 119 Abs. 2, 121 Abs. 2, 170, 245 Nr. 4 AktG; noch Semler [Leitung] Rn. 7, insb. FN 12, Rn. 23; Kort [Kommentierungen] § 77 Rn. 34; Hoffmann-Becking [Organisation] 508; Endres [Organisation] 447.

[659] Vgl. Dose [Rechtsstellung] 62 f.; Kort [Kommentierungen] § 77 Rn. 31; Mertens [Kommentierungen Aktiengesetz] § 77 Rn. 18; Hefermehl/Spindler [Kommentierungen] § 77 Rn. 30; Semler [Leitung] Rn. 23.

[660] Vgl. zum Ganzen die in Abschnitt 3.2.2.1.1.2, S. 278 (FN 653) Genannten sowie Mertens [Kommentierungen Aktiengesetz] § 77 Rn. 15 ff.; Dose [Rechtsstellung] 61 ff.; Raiser/Veil [Recht] § 14 Rn. 27; Henze [Leitungsverantwortung] 210 m. N.

[661] Siehe zur „Unternehmerfunktion" des Vorstands Semler [Leitung] Rn. 12; Dose [Rechtsstellung] 39; Hommelhoff [Konzernleitungspflicht] 169 f.; Raiser/Veil [Recht] § 14 Rn. 1. Hinsichtlich der Einzelfragen dürfte die Initiativverpflichtung des Gesamtorgans allerdings zu relativieren sein.

[662] So z. B. die Aufgabenbeschreibung bei Semler [Leitung] Rn. 11. Vgl. ferner z. B. Dose [Rechtsstellung] 65; Schiessl [Spartenorganisation] 68; Hoffmann-Becking [Organisation] 508 f.; Hommelhoff [Konzernleitungspflicht] 169 f.; Mertens [Kommentierungen Aktiengesetz] § 77 Rn. 18; Kort [Kommentierungen] § 77 Rn. 31 f.; Witt [Vorstand] 247 ff.

[663] Vgl. Schiessl [Spartenorganisation] 71; Hefermehl/Spindler [Kommentierungen] § 77 Rn. 29; Mertens [Kommentierungen Aktiengesetz] § 77 Rn. 16; Kort [Kommentierungen] § 77 Rn. 47.

Delegationstyp C

Aus den zitierten Äußerungen des juristischen Schrifttums lässt sich folgern, dass die oben beschriebenen unternehmensbezogenen *Rahmenhandlungen*, wie sie durch den Katalog der Kernaufgaben des Vorstands näher umrissen worden sind[664], ganz abgesehen von den betriebswirtschaftlichen Effizienzüberlegungen[665] auch aus Rechtsgründen der Hierarchiespitze vorbehalten und nicht auf einzelne Mitglieder des Vorstands delegierbar sind. Übertragen werden dürfen bei entsprechend weitgefassten Einzelgeschäftsführungsbefugnissen nur – aber auch immerhin – die (unternehmensbezogenen) *Folgehandlungen*, die den durch die Erfüllung der Kernaufgaben gezogenen Handlungsrahmen ausfüllen. Vor diesem Hintergrund lässt sich feststellen, dass bei der Spitzendelegation innerhalb des Vorstands Kompetenzen bis zum Delegationstyp C einschließlich übertragen werden dürfen. Eine weiter gehende Dezentralisation ist dagegen (nicht nur betriebswirtschaftlich unzweckmäßig, sondern auch) aktienrechtlich unzulässig.

Spitzendezentralisation auf Arbeitnehmer

Der *organübergreifenden Spitzendelegation* im Sinne einer Kompetenzübertragung vom Vorstand auf Arbeitnehmer liegt entweder ein unipersonales Leitungsorgan zu Grunde oder aber eine mehrköpfige Unternehmensleitung, die nach dem Sprecher-Modell organisiert ist. Obgleich die Notwendigkeit einer Delegation von Entscheidungskompetenzen auf Arbeitnehmer mit zunehmender Zahl der Vorstandsmitglieder ceteris paribus in gewissen Grenzen sinkt, ist auch in der großen AG die Institutionalisierung eines mehrköpfigen Vorstands nicht erforderlich, sofern maximal 2.000 Arbeitnehmer beschäftigt werden und daher kein Arbeitsdirektor zu bestellen ist[666]. Da auch keine anderen rechtlichen Implikationen der Vorstandsgröße für die Gestaltungsmöglichkeiten der organübergreifenden Spitzendelegation ersichtlich sind, kann im Weiteren auf die ausdrückliche Unterscheidung zwischen dem Einpersonen-Vorstand und dem Mehrpersonen-Vorstand mit Portefeuillebindung verzichtet werden.

Dezentralisationsunterstützungen

Inwieweit der Vorstand Arbeitnehmern Handlungsspielräume eröffnen darf, ist bisher aus rechtlicher Sicht erst unvollständig untersucht worden[667] und gesetzlich nur fragmentarisch geregelt. Beispiele solcher rechtlicher Regelungen bildet etwa § 80 Abs. 1 Satz 1 und 2 AO. Danach darf der Vorstand steuerliche Verfahrenshandlungen durch Bevollmächtigte vornehmen lassen[668]. Hinzuweisen ist z. B. ferner auf das BetrVG, welches die Delegierbarkeit der betriebsverfassungsrechtlichen Rechte und Pflichten des Arbeitge-

---

[664] Siehe Abschnitt 1.2.1.4.1, S. 26.

[665] Siehe näher Abschnitt 3.2.2.1.2.1, S. 291 ff.

[666] Siehe Abschnitt 2.1.2.2.2.2, S. 80 f.

[667] Auch Wiedemann [Gesellschaftsrecht] 331 stellt fest: „Die Einrichtung der Unternehmensorganisation unterhalb der höchsten Leitungsebene ist juristisch bisher nur am Rande untersucht worden." Ähnlich Lutter [Entwicklung] 42 f.

[668] Zum Umfang der Vollmacht im Einzelnen Kruse [Kommentierungen] § 80 Tz. 13 ff.; Söhn [Kommentierungen] § 80 Rz. 112 ff.

bers[669] zwar nicht ausdrücklich regelt. Es spricht dessen Vertretung aber in §§ 43 Abs. 2 Satz 3, 108 Abs. 2 Satz 1 explizit an und erlaubt es nach allgemeiner Ansicht, Arbeitgeberkompetenzen vom Vorstand auf Arbeitnehmer zu delegieren[670].

Ansonsten herrscht zwar Einigkeit darüber, dass der Vorstand vor allem der größeren AG grundsätzlich zur Entscheidungsdelegation befugt ist und die Festlegung des konkreten Dezentralisationsgrades als Element der Geschäftsführung gem. § 76 Abs. 1 AktG im Prinzip in seinen Kompetenzbereich fällt[671]. Darüber hinausgehende Aussagen zum zulässigen Delegationsausmaß beschränken sich aber im Wesentlichen auf relativ abstrakte Formulierungen und weisen auf die Umstände des Einzelfalls wie Art und Größe der Unternehmung als Einflussfaktoren hin[672]. Einen konkreten Eindruck von den Möglichkeiten der (Spitzen-)Delegation auf Arbeitnehmer vermittelt daher vor allem die in Literatur und Rechtsprechung vorgenommene Charakterisierung der leitenden Angestellten, die u. a. über den Aspekt der erforderlichen – und folglich auch mindestens zugelassenen – Entscheidungskompetenzen erfolgt. Die leitenden Angestellten nehmen in einer Vielzahl von Teilbereichen der Rechtsordnung eine Sonderstellung ein[673], wobei ihre Gruppenabgrenzung dort allerdings nicht einheitlich erfolgt[674]. Zur Veranschaulichung der mit dem Status eines leitenden Angestellten verbundenen Handlungsautonomie wird hier exemplarisch der betriebsverfassungsrechtliche Begriff (§ 5 Abs. 3 BetrVG) ausgewählt, den auch § 3 Abs.

---

[669] Arbeitgeber im Fall der als AG geführten Unternehmung ist die AG, vertreten durch ihren gesetzlichen Vertreter »Vorstand«, siehe Fitting et al. [Betriebsverfassungsgesetz] §§ 1 Rn. 240; 5 Rn. 287.

[670] Siehe Galperin/Löwisch [Betriebsverfassungsgesetz] vor § 1 Rn. 17; Richardi [Kommentierungen] Einleitung Rn. 124. Einschränkend auf verantwortlich an der Betriebsleitung beteiligte Personen Hess [Kommentierungen] § 2 Rn. 7; Fitting et al. [Betriebsverfassungsgesetz] § 1 Rn. 240; Wedde [Kommentierungen] Einleitung Rn. 138.

[671] So z. B. Schiessl [Spartenorganisation] 80 f.; Semler [Leitung] Rn. 10; Hommelhoff [Konzernleitungspflicht] 165 f.; Fleischer [Vorstandsverantwortlichkeit] 292 f.; Mertens [Kommentierungen Aktiengesetz] § 93 Rn. 18 f., 46; Schwark [Holding] 614; Hüffer [Aktiengesetz] § 93 Rn. 14. Allerdings kann ein Zustimmungsvorbehalt des Aufsichtsrats in Betracht kommen, so auch Wiedemann [Gesellschaftsrecht] 331 und Schiessl [Spartenorganisation] 81.

[672] Vgl. z. B. Sündermann [Verantwortlichkeit] 14 ff. sowie ausführlicher Semler [Leitung] Rn. 10 ff., der bei der Abgrenzung der Leitungsaufgabe nach § 76 Abs. 1 AktG auch auf die betriebswirtschaftliche Literatur rekurriert. Zu Inhalt und Ausmaß der Geschäftsleiterverantwortung im Delegationsfall vgl. ferner Fleischer [Vorstandsverantwortlichkeit] 292 ff.

[673] Siehe z. B. § 18 Abs. 1 Nr. 1 ArbZG, § 5 Abs. 3 BetrVG, § 22 Abs. 2 Nr. 2 ArbGG, § 16 Abs. 4 Nr. 4 SGG, § 2 Abs. 2 Nr. 2 ArbnErfGDV sowie § 14 Abs. 2 KSchG.

[674] Vgl. nur Martens [Arbeitsrecht] 76 f.; Fitting et al. [Betriebsverfassungsgesetz] § 5 Rn. 310; Rost [Kommentierungen] § 14 Rn. 26; Brox/Rüthers/Henssler [Arbeitsrecht] Rn. 61.

3 Nr. 2 MitbestG nach herrschender Meinung ohne Modifikation übernommen hat[675].

Leitende Angestellte

Der Begriff des *leitenden Angestellten* wird im BetrVG über drei alternative Tatbestandsmerkmale bestimmt, die in § 5 Abs. 3 Nr. 1-3 BetrVG verankert sind. Sie stellen unterschiedlich weit reichende Anforderungen an die Befugnisse der zu qualifizierenden Personen und vermitteln damit auch verschiedene Anhaltspunkte für den Umfang der Kompetenzen, die Arbeitnehmern eingeräumt werden dürfen. Die erste Alternative (§ 5 Abs. 3 Nr. 1 BetrVG) verdeutlicht lediglich, dass auf (leitende) Angestellte die Entscheidung über die Einstellung und Entlassung ihrer Mitarbeiter delegiert werden kann.

Aufschlussreicher zeigt die ungleich intensiver diskutierte Fallgruppe des § 5 Abs. 3 Nr. 3 BetrVG in der Formulierung des BAG, dass auch Angestellte „vornehmlich unternehmerische Aufgaben wahrnehmen, (d. h.) ... maßgeblichen Einfluss auf die wirtschaftliche, technische, kaufmännische, organisatorische, personelle oder wissenschaftliche Führung des Unternehmens"[676] ausüben und „einen erheblichen eigenen Entscheidungsspielraum haben"[677] dürfen. Das vorausgesetzte Kompetenzausmaß wird ferner auch durch die Äußerungen illustriert, dass „eine völlige Weisungsunabhängigkeit ... nicht notwendig"[678] ist.

Generalbevoll-mächtigte

§ 5 Abs. 3 Nr. 2 BetrVG schließlich erklärt Generalbevollmächtigte und Prokuristen ebenfalls zu leitenden Angestellten. Die Generalvollmacht und die Prokura bezeichnen zwar zunächst nur Formen der Vertretungsmacht, deren Ausübung im Außenverhältnis unmittelbar Rechtswirkungen für und gegen den Vertretenen herbeiführt[679]. Sie können aber gleichwohl das Ausmaß der auf Angestellte übertragbaren Entscheidungsautonomie demonstrieren, soweit die Zeichnungskompetenzen vom Vollmachtsinhaber aufgrund seiner im Innenverhältnis gegebenen Befugnisse auch nach eigenem Ermessen wahrgenommen werden dürfen. Die Generalvollmacht wird zwar vereinzelt

---

[675] Vgl. Wiesner [Angestellten] 950; Müller [Gedanken] 6; Henssler [Kommentierungen] § 3 Rn. 53 ff.; Fitting/Wlotzke/Wißmann [Mitbestimmungsgesetz] § 3 Rn. 28; Raiser [Mitbestimmungsgesetz] § 3 Rn. 20 ff.; anderer Ansicht Martens [Gruppenabgrenzung] 99 f. (zusammenfassend).

[676] BAG v. 29.1.1980 – 1 ABR 45/79, DB 1980, 1545 (Einschub vom Verf.), die bisherige, insoweit auch weiterhin geltende ständige Rechtsprechung des BAG zusammenfassend.

[677] BAG v. 29.1.1980 – 1 ABR 45/79, DB 1980, 1545.

[678] BAG v. 9.12.1975 – 1 ABR 80/73, AP Nr. 11 zu § 5 BetrVG 1972 (Flexion geändert); Bächle [Kommentierungen] Teil III Rn. 213; Brox/Rüthers/Henssler [Arbeitsrecht] Rn. 854.

[679] Siehe statt vieler Schramm [Kommentierungen] § 164 Rn. 68; Palm [Kommentierungen] Vor § 164 Rn. 1; Heinrichs [Kommentierungen] Einf. v. § 164 Rn. 1.

von Rechtsnormen angesprochen[680], ist aber im Gegensatz zur Prokura gesetzlich nicht geregelt[681] und ihres Umfangs nicht abschließend geklärt. Nach einer verbreiteten Meinung verleiht sie aber eine Vertretungsmacht, die zwischen derjenigen eines Prokuristen und der eines Vorstandsmitglieds liegt[682] und sich bei extensiver Ausformung im Prinzip auf sämtliche Angelegenheiten des Vollmachtgebers erstreckt[683].

Während die Erteilung einer Generalvollmacht durch den Vorstand der AG unter dem Vertretungsaspekt eingehend diskutiert worden ist und heute als zulässig gilt[684], werden möglicherweise erforderliche Autonomieeinschränkungen im Innenverhältnis lediglich sporadisch angedeutet[685]. Inwieweit generelle Schranken für die Delegation von Entscheidungskompetenzen auf Generalbevollmächtigte existieren und somit einzelnen Vorstandsmitgliedern eines mehrköpfigen Leitungsorgans weiter gehende Befugnisse eingeräumt werden können als Arbeitnehmern, lässt sich somit nur schwer beantworten. Konkret sind im Grunde nur wenige spezifizierte Entscheidungsbereiche erkennbar, in denen die Kompetenzen von Arbeitnehmern hinter den Befugnissen von einzelnen Vorstandsmitgliedern zurückbleiben müssen. Hierbei handelt es sich namentlich um das Recht zur Erteilung der Generalvollmacht selbst sowie einer Prokura, das nach allgemeiner Meinung

---

[680] So neben § 5 Abs. 3 Nr. 2 BetrVG auch § 22 Abs. 2 Nr. 2 ArbGG und § 9 Nr. 1 ArbeitserlaubnisVO, vgl. Fitting et al. [Betriebsverfassungsgesetz] § 5 Rn. 346.

[681] Vgl. §§ 48-53 HGB und statt aller Müller [Fragen] 1600; Joussen [Generalvollmacht] 273; Reimer [Generalvollmacht] 1.

[682] Vgl. Müller [Fragen] 1600; Joussen [Generalvollmacht] 275; Krebs [Prinzipien] 639; Schwark [Holding] 616; Spitzbarth/Preuß [Vollmachten] 112; Trümner [Kommentierungen] § 5 Rn. 205.

[683] Vgl. Galperin/Löwisch [Betriebsverfassungsgesetz] § 5 Rn. 50; Müller [Fragen] 1600; Hefermehl/Spindler [Kommentierungen] § 78 Rn. 100; Spitzbarth/Preuß [Vollmachten] 101; Richardi [Kommentierungen] § 5 Rn. 203.

[684] Siehe hierzu Flume [Person] 364 ff. (auch zur GmbH); Joussen [Generalvollmacht] 280; Wiesner [Kommentierungen] § 23 Rn. 23; Mertens [Kommentierungen Aktiengesetz] §§ 76 Rn. 44; 78 Rn. 74; Hüffer [Aktiengesetz] § 78 Rn. 10; Hefermehl/Spindler [Kommentierungen] § 78 Rn. 100.

[685] So formuliert Meyer-Landrut [Kommentierungen] § 82 Anm. 4 als eine Zulässigkeitsvoraussetzung für die Generalvollmacht, dass der Legitimierte „intern von der Vollmacht nur in bestimmtem Rahmen Gebrauch machen" darf. Vgl. aber auch Hefermehl/Spindler [Kommentierungen] § 78 Rn. 100 („Intern <u>können</u> die Befugnisse ... beschränkt werden.") (Unterstreichung vom Verf.) und Müller [Fragen] 1600 („Auf Grund seiner Stellung trifft der Generalbevollmächtigte die unternehmerische Entscheidung."). Siehe ferner Schwark [Spartenorganisation] 216 ff., der bei der Untersuchung der aktienrechtlichen Zulässigkeit der Spartenorganisation zwischen der Spartenleitung durch Vorstandsmitglieder und der durch Arbeitnehmer differenziert. Für den ersten Fall bejaht er die Zulässigkeit unter Einschränkungen im Grundsatz (S. 216), für den zweiten Fall wird sie unter bestimmten Bedingungen verneint (S. 218).

nur einem einzelvertretungsberechtigten Vorstandsmitglied oder dem (Gesamt-)Vorstand zusteht, nicht aber dem Generalbevollmächtigten[686].

Delegationstyp C zulässig

Angesichts der möglichen, wenn auch im Grenzbereich rechtsunsicheren Kompetenzen von Generalbevollmächtigten ist zu konstatieren, dass die (organintern) auf einzelne Vorstandsmitglieder und die (organübergreifend) auf Arbeitnehmer delegierbaren Entscheidungskompetenzen einerseits nicht vollkommen deckungsgleich sind. So ist zumindest die Erteilung der Generalvollmacht in der AG Organangehörigen vorbehalten. Auf der anderen Seite sind die zulässigen Befugnisse von Generalbevollmächtigten jedoch so weit reichend, dass auch Arbeitnehmern vom Vorstand ein Autonomieausmaß eingeräumt werden darf, welches durch den (bewusst vergröbernden) Delegationsgrad vom Typ C repräsentiert wird.

Bereichsdelegation

Delegation durch Vorstandsmitglieder

Die Bereichsdelegation betrifft das Maß der (De-)Zentralisation zwischen der zweiten und der dritten Hierarchieebene. Sofern ein mehrköpfiger und nach dem Ressort-Modell organisierter Vorstand vorliegt, ist hiermit konkret das Kompetenzverhältnis zwischen den einzelnen (ressort- bzw. bereichsleitenden) Vorstandsmitgliedern und den ihnen jeweils direkt unterstellten Arbeitnehmern angesprochen.

Delegationskompetenz

Die Bereichsdelegation wirft unter rechtlichen Aspekten die beiden Fragen auf, wer Inhaber der ‚Kompetenz-Kompetenz' zur Festlegung des betreffenden Delegationsgrads sein kann und welches Maß der Zentralisation bzw. Dezentralisation insoweit juristisch zulässig ist. Aufgrund seiner umfassenden Leitungsbefugnis (§ 76 Abs. 1 AktG) verfügt zunächst ohne Zweifel der (Gesamt-)Vorstand über ein entsprechendes Organisationsrecht. Weniger eindeutig ist dagegen, ob auch die einzelnen Vorstandsmitglieder ermächtigt werden dürfen, den Umfang der Delegation in ihren Ressorts autonom festzulegen. Die Beantwortung dieser Frage hängt davon ab, ob die Entscheidung über die Kompetenzverteilung in den (größten) Teilbereichen des Unternehmens unter die vorstandsinternen Dezentralisationsrestriktionen fällt. Das juristische Schrifttum spricht in diesem Zusammenhang weit gehend nur pauschal von der „Organisation der Unternehmung" und ordnet diese dem zwingenden Entscheidungsbereich des Gesamtvorstands zu[687]. Während diese Auffassung wohl auch für das organisatorische Teilproblem der Bereichsbildung auf der zweiten Hierarchieebene aufgrund der unter-

---

[686] Vgl. Spitzbarth [Stellung] 854; Meyer-Landrut [Kommentierungen] § 82 Anm. 4; Spitzbarth/Preuß [Vollmachten] 114; Hefermehl/Spindler [Kommentierungen] § 78 Rn. 100.

[687] Vgl. z. B. Semler [Leitung] Rn. 10 f., 17; Dose [Rechtsstellung] 39, 62; Schwark [Spartenorganisation] 214 ff.

nehmensweiten Ausstrahlung dieser Organisationsentscheidung allgemein akzeptiert sein dürfte, ist die Rechtslage hinsichtlich des Delegationsaspekts nicht eindeutig. Zwar wird vereinzelt erklärt, dass die Bestimmung von Richtlinien für die Aufgabenverteilung auf nachgelagerte Stellen Teil originärer Führungsfunktionen und damit nicht übertragbar ist[688]. Ob demnach in der korrekt geführten AG Grundsätze über den bereichsinternen Delegationsgrad stets vom Gesamtvorstand zu beschließen sind, ist vor dem Hintergrund der oben herausgearbeiteten Schranken der Einzelgeschäftsführungsbefugnis[689] aber nicht zweifelsfrei. Die Begründung hierfür liegt darin, dass dem jeweiligen Maß der (De-)Zentralisation in den einzelnen Ressorts nicht prinzipiell eine unternehmensbezogen grundlegende und/oder bereichsübergreifende Bedeutung zukommt[690]. Wenngleich zu vermuten ist, dass in der Praxis Delegationsgrundsätze schon aus Gründen einer einheitlichen Organisationskultur häufig vom Gesamtvorstand verabschiedet werden, kann somit davon ausgegangen werden, dass die einzelnen Vorstandsmitglieder durch entsprechende Bestimmungen der Geschäftsordnung oder Satzung[691] die Kompetenz erhalten dürfen, den Delegationsgrad in ihrem Zuständigkeitsbereich selbständig festzulegen.

In Hinblick auf den Umfang der bereichsinternen Delegation sind keine Gesichtspunkte dafür erkennbar, dass sich die Gestaltungsspielräume grundlegend von den oben dargelegten Möglichkeiten und Grenzen der Kompetenzverteilung zwischen Gesamtvorstand und Arbeitnehmern[692] unterscheiden. Einerseits darf auf der Ebene der Bereichs- bzw. Ressortleitung eine weit gehende, allerdings wiederum nicht vollständige Zusammenfassung von (ressortbezogenen) Kompetenzen erfolgen. Auch hier sind die schon angesprochenen, namentlich arbeitsrechtlichen Zentralisationsrestriktionen entsprechend zu beachten. Infolgedessen scheidet der *Delegationstyp A* für die Bereichsdelegation ebenfalls aus, sodass ressortintern lediglich eine Zentralisation ‚am oberen Ende' des *Typ B* rechtsnormverträglich ist. Auf der anderen Seite kann es gleicherweise als zulässig gelten, dass sich die Vorstandsmitglieder auf die bereichsbezogenen Rahmenentscheidungen beschränken und die diesbezüglichen Folgeentscheidungen im Sinne der *Delegationsalternative C* den nachgelagerten Arbeitnehmern zuweisen.

*Delegations-
umfang*

---

688 Siehe Semler [Leitung] Rn. 11 i. V. m. 14.
689 Grundlegende und/oder bereichsübergreifende Fragen, siehe Abschnitt 3.2.2.1.1.2, S. 277 f.
690 Vgl. in diesem Zusammenhang auch Sündermann [Verantwortlichkeit] 52 ff., wonach im Unterschied zur Koordination „bei der Organisation ... das Zusammenwirken des Gesamtvorstands in den Hintergrund treten" (S. 54) wird.
691 Zu den Regelungswerken einer Einzelgeschäftsführungsbefugnis und zur Erlasskompetenz für die Geschäftsordnung § 77 Abs. 1 Satz 2 und Abs. 2 AktG.
692 Siehe Abschnitt 3.2.2.1.1.2, S. 274 ff. (zur Zentralisation) und S. 277 ff. (zur Dezentralisation).

*Delegation
zwischen Arbeit-
nehmern*

Verfügt die AG über einen Einmann-Vorstand oder aber über einen Mehr-personen-Vorstand, der portefeuillegebunden nach dem Sprecher-Modell strukturiert ist, so findet die Bereichsdelegation zwischen den Arbeitneh-mern auf der zweiten und der dritten Ebene der Hierarchie statt.

*Delegations-
kompetenz*

Die Kompetenzverteilung zwischen den Bereichsleitungen und der nachge-lagerten Hierarchieebene kann zum einen wiederum vom Vorstand kraft seiner in § 76 Abs. 1 AktG begründeten Organisationsautonomie festgelegt werden. Zum anderen kann der Vorstand aber auch die bereichsleitenden Arbeitnehmer ermächtigen, die Kompetenzverhältnisse gegenüber ihren Mitarbeitern selbständig zu regeln. Dabei ist zu beachten, dass Arbeitneh-mer im Unterschied zum Vorstand mit seinen originären, in ihrem Kernbe-reich gesetzlich normierten Kompetenzen nur über derivative Entschei-dungsbefugnisse verfügen, die ihnen vom Leitungsorgan übertragen werden und prinzipiell jederzeit modifizierbar sind[693]. Folglich richten sich auch die Organisations- bzw. Delegationskompetenzen bereichsleitender Arbeitnehmer zunächst nach den im Einzelfall vorliegenden arbeitsvertrag-lichen Vereinbarungen und ihrer direktionsrechtlichen Konkretisierung. Im Weiteren wird davon ausgegangen, dass der Vorstand insoweit keine Kom-petenzbegrenzungen vorsieht, die über die rechtlichen Restriktionen der Zentralisation bzw. Dezentralisation hinausgehen.

*Delegations-
umfang*

Sofern der Vorstand die bereichsleitenden Arbeitnehmer wie soeben unter-stellt mit weit reichenden Organisationsbefugnissen ausstattet, macht es für die wählbaren Delegationsalternativen keinen prinzipiellen Unterschied, ob er selbst oder aber die Führungskräfte der zweiten Ebene die bereichsinter-nen Kompetenzverhältnisse bestimmen. Ferner ergeben sich keine Anhalts-punkte dafür, dass die Gestaltungsoptionen der Bereichsdelegation zwi-schen Arbeitnehmern generell von denen abweichen, die bei der Kompetenzübertragung von Vorstandsmitgliedern auf Arbeitnehmer offen stehen. Infolgedessen ist es auch insoweit auf der einen Seite rechtlich zuläs-sig, neben den bereichsbezogenen Rahmenentscheidungen in hohem Ma-ße[694] die entsprechenden Folgeentscheidungen in die Hände der Bereichslei-tungen zu legen (*Zentralisationstyp B*). Andererseits dürfen die Bereichs-leitungen die Folgemaßnahmen zur Ausfüllung ihrer Rahmenvorgaben auch den nachgeordneten Mitarbeitern überlassen und damit den *Delegationsgrad C* realisieren. Aufschlussreich für das Autonomieausmaß, das hierdurch Arbeitnehmern auch auf tiefer gelegenen Hierarchieebenen eingeräumt werden kann, ist nicht zuletzt die Rechtsprechung des BAG, wonach unter

---

[693] Siehe auch Martens [Arbeitsrecht] 82.
[694] Eine vollständige Zentralisation (Typ A) ist dagegen wiederum vor allem auf-grund arbeitsrechtlicher Restriktionen untersagt.

Umständen auch noch auf der vierten Ebene leitende Angestellte operieren können[695].

Zusammenfassung

Die Spitzendelegation und die Bereichsdelegation unterliegen je nach den Rechtspositionen der beteiligten Kompetenzträger unterschiedlichen juristischen Rahmenbedingungen. So verfügt der Vorstand aufgrund seiner organschaftlichen Stellung über originäre Organisationsbefugnisse, während Arbeitnehmer lediglich derivative Kompetenzen zur Festlegung des Delegationsgrads vom Vorstand erhalten können. Gleichwohl resultieren aus den verschiedenartigen rechtlichen Situationen der Delegation keine grundlegenden Unterschiede in den wählbaren Gestaltungsoptionen. Von punktuellen Ausnahmen wie der Erteilung einer Generalvollmacht abgesehen, sind vielmehr sowohl für die (organinterne oder organübergreifende) Spitzendelegation als auch für die (organübergreifende oder organexterne) Bereichsdelegation gleichermaßen die Delegationsgrade vom Typ B und C zulässig. Eine vollständige Zentralisation (Typ A) hingegen ist für beide Gestaltungsfelder aus Rechtsgründen, die namentlich arbeitsrechtlicher Natur sind, ausgeschlossen.

Von den sieben denkbaren Möglichkeiten für die kombinierte Regelung der Spitzen- und der Bereichsdelegation[696] erweisen sich damit lediglich vier Alternativen als rechtsnormverträglich (siehe Abbildung 3-30). Hierbei handelt es sich allerdings auch um diejenigen Optionen, die unter betriebswirtschaftlichen Effizienzaspekten regelmäßig in Betracht zu ziehen sind. Eine vollständige Zentralisation von Entscheidungskompetenzen auf den beiden oberen Hierarchieebenen ist dagegen als Extremform einzustufen, die zumindest in Unternehmen nennenswerter Größenordnung nach den im folgenden Abschnitt angestellten Überlegungen nur selten zweckmäßig sein wird. Die rechtlichen (Zentralisations-)Restriktionen schließen daher kaum hocheffiziente Delegationsalternativen aus.

---

[695] Vgl. Hanau [Bedeutung] 170 f. mit Hinweis auf BAG v. 19.11.1974 – 1 ABR 50/73, BB 1975, 326 f. Siehe ferner auch die Befunde bei Witte/Bronner [Angestellte] 60 ff., die leitende Angestellte sogar bis zur siebten Ebene nachweisen.

[696] Siehe Abschnitt 3.2.2.1.1.1, S. 271 f.

Abbildung 3-30

Rechtlicher Spielraum der Delegation

Gestaltungsfelder der Delegation	Typen der Delegation						
Spitzendelegation	C	C	C	B	B	B	A
Bereichsdelegation	C	B	A	C	B	A	./.
Zulässigkeit	Ja	Ja	Nein	Ja	Ja	Nein	Nein

3.2.2.1.2   Konsequenzen der Delegation

3.2.2.1.2.1 Betriebswirtschaftliche Konsequenzen

Die betriebswirtschaftlichen Konsequenzen der Delegation ergeben sich nach dem oben eingeführten Konzept der organisatorischen Effizienzbewertung aus den Folgen alternativer Grade der Zentralisation und Dezentralisation für die *Konfigurationseffizienz* und die *Motivationseffizienz*. Dabei misst die Konfigurationseffizienz unter der Prämisse intendiert-rationaler Verhaltensweisen die sachlogischen Auswirkungen, während die Motivationseffizienz die mutmaßlichen Konsequenzen organisatorischer Gestaltungen für das tatsächliche (Real-)Verhalten der Handlungsträger erfasst[697].

---

[697] Siehe zum Effizienzkonzept Abschnitt 3.2.1.2.1.1, S. 204 ff.

Konfigurationseffizienz

Die Konfigurationseffizienz einer bestimmten Organisationsstruktur richtet sich nach den anfallenden Autonomie- und Abstimmungskosten, die das strukturbedingte Niveau der Entscheidungsqualität sowie des hierfür erforderlichen Zeit- und Ressourceneinsatzes erfassen. Wie bereits dargelegt wurde, sinken die Autonomiekosten (bei steigenden Abstimmungskosten) tendenziell mit zunehmender Zentralisation. Die Abstimmungskosten hingegen nehmen (bei größer werdenden Autonomiekosten) der Tendenz nach mit wachsender Dezentralisation ab. Die Begründung für diese Zusammenhänge liegt darin, dass übergeordnete Organisationseinheiten (bei intendiert-rationalem Verhalten) tendenziell fundiertere Entscheidungen treffen können, da sie neben ihrem eigenen Wissen auch die problemrelevanten Informationen und Kenntnisse der nachgelagerten Einheiten für die Entscheidungsvorbereitung ausschöpfen können. Die diesbezügliche Kommunikation zwischen den Handlungsträgern auf den verschiedenen Hierarchieebenen sowie die schnell eintretende Überlastung übergeordneter Organisationseinheiten führt allerdings zu wachsenden Abstimmungskosten. Infolgedessen ist bei der sachlogischen Beurteilung verschiedener Grade der Delegation abzuwägen, welche *Zentralisationseffekte* in Form steigender Entscheidungsqualität (bzw. sinkender Autonomiekosten) und welche *Dezentralisationseffekte* in Form abnehmender Zeit- und Ressourcenaufwendungen (bzw. Abstimmungskosten) sich jeweils einstellen. Das *Delegationsoptimum* liegt dann theoretisch bei derjenigen Mischung von Entscheidungskompetenzen übergeordneter Organisationseinheiten (Zentralisation) und Kompetenzübertragungen auf nachgelagerte Einheiten (Dezentralisation), bei welcher der kombinierte Nutzen aus Zentralisations- und Dezentralisationseffekten am größten (bzw. die Summe aus Autonomie- und Abstimmungskosten am kleinsten) ist (siehe Abbildung 3-31).

Verlauf der Autonomie- und Abstimmungskosten

Delegationsoptimum

Abbildung 3-31	*Delegationskonsequenzen für die Konfigurationseffizienz*

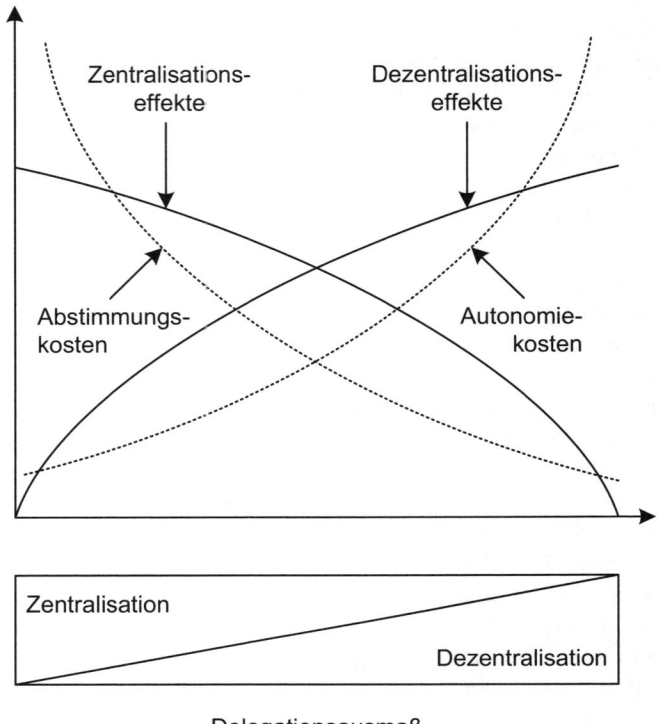

Quelle: In Anlehnung an Emery [Planning] 31

Grenzen der Optimierung

Es liegt auf der Hand, dass sich das optimale Maß an Delegation in der Praxis nicht exakt auf der Grundlage der soeben durchgeführten Analyse berechnen lässt. Die Untersuchung der sachlogischen Delegationskonsequenzen liefert vielmehr nur – aber auch immerhin – ein gedankliches Raster, das eine systematische Abschätzung der Vor- und Nachteile unterschiedlich (de-)zentraler Organisationsgestaltungen unterstützt und damit die praktische Bestimmung eines zweckmäßigen Delegationsgrads erleichtern kann. Dabei ist zu beachten, dass das jeweilige Gewicht der Zentralisations- und Dezentralisationseffekte auch von situativen Einflussfaktoren abhängt. Infolgedessen gibt es keinen ‚dominanten' Delegationsgrad, der in allen Situationen als gleich zweckmäßig gelten kann. Gleichwohl lassen sich aber für die Delegation im Gestaltungsfeld der Leitungsorganisation, konkret also für die Kompetenzverteilung zwischen den drei obersten Hierarchieebenen[698], gewisse verallgemeinerbare Aussagen über wichtige Kontextvariablen treffen und die in Betracht kommenden Delegationsalternativen näher eingrenzen.

Die Qualität von Entscheidungen steigt tendenziell mit der Hierarchieebene, auf der sie getroffen wird. Diese Tendenz gilt umso ausgeprägter, je höhere kognitive (Fundierungs-)Anforderungen eine Entscheidung stellt und je größer ihre Bedeutung für das Unternehmen ist. In welchem Maße sich Qualitätsverbesserungen durch die Zentralisation einer Entscheidung realisieren (bzw. Autonomiekosten reduzieren) lassen, richtet sich somit nach dem Charakter der betreffenden Entscheidung. Insofern bilden die *Komplexität* und die *Wichtigkeit* von Entscheidungen, kurz also der diesbezügliche Entscheidungstyp, einen bedeutsamen Einflussfaktor dafür, inwieweit zentralisationsbedingte Anhebungen der Entscheidungsqualität ins Gewicht fallen. Im Fall komplexer, d. h. auf nachgelagerten Ebenen nur unzureichend fundierbarer, und wichtiger (also besonders qualitätssensibler) Entscheidungen sind danach vergleichsweise große Zentralisationseffekte in Rechnung zu stellen. Bei einfachen und weniger gravierenden Entscheidungen hingegen lassen sich durch eine Zentralisation merklich geringere Autonomiekosten einsparen, da die Entscheidungsqualität bereits auf nachgelagerten Hierarchieebenen gewährleistet werden kann und aus Sicht des Gesamtunternehmens weniger kritisch ist.

Entscheidungstyp als Einflussfaktor

Welche Beschlüsse in einem Unternehmen zu fassen sind, hängt im Detail von seiner speziellen Situation (wie z. B. seiner Größe und Branche) ab. Gleichwohl existieren bestimmte Entscheidungsarten, die regelmäßig in allen Unternehmen nennenswerter Größe vorkommen. Hierzu zählen namentlich diejenigen Entscheidungen, die bei der Erfüllung der oben beschriebenen *Kernaufgaben* der Unternehmensleitung[699] getroffen werden müssen. Diese Entscheidungen sind so hochkomplex und unternehmenswichtig, dass sie nach allgemeiner betriebswirtschaftlicher Einschätzung (sowie in Übereinstimmung mit den einschlägigen juristischen Wertungen[700]) ungeachtet der anfallenden Abstimmungskosten aus Qualitätsgründen – also zur Realisierung von Zentralisationseffekten – an der Hierarchiespitze verbleiben müssen. Die Entscheidungshandlungen im Katalog der Kernaufgaben präzisieren mit anderen Worten die *unternehmensbezogenen*

Spitzen-delegation

Kernaufgaben

---

[698] Delegation von der Unternehmensleitung (Hierarchiespitze) auf die Bereichsleitungen (zweite Hierarchieebene) und von den bereichsleitenden Organmitgliedern (bei ressortgebundenen Modellen der Leitungsorganisation) auf die Führungskräfte (Arbeitnehmer) der dritten Hierarchieebene.

[699] Siehe Abschnitt 1.2.1.4.1, S. 26.

[700] Siehe Abschnitt 3.2.2.1.1.2, S. 277 ff.

Rahmenentscheidungen, die nicht von der Unternehmensleitung auf nachgelagerte Führungsebenen delegiert werden dürfen, da anderenfalls übergroße Autonomiekosten in Kauf zu nehmen sind.

Kannaufgaben

Von den nicht-delegierbaren Kernaufgaben der Unternehmensleitung sind die *Kannaufgaben* zu unterscheiden[701]. Sie kommen prinzipiell sowohl für eine Zentralisation (an der Hierarchiespitze) als auch für eine Dezentralisation (auf nachgelagerte Hierarchieebenen) in Betracht, da ihre vertikale Verteilung nicht von vornherein aufgrund eindeutiger Autonomie- und Abstimmungskosten-Relationen feststeht. Inwieweit die Unternehmensleitung neben den (unternehmensbezogenen) Rahmenentscheidungen zu den Kernaufgaben auch *Folgeentscheidungen* aus dem Bereich der Kannaufgaben selber treffen sollte, hängt in hohem Maße von ihrer verfügbaren Entscheidungskapazität ab, die ihrerseits wiederum von Faktoren wie der Zahl der Topmanager sowie den eingesetzten Informations- und Kommunikationstechnologien[702] (siehe Abbildung 1-33) beeinflusst wird. Falls und soweit die Managementressourcen der Hierarchiespitze ausreichen, um (neben den Rahmenbeschlüssen auch) Folgeentscheidungen hinreichend schnell und ohne zu aufwendige Kommunikation mit nachgelagerten Einheiten zu treffen, bietet sich aus sachlogischer Sicht[703] mit Blick auf die tendenziellen Qualitätsvorteile eine Zentralisation an. In der Realität ist die Entscheidungskapazität der Unternehmensleitung im Vergleich mit der Fülle anstehender Entscheidungen allerdings regelmäßig so knapp, dass zumindest eine vollständige Zentralisation aller Folgeentscheidungen an der Hierarchiespitze ausscheidet[704].

Delegationstypen B und C zweckmäßig

Vor diesem Hintergrund kann festgehalten werden, dass für das Kompetenzverhältnis zwischen der Unternehmensleitung und den Bereichsleitungen im Grunde nur die Delegationsgrade der Typen B und C realistische Alternativen bilden, während der Typ A (ganz abgesehen von den rechtlichen Restriktionen[705]) in aller Regel ineffizient ist. Anders gewendet wird die Hierarchiespitze in jedem zweckmäßig organisierten Unternehmen ab einer gewissen Größenordnung schon aus sachlogischen Gründen bestimmte Entscheidungskompetenzen auf die zweite Hierarchieebene delegieren. Dabei wird sie ceteris paribus umso eher einen Delegationsgrad wählen, der zum dezentralen Ende des Typ B tendiert oder sogar dem Typ C entspricht, je begrenzter ihre Kapazitäten sind.

---

[701] Siehe Abschnitt 1.2.1.4.1, S. 26 f.

[702] Vgl. Frese/v. Werder [Kundenorientierung] 9 f.

[703] Anders kann die Beurteilung dagegen unter Verhaltensaspekten ausfallen, wenn etwa durch Dezentralisation motivationsförderliche Autonomieeffekte realisiert werden sollen oder Topmanager persönlich einen dezentralen Führungsstil bevorzugen, siehe näher Abschnitt 3.2.2.1.2.1, S. 295 f.

[704] Vgl. zur Arbeitsbelastung von Topmanagern Abschnitt 1.2.1.4.2, S. 36 ff.

[705] Siehe Abschnitt 3.2.2.1.1.2, S. 274 ff.

Analoge Überlegungen zum Einfluss der Entscheidungskapazitäten gelten prinzipiell auch für die Dezentralisation unterhalb der zweiten Ebene der Hierarchie. Für diesen Gestaltungsbereich kann allerdings nicht grundsätzlich ausgeschlossen werden, dass unter bestimmten (engen) Voraussetzungen – vor allem hinsichtlich der Art und Größe des Unternehmens – eine Weiterübertragung nennenswerter Entscheidungskompetenzen auf tiefere Hierarchieebenen wenig effizient erscheint und sich damit eine starke Zentralisation nahe am (oder im Extremfall auch von) Typ A als vorteilhafteste Alternative erweist.

Delegationsimplikationen moderner Informations- und Kommunikationstechnologien

Abbildung 3-32

Die Implikationen moderner Informations- und Kommunikationstechnologien für die Delegation beruhen im Wesentlichen auf zwei relevanten Eigenschaften dieser Technologien:

1. *Verbesserung der Informationsversorgung*
   Der Einsatz moderner Technologien ermöglicht zum einen, dass Informationen grundsätzlich in größeren Mengen und (nahezu) ohne räumliche und zeitliche Beschränkung stets aktuell gespeichert, übermittelt und abgerufen werden können.

2. *Ausbau von Problemlösungskapazitäten*
   Zum anderen können neue Technologien Handlungsträger bei der Lösung strukturierter und unstrukturierter Problemstellungen unterstützen, beispielsweise durch den Einsatz von Rechnern oder die Bereitstellung methodischer Verfahrenshilfen wie wissensbasierte Expertensysteme. Auf diese Weise werden die Handlungsträger mit zusätzlichen Kapazitäten zur problemorientierten Verarbeitung von Informationen ausgestattet.

Die Auswirkungen moderner Informationstechnologien auf den Delegationsgrad sind keineswegs starrer Natur im Sinne eines ‚technologischen Determinismus'. Sie eröffnen vielmehr Gestaltungsoptionen, die sowohl eine erhöhte Zentralisation als auch eine verstärkte Dezentralisation begründen können.

Das Delegationsausmaß lässt sich reduzieren, indem die Handlungskapazitäten übergeordneter Organisationseinheiten durch eine verbesserte Bereitstellung von Informationen und methodischen Hilfen prinzipiell erweitert werden. Die übergeordneten Einheiten können damit selbst einen größeren Beitrag zur Problemlösung leisten, sodass eine Übertragung entsprechender Lösungsschritte auf untergeordnete Einheiten entbehrlich wird. Umgekehrt kann die Dezentralisation zunehmen, da Entscheidungen auf den nachgelagerten

Hierarchieebenen durch die verbesserte Verfügbarkeit von Informationen und Problemlösungsfähigkeiten in mehr oder weniger hohem Maße ‚vorstrukturiert' werden und das Delegationsrisiko dadurch verringert wird.

Vgl. näher Frese/v. Werder [Kundenorientierung] 9 ff.

Motivationseffizienz

Die Motivationskonsequenzen alternativer Grade der Delegation sind nach den allgemeinen effizienztheoretischen Überlegungen anhand von Autonomie- und Autoritätseffekten abzuschätzen[706]. Dabei bietet es sich im Zusammenhang mit der vertikalen Kompetenzverteilung an, zusätzlich zwischen der Motivation der Handlungsträger auf den jeweils untergeordneten und übergeordneten Ebenen der Hierarchie zu differenzieren.

Motivation auf nachgelagerten Hierarchieebenen

Betrachtet man zunächst das mutmaßliche delegationsabhängige *Verhalten der nachgelagerten Handlungsträger*, so liegen die Konsequenzen einer unterschiedlich weit gehenden (De-)Zentralisation vergleichsweise klar auf der Hand. Je mehr Entscheidungskompetenzen auf untergeordnete Hierarchieebenen übertragen werden, umso eher lassen sich die dort anfallenden Aufgaben selbstbestimmt erfüllen. Infolgedessen steigt mit zunehmender Dezentralisation tendenziell die Chance, nachgelagerte Handlungsträger über *Autonomieeffekte* zu motivieren[707]. Umgekehrt schränkt eine wachsende Zentralisation die positiven Motivationskonsequenzen der Entscheidungsautonomie auf den unteren Ebenen naturgemäß entsprechend ein. Sie führt allerdings zur Etablierung machtvoller übergeordneter Instanzen, die aufgrund ihrer weit reichenden Entscheidungszuständigkeiten mit Nachdruck auf die Handlungen der ihnen unterstehenden Akteure einwirken können. Die Zentralisation bietet damit strukturell günstige Voraussetzungen, um die Aktivitäten untergeordneter Handlungsträger durch Einsatz von (kompetenzvermittelter) *Autorität* auf die Unternehmensziele auszurichten (Autoritätseffekte). In welchem Maße diese Motivationswirkungen tatsächlich eintreten, hängt allerdings – wie noch einmal hervorgehoben sei – davon ab,

---

[706] Siehe Abschnitt 3.2.1.2.1.1, S. 209 f.

[707] Siehe zu dieser Delegationskonsequenz auch Hackman/Oldham [Work] 71 ff.; Meyer [Delegation] 550; Steinle [Delegation] 512; Hill/Fehlbaum/Ulrich [Organisationslehre] 231; von Rosenstiel [Grundlagen] 304 ff.

inwieweit die eng geführten Personen Anordnungen höherrangiger Instanzen vorbehaltlos akzeptieren[708].

Bei der Beurteilung der *Motivation der übergeordneten Handlungsträger* durch mehr zentralisierte oder dezentralisierte Strukturen ergibt sich die Besonderheit, dass die Kompetenzen der nachgelagerten Akteure unter Umständen auf Delegationsentscheidungen der betreffenden (übergeordneten) Handlungsträger beruhen. So leiten sich – jenseits der rechtlich vorgeschriebenen Dezentralisation[709] – letztlich alle Befugnisse von der zweiten Hierarchieebene an abwärts aus den Zuständigkeiten der Unternehmensleitung (Hierarchiespitze) ab[710]. Aber auch Handlungsträger unterhalb der Hierarchiespitze können je nach Verteilung der Organisationskompetenzen im Unternehmen das Gestaltungsrecht besitzen, die Entscheidungsspielräume der ihnen unterstellten Akteure nach eigenem Ermessen festzulegen. Sofern übergeordnete Einheiten – wie im Folgenden unterstellt – in diesem Sinne organisationsbefugt sind, können ihnen die Entscheidungskompetenzen der nachgelagerten Organisationseinheiten gewissermaßen zugerechnet werden. Zum einen erfolgt die Kompetenzausübung aufgrund ihrer eigenen Dezentralisationsentscheidung sowie im Rahmen ihrer Vorgaben. Zum anderen lassen sich die Befugnisse der untergeordneten Akteure prinzipiell auch wieder – in den durch Zweckmäßigkeitserwägungen gezogenen Grenzen – auf die übergeordnete Ebene rückübertragen (Rezentralisierung).

Motivation auf übergeordneten Hierarchieebenen

Vor diesem Hintergrund muss die ‚Abgabe' von Kompetenzen an tiefergelegene Hierarchieebenen qua Dezentralisation nicht zwangsläufig als Autonomieeinschränkung für die delegierende Instanz interpretiert werden, die entsprechend negative Verhaltenskonsequenzen zur Folge hat. Vielmehr können übergeordnete Handlungsträger durchaus auch im Dezentralisationsfall autonomiebedingt motiviert sein, da und soweit sie die Rahmenentscheidungen (sowie eventuell zusätzlich gewisse Folgeentscheidungen) für die nachgelagerten Akteure treffen und im Übrigen ihre weiter gehenden Eingriffsmöglichkeiten grundsätzlich nur ruhen lassen[711]. Hinzu kommen die nicht zu vernachlässigenden Effekte der *Arbeitsentlastung*, die ebenfalls motivationsförderlich sein können[712].

Autonomieeffekte

---

[708] Vgl. allgemein zu den angesprochenen Motivationswirkungen bei Zentralisation auch Frese/v. Werder [Zentralbereiche] 34; v. Werder [Effizienzbewertung] 415 f.; v. Werder/Grundei [Grundlagen] 35; Grundei [Effizienzbewertung] 361, 366 ff.

[709] Siehe Abschnitt 3.2.2.1.1.2, S. 274 ff.

[710] Vgl. Abschnitt 3.2.2.1.1.2, S. 277.

[711] Vgl. ähnlich auch Krüger/v. Werder [Zentralbereiche] 278; v. Werder/Grundei [Grundlagen] 34; Grundei [Effizienzbewertung] 366.

[712] Vgl. z. B. Hill/Fehlbaum/Ulrich [Organisationslehre] 230 f.; Schanz [Organisationsgestaltung] 216; Picot/Dietl/Franck [Organisation] 234.

Sofern eine starke Zentralisation vorliegt, verfügen die übergeordneten Handlungsträger über relativ große Entscheidungskompetenzen, die ihnen im Unternehmen entsprechende *Autorität* verleihen. Die machtvolle Position kann durchaus eine Quelle hoher Motivation der betreffenden Akteure sein[713]. Abgesehen von eventuellen Überlastungseffekten ist allerdings auch insoweit zu beachten, dass wiederum die persönlichen Präferenzen für Autonomie oder Autorität die tatsächlichen Verhaltenskonsequenzen der Delegation maßgeblich mitprägen werden. Topmanager, die einen eher autoritären Führungsstil bevorzugen, werden danach bei Zentralisation motivierter sein als solche, die eher partizipative Formen der Führung vorziehen und daher in dezentralen Strukturen günstigere motivationale Bedingungen finden[714].

3.2.2.1.2.2 Rechtsnorminduzierte Konsequenzen

Die Alternativen der Delegation lösen – neben den zuvor erörterten betriebswirtschaftlichen Effizienzwirkungen – eine Reihe von Rechtsfolgen aus. Sie werden im Folgenden exemplarisch anhand ausgewählter haftungsrechtlicher Konsequenzen mehr zentraler bzw. dezentraler Kompetenzverteilungen sowie der Delegationseffekte für die Zahl der leitenden Angestellten und der Kontrollaufgabe des Aufsichtsrats dargestellt.

Haftungsrechtliche Konsequenzen

Aus der Fülle unterschiedlicher Anspruchsgrundlagen der zivil- und strafrechtlichen Haftung sowie der verschiedenen Kategorien von Anspruchsberechtigten (z. B. das Unternehmen und Dritte) und Anspruchsverpflichteten (z. B. Organmitglieder und Arbeitnehmer) resultiert eine Vielzahl möglicher Haftungskonstellationen, die im Delegationszusammenhang prinzipiell von Bedeutung sind[715]. Um die Darstellung nicht zu überfrachten, betrachten die weiteren Ausführungen beispielhaft nur die Haftung von Vorstandsmitgliedern und Arbeitnehmern gegenüber der (Aktien-)Gesellschaft. Konkret geht es somit um die Frage, welchem Risiko diese Handlungsträger in Abhängigkeit vom jeweils gewählten Delegationsgrad unterliegen, der Gesellschaft einen eventuellen Schaden aus fehlerhaften Managementaktivitäten ersetzen zu müssen[716]. Dabei erfolgt an dieser Stelle eine Konzentration auf die Haf-

---

[713] Siehe Krüger [Machtdefizit] 122; McClelland/Burnham [Power]; Kotter [Managers] 35 ff.

[714] Vgl. zum Zusammenhang zwischen (Präferenzen für einen bestimmten) Führungsstil und Delegationsgrad auch Bass [Handbook] 436 ff.; Hill/Fehlbaum/Ulrich [Organisationslehre] 240 ff. sowie Grundei [Effizienzbewertung] 443.

[715] Vgl. hierzu v. Werder [Organisationsstruktur] 247 f.

[716] Vgl. zur Untersuchung weiterer Haftungskonstellationen im Delegationszusammenhang v. Werder [Organisationsstruktur] 252 ff.

tungsfolgen der organübergreifenden (De-)Zentralisation, da die haftungsrechtlichen Konsequenzen der organinternen Kompetenzverteilung bereits
oben bei der Analyse der Haftungsprofile der Basismodelle behandelt worden sind[717].

Soweit *Vorstandsmitglieder* delegierbare Entscheidungen nicht auf Arbeitnehmer übertragen, sondern selber treffen (*organübergreifende Zentralisation*),
haften sie gegenüber der Gesellschaft für Eigenentscheidungen gem. § 93
Abs. 1 AktG. Wie oben bereits ausgeführt wurde[718], haben sie danach die
strenge Sorgfalt des ordentlichen und gewissenhaften Geschäftsleiters zu
beachten und dafür einzustehen, dass sie über die hierfür erforderlichen
Fähigkeiten verfügen[719]. Da § 93 AktG keine Erfolgshaftung beinhaltet[720],
bedeutet dies zwar nicht, dass risikobehaftete, insbesondere also unternehmerische Entscheidungen, die sich ex post als für die AG nachteilig erweisen, generell Schadensersatzverpflichtungen begründen[721]. Eine eventuelle
Pflichtverletzung ist vielmehr nach den Verhältnissen des Einzelfalls bis
zum Zeitpunkt der Beschlussfassung zu beurteilen[722] und zu verneinen, falls
die durchgeführte Entscheidungsvorbereitung als angemessen fundiert
anzusehen ist und das in Kauf genommene Risiko nicht außerhalb jedes
Verhältnisses zum avisierten Nutzen steht[723]. Hieraus erhellt aber auch, dass
einer strengen organübergreifenden Zentralisation u. a. insoweit eine haftungsrechtliche Relevanz zukommen kann, als Entscheidungen Spezial-
kenntnisse erfordern, die im konkreten Fall nicht auf der Vorstandsebene,

*Haftung der
Vorstandsmit-
glieder*

Zentralisation

---

717 Siehe Abschnitt 3.2.1.2.2, S. 249 ff.
718 Vgl. zur Haftung nach § 93 AktG auch Abschnitt 3.2.1.2.2.1, S. 250 f.
719 Siehe Hopt [Kommentierungen] § 93 Rn. 79, 255; Wiesner [Kommentierungen] §
     26 Rn. 7; Hefermehl/Spindler [Kommentierungen] § 93 Rn. 82 f.; Sündermann
     [Verantwortlichkeit] 21 ff.; Mertens [Kommentierungen Aktiengesetz] § 93 Rn. 98
     f.; Raiser/Veil [Recht] § 14 Rn. 62, 75; Krieger [Vorstand] 156; Wirth [Organhaf-
     tung] 104 f. Die Anforderungen an Vorstandsmitglieder sind somit (im Gegensatz
     zu denen an Arbeitnehmer, vgl. Abschnitt 3.2.2.1.1.2, S. 273 f.) gesetzlich fixiert,
     Sündermann [Verantwortlichkeit] 23.
720 Für viele Dose [Rechtsstellung] 111 m. w. N.; Hefermehl/Spindler [Kommentie-
     rungen] § 93 Rn. 23.
721 Vgl. Baumbach/Hueck [Aktiengesetz] § 93 Rn. 8; Semler [Haftung] 324; Hefer-
     mehl/Spindler [Kommentierungen] § 93 Rn. 23 f. sowie ausführlich Goette [Lei-
     tung].
722 Siehe auch Hopt [Kommentierungen] § 93 Rn. 81; Kust [Sorgfaltspflicht] 760;
     Sündermann [Verantwortlichkeit] 17 f.; Golling [Sorgfaltspflicht] 31; Paefgen [Ent-
     scheidungen] 139 f.; Hefermehl/Spindler [Kommentierungen] § 93 Rn. 24.
723 Vgl. zum Ganzen Sündermann [Verantwortlichkeit] 17 ff.; Golling [Sorgfalts-
     pflicht] 34; Wirth [Organhaftung] 122; Goette [Leitung] 135; Lutter [Haftung] für
     den GmbH-Geschäftsführer sowie den durch das am 1.11.2005 in Kraft tretende
     UMAG eingefügten Satz 2 des § 93 Abs. 1 AktG: „Eine Pflichtverletzung liegt
     nicht vor, wenn das Vorstandsmitglied bei einer unternehmerischen Entscheidung
     vernünftigerweise annehmen durfte, auf der Grundlage angemessener Informati-
     on zum Wohle der Gesellschaft zu handeln.".

sondern nur im Bereich der Arbeitnehmer vorhanden sind. So kann etwa eine Vorstandsentscheidung ohne Einschaltung des Spezialisten oder gegen dessen Fachurteil ohne überzeugende Gründe die jeweiligen Vorstandsmitglieder zu Schadensersatz verpflichten[724].

Dezentralisation

Eine Delegation von Entscheidungskompetenzen auf Arbeitnehmer ersetzt die Verantwortlichkeit der *Vorstandsmitglieder* für Eigenentscheidungen durch diejenige aus so genanntem *Organisationsverschulden*. Die Möglichkeit, dass Vorstandsmitglieder Fehlentscheidungen von Arbeitnehmern haftungsrechtlich zu vertreten haben, kommt danach nur in den Fällen in Betracht, in denen bei der Auswahl, Anleitung und/oder Überwachung der betreffenden Arbeitnehmer Sorgfaltspflichtverletzungen zu konstatieren sind[725]. Eine eventuelle Schadensersatzverpflichtung setzt somit auch hier ein eigenes Verschulden der einzelnen Organmitglieder (bei ihren organisationsgestaltenden und personalwirtschaftlichen Entscheidungen) voraus[726].

Haftung der Arbeitnehmer

Für die mit Entscheidungsautonomie ausgestatteten *Arbeitnehmer* bedeutet die Delegation eine kompetenzparallele Erweiterung ihres Haftungsbereichs. Schadensersatzverpflichtungen gegenüber der Gesellschaft als ihrem Arbeitgeber können sich bei gesellschaftsschädigender Ausübung ihrer Entscheidungskompetenzen aus schuldhafter Schlechtleistung gemäß § 280 Abs. 1 Satz 1 BGB ergeben[727]. Dabei löst allerdings auch in diesem Bereich wiederum nicht jede mit einem Schaden für die AG verbundene Fehlentscheidung von Arbeitnehmern haftungsrechtliche Konsequenzen aus. Vielmehr gilt in Hinblick auf risikobehaftete Entscheidungen analog zur Vorstandshaftung, dass eine ausreichend sorgfältige Entscheidungsfundierung verbunden mit einer akzeptablen Risikopräferenz des Kompetenzträgers Schadensersatzansprüche der Gesellschaft grundsätzlich ausschließt[728]. Das Ausmaß der anzuwendenden Sorgfalt ist hierbei aber im Unterschied zum

---

[724] In diesem Sinne auferlegt die Literatur dem Vorstand beispielsweise eine grundsätzliche Informationspflicht in Hinblick auf Rechtsfragen, vgl. Hefermehl/Spindler [Kommentierungen] § 93 Rn. 83; Hopt [Kommentierungen] § 93 Rn. 84; Goette [Leitung] 141.

[725] Vgl. Hefermehl/Spindler [Kommentierungen] § 93 Rn. 85; Mertens [Kommentierungen Aktiengesetz] § 93 Rn. 18 f.; Hopt [Kommentierungen] § 93 Rn. 55, 59; Schwark [Holding] 618.

[726] Siehe auch Mertens [Kommentierungen Aktiengesetz] § 93 Rn. 19 und Hefermehl/Spindler [Kommentierungen] § 93 Rn. 85.

[727] Hierzu und zu weiteren Anspruchsgrundlagen für Schadensersatzansprüche der Gesellschaft gegenüber ihren Arbeitnehmern vgl. Linck [Kommentierungen] § 52 Rn. 3, § 53 Rn. 1; Hanau/Adomeit [Arbeitsrecht] Rn. 702 ff.; Brox/Rüthers/Henssler [Arbeitsrecht] Rn. 239 ff.; Däubler [Arbeitsrecht] Rn. 486 ff.; Otto/Schwarze/Krause [Haftung] Rn. 85 ff.; Preis [Arbeitsrecht] 608 ff.

[728] Vgl. Martens [Arbeitsrecht] 116 f.; Westermann [Kommentierungen] § 276 Rn. 10.

gesetzlich normierten Maßstab für den Vorstand[729] primär aus dem Arbeitsvertrag zu ermitteln und nach „Verkehrskreisen"[730], die auch Hierarchieebenen entsprechen können, zu differenzieren[731]. Haftungseinschränkungen speziell für Arbeitnehmer können ferner bei einem der Gesellschaft anzulastenden Mitverschulden – etwa einer unzureichenden Anleitung[732] – eingreifen sowie generell bei sämtlichen betrieblich veranlassten Tätigkeiten[733]. Abhängig vom *Grad des Verschuldens* der Arbeitnehmer haften sie bei vorsätzlich verursachten Schäden stets vollumfänglich und bei grober Fahrlässigkeit grundsätzlich voll – wobei im Einzelfall eine Haftungsmilderung bei gesteigertem Betriebsrisiko des Arbeitgebers möglich ist –, während bei mittlerer Fahrlässigkeit ein Schaden teilweise von der Gesellschaft zu tragen ist und eine Arbeitnehmerhaftung bei leichtester Fahrlässigkeit entfällt[734].

Eine *(Bereichs-)Delegation zwischen Arbeitnehmern* (im Fall des Sprecher-Modells) schließlich hat für den delegierenden Kompetenzträger haftungsrechtliche Konsequenzen zur Folge, die in ihrer Struktur mit den für die Vorstandsmitglieder abgeleiteten Auswirkungen übereinstimmen. Danach wird die Verantwortlichkeit des delegierenden Arbeitnehmers für Eigenentscheidungen durch eine *Übertragungsverantwortlichkeit* ersetzt, die eine sorgfältige Auswahl, Anleitung und Überwachung der Mitarbeiter erfordert[735]. Die Auswirkungen der Delegation für die kompetenzempfangenden Arbeitnehmer entsprechen im Grundsatz den soeben abgeleiteten haftungsrechtlichen Konsequenzen der Kompetenzübertragung von Vorstandsmitgliedern auf Arbeitnehmer, sodass auf die entsprechenden Ausführungen verwiesen werden kann.

Delegation zwischen Arbeitnehmern

---

729 „Sorgfalt eines ordentlichen und gewissenhaften Geschäftsleiters", § 93 Abs. 1 Satz 1 AktG.

730 Siehe Linck [Kommentierungen] § 53 Rn. 28; Löwisch [Kommentierungen] § 276 Rn. 34 ff.; Grundmann [Kommentierungen] § 276 Rn. 57; Westermann [Kommentierungen] § 276 Rn. 11.

731 Vgl. Linck [Kommentierungen] § 53 Rn. 3, 25 ff.; Westhoff [Kommentierungen] Teil 2 I Rz. 14; Blomeyer [Kommentierungen] § 59 Rn. 12; Grundmann [Kommentierungen] § 276 Rn. 57 ff.

732 Vgl. hierzu auch Linck [Kommentierungen] § 53 Rn. 57.

733 Die Anknüpfung der Haftungsbeschränkung an die Gefahrgeneigtheit einer Tätigkeit ist auf Initiative des BAG 1994 aufgegeben worden, vgl. dazu näher BAG v. 27.9.1994 – GS 1/89 (A), DB 1994, 2237 ff. sowie aus der Literatur Hanau/Adomeit [Arbeitsrecht] Rn. 705; Brox/Rüthers/Henssler [Arbeitsrecht] Rn. 248 ff.; Däubler [Arbeitsrecht] Rn. 534; Dütz/Jung [Arbeitsrecht] Rn. 199 f.; Preis [Arbeitsrecht] 609 ff.; Söllner/Waltermann [Grundriss] Rn. 812 ff.

734 Vgl. zu dieser „Haftungsquart" Hanau/Adomeit [Arbeitsrecht] Rn. 705. Siehe ferner auch Linck [Kommentierungen] § 53 Rn. 47 ff.; Brox/Rüthers/Henssler Rn. 253, 257; Preis [Arbeitsrecht] 612 f.; Gitter/Michalski [Arbeitsrecht] 199.

735 Vgl. auch Martens [Arbeitsrecht] 118 f.; Gaul [Arbeitsvertrag] 128 ff.; Raatz [Personalführung] 198; Gericke [Delegation] 1502 f.

Leitende
Angestellte

Arbeits- und aufsichtsrechtliche Konsequenzen

Ergänzend zu den haftungsrechtlichen Konsequenzen kann eine Delegation von Entscheidungskompetenzen z. B. eine Zunahme der Zahl leitender Angestellter im Unternehmen bewirken. Voraussetzung hierfür ist, dass die eröffneten Entscheidungsspielräume die jeweiligen einzelgesetzlichen[736] Qualifikationsschwellen für die Einstufung als leitender Angestellter erreichen[737]. Unter dieser Bedingung steigt mit zunehmender Dezentralisation tendenziell der Anteil von Mitarbeitern, für die eine Reihe von gesetzlichen Vorschriften[738] entweder nicht[739] oder nur mehr oder weniger modifiziert[740] zur Anwendung gelangen (siehe Abbildung 3-33).

---

[736] Zu den für leitende Angestellte relevanten Rechtsnormen siehe Abschnitt 3.2.2.1.1.2, S. 281, insb. FN 673.

[737] In diesem Sinne auch Müller [Angestellte] 5; Witte/Bronner [Angestellten] 13; BAG v. 29.1.1980 – 1 ABR 45/79, DB 1980, 1548.

[738] Siehe FN 736.

[739] Vgl. z. B. § 18 Abs. 1 Nr. 1 ArbZG (Sonderregelungen).

[740] Vgl. als Beispiele § 5 Abs. 3 BetrVG (Arbeitnehmer) und § 14 Abs. 2 KSchG (Angestellte in leitender Stellung).

Seit März 1998 ist Dussmann das KulturKaufhaus an der Berliner Friedrichstraße montags bis samstags in der Zeit von 10 bis 22 Uhr geöffnet. Es ist damit das Kaufhaus mit den längsten Öffnungszeiten in Deutschland.

Ermöglicht wurden die erweiterten Öffnungszeiten durch eine Ausnahmebewilligung des Berliner Landesamts für Arbeitsschutz, Gesundheitsschutz und technische Sicherheit. Gemäß § 23 Abs. 1 LadenschlG können oberste Landesbehörden in Einzelfällen die im Ladenschlussgesetz geregelten allgemeinen Ladenschlusszeiten verkürzen, sofern ein dringendes öffentliches Interesse besteht.

Die Erteilung einer solchen jeweils auf ein Jahr befristeten Sondergenehmigung setzt allerdings zum einen voraus, dass nur Waren für den touristischen Bedarf verkauft werden. Dazu zählen mit Ausnahme von Lebensmitteln und Getränken Waren aller Art, soweit sie von einem Touristen ohne Mühe im Reisegepäck transportiert werden können. Zum anderen dürfen nicht ‚normale' Arbeitnehmer, d. h. Arbeitnehmer, die gemäß § 5 BetrVG unter den Schutz des Betriebsverfassungsgesetzes fallen, während der besonderen Öffnungszeiten im Verkauf tätig sein. Die Berliner Sonderregelung richtet sich damit vornehmlich an Klein- und Familienbetriebe.

Dussmann das KulturKaufhaus gelang es mit einer gezielten Beförderungspolitik, die behördlichen Auflagen zu erfüllen. Das Unternehmen machte 26 Mitarbeiter zu leitenden Angestellten, auf die gemäß § 5 Abs. 3 BetrVG das Betriebsverfassungsgesetz prinzipiell keine Anwendung findet. Diese leitenden Angestellten haben Prokura und sind in der Zeit von 20 bis 22 Uhr sowie an den zwei zusätzlichen Sonntagen (Oster- und Pfingstsonntag) umsatzbeteiligt.

Aufsichtsrat

Als Folge einer Kompetenzdelegation auf Arbeitnehmer wird ferner eine Ausdehnung des *Kontrollfelds des Aufsichtsrats* diskutiert, wobei allerdings keine hinreichende Differenzierung zwischen der Entscheidungs- und der Personenkontrolle erfolgt. Nach wohl allgemeiner Meinung sind Entscheidungen von Arbeitnehmern zumindest dann als kontrollrelevant für den Aufsichtsrat anzusehen, wenn die betreffenden Arbeitnehmer über eine beträchtliche Entscheidungsautonomie verfügen[741]. Streng genommen liegt hierin aber keine delegationsbedingte (materielle) Ausdehnung des Aufsichtsrats-Kontrollfelds. Denn diese wichtigen Entscheidungen sind auch dann vom Aufsichtsrat zu überwachen, wenn sie nicht delegiert, sondern von Vorstandsmitgliedern persönlich gefällt werden[742]. Eine (personelle) Erweiterung der Überwachung im Sinne einer unmittelbaren Kontrolle von (leitenden) Angestellten durch den Aufsichtsrat im Fall einer (starken) Delegation wird demgegenüber nur vereinzelt vertreten[743].

3.2.2.2 Bereichsbildung

3.2.2.2.1 Gestaltungsspielräume

3.2.2.2.1.1 Alternativen der Bereichsbildung

Kompetenzabgrenzung

Leitungsorgan-interne Bereichs-bildung

Im Unterschied zur vertikalen Verteilung der Handlungsspielräume zwischen hierarchisch über- bzw. untergeordneten Organisationseinheiten (Delegation) nehmen die jeweiligen Formen der *Bereichsbildung* als horizontale Kompetenzverteilung die Abgrenzung der Handlungsinhalte hierarchisch unverbundener Einheiten vor. Aus der Perspektive der Leitungsorganisation ist dabei zwischen leitungsorganinternen und leitungsorganexternen Kompetenzabgrenzungen bzw. Bereichsbildungen zu unterscheiden. Im Zuge der *leitungsorganinternen Bereichsbildung* werden die Kompetenzinhalte der individuellen Zuständigkeitsbereiche der einzelnen Organmitglieder festgelegt. Dabei handelt es sich – je nach dem zu Grunde gelegten Basismodell für die Organisation der Unternehmensleitung – um die inhaltliche Fixierung der Portefeuilleaufgaben (beim Sprecher- oder Stabs-Modell) bzw. Ressortaufgaben (beim Ressort- oder Hierarchie-Modell), die den betreffenden Organmitgliedern zugeordnet sind.

---

[741] Diese Einschränkung explizit z. B. bei Mertens [Kommentierungen Aktiengesetz] § 111 Rn. 21; Hüffer [Aktiengesetz] § 111 Rn. 3; Martens [Arbeitsrecht] 372 und Dreist [Überwachungsfunktion] 87.

[742] Ganz in diesem Sinne sprechen z. B. Lippert [Überwachungspflicht] 82 f. und Semler [Leitung] Rn. 116 von einer Kontrolle delegierter Entscheidungen durch den Aufsichtsrat per Überwachung des Vorstands.

[743] Z. B. von Geßler [Kommentierungen] § 111 Rn. 17 und Saage [Haftung] 117. Nach Semler [Leitung] Rn. 172 ff.; Potthoff/Trescher/Theisen [Aufsichtsratsmitglied] Rn. 343 und Mertens [Kommentierungen Aktiengesetz] § 111 Rn. 32 darf der Aufsichtsrat hingegen nur in besonderen Ausnahmefällen (z. B. bei Verdachtsmomenten gegen den Vorstand) Angestellte der Unternehmung ‚am Vorstand vorbei' direkt zu Kontrollauskünften in Anspruch nehmen. Gegen eine direkte Befragung von Arbeitnehmern auch noch Mertens [Kommentierungen Aktiengesetz] § 111 Rn. 21; Lippert [Überwachungspflicht] 83.

Bei der *leitungsorganexternen Bereichsbildung* werden hingegen die Kompetenzinhalte der Organisationseinheiten unterhalb des Leitungsorgans formuliert, die mit Arbeitnehmern besetzt sind. Dabei hängt es (wiederum) von dem jeweils gewählten Basismodell ab, ob die oberste organexterne Bereichsbildung auf der zweiten Ebene der Organisationshierarchie (bei den portefeuillegebundenen Basismodellen) oder der dritten Hierarchieebene (bei den ressortgebundenen Basismodellen) erfolgt. Aufgrund der hier verfolgten Perspektive der Führungsorganisation werden im Weiteren nur die Bereichsbildungen innerhalb sowie unmittelbar unterhalb des Leitungsorgans betrachtet.

Die Gestaltungsalternativen der organinternen wie externen Bereichsbildung ergeben sich – wie bei der horizontalen Kompetenzabgrenzung generell[744] – aus der Art und Zahl der herangezogenen Abgrenzungskriterien sowie dem gegebenenfalls verwendeten Prinzip für die Kooperation der gebildeten Bereiche (Kooperationsprinzip).

In Hinblick auf die *Kriterienart* kann die Abgrenzung grundsätzlich entweder nach Verrichtungen bzw. *Funktionen*, nach *Produkten* sowie nach *Märkten* erfolgen, wobei im letzten Fall auf den oberen Hierarchieebenen zumeist die Abgrenzung nach geographischen Gesichtspunkten bzw. *Regionen* im Vordergrund steht.

Wird nur eines der drei genannten Kriterien zur Kompetenzabgrenzung auf einer bestimmten Ebene verwendet, liegt eine *eindimensionale Bereichsbildung* vor. Sie führt auf der zweiten Hierarchieebene zu den klassischen Rahmenstrukturen, die als Funktionalorganisation, Spartenorganisation und Regionalorganisation bezeichnet werden. Diese Grundformen sind in Abbildung 3-34 exemplarisch für den Fall einer Leitungsorganisation dargestellt, die dem Ressort-Modell folgt.

---

744 Siehe allgemein zur Bereichsbildung für viele v. Werder [Gestaltung] 1089 f.; Frese [Grundlagen] 409 ff.; Seidel/Redel [Führungsorganisation] 96 ff.; Schreyögg [Organisation] 129 ff.; Krüger [Organisation] 95 ff.; Bleicher [Organisation] 388 ff.; Alewell [Arbeitsteilung]; Hamel [Organisation]; Meckl [Regionalorganisation]; Schewe [Spartenorganisation].

Abbildung 3-34 | *Grundformen der Bereichsbildung*

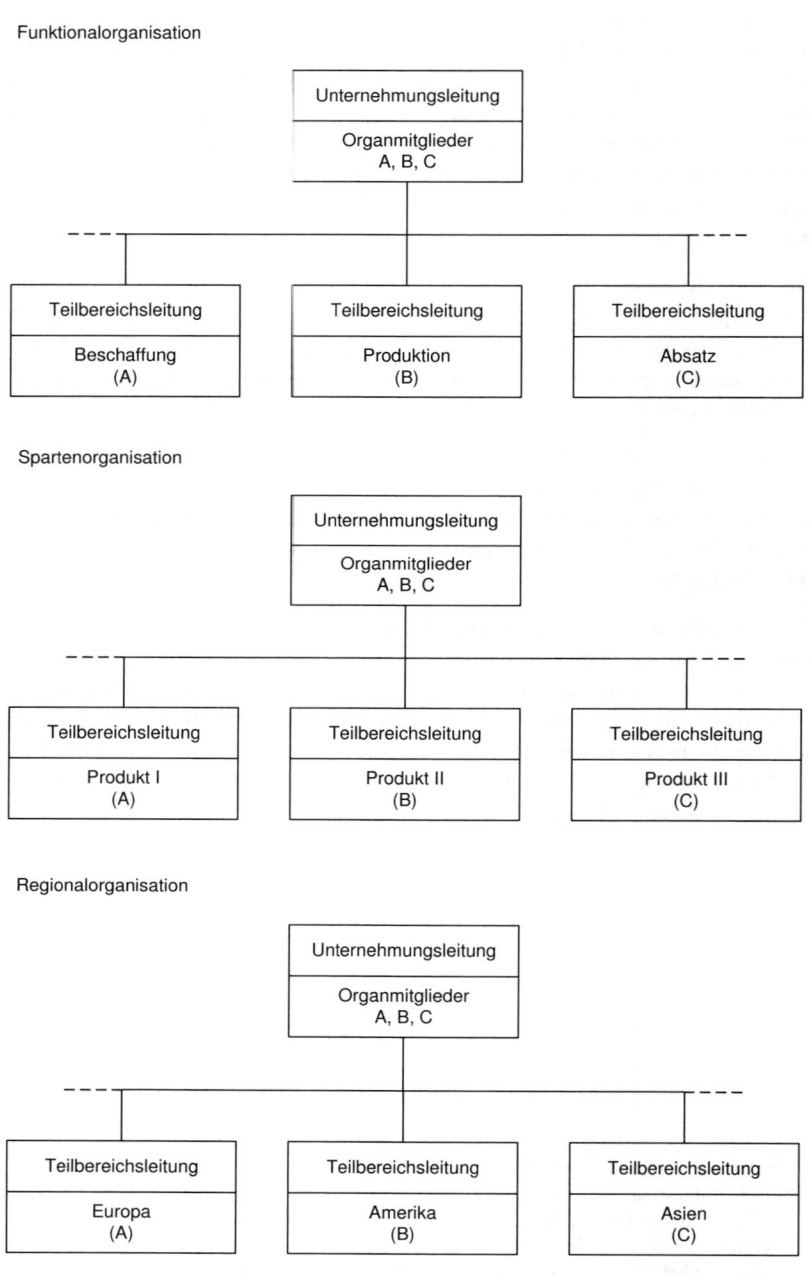

Mehrdimensionale Bereichsbildungen zeichnen sich dadurch aus, dass sie die Abgrenzung der Zuständigkeiten auf einer bestimmten Hierarchieebene nach jeweils zwei oder mehr Kriterien vornehmen. Im ersten Fall lassen sich prinzipiell Bereiche für Funktionen und Produkte, für Funktionen und Märkte bzw. Regionen sowie für Produkte und Märkte/Regionen mit einander kombinieren. Die für Funktionen zuständigen Organisationseinheiten werden dann zumeist als *Zentralbereiche* oder heute zunehmend auch als *Center* bezeichnet und den mit Produkt- oder Marktaufgaben betrauten *Geschäftsbereichen* gegenübergestellt (siehe Abbildung 3-35)[745].

Mehr-dimensionale Bereichs-bildungen

Beispiel einer mehrdimensionalen Bereichsbildung

Abbildung 3-35

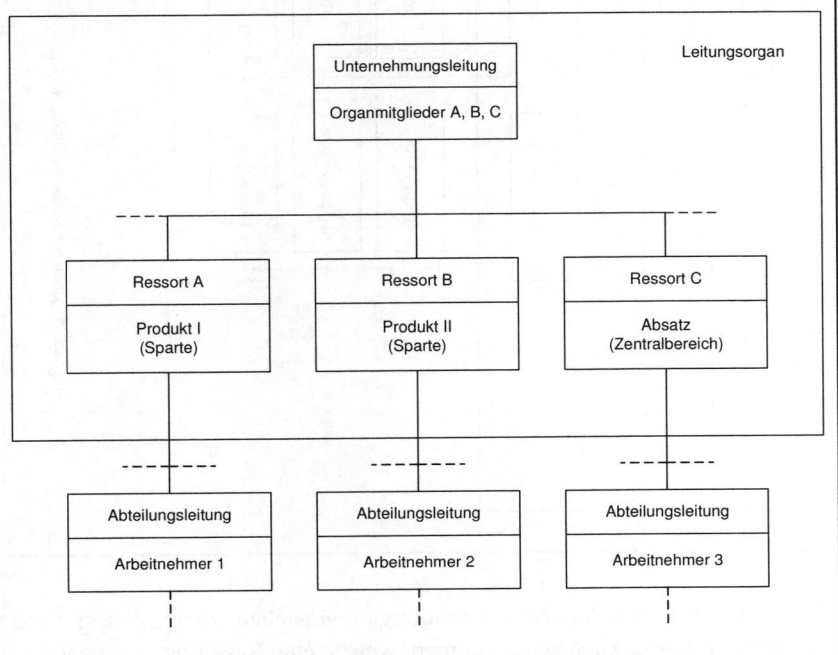

Ein anschauliches Beispiel aus der Praxis für eine mehrdimensionale Bereichsbildung stellt die Vorstandsorganisation der Deutsche Bahn AG dar (vgl. Abbildung 3-36).

---

[745] Siehe eingehend Frese/v. Werder/Maly [Zentralbereiche] sowie Reckenfelderbäumer [Zentralbereiche] und zu den aktuellen Formen der Center-Organisation v. Werder/Stöber [Center-Organisation].

Abbildung 3-36

Mehrdimensionale Vorstandsorganisation der Deutsche Bahn AG

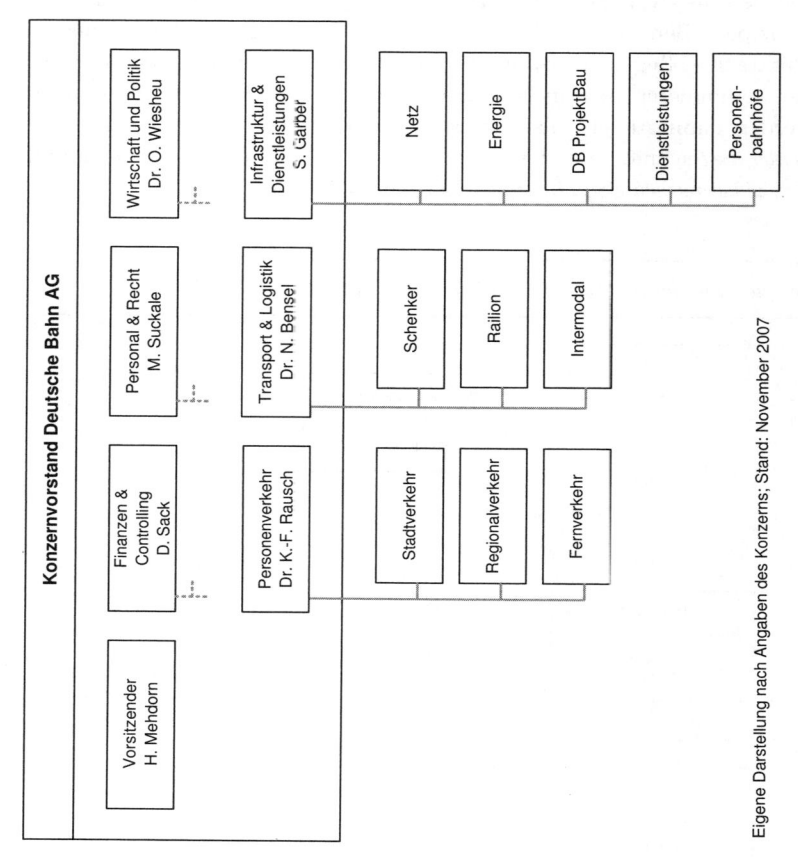

Bei mehrdimensionalen Bereichsbildungen entstehen zwangsläufig (und gewollt) Kompetenzüberschneidungen, welche eine Regelung der Kooperationsbeziehungen zwischen den betreffenden Bereichen erfordern. Hierfür kann auf fünf verschiedene *Kooperationsprinzipien* zurückgegriffen werden (siehe Abbildung 3-37).

Prinzipien für die Bereichskooperation

Abbildung 3-37

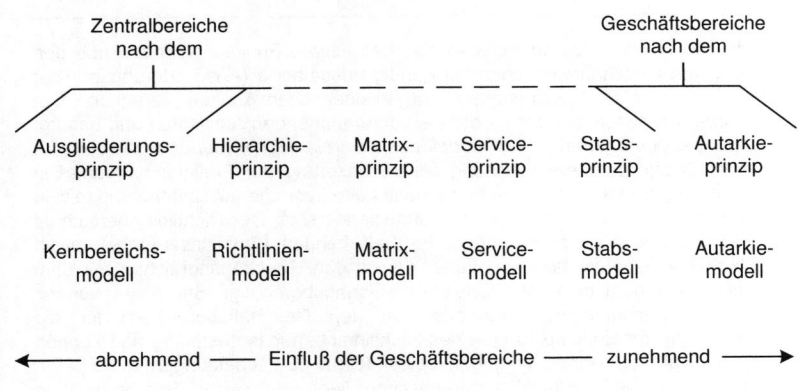

Zentralbereiche nach dem				Geschäftsbereiche nach dem	
Ausgliederungs-prinzip	Hierarchie-prinzip	Matrix-prinzip	Service-prinzip	Stabs-prinzip	Autarkie-prinzip
Kernbereichs-modell	Richtlinien-modell	Matrix-modell	Service-modell	Stabs-modell	Autarkie-modell

← abnehmend ——— Einfluß der Geschäftsbereiche ——— zunehmend →

Quelle: Frese/v. Werder [Zentralbereiche] 38

| Abbildung 3-38 | Kompetenzverteilung bei der Bereichskooperation |

Beim *Modell des Kernbereichs* ist das betrachtete Funktionselement aus den operativen Geschäftsbereichen vollständig ausgelagert (Ausgliederungsprinzip) und in nur einer (permanenten) organisatorischen Einheit verankert Der Kernbereich beschließt allein über die vorzunehmenden Aktivitäten und besorgt auch ihre Durchführung Das *Modell des zentralen Richtlinienbereichs* sieht im Vergleich zur Kernbereichslösung die Verankerung der Funktionsaufgaben in mehreren (permanenten) Organisationseinheiten vor die teils zentral und teils in den operativen Geschäftsbereichen angesiedelt sind Der Richtlinienbereich ist für die Grundsatzentscheidungen der betreffenden Funktionsaufgaben allein entscheidungsbefugt und gegenüber den in den Geschäftsbereichen mit dem Funktionselement befassten Einheiten weisungsberechtigt Bei dieser Lösung sind die nachgelagerten Einheiten (in den Geschäftsbereichen) für die Umsetzung der Entscheidungen des Richtlinienbereichs zuständig und können nur im Rahmen seiner Vorgaben selbst (Detail-)Entscheidungen treffen Ein *Matrixmodell* der Teilfunktionsorganisation liegt vor wenn das betrachtete Teilfunktionselement sowohl in den Geschäftsbereichen (in Form operativer Matrixeinheiten) als auch in einer zentraler (Matrix-)Einheit verankert ist Diese Organisationseinheiten sind jedoch nicht allein sondern nur gemeinsam entscheidungsbefugt Sie bilden einen oder mehrere Entscheidungsausschüsse zur Selbstabstimmung Das *Modell des Servicebereichs* kann als spezielle Form der Teilfunktionsorganisation nach einem modifizierten Ausgliederungsprinzip (Serviceprinzip) angesehen werden Die charakteristischen Merkmale des Servicemodells bestehen in der Zuordnung jeweils spezifischer Kompetenzarten zu einer zentralen Einheit sowie den Geschäftsbereichen (bzw geschäftsbereichsintegrierten Einheiten). Die Geschäftsbereiche sind jeweils für die Entscheidungen über die Art der funktionsbezogenen Maßnahmen zuständig ('Ob" und "Was"), und erteilen entsprechende Aufträge an den zentralen Servicebereich Dem Servicebereich obliegen sodann die Entscheidungen über das "Wie" der Auftragserfüllung Ähnlich wie das Servicekonzept kombiniert die *Organisationsform des zentralen Stabes* eine ausdifferenzierte Konfiguration aus zentraler Einheit und Geschäftsbereichen mit einer Aufteilung der Aufgabenstellungen Im Unterschied zum Servicebereich ist der Stab jedoch nicht mit der Erfüllung mit Geschäftsbereichsaufträgen betraut Er nimmt vielmehr Aufgaben der Entscheidungsvorbereitung wahr und dient damit der informationellen und methodischen Unterstützung der Geschäftsbereiche (Stabsprinzip). Das *Modell autarker Geschäftsbereiche* schließlich liegt vor wenn die betrachteten Funktionsaufgaben geschlossen in den einzelnen operativen Einheiten institutionalisiert und die Geschäftsbereiche insoweit jeweils allein entscheidungs- und durchführungsbefugt sind

Quelle: Frese/v. Werder [Zentralbereiche] 39 ff.

Vielzahl der Gestaltungsmöglichkeiten

Die leitungsorganinterne Bereichsbildung – mit anderen Worten also die konkrete Festlegung der inhaltlichen Portefeuille- bzw. Ressortzuständigkeiten der Leitungsorganmitglieder – kann im Prinzip ein- oder mehrdimensional und sowohl nach Funktionen als auch nach Produkten und/oder Regionen erfolgen. Gleiches gilt für die Bereichsbildung direkt unterhalb des

Leitungsorgans, die je nach Basismodell die Gliederung der zweiten oder dritten Hierarchieebene markiert. Da eine vollständige Auflistung der kombinatorisch möglichen Gestaltungsvarianten an dieser Stelle entbehrlich ist und die Grundformen der eindimensionalen Bereichsbildung bei ressortgebundener Unternehmensleitung bereits dargestellt worden sind (siehe Abbildung 3-34), soll exemplarisch nur eine weitere Organisationsmöglichkeit veranschaulicht werden, die eine mehrdimensionale Bereichsbildung im Rahmen einer Sprecher-Lösung markiert (siehe Abbildung 3-39). Konkret handelt es sich dabei um eine Gliederung der Organportefeuilles nach Funktions- und Marktaspekten, wobei die einzelnen Organmitglieder jeweils sowohl für spezifische Funktionen als auch für bestimmte Regionen als Sprecher fungieren und folglich in Personalunion mehrere Portefeuilles betreuen. Die Produktdimension ist bei dieser Lösung auf der zweiten Ebene der Organisationshierarchie eingeführt.

Abbildung 3-39 *Beispiel eines mehrdimensionalen Sprecher-Modells mit Personalunion*

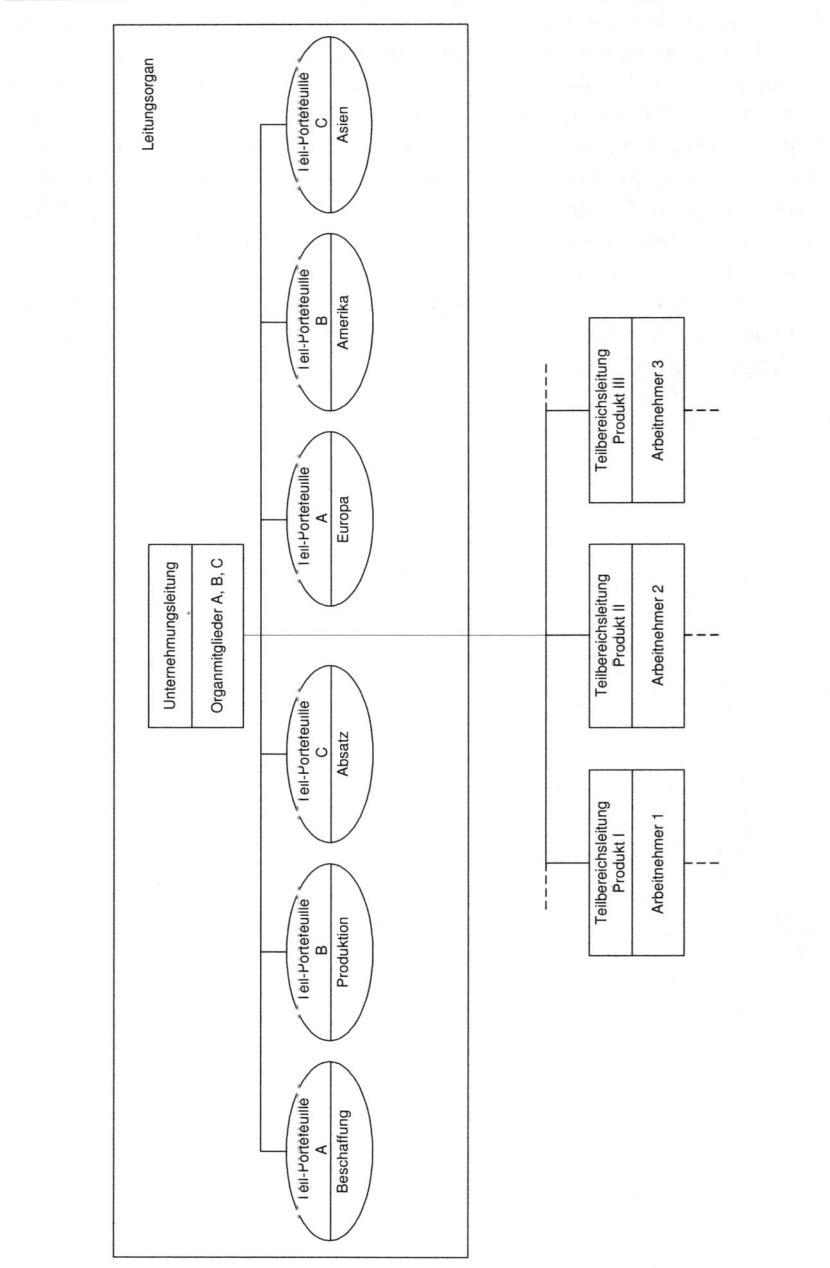

In der Praxis finden sich eindimensionale Bereichsbildungen auf der Ebene des Leitungsorgans eher selten. Sie weisen im Vergleich mit mehrdimensionalen Strukturen unter Effizienzgesichtspunkten in der Regel deutliche Schwächen auf[746], so dass sie nur unter speziellen Voraussetzungen zweckmäßig sind. Eindimensionale Kompetenzabgrenzungen in der Unternehmensleitung kommen danach zumeist nur als Funktionalorganisation und im Grunde lediglich dann in Betracht, wenn es sich entweder um kleine und mittlere Unternehmen oder aber um Großunternehmen mit vergleichsweise homogenem Produktprogramm handelt[747]. Ein Beispiel bildet die in Abbildung 3-40 dargestellte Organisationsstruktur des Vorstands der BMW AG.

Praktische Verbreitung eindimensionaler Strukturen

Eindimensionale Vorstandsstruktur der BMW AG

Abbildung 3-40

Dr. Norbert Reithofer Vorsitzender des Vorstands	Ernst Baumann Personal- & Sozialwesen, Arbeitsdirektor	Dr. Michael Ganal Finanzen	Dr. Klaus Draeger Entwicklung
	Stefan Krause Vertrieb und Marketing	Frank-Peter Arndt Produktion	Dr. Herbert Diess Einkauf und Lieferantennetzwerk

Eigene Darstellung nach Angaben der BMW Group; Stand: November 2007

Mehrdimensionale Bereichsbildungen im Leitungsorgan bilden die typische Organisationsform für Großunternehmen mit breiter Produktpalette und großer internationaler bzw. globaler Reichweite ihrer Geschäftsaktivitäten. Dabei lassen sich sowohl portefeuille- als auch ressortgebundene Lösungen in der Praxis nachweisen, wie Abbildung 3-3 und Abbildung 3-5 belegen[748]. Namentlich im Fall der Leitungsorganisation nach dem Sprecher-Modell ist es dabei keineswegs unüblich, dass die einzelnen Organmitglieder mehrere Sprecherrollen übernehmen und dann beispielsweise im Leitungsorgan für eine bestimmte Funktion und Produktgruppe oder Region verantwortlich sind (vgl. Abbildung 3-3).

Praktische Verbreitung mehrdimensionaler Strukturen

---

746 Siehe Abschnitt 3.2.2.2.2, S. 331.
747 Vgl. auch Frese [Grundlagen] 409 f.; Schreyögg [Organisation] 130; Jost [Organisation] 463.
748 Siehe Abschnitt 3.2.1.1.2.1, S. 179 bzw. Abschnitt 3.2.1.1.2.2., S. 182.

Ausschüsse

Abgrenzung zu permanenten Organisations- einheiten

Die durch die Bereichsbildung erfolgte Festlegung der Kompetenzinhalte innerhalb und unterhalb des Leitungsorgans lässt sich durch die Etablierung von Ausschüssen weiter verfeinern. *Ausschüsse*, die in der Praxis häufig auch als Kommissionen, Konferenzen, Komitees oder ähnlich bezeichnet werden, sind im Gegensatz zu den bisher betrachteten Bereichen nicht dauerhaft ,*permanente Einheiten'*, sondern nur in bestimmten zeitlichen Abständen aktiv bzw. mit Handlungsträgern besetzt (*periodische Einheiten*)[749]. Ausschüsse können wie permanente organisatorische Einheiten entweder (nur) der Entscheidungsvorbereitung dienen oder (auch) Entscheidungen treffen. Da die grundlegenden Modelle der Leitungsorganisation allein durch die Kompetenzen der permanenten Einheiten (Portefeuilles, Ressorts) charakterisiert sind, lassen sich entscheidungsvorbereitende und Entscheidungsausschüsse zwar theoretisch mit sämtlichen vier Basismodellen kombinieren. Die mit einem gewählten Basismodell verfolgte Organisationsphilosophie kann aber bestimmte Kombinationen ausschließen. Während entscheidungsvorbereitende Ausschüsse prinzipiell mit allen Basismodellen kompatibel sind, konterkarieren Entscheidungsausschüsse die Idee der portefeuillegebundenen Unternehmensführung mit wachsenden Kompetenzen in zunehmendem Maße. Die folgenden Überlegungen betrachten Entscheidungsausschüsse daher nur im Zusammenhang mit dem Ressort-Modell und dem Hierarchie-Modell.

Gestaltungs- parameter

Die ein- oder mehrdimensionale Zuständigkeit der Ausschüsse für Funktions-, Produkt- und/oder Marktaufgaben sowie die Festlegung der personellen Mitgliedschaften stellen weitere Aktionsparameter der Ausschussbildung dar. Dabei lassen sich *leitungsorganinterne Ausschüsse*, denen ausschließlich bestimmte Mitglieder des Leitungsorgans angehören sowie *leitungsorganübergreifende* und *leitungsorganexterne Ausschüsse* unterscheiden, die sich aus Organmitgliedern und Arbeitnehmern bzw. ausschließlich aus Arbeitnehmern zusammensetzen. Insgesamt können die aufgezeigten Gestaltungsvariablen der Etablierung eines Ausschusssystems in Verbindung mit einem Basismodell der Leitungsorganisation zu einer Vielzahl denkbarer Organisationsalternativen zusammengeführt werden, von denen hier aus Gründen des Umfangs lediglich drei idealtypische Beispiele vorgestellt werden sollen. Abbildung 3-41 zeigt vor dem Hintergrund eines spartenorientierten Sprecher-Modells regional ausgerichtete (leitungsorganinterne) Ausschüsse zur Entscheidungsvorbereitung.

---

[749] Vgl. Kahle [Ausschüsse].

Leitungsorganinterne Ausschüsse zur Entscheidungsvorbereitung

Abbildung 3-41

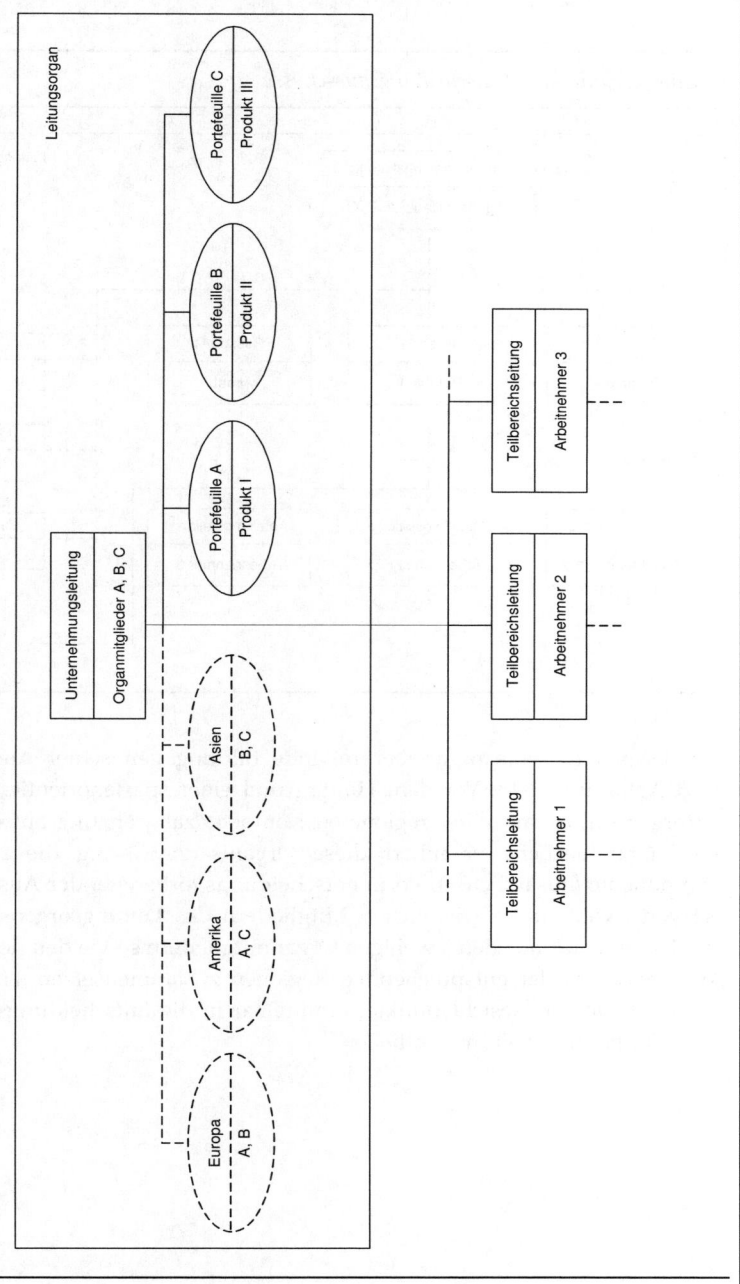

In Abbildung 3-42 sind unter sonst gleichen Bedingungen das Ressort-Modell sowie entscheidungsbefugte Ausschüsse dargestellt.

Abbildung 3-42

Leitungsorganinterne Entscheidungsausschüsse

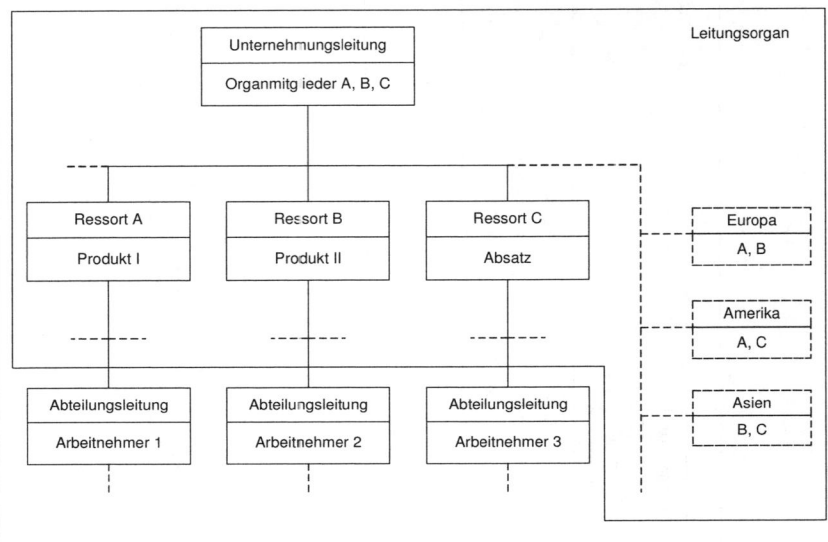

Ein Beispiel für eine organübergreifende Bildung gemischter Ausschüsse zeigt Abbildung 3-43. Vor dem Hintergrund einer spartenorientierten Ressortorganisation und einer regionalen Kompetenzabgrenzung auf der dritten Hierarchieebene verankert diese Organisationslösung die regionale Komponente (zusätzlich) in Form entscheidungsvorbereitender Ausschüsse, die von jeweils unterschiedlichen Mitgliedern des Leitungsorgans geleitet werden und sich aus den jeweiligen Organmitgliedern sowie den (leitenden) Arbeitnehmern der entsprechenden Regionen zusammensetzen. Hierdurch können regionale Gesichtspunkte unmittelbar in die Entscheidungsfindung der Unternehmensleitung einfließen.

Leitungsorganübergreifende Ausschussbildung

Abbildung 3-43

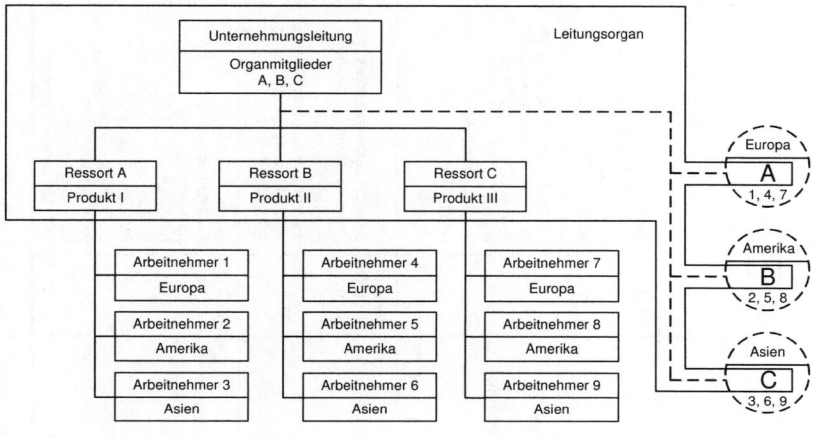

Die Komplexität, die Ausschusssysteme in der Praxis annehmen können, belegt das Ausschusswesen der Bayer CropScience AG (siehe Abbildung 3-44).

Abbildung 3-44 | *Ausschusssystem der Bayer CropScience AG*

Committees Bayer CropScience AG

Title	Major Tasks	Chair	Members
BCS AG Board of Management	The BCS AG Board of Management is the legal executive body of BCS AG. The BCS AG Board of Management bears joint responsibility for the management of BCS AG.	CEO	Heads of Portfolio Management, Industrial Operations and Business Planning & Administration
Executive Committee (ExCo)	Steering the worldwide business of Bayer CropScience • developing the vision for Bayer CropScience • setting long-term targets and developing strategies for Bayer CropScience • establishing guidelines for the corporate policy • agreeing on targets and objectives for Functions and Business Operations • coordinating and controlling the activities in those organizational units that are important to Bayer CropScience Group as a whole • ensuring and fostering close and beneficial cooperation with the partners within the Bayer Group • developing and deploying management staff • ensuring an organization suitable for meeting business targets and supporting empowerment of the people	CEO	Heads of Portfolio Management, Industrial Operations and QHSE, Business, Planning & Administration, Business Operations (CP North America, CP Latin America, CP Europe/TAMECIS, CP Asia Pacific, ES, BS), Head of Research, Head of Development
Operational Excellence Committee	Exchange of knowledge (best practice) and cross-fertilization between Business Operations and Strategic Business Entities/Portfolio Management • Steering, tracking and decision on resource allocation • Intense discussion/follow-up of competitor approaches • Market development discussion and agreement • Discussion and agreement on Top-Down Target • Prepare selected topics for escalation to ExCo for decision	Head of Portfolio Mgmt	Heads of Strategic Business Entities, Heads of Business Operations Head of Bioscience, Head of Environmental Science, Head of Marketing and Business Excellence
Growth & Innovation Committee	Exchange of knowledge & fertilization between BCS innovation areas • Pre-discussions with Innovation Management experts to make ExCo more efficient • Prepare selected topics for escalation to ExCo for decision • Focus on new growth opportunities • Reporting of growth and innovation initiatives • Steering Committee for strategic projects, as long as they are R&D-driven • Project / Pipeline overviews for CP, BS and ES • Create visibility for potentials in R&D organization	CEO	Heads of Portfolio Management, Development, Research, BioScience, PM - New Business Dev., BioScience – Research, PM – Seeds & Traits, ES – Development, CEO Management Support

Quelle: Bayer AG, Stand: Dezember 2007

Kommunikationsstrukturen

Zur organisatorischen Anbindung der nachgelagerten Organisationseinheiten an das Leitungsorgan sind Kommunikationswege zwischen den dort tätigen Handlungsträgern (Arbeitnehmern) und den Organmitgliedern einzurichten. Die charakteristischen Gestaltungsalternativen der *leitungsorganübergreifenden Kommunikationsstrukturen* ergeben sich daraus, dass das Leitungsorgan – zumindest in den organisationstheoretisch fundierten Basismodellen – mehrere organisatorische Einheiten umfasst und somit verschiedene Möglichkeiten zur Verknüpfung von Organangehörigen und Arbeitnehmern existieren. In diesem Zusammenhang ist zu berücksichtigen, dass die Basismodelle nicht starr an bestimmte Kommunikationsbeziehungen gekoppelt sind. So ist es beispielsweise im Fall der Abbildung 3-4[750] denkbar, dass die Weisungen für den Handlungsbereich von Arbeitnehmer 1 zwar inhaltlich von Leitungsorganmitglied A abschließend fixiert werden (und damit das Ressort-Modell vorliegt), ,nach außen hin' jedoch zur Betonung der Geschlossenheit des Leitungsorgans vom Gesamtgremium verkündet werden. Umgekehrt können auch Organmitglieder in Stabsfunktion durchaus Anordnungen aussprechen, indem sie nur die Beschlüsse der Unternehmungsleitung übermitteln.

Organisatorische Anbindung der Mitarbeiter

Es darf allerdings nicht übersehen werden, dass die jeweilige Führungsphilosophie der einzelnen Basismodelle[751] bestimmte Kommunikationsbeziehungen nahe legt. Diese präjudizierten Infrastrukturen der Kommunikation stehen im Vordergrund der weiteren Überlegungen. Dabei soll zur Erhöhung der Transparenz der Gestaltungsalternativen nach dem Kommunikationsinhalt zwischen autonomieeingrenzenden *Weisungsbeziehungen* und informationellen *Berichtswegen* differenziert werden.

Weisungen und Berichtswege

Die folgende Ableitung typischer Kommunikationsstrukturen und Strukturvarianten der vier Basismodelle basiert auf zwei Annahmen: Zum einen wird unterstellt, dass Beschlüsse tendenziell vom Entscheidungsträger selbst am überzeugendsten begründet und daher als Weisung von ihm mit der größten Aussicht auf zielkonforme Umsetzung weitergeleitet werden. Zum anderen wird davon ausgegangen, dass formelle Kommunikationsbeziehungen generell informelle Einflussnahmepotentiale nach sich ziehen (können).

Typische Kommunikationsstrukturen der Basismodelle

Vor dem Hintergrund dieser beiden Verhaltensprämissen entspricht es einer *kollegialen Unternehmungsführung mit* entscheidungsvorbereitenden *Sprechern* am ehesten, wenn die Weisungen vom Gesamtgremium erteilt und die einzelnen Organmitglieder nur durch Berichtswege mit denjenigen Arbeitnehmern verbunden werden, welche nach ihren eigenen Kompetenzinhalten die

Sprecher-Modell

---

[750] Vgl. Abschnitt 3.2.1.1.2.2, S. 181.
[751] Hierzu auch Abschnitt 3.2.1.2.1.2, S. 217 ff.

jeweiligen Angehörigen des Leitungsorgans informationell (in besonderem Maße) unterstützen können. Abbildung 3-45 verdeutlicht diese Kommunikationswege am Beispiel eines mehrdimensionalen Organisationsmodells, bei dem die einzelnen Organmitglieder jeweils in Personalunion als Sprecher für bestimmte Produkte und Regionen fungieren. In diesem Organisationsschaubild werden die Weisungsbeziehungen durch die durchgezogenen Linien und die Berichtswege durch gestrichelte Linien symbolisiert.

Typische Kommunikationsbeziehungen beim Sprecher-Modell

Abbildung 3-45

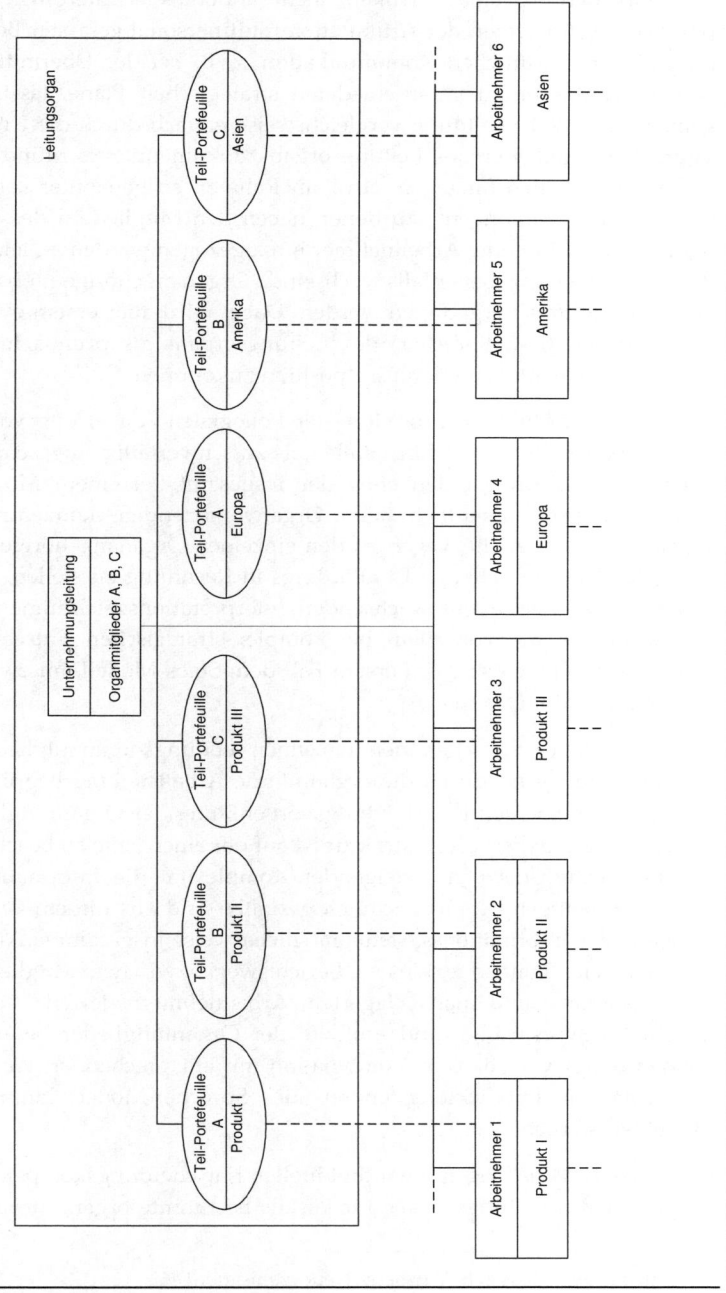

Weisungen

Die unmittelbare *weisungsmäßige Anbindung* der Arbeitnehmer an die Gesamtheit der Leitungsorganmitglieder als Hierarchiespitze unterstreicht einerseits den Kollegialgedanken, steht andererseits allerdings vor den praktischen Problemen der Artikulation multipersonal gefasster Beschlüsse. Im Fall der schriftlichen Kommunikation, z. B. bei der Übermittlung der vom Gesamtgremium verabschiedeten strategischen Pläne, lässt sich die gemeinsame Willensbildung vergleichsweise einfach durch die Unterschrift sämtlicher Mitglieder des Leitungsorgans dokumentieren. Mündliche Anordnungen können hingegen, etwa im Rahmen so genannter „erweiterter Geschäftsleiter-Sitzungen", zu denen neben den Mitgliedern des Leitungsorgans auch (führende) Arbeitnehmer hinzugezogen werden[752], letztlich nur durch einzelne, gegebenenfalls wechselnde Organangehörige im Namen des Gesamtgremiums vorgetragen werden. Dabei wird aber einem eventuellen Vorsitzenden (bzw. Sprecher) des Leitungsorgans als primus inter pares insoweit regelmäßig eine Schlüsselposition zukommen.

Soweit das geschilderte Procedere der kollegialen Anweisung von Arbeitnehmern generell oder in Einzelfällen als zu schwerfällig eingeschätzt wird, können die Weisungslinien entweder insgesamt bei einem Mitglied des Leitungsorgans, namentlich beim Organvorsitzenden, konzentriert oder jeweils mit den Berichtswegen zu den einzelnen Organangehörigen zusammengelegt werden. Hierbei ist allerdings in Rechnung zu stellen, dass sich das Sprecher-Modell mit wachsenden Interpretationsspielräumen der Organbeschlüsse, die vor allem bei komplex-strategischen Entscheidungen nicht ungewöhnlich sind, im ersten Fall dem Stabs-Modell, im zweiten Fall dem Ressort-Modell annähert.

Berichtswege

Die *Berichtswege* zwischen den einzelnen Leitungsorganmitgliedern und Arbeitnehmern sind durch die organinterne Arbeitsteilung begründet und dienen der effizienten Entscheidungsvorbereitung der Organmitglieder. Bei der Ausprägung dieser Infrastruktur ist auf der einen Seite zu beachten, dass Kommunikationsnetze mit steigender Komplexität die Informationsbeziehungen zunehmend unübersichtlich gestalten und aus diesem Grunde die Effizienz des Informationssystems möglicherweise insgesamt sinkt. Auf der anderen Seite können exklusive Berichtswege zwischen Mitgliedern des Leitungsorgans und nachgelagerten Arbeitnehmern jeweils spezifische Informationsvorsprünge und -defizite der Organmitglieder bewirken. Sie können damit vor allem in Kombination mit entsprechenden Weisungsbeziehungen die Entwicklungstendenz des Sprecher-Modells zum Ressort-Modell verstärken.

Ressort-Modell

Beim *Ressort-Modell* legen die individuellen Entscheidungskompetenzen der Mitglieder des Leitungsorgans für jeweils bestimmte organisatorische Teil-

---

[752] Vgl. aus der Praxis z. B. Vossberg [Neuorganisation] 462.

bereiche zunächst direkte Weisungs- und Berichtswege zwischen den Organmitgliedern und den ihnen hierarchisch untergeordneten Arbeitnehmern nahe. Dabei können je nach der Kompetenzabgrenzung zwischen den Organmitgliedern Ein- oder Mehrliniensysteme Verwendung finden. Um Kommunikationsmonopolen der einzelnen Leitungsorganmitglieder und hierdurch möglichen Ausdünnungen des Kollegialprinzips entgegenzuwirken, lassen sich diese vom Basismodell vorgezeichneten Informationsbeziehungen durch Berichtswege ergänzen, die von den betroffenen Arbeitnehmern zu weiteren Organangehörigen oder direkt zum Gesamtgremium führen. Abbildung 3-46 illustriert mögliche Ausformungen der kommunikativen Infrastruktur am Beispiel einer mehrdimensionalen Bereichsbildung mit einer organisatorischen Verankerung funktionaler (Produktion, Absatz) und regionaler Aspekte (Ausland), bei dem das Absatz- und das Auslandsressort matrixverknüpft sind. Hinzu kommen Berichtswege zwischen Werksleitern und dem Gesamtgremium sowie zwischen den Regionalleitern und dem für die gesamte Produktion zuständigen Organmitglied.

Typische Kommunikationsbeziehungen beim Ressort-Modell | *Abbildung 3-46*

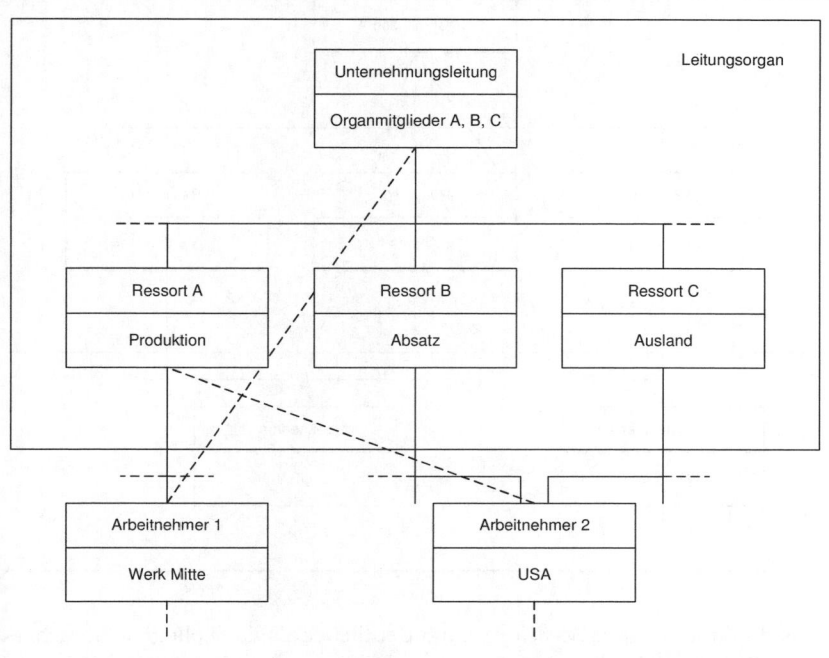

Hierachie-Modell

Im Fall der *direktorialen Unternehmungsführung mit Ressortbindung* (Hierarchie-Modell) gelten angesichts der auch hier den Leitungsorganmitgliedern eingeräumten individuellen Entscheidungskompetenzen prinzipiell die gleichen Überlegungen wie für das Ressort-Modell. Die herausgehobene Position eines (oder mehrerer) Angehörigen des Leitungsorgans als Unternehmungsleitung kann hier aber noch eher für direkte Kommunikationsbeziehungen der Arbeitnehmer zur Hierarchiespitze sprechen. Diese Feststellung gilt allerdings im Grundsatz nur für Berichtswege, da fehlende Weisungsbefugnisse der teilbereichsleitenden Organmitglieder gegenüber ihren nachgeordneten Mitarbeitern zu einer deutlichen Verschiebung des Hierarchie-Modells in Richtung auf das Stabs-Modell führt. Das Beispiel der Abbildung 3-47 modifiziert in diesem Sinne die Situation der Abbildung 3-46.

Abbildung 3-47 | *Typische Kommunikationsbeziehungen beim Hierarchie-Modell*

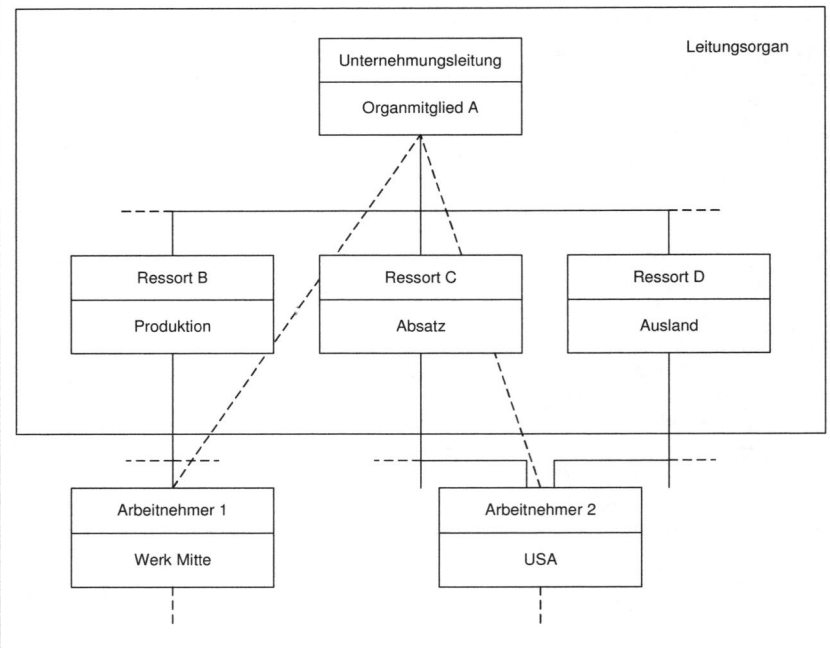

Stabs-Modell

Das direktoriale *Stabs-Modell* verlangt deutlicher als das kollegiale Sprecher-Modell die unmittelbare Weisungsunterstellung der ranghöchsten Arbeitnehmer unter die Unternehmensleitung, da eine Aufsplitterung der Weisungslinien den direktorialen Gedanken stark aushöhlen würde. Demgegenüber bedingen die entscheidungsvorbereitenden Aktivitäten der nicht zur Unternehmungsleitung berufenen Organmitglieder in gleicher Weise wie beim Sprecher-Modell (zusätzliche) Berichtswege zwischen diesen Angehörigen des Leitungsorgans und den ihrem Informationsbedarf entsprechenden Arbeitnehmern. Diese Kommunikationsbeziehungen werten mit wachsender Exklusivität die Stellung der jeweiligen Organmitglieder tendenziell auf. Unter sonst gleichen Bedingungen wie Abbildung 3-45 für das Sprecher-Modell berücksichtigt das folgende Beispiel einer typischen Kommunikationsregelung beim Stabs-Modell (Abbildung 3-48) allein die mit dem Wechsel vom Kollegial- zum Direktoralprinzip verbundenen Modifikationen.

Abbildung 3-48 *Typische Kommunikationsbeziehungen beim Stabs-Modell*

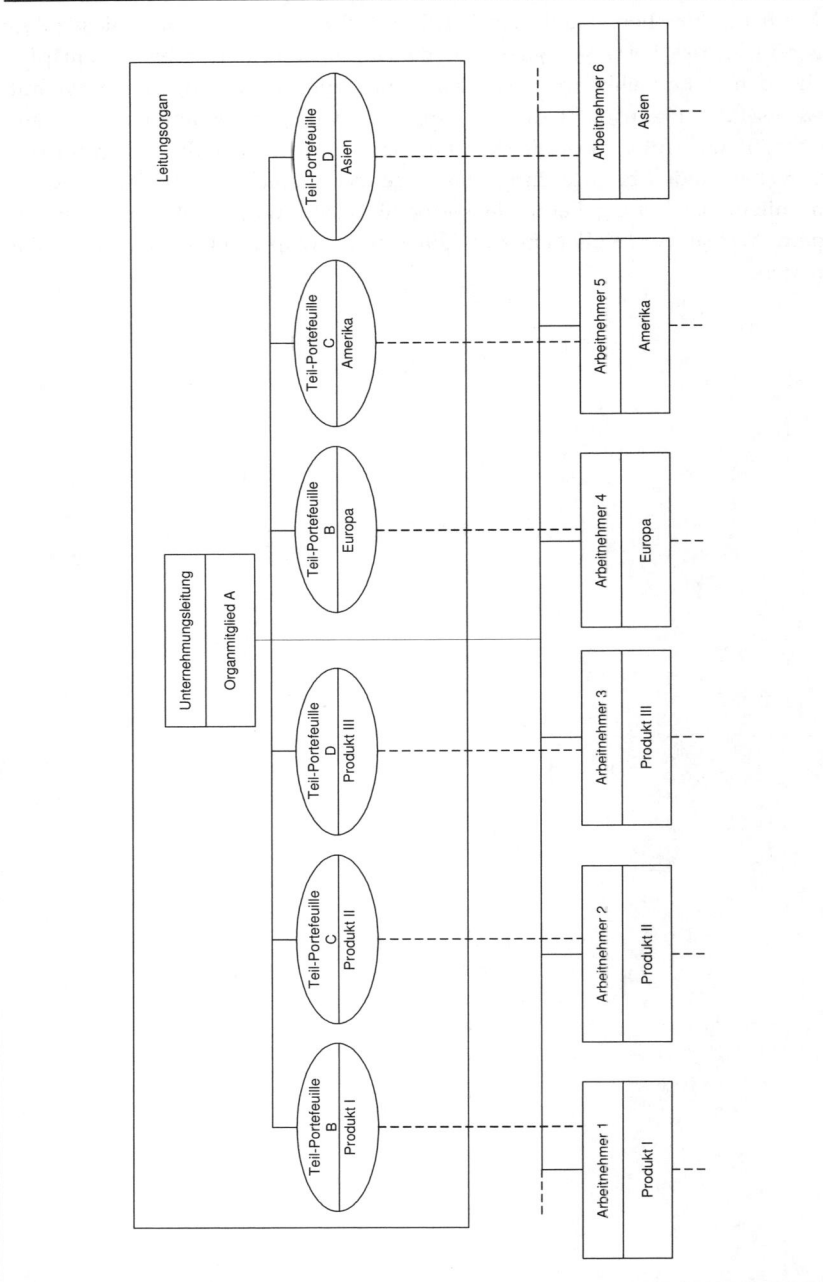

3.2.2.2.1.2 Rechtsnorminduzierte Unterstützungen und Restriktionen der Bereichsbildung

Wie die rechtliche Zulässigkeit der Basismodelle hängen auch die rechtsnorminduzierten Unterstützungen und Restriktionen der Bereichsbildung davon ab, ob dem Leitungsorgan des Unternehmens aufgrund des geltenden Rechts der unternehmerischen Mitbestimmung ein Arbeitsdirektor angehört oder nicht. Im Weiteren ist daher ebenfalls zwischen Leitungsorganen mit und ohne Arbeitsdirektor zu differenzieren[753].

Mitbestimmungsfreie Leitungsorgane

Mit Blick auf die verschiedenen Alternativen der Bereichsbildung enthalten die aktienrechtlichen Vorschriften weder ausdrückliche Präferenzen noch grundlegende Restriktionen. Dem Aktiengesetz liegt zwar nach verbreiteter Ansicht als implizite Modellvorstellung eine funktionale Geschäftsverteilung zwischen den Vorstandsmitgliedern zu Grunde[754], so dass alternative Organisationsformen wie insbesondere eine spartenorientierte Gliederung auch vereinzelt juristisch problematisiert werden[755]. Diese juristische ,Spartendiskussion' wirft aber im Wesentlichen nur Fragen auf, die das Ausmaß der Delegation betreffen und von der Form der Bereichsbildung prinzipiell unabhängig sind (siehe Abbildung 3-49)[756].

AG

---

753 Siehe zu den gesetzlichen Voraussetzungen für die Bestellung eines obligatorischen Arbeitsdirektors Abschnitt 2.1.2.2.2.2, S. 80 f.
754 Vgl. nur Bayer [Formen] 2.
755 Vgl. vor allem Schwark [Spartenorganisation] und Wendeling-Schröder [Divisionalisierung].
756 Zum Ganzen v. Werder [Organisationsstruktur] 296 ff.

Abbildung 3-49 | **Juristische Spartendiskussion**

In der juristischen ‚Spartendiskussion' wird vor allem die Frage aufgeworfen, ob sich der Vorstand bei dieser Organisationsform durch die Einrichtung von ‚quasi-autonomen' Organisationseinheiten (Sparten) in unzulässigem Maße seines (gemeinschaftlichen) gesetzlichen Leitungsauftrags begibt. Hiermit ist streng genommen aber nicht ein Problem der Formulierung von Kompetenzinhalten (Bereichsbildung) angesprochen, sondern der Festlegung der Kompetenzspielräume der Spartenleiter (Delegation). Die (reine) Spartenstruktur erfüllt zwar aufgrund ihres spezifischen Interdependenzprofils in der Tendenz wichtige Voraussetzungen für eine vergleichsweise starke Dezentralisation von Entscheidungskompetenzen. Sie ist gleichwohl nicht durch einen zwangsläufig hohen Delegationsgrad charakterisiert, da einerseits die in der Praxis üblichen mehrdimensionalen Bereichsbildungen die Interdependenzsituation koordinationsrelevant verändern. Andererseits hängt das im Einzelfall tatsächlich gegebene Ausmaß der Dezentralisation von weiteren Einflussfaktoren wie beispielsweise der Delegationsbereitschaft der Unternehmensleitung ab.

Keine generellen Gestaltungsrestriktionen | Grundsätzlich steht demnach das gesamte Bündel der ein- und mehrdimensionalen Gliederungsmöglichkeiten für die Kompetenzabgrenzung im mitbestimmungsfreien Vorstand zur Wahl. Aus Gründen des aktienrechtlich verankerten Kollegialprinzips ist insoweit bei der Ressortbildung lediglich darauf zu achten, dass nicht durch (extrem) ungleichgewichtige Kompetenzinhalte (z. B. je ein Vorstandsressort für Nordamerika und Belgien bei flächenproportionalem Umsatz) eine zu große Asymmetrie der Zuständigkeiten zwischen den Vorstandsmitgliedern entsteht.

GmbH | Die GmbH-typische Organisationsflexibilität gilt auch für die Bereichsbildung. Infolgedessen stehen – sofern kein obligatorischer Arbeitsdirektor zu bestellen ist – die dargestellten Alternativen für die Festlegung der Kompetenzinhalte der einzelnen Geschäftsführer hier ebenfalls ohne Ausnahme zur Verfügung. Dabei erweitert die fehlende Betonung des Kollegialprinzips im GmbH-Recht den Organisationsspielraum noch im Vergleich zur Aktiengesellschaft, da bei der Abgrenzung der Zuständigkeiten keine Kompetenzgleichgewichte zwischen den einzelnen Organmitgliedern hergestellt werden müssen. Auch deutliche Unterschiede im Gewicht der Verantwortungsbereiche sind damit – analog zu den direktorialen Formen der Leitungsorganisation – ohne weiteres erlaubt.

Mitbestimmte Leitungsorgane

In Aktiengesellschaften und Gesellschaften mit beschränkter Haftung, die dem Montan-MitbestG oder dem MitbestG unterfallen, ist als gleichberechtigtes Mitglied des Leitungsorgans ein Arbeitsdirektor zu bestellen, der wie die übrigen Organmitglieder im engsten Einvernehmen mit dem Gesamtorgan seine Aufgaben auszuüben hat (siehe § 13 Abs. 1 Satz 1, Abs. 2 Satz 1 Montan-MitbestG und § 33 Abs. 1 Satz 1, Abs. 2 Satz 1 MitbestG). Die spezifischen, neben die allgemeinen Organzuständigkeiten tretenden Aufgaben des Arbeitsdirektors werden für beide Vorschriften prinzipiell übereinstimmend interpretiert[757] und umfassen den so genannten *Kernbereich der personellen und sozialen Fragen in der Unternehmung*[758]. Durch die Institution des Arbeitsdirektors wird mithin der Kreis der zulässigen Alternativen der Bereichsbildung merklich eingeschränkt, da sie die Verankerung einer bestimmten Funktion (Personal- und Sozialwesen) auf der Ebene des Leitungsorgans verlangt. Rein spartenorientierte oder regionale Organisationsformen sowie mehrdimensionale Gliederungen, die lediglich die Produkt- und die Marktperspektive berücksichtigen, sind für Leitungsorgane mit Arbeitsdirektor somit aus Rechtsgründen ausgeschlossen bzw. entsprechend funktionsorientiert zu modifizieren.

3.2.2.2.2 Konsequenzen der Bereichsbildung

Organisatorische Teilbereiche der Unternehmung bilden häufig – unter Bezeichnungen wie z. B. Betrieb[759], Betriebsteil[760] und Teilbetrieb[761] – Anknüpfungspunkte bedeutsamer Rechtsfolgen, die nicht selten in ganz unterschiedlichen Rechtsgebieten eintreten können. Gestaltungsentscheidungen zur Etablierung und Kompetenzausstattung organisatorischer Einheiten können demnach unter Umständen erhebliche, auch einzelgesetzübergreifende rechtsnorminduzierte Konsequenzen zur Folge haben[762]. Die insoweit juristisch relevanten Organisationsmaßnahmen betreffen allerdings im Normalfall Hierarchieebenen unterhalb des Leitungsorgans. Entscheidungen zur Bereichsbildung, die das Leitungsorgan bzw. die Unternehmensleitung selbst betreffen und an dieser Stelle im Vordergrund stehen, richten sich hingegen vor allem nach den Effizienzwirkungen der verschiedenen

Relevanz rechtlicher Konsequenzen

---

[757] Vgl. Ballerstedt [Mitbestimmungsgesetz] 148 f.

[758] Vgl. FN 457.

[759] Siehe als Auswahl für betriebsbezogene Rechtsnormen § 1 BetrVG, § 1 Abs. 1 KSchG, § 1 Abs. 1 Satz 1 BetrAVG, § 1 Abs. 1 TVG, § 11 Satz 1 ASiG, § 7 Abs. 1 BUrlG und § 4 Abs. 2 ArbnErfG.

[760] So in § 4 Abs. 1 Satz 1 BetrVG.

[761] Siehe z. B. § 8 Abs. 1 Satz 1 KStG i. V. m. § 16 Abs. 1 Nr. 1 EStG und § 8 Nr. 1, 2 GewStG.

[762] Siehe im Einzelnen v. Werder [Organisationsstruktur] 355 ff.

Alternativen. Die weiteren Ausführungen konzentrieren sich daher auf die betriebswirtschaftlichen Konsequenzen der Bereichsbildung.

Effizienzkonzept

Die betriebswirtschaftliche Bewertung der verschiedenen Formen der Bereichsbildung kann auf das generelle Effizienzkonzept zurückgreifen, das oben entwickelt worden ist und – wie dort ausgeführt wurde – auf das jeweils vorliegende Bewertungsproblem zuzuschneiden ist. Dabei ist zwischen der Konfigurationseffizienz und der Motivationseffizienz zu unterscheiden[763].

Konfigurationseffizienz

Rahmenstruktur

Mit der Bereichsbildung auf der Ebene des Leitungsorgans wird die *Rahmenstruktur* festgelegt, welche die grundlegende Gliederung der Unternehmung zum Ausdruck bringt und zur Bildung der großen organisatorischen Teilbereiche direkt unterhalb der Unternehmensleitung führt. Diese Struktur gibt somit den Gesamtrahmen für die Wertschöpfungsaktivitäten der Unternehmung vor.

Effizienzfelder

Differenziert man die wertschöpfenden Handlungen in *Input-* und in *Outputaktivitäten* aus und unterscheidet man jeweils zwischen *unternehmensexternem* und *unternehmensinternem* Input bzw. Output, so werden die betreffenden Aktivitäten je nach der gewählten Form der Bereichsbildung in spezifischer Weise zusammengefasst (konzentriert) oder auf mehrere Organisationsbereiche verteilt (dekonzentriert). Hieran anknüpfend lassen sich die in Abbildung 3-50 dargestellten vier Felder für die Beurteilung der Effizienz alternativer Rahmenstrukturen bilden, die jeweils anhand der eintretenden Konzentrations- und Dekonzentrationseffekte (als Effizienzkriterien) abzuprüfen sind. Diese Effekte beruhen auf der generell gültigen Tendenz, dass eine organisatorische Zusammenfassung von (Entscheidungen über bestimmte) Teilaktivitäten Autonomiekosten (aufgrund verbesserter kognitiver Entscheidungsgrundlage) senkt (*Konzentrationseffekte*). Eine Verteilung auf verschiedene (autonom handelnde) Organisationseinheiten hingegen reduziert der Tendenz nach Abstimmungskosten (*Dekonzentrationseffekte*).

---

[763] Siehe Abschnitt 3.2.1.2.1.1, S. 204 ff. Vgl. zur Effizienzbewertung der verschiedenen Formen der Bereichsbildung allgemein auch Frese [Grundlagen] 258 ff.; Frese/v. Werder [Zentralbereiche] 24 ff.; Seidel/Redel [Führungsorganisation] 96 ff.; Krüger [Organisation] 95 ff.; Schreyögg [Organisation] 129 ff.; Meckl [Regionalorganisation] 1257 ff.; Schewe [Spartenorganisation] 1339 f.

Handlungsrationales Effizienzkonzept für Rahmenstrukturen

Abbildung 3-50

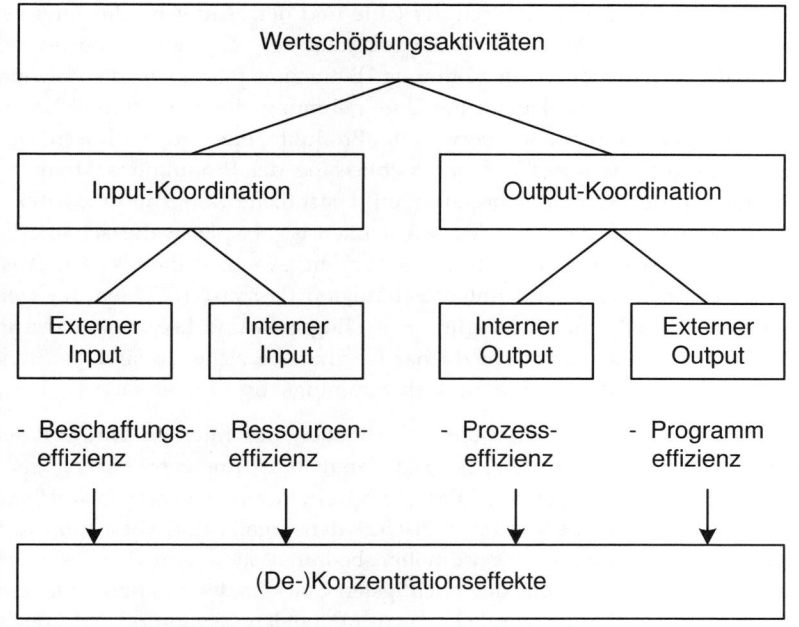

Die Effekte einer Konzentration bzw. Dekonzentration der externen sowie internen Input- und Outputaktivitäten schlagen sich konkret in der Beschaffungs-, Ressourcen-, Prozess- und Programmeffizienz des jeweils betrachteten organisatorischen Arrangements nieder. Dabei wird mit der *Beschaffungseffizienz* die Zweckmäßigkeit der Koordination des externen Inputs bewertet. Hier lautet die Frage, wie (informationell und methodisch) gut und mit welchem (Zeit- und Ressourcen-)Aufwand Beschaffungsmarktpotentiale ausgeschöpft und eventuelle Beschaffungsinterdependenzen berücksichtigt werden. Im Fall einer Funktionalorganisation, die in ihrer klassischen Grundform Organisationseinheiten für Beschaffung, Produktion und Absatz vorsieht, lassen sich insofern tendenziell Autonomiekosten in erheblichem Maße vermeiden, da sämtliche Beschaffungsaktivitäten abgestimmt innerhalb des einen (und einzigen) Beschaffungsbereichs entschieden werden. Auf diese Weise können z. B. konkret – etwa durch die Bündelung der Bestellung von gemeinsamen Rohstoffen für verschiedene Produkte – günstigere Einkaufskonditionen erreicht werden als bei einer Spartenorganisation oder einer Regionalorganisation, da und soweit dort die einzelnen Ge-

Beschaffungseffizienz

schäftsbereiche jeweils isoliert voneinander (mit kleineren Bestellmengen) an den Beschaffungsmarkt herantreten.

Ressourcen-effizienz

Die *Ressourceneffizienz* fragt nach der Güte und dem Aufwand des internen Inputs, mit anderen Worten also der Nutzung der vorhandenen Sach- und Personalressourcen der Unternehmung. Betrachtet man z. B. die Ausnutzung der Produktionsanlagen einer Unternehmung, die unterschiedliche, im Herstellungsverfahren aber verwandte Produkte erzeugt, so lassen sich durch eine organisatorische Zusammenfassung der Produktionsaktivitäten (wie im Fall der Funktionalorganisation) beachtliche Konzentrationseffekte des Ressourceneinsatzes erzielen. Zu denken ist beispielsweise an Vorteile der Größendegression und an einen vergleichsweise reibungslosen Ausgleich zwischen über- und unterbeschäftigten Ressourcen. Fallen dagegen bei einer Produkt- oder Marktgliederung Engpass- und Leerkapazitäten in die Zuständigkeiten unterschiedlicher Geschäftsbereiche, so sind der Tendenz nach höhere Autonomie- und Abstimmungskosten zu erwarten.

Prozesseffizienz

Mit der *Prozesseffizienz* wird die Koordination des internen Outputs der gebildeten Organisationsbereiche und damit ihrer innerbetrieblichen Leistungsverflechtungen bewertet. Hier ist im Kern zu untersuchen, in welchem Maße Prozessinterdependenzen zwischen den organisatorischen Einheiten auftreten und folglich ein Koordinationsbedarf besteht. Auf dem Feld der Prozesseffizienz liegt eine der wichtigsten Stärken der Sparten- und der Regionalorganisation im Vergleich zur funktionalen Gliederung. Bei konsequenter Umsetzung dieser Gliederungsprinzipien vollziehen sich die Wertschöpfungsprozesse pro Produkt bzw. Region jeweils vollständig innerhalb der einzelnen Geschäftsbereiche, sodass zwischen den Produkt- bzw. Regionalbereichen kein Leistungsaustausch stattfindet. Da somit auf dieser Ebene keine Prozessinterdependenzen existieren, lassen sich insoweit (ohne Inkaufnahme von Autonomiekosten) Abstimmungskosten vermeiden, anders gewendet also Dekonzentrationseffekte realisieren.

Programm-effizienz

Die *Programmeffizienz* schließlich beurteilt, mit welcher Qualität und welchem Aufwand das Absatzprogramm als externer Output der Unternehmung koordiniert wird. Genauer formuliert geht es hier um den Aufbau und die Ausschöpfung der Unternehmenspotentiale auf dem Absatzmarkt (z. B. Image der Produkte) sowie die Existenz koordinationsrelevanter Absatzmarktinterdependenzen. In Hinblick auf die Programmeffizienz kann eine Spartenorganisation gegenüber funktionalen oder marktorientierten Gliederungen deutlich im Nachteil sein. Bestehen zwischen den Produkten der Unternehmung Marktverbundenheiten (Beispiel: Substitutionskonkurrenz oder Systemgeschäft[764]), so treten im Fall der Spartenorganisation absatzmarktbezogene Interdependenzen zwischen den Organisationsbereichen

---

[764] Siehe Abschnitt 3.2.1.2.1.1, S. 208.

(Sparten) der zweiten Hierarchieebene auf, deren Koordination nicht unproblematisch ist. Bieten hingegen bei einer Regionalorganisation Organisationseinheiten, die für geographisch getrennte Märkte zuständig sind (Regionalbereiche), oder aber der eine Absatzbereich im Fall der Funktionalorganisation jeweils alle Produkte der Unternehmung ihren verschiedenen Abnehmergruppen an, so entfallen auf der zweiten Hierarchieebene die Marktinterdependenzen und damit auch die entsprechenden Koordinationsnotwendigkeiten. Voraussetzung hierfür ist im Fall der Regionalorganisation allerdings eine trennscharfe Marktsegmentierung, die dem tatsächlichen Kundenverhalten entspricht. Marktinterdependenzen zwischen Regionalbereichen lassen sich somit nur dann vermeiden, wenn die Kunden nicht aufgrund überregionaler Beschaffungsaktivitäten alternativ an unterschiedliche Regionalbereiche herantreten (können).

Die Effizienzbewertung der drei grundlegenden Alternativen für die organisatorische Gliederung einer Unternehmung zeigt, dass die betrachteten Formen der Bereichsbildung jeweils bestimmte Stärken und Schwächen aufweisen (siehe Abbildung 3-51). Keine dieser ‚reinen‘ (eindimensionalen) Rahmenstrukturen ist somit den anderen Organisationsformen in allen Belangen gleichwertig oder sogar überlegen. Bei der Beurteilung der betriebswirtschaftlichen Konsequenzen der alternativen Möglichkeiten zur Bereichsbildung werden mit anderen Worten *Zielkonflikte* deutlich, die prinzipiell auf zwei verschiedenen Wegen bewältigt werden können. Zum einen ist es denkbar, die verschiedenen Effizienzkriterien mit Blick auf die verfolgte Unternehmensstrategie zu gewichten und dann diejenige Organisationsalternative zu wählen, welche die strategiekritischen Kriterien am besten erfüllt[765]. Hat sich beispielsweise eine Unternehmung für eine Kostenführerschaftsstrategie entschieden, so wäre hiernach der Beschaffungs- und der Ressourceneffizienz ein besonders hohes Gewicht beizumessen und dementsprechend einer Funktionalorganisation der Vorzug zu geben. Allerdings sind dann die möglichen Nachteile der gewählten Rahmenstruktur (im Beispiel der Funktionalorganisation: hinsichtlich der Prozesseffizienz) in Kauf zu nehmen. Da diese Nachteile oft gravierend und letztlich nicht akzeptabel sind, wird in der Praxis an Stelle der ‚Gewichtungslösung‘ oft ein anderer Weg beschritten. Er besteht darin, statt eindimensionaler Bereichsbildungen mit ihren vergleichsweise extremen Vor- und Nachteilen mehrdimensionale Gliederungen vorzunehmen, die alle wichtigen Effizienzanforderungen in ausreichendem Maße erfüllen. Die regelmäßigen Zielkonflikte zwischen den Effizienzkriterien bilden damit die Erklärung, warum zumindest bei großen Unternehmen in der Realität mehrdimensionale Rahmenstrukturen vorherrschen.

*Gesamt-
beurteilung*

Zielkonflikte

*Vorzug mehr-
dimensionaler
Strukturen*

---

[765] Vgl. hierzu und zum Folgenden auch Frese/v. Werder [Kundenorientierung] 8; Frese [Grundlagen] 278 ff.; Krüger/v. Werder [Zentralbereiche] 284 f.

Abbildung 3-51

Stärken und Schwächen alternativer Rahmenstrukturen

Kriterien \ Struktur	Funktional-organisation	Sparten-organisation	Regional-organisation
Beschaffungs-Effizienz	+	./.	./.
Ressourcen-Effizienz	+	./.	./.
Prozess-Effizienz	./.	+	+
Programm-Effizienz	+	./.	+

Motivationseffizienz

Im Rahmen der Konfigurationseffizienz werden Effizienzanalysen unter der Annahme durchgeführt, dass die Handlungsträger ihre Fähigkeiten und Fertigkeiten im Sinne der Unternehmensziele einsetzen. Diese Prämisse ist in der Realität selbstredend nicht immer erfüllt. Aus diesem Grund muss eine umfassende Bestandsaufnahme der Konsequenzen organisatorischer Alternativen auch eine Analyse der *strukturimmanenten Motivationseffekte* umfassen, die alternative Organisationsformen aufgrund ihrer jeweiligen Kompetenzstrukturen bewirken. Nach den oben angestellten Überlegungen ist dabei grundsätzlich auf die *Autoritätseffekte* und die *Autonomieeffekte* einer bestimmten Organisationsform abzustellen[766]. Im Fall der Einschätzung der Motivationseffizienz alternativer Formen der Bereichsbildung auf der Ebene des Leitungsorgans kann allerdings davon ausgegangen werden, dass die betreffenden ‚Bereichsleiter' – also die Topmanager – eher durch Autonomie zu motivieren sein werden als durch Autorität. Infolgedessen wird im Weiteren lediglich untersucht, welche Autonomieeffekte mit den alternativen

Konzentration auf Autonomie-effekte

---

[766] Siehe näher Abschnit 3.2.1.2.1.1, S. 209 f.

Rahmenstrukturen vermutlich verbunden sein werden[767]. Dabei erfolgt eine Konzentration auf die Motivation der Handlungsträger, welche die gebildeten Funktions-, Produkt- oder Markt- bzw. Regionalbereiche leiten. Zu beachten ist ferner, dass die angestellten Effizienzanalysen nur für die ‚reinen‘ (eindimensionalen) Rahmenstrukturen gelten. Ihre Ergebnisse lassen sich nur mit entsprechenden Modifikationen auf mehrdimensionale Bereichsbildungen übertragen, die aufgrund ihrer komplexeren Kompetenzstrukturen (noch) weniger eindeutige Effizienzurteile erlauben.

Im Kreis der drei grundlegenden Rahmenstrukturen weist die *Funktionalorganisation* vergleichsweise schlechte Voraussetzungen für die Realisierung von Autonomieeffekten auf. Die hier – z. B. für Beschaffung, Produktion und Absatz – gebildeten Unternehmensbereiche sind regelmäßig durch intensive Leistungsverflechtungen (Prozessinterdependenzen) miteinander verbunden, die einen tendenziell hohen Koordinationsbedarf verursachen. Die Bereichsleiter sind daher in mehr oder weniger großem Maße gezwungen, ihre Aktivitäten untereinander abzustimmen. Eine weit gehend autonome Bereichsleitung kommt daher im Fall der Funktionalorganisation nicht in Betracht. Bei einer *Spartenorganisation* und einer *Regionalorganisation* können sich dagegen eher Autonomieeffekte einstellen, da und soweit Prozessinterdependenzen zwischen den Produkt- bzw. Regionalbereichen entfallen. Allerdings ist zu beachten, dass bei der produktorientierten Gliederung Marktinterdependenzen zwischen den Sparten existieren können, die – namentlich beim Systemgeschäft – letztlich ebenfalls bestimmte Koordinationsmaßnahmen erfordern und dann die Autonomie der Spartenleiter entsprechend einschränken. Gleiches gilt für eine regionale Gliederung, sofern Kunden des Unternehmens in mehreren Regionen zugleich operieren und daher die verschiedenen Regionalbereiche gegeneinander ‚ausspielen‘ können. Unter diesen Umständen kann die vorgenommene Marktsegmentierung durchlässig werden und aufgrund der dann vorliegenden Marktinterdependenzen ein Koordinationsbedarf zwischen den regionalen Einheiten entstehen.

Funktional-organisation

Sparten- und Regional-organisation

---

[767] Vgl. allgemein zur Motivationsbewertung alternativer Formen der Bereichsbildung auch Frese [Grundlagen] 273 ff.; Frese/v. Werder [Zentralbereiche] 33 f.; Krüger [Organisation] 95 ff.; Schreyögg [Organisation] 129 ff.

Da Prozessinterdependenzen im Vergleich mit Marktinterdependenzen deutlicher spürbar sind und ihr Koordinationsbedarf daher stärker empfunden wird, sind produkt- und marktorientierte Bereichsbildungen unter Autonomiegesichtspunkten allerdings insgesamt der Tendenz nach positiver zu beurteilen als Funktionalstrukturen. Zu beachten ist allerdings, dass die eingeräumte Autonomie der Bereichsleiter keineswegs zwangsläufig zu Motivationswirkungen führen muss, die aus Sicht der Gesamtunternehmung als vorteilhaft einzustufen sind. Die Autonomieeffekte werden tendenziell zwar bewirken, dass sich die Leiter der Produkt- bzw. Regionaleinheiten besonders stark für die Belange ,ihrer' Bereiche engagieren.

Ressortegoismus Allerdings kann die vergleichsweise große Unabhängigkeit der Bereichsleiter auch ihren ,Ressortegoismus' verstärken, der den Blick für die übergeordneten Unternehmensziele verstellt und vor allem beim Ressort-Modell der Leitungsorganisation virulent ist[768]. Dieser strukturimmanente Effekt kann durch *strukturflankierende Anreizsysteme*, wie sie in der Praxis nicht selten sind, noch deutlich verstärkt werden. Zu denken ist namentlich an das

Profit Center *Profit Center-Konzept*, das den Erfolg der einzelnen Geschäftsbereiche nach ihrem jeweiligen wirtschaftlichen Bereichsergebnis beurteilt und hieran die (unter Umständen individuell veröffentlichte[769]) Vergütung der Bereichsleiter knüpft[770]. Unter diesen Bedingungen wird eine bereichsübergreifende Kooperation im Sinne des Unternehmensinteresses – etwa bei der Ressourcenverteilung auf die Unternehmensbereiche oder zur Koordination existierender Marktinterdependenzen – aus motivationaler Sicht ohne Zweifel mehr behindert als gefördert.

---

[768] Siehe Abschnitt 3.2.1.2.1.2, S. 237.

[769] Wie sich die im Rahmen der Corporate Governance-Debatte angestoßene individualisierte Veröffentlichung der Vergütung von Vorständen börsennotierter Gesellschaften auf den Ressortegoismus bzw. das Kooperationsverhalten der Organmitglieder auswirken wird, ist eine interessante, heute allerdings mangels praktischer Erfahrungen noch nicht abschließend zu beantwortende Frage. Vgl. zur Veröffentlichung der Vergütungen der einzelnen Vorstandsmitglieder Tz. 4.2.4 DCGK sowie das neue Gesetz zur Offenlegung der Vorstandsvergütungen (Vorstandsvergütungs-Offenlegungsgesetz – VorstOG) und dazu Fleischer [Vorstandsvergütungs-Offenlegungsgesetz]; Augsberg [Aspekte]; Strieder [Anmerkungen]; Menke/Porsch [Grenzen].

[770] Zum Profit Center-Konzept näher Frese/Lehmann [Center]; Steinle/Krummaker [Center].

3.3 Leitungsorganisation im Konzern

3.3.1 Grundlagen

Die Leitungsorganisation legt die Kompetenzen der Mitglieder eines mehrköpfigen Leitungsorgans fest und regelt die Anbindung der nachgelagerten Organisationseinheiten an die Unternehmungsleitung[771]. Im Konzern bildet der Vorstand der Muttergesellschaft[772] als *Konzernvorstand* das Leitungsorgan der Gesamtunternehmung. Die Kompetenzverteilung im Konzernvorstand und seine Kompetenzbeziehungen zu den Handlungsträgern auf den tieferen Hierarchieebenen bilden damit den Gegenstand der Leitungsorganisation im Konzern oder kurz der *Konzernleitungsorganisation*.

Ob und welche Besonderheiten der Konzernleitungsorganisation sich im Vergleich mit der Leitungsorganisation der Einheitsunternehmung ergeben, hängt zunächst davon ab, inwieweit sich die Kompetenzregelungen für den Vorstand und seine direkte Verknüpfung mit den nachgelagerten Ebenen innerhalb der Rechtsformgrenzen der Muttergesellschaft bewegen (siehe Abbildung 3-52) oder aber diese Grenzen überschreiten (siehe Abbildung 3-53). Welche dieser beiden Konstellationen im Einzelfall vorliegt, richtet sich vor allem nach dem Einsatz der Konzernvorstandsmitglieder und dem Unternehmensprofil des Konzerns[773]. Konzernmutterübergreifende Formen der Leitungsorganisation ergeben sich danach zum einen dann, wenn die Mitglieder des Konzernleitungsorgans nicht lediglich im Konzernvorstand Aufgaben übernehmen, sondern auch in Organen von Tochtergesellschaften. Zum anderen greifen die direkten Kompetenzbeziehungen zwischen Konzernvorstand und Tochtervorständen über die Rechtsformgrenzen der Muttergesellschaft hinaus, sofern die Tochtergesellschaften des Konzerns in der Unternehmungshierarchie hoch positioniert und die Tochtervorstände dem Konzernvorstand unmittelbar unterstellt werden.

Konzernleitungsorganisation

Muttergesellschaftsinterne und -übergreifende Konzernleitungsorganisation

---

[771] Siehe Abschnitt 1.2.2, S. 42.

[772] Die Überlegungen zur Leitungsorganisation im Konzern beschränken sich (wie bei der Konzernspitzenorganisation) aus Umfanggründen auf aktienrechtlich verfasste Konzernunternehmungen.

[773] Zum Unternehmensprofil näher Abschnitt 2.1.2.1.2.2, S. 58 ff.

Abbildung 3-52 | *Konzernmutterinterne Leitungsorganisation*

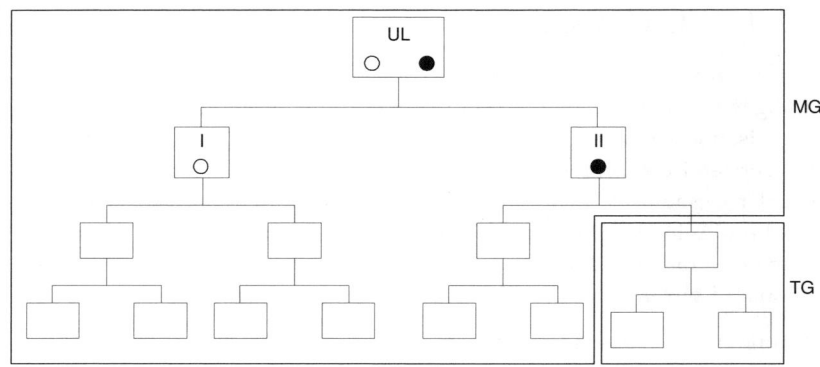

UL: Unternehmungsleitung
MG: Muttergesellschaft
TG: Tochtergesellschaft

Abbildung 3-53 | *Konzernmutterübergreifende Leitungsorganisation*

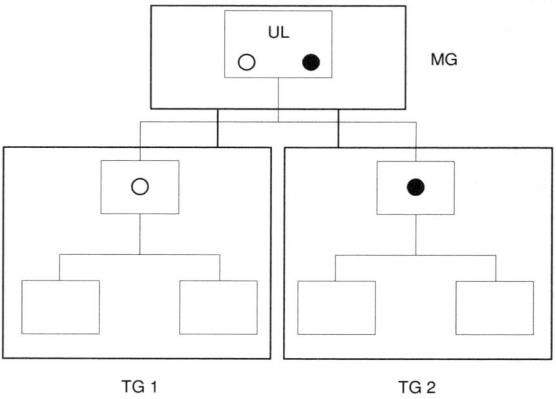

UL: Unternehmungsleitung
MG: Muttergesellschaft
TG: Tochtergesellschaft

Im Fall der rein *konzernmutterinternen* Leitungsorganisation lassen sich die Ausführungen zur Leitungsorganisation in der Einheitsunternehmung auf die Muttergesellschaft ohne grundsätzliche Modifikationen übertragen, da die juristische Untergliederung der Konzernunternehmung dann insoweit prinzipiell irrelevant ist. Bei einer *konzernmutterübergreifenden* Organisationsgestaltung hingegen resultieren aus der rechtlichen Selbständigkeit von Unternehmungsbereichen (Konzerngesellschaften) nicht unerhebliche Einflüsse auf die Leitungsorganisation, welche die Besonderheiten der Organisation der Unternehmungsleitung im Konzern ausmachen. Sie sollen im Folgenden anhand der Delegationsmöglichkeiten und der personellen Besetzung von Organpositionen im Konzern sowie der so genannten Vorstands-Doppelmandate veranschaulicht werden.

3.3.2   Delegation im Konzern

3.3.2.1   Gestaltungsspielräume der Delegation

Um die Delegationsmöglichkeiten im Konzern herausarbeiten und mit denen der Einheitsunternehmung vergleichen zu können, ist vorab zu klären, auf welchen ‚Schienen' eine Einflussnahme auf Tochtergesellschaften möglich ist und welche Stellung Konzerntöchter in der Unternehmungshierarchie bekleiden können (vgl. auch Abbildung 3-54)[774]. Schließt man personelle Verflechtungen zwischen organisatorischen Einheiten von Konzernmutter und Tochtergesellschaften an dieser Stelle aus[775], so ist die Einflussnahme zum einen gesellschaftsrechtlich kanalisiert über die Hauptversammlung und den Aufsichtsrat einer Tochter zulässig. Zum anderen kann die Muttergesellschaft im Fall des Faktischen Konzerns über einen (faktisch-) organisatorischen Weg direkt auf den Tochtervorstand Einfluss ausüben, während im Vertragskonzern diese Art der Einflussnahme auf die gesellschaftsrechtliche Grundlage des Beherrschungsvertrags gestellt ist.

Einflussschienen

Im Grundsatz gilt für sämtliche Einflussformen, dass die Ausübung der tochterbezogenen Kompetenzen nicht zwangsläufig dem (Gesamt-)Vorstand der Muttergesellschaft obliegt, sondern je nach der Bedeutung einer Tochter für den Gesamtkonzern durchaus von einzelnen Vorstandsmitgliedern oder auch Arbeitnehmern der Konzernmutter vorgenommen werden darf[776]. Lediglich die Wahrnehmung des beherrschungsvertraglichen Weisungsrechts durch Arbeitnehmer der Mutter ist juristisch streitig. Während früher nicht selten die Ansicht vertreten wurde, dass eine Übertragung prinzipiell

Einflussträger

---

774 Vgl. zum Folgenden ausführlicher v. Werder [Organisationsstruktur] 194 ff.

775 Siehe hierzu Abschnitt 3.3.4.1 , S. 352 ff.

776 Vgl. allgemein Barz [Kommentierungen] § 134 Anm. 27; Volhard [Kommentierungen] § 134 Rn. 36 f.; Kropff [Kommentierungen Aktiengesetz] § 311 Rn. 76; Hüffer [Aktiengesetz] § 311 Rn. 17; Krieger [Kommentierungen] § 69 Rn. 65; Koppensteiner [Kommentierungen Aktiengesetz] § 311 Rn. 17.

untersagt ist[777], hält sie die heute wohl herrschende Meinung für ohne weiteres zulässig[778]. Unter Hinweis auf das bestehende Rechtsrisiko wird im Folgenden allerdings die Zulässigkeit dieser Übertragung unterstellt, um die ansonsten erforderlichen rechtsnorminduzierten ‚Anordnungsumwege' ausklammern zu können.

Geht man zur Vereinfachung davon aus, dass sämtliche Kompetenzen, die der Konzernmutter aus den verschiedenen Einflussformen zustehen, nur einer Organisationseinheit zugewiesen werden, so lassen sich die in Abbildung 3-54 wiedergegebenen drei idealtypischen Modelle der Einbindung und Positionierung einer Tochtergesellschaft in der Unternehmungshierarchie unterscheiden.

---

[777] Vgl. z. B. Geßler [Kommentierungen] § 308 Rn. 17 f.; Schauß [Weisungsrecht] 92 ff.; Veelken [Betriebsführungsvertrag] 202 ff. sowie noch Kantzas [Weisungsrecht] 82.

[778] So z. B. Koppensteiner [Kommentierungen Aktiengesetz] § 308 Rn. 11 f.; Emmerich/Sonnenschein [Konzernrecht] 314; Altmeppen [Kommentierungen] § 308 Rn. 41; Emmerich [Kommentierungen Konzernrecht] § 308 Rn. 13; Eschenbruch [Konzernhaftung] Rz. 3030.

Idealtypische Modelle der organisatorischen Einbettung einer Tochtergesellschaft

Abbildung 3-54

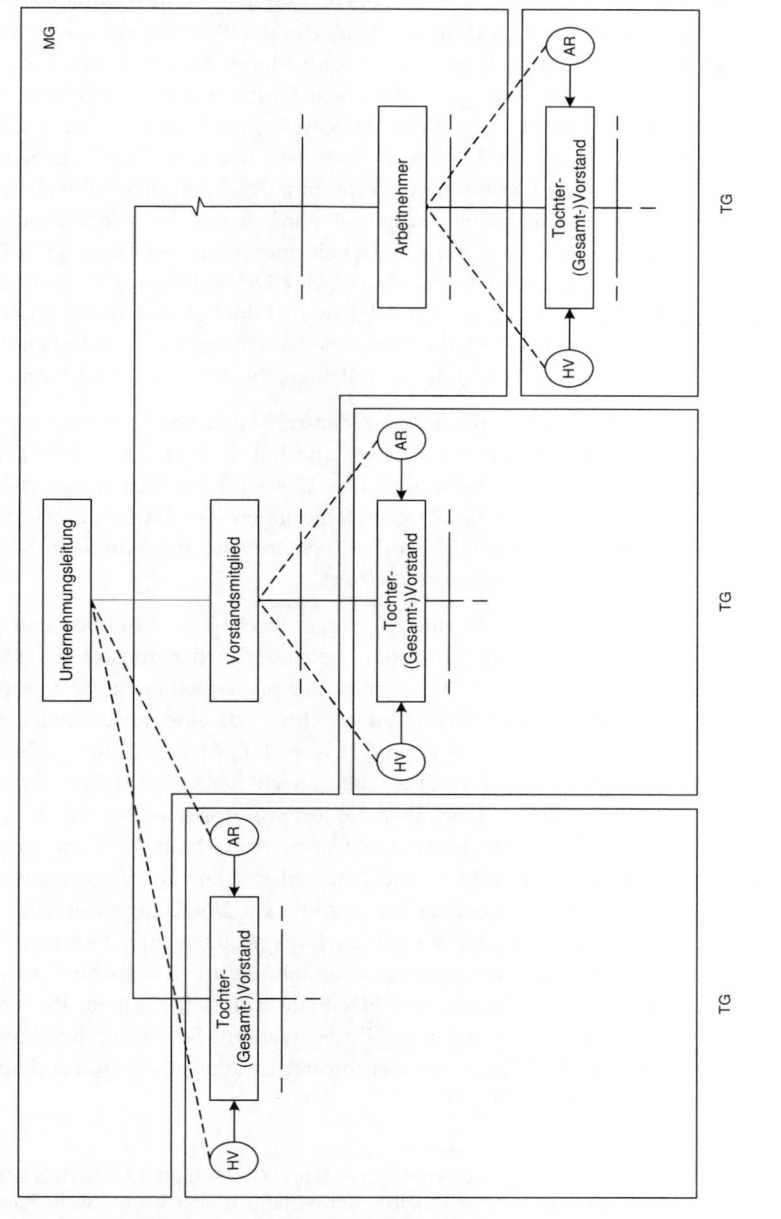

Dezentralisation

Vor diesem Hintergrund lässt sich nun konstatieren, dass den Tochtervorständen Entscheidungskompetenzen für ‚ihre' Gesellschaften zumindest bis zu dem vom Delegationstyp C[779] gezogenen Grenzen eingeräumt werden dürfen. Diese Feststellung gilt unabhängig von der Beteiligungsquote, Mitbestimmungskonstellation, Konzernform und hierarchischen Position einer Tochtergesellschaft. Als weit gehende ‚Nicht-Einflussnahme' auf ein rechtlich selbständiges Gebilde stellt diese Delegation geradezu den gesetzlichen Normalfall im Konzern dar. Inwieweit eine über den Typ C hinausgehende Autonomie abhängiger Gesellschaften erlaubt ist[780], kann hier dahinstehen, da die Einheit »Unternehmung« aufgelöst wird, wenn die Konzernmutter auch die tochterbezogenen Rahmenentscheidungen aus der Hand gibt. Da wie gezeigt in der Einheitsunternehmung der Delegationstyp C ebenfalls rechtsnormverträglich ist, bestehen folglich in Hinblick auf das zulässige Ausmaß der Dezentralisation keine prinzipiellen Unterschiede zwischen der rechtseinheitlich verfassten und der rechtlich gegliederten Unternehmung.

Zentralisation

Die konzernrechtliche Handhabung der Zentralisation von Entscheidungen ist demgegenüber deutlich differenzierter und teilweise restriktiver. Für die detailliertere Analyse der diesbezüglichen Gestaltungsspielräume werden im Weiteren zunächst jeweils 100 %-Beteiligungen der Muttergesellschaft sowie die Geltung der DrittelbG auf der Tochterebene angenommen. Diese beiden Prämissen werden später modifiziert.

Faktischer Konzern

Im *Faktischen Konzern* stehen der Muttergesellschaft bei 100-prozentiger Beteiligung die Hauptversammlungskompetenzen in der Tochter uneingeschränkt zu. Daneben sind der Konzernmutter prinzipiell auch die Kompetenzen des Aufsichtsrats der Tochter zuzurechnen, da eine nur drittelparitätische Besetzung dieses Organs nach § 4 Abs. 1 i. V. m. § 1 Abs. 1 Nr. 1 DrittelbG ihr dort ein komfortables Übergewicht belässt. Direkte Einwirkungen auf den Tochtervorstand über die ‚organisatorische Schiene' hingegen unterliegen gravierenden Einschränkungen. Außerhalb der Kompetenzbereiche von Hauptversammlung und Aufsichtsrat darf der Vorstand einer faktisch konzernierten AG gem. §§ 311 ff. AktG auf ‚Vorschläge' der Muttergesellschaft – in der Praxis gelegentlich auch als ‚Konzernbitte' bezeichnet – nur eingehen, wenn die angesonnenen Maßnahmen für die Tochter entweder nicht nachteilig sind oder zwar Nachteile mit sich bringen, die aber ausgleichsfähig sind und auch ausgeglichen werden. Selbst zur Befolgung vorteilhafter Empfehlungen der Konzernmutter ist der Tochtervorstand aber – juristisch – nicht verpflichtet[781].

---

[779] Siehe zu den Delegationsgraden vom Typ A, B und C Abschnitt 3.2.2.1.1.1, S. 271 f.

[780] Siehe zur rechtlich umstrittenen, betriebswirtschaftlich aber kaum zweifelhaften Konzernleitungspflicht Abschnitt 2.3, S. 168 ff.

[781] Zum nach ganz herrschender Meinung fehlenden Weisungsrecht der Muttergesellschaft gegenüber dem Vorstand einer nur faktisch konzernierten AG statt vie-

Neben der somit gebotenen Einzelfallprüfung jeder extern veranlassten Maßnahme fordert die Literatur zur Gewährleistung der Funktionsfähigkeit der §§ 311 ff. AktG, dass Vorstände faktisch konzernierter Aktiengesellschaften generell über eine möglichst autonome Stellung verfügen müssen[782]. Zulässig sind danach nur die zur Aufrechterhaltung der konzernkonstituierenden einheitlichen Leitung notwendigen Vorgaben der Muttergesellschaft. Angesichts dieser juristischen Wertungen lässt sich feststellen, dass im Faktischen Konzern der Delegationsgrad von Typ C nicht nur gestattet, sondern im Grundsatz auch geboten ist. Eine weiter gehende Entscheidungszentralisation ist daher hier – im Gegensatz zur Einheitsunternehmung – prinzipiell untersagt.

Delegationstyp C geboten

Die Wahl des Vertragskonzerns ändert die Rechtslage für die Ausübung der Kompetenzen von Hauptversammlung und Aufsichtsrat der Tochter durch die Muttergesellschaft im Grundsatz[783] nicht. Anders als im Faktischen Konzern darf der Tochtervorstand nun allerdings rechtsverbindlichen Weisungen unterworfen werden. Diese Anordnungen der Konzernmutter dürfen grundsätzlich auch nachteilig für die Tochtergesellschaft sein, sofern der Beherrschungsvertrag nichts anderes bestimmt (§ 308 Abs. 1 AktG).

Vertragskonzern

Eine unbeschränkte Weisungsbefugnis steht der Konzernmutter allerdings auch im Vertragskonzern nicht zu. Namentlich sind die allgemeinen, insbesondere betriebsverfassungs-, arbeits-, gesellschafts- und öffentlich-rechtlichen Vorschriften zu beachten, die auch in der Einheitsunternehmung Zentralisationsrestriktionen begründen und hier wie dort den Delegationstyp A verbieten[784]. Im Kernbereich der laufenden Unternehmungsführung hingegen ist der Vorstand einer beherrschungsvertraglich gebundenen AG nur dann berechtigt, die Befolgung einer Anordnung zu verweigern, wenn diese offensichtlich dem Konzerninteresse zuwiderläuft (§ 308 Abs. 2 AktG). Während Arbeitnehmer den Vollzug rechtmäßiger, nach ihrer Einschätzung aber *betriebswirtschaftlich* unzweckmäßiger Anweisungen letztlich nicht ablehnen dürfen, ist der Tochtervorstand somit selbst im Vertragskonzern berufen, neben der Recht- auch die Zweckmäßigkeit einer Weisung zu prüfen. Relativierend ist allerdings zu beachten, dass der Weisungsgeber in der

Delegationstyp A unzulässig

---

ler Koppensteiner [Kommentierungen Aktiengesetz] § 311 Rn. 139; Kropff [Kommentierungen Aktiengesetz] § 311 Rn. 281; Habersack [Kommentierungen Konzernrecht] § 311 Rn. 78; Hommelhoff [Gesellschaftsformen] 101.

[782] So am prägnantesten Hommelhoff [Konzernleitungspflicht] 138 f. sowie wohl Habersack [Kommentierungen Konzernrecht] § 311 Rn. 58, 77 f.; Koppensteiner [Kommentierungen Aktiengesetz] § 311 Rn. 47; Kropff [Kommentierungen Aktiengesetz] § 311 Rn. 10, 155, 312.

[783] Siehe zu einer Ausnahme bei einer paritätisch mitbestimmten Konzernmutter Abschnitt 2.2.1.1.2.2, S. 97.

[784] Siehe Abschnitt 3.2.2.1.1.2, S. 274 ff. sowie auch Altmeppen [Kommentierungen] § 308 Rn. 94 ff.

Muttergesellschaft aus *seiner* Pflichtenstellung heraus gehalten ist, das Wohl des Gesamtkonzerns und keine unternehmungsfremden Interessen zu verfolgen[785]. Die ‚Remonstrationskompetenz' des Tochtervorstands nach § 308 Abs. 2 Satz 2 AktG kann demnach in korrekt geführten Konzernen (ausnahmsweise) nur dort Bedeutung erlangen, wo zweifelhaft ist, ob die Konzernwirkungen umstrittener Maßnahmen ‚offensichtlich' negativ sind.

Delegationstyp B zulässig

Insgesamt erweisen sich damit Vorstände vertraglich beherrschter Tochtergesellschaften nicht als prinzipiell, sondern allenfalls graduell weisungsimmuner als vergleichbare Abteilungsleiter in konzernfreien Gesellschaften[786]. Wie in der Einheitsunternehmung darf im Vertragskonzern aus Rechtsgründen nicht der Delegationsgrad von Typ A, im Unterschied zum Faktischen Konzern aber – mit den genannten Besonderheiten – derjenige vom Typ B verwirklicht werden.

Fazit

Die aus Tochtersicht entwickelten Zentralisationsrestriktionen gelten ohne Ansehen der Einfluss nehmenden Person und damit unabhängig von der hierarchischen Position der Tochtergesellschaft[787]. Als Zwischenfazit kann damit festgestellt werden, dass sich der Konzern und die Einheitsunternehmung in Hinblick auf die erlaubte Dezentralisation nicht nennenswert voneinander unterscheiden. Unter Zentralisationsaspekten steht demgegenüber der Vertragskonzern der Einheitsunternehmung näher als dem Faktischen Konzern (vgl. Abbildung 3-55).

---

[785] Vgl. auch Hommelhoff [Konzernleitungspflicht] 149; Koppensteiner [Kommentierungen Aktiengesetz] § 308 Rn. 37.

[786] Vgl. auch Knoblau [Leitungsmacht] 53; Hommelhoff [Konzernleitungspflicht] 151.

[787] Vgl. für den Faktischen Konzern Kropff [Kommentierungen Aktiengesetz] § 311 Rn. 76; Koppensteiner [Kommentierungen Aktiengesetz] § 311 Rn. 17; für den Vertragskonzern die in den FN 777 und 778 genannten Quellen sowie die Ausführungen hierzu im Text.

Zulässige Delegationstypen in der Einheitsunternehmung, im Faktischen Konzern und im Vertragskonzern

Abbildung 3-55

Rechtsstruktur ⟍ Delegationsgrad	Einheits-unternehmung	Vertrags-konzern	Faktischer Konzern
Typ A	./.	./.	./.
Typ B	+	+	./.
Typ C	+	+	+

./. rechtlich unzulässig

\+ rechtlich zulässig

Die bei geänderten Beteiligungs- und Mitbestimmungskonstellationen vorzunehmenden Modifikationen der bisherigen Ergebnisse können im hier zur Verfügung stehenden Rahmen nur in ihren Grundzügen skizziert werden. Bei Beteiligungen unter 100 % reduziert sich der Einfluss der Konzernmutter in der *Hauptversammlung* der Töchter insoweit, als die jeweils vorausgesetzte Hauptversammlungsmehrheit nicht mehr (ohne weiteres) erreicht werden kann und damit Rücksichten auf Minderheitsaktionäre genommen werden müssen. Betroffen sind hiervon namentlich die so genannten Grundlagenbeschlüsse wie z. B. Satzungs-, Kapital- und Rechtsstrukturänderungen, die nur mit qualifizierter Mehrheit gefasst werden können. So kann beispielsweise auch der Vertragskonzern gem. § 293 Abs. 2 AktG nur noch im Einvernehmen mit außenstehenden Aktionären gewählt werden, sobald die Beteiligungsquote unter 75 % sinkt.

Niedrigere Beteiligungen

Die Anteilseignervertreter im *Aufsichtsrat* kann die Konzernmutter hingegen im Grundsatz zumindest so lange allein nach ihren Vorstellungen bestellen, als sie über die einfache Hauptversammlungsmehrheit verfügt[788]. Bei entsprechender Besetzung steht ihr somit prinzipiell unverändert sowohl die Ausübung der Aufsichtsratskompetenzen als auch – über den Transmissionsriemen des § 84 AktG (Vorstandsbestellung) – zumindest die faktisch-

---

[788] Siehe §§ 119 Abs. 1 Nr. 1; 101 Abs. 1 i. V. m. § 133 AktG und Mertens [Kommentierungen Aktiengesetz] § 101 Rn. 15; Hoffmann-Becking [Kommentierungen] § 30 Rn. 18; Hüffer [Aktiengesetz] § 101 Rn. 4; Semler [Kommentierungen Aktiengesetz] § 101 Rn. 54. Hinzuweisen ist allerdings auf die Entscheidung des OLG Hamm v. 3.11.1986 – 8 U 59/86 (Banning), DB 1986, 2658. Vgl. hierzu kritisch Timm [Grundfragen] sowie Mertens [Rechtsprechung] 40.

organisatorische Einflussnahme auf den Tochtervorstand innerhalb der §§ 311 ff. AktG offen.

Greift anstelle des DrittelbG auf Tochterebene das MitbestG ein, so ist der Aufsichtsrat der Tochter nach Köpfen paritätisch zu besetzen und ein Arbeitsdirektor in den Tochtervorstand zu wählen (§§ 7; 33 MitbestG). Während die *Hauptversammlung* von der Mitbestimmung weiterhin (rechtlich) unberührt bleibt, wird die Stellung der Konzernmutter im *Tochteraufsichtsrat* somit geschwächt. Es ist allerdings in Rechnung zu stellen, dass der im Regelfall von Anteilseignerseite gewählte (§ 27 Abs. 2 MitbestG) Vorsitzende des Aufsichtsrats in Pattsituationen nach mehrmaligen Wahlgängen eine Zweitstimme hat. Wenn auch zeitlich verzögert und unter Inkaufnahme eventueller Reibungsverluste kann sich die Muttergesellschaft daher juristisch auch in dem nach MitbestG zusammengesetzten Aufsichtsrat durchsetzen, sofern sämtliche Anteilseignervertreter ihrer Interessensphäre angehören.

Die direkten Einflussnahmen auf den *Tochtervorstand* werden ebenfalls durch das MitbestG nicht grundlegend behindert[789]. Der Faktische Konzern muss ohnehin schon aus gesellschaftsrechtlichen Gründen dezentral geführt werden. Für den Vertragskonzern bestätigt der weiterhin geltende § 308 Abs. 3 AktG, dass die Muttergesellschaft – allerdings mit Zustimmung ihres Aufsichtsrats – Weisungen an den Tochtervorstand letztlich auch gegen den Widerstand eines qualifiziert mitbestimmten Tochteraufsichtsrats erteilen darf.

Der *Arbeitsdirektor* ist – mit Ausnahme seiner gesetzlichen Kompetenzgarantie für den Kernbereich des Personal- und Sozialwesens – wie jedes Vorstandsmitglied zu behandeln. Hieraus folgt, dass die für den Faktischen Konzern und den Vertragskonzern allgemein herausgearbeiteten De- bzw. Zentralisationsspielräume im Prinzip auch in Hinblick auf den Arbeitsdirektor im Tochtervorstand bestehen. Insbesondere dürfen dem Arbeitsdirektor einer vertraglich beherrschten Tochter nach herrschender Meinung in dem nach der Organisationsphilosophie des jeweiligen Konzerns allgemein üblichen Umfang auch Weisungen erteilt werden[790].

Zusammengefasst zeigt die voranstehende Analyse somit, dass unter modifizierten Mitbestimmungsbedingungen allenfalls punktuelle[791], nicht aber

---

[789] Vgl. auch Fitting/Wlotzke/Wißmann [Mitbestimmungsgesetz] §§ 5 Rn. 28; 30 Rn. 23, 26 m. w. N.

[790] Vgl. Henssler [Kommentierungen] § 33 Rn. 52 ff.; Fitting/Wlotzke/Wißmann [Mitbestimmungsgesetz] § 33 Rn. 52 f.

[791] So ist die gesetzliche Übertragung des Kernbereichs des Personal- und Sozialwesens an den Arbeitsdirektor bei der Geschäftsverteilung im Tochtervorstand weisungsfest, vgl. Fitting/Wlotzke/Wißmann [Mitbestimmungsgesetz] § 33 Rn. 53.

grundlegende Änderungen des De- bzw. Zentralisationsgrads im Konzern *rechtlich zwingend* geboten sind.

3.3.2.2   Konsequenzen der Delegation

Wie in der Einheitsunternehmung lassen sich auch im Konzern prinzipiell betriebswirtschaftliche und rechtliche Konsequenzen der Delegation unterscheiden. Um den Rahmen dieses Buches nicht zu sprengen, müssen die rechtsnorminduzierten Delegationsfolgen im Weiteren allerdings ausgeblendet werden[792]. Im Zentrum der nachstehenden Überlegungen stehen damit die beiden führungsorganisatorischen Fragen, inwieweit die rechtliche Verselbständigung organisatorischer Teilbereiche die Durchsetzbarkeit der Gesamtzielsetzung (Konfigurationseffizienz) sowie die Motivation von Handlungsträgern (Motivationseffizienz) berührt.

3.3.2.2.1   Konfigurationseffizienz

Im *Faktischen Konzern* ist aufgrund der fehlenden Weisungsgebundenheit des Vorstands der Tochtergesellschaft Voraussetzung für jeden Koordinationserfolg, dass der Tochtervorstand derartigen Einflussnahmen generell zugänglich ist. Wenngleich diese Aufgeschlossenheit schon in Anbetracht der Personalkompetenz des Aufsichtsrats (§ 84 AktG) regelmäßige Praxis sein dürfte, sind die Koordinationshemmnisse im korrekt geführten Faktischen Konzern kaum zu übersehen. Zum einen darf sich die Abstimmung von Folgemaßnahmen innerhalb zulässiger Rahmenentscheidungen – durch Einzelempfehlungen, Pläne etc. – generell nicht derart verdichten, dass der Tochtervorstand von den Signalen des Marktes zu sehr abgekoppelt wird[793]. Zum anderen können die stets gebotene Zweckmäßigkeitsprüfung und das Benachteiligungsverbot vor allem in funktional gegliederten Konzernen aufgrund der dort besonders intensiven Leistungsverflechtungen zwischen den Tochtergesellschaften im Einzelfall (auch bei „Rahmenentscheidungen") erhebliche Reibungsverluste bewirken[794]. Unter Koordinationsaspekten erscheint der Faktische Konzern daher in der Tendenz nur für Strukturen empfehlenswert, bei denen die Tochtergesellschaften vergleichsweise unabhängig voneinander bestimmte Produkte oder Märkte betreuen.

Diese Schlussfolgerung ist allerdings insofern zu relativieren, als die Bedeutung der aufgezeigten Koordinationsprobleme für die Gesamtunternehmung mit dem hierarchischen Rang der Tochtergesellschaften korreliert. Im

Faktischer Konzern

Hierarchische Positionierung

---

[792] Siehe hierzu eingehend v. Werder [Organisationsstruktur] 270 ff.

[793] Vgl. auch Hommelhoff [Konzernleitungspflicht] 138 ff.; Kropff [Kommentierungen Aktiengesetz] § 311 Rn. 155.

[794] Vgl. zur Problematik funktionaler Faktischer Konzerne auch Küting [Aspekte] 383 f.

Holdingkonzern, der durch eine hohe hierarchische Positionierung der Konzerntöchter gekennzeichnet ist, prägen sie das Unternehmungsgeschehen ungleich stärker als im *Stammhauskonzern*, bei dem die Tochtergesellschaften eher kleine Teilbereiche abdecken und in der Hierarchie tendenziell niedrig ‚eingehängt' sind. Ein Pauschalurteil über das effektive Gewicht der Koordinationsfriktionen ist daher selbst für den Faktischen Konzern nicht möglich.

Vertragskonzern

Im *Vertragskonzern* ist die Konzernmutter bei ausreichender Beteiligung im Grundsatz rechtlich nicht gehindert, ihre Zielvorstellungen auch gegen den Widerstand der Tochtergesellschaften zur Geltung zu bringen. Insoweit darf ein Konzernunternehmen prinzipiell auch zu Gunsten von Muttergesellschaft oder Schwestergesellschaften zumindest solange benachteiligt werden, als die Existenzfähigkeit der betreffenden Tochtergesellschaft gewahrt bleibt[795]. Zwar lässt die rechtliche Untergliederung auch im Vertragskonzern eine Maßnahmenabstimmung insbesondere im operativen Bereich nicht unberührt. So dürfen beispielsweise ‚Fayol-Brücken' zwischen Arbeitnehmern verschiedener Konzerngesellschaften nur mit Einverständnis der Vorstände dieser Gesellschaften eingerichtet werden[796]. Nach den zuvor erarbeiteten Befunden existiert aber gleichwohl kein rechtliches Gebot, beherrschungsvertraglich gebundene Tochtergesellschaften in der laufenden Koordination prinzipiell anders als Unternehmensabteilungen zu behandeln. Koordinationsbesonderheiten ergeben sich im Vertragskonzern daher nicht *zwangsläufig*.

Zentrifugalkräfte im Konzern

Eine andere Frage hingegen ist, ob die mit der eigenen Rechtspersönlichkeit organisatorischer Teilbereiche als solcher verbundenen Effekte Tochtergesellschaften zwar nicht rechtlich zwingend, aber faktisch ein größeres Eigengewicht verleihen (können). Zunächst darf nicht verkannt werden, dass die fortgesetzte Ausschöpfung der nach Konzernrecht für die Muttergesellschaft bereitstehenden ‚Machtmittel' (z. B. Zweitstimmrecht des Aufsichtsratsvorsitzenden; Weisungsrecht gem. § 308 AktG) ohne Einvernehmen mit den auf Tochterebene zusätzlich etablierten Interessengruppen (vor allem: Arbeitnehmervertreter im Aufsichtsrat und eventuelle Minderheitsaktionäre) auf Dauer dysfunktional wirken muss. Ferner ist zu beachten, dass Tochtervorstände mit entsprechender Persönlichkeitsstruktur ihren zwar eingeschränkten, aber nicht aufgehobenen gesetzlichen Leitungsauftrag gem. § 76 Abs. 1 AktG sowie ihr Remonstrationsrecht (§ 308 Abs. 2 AktG) durchaus wirksam einsetzen können, um Diskussionen geplanter Vorhaben der Konzernmutter anzuberaumen und hierbei eigene (Entscheidungs-)Freiräume zu wahren. Es sprechen daher gute Gründe für die Möglichkeit, dass die Führung einer

---

[795] Zum – umstrittenen – Bestandsschutz für vertraglich beherrschte Tochtergesellschaften statt vieler Geßler [Kommentierungen] § 308 Rn. 55 (bejahend); Koppensteiner [Kommentierungen Aktiengesetz] § 308 Rn. 50 (verneinend).

[796] Vgl. v. Werder [Konzernstruktur] 591 ff. m. w. N.

Konzernunternehmung stärkere Widerstände zu erwarten hat und diese Widerstände bereits im Vorfeld ihrer Planungen antizipiert, sodass die Konzernkoordination aus Sicht der Gesamtunternehmung ‚verwässert' wird. Schließlich können etwa die Vorschriften über die strenge Organhaftung von (Tochter-)Vorstandsmitgliedern, die Rechenschaftsaspekte der einer Tochtergesellschaft obliegenden Publizitätspflichten und die (rechtlich) auf den Aufgabenbereich des Tochteraufsichtsrats reduzierten Kontrollpflichten der Muttergesellschaft[797] für eine Delegationsmentalität im Konzern sorgen, die den Leitern rechtlich verselbständigter Teilbereiche, also Tochtervorständen, generell eine vergleichsweise hohe Autonomie gewährt. Ungeachtet dieser Plausibilitätsüberlegungen dürfen Tochtergesellschaften im Vertragskonzern aber nicht als gleichsam automatisch weniger durchlässig für die Konzernführung angesehen werden. Die ‚Zentrifugalkräfte' vertraglich beherrschter Tochtergesellschaften hängen vielmehr von situativen Faktoren, insbesondere den beteiligten Persönlichkeiten und den faktischen Einflussverhältnissen, ab. Sie sind damit eher eine empirische als eine rechtliche Frage.

3.3.2.2.2 Motivationseffizienz

Über die motivationalen Besonderheiten des Konzerns liegen bislang keine umfassenden empirischen Untersuchungen vor, sodass Aussagen zur Motivation im Konzern weit gehend auf Plausibilitätsüberlegungen angewiesen sind. Zu unterscheiden ist dabei zwischen der Motivation der Vorstandsmitglieder und der Arbeitnehmer einer Tochtergesellschaft.

Nach einem weit gehend geteilten Argumentationsmuster sind Tochtergesellschaften mit prestigeträchtigeren Leitungsorganpositionen und einer höheren Autonomie ausgestattet und haben daher Motivationsvorteile gegenüber rechtlich unselbständigen Abteilungen[798]. Die These vom *Prestigevorsprung* der Leitungsorganmitglieder vor vergleichbaren Abteilungsleitern kann insofern überzeugen, als sie auch von Praktikerseite durchgängig bestätigt wird und vieles dafür spricht, dass die meinungsbildende ‚Umwelt' vermutlich eher selbständige Gebilde als abhängige Konzernteile mit einer eigenen Rechtsperson verbindet. Während folglich aus dem Prestigeargument eine tendenziell positive Wirkung auf die Motivation der Vorstandsmitglieder unterstellt werden kann, scheinen in Hinblick auf die *Autonomiekomponente* der Motivation Differenzierungen geboten.

Tochtervorstände

Wie die Analyse der zulässigen Delegationsspielräume ausgewiesen hat, darf in Einheits- und Konzernunternehmungen auf der einen Seite eine vergleichbar weit gehende Übertragung von Entscheidungskompetenzen stattfinden, sodass auch in Einheitsunternehmungen Führungskräften er-

---

[797] Diese drei Aspekte nennt z. B. Hommelhoff [Konzernleitungspflicht] 232 ff.
[798] Vgl. Loos [Wahl] 169; Schubert/Küting [Aspekte] 125 f.

hebliche Gestaltungsfreiräume eröffnet werden können. Andererseits bestehen keine gravierend unterschiedlichen Zentralisationsrestriktionen für Einheitsunternehmung und Vertragskonzern. Vertraglich beherrschte Gesellschaften gewähren daher selbst bei Beachtung des geltenden Rechts keinesfalls zwangsläufig eine Autonomiegarantie. Der Faktische Konzern hingegen ist aus Rechtsgründen betont dezentral zu führen und kommt daher eventuellen Autonomiezielen von Führungskräften entgegen. Zu beachten ist allerdings auch insoweit, dass Tochtergesellschaften hierarchisch niedrig positioniert sein können und in diesem Fall nur sehr überschaubare Zuständigkeitsbereiche repräsentieren. Die vermeintlich größeren Entscheidungsspielräume von Tochtervorständen können sich daher auch in korrekt geführten Konzernen als *Autonomieillusion* erweisen, die möglicherweise erkannt wird und dann motivationsneutral oder gar demotivierend wirkt.

Tochter-Arbeitnehmer

Die Entscheidungskompetenzen der Arbeitnehmer einer Tochtergesellschaft werden innerhalb der Rechtsformgrenze der Tochter festgelegt und folgen damit den in der unverbundenen Gesellschaft geltenden Grundsätzen. Der Motivationswert einer rechtlichen Verselbständigung lässt sich folglich für die Arbeitnehmer von Konzerntöchtern nicht mit generellen Autonomieaspekten erklären. Er hängt vielmehr von anderen Faktoren ab, die hier nur kurz angerissen werden sollen. Einen denkbaren Einflussfaktor der Motivation von Tochter-Arbeitnehmern stellt das *Image* der Firmenmäntel *von Mutter- und Tochtergesellschaft* dar. Bei hohem Ansehen der Konzernmutter können Mitarbeiter einer Tochter die Verselbständigung eher als ,Ausgrenzung' empfinden. Andererseits sind auch Fälle denkbar, in denen sich die Mitarbeiter durch ihre Tätigkeit in einer Tochtergesellschaft vom Rest der Gesamtunternehmung positiv abgehoben fühlen.

Eine wesentliche Rolle für die Motivation der Arbeitnehmer kann zum anderen die rechtlich teils vorgesehene, teils zugelassene *Differenzierung der Arbeitsbedingungen* im Konzern spielen. Ein Beispiel für den ersten Fall bildet die Begrenzung der kündigungsschutzrechtlich gebotenen Rechtfertigungsprüfung auf das einzelne Unternehmen auch im Konzern[799]. Gewichtige Differenzierungsspielräume ergeben sich vor allem in Hinblick auf die Höhe der Vergütungen und die Gewährung von Nebenleistungen (Beispiel: Jahreswagen), da auch der arbeitsrechtliche Gleichbehandlungsgrundsatz nur unternehmens-, aber nicht konzernweit gilt.

---

[799] Vgl. hierzu und zum Folgenden Linck [Kommentierungen] § 130 Rn. 16 ff.; Schaub [Kommentierungen] 112 Rn. 15; Feudner [Kündigungsschutz]; Tschöpe [Geltungsbereich].

3.3.3 Organbesetzung im Konzern

Die konzerntypische Dualität von organisatorischer und rechtlicher Struktur ist unter anderem auch bei der Besetzung der Organpositionen von Bedeutung, da hierbei die vertikale Positionierung der Konzerntöchter in der Unternehmungshierarchie zu beachten ist. Organisationsstrukturen lassen sich in vertikaler Hinsicht durch die Zahl der Hierarchieebenen charakterisieren, Rechtsstrukturen durch die Anzahl der Beteiligungsstufen. Diese beiden Strukturmerkmale stimmen regelmäßig nicht überein, da und soweit die Organisationshierarchie zumeist tiefer gestaffelt ist als das rechtliche System der Beteiligungen. So liegt bei unmittelbarer Beteiligung der Muttergesellschaft an den abhängigen (Tochter-)Unternehmen juristisch lediglich ein zweistufiger Konzern vor. Aus organisatorischer Perspektive umfasst ein solcher Konzern jedoch im Normalfall eine größere Zahl von Hierarchieebenen, da die Konzerngesellschaften intern jeweils weiter hierarchisiert sind.

Dualität von Organisations- und Rechtsstruktur

Aufgrund der Verschiedenartigkeit der rechtlichen Stufen und der Managementebenen des Konzerns lassen sich Konzerngesellschaften auch bei gegebenen Beteiligungsverhältnissen auf verschiedenen Ebenen in die Unternehmungshierarchie ‚einhängen' (siehe Abbildung 3-56). So können bereits in zweistufigen Konzernen Tochtergesellschaften einen ganz unterschiedlichen *organisatorischen Rang* bekleiden. Dabei richtet sich ihre Position nach der Bedeutung der von ihnen abgedeckten Organisationseinheiten. Umschließt eine Konzerntochter beispielsweise (wie TG$_1$ in Abbildung 3-56) einen der großen Teilbereiche der Unternehmung, so ist der Tochtervorstand auf der zweiten Hierarchieebene direkt unterhalb des Konzernvorstands als Hierarchiespitze angesiedelt. Erstreckt sich die Zuständigkeit einer Tochtergesellschaft hingegen auf eine weniger bedeutsame Organisationseinheit (wie im Fall von TG$_2$ in Abbildung 3-56), so ist sie – trotz unmittelbarer Beteiligung der Muttergesellschaft – aus organisatorischer Sicht entsprechend niedriger positioniert.

Hierarchische Position von Tochtergesellschaften

Abbildung 3-56	*Vertikale Unternehmensprofile*

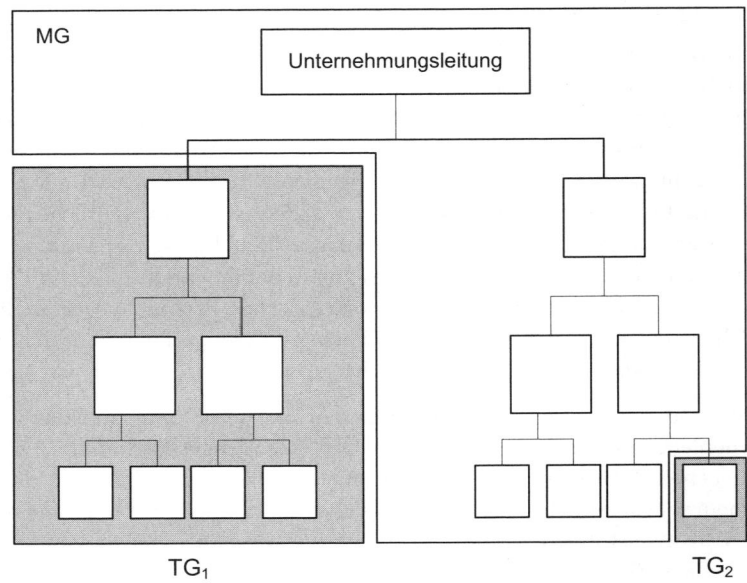

MG: Muttergesellschaft

TG: Tochtergesellschaft

Ausübung der Konzernmutter-kompetenzen

Der fehlende starre Konnex zwischen Beteiligungsstufe und organisatorischem Rang von Tochtergesellschaften ist unter anderem bei der Führung einer Konzerntochter über die gesellschaftsrechtlichen Einflussschienen relevant. AG-Töchter weisen mit der Hauptversammlung, dem Aufsichtsrat und dem Vorstand drei juristisch definierte Handlungsorgane auf, deren Kompetenzen nach Maßgabe der Beteiligungsquoten (sowie mitbestimmungsrechtlicher Vorschriften) zur Einflusssphäre der Konzernmutter zählen[800]. Der Vorstand der Muttergesellschaft muss folglich Entscheidungen darüber treffen, welche Handlungsträger die betreffenden Befugnisse wahrnehmen bzw. die Organe besetzen sollen. Dabei stehen die Mitglieder des Konzernvorstands grundsätzlich vor der Wahl, die fraglichen Aufgaben entweder selbst zu erfüllen oder aber auf Dritte zu delegieren.

---

[800] Siehe näher Abschnitt 2.3, S. 167 ff.

Das Topmanagement einer Unternehmung kann Zuständigkeiten für organisatorische Einheiten tendenziell umso eher auf nachgelagerte Führungskräfte übertragen, je geringer ihre relative Bedeutung für die Gesamtunternehmung ist. Dieser allgemeine organisationstheoretische Zusammenhang ist auch im Konzern gültig. Es erscheint daher empfehlenswert, die genannten Delegationsentscheidungen nicht primär an den Rechtsverhältnissen zwischen Konzernmutter und Tochtergesellschaften zu orientieren, sondern am organisatorischen Rang der fraglichen Konzerntochter. Lässt sich der Vorstand der Konzernmutter von der unmittelbaren Beteiligung zwischen Mutter- und Tochtergesellschaft (ver)leiten, so wird er Anteilseigner-, Aufsichts- und unter Umständen sogar auch Leitungsfunktionen in der Tochter eher persönlich ausüben. Auf diese Weise können jedoch unbedeutende(re) Konzerngesellschaften schnell ein Maß an topmanagerialer Aufmerksamkeit genießen, das die knappen Führungskapazitäten des Konzernvorstands übermäßig bindet. Dies gilt selbst dann, wenn personelle Verflechtungen zwischen den Mutter- und Tochtervorständen[801] an dieser Stelle ausgeklammert werden und sich die Mitglieder des Konzernvorstands auf den Eintritt in die Tochteraufsichtsräte beschränken. Hält man sich die zahlreichen Tochtergesellschaften großer Konzerne vor Augen, so wird der gravierende Managementaufwand einer solchen Lösung, die Aufsichtsratsmandate auf Tochterebene tendenziell den Konzernvorstandsmitgliedern vorbehält, schnell deutlich.

Zuständigkeitsverteilung

Das eigene Engagement des Konzernvorstands in den Tochtergesellschaften lässt sich demgegenüber sachgerechter dosieren, wenn die jeweiligen hierarchischen Positionen der einzelnen Konzerntöchter in Rechnung gestellt werden. Gutes Konzernmanagement zeigt sich nach dem *Grundsatz der rangadäquaten Organbesetzung* folglich unter anderem darin, dass die Mitglieder des Konzernvorstands ihre persönlichen Aktivitäten der Tochterführung mit sinkendem Stellenwert einer Konzerntochter in der Unternehmungshierarchie zunehmend begrenzen[802]. Dieses Prinzip wird in der Praxis vor allem für die Besetzung der Tochteraufsichtsräte relevant sein. Es empfiehlt insoweit konkret, dass Konzernvorstandsmitglieder nur den Aufsichtsräten der wichtigsten Konzerntöchter angehören und die übrigen Aufsichtsratsmandate (einschließlich des Aufsichtsratsvorsitzes) nachgeordneten Führungskräften der Muttergesellschaft (sowie eventuell konzernunabhängigen Dritten) übertragen werden. Darüber hinaus ist zur Umsetzung des formulierten Besetzungsgrundsatzes aber auch daran zu denken, bei niedriger positionierten Tochtergesellschaften das mittlere Management

Grundsatz der rangadäquaten Organbesetzung

---

801 Siehe zu den Vorstands-Doppelmandaten Abschnitt 3.3.4, S. 352 ff.
802 Vgl. zu diesem konzernspezifischen Grundsatz ordnungsmäßiger Unternehmungsführung v. Werder [Konzern] 163 ff.

der Konzernmutter mit der Wahrnehmung der Anteilseigner- bzw. Hauptversammlungsrechte auf Tochterebene zu betrauen.

3.3.4 Vorstands-Doppelmandate im Konzern

3.3.4.1 Rechtsprobleme von Vorstands-Doppelmandaten

Praktische Relevanz

Vorstands-Doppelmandate stellen eine der vielfältigen Möglichkeiten personeller Verflechtungen von Konzernunternehmen dar. Sie sind als Modell der Konzernkoordination in der Praxis weit verbreitet[803] und werden zumeist in einer Form verwirklicht, bei der die Vorstandsvorsitzenden der Tochtergesellschaften gleichzeitig auch dem Vorstand der Muttergesellschaft angehören. Zugleich übernehmen hierbei regelmäßig (andere) Vorstandsmitglieder der Konzernmutter den Aufsichtsratsvorsitz in den Töchtern[804].

Ein Beispiel aus der Praxis für die Verwendung von Vorstands-Doppelmandaten bildet die Organisation der ThyssenKrupp AG (vgl. Abbildung 3-57).

---

[803] Vgl. z. B. Bernhardt [Vorstandsstrukturen]; Meiser [Leitungsautonomie] 14; Lindermann [Doppelmandat] 225; Streyl [Problematik] 17; Hefermehl/Spindler [Kommentierungen] § 76 Rn. 43; Kort [Kommentierungen] § 76 Rn. 178 f.; Aschenbeck [Personenidentität] 1015.

[804] Vgl. zur Konstruktion Bernhardt [Vorstandsstrukturen]; Hoffmann-Becking [Vorstands-Doppelmandate] 570; Säcker [Problematik] 59; Martens [Organisation] 524 f.; Streyl [Problematik] 24 f.; Kort [Kommentierungen] § 76 Rn. 179, 190.

Vorstands-Doppelmandate in der ThyssenKrupp AG

Abbildung 3-57

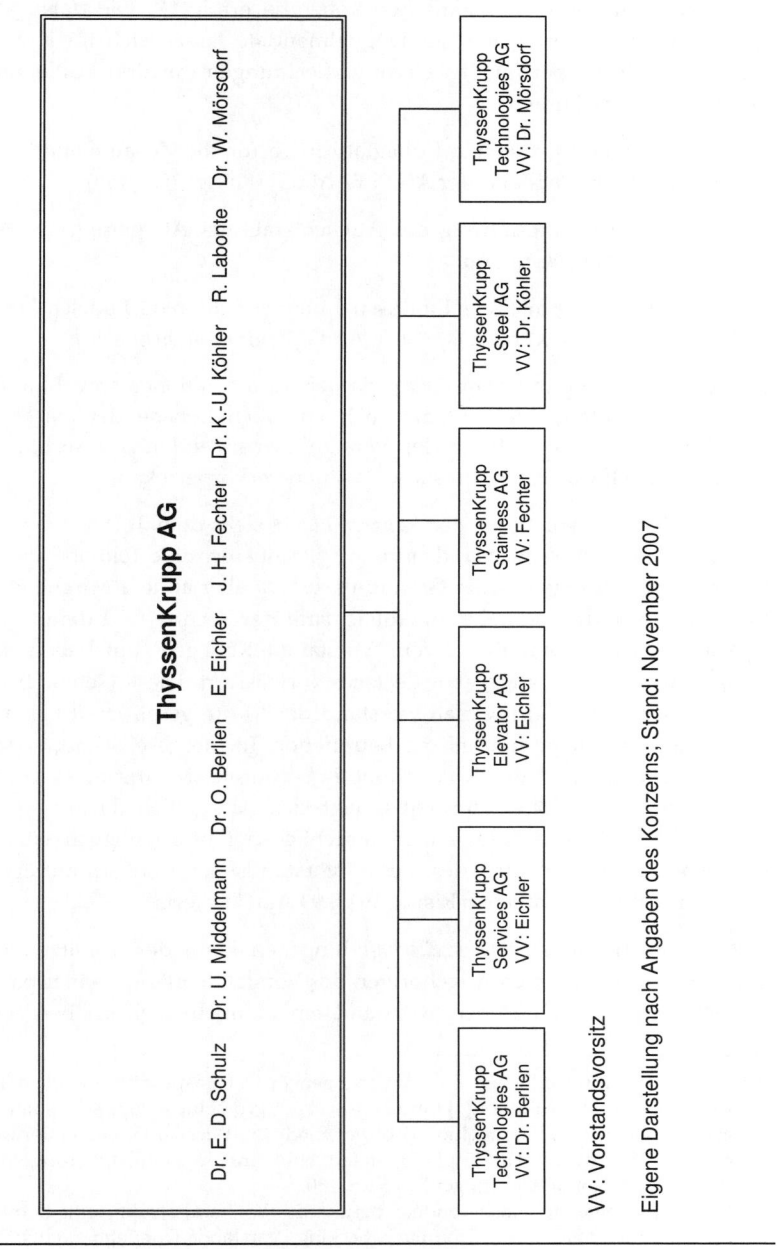

ThyssenKrupp AG

Dr. E. D. Schulz   Dr. U. Middelmann   Dr. O. Berlien   E. Eichler   J. H. Fechter   Dr. K.-U. Köhler   R. Labonte   Dr. W. Mörsdorf

ThyssenKrupp Technologies AG
VV: Dr. Berlien

ThyssenKrupp Services AG
VV: Eichler

ThyssenKrupp Elevator AG
VV: Eichler

ThyssenKrupp Stainless AG
VV: Fechter

ThyssenKrupp Steel AG
VV: Dr. Köhler

ThyssenKrupp Technologies AG
VV: Dr. Mörsdorf

VV: Vorstandsvorsitz

Eigene Darstellung nach Angaben des Konzerns; Stand: November 2007

Vorstands-Doppelmandate werden in der juristischen Literatur durchaus kritisch gesehen, wobei die Diskussion vor allem vor dem Hintergrund aktienrechtlich verfasster Faktischer Konzerne erfolgt[805]. Die dabei angesprochenen Rechtsprobleme der Doppelmandate lassen sich im Kern auf Kollisionen dieser personellen Organverflechtungen mit drei Festlegungen des AktG zurückführen:

- dem zwingend gebotenen Kollegialprinzip für die Zusammenarbeit im mehrköpfigen Vorstand der AG (§ 77 AktG) (*Kollegialproblem*);

- dem Überwachungsauftrag des Aufsichtsrats der AG gem. § 111 AktG (*Aufsichtsratsproblem*) und

- dem Verbot übermäßiger Einflussnahmen auf die bloß faktisch konzernierte (Tochter-)AG nach §§ 311 ff. AktG (*Zentralisationsproblem*).

Kollegialproblem Im Zusammenhang mit dem *Kollegialprinzip* sind Friktionen sowohl auf der Ebene der Muttergesellschaft als auch auf Tochterebene denkbar[806]. Sie betreffen jeweils die Stellung des Vorstandsvorsitzenden der Tochter, der eine teils zu schwache, teils zu starke Position verkörpern kann.

Mutterebene Als Mitglied des Vorstands der *Konzernmutter* steht dem Tochtervorstandsvorsitzenden (*Doppelvorstand*) de jure die gleichberechtigte Teilhabe an sämtlichen Entscheidungen dieses Gremiums zu. Da aber andere Mitglieder des Konzernvorstands einen Sitz im Aufsichtsrat der Tochter und damit Personalkompetenzen gegenüber ihrem Vorstands-,Kollegen' innehaben, kann dieses Gleichbehandlungsgebot de facto verwässern. Diese Gefahr besteht insbesondere bei den im Gesamtvorstand der Muttergesellschaft behandelten Fragen, die nicht speziell die betreffende Tochtergesellschaft, sondern etwa Aspekte der globalen Konzernpolitik berühren. Die Brisanz eventueller Verletzungen des Kollegialprinzips zeigt sich namentlich darin, dass der Doppelvorstand ungeachtet seiner tatsächlichen Einflussmöglichkeiten für sämtliche Angelegenheiten des Gesamtvorstands der Konzernmutter dem strengen haftungsrechtlichen Risiko aus § 93 AktG unterfällt.

Tochterebene Auf der Ebene der *Tochtergesellschaft* hingegen kann der Vorsitzende im Vergleich zu den übrigen Angehörigen des Vorstands infolge seiner parallelen Mitgliedschaft im Konzernvorstand ein kompetenzielles Übergewicht

---

[805] Vgl. mit unterschiedlichen Akzentuierungen in Detailaspekten vor allem Bernhardt [Vorstandsstrukturen]; Hoffmann-Becking [Vorstands-Doppelmandate]; Säcker [Problematik]; Hommelhoff [Konzernmodelle]; Wiesner [Kommentierungen] § 19 Rn. 23; Schwark [Holding] 623; Hefermehl/Spindler [Kommentierungen] § 76 Rn. 44; Kort [Kommentierungen] § 76 Rn. 180.

[806] Vgl. zum Folgenden insbesondere Bernhardt [Vorstandsstrukturen]; Bernhardt [Verbundmandate], 904 f.; Hoffmann-Becking [Vorstands-Doppelmandate] 573 f.; Hommelhoff [Konzernmodelle] 124; Martens [Organisation] 526; Scheffler [Konzernmanagement] 72.

haben. Die Gründe für mögliche Kompetenzasymmetrien im Tochtervorstand liegen vor allem im Informationsvorsprung des Doppelvorstands und seiner Funktion als Übermittler der tochterbezogenen Konzernvorgaben. Da das Kollegialprinzip auch hinsichtlich des Vorsitzenden des Vorstands gilt, bewirken aber derartige Ungleichgewichte der Einflussverteilung wiederum keine Entlastung der übrigen Vorstandsmitglieder von ihrer gemeinsamen Verantwortung für die Aufgabenerfüllung des Gesamtvorstands.

Der Überwachungsauftrag des *Aufsichtsrats* der Tochtergesellschaft kann in zweifacher Weise Schwierigkeiten begegnen. Zum einen besteht die Möglichkeit einer (partiellen) *Eigenkontrolle* des Tochtervorstands. In der Konzernpraxis erfolgt die Koordination der Tochtergesellschaften durch den Konzernvorstand u. a. mit Hilfe mittel- und langfristiger Planungen, welche die wesentlichen Rahmenvorgaben für die zuständigen Tochteraktivitäten enthalten. Bei der Verabschiedung dieser Planungen wird zumeist nicht danach getrennt, auf welcher der drei rechtlich zu unterscheidenden Einflussschienen (über die Hauptversammlung, den Aufsichtsrat oder direkte Empfehlungen an den Vorstand der Tochter)[807] diese Pläne umgesetzt werden. Es ist damit z. B. nicht ausgeschlossen, dass der Doppelvorstand durch seine Beteiligung an der Konzernplanung auch über Planelemente entscheidet, die das Verhalten des Tochteraufsichtsrats steuern. Sieht beispielsweise die mittelfristige Planung des Konzerns ein bestimmtes Investitionsprogramm für die betreffende Tochtergesellschaft vor und unterliegen entsprechende Investitionen auf Tochterebene dem Zustimmungsvorbehalt des Aufsichtsrats gem. § 111 Abs. 4 Satz 2 AktG, so ist zu vermuten, dass sich der Aufsichtsrat bei seiner Entscheidung an den vom Doppelvorstand mitbeschlossenen Konzernplanungen orientiert. Da die Formulierung zustimmungspflichtiger Geschäfte als (ex ante-)Kontrolle des Vorstands gedacht ist[808], wirkt der Doppelvorstand folglich in diesem Fall an der Bildung der für ihn relevanten Kontrollmaßstäbe mit.

Zum anderen kann die *Kontrollintensität* im Tochteraufsichtsrat bei Doppelmandaten nachlassen. Da die (wesentlichen) Fragen der Tochtergesellschaft im Konzernvorstand behandelt werden, kann den Vertretern der Muttergesellschaft im Aufsichtsrat der Tochter eine nochmalige eingehende Befassung mit diesen Angelegenheiten entbehrlich erscheinen. Ferner lässt sich in Umkehrung der Überlegungen zum Gleichbehandlungsproblem des Vor-

Aufsichtsratsproblem

Eigenkontrolle

Kontrollintensität

---

[807] Siehe näher Abschnitt 3.3.3, S. 349 ff.

[808] Vgl. Lutter/Krieger [Rechte] Rn. 103 ff.; Mertens [Kommentierungen Aktiengesetz] § 111 Rn. 66, 80; Hoffmann-Becking [Kommentierungen] § 29 Rn. 39 ff.; Potthoff/Trescher/Theisen [Aufsichtsratmitglied] Rn. 1843 ff.; Semler [Leitung] Rn. 228; anderer Ansicht Hoffmann/Preu [Aufsichtsrat] Rn. 302: „(Die ‚Zustimmung' braucht nicht nur vorherige ‚Einwilligung' zu sein, sondern kann auch nachträglich durch ‚Genehmigung' erteilt werden).".

stands in der Konzernmutter argumentieren, dass die Kontrollneigung der die Muttergesellschaft repräsentierenden Aufsichtsratsmitglieder aufgrund ihrer kollegialen Verbundenheit mit dem Doppelvorstand sinkt.

Zentralisations-
problem

Im Bereich *Faktischer Konzerne* schließlich können Vorstands-Doppelmandate zu einer unzulässig intensiven Konzernintegration der Tochter führen[809]. Wie oben näher dargelegt wurde[810], sind faktisch konzernierte AG-Töchter aus Rechtsgründen betont dezentral zu führen. Diese relative Autonomie der Tochtergesellschaft ist nicht mehr gewährleistet, falls ihr Vorstandsvorsitzender auch dem Konzernvorstand angehört. Durch diese Mitgliedschaft im Vorstand der Muttergesellschaft ist der Doppelvorstand auch auf die Konzernziele verpflichtet, sodass die Konzern- und Tochterinteressen in seiner Person aufeinander treffen. Ungeachtet der Rechtsfrage, zu wessen Gunsten dieser intrapersonelle Konflikt zu lösen ist, wird der Doppelvorstand kognitiv und emotional nur schwerlich in der Lage sein, auf Dauer die beiden Interessenpositionen jeweils objektiv zu eruieren und abzuwägen. Das vom Gesetz vorgesehene Durchsetzungspotential für das geschützte Eigeninteresse der Tochter in Form seines Vorstands erscheint daher geschwächt. Vorstands-Doppelmandate können folglich die gesetzlichen Einflussnahmeschranken gegenüber faktisch konzernierten Tochtergesellschaften überschreiten und eine nur im Vertragskonzern statthafte Einbindung der Töchter bewirken. Als Konsequenz zieht die Literatur in diesem Fall Stimmverbote für den Doppelvorstand[811] und die Durchbrechung des haftungsrechtlichen Trennungsprinzips analog §§ 302 ff. AktG in Betracht[812].

Beurteilung

Die soeben skizzierte Problematisierung der Vorstands-Doppelmandate in der juristischen Literatur ist aus organisationstheoretischer Sicht durchaus plausibel. Hingewiesen sei an dieser Stelle allein auf die Bedeutung, welche die Organisationstheorie Informationen als Machtquellen sowie einer konsequenten Trennung von Entscheidung und Kontrolle beimisst. Gleichwohl lässt sich letztlich nur durch eine empirische Analyse klären, ob die aufgezeigten Problemmöglichkeiten in der Rechtswirklichkeit auch tatsächlich anzutreffen sind. Insoweit lässt sich prognostizieren, dass namentlich die

---

[809] Zum Folgenden namentlich Säcker [Problematik] 59 ff.; Hoffmann-Becking [Vorstands-Doppelmandate] 574 ff.; Semler [Doppelmandats-Verbund] 734; Hommelhoff [Konzernmodelle] 121 ff.; Hefermehl/Spindler [Kommentierungen] § 76 Rn. 44.

[810] Siehe Abschnitt 3.3.2.1, S. 340 f.

[811] So Hoffmann-Becking [Vorstands-Doppelmandate] 582 f.; Semler [Doppelmandats-Verbund] 757 f.; Bernhardt [Verbundmandate] 903 f.; Seibt [Kommentierungen] § 76 Rn. 18; ablehnend Hefermehl/Spindler [Kommentierungen] § 76 Rn. 46; Kort [Kommentierungen] § 76 Rn. 184 ff.

[812] Für einen Haftungsdurchgriff plädiert beispielsweise Säcker [Problematik] 65 ff.

faktischen Einflusspositionen[813] und die Persönlichkeitsstruktur der beteiligten Akteure entscheidend für das effektive Ausmaß der Friktionen sein werden. Ungeachtet dieses Gebots zur situativen Relativierung erscheinen die eventuellen Rechtsprobleme der Doppelmandate aber genug Anlass zu geben, um im Rahmen der Konzerngestaltungspolitik Alternativlösungen in Betracht zu ziehen. Zu diesem Zweck werden im Folgendem zunächst die Konfigurations- und die Motivationseffizienz von Vorstands-Doppelmandaten analysiert. Im Anschluss hieran werden vier konzernleitungsorganisatorische Alternativen entwickelt und daraufhin untersucht, inwieweit sich mit ihrer Hilfe die spezifischen Effizienzwirkungen der Doppelmandate ebenfalls erreichen lassen.

3.3.4.2 Organisationstheoretische Bewertung von Vorstands-Doppelmandaten

3.3.4.2.1 Konfigurationseffizienz

Der folgenden organisationstheoretischen Beurteilung von Doppelmandaten im Konzern soll zur Veranschaulichung ein idealtypischer Modellfall zu Grunde gelegt werden. Es wird ein faktischer aktienrechtlicher Stammhauskonzern betrachtet, bei dem die Muttergesellschaft und zwei Tochtergesellschaften unterschiedliche Produkte bzw. Produktgruppen herstellen und vertreiben. Die Tochtergesellschaften werden je von einem dreiköpfigen Vorstand geleitet, wobei die jeweiligen Vorstandsvorsitzenden zugleich dem Vorstand der Muttergesellschaft angehören. Die übrigen Mitglieder des Konzernvorstands können je nach der internen Gliederung der Muttergesellschaft für bestimmte Funktionen, Produkte und/oder Regionen zuständig sein. Ohne Einschränkung der Allgemeingültigkeit wird im Weiteren angenommen, dass die Muttergesellschaft auf der zweiten Ebene nach Produkten gegliedert ist.

Konstruktion der Doppelmandate

Um vor dem Hintergrund des gewählten Modellfalls die Konfigurationsvor- und -nachteile von Vorstands-Doppelmandaten analysieren zu können, sind zunächst die Aufgabenstellungen der Vorstände und ihrer Mitglieder in den drei Konzerngesellschaften offen zu legen. Hierbei ist zu beachten, dass die Konzernunternehmung zwar in rechtlich selbständige Gesellschaften unterteilt ist, wie die juristisch ungegliederte Einheitsunternehmung aber ein wirtschaftlich einheitlich geleitetes Handlungssystem darstellt. Die Aufgaben der Leitungsorgane und der einzelnen Organmitglieder sind daher zunächst auf die (‚normale') Hierarchie organisatorischer Einheiten zu projizieren. Diese Projektion ergibt das folgende Bild:

Projektion auf die Organisationshierarchie

---

813 Diese werden u. a. vom jeweiligen Gewicht der Tochtergesellschaften beeinflusst werden.

Abbildung 3-58 | *Organigramm bei Vorstands-Doppelmandaten*

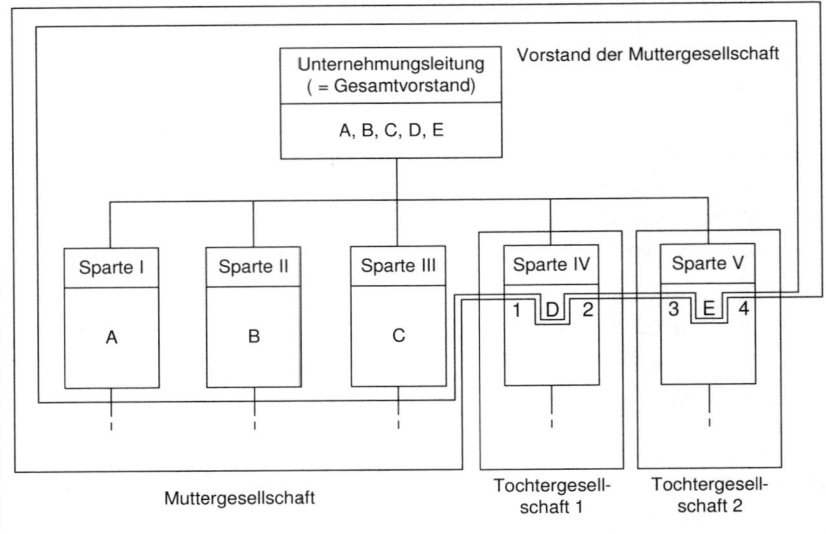

Aufgaben des Konzernvorstands

Die Unternehmungsleitung liegt im Fall der Konzernunternehmung in den Händen des Gesamtvorstands, dem sämtliche Vorstandsmitglieder der Mutter angehören. Diese haben folglich gemeinsam über die wesentlichen Maßnahmen der Unternehmungsführung zu befinden. In Hinblick auf die Entscheidungsaufgaben handelt es sich hierbei um die unternehmungsbezogenen Rahmenentscheidungen, welche u. a. die Aufgabenerfüllung in den obersten organisatorischen Teilbereichen der Unternehmung koordinieren[814]. Diese Teilbereiche werden unter den Annahmen des Modellfalls zum einen von den Produktbereichen I, II und III innerhalb der Muttergesellschaft und zum anderen von den beiden Tochtergesellschaften als Sparten IV und V mit eigener Rechtspersönlichkeit verkörpert.

Organisation des Konzernvorstands

Mit Blick auf die Wahl des Basismodells für die Organisation einer Unternehmungsleitung (Konzernvorstand), der Doppelvorstände angehören, ist zwischen den Vorstandsmitgliedern ohne und mit Doppelfunktion zu unterscheiden. Für die *Vorstandsmitglieder ohne Doppelfunktion* kommen (bei einer AG als Konzernmutter) entweder das Sprecher- oder das Ressort-Modell in Betracht[815].

---

[814] Siehe im Einzelnen Abschnitt 3.2.2.1.1.1, S. 269 f.
[815] Siehe zu den verschiedenen Basismodellen mit ihrer rechtsformabhängigen Zulässigkeit Abschnitt 3.2.1.2.2, S. 249 ff.

358

Für die *Doppelvorstände* im Konzernvorstand gilt hingegen aufgrund ihres gesetzlichen Leitungsauftrags aus § 76 Abs. 1 AktG für die Tochtergesellschaften zwangsläufig das Ressort-Modell. Infolge ihrer Mitgliedschaft im Konzernvorstand sind sie zum einen zwingend an den gemeinsamen Entscheidungen zur Unternehmungsleitung in der Hierarchiespitze zu beteiligen. Zum anderen darf ihnen die Umsetzung der Rahmenentscheidungen der Unternehmungsleitung durch die Folgeentscheidungen im Tochtervorstand – zumindest im Faktischen Konzern – nicht genommen werden. Zusammen mit ihren dortigen Vorstandskollegen agieren sie demnach in einer zweiten Rolle als Leiter der ‚Ressorts' Tochtergesellschaften.

Doppelmandate als Ressort-Modell

Die organisationstheoretische Einordnung der Vorstands-Doppelmandate legt offen, dass diese Konstruktion der *Idee der ressortgebundenen Unternehmungsführungen* folgt. Die Beurteilung ihrer Konfigurationseffizienz lässt sich daher aus den Argumenten ableiten, die generell das Für und Wider dieser Gestaltungsform bezeichnen[816].

Effizienzbewertung

Das Ressort-Modell zeichnet sich danach im Kern auf der einen Seite dadurch aus, dass die einzelnen Vorstandsmitglieder durch ihre Tätigkeit als Ressortleiter eine *intime Kenntnis der Tochterbelange* besitzen und ‚on the job' laufend aktualisieren. Sie können diese Belange daher kenntnisreich in die Meinungsbildung der Unternehmungsleitung (Gesamtvorstand der Konzernmutter) einbringen. Aufgrund ihrer (gleichzeitigen) organisatorischen Verankerung auf der Ebene der Teilbereiche laufen die Mitglieder des (Konzern-)Vorstands somit nicht Gefahr, sich bei ihrer gemeinsamen Unternehmungsführung (in der Hierarchiespitze) zu weit von den operativen Anforderungen der Teilbereiche zu entfernen und die Maßnahmen der Teilbereichskoordination zu vernachlässigen.

Stärken

Diesen tendenziellen Koordinationsvorteilen der ressortgebundenen Unternehmungsführung stehen allerdings auch *Nachteile* gegenüber. Zum einen ist zu beachten, dass die Vorstandsmitglieder aufgrund ihrer Doppelrolle einen Teil ihrer Managementkapazität von der Unternehmungsleitung abziehen und der Ressortführung widmen müssen. Da die operativen Führungsanforderungen der Teilbereiche regelmäßig zeitkritischer und ‚merklicher' als die strategischen Aufgaben der Unternehmungsleitung sind, ist hierdurch vor allem die ausreichende Auseinandersetzung mit den Fragen der Unternehmungsstrategie gefährdet. Zum anderen erscheint die Verfolgung des Gesamtoptimums der Unternehmung beim Ressort-Modell nicht ohne weiteres gewährleistet. Die organisatorische (und damit auch personifizierte) Verbundenheit mit jeweils speziellen Teilbereichen kann die Vor-

Schwächen

---

[816] Siehe zur ressortgebundenen Unternehmungsführung und zur Bewertung des Ressort-Modells Abschnitt 3.2.1.2.1.2, S. 223 ff.; sowie Becker [Unternehmungsleitung] 123 ff.

standsmitglieder dazu verleiten, die Interessen ‚ihrer' Ressorts über die Gesamtzielsetzung der Unternehmung zu stellen und durch diesen *Ressortegoismus* die Konsensbildung im Vorstand zu erschweren.

Es zeigt sich demnach, dass das Ressort-Modell und somit Vorstands-Doppelmandate unter Konfigurationsaspekten durchaus differenziert zu beurteilen sind. Während diese Konstruktion einerseits die koordinationsdienliche Repräsentation der Tochterinteressen im Konzernvorstand besorgt, kann sie andererseits auch zentrifugale Spannungen in dieses Gremium hineintragen und die unternehmungsstrategische Orientierung seiner Mitglieder behindern. Unabhängig von juristischen Erwägungen kann daher an dieser Stelle festgehalten werden, dass sich die Einrichtung von Doppelmandaten nur dann empfiehlt, wenn der Berücksichtigung der Tochterbelange bei der Konzernführung ein hohes Gewicht beigemessen und es nicht als Voraussetzung des Führungserfolgs angesehen wird, die Formulierung der Konzernpolitik von den Bereichsinteressen abzukoppeln.

3.3.4.2.2 Motivationseffizienz

Motivation der Doppelvorstände

Soweit ersichtlich, liegt derzeit noch keine umfassende empirische Untersuchung der Wirkungen vor, die Vorstands-Doppelmandate auf die Motivation der Aufgabenträger einer Konzernunternehmung haben. Im Folgenden sollen daher nur zwei Motivationsbesonderheiten dieser Lösung in groben Strichen angerissen werden, die sich aus Plausibilitätsüberlegungen ergeben und teilweise auch von Seiten der Praxis angeführt werden. Diese Besonderheiten betreffen die *Motivation der Doppelvorstände*, sodass die Konsequenzen für das Verhalten der übrigen Organangehörigen auf Mutter- und Tochterebene sowie der Arbeitnehmer des Konzerns[817] ausgeblendet werden.

Berufung

Die *Berufung* des Vorstandsvorsitzenden einer Tochtergesellschaft in den Vorstand der Muttergesellschaft kann sowohl einen Prestigegewinn als auch eine finanzielle Besserstellung dieses Aufgabenträgers bedeuten und daher seine Leistungsbereitschaft fördern. Dies gilt namentlich dann, wenn es sich bei der Konzernmutter um ein namhaftes Unternehmen handelt und die Tätigkeit in ihrem Vorstand wohl dotiert ist. Vorstands-Doppelmandate versprechen daher insoweit tendenziell *positive Motivationseffekte*. Allerdings ist in Rechnung zu stellen, dass dieses Modell nicht ausschließlich über die ‚Beförderung' des Vorstandsvorsitzenden der Tochtergesellschaft realisiert werden muss (*Berufungslösung*). Es lässt sich vielmehr prinzipiell auch durch die *Entsendung* von Angehörigen des Konzernvorstands in die Vorstände von Tochtergesellschaften (als Vorsitzende) verwirklichen (*Entsendungslösung*). Prestigezuwachs und finanzielle Anreize können in diesem Fall

Entsendung

---

[817] Zu fragen wäre hier z. B. nach den Implikationen der Doppelmandats-Konstruktion für die Herausbildung konzernweiter Organisationskulturen.

durchaus geringer ausfallen und ihre motivationalen Konsequenzen folglich entsprechend zu relativieren sein. Schon unter Status- und Vergütungsaspekten lassen sich die Motivationsbesonderheiten der Vorstands-Doppelmandate daher nicht pauschal, sondern nur differenziert abschätzen.

Die Beteiligung des Doppelvorstands an der Vorbereitung und Verabschiedung der tochterbezogenen Rahmenentscheidungen der Unternehmungsleitung entspricht dem *Partizipationsgedanken*, die Motivation von Aufgabenträgern durch ihre Einbindung in die Aufgabenformulierung zu erhöhen. Aus dieser Sicht der Partizipation sprechen daher gute Gründe für die Annahme, dass sich der Vorstandsvorsitzende einer Tochter durch seine Mitgliedschaft im Vorstand der Muttergesellschaft (Berufungslösung) mit den Konzernzielen stärker identifiziert und sich die Implementierung der Konzernstrategien in der Tochter mit seiner Unterstützung daher reibungsloser vollzieht.

Partizipation

Abgesehen davon, dass dieses Argument im Rahmen der Entsendungslösung nicht in gleichem Maße greift, lassen sich aber auch insoweit gegenteilige Überlegungen anstellen. Als Doppelvorstand ist der Vorstandsvorsitzende der Tochter grundsätzlich gehalten, an sämtlichen Sitzungen des Konzernvorstands teilzunehmen. Die Tagesordnungspunkte dieser Sitzungen umfassen neben den übergeordneten Fragen zur Konzernführung und zur Führung der speziellen Tochtergesellschaft auch die (wichtigen) Entwicklungen in den Zuständigkeitsbereichen der restlichen Vorstandsmitglieder. Der Doppelvorstand ist folglich gezwungen, sich auch mit Angelegenheiten zu befassen, die seine ‚eigentliche' Aufgabenstellung als Leiter der Tochter kaum berühren. Namentlich zeitlich stark beanspruchte Doppelvorstände können hierdurch in ihrer Motivation beeinträchtigt werden.

Zeitliche Beanspruchung

Schon als Ergebnis dieser skizzenhaften Analyse zeigen Vorstands-Doppelmandate folglich auch in der Motivationsdimension ein ambivalentes Bild. Vorbehaltlich einer noch ausstehenden systematischen empirischen Untersuchung deuten die in der Konzernrealität zahlreich getroffenen Entscheidungen für dieses Modell aber daraufhin, dass die denkbaren negativen Motivationswirkungen – wie auch die theoretisch nicht ausgeschlossenen Koordinationsbarrieren – unter bestimmten Bedingungen wenig gravierend sind. Vor diesem Hintergrund sollen im Folgenden organisatorische Lösungsalternativen daraufhin untersucht werden, inwieweit sie die Organisationsvorteile dieser Konstruktion bewahren. Diese Alternativen verhindern zwar nicht automatisch Störungen des Kollegialprinzips, des Überwachungsauftrags des Tochteraufsichtsrats und der gebotenen Tochterautonomie. Sie werden aber als Formen der Konzernorganisation (bislang) juristisch durchweg toleriert.

Fazit

3.3.4.3   Alternativen der Konzernorganisation

Berücksichtigung der Tochterbelange

Sofern die personellen Verflechtungen der Vorstände von Konzernmutter und Tochtergesellschaften aufgelöst werden, entfällt die über die Personalunion vermittelte Verankerung der Tochtergesellschaften auf Konzernebene. Leitgedanke der Entwicklung organisatorischer Alternativen zu Vorstands-Doppelmandaten muss es daher sein, die Berücksichtigung der Tochterbelange im Rahmen der Konzernführung in anderer Form abzusichern[818]. Im Folgenden werden mit dem Trennungs-Modell, dem Ausschuss-Modell, dem Portefeuille-Modell und dem Ressort-Modell vier derartige Gestaltungsalternativen diskutiert, die sich in der genannten Reihenfolge durch eine zunehmende Institutionalisierung der Tochterperspektive auf der Ebene der Muttergesellschaft auszeichnen.

Konfigurationseffizienz im Mittelpunkt

Die vier Gestaltungsalternativen heben übereinstimmend die motivationalen Implikationen auf, die speziell mit Doppelmandaten verbunden sind. Da über die besonderen Motivationskonsequenzen der Alternativen mangels empirischer Untersuchungen (ebenfalls) weit gehend lediglich spekuliert werden kann, werden sie im Weiteren nur ausnahmsweise angesprochen. Die folgenden Überlegungen zur Modellbewertung, die aus Gründen des Umfangs keine Vollständigkeit anstreben, sondern nur wichtige Leistungsmerkmale der Modelle hervorheben können, trennen daher nicht mehr explizit zwischen der Konfigurations- und der Motivationsdimension.

Trennungs-Modell

Konstruktion

Das *Trennungs-Modell der Konzernorganisation* zeichnet sich dadurch aus, dass außerhalb der Tochtergesellschaften keine gesonderte organisatorische Verankerung der Tochterperspektive erfolgt. Die Tochtergesellschaften sind vielmehr lediglich wie rechtlich unselbständige Unternehmensabteilungen in die Hierarchie eingeordnet, wobei sie je nach ihrem wirtschaftlichen Gewicht entweder unmittelbar der Unternehmungsleitung oder nachgelagerten Instanzen unterstellt werden können[819]. Im Beispielsfall der Abbildung 3-59 wird für die weiteren Überlegungen davon ausgegangen, dass die Tochtergesellschaften organisatorisch direkt unterhalb der Hierarchiespitze auf der zweiten Ebene angesiedelt werden.

---

[818] Die Durchsetzung der Konzernstrategien auf Tochterebene wird ohne Doppelmandate immerhin durch den weiterhin möglichen Vorsitz eines Konzernmutterrepräsentanten im Aufsichtsrat der Tochtergesellschaft unterstützt und steht daher weniger im Vordergrund.

[819] Siehe zu den unterschiedlichen Möglichkeiten der hierarchischen Positionierung von Tochtergesellschaften Abschnitt 2.1.2.1.2.2, S. 58 ff.

Trennungs-Modell der Konzernorganisation

Abbildung 3-59

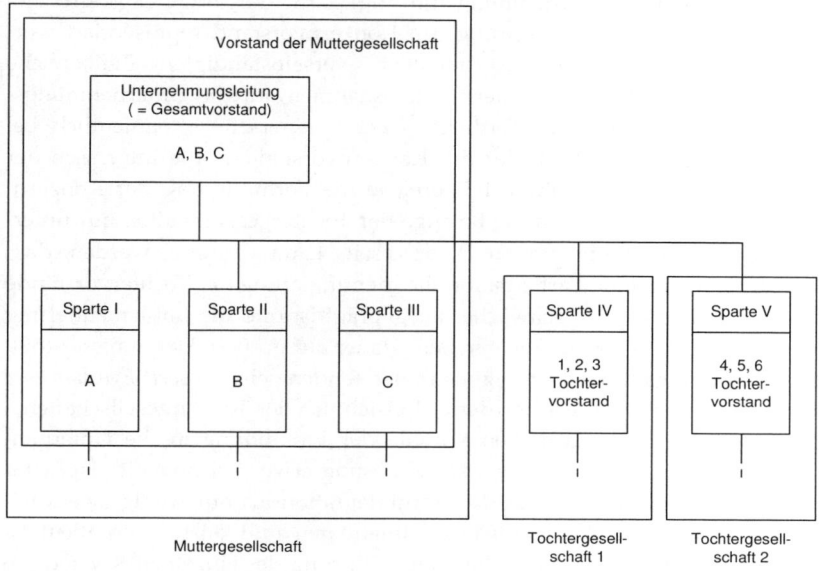

Aufgrund der fehlenden Institutionalisierung der Tochterbelange beim Trennungs-Modell bleibt zum einen die organinterne Organisation des Vorstands der Muttergesellschaft von der Existenz der Tochtergesellschaften unberührt. Die Vorstandsorganisation kann nach dem Sprecher- oder dem Ressort-Modell ausgeformt werden und richtet sich nach den organisatorischen Anforderungen der Muttergesellschaft. Der Abbildung 3-59 wurde – ohne prinzipielle Einschränkung der Allgemeingültigkeit der weiteren Überlegungen – die ressortgebundene Lösung zu Grunde gelegt.

Organisation des Konzern- vorstands

Zum anderen erfolgt die Koordination der Tochtergesellschaften lediglich über den normalen Instanzweg, im Modellfall der Abbildung 3-59 also in der hierarchischen Beziehung zwischen der multipersonalen Instanz Unternehmungsleitung und den nachgelagerten Tochtervorständen. Über diesen Kommunikationskanal werden bei Bedarf die abstimmungsrelevanten Informationen ausgetauscht, die im Kern einerseits die für die Entscheidungsfindung der Unternehmungsleitung benötigten Daten aus dem Bereich der Tochtergesellschaften und andererseits die tochterbezogenen Beschlüsse der Unternehmungsleitung umfassen.

Koordination der Töchter

Aus koordinationslogischer Sicht entfällt beim Trennungs-Modell mit der gesonderten Verankerung der Tochterperspektive in der Unternehmungslei-

Bewertung

tung derjenige Integrationsmechanismus, der Doppelmandate auszeichnet. Während die Teilbereiche der Muttergesellschaft durch ihre Sprecher (portefeuillegebundene Unternehmungsführung) bzw. Ressortleiter (ressortgebundene Unternehmungsführung) im Konzernvorstand repräsentiert werden, sind die Leiter der rechtlich verselbständigten Teilbereiche (Tochtervorstände) von direkten Einflussnahmen auf die Unternehmungsführung ausgeschlossen. Hierdurch werden einerseits – namentlich bei Ressortbindung der Mitglieder des Konzernvorstands – die Interessen der Muttergesellschaft und ihrer Teilbereiche die Formulierung der Konzernstrategien dominieren und die Belange der Tochtergesellschaften nur untergeordnetere Beachtung finden. Andererseits kann vermutet werden, dass durch die mangelnde Partizipation die Identifizierung der Tochtervorstände mit den Konzernzielen schwächer ausgeprägt ist und die Implementierung der Konzernstrategie auf Tochterebene daher auf größere Hemmnisse stößt. Beim Trennungs-Modell ist folglich in der Tendenz ein *‚Ressort'-Egoismus der Muttergesellschaft* zu erwarten, dem – hinsichtlich der Tochtergesellschaften – nicht die oben[820] aufgezeigten Vorteile der Einbindung in die Unternehmungsleitung gegenüberstehen. Diese Lösung erweist sich somit insgesamt unter dem Gesichtspunkt der Konzernintegration als nur wenig zweckmäßige Alternative zu Vorstands-Doppelmandaten und dürfte sich allenfalls für den Fall einer betont unabhängigen Führung der einzelnen Konzerngesellschaften anbieten.

Ausschuss-Modell

Konstruktion Beim *Ausschuss-Modell der Konzernorganisation* wird eine gesonderte, zeitlich unbefristete organisatorische Einheit (Konzernausschuss) gebildet, der – alle oder einige – Mitglieder der Vorstände von Konzernmutter und Tochtergesellschaften angehören. Wiederum vor dem Hintergrund eines ressortgebundenen Konzernvorstands skizziert Abbildung 3-60 diese Lösung. Dabei ist in dem gewählten Beispiel unterstellt, dass aus zeitökonomischen Gründen nur einige Vorstandsmitglieder der Muttergesellschaft, zur Ausschaltung eventueller Kollegialprobleme auf Tochterebene hingegen sämtliche Mitglieder der Tochtervorstände in den Konzernausschuss entsandt werden.

---

[820] Siehe Abschnitt 3.3.4.2.1, S. 359.

Ausschuss-Modell der Konzernorganisation

Abbildung 3-60

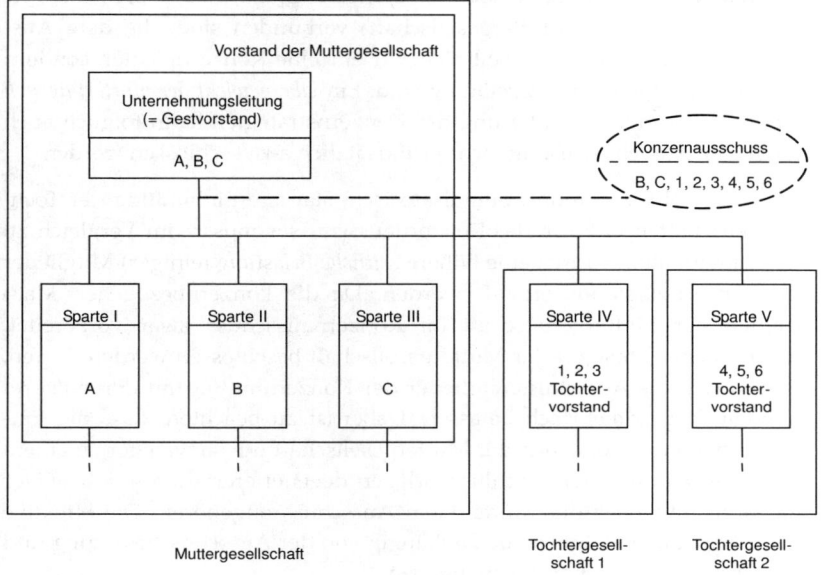

Der *Konzernausschuss* hat die Aufgabe, durch einen Meinungsaustausch über die Konzern- und Tochterbelange die konzernrelevanten Aktivitäten der Mutter- und Tochtergesellschaften auf das Gesamtziel der Unternehmung hin auszurichten[821]. Diese Aktivitäten dürfen in den Sitzungen des Konzernausschusses allerdings nur vorbereitet, nicht aber beschlossen werden. Um zu verhindern, dass dieses Gremium zu einem schädlichen *faktischen Organ*[822] der Konzerngesellschaften avanciert, sind die entsprechenden Maßnahmen vielmehr gesondert in den Vorständen der Muttergesellschaft bzw. der Konzerntöchter zu verabschieden[823].

Aufgaben des Konzernausschusses

Das Ausschuss-Modell stellt ein *Forum* für die regelmäßige Artikulation der Konzern- und der Tochterinteressen zur Verfügung. Es bestehen somit günstigere strukturelle Bedingungen als beim Trennungs-Modell für die Sensibilisierung der Tochtervorstände hinsichtlich der Konzernziele und die Berücksichtigung der aus dem Geschäft der Tochtergesellschaften fließen-

Bewertung

[821] Vgl. zum Konzernausschuss allgemein auch Hardach [Konzernorganisation] 65; Eschenbruch [Konzernhaftung] Rn. 4038.

[822] Zum faktischen Organ allgemein Stein [Organ].

[823] Vgl. auch Schwark [Bemerkungen] 241.

den Anforderungen in den Konzernstrategien. Zu beachten ist allerdings, dass der Konzernausschuss nur beratende Funktion hat und die Tochtergesellschaften mit dem entscheidenden Konzernvorstand nur durch die Vorstandsmitglieder (der Muttergesellschaft) verbunden sind, die dem Ausschuss angehören und insoweit nicht für einzelne Konzerntöchter, sondern Konzernfragen allgemein zuständig sind. Ein *Übergewicht der mutterinternen Teilbereiche* bei der Formulierung der Konzernstrategien kann folglich auch durch eine Ausschusslösung nicht grundsätzlich ausgeschlossen werden.

Die gleichwohl (zumindest organisatorisch) stärkere Einbindung der Tochtergesellschaften in Form des Konzernausschusses muss – im Vergleich zu Doppelmandaten – durch eine höhere *zeitliche Belastung* (einiger) Mitglieder des Konzernvorstands erkauft werden. Da die konzernbezogenen Maßnahmen der Muttergesellschaft im Konzernausschuss zwar vorbereitet, jedoch nur im Vorstand der Muttergesellschaft beschlossen werden dürfen, müssen sich die Ausschussmitglieder der Konzernmutter mit den entsprechenden Fragen mehrfach befassen. Dabei ist zu beachten, dass die Entscheidungen des Vorstands der Muttergesellschaft um so weniger zu einem bloßen ‚Abklopfen' der Beschlussvorlagen degenerieren dürfen, je weniger Vorstandsmitglieder der Mutter dem Ausschuss angehören. Die effektive Mehrbelastung ist folglich auch abhängig von der Ausschussbesetzung und daher kaum allgemeingültig anzugeben.

Aus Sicht der Tochtervorstände bietet das Ausschuss-Modell demgegenüber den Vorteil, dass der Konzernausschuss lediglich zur Behandlung koordinationsrelevanter Konzernangelegenheiten berufen ist und Fragen aus den internen Bereichen der Muttergesellschaft außerhalb seiner Zuständigkeiten liegen. Das *Konzernengagement* der Tochtervorstände lässt sich mit Hilfe des Ausschuss-Modells folglich *feiner dosieren* als bei Vorstands-Doppelmandaten, da Doppelvorstände kraft Aktienrecht für sämtliche Angelegenheiten des Gesamtvorstands der Mutter verantwortlich zeichnen.

Portefeuille-Modell

Konstruktion Mit dem *Portefeuille-Modell der Konzernorganisation* wird erstmals die Gruppe derjenigen Gestaltungsalternativen angesprochen, die eine gesonderte Verankerung von Tochterinteressen im Vorstand der Muttergesellschaft vorsehen. Einzelne Vorstandsmitglieder sind hiernach dauerhaft (u. a.) für bestimmte Konzerntöchter zuständig. Entsprechend der Organisationsidee der portefeuillegebundenen Unternehmungsführung bringen diese Sprecher die Belange der ihnen zugeordneten Tochtergesellschaften in die gemeinsame Entscheidungsfindung des Gesamtvorstands ein, dürfen aber nicht selbständig tochterbezogene Entscheidungen fällen. Sie halten den Kontakt zwischen Konzern- und Tochtervorstand und fungieren zum einen als Anlaufstelle für die Vorstände der von ihnen betreuten Konzerntöchter. Zum anderen gewinnen sie für den Konzernvorstand die entscheidungsrelevanten Informationen aus dem Tochterbereich und dienen als Transmissionsriemen der tochterbezogenen Konzernentscheidungen.

Vorstandsmitglieder der Muttergesellschaft können die Sprecherrolle für eine oder mehrere Tochtergesellschaften und unabhängig davon übernehmen, ob ihnen weitere (mutterinterne) Teilbereiche – als Portefeuilles oder Ressorts – zugeordnet werden. Geht man für die graphische Veranschaulichung davon aus, dass das Prinzip der portefeuillegebundenen Unternehmungsführung im Konzernvorstand durchgängig verwirklicht ist und jedem Vorstandsmitglied nur ein Portefeuille übertragen wird, so lässt sich die Konstruktion wie in Abbildung 3-61 darstellen. Dabei fungieren die Konzernvorstandsmitglieder A, B und C als Sprecher der arbeitnehmergeleiteten Sparten innerhalb der Muttergesellschaft, während D und E die Tochtergesellschaften 1 bzw. 2 repräsentieren.

Portefeuille-Modell der Konzernorganisation

Abbildung 3-61

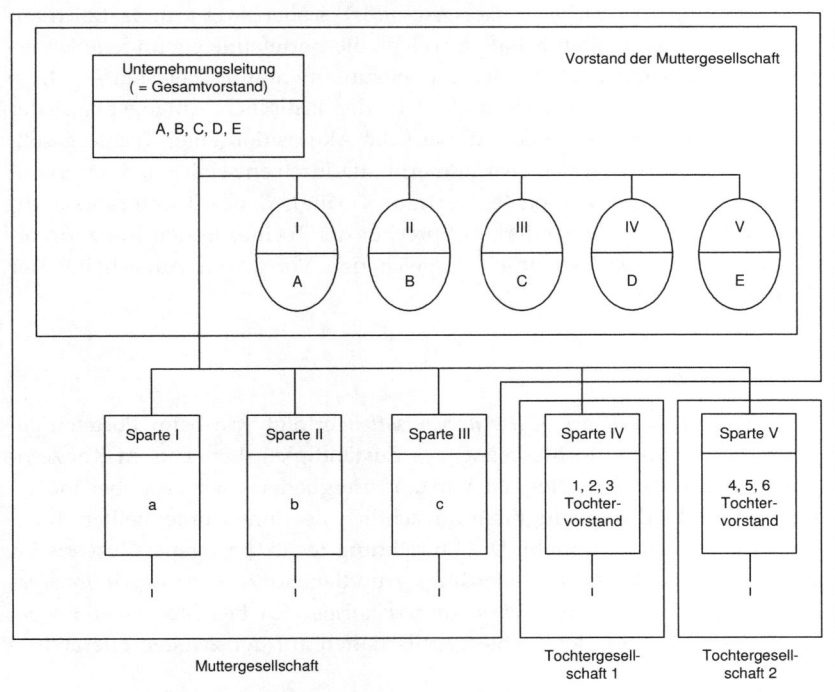

Das Durchsetzungspotential der Tochterbelange gegenüber den Interessen der restlichen Teilbereiche wird maßgeblich von der übrigen Kompetenzverteilung im Konzernvorstand bestimmt. Werden sämtliche – rechtlich unselbständigen und selbständigen – Teilbereiche der Unternehmung (wie im Beispiel der Abbildung 3-61) im Konzernvorstand nur durch Sprecher vertreten, bestehen gute *Chancen für eine gleichbehandelnde Abwägung* der einzelnen Bereichsinteressen. Dabei kommt die personelle Trennung der Sprecherrollen in der Unternehmungsleitung von den Teilbereichsleitungen der unabhängigen Formulierung der Konzernstrategien aus Sicht der Gesamtzielsetzung der Unternehmung entgegen[824]. Sofern hingegen für die mutterinternen Teilbereiche Ressortzuständigkeiten formuliert werden, können die hiermit verbundenen individuellen Entscheidungskompetenzen bzw. Leitungsbefugnisse *Ressortegoismen* zu Lasten der Tochterbelange fördern. Die zwanglose Koordination aus der Gesamtsicht der Unternehmung wird hierdurch erschwert.

Im Vergleich zu den Doppelmandaten kann das durchgängig realisierte Portefeuille-Modell somit die *Zentrifugalkräfte* im Konzernvorstand *mildern* und die strategische Orientierung der Unternehmungsleitung unterstützen. In Hinblick auf die drohende *Entfernung* der Mitglieder der Unternehmungsleitung vom *laufenden Tagesgeschäft* ist es allerdings grundsätzlich mit den gleichen Nachteilen behaftet, welche die portefeuillegebundene Unternehmungsführung auch in der Einheitsunternehmung belasten[825]. Diese Nachteile können sich insbesondere in der kritischen Anfangsphase der Konzernintegration einstellen, die auf die Akquisition einer Tochtergesellschaft folgt. Sie lassen sich aber immerhin dadurch entschärfen, dass ein mit den Verhältnissen der Tochter vertrautes Mitglied des Tochtervorstands, namentlich sein Vorsitzender, als Sprecher der Tochter in den Konzernvorstand wechselt (und eventuell zugleich den Vorsitz im Aufsichtsrat der Tochter übernimmt).

Ressort-Modell

Beim *Ressort-Modell der Konzernorganisation* erfolgt wie beim Portefeuille-Modell die Bildung tochterbezogener Zuständigkeitsbereiche im Konzernvorstand, die den betreffenden Vorstandsmitgliedern hier nun aber individuelle Entscheidungsbefugnisse hinsichtlich der ihnen unterstellten Tochtergesellschaften vermitteln. Die Einrichtung tochterbezogener Ressorts im Konzernvorstand erfordert allerdings grundlegendere *Änderungen des organisatorischen und/oder rechtlichen Konzernaufbaus.* Zu beachten ist, dass bei einer Positionierung der Tochtergesellschaften auf der zweiten Hierarchie-

---

[824] Siehe auch Abschnitt 3.2.1.2.1.2, S. 218.
[825] Vgl. Abschnitt 3.2.1.2.1.2, S. 218 f.

ebene der Unternehmungsleitung (Gesamtvorstand der Muttergesellschaft) die tochterbezogenen Rahmenentscheidungen obliegen und die hieran anknüpfenden Folgeentscheidungen gem. § 76 Abs. 1 AktG in die Hände der einzelnen Tochtervorstände zu legen sind. Die Einfügung einer entscheidungsbefugten Instanz (in Form eines Konzernvorstandsressorts) zwischen Unternehmungsleitung (erste Hierarchieebene) und Tochtervorstand (zweite Hierarchieebene) ist bei dieser Kompetenzverteilung überflüssig, da keine weiteren (Koordinations-)Aufgaben zu erfüllen sind. Das Ressort-Modell lässt sich daher sinnvoll nur dann verwirklichen, wenn einem tochterbezogenen Ressort im Konzernvorstand jeweils mindestens zwei Tochtergesellschaften unterstellt werden. Hierdurch fallen tochterbezogene Koordinationsentscheidungen an, welche die Konzernvorgaben der Unternehmungsleitung auf einer nachgelagerten Hierarchieebene ausfüllen und zugleich den übergeordneten Rahmen für Folgeentscheidungen auf Tochterebene setzen. Derartige Unterstellungsverhältnisse lassen sich nur realisieren, indem Tochtergesellschaften entweder hierarchisch niedriger eingehängt oder aber juristisch aufgespalten werden.

Im ersten Fall bleiben die bisherigen Tochtergesellschaften in ihrer Struktur erhalten, werden aber durch ein Konzernvorstandsressort *Beteiligungen* organisatorisch zusammengefasst und damit eine Stufe niedriger auf der dritten Hierarchieebene positioniert. Abbildung 3-62 verdeutlicht diese Lösung.

Repositionierung der Konzerntöchter

Abbildung 3-62 *Ressort-Modell der Konzernorganisation mit Repositionierung der Tochtergesell-schaften*

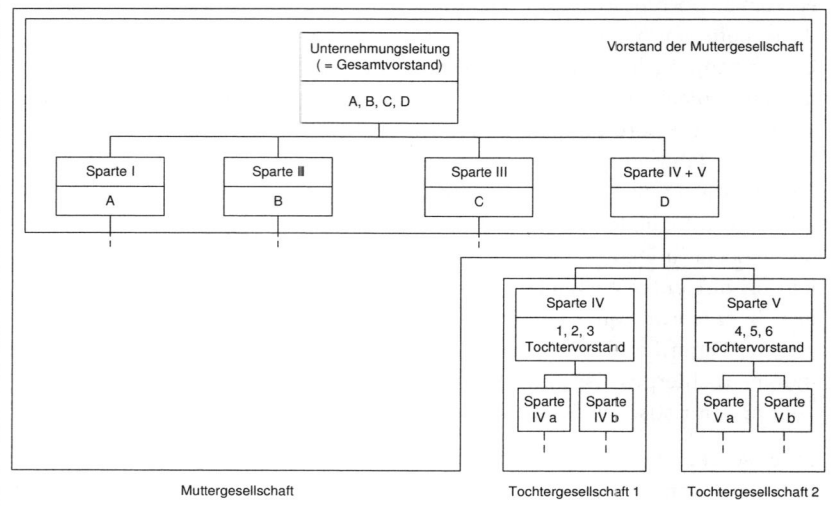

*Aufspaltung der
Konzerntöchter*

Im zweiten Fall werden die bisherigen Tochtergesellschaften in mehrere rechtlich selbständige Subsysteme aufgespalten, die einem oder mehreren Konzernvorstandsressorts unterstellt werden. Die von den ehemaligen Tochtergesellschaften abgedeckten Teilbereiche der Unternehmung (Sparten IV und V) behalten folglich ihre hierarchische Position (auf der zweiten Ebene) bei. Abbildung 3-63 zeigt diese Konstruktion unter der Annahme, dass die bisherigen Konzerntöchter jeweils in produktorientierte Teilbereiche aufgespalten werden.

Ressort-Modell der Konzernorganisation mit Aufspaltung der Tochtergesellschaften | *Abbildung 3-63*

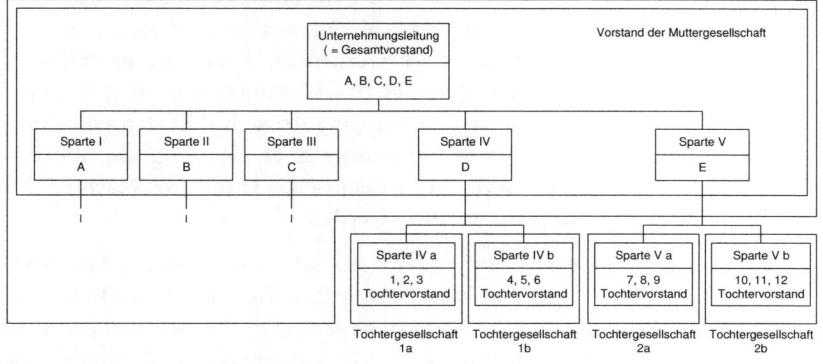

Die Wahl zwischen diesen beiden Wegen der Realisierung des Ressort-Modells stellt für sich ein komplexes Entscheidungsproblem dar, bei dem neben organisatorischen z. B. auch gesellschafts-, firmen- und steuerrechtliche Aspekte in Rechnung zu stellen sind. An dieser Stelle kann lediglich auf ausgewählte organisatorische Implikationen der beiden Alternativen aufmerksam gemacht werden.

Bewertung

Die Zusammenfassung der bisherigen Tochtergesellschaften unter ein *Beteiligungsressort* kommt auf der einen Seite ihrer organisatorischen ‚Degradierung' gleich und kann auf der anderen Seite je nach Bedeutung der Konzerntöchter gegebenenfalls ein übergewichtiges ‚Superressort' im Konzernvorstand installieren.

Die *Aufspaltungsalternative* ist u. a. durch die tendenzielle Vermehrung der Vorstandspositionen auf Tochterebene charakterisiert. Wenngleich eine höhere *Motivation* von Organmitgliedern gegenüber Arbeitnehmern nicht vorbehaltlos angenommen werden darf, kann dieser Effekt aus motivationaler Perspektive in der Tendenz positiv eingeschätzt werden[826]. Ferner bietet die Aufspaltung eine günstige Gelegenheit zur (neuerlichen) Bildung klar abgegrenzter und synergieversprechender Teilbereiche. Die Notwendigkeit zu einer entsprechenden *Bereinigung der Konzernorganisation* kann sich namentlich im Anschluss an Akquisitionen einstellen, da die Handlungsprogramme erworbener Tochtergesellschaften allenfalls zufällig überschneidungsfrei zu denjenigen anderer Konzerngesellschaften sein werden.

---

[826] Vgl. näher Abschnitt 3.3.2.2.2, S. 347.

Das Ressort-Modell kommt vor allem in seiner Aufspaltungsvariante der Integrationsidee der Vorstands-Doppelmandate nahe. Einerseits sind die Tochterbelange im Konzernvorstand durch entscheidungsbefugte Vorstandsmitglieder verankert und haben damit aus organisatorischer Sicht gute Durchsetzungschancen. Zugleich werden die Leiter der tochterbezogenen Ressorts als Vorstandsmitglieder der Muttergesellschaft grundsätzlich auch für die Konzerninteressen empfänglich sein. Mit den gemeinsamen Integrationsvorteilen können allerdings auch der mögliche Ressortegoismus und die Vernachlässigung strategischer Fragen als Nachteil der Ressortbindung entsprechend wirksam werden.

Die Verzahnung zwischen den Konzerngesellschaften ist bei der Ressortlösung gleichwohl nicht ganz so stark ausgeprägt wie nach dem Modell der Doppelmandate. Da die Leiter der tochterbezogenen Ressorts keine Organverantwortung in den Tochtervorständen tragen, prägen (und erfahren) sie das Geschehen in den Tochtergesellschaften in geringerem Maße als Doppelvorstände. Relativierend ist aber zu beachten, dass die Konzerntöchter beim Ressort-Modell auf der dritten Ebene der Hierarchie, bei Doppelmandaten hingegen auf der zweiten Hierarchieebene angesiedelt sind. Im Fall des Ressort-Modells entsprechen die Tochtergesellschaften daher kleineren Organisationseinheiten (auf der dritten Hierarchieebene), deren Leitung bei Doppelmandaten vom Tochtervorstand (dort: zweite Hierarchieebene) auf Arbeitnehmer delegiert werden kann. Auch Doppelvorstände führen somit die auf der dritten Ebene der Unternehmungshierarchie anfallenden Geschäfte nicht zwangsläufig unmittelbar selbst. Ferner lassen sich intime tochterbezogene Kenntnisse in den Konzernvorstand übertragen, indem die Leiter der Beteiligungsressorts aus dem Kreis der Tochtervorstände rekrutiert werden. So bietet es sich im Fall der Aufspaltungslösung in Abbildung 3-63 etwa an, den ehemaligen Vorstandsvorsitzenden der früheren Konzerntochter 1 als Leiter des Beteiligungsressorts IV zu berufen, dem hierdurch nach wie vor die – allerdings rechtlich verselbständigten – Sparten IV a und IV b zugeordnet sind.

Insgesamt zeigt sich damit, dass die diskutierten vier Organisationsmodelle – bei grober Reihung – vom Trennungs-Modell über das Ausschuss-Modell, das Portefeuille-Modell und das Ressort-Modell schrittweise der Doppelmandatslösung näher kommen. Keines dieser Modelle entspricht aber vollständig dem Leistungsprofil der Doppelmandate. Werden Vorstands-Doppelmandate in Anbetracht ihrer rechtlichen Probleme vermieden, entfällt somit auf der einen Seite eine leitungsorganisatorische Gestaltungsmöglichkeit für den Konzern, die (unter bestimmten Voraussetzungen) zweckmäßig ist und in der Einheitsunternehmung ohne weiteres offen steht. Auf der anderen Seite existieren aber – namentlich in Form des Ressort-Modells mit Aufspaltung von Tochtergesellschaften – rechtsnormverträgliche Ersatzlösungen, die zwar nicht vollkommen funktionsäquivalent sind, gleichwohl aber tragfähig erscheinen.

Literaturverzeichnis

ABELTSHAUSER, THOMAS E. (1990): Der neue *Statutsvorschlag* für eine Europäische Aktiengesellschaft. In: Die Aktiengesellschaft, 35. Jg., S. 289-297.

ALBACH, HORST (2003): Führung durch Vorstand und Aufsichtsrat. In: Handbuch Corporate Governance: Leitung und Überwachung börsennotierter Unternehmen in der Rechts- und Wirtschaftspraxis, hrsg. v. Peter Hommelhoff, Klaus J. Hopt und Axel v. Werder. Köln-Stuttgart: O. Schmidt/Schäffer-Poeschel, S. 361-375.

ALCHIAN, ARMEN A./DEMSETZ, HAROLD (1972): Production, Information Costs, and Economic Organization. In: American Economic Review, 62. Jg., S. 777-795.

ALEWELL, DOROTHEA (2004): Arbeitsteilung und Spezialisierung. In: Handwörterbuch Unternehmensführung und Organisation, hrsg. v. Georg Schreyögg und Axel v. Werder. 4. Aufl., Stuttgart: Schäffer-Poeschel, Sp. 37-45.

ALTMEPPEN, HOLGER (1998): Die *Haftung* des Managers im Konzern. München: Beck.

ALTMEPPEN, HOLGER (2005): *Kommentierungen*. In: Gesetz betreffend die Gesellschaften mit beschränkter Haftung (GmbHG), v. Günther H. Roth und Holger Altmeppen. 5. Aufl., München: Beck.

AMMON, LUDWIG/BURKERT, MANFRED/GÖRLITZ, STEPHAN/WAGNER, CLAUS (1995): Die *GmbH*: Recht, Steuer. 2. Aufl., Bielefeld: Erich Schmidt.

ANSOFF, H. IGOR/MCDONNELL, EDWARD J. (1990): Implanting Strategic *Management*. 2. Aufl., New York u. a.: Prentice Hall.

ANZINGER, RUDOLF/BIENECK, HANS-J. (1998): Kommentar zum *Arbeitssicherheitsgesetz*. Heidelberg: Verlag Recht und Wirtschaft.

ARBEITSKREIS DR. KRÄHE DER SCHMALENBACH-GESELLSCHAFT (1971): Die Organisation der Geschäftsführung: *Leitungsorganisation*. 2. Aufl., Opladen: Westdeutscher Verlag.

ARBEITSKREIS „EXTERNE UND INTERNE ÜBERWACHUNG DER UNTERNEHMUNG" DER SCHMALENBACH-GESELLSCHAFT FÜR BETRIEBSWIRTSCHAFT (2004): *Auswirkungen* des Sarbanes-Oxley Act auf die Interne und Externe

Unternehmensüberwachung. In: Betriebs-Berater, 59. Jg., S. 2399-2407.

ARGYRIS, CHRIS (1985): *Strategy*, Change and Defensive Routines. Boston: Pitman.

ARROW, KENNETH J. (1985): The *Economics* of Agency. In: Principals and Agents: The Structure of Business, hrsg. v. John W. Pratt und Richard J. Zeckhauser. Boston: Harvard Business School Press, S. 37-51.

ASCHENBECK, TANJA (2000): *Personenidentität* bei Vorständen in Konzerngesellschaften (Doppelmandat im Vorstand). In: Neue Zeitschrift für Gesellschaftsrecht, 3. Jg., S. 1015-1024.

AUGSBERG, STEFFEN (2005): Verfassungsrechtliche *Aspekte* einer gesetzlichen Offenlegungspflicht für Vorstandsbezüge. In: Zeitschrift für Rechtspolitik, 38. Jg., S. 105-109.

BACKHAUS, KLAUS/PILTZ, KLAUS (1990): Strategische *Allianzen* – eine neue Form kooperativen Wettbewerbs? In: Strategische Allianzen, hrsg. v. Klaus Backhaus und Klaus Piltz. Sonderheft 27/1990 der Zeitschrift für betriebswirtschaftliche Forschung, S. 1-10.

BACON, JEREMY (1981): Corporate *Directorship* Practices: The Nominating Committee and the Director Selection Process. In: Conference Board Report Nr. 812. New York u. a.

BACON, JEREMY (1988): The Audit *Committee*: A Broader Mandate. The Conference Board Report Nr. 914. New York u. a.

BADELT, CHRISTOPH (2002): Zielsetzung und Inhalte des „Handbuchs der Nonprofit *Organisation*". In: Handbuch der Nonprofit Organisation: Strukturen und Management, hrsg. v. Christoph Badelt. 3. Aufl., Stuttgart: Schäffer-Poeschel, S. 3-18.

BÄCHLE, HANS-U. (2003): *Kommentierungen*. In: Handbuch der Aktiengesellschaft: Gesellschaftsrecht, Steuerrecht, Arbeitsrecht, v. Rudolf Nirk, Hans-P. Reuter und Hans-U. Bächle. 3. Aufl. 1994 ff., Köln: O. Schmidt.

BAHSI, GÖKHAN/RINGLE, GÜNTHER (1981): Die *Bestimmung* der optimalen Organisationsform mit Hilfe der Scoring-Methode. In: Zeitschrift Führung und Organisation, 50. Jg., S. 208-214.

BALLERSTEDT, KURT (1977): Das *Mitbestimmungsgesetz* zwischen Gesellschafts-, Arbeits- und Unternehmensrecht. In: Zeitschrift für Unternehmens- und Gesellschaftsrecht, 6. Jg., S. 133-159.

BAMBERG, GÜNTER/COENENBERG, ADOLF G. (2006): Betriebswirtschaftliche *Entscheidungslehre*. 13. Aufl., München: Vahlen.

BARNARD, CHESTER I. (1938): The *Functions* of the Executive. Cambridge: Harvard University Press.

BARTONE, ROBERTO/KLAPDOR, RALF (2007): Die Europäische Aktiengesellschaft. *Recht*, Steuer, Betriebswirtschaft. 2. Aufl., Berlin: Erich Schmidt.

BARZ, CARL H. (1973): *Kommentierungen*. In: Aktiengesetz: Großkommentar, v. Carl H. Barz u. a. 3. Aufl. 1970 ff., Berlin-New York: de Gruyter.

BASS, BERNARD M. (1990): Bass & Stogdill's *Handbook* of Leadership: Theory, Research, and Managerial Applications. 3. Aufl., New York-London: The Free Press.

BASS, BERNARD M./RIGGIO, RONALD E. (2006): Transformational *Leadership*. 2. Aufl., Mahwah, NJ u. a.: Erlbaum.

BASS, BERNARD M./STEYRER, JOHANNES (1995): Transaktionale und transformationale *Führung*. In: Handwörterbuch der Führung, hrsg. v. Alfred Kieser, Gerhard Reber und Rolf Wunderer. 2. Aufl., Stuttgart: Schäffer-Poeschel, Sp. 2053-2062.

BAUMBACH, ADOLF/HUECK, ALFRED (1968): *Aktiengesetz*. 13. Aufl., München: Beck.

BAUMS, THEODOR (Hrsg.) (2001): *Bericht* der Regierungskommission Corporate Governance: Unternehmensführung, Unternehmenskontrolle, Modernisierung des Aktienrechts. Köln: O. Schmidt.

BAUMS, THEODOR/ULMER, PETER (Hrsg.) (2004): *Unternehmens-Mitbestimmung* der Arbeitnehmer im Recht der EU-Mitgliedstaaten. Heidelberg: Verlag Recht und Wirtschaft.

BAUMS, THEODOR/BUXBAUM, RICHARD M./HOPT, KLAUS J. (Hrsg.) (1993): Institutional *Investors* and Corporate Governance. Berlin-New York: de Gruyter.

BAYER, WILHELM F. (1973): Neue *Formen* der Unternehmensorganisation und ihre Bedeutung für das Gesellschaftsrecht. Vortrag vor dem Industrierechtlichen Seminar der Universität Bonn am 22.10.1973.

BAYER, WALTER (2000): *Kommentierungen*. In: Münchener Kommentar zum Aktiengesetz, hrsg. v. Bruno Kropff und Johannes Semler. 2. Aufl. 2000 ff., München: Beck/Vahlen.

BAYER, WALTER (2005): Die *Gründung* einer Europäischen Gesellschaft mit Sitz in Deutschland. In: Die Europäische Gesellschaft. Prinzipien,

Gestaltungsmöglichkeiten und Grundfragen aus der Praxis, hrsg. v. Marcus Lutter und Peter Hommelhoff. Köln: O. Schmidt, S. 25-65.

BAYER, WALTER/SCHMIDT, JESSICA (2007): Rechts-Report: Aktienrecht in Zahlen: „Going European" – die *SE* europaweit auf dem Vormarsch. In: Die Aktiengesellschaft, Heft 9, R192-R200.

BAYER AG (Hrsg.) (2004): Science For A Better Life: *Geschäftsbericht* 2004. Leverkusen

BAZERMAN, MAX H. (2005): *Judgment* in Managerial Decision Making. 6. Aufl., New York u. a.: Wiley.

BEA, FRANZ X. (2004): *Entscheidungen* des Unternehmens. In: Allgemeine Betriebswirtschaftslehre, Bd. 1: Grundfragen, hrsg. v. Franz X. Bea, Erwin Dichtl und Marcell Schweitzer. 9. Aufl., Stuttgart: Lucius und Lucius, S. 376-507.

BEA, FRANZ X./HAAS, JÜRGEN (2005): Strategisches *Management*. 4. Aufl., Stuttgart: Lucius & Lucius.

BEBCHUK, LUCIAN A. (1992): *Federalism* and the Corporation: The Desirable Limits of State Competition in Corporate Law. In: Harvard Law Review, 105. Jg., S. 1435-1510.

BECKER, FRED G. (2007): Organisation der *Unternehmungsleitung*. Stuttgart: Kohlhammer.

BECKER, FRED G./FALLGATTER, MICHAEL J. (2005): Strategische *Unternehmungsführung*: Eine Einführung. 2. Aufl., Berlin: Erich Schmidt.

BECKER, WOLFGANG (1996): *Stabilitätspolitik* für Unternehmen, Zukunftssicherung durch integrierte Kosten- und Leistungsführerschaft. Wiesbaden: Gabler.

BECKMANN, JÜRGEN/IRLE, MARTIN (1985): *Dissonance* and Action Control. In: Action Control: From Cognition to Behavior, hrsg. v. Julius Kuhl und Jürgen Beckmann. Berlin u. a.: Springer, S. 129-150.

BERLE, ADOLF A./MEANS, GARDINER C. (1967): The Modern *Corporation* and Private Property. New York: Harcourt, Brace & World.

BERNHARDT, WOLFGANG (1986): *Vorstandsstrukturen* im Konzern. In: Handelsblatt v. 22.7.1986, S. 8.

BERNHARDT, WOLFGANG (1996): Doppel- und *Verbundmandate* im Konzern. In: Zeitschrift für Betriebswirtschaft, 66. Jg., S. 899-908.

BERNHARDT, WOLFGANG/WITT, PETER (1995): *Holding*-Modelle und Holding-Moden. In: Zeitschrift für Betriebswirtschaftslehre, 65. Jg., S. 1341-1364.

BERNHARDT, WOLFGANG/WITT, PETER (1999): Unternehmensleitung im Spannungsfeld zwischen *Ressortverteilung* und Gesamtverantwortung. In: Zeitschrift für Betriebswirtschaftslehre, 69. Jg., S. 825-845.

BERTELSMANN STIFTUNG/HANS-BÖCKLER-STIFTUNG (Hrsg.) (1998): *Mitbestimmung* und neue Unternehmenskulturen – Bilanz und Perspektiven: Bericht der Kommission Mitbestimmung. Gütersloh: Verlag Bertelsmann Stiftung.

BIERHOFF, HANS W. (2006): *Sozialpsychologie*: ein Lehrbuch. 6. Aufl., Stuttgart u. a.: Kohlhammer.

BLAIR, MARGARET M. (1995): *Ownership* and Control. Rethinking Corporate Governance for the Twenty-First Century. Washington: The Brookings Institution.

BLAIR, MARGARET M. (1998): For Whom Should *Corporations* Be Run?: An Economic Rationale for Stakeholder Management. In: Long Range Planning, 31. Jg., S. 195-200.

BLANKENSHIP, L. VAUGHN/MILES, RAYMOND E. (1968): Organizational *Structure* and Managerial Decision Behavior. In: Administrative Science Quarterly, 13. Jg., S. 106-120.

BLANQUET, FRANÇOISE (2002): Das *Statut* der Europäischen Aktiengesellschaft (Societas Europaea „SE"): Ein Gemeinschaftsinstrument für die grenzübergreifende Zusammenarbeit im Dienste der Unternehmen. In: Zeitschrift für Unternehmens- und Gesellschaftsrecht, 31. Jg., S. 20-65.

BLAU, PETER M./SCHOENHERR, RICHARD A. (1971): The *Structure* of Organizations. New York-London: Basic Books.

BLEICHER, KNUT (1981): Konvergieren europäische und amerikanische *Führungsstrukturen* der Unternehmungsspitze? In: Zeitschrift Führung und Organisation, 50. Jg., S. 66-74.

BLEICHER, KNUT (1991): *Organisation*: Strategien-Strukturen-Kulturen. 2. Aufl., Wiesbaden: Gabler.

BLEICHER, KNUT (1992): *Corporation*, Organisation der. In: Handwörterbuch der Organisation, hrsg. v. Erich Frese. 3. Aufl., Stuttgart: Schäffer-Poeschel, Sp. 441-454.

BLEICHER, KNUT (1992): *Konzernorganisation*. In: Handwörterbuch der Organisation, hrsg. v. Erich Frese. 3. Aufl., Stuttgart: Schäffer-Poeschel, Sp. 1151-1164.

BLEICHER, KNUT (2004): Das *Konzept* Integriertes Management. 7. Aufl., Frankfurt am Main-New York: Campus.

BLEICHER, KNUT/PAUL, HERBERT (1986): Das amerikanische *Board-Modell* im Vergleich zur deutschen Vorstands-, Aufsichtsratsverfassung: Stand und Entwicklungstendenzen. In: Die Betriebswirtschaft, 46. Jg., S. 263-288.

BLEICHER, KNUT/LEBERL, DIETHARD/PAUL, HERBERT (1989): *Unternehmungsverfassung* und Spitzenorganisation: Führung und Überwachung von Aktiengesellschaften im internationalen Vergleich. Wiesbaden: Gabler.

BLOMEYER, WOLFGANG (2000): *Kommentierungen*. In: Münchener Handbuch zum Arbeitsrecht, hrsg. v. Reinhard Richardi und Otfried Wlotzke. 2. Aufl. 2000 ff., München: Beck.

BÖCKLI, PETER (1999): Corporate *Governance*: Der Stand der Dinge nach den Berichten „Hampel", „Viénot" und „OECD" sowie nach dem „KonTraG". In: Schweizerische Zeitschrift für Wirtschaft/Revue suisse de droit des affaires, 71. Jg., S. 1-16.

BÖCKLI, PETER (2003): *Konvergenz*: Annäherung des monistischen und des dualistischen Führungs- und Aufsichtssystems. In: Handbuch Corporate Governance: Leitung und Überwachung börsennotierter Unternehmen in der Rechts- und Wirtschaftspraxis, hrsg. v. Peter Hommelhoff, Klaus J. Hopt und Axel v. Werder. Köln-Stuttgart: O. Schmidt/Schäffer-Poeschel, S. 201-222.

BOETTCHER, ERIK/HAX, KARL/KUNZE, OTTO/VON NELL-BREUNING, OSWALD/ORTLIEB, HEINZ-D./PRELLER, LUDWIG (Hrsg.) (1968): *Unternehmensverfassung* als gesellschaftspolitische Forderung: ein Bericht. Berlin: Duncker & Humblot.

BOHR, KURT/DRUKARCZYK, JOCHEN/DRUMM, HANS J./SCHERRER, GERHARD (Hrsg.) (1981): *Unternehmungsverfassung* als Problem der Betriebswirtschaftslehre. Berlin-Bielefeld: Erich Schmidt.

BORGES, GEORG (2003): *Selbstregulierung* im Gesellschaftsrecht – zur Bindung an Corporate Governance-Kodizes. In: Zeitschrift für Unternehmens- und Gesellschaftsrecht, 32. Jg., S. 508-540.

BORGMANN, BERND/FAAS, THOMAS (2004): Das *Weisungsrecht* zur betrieblichen Ordnung nach § 106 S. 2 GewO. In: Neue Zeitschrift für Arbeitsrecht, 21. Jg., S. 241-244.

BRAIOTTA, LOUIS (2004): The Audit *Committee* Handbook. 4. Aufl., New York u. a.: Wiley.

BRAITHWAITE, JOHN (1982): Enforced *Self-Regulation*: A New Strategy for Corporate Crime Control. In: Michigan Law Review, 80. Jg., S. 1466-1507.

BRANDMÜLLER, GERHARD (2006): Der *GmbH-Geschäftsführer* im Gesellschafts-, Steuer- und Sozialversicherungsrecht. 18. Aufl., Bonn-Berlin: Stollfuß.

BRICKLEY, JAMES A./COLES, JEFFREY L./JARRELL, GREGG (1997): *Leadership* Structure: Separating the CEO and Chairman of the Board. In: Journal of Corporate Finance, 3. Jg., S. 189-220.

BRONDER, CHRISTOPH/PRITZL, RUDOLF (Hrsg.) (1992): Wegweiser für strategische *Allianzen*: Meilen- und Stolpersteine bei Kooperationen. Frankfurt am Main-Wiesbaden: Frankfurter Allgemeine Zeitung/Gabler.

BRONNER, ROLF (2004): *Entscheidungsprozesse* in Organisationen. In: Handwörterbuch der Organisation, hrsg. v. Georg Schreyögg und Axel v. Werder. 4. Aufl., Stuttgart: Schäffer-Poeschel, Sp. 229-239.

BRONNER, ROLF/MELLEWIGT, THOMAS (1996): Eine *Realtypologie* betriebswirtschaftlicher Konzern-Organisationsformen: Ergebnisse einer empirischen Untersuchung. In: Zeitschrift für Betriebswirtschaft, Ergänzungsheft 3/96, S. 145-166.

BROX, HANS/RÜTHERS, BERND/HENSSLER, MARTIN (2007): *Arbeitsrecht*. 17. Aufl., Stuttgart u. a.: Kohlhammer.

BRUHN, MANFRED/WUPPERMANN, MARTIN (1988): Position und Aufgaben der *Geschäftsführer*: eine empirische Analyse. In: Die Betriebswirtschaft, 48. Jg., S. 421-434.

BÜHNER, ROLF (1990): Das Management-Wert-*Konzept*. Strategien zur Schaffung von mehr Wert im Unternehmen. Stuttgart: Schäffer/Verlag für Wirtschaft und Steuern.

BÜHNER, ROLF (1992): *Management-Holding*: Unternehmensstruktur der Zukunft. Unter Mitarbeit von Hans-Joachim Weinberger. 2. Aufl., Landsberg am Lech: Verlag Moderne Industrie.

BUNDESVEREINIGUNG DER DEUTSCHEN ARBEITGEBERVERBÄNDE (Hrsg.) (1993): Unternehmerische *Personalpolitik*: Analyse der Arbeitsbedingungen und personalpolitische Schwerpunktaufgaben, bearb. v. Fritz-J. Kador. 4. Aufl., Köln: Wirtschaftsverlag Bachem.

BUNGERT, HARTWIN (1994): *Pflichten* des Managements bei der Abwehr von Übernahmeangeboten nach US-amerikanischem Gesellschaftsrecht: Das Urteil Paramount Communications Inc. v. QVC Network Inc. des Delaware Supreme Court. In: Die Aktiengesellschaft, 39. Jg., S. 297-311.

BUNGERT, HARTWIN (2003): *Gesellschaftsrecht* in den USA. Eine Einführung mit vergleichenden Tabellen. 3. Aufl., München u. a.: Rehm.

BURNS, JAMES M. (1978): *Leadership*. New York u. a.: Harper & Row.

BUTLER, RICHARD/DAVIES, LES/PIKE, RICHARD/SHARP, JOHN (1991): Strategic *Investment* Decision-Making: Complexities, Politics and Processes. In: Journal of Management Studies, 28. Jg., S. 395-415.

BYRNE, JOHN A./BRANDT, RICHARD/PORT, OTIS (1993): The Virtual *Corporation*. The Company of the Future will be ultimate in Adaptability. In: Business Week v. 08.02.1993, S. 36-40.

CAMPBELL, JOHN P. (1970): Managerial *Behavior*, Performance, and Effectiveness. New York: McGraw-Hill.

CARLSON, SUNE (1951): Executive *Behavior*: A Study of the Workload and Working Methods of Managing Directors. Stockholm: Stromberg.

CARTER, COLIN B./LORSCH, JAY W. (2004): Back to the Drawing *Board*. Boston: Harvard Business School Press.

CHARKHAM, JONATHAN P. (1994): Keeping Good *Company*: A Study of Corporate Governance in Five Countries. Oxford: Clarendon Press.

CHARREAUX, GÉRARD/DESERIÈRES, PHILIPPE (2001): Corporate *Governance*: Stakeholder Value Versus Shareholder Value. In: Journal of Management and Governance, 5. Jg., S. 107-128.

CHAUSSADE-KLEIN, BERNADETTE (1998): *Gesellschaftsrecht* in Frankreich: Eine Einführung mit vergleichenden Tabellen. 2. Aufl., München u. a.: Rehm.

CHMIELEWICZ, KLAUS (1991): *Harmonisierung* der europäischen Unternehmensverfassung aus betriebswirtschaftstheoretischer Sicht. In: Unternehmensverfassung und Rechnungslegung in der EG, hrsg. v. Klaus Chmielewicz und Karl-H. Forster. Sonderheft 29/1991 der Zeitschrift für betriebswirtschaftliche Forschung, S. 15-59.

CHMIELEWICZ, KLAUS (1993): *Unternehmensverfassung*. In: Handwörterbuch der Betriebswirtschaft. Bd. 3, hrsg. v. Waldemar Wittmann et al. 5. Aufl., Stuttgart: Schäffer-Poeschel, Sp. 4399-4417.

CHMIELEWICZ, KLAUS/COENENBERG, ADOLF G./KÖHLER, RICHARD (Hrsg.) (1981): *Unternehmungsverfassung*. Stuttgart: Poeschel.

CLARKSON, MAX B. E. (1995): A *Stakeholder* Framework for Analyzing and Evaluating Corporate Social Performance. In: Academy of Management Review, 20. Jg., S. 92-117.

CLAUSSEN, CARSTEN P./BRÖCKER, NORBERT (2002): Der Corporate Governance-*Kodex* aus der Perspektive der kleinen und mittleren Börsen-AG. In: Der Betrieb, 55. Jg., S. 1199-1206.

COASE, RONALD (1937): The *Nature* of the Firm. In: Economica, 4. Jg., S. 386-405.

COHEN, STEPHEN (1996): Who Are The *Stakeholders*? What Difference Does It Make? In: Business & Professional Ethics Journal, 15. Jg., Heft 2, S. 3-18.

COHEN, SUSAN G. (1990): Corporate Restructuring *Team*. In: Groups That Work (and Those That Don't): Creating Conditions for Effective Teamwork, hrsg. v. J. Richard Hackman. San Francisco-Oxford: Jossey-Bass, S. 36-55.

COHEN, SUSAN G. (1990): Hilltop Hospital Top *Management* Group. In: Groups That Work (and Those That Don't): Creating Conditions for Effective Teamwork, hrsg. v. J. Richard Hackman. San Francisco-Oxford: Jossey-Bass, S. 56-77.

COLBERT, JANET L. (2004): *Guidance* for the Audit Committee: Acquiring Professional Services. In: Journal of Applied Business Research, 20. Jg., S. 73-79.

CONGER, JAY/KOTTER, JOHN P. (1983): General *Managers*. Working Paper 1-784-015, Harvard Business School.

COPELAND, TOM/KOLLER, TIM/MURRIN, JACK (2005): *Valuation*, Measuring and Managing the Value of Companies. 4. Aufl., New York u. a.: Wiley.

CORNELL, BRADFORD/SHAPIRO, ALAN C. (1987): Corporate *Stakeholders* and Corporate Finance. In: Financial Management, 16. Jg., Heft 1, S. 5-14.

COX, JAMES D./HAZEN, THOMAS L./O'NEAL, F. HODGE (1997): *Corporations*. New York: Aspen Law and Business.

CROMME, GERHARD (Hrsg.) (2006): Corporate Governance *Report* 2006: Vorträge und Diskussionen der 5. Konferenz Deutscher Corporate Governance Kodex. Stuttgart: Schäffer-Poeschel.

CYERT, RICHARD M./MARCH, JAMES G. (1964): A Behavioral *Theory* of the Firm. 2. Aufl., Englewood Cliffs: Prentice-Hall.

DÄUBLER, WOLFGANG (2006): *Arbeitsrecht*: Ratgeber für Beruf, Praxis, Studium. 6. Aufl., Frankfurt am Main: Bund-Verlag.

DÄUBLER, WOLFGANG (2006): *Kommentierungen*. In: Betriebsverfassungsgesetz mit Wahlordnung, §§ 121-128 InsO und EBR-Gesetz: Kommentar für die Praxis, hrsg. v. Wolfgang Däubler, Michael Kittner und Thomas Klebe. 10. Aufl., Frankfurt am Main: Bund-Verlag.

DAILY, CATHERINE M./DALTON, DAN R. (1992): The *Relationship* Between Governance Structure and Corporate Performance in Entrepreneurial Firms. In: Journal of Business Venturing, 7. Jg., S. 375-386.

DAILY, CATHERINE M./DALTON, DAN R. (1997): *CEO* and Board Chair Roles Held Jointly or Separately: Much Ado About Nothing? In: Academy of Management Executive, 11. Jg., Heft 3, S. 11-20.

DAVIDOW, WILLIAM H./MALONE, MICHAEL S. (1996): Das virtuelle *Unternehmen*. Der Kunde als Co-Produzent. 2. Aufl. Frankfurt am Main-New York: Campus.

DAVIS, JAMES H./SCHOORMAN, F. DAVID/DONALDSON, LEX (1994): Toward a *Stewardship* Theory of Management. In: Academy of Management Review, 22. Jg., S. 20-47.

DECI, EDWARD L. (1975): Intrinsic *Motivation*. New York-London: Plenum Press.

DEZOORT, TODD F./HERMANSON, DANA R./ARCHAMBEAULT, DEBORAH S./REED, SCOTT A. (2002): Audit *Committee* Effectiveness: A Synthesis of the Empirical Audit Committee Literature. In: Journal of Accounting Literature, 21. Jg., S. 38-75.

DIETERICH, THOMAS/MÜLLER-GLÖGE, RUDI/PREIS, ULRICH/SCHAUB, GÜNTER (Hrsg.) (2007): Erfurter *Kommentar* zum Arbeitsrecht. 7. Aufl., München: Beck.

DIETZ, ROLF (1958): *Selbständigkeit* des Betriebsteils und des Nebenbetriebes, betriebsverfassungsrechtlich und tarifrechtlich. In: Festschrift für Arthur Nikisch, hrsg. v. Eduard Bötticher. Tübingen: Mohr, S. 23-47.

DONALDSON, GORDON/LORSCH, JAY W. (1983): *Decision* Making at the Top: The Shaping of Strategic Direction. New York u. a.: Basic Books.

DONALDSON, LEX/DAVIS, JAMES H. (1991): *Stewardship* Theory or Agency Theory: CEO Governance and Shareholder Returns. In: Australian Journal of Management, 16. Jg., S. 49-64.

DONALDSON, THOMAS/PRESTON, LEE E. (1995): The *Stakeholder* Theory of the Corporation: Concepts, Evidence, and Implications. In: Academy of Management Review, 20. Jg., S. 65-91.

DOSE, STEFAN (1975): Die *Rechtsstellung* der Vorstandsmitglieder einer Aktiengesellschaft. 3. Aufl., Köln: O. Schmidt.

DOWLING, MICHAEL (2004): *Unternehmensstrategien.* In: Handwörterbuch der Organisation, hrsg. v. Georg Schreyögg und Axel v. Werder. 4. Aufl., Stuttgart: Schäffer-Poeschel, Sp. 1549-1556.

DREIST, MICHAEL (1980): Die *Überwachungsfunktion* des Aufsichtsrats bei Aktiengesellschaften: Probleme und Reformüberlegungen aus betriebswirtschaftlicher Sicht. Düsseldorf: Mannhold.

DREHER, MEINRAD (2001): Der *Abschluss* von D&O-Versicherungen und die aktienrechtliche Zuständigkeitsordnung. In: Zeitschrift für das gesamte Handelsrecht und Wirtschaftsrecht, 165. Bd., S. 293-323.

DREYMÜLLER, BERND (1991): Die *Haftung* des Board of Directors in der englischen Public Company: ein Vergleich mit dem deutschen Aktienrecht. Diss. Univ. Münster.

DRUCKER, PETER F. (1972): Die *Praxis* des Management: Ein Leitfaden für die Führungsaufgaben in der modernen Wirtschaft. München-Zürich: Droemer Knaur.

DRUMM, HANS J. (1980): *Grundlagen* und theoretische Konzepte der Organisationsplanung. In: Wirtschaftswissenschaftliches Studium, 9. Jg., S. 311-316.

DRUMM, HANS J. (2004): *Delegation* (Zentralisation und Dezentralisation). In: Handwörterbuch Unternehmensführung und Organisation, hrsg. v. Georg Schreyögg und Axel v. Werder. 4. Aufl., Stuttgart: Schäffer Poeschel, Sp. 179-189.

DUBIN, ROBERT (1962): Business *Behavior* Behaviorally Viewed. In: Social Science Approaches to Business Behavior, hrsg. v. George B. Strother. Homewood: Dorsey Press, S. 11-56.

DÜLFER, EBERHARD (1986): *Dualismus* versus Monismus in der Leitung europäischer Aktiengesellschaften – Neue Entwicklungstendenzen zu einem alten Thema -. In: Zukunftsaspekte der anwendungsorientierten Betriebswirtschaftslehre. Festschrift für Erwin Grochla, hrsg.

v. Eduard Gaugler, Hans G. Meissner und Norbert Thom. Stuttgart: Poeschel.

DÜTZ, WILHELM (2007): *Arbeitsrecht*. 12. Aufl., München: Beck.

EBERS, MARK (2004): *Kontingenzansatz*. In: Handwörterbuch Unternehmensführung und Organisation, hrsg. v. Georg Schreyögg und Axel v. Werder. 4. Aufl., Stuttgart: Schäffer Poeschel, Sp. 653-667.

EBERS, MARK/GOTSCH, WILFRIED (2006): Institutionenökonomische *Theorien* der Organisation. In: Organisationstheorien, hrsg. v. Alfred Kieser und Mark Ebers. 6. Aufl., Stuttgart: Kohlhammer, S. 247-308.

ECKARDT, ULRICH (1973 ff.): *Kommentierungen*. In: Aktiengesetz, v. Ernst Geßler, Wolfgang Hefermehl, Ulrich Eckardt und Bruno Kropff. München: Vahlen.

EISENFÜHR, FRANZ/WEBER, MARTIN (2003): Rationales *Entscheiden*. 4. Aufl., Berlin u. a.: Springer.

EISENHARDT, KATHLEEN M. (1989): Making Fast Strategic *Decisions* in High-Velocity Environments. In: Academy of Management Journal, 32. Jg., S. 543-576.

EISENSTAT, RUSSELL A. (1990): Fairfield Coordinating *Group*. In: Groups That Work (and Those That Don't): Creating Conditions for Effective Teamwork, hrsg. v. J. Richard Hackman. San Francisco-Oxford: Jossey-Bass, S. 19-35.

EISENSTAT, RUSSELL A./COHEN, SUSAN G. (1990): Summary: Top Management *Groups*. In: Groups That Work (and Those That Don't): Creating Conditions for Effective Teamwork, hrsg. v. J. Richard Hackman. San Francisco-Oxford: Jossey-Bass, S. 78-86.

ELSING, SIEGFRIED H./VAN ALSTINE, MICHAEL P. (1999): US-amerikanisches Handels- und *Wirtschaftsrecht*. 2. Aufl., Heidelberg: Verlag Recht und Wirtschaft.

EMMERICH, VOLKER (2006): *Kommentierungen*. In: Kommentar zum *GmbH-Gesetz*: mit Anhang Konzernrecht. Bd. 1: §§ 1-34, v. Franz Scholz. 10. Aufl., Köln: O. Schmidt.

EMMERICH, VOLKER (2007): *Kommentierungen*. In: Aktien- und GmbH-*Konzernrecht*: Kommentar, v. Volker Emmerich und Mathias Habersack. 5. Aufl., München: Beck.

EMMERICH, VOLKER/SONNENSCHEIN, JÜRGEN/HABERSACK, MATHIAS (2005): *Konzernrecht*: das Recht der verbundenen Unternehmen bei Aktiengesellschaft, GmbH, Personalgesellschaften und Genossenschaft. Ein Studienbuch. 8. Aufl., München: Beck.

EMMONS, WILLIAM R./SCHMIDT, FRANK A. (2000): Corporate *Governance* and Corporate Performance. In: Corporate Governance and Globalization: Long Range Planning Issues, hrsg. v. Stephen S. Cohen und Gavin Boyd. Cheltenham-Northhampton: Elgar, S. 59-94.

ENDRES, MICHAEL (1999): *Organisation* der Unternehmensleitung aus der Sicht der Praxis. In: Zeitschrift für das gesamte Handelsrecht und Wirtschaftsrecht, 163. Bd., S. 441-460.

ESCHENBRUCH, KLAUS (1996): *Konzernhaftung*: Haftung der Unternehmen und der Manager. Düsseldorf: Werner.

ESPEY, GÜNTHER/V. BITTER, CHRISTIAN (1990): *Haftungsrisiken* des GmbH-Geschäftsführers. Düsseldorf: Werner.

EVAN, WILLIAM M. (1963): *Indices* of the Hierarchical Structure of Industrial Organizations. In: Management Science, 9. Jg., S. 468-477.

FABRICIUS, FRITZ/WEBER, CHRISTOPH (2005): *Kommentierungen*. In: Betriebsverfassungsgesetz: Gemeinschaftskommentar, mitbegr. v. Wolfgang Thiele und Fritz Fabricius, bearb. v. Alfons Kraft, Günther Wiese, Peter Kreutz, Hartmut Oetker, Thomas Raab und Christoph Weber. 8. Aufl., Neuwied-Kriftel: Luchterhand.

FALKENBERG, ROLF-D. (1981): *Gegenstand* und Grenzen des arbeitgeberseitigen Weisungsrechts. In: Der Betrieb, 34. Jg., S. 1087-1092.

FAMA, EUGENE F. (1980): *Agency* Problems and the Theory of the Firm. In: Journal of Political Economy, 88. Jg., S. 288-307.

FAMA, EUGENE F./JENSEN, MICHAEL C. (1983): *Separation* of Ownership and Control. In: Journal of Law and Economics, 26. Jg., S. 301-325.

FEDDERSEN, DIETER/HOMMELHOFF, PETER/SCHNEIDER, UWE H. (Hrsg.) (1996): Corporate *Governance*. Optimierung der Unternehmensführung und der Unternehmenskontrolle im deutschen und amerikanischen Aktienrecht. Köln: O. Schmidt.

FESSMANN, KLAUS-D. (1980): Organisatorische *Effizienz* in Unternehmungen und Unternehmungsteilbereichen. Düsseldorf: Mannhold.

FESTINGER, LEON (1962): A *Theory* of Cognitive Dissonance. Stanford: University Press.

FEUDNER, BERND W. (2002): *Kündigungsschutz* im Konzern. In: Der Betrieb, 55. Jg., S. 1106-1110.

FIEGENER, MARK K./BROWN, BONNIE M./DREUX, DIRK R., IV/DENNIS, WILLIAM J., JR. (2000): CEO Stakes and Board *Composition* in Small Private Firms. In: Entrepreneurship, Theory and Practice, 24. Jg., Heft 4, S. 5-24.

FINKELSTEIN, SYDNEY/HAMBRICK, DONALD C. (1996): Strategic *Leadership*: Top Executives and Their Effects on Organizations. Minneapolis-St. Paul: West Publishing Company.

FINKELSTEIN, SYDNEY/MOONEY, ANN C. (2003): Not the Usual Aspects: How to Use B*oard* Process to Make Boards Better. In: Academy of Management Executive, 17. Jg., S. 101-113.

FISCHER, LORENZ (1992): *Rollentheorie*. In: Handwörterbuch der Organisation, hrsg. v. Erich Frese. 3. Aufl., Stuttgart: Schäffer-Poeschel, Sp. 2184-2196.

FITTING, KARL/ENGELS, GERD/SCHMIDT, INGRID/TREBINGER, YVONNE/ LINSEN-MAIER, WOLFGANG (2006): *Betriebsverfassungsgesetz*: Handkommentar. 23. Aufl., München: Vahlen.

FITTING, KARL/WLOTZKE, OTFRIED/WIßMANN, HELLMUT (1997): *Mitbestimmungsgesetz* mit Wahlordnungen: Kommentar. 3. Aufl., Vahlen: München.

FLECK, HANS-J. (1983): Das *Organmitglied* – Unternehmer oder Arbeitnehmer? In: Festschrift für Marie Luise Hilger und Hermann Stumpf zum 70. Geburtstag, hrsg. v. Thomas Dietrich, Franz Gamillscheg und Herbert Wiedemann. München: Beck, S. 197-226.

FLECK, HANS-J. (1974): Zur *Haftung* des GmbH-Geschäftsführers. In: GmbH-Rundschau, 65. Jg., S. 224-235.

FLEISCHER, HOLGER (2003): Zum Grundsatz der *Gesamtverantwortung* im Aktienrecht. In: Neue Zeitschrift für Gesellschaftsrecht, 6. Jg., S. 449-496.

FLEISCHER, HOLGER (2003): *Vorstandsverantwortlichkeit* und Fehlverhalten von Unternehmensangehörigen – Von der Einzelüberwachung zur Errichtung einer Compliance-Organisation. In: Die Aktiengesellschaft, 48. Jg., S. 291-300.

FLEISCHER, HOLGER (2003): *Shareholders* vs. Stakeholders: Aktien- und übernahmerechtliche Fragen. In: Handbuch Corporate Governance: Leitung und Überwachung börsennotierter Unternehmen in der Rechts- und Wirtschaftspraxis, hrsg. v. Peter Hommelhoff, Klaus J. Hopt und Axel v. Werder. Köln-Stuttgart: O. Schmidt/Schäffer-Poeschel, S. 129-155.

FLEISCHER, HOLGER (2005): *Konzernleitung* und Leitungssorgfalt der Vorstandsmitglieder im Unternehmensverbund. In: Der Betrieb, 58. Jg., S. 759-766.

FLEISCHER, HOLGER (2005): Das *Vorstandvergütungs-Offenlegungsgesetz*. In: Der Betrieb, 58. Jg., S. 1611-1617.

FLUME, WERNER (1983): Allgemeiner Teil des bürgerlichen Rechts, Bd. 1, Teil 2: Die juristische *Person*. Berlin u. a.: Springer.

FRANKEN, ROLF/FRESE, ERICH (1989): *Kontrolle* und Planung. In: Handwörterbuch der Planung, hrsg. v. Norbert Szyperski. Stuttgart: Schäffer-Poeschel, Sp. 888-898.

FREEMAN, R. EDWARD (1984): Strategic *Management*. A Stakeholder Approach. Boston: Pitman.

FREMONT-SMITH, MARION R. (2004): Governing Nonprofit *Organizations*: Federal and State Law Regulation. Cambridge-London: Belknap.

FRESE, ERICH (1968): *Kontrolle* und Unternehmungsführung. Entscheidungs- und organisationstheoretische Grundfragen. Wiesbaden: Gabler.

FRESE, ERICH (2000): *Organisationstheorie*: historische Entwicklung, Ansätze, Perspektiven. 2. Aufl., Wiesbaden: Gabler.

FRESE, ERICH (2000): *Grundlagen* der Organisation: Konzept – Prinzipien – Strukturen. 8. Aufl., Wiesbaden: Gabler.

FRESE, ERICH/LEHMANN, PATRICK (2002): Profit *Center*. In: Handwörterbuch Unternehmensrechnung und Controlling, hrsg. v. Hans-U. Küpper und Alfred Wagenhofer. 4. Aufl., Stuttgart: Schäffer-Poeschel, Sp. 1540-1551.

FRESE, ERICH unter Mitarbeit von HELMUT MENSCHING und AXEL V. WERDER (1987): *Unternehmungsführung*. Landsberg am Lech: Verlag Moderne Industrie.

FRESE, ERICH/SCHMIDT, GÖTZ (1976): *Aufbauorganisation*. Gießen: Götz Schmidt.

FRESE, ERICH/V. WERDER, AXEL (1989): *Kundenorientierung* als organisatorische Gestaltungsoption der Informationstechnologie. In: Kundennähe durch moderne Informationstechnologien, hrsg. v. Erich Frese und Werner Maly. Sonderheft 25/1989 der Zeitschrift für betriebswirtschaftliche Forschung, S. 1-26.

FRESE, ERICH/V. WERDER, AXEL (1994): *Organisation* als strategischer Wettbewerbsfaktor – Organisationstheoretische Analyse gegenwärtiger Umstrukturierungen. In: Organisationsstrategien zur Sicherung der

Wettbewerbsfähigkeit – Lösungen deutscher Unternehmungen, hrsg. v. Erich Frese und Werner Maly. Sonderheft 33/1994 der Zeitschrift für betriebswirtschaftliche Forschung, S. 1-27.

FRESE, ERICH/V. WERDER, AXEL/MALY, WERNER (Hrsg.) (1993): *Zentralbereiche*: Theoretische Grundlagen und praktische Erfahrungen. Stuttgart: Schäffer-Poeschel.

FRESE, ERICH/V. WERDER, AXEL (1993): *Zentralbereiche*: Organisatorische Formen und Effizienzbeurteilung. In: Zentralbereiche: Theoretische Grundlagen und praktische Erfahrungen, hrsg. v. Erich Frese, Axel v. Werder und Werner Maly. Stuttgart: Schäffer-Poeschel, S. 1-50.

FREY, BRUNO S./OSTERLOH, MARGIT (1997): *Sanktionen* oder Seelenmassage? Motivationale Grundlagen der Unternehmensführung. In: Die Betriebswirtschaft, 57. Jg., S. 307-321.

FRIESE, BIRGIT (2003): Die *Bildung* von Spartenbetriebsräten nach § 3 Abs. 1 Nr. 2 BetrVG. In: Recht der Arbeit, 56. Jg., S. 92-101.

FUCHS-WEGNER, GERTRUD/WELGE, MARTIN K. (1974): *Kriterien* für die Beurteilung und Auswahl von Organisationskonzeptionen. In: Zeitschrift für Organisation, 43. Jg., S. 71-82 (Teil 1) und S. 163-170 (Teil 2).

FUHRMANN, LAMBERTUS (2004): „*Gelatine*" und die Holzmüller-Doktrin: Ende einer juristischen Irrfahrt? Zugleich Anmerkung zu dem Urteil des BGH vom 26.4.2004 – II ZR 155/02, AG 2004, 384 (in diesem Heft). In: Die Aktiengesellschaft, 49. Jg., S. 339-342.

GACH, BERNT (2004): *Kommentierungen*. In: Münchener Kommentar zum Aktiengesetz, hrsg. v. Bruno Kropff und Johannes Semler. 2. Aufl. 2000 ff., München: Beck/Vahlen.

GÄLWEILER, ALOYS (1980): *Planung*, Organisation der. In: Handwörterbuch der Organisation, hrsg. v. Erwin Grochla. 2. Aufl., Stuttgart: Poeschel, Sp. 1884-1895.

GALPERIN, HANS/LÖWISCH, MANFRED (1982): Kommentar zum *Betriebsverfassungsgesetz*. 6. Aufl., Heidelberg: Verlagsgesellschaft Recht und Wirtschaft.

GAMBLE, ANDREW/KELLY, GAVIN (2001): *Shareholder* Value and the Stakeholder Debate in the UK. In: Corporate Governance – An International Review, 9. Jg., S. 110-117.

GAMILLSCHEG, FRANZ (1983): Betriebliche *Übung*. In: Festschrift für Marie Luise Hilger und Herman Stumpf, hrsg. v. Thomas Dieterich, Franz Gamillscheg und Herbert Wiedemann. München: Beck, S. 227-247.

GASSER, CHRISTIAN (1971): *Gedanken* zur Unternehmungsführung in der heutigen Zeit. Vortrag, gehalten in der Generalversammlung der Gesellschaft zur Förderung der betriebswirtschaftlichen Forschung an der Hochschule für Wirtschafts- und Sozialwissenschaften, St. Gallen, am 14.6.1967. Zitiert nach: Die Organisation der Geschäftsführung: Leitungsorganisation, verfasst vom Arbeitskreis Dr. Krähe der Schmalenbach-Gesellschaft. 2. Aufl., Opladen: Westdeutscher Verlag, S. 61.

GAUL, DIETER (1973): Der *Arbeitsvertrag* mit Führungskräften: Ein Leitfaden für die Personalpraxis. 3. Aufl., München: Verlag Moderne Industrie.

GEBERT, DIETHER/VON ROSENSTIEL, LUTZ (2002): *Organisationspsychologie*: Person und Organisation. 5. Aufl., Stuttgart u. a.: Kohlhammer.

GERICKE, KARLHEINZ (1960): *Delegation* von Verantwortung im Betrieb: Eine arbeitsrechtliche Betrachtung. In: Der Betrieb, 13. Jg., S. 1498-1504.

GERPOTT, TORSTEN J. (2004): *Wettbewerbsstrategien*. In: Handwörterbuch der Organisation, hrsg. v. Georg Schreyögg und Axel v. Werder. 4. Aufl., Stuttgart: Schäffer-Poeschel, Sp. 1624-1632.

GERUM, ELMAR (1991): *Aufsichtsratstypen* – Ein Beitrag zur Theorie der Organisation der Unternehmensführung. In: Die Betriebswirtschaft, 51. Jg., S. 719-731.

GERUM, ELMAR (1992): *Unternehmungsverfassung*. In: Handwörterbuch der Organisation, hrsg. v. Erich Frese. 3. Aufl., Stuttgart: Schäffer-Poeschel, Sp. 2480-2502.

GERUM, ELMAR (1992): Führungsorganisation und *Mitbestimmung* in der europäischen Unternehmensverfassung. In: Zeitschrift Führung und Organisation, 61. Jg., S. 147-153.

GERUM, ELMAR (2007): Das deutsche Corporate *Governance*-System. Eine empirische Untersuchung. Stuttgart: Schäffer-Poeschel.

GERUM, ELMAR/OPPENRIEDER, BERND/STEINMANN, HORST (1986): Rechtsformabhängige vs. rechtsformneutrale *Unternehmensverfassung*: der Fall der mitbestimmten GmbH. In: Die Betriebswirtschaft, 46. Jg., S. 460-472.

GEßLER, ERNST (1973 ff.): *Kommentierungen*. In: Aktiengesetz, v. Ernst Geßler, Wolfgang Hefermehl, Ulrich Eckardt und Bruno Kropff. München: Vahlen.

GHOSHAL, SUMANTRA/MORAN, PETER (1996): Bad for *Practice*: A Critique of Transaction Cost Theory. In: Academy of Management Review, 21. Jg., S. 13-47.

GIRNGHUBER, GUDRUN (1998): Das US-amerikanische Audit *Committee* als Instrument zur Vermeidung von Defiziten bei der Überwachungstätigkeit der deutschen Aufsichtsräte. Frankfurt am Main: Peter Lang.

GITTER, WOLFGANG/MICHALSKI, LUTZ (2002): *Arbeitsrecht*. 5. Aufl., Heidelberg: C. F. Müller.

VON GODIN, REINHARD/WILHELMI, HANS (1971): *Aktiengesetz* vom 6. September 1965: Kommentar. 4. Aufl., Berlin-New York: de Gruyter.

GOECKE, ROBERT (1995): Neue Arbeits- und *Kooperationsformen* im oberen Führungsbereich vor dem Hintergrund neuer Telekommunikationstechniken. Diss. TU München.

GOETTE, WULF (2000): *Leitung*, Aufsicht, Haftung – zur Rolle der Rechtsprechung bei der Sicherung einer modernen Unternehmensführung. In: 50 Jahre Bundesgerichtshof. Festschrift aus Anlaß des fünfzigjährigen Bestehens von Bundesgerichtshof, Bundesanwaltschaft und Rechtsanwaltschaft beim Bundesgerichtshof, hrsg. v. Karlmann Geiß, Kay Nehm, Hans E. Brandner und Horst Hagen. Köln u. a.: Heymanns, S. 123-142.

GOETTE, WULF (2003): *Haftung*. In: Handbuch Corporate Governance: Leitung und Überwachung börsennotierter Unternehmen in der Rechts- und Wirtschaftspraxis, hrsg. v. Peter Hommelhoff, Klaus J. Hopt und Axel v. Werder. Köln-Stuttgart: O. Schmidt/Schäffer-Poeschel, S. 749-774.

GÖTZ, HEINRICH (1998): *Leitungssorgfalt* und Leitungskontrolle der Aktiengesellschaft hinsichtlich abhängiger Unternehmen. In: Zeitschrift für Unternehmens- und Gesellschaftsrecht, 27. Jg., S. 524-546.

GOLA, PETER/SCHOMERUS, RUDOLF/KLUG, CHRISTOPH (2007): *Bundesdatenschutzgesetz*: Kommentar. 9. Aufl., München: Beck.

GOLDBERG, VICTOR P. (1980): Relational *Exchange*. Economics and Complex Contracts. In: American Behavioral Scientist, 23. Jg., S. 337-352.

GOLLING, HANS-J. (1969): *Sorgfaltspflicht* und Verantwortlichkeit der Vorstandsmitglieder für ihre Geschäftsführung innerhalb der nicht konzerngebundenen Aktiengesellschaft. Diss. Univ. Köln.

GRABATIN, GÜNTHER (1981): *Effizienz* von Organisationen. Berlin-New York: de Gruyter.

GREGOIRE, ARMAND/ROEHM, EBERHARD H. (1980): Das amerikanische *Gesellschaftsrecht*. In: Internationale Wirtschaftsbriefe, Fach 8, Gruppe 3, USA, Nr. 16 vom 25.8.1980, S. 157-170.

GROCHLA, ERWIN (1982): *Grundlagen* der organisatorischen Gestaltung. Stuttgart: Poeschel.

GROCHLA, ERWIN (1980): *Organisationstheorie*. In: Handwörterbuch der Organisation, hrsg. v. Erwin Grochla. 2. Aufl., Stuttgart: Poeschel, Sp. 1795-1814.

GROCHLA, ERWIN/WELGE, MARTIN K. (1975): Zur *Problematik* der Effizienzbestimmung von Organisationsstrukturen. In: Zeitschrift für betriebswirtschaftliche Forschung, 27. Jg., S. 273-289.

GROß, VOLKER (1987): Das *Anstellungsverhältnis* des GmbH-Geschäftsführers im Zivil-, Arbeits-, Sozialversicherungs- und Steuerrecht: Statusbeurteilung im Spannungsfeld von Sozialschutznormen und Gesellschaftsrecht. Köln: O. Schmidt.

GROSSMAN, SANFORD J./HART, OLIVER D. (1986): The *Costs* and Benefits of Ownership: A Theory of Vertical and Lateral Integration. In: Journal of Political Economy, 94. Jg., S. 691-719.

GROßMANN, ADOLF (1980): *Unternehmensziele* im Aktienrecht: Eine Untersuchung über Handlungsmaßstäbe für Vorstand und Aufsichtsrat. Köln u. a.: Heymanns.

GROTE, RALF (1990): Das neue *Statut* der Europäischen Aktiengesellschaft zwischen europäischem und nationalem Recht. Diss. Univ. Göttingen.

GRUNDEI, JENS (1999): *Effizienzbewertung* von Organisationsstrukturen: Integration verhaltenswissenschaftlicher Erkenntnisse am Beispiel der Marktforschung. Wiesbaden: Gabler/Deutscher Universitäts-Verlag.

GRUNDEI, JENS (2004): Top *Management* (Vorstand). In: Handwörterbuch der Organisation, hrsg. v. Georg Schreyögg und Axel v. Werder. 4. Aufl., Stuttgart: Schäffer-Poeschel, Sp. 1441-1449.

GRUNDEI, JENS/TALAULICAR, TILL (2002): Company Law and Corporate Governance of *Start-ups* in Germany: Legal Stipulations, Managerial Requirements, and Modification Strategies. In: Journal of Management and Governance, 6. Jg., S. 1-27.

GRUNDEI, JENS/TALAULICAR, TILL (2003): *Aufsichtsräte* in jungen Technologieunternehmen: Ursachen und Implikationen von Überwachungsdefiziten. In: Finanz Betrieb, 5. Jg., S. 190-202.

GRUNDMANN, STEFAN (2001): *Wettbewerb* der Regelgeber im Europäischen Wettbewerbsrecht – jedes Marktsegment hat seine Struktur. In: Zeitschrift für Unternehmens- und Gesellschaftsrecht, 30. Jg., S. 783-832.

GRUNDMANN, STEFAN (2007): *Kommentierungen*. In: Münchener Kommentar zum Bürgerlichen Gesetzbuch, hrsg. v. Franz J. Säcker und Roland Rixecker. 5. Aufl., München: Beck.

GÜTHOFF, JULIA (2004): *Gesellschaftsrecht* in Großbritannien: Eine Einführung mit vergleichenden Tabellen. 3. Aufl., Heidelberg u. a.: Rehm.

GUTENBERG, ERICH (1986): Unternehmensführung: *Organisation* und Entscheidungen. Wiesbaden: Gabler.

GUTENBERG, ERICH (1969): *Unternehmensführung*. In: Handwörterbuch der Organisation, hrsg. v. Erwin Grochla. Stuttgart: Poeschel, Sp. 1674-1685.

GUTENBERG, ERICH (1976): *Grundlagen* der Betriebswirtschaftslehre. Band I: Die Produktion. 22. Aufl., Berlin u. a.: Springer.

GUYON, YVES (1994): Die *Société* par Actions Simplifiée (SAS) - eine neue Gesellschaftsform in Frankreich. In: Zeitschrift für Unternehmens- und Gesellschaftsrecht, 23. Jg., S. 551-569.

HABERKORN, KURT (2006): *Arbeitsrecht*: aktuelles Grundwissen und praktisches Rüstzeug. 12. Aufl., Ehningen: expert verlag/Taylorix Fachverlag.

HABERSACK, MATHIAS (1999): *Kommentierungen*. In: Großkommentar zum *Aktiengesetz*, hrsg v. Klaus J. Hopt und Herbert Wiedemann. 4. Aufl. 1993 ff., Berlin-New York: de Gruyter.

HABERSACK, MATHIAS (2008): *Kommentierungen*. In: Aktien- und GmbH-*Konzernrecht*: Kommentar, v. Volker Emmerich und Mathias Habersack. 5. Aufl., München: Beck.

HACKMAN, J. RICHARD (1987): The Design of Work *Teams*. In: Handbook of Organizational Behavior, hrsg. v. Jay W. Lorsch. Englewood Cliffs: Prentice Hall, S. 315-342.

HACKMAN, J. RICHARD (Hrsg.) (1990): *Groups* That Work (and Those That Don't): Creating Conditions for Effective Teamwork. San Francisco-Oxford: Jossey-Bass.

HACKMAN, J. RICHARD/LAWLER III, EDWARD E. (1971): *Employee* Reactions to Job Characteristics. In: Journal of Applied Psychology Monograph, 55. Jg., S. 259-286.

HACKMAN, J. RICHARD/OLDHAM, GREG R. (1980): *Work* Redesign. Reading, MA u. a.: Addison-Wesley.

HAHN, DIETGER/HUNGENBERG, HARALD (2001): *PuK*: Planung und Kontrolle, Planungs- und Kontrollsysteme, Planungs- und Kontrollrechnung. Wertorientierte Controllingkonzepte. 6. Aufl., Wiesbaden: Gabler.

HAMEL, WINFRIED (2004): Funktionale *Organisation*. In: Handwörterbuch Unternehmensführung und Organisation, hrsg. v. Georg Schreyögg und Axel v. Werder. 4. Aufl., Stuttgart: Schäffer Poeschel, Sp. 324-332.

HAMMACHER, PETER (1993): Aus der *Praxis* eines Arbeitsdirektors. In: Recht der Arbeit, 46. Jg., S. 163-169.

HANAU, PETER (1980): Die *Bedeutung* des Mitbestimmungsgesetzes 1976 für die Abgrenzung der leitenden Angestellten. In: Betriebs-Berater, 35. Jg., S. 169-173.

HANAU, PETER/ADOMEIT, KLAUS (2006): *Arbeitsrecht*. 14. Aufl., München: Luchterhand.

HARDACH, FRITZ W. (Hrsg.) (1964): Konzernorganisation. 2. Aufl., Köln: Westdeutscher Verlag.

HART, OLIVER D. (1988): Incomplete *Contracts* and the Theory of the Firm. In: Journal of Law, Economics, and Organization, 4. Jg., S. 119-139.

HART, OLIVER D./MOORE, JOHN (1988): Incomplete *Contracts* and Renegotiation. In: Econometrica, 56. Jg., S. 755-785.

HAUSCHKA, CHRISTOPH E. (2004): Corporate *Compliance* – Unternehmensorganisatorische Ansätze zur Erfüllung der Pflichten von Vorständen und Geschäftsführern. In: Die Aktiengesellschaft, 49. Jg., S. 461-480.

HEFERMEHL, WOLFGANG/SPINDLER, GERALD (2004): *Kommentierungen*. In: Münchener Kommentar zum Aktiengesetz, hrsg. v. Bruno Kropff und Johannes Semler. 2. Aufl. 2000 ff., München: Beck/Vahlen.

v. HEIN, JAN (2002): Die *Rolle* des US-amerikanischen CEO gegenüber dem Board of Directors im Licht neuer Entwicklungen. In: Recht der internationalen Wirtschaft, 48. Jg., S. 501-509.

HEINEN, EDMUND (Hrsg.) (1991): *Industriebetriebslehre*: Entscheidungen im Industriebetrieb. 9. Aufl., Wiesbaden: Gabler.

HEINRICHS, HELMUT (2007): *Kommentierungen*. In: Bürgerliches Gesetzbuch: mit Einführungsgesetz (Auszug), Allgemeines Gleichbehandlungsgesetz (Auszug), BGB-Informationspflichten-Verordnung, Unterlassungsklagengesetz, Produkthaftungsgesetz, Erbbaurechtsverordnung, Wohnungseigentumsgesetz, Hausratsverordnung, Vormünder- und Betreuervergütungsgesetz, Lebenspartnerschaftsgesetz, Gewaltschutzgesetz (Auszug), begr. v. Otto Palandt. 66. Aufl., München: Beck.

HENN, GÜNTER (2002): *Handbuch* des Aktienrechts. 7. Aufl., Heidelberg: C. F. Müller.

HENSSLER, MARTIN (1992): Das Anstellungsverhältnis der *Organmitglieder*. In: Recht der Arbeit, 45. Jg., S. 289-302.

HENSSLER, MARTIN (2006): *Kommentierungen*. In: Mitbestimmungsrecht. Kommentierungen des MitbestG, des DrittelbG und der §§ 34 bis 38 SEBG, begr. v. Peter Hanau und Peter Ulmer, erl. v. Mathias Habersack, Martin Henssler und Peter Ulmer. 2. Aufl., München: Beck.

HENZE, HARTWIG (2000): *Leitungsverantwortung* des Vorstands – Überwachungspflicht des Aufsichtsrats. In: Betriebs-Berater, 55. Jg., S. 209-216.

HENZE, HARTWIG (2002): Aktienrecht - Höchstrichterliche *Rechtsprechung*. 5. Aufl., Köln: RWS Verlag Kommunikationsforum.

HENZLER, HERBERT A. (1988): *Vision* und Führung. In: Handbuch Strategische Führung, hrsg. v. Herbert A. Henzler. Wiesbaden: Gabler, S. 17-33.

HENZLER, HERBERT A. (o. J.): Das *Führungsmodell* der deutschen Aktiengesellschaften im Vergleich mit Konstruktion und Praxis des angloamerikanischen Board-Systems. In: Zeitgemäße Gestaltung der Führungsspitze von Unternehmen – Gedanken und Anregungen –, hrsg. v. Bertelsmann Stiftung, Gütersloh, S. 15-25.

HESS, HARALD (2003): *Kommentierungen*. In: Kommentar zum Betriebsverfassungsgesetz, v. Harald Hess, Ursula Schochauer, Michael Worzalla und Dirk Glock. 6. Aufl., München-Unterschleißheim: Luchterhand.

HESS, H. OBER/ARONSTEIN, MARTIN J./HENCK, CHARLES S./FRANKE, WILHELM A. (1981): Amerikanisches *Wirtschaftsrecht*: Ein Leitfaden für deutsche Anleger. In: Recht der internationalen Wirtschaft, 27. Jg., Beilage 1, S. 1-23.

HILL, CHARLES W. L./JONES, THOMAS M. (1992): Stakeholder Agency-*Theory*. In: Journal of Management Studies, 29. Jg., S. 131-154.

HILL, WILHELM/FEHLBAUM, RAYMOND/ULRICH, PETER (1994): *Organisationslehre* 1: Ziele, Instrumente und Bedingungen der Organisation sozialer Systeme. 5. Aufl., Bern u. a.: Haupt.

HINTERHUBER, HANS H. (1990): *Wettbewerbsstrategie*. 2. Aufl., Berlin-New York: de Gruyter.

HÖHN, REINHARD (1972): Ressortlose *Unternehmensführung*: ein Grundproblem moderner Organisation der Unternehmensspitze. Bad Harzburg: Verlag für Wissenschaft, Wirtschaft und Technik.

HOFFMANN, DIETRICH (1977): Der *Kernbereich* des Arbeitsdirektors und andere praktische Fragen bei der Anwendung von § 33 MitbestG. In: Betriebs-Berater, 32. Jg., S. 17-23.

HOFFMANN, DIETRICH/LEHMANN, JÜRGEN/WEINMANN, HEINZ (1978): *Mitbestimmungsgesetz*: Kommentar. München: Beck.

HOFFMANN, DIETRICH/PREU, PETER (2003): Der *Aufsichtsrat*: Ein Leitfaden für Aufsichtsräte. 5. Aufl., München: Beck.

HOFFMANN, FRIEDRICH (1969): *Organisation* der Führungsgruppe. Berlin: Duncker & Humblot.

HOFFMANN, FRIEDRICH (1980): *Unternehmungsleitung*, Organisation der. In: Handwörterbuch der Organisation, hrsg. v. Erwin Grochla. 2. Aufl., Stuttgart: Poeschel, Sp. 2261-2272.

HOFFMANN, FRIEDRICH (Hrsg.) (1993): *Konzernhandbuch*: Recht, Steuern, Rechnungslegung, Führung, Organisation, Praxisfälle. Wiesbaden: Gabler.

HOFFMANN, FRIEDRICH (1980): *Führungsorganisation*. Band 1: Stand der Forschung und Konzeption. Tübingen: Mohr.

HOFFMANN-BECKING, MICHAEL (1986): *Vorstands-Doppelmandate* im Konzern. In: Zeitschrift für das gesamte Handelsrecht und Wirtschaftsrecht, 150. Bd., S. 570-584.

HOFFMANN-BECKING, MICHAEL (1998): Zur rechtlichen *Organisation* der Zusammenarbeit im Vorstand der AG. In: Zeitschrift für Unternehmens- und Gesellschaftsrecht, 27. Jg., S. 497-519.

HOFFMANN-BECKING, MICHAEL (2007): *Kommentierungen*. In: Münchener Handbuch des Gesellschaftsrechts. Band 4: Aktiengesellschaft, hrsg. v. Michael Hoffmann-Becking. 3. Aufl., München: Beck.

HOFSTÄTTER, PETER R. (1987): *Entscheidungen* in Organisationen. In: Wirtschaftspsychologie in Grundbegriffen: Gesamtwirtschaft, Markt, Organisation, Arbeit, hrsg. v. Graf C. Hoyos, Werner Kroeber-Riel und Lutz von Rosenstiel. 2. Aufl., München-Weinheim: Psychologie-Verlags-Union, S. 228-236.

HOLLAND, BJÖRN (2006): Das amerikanische "board of directors" und die *Führungsorganisation* einer monistischen SE in Deutschland.. Frankfurt am Main: Peter Lang.

HOMMELHOFF, PETER (1977): *Unternehmensführung* in der mitbestimmten GmbH. In: Zeitschrift für Unternehmens- und Gesellschaftsrecht, 7. Jg., S. 119-155.

HOMMELHOFF, PETER (1982): Die *Konzernleitungspflicht*: Zentrale Aspekte eines Konzernverfassungsrechts. Köln u. a.: Heymanns.

HOMMELHOFF, PETER (1988): *Konzernmodelle* und ihre Realisierung im Recht. In: Konzernrecht aus der Konzernwirklichkeit: das St. Galler Konzernrechtsgespräch, hrsg. v. Jean Nicolas Druey. Bern u. a.: Haupt/O. Schmid:, S. 107-127.

HOMMELHOFF, PETER (1991): *Gesellschaftsformen* als Organisationselemente im Konzernaufbau. In: Das Gesellschaftsrecht der Konzerne im internationalen Vergleich: ein Symposium des Max-Planck-Instituts für ausländisches und internationales Privatrecht, Hamburg, hrsg. v. Ernst-J. Mestmäcker und Peter Behrens. Baden-Baden: Nomos, S. 91-132.

HOMMELHOFF, PETER (1998): Vernetzte *Aufsichtsratsüberwachung* im Konzern? – eine Problemskizze. In: Der Konzern im Umbruch: Organisation, Besteuerung, Finanzierung und Überwachung, hrsg. v. Manuel R. Theisen. Stuttgart: Schäffer-Poeschel, S. 337-360.

HOMMELHOFF, PETER (2001): Die *OECD*-Principles on Corporate Governance – ihre Chancen und Risiken aus dem Blickwinkel der deutschen Corporate Governance-Bewegung. In: Zeitschrift für Unternehmens- und Gesellschaftsrecht, 30. Jg., S. 238-267.

HOMMELHOFF, PETER (2001): Einige *Bemerkungen* zur Organisationsverfassung der Europäischen Aktiengesellschaft: In: Die Aktiengesellschaft, 46. Jg., S. 279-288.

HOMMELHOFF, PETER/MATTHEUS, DANIELA (2000): *Risikomanagement* im Konzern – ein Problemaufriß. In: Betriebswirtschaftliche Forschung und Praxis, 52. Jg., S. 217-230.

HOMMELHOFF, PETER/SCHWAB, MARTIN (2003): *Regelungsquellen* und Regelungsebenen der Corporate Governance: Gesetz, Satzung, Codices, unternehmensinterne Grundsätze. In: Handbuch Corporate Governance: Leitung und Überwachung börsennotierter Unternehmen in der Rechts- und Wirtschaftspraxis, hrsg. v. Peter Hommelhoff, Klaus J. Hopt und Axel v. Werder. Köln-Stuttgart: O. Schmidt/Schäffer-Poeschel, S. 51-86.

HOMMELHOFF, PETER/KLEINDIEK, DETLEF (2004): *Kommentierungen*. In: GmbH-Gesetz: Kommentar, v. Marcus Lutter und Peter Hommelhoff. 16. Aufl., Köln: O. Schmidt.

HOPT, KLAUS J. (1992): *Harmonisierung* im europäischen Gesellschaftsrecht – Satus quo, Probleme, Perspektiven. In: Zeitschrift für Unternehmens- und Gesellschaftsrecht, 21. Jg., S. 265-295.

HOPT, KLAUS J. (1997): The German Two-Tier *Board* (Aufsichtsrat): A German View on Corporate Governance. In: Comparative Corporate Governance: Essays and Materials, hrsg. v. Klaus J. Hopt und Eddy Wymeersch. Berlin-New York: de Gruyter, S. 3-20.

HOPT, KLAUS J. (1999): *Kommentierungen*. In: Großkommentar zum Aktiengesetz, hrsg. v. Klaus J. Hopt und Herbert Wiedemann. 4. Aufl., Berlin-New York: de Gruyter.

HOPT, KLAUS J. (2000): Gemeinsame *Grundsätze* der Corporate Governance in Europa? Überlegungen zum Einfluß der Wertpapiermärkte auf Unternehmen und ihre Regulierung und zum Zusammenwachsen von common law und civil law im Gesellschafts- und Kapitalmarktrecht. In: Zeitschrift für Unternehmens- und Gesellschaftsrecht, 29. Jg., S. 779-818.

HOPT, KLAUS J./PRIGGE, STEFAN (1998): *Preface*. In: Comparative Corporate Governance: The State of the Art and Emerging Research, hrsg. v. Klaus J. Hopt, Hideki Kanda, Mark J. Roe, Eddy Wymeersch und Stefan Prigge. Oxford: Clarendon Press, S. v-x.

HORVÁTH, PÉTER (2006): *Controlling*. 10. Aufl., München: Vahlen.

HUCKE, ANJA (1996): *Gesellschafter* und Geschäftsführer der GmbH: juristische und ökonomische Analyse. Wiesbaden: Deutscher Universitäts-Verlag/Gabler.

HÜBNER, HEINZ (1980): *Recht* und Organisation. In: Handwörterbuch der Organisation, hrsg. v. Erwin Grochla. 2. Aufl., Stuttgart: Poeschel, Sp. 2006-2027.

HUECK, ALFRED (2005): *Kommentierungen*. In: GmbH-Gesetz: Gesetz betreffend die Gesellschaften mit beschränkter Haftung, begr. v. Adolf Baumbach, fortgef. v. Alfred Hueck. 18. Aufl., München: Beck.

HUECK, ALFRED/FASTRICH, LORENZ (2005): *Kommentierungen*. In: GmbH-Gesetz: Gesetz betreffend die Gesellschaften mit beschränkter Haftung, begr. v. Adolf Baumbach, fortgef. v. Alfred Hueck. 18. Aufl., München: Beck.

HUECK, GÖTZ (1983): Bemerkungen zum *Anstellungsverhältnis* von Organmitgliedern juristischer Personen. In: Festschrift für Marie Luise Hilger und Hermann Stumpf zum 70. Geburtstag, hrsg. v. Thomas Dietrich, Franz Gamillscheg und Herbert Wiedemann. München: Beck, S. 365-380.

HÜFFER, UWE (2006): *Kommentierungen*. In: Gesetz betreffend die Gesellschaften mit beschränkter Haftung (GmbHG): Großkommentar, hrsg. v. Peter Ulmer in Gemeinschaft mit Mathias Habersack und Martin Winter. Tübingen: Mohr Siebeck.

HÜFFER, UWE (2006): *Aktiengesetz*. 7. Aufl., München: Beck.

HUKE, RAINER/PRINZ, THOMAS (2004): Das *Drittelbeteiligungsgesetz* löst das Betriebsverfassungsgesetz 1952 ab. In: Betriebs-Berater, 59. Jg., S. 2633-2639.

IHLAS, HORST (1997): *Organhaftung* und Haftpflichtversicherung. Berlin: Duncker & Humblot.

IHRIG, HANS-C./WAGNER, JENS (2002): Corporate Governance: *Kodex-Erklärung* und ihre unterjährige Korrektur. In: Betriebs-Berater, 57. Jg., S. 2509-2514.

JAEGER, CARSTEN (1994): Die Europäische *Aktiengesellschaft* - europäischen oder nationalen Rechts. Baden-Baden: Nomos.

JANIS, IRVING L. (1972): Victims of *Groupthink*. Boston u. a.: Houghton Mifflin.

JANIS, IRVING L. (1989): Crucial *Decisions*. New York-London: The Free Press/Collier Macmillan.

JARILLO, JOSÉ-CARLOS (1988): On Strategic *Networks*. In: Strategic Management Journal, 9. Jg., S. 31-41.

JENSEN, MICHAEL C. (1993): The Modern Industrial *Revolution*, Exit, and the Failure of Internal Control Systems. In: Journal of Finance, 48. Jg., S. 831-880.

JENSEN, MICHAEL C./MECKLING, WILLIAM H. (1976): *Theory* of the Firm: Managerial Behaviour, Agency Costs and Ownership Structure. In: Journal of Financial Economics, 3. Jg., S. 305-360.

JONES, THOMAS M. (1995): Instrumental *Stakeholder* Theory: a Synthesis of Ethics and Economics. In: Academy of Management Review, 20. Jg., S. 404-437.

JOST, PETER-J. (2000): *Organisation* und Koordination: Eine ökonomische Einführung. Wiesbaden: Gabler.

JOST, PETER-J. (2004): *Transaktionskostentheorie*. In: Handwörterbuch der Organisation, hrsg. v. Georg Schreyögg und Axel v. Werder. 4. Aufl., Stuttgart: Schäffer-Poeschel, Sp. 1450-1458.

JOUSSEN, EDGAR (1994): Die *Generalvollmacht* im Handels- und Gesellschaftsrecht. In: Wertpapier-Mitteilungen, 48. Jg., S. 273-284.

JOUSSEN, JAKOB (2005): Der *Sorgfaltsmaßstab* des § 43 Abs. 1 GmbHG. In: GmbH-Rundschau, 96. Jg., S. 441-447.

JÜRGENS, PETER (1990): Die Europäische *Aktiengesellschaft* nimmt Strukturen an. In: Betriebs-Berater, 45. Jg., S. 1145-1150.

JUNKER, ABBO (2007): Grundkurs *Arbeitsrecht*. 6. Aufl., München: Beck.

KÄSTNER, KARIN (2000): Aktienrechtliche *Probleme* der D&O-Versicherung. In: Die Aktiengesellschaft, 45. Jg., S. 113-122.

KAHLE, EGBERT (2004): *Ausschüsse*. In: Handwörterbuch der Organisation, hrsg. v. Georg Schreyögg und Axel v. Werder. 4. Aufl., Stuttgart: Schäffer-Poeschel, Sp. 72-78.

KALSS, SUSANNE (2003): Der *Minderheitenschutz* bei Gründung und Sitzverlegung der SE nach dem Diskussionsentwurf. In: Zeitschrift für Unternehmens- und Gesellschaftsrecht, 32. Jg., S. 593-646.

KANDLER, GÖTZ/SESEKE, CHRISTOPH (1994): Die „*Société* par actions simplifié" SAS) – Schaffung einer „vereinfachte" Aktiengesellschaft französischen Rechts. In: Die Aktiengesellschaft, 39. Jg., S. 447-456.

KANTZAS, IOANNIS (1988): Das *Weisungsrecht* im Vertragskonzern. Frankfurt am Main u. a.: Peter Lang.

KELLER, THOMAS (1991): Die Einrichtung einer *Holding*: Bisherige Erfahrungen und neuere Entwicklungen. In: Der Betrieb, 44. Jg., S. 1633-1639.

KELLER, THOMAS (1993): *Unternehmungsführung* mit Holdingkonzepten. 2. Aufl., Köln: Wirtschaftsverlag Bachem.

KELLER, THOMAS (2004): Die *Führung* einer Holding. In: Holding-Handbuch: Recht, Management, Steuern, hrsg. v. Marcus Lutter. 4. Aufl., Köln: O. Schmidt, S. 121-174.

KELLEY, HAROLD H./THIBAUT, JOHN W. (1969): *Group* Problem Solving. In: The Handbook of Social Psychology, Bd. 4: Group Psychology and Phenomena of Interaction, hrsg. v. Gardner Lindzey und ElliotAronson. 2. Aufl., Reading, MA u. a.: Addison-Wesley, S. 1-101.

KERSTING, CHRISTIAN (2001): *Societas* Europaea: Gründung und Vorgesellschaft. In: Der Betrieb, 54. Jg., S. 2079-2086.

KERSTING, CHRISTIAN (2003): *Auswirkungen* des Sarbanes-Oxley-Gesetzes in Deutschland: Können deutsche Unternehmen das Gesetz befolgen? In: Zeitschrift für Wirtschaftsrecht, 24. Jg., S. 233-242.

KERSTING, CHRISTIAN (2003): Das Audit *Committee* nach dem Sarbanes-Oxley-Gesetz: Ausnahmeregelungen für ausländische Emittenten. In: Zeitschrift für Wirtschaftsrecht, 24. Jg., S. 2010-2017.

KESSLER, JÜRGEN (1998): *Leitungskompetenz* und Leitungsverantwortung im deutschen, US-amerikanischen und japanischen Aktienrecht. In: Recht der internationalen Wirtschaft, 44. Jg., S. 602-615.

KESSLER, WOLFGANG/SCHIFFERS, JOACHIM/TEUFEL, TOBIAS (2002): *Rechtsformwahl* – Rechtsformoptimierung. München: Beck.

KIESER, ALFRED/WALGENBACH, PETER (2007): *Organisation*. 5. Aufl., Stuttgart: Schäffer-Poeschel.

KIETHE, KURT (2003): Persönliche *Haftung* von Organen der AG und der GmbH – Risikovermeidung durch D&O-Versicherung? In: Betriebs-Berater, 58. Jg., S. 537-542.

KIRCHNER, CHRISTIAN (2002): *Regulierung* durch Unternehmensführungskodizes (Codes of Corporate Goverance). In: BWL und Regulierung, hrsg. v. Wolfgang Ballwieser. Sonderheft 48/2002 der Zeitschrift für betriebswirtschaftliche Forschung, S. 93-120.

KIRCHNER, CHRISTIAN (2004): *Grundstruktur* eines neuen institutionellen Designs für Arbeitnehmermitbestimmung auf der Unternehmensebene. In: Die Aktiengesellschaft, 49. Jg., S. 197-200.

KIRSCH, WERNER (1971): Die *Koordination* von Entscheidungen in Organisationen. In: Zeitschrift für betriebswirtschaftliche Forschung, 23. Jg., S. 61-82.

KITTNER, MICHAEL (2006): *Kommentierungen*. In: Betriebsverfassungsgesetz mit Wahlordnung, §§ 121-128 InsO und EBR-Gesetz: Kommentar für die Praxis, hrsg. v. Wolfgang Däubler, Michael Kittner und Thomas Klebe. 10. Aufl., Frankfurt am Main: Bund-Verlag.

KITTNER, MICHAEL/PIEPER, RALF (2005): *Arbeitsschutzrecht*: ArbSchR. Arbeitsschutzgesetz, Arbeitssicherheitsgesetz und andere Arbeitsschutzvorschriften. 3. Aufl., Frankfurt am Main: Bund-Verlag.

KLEIN, APRIL (2002): Audit *Committee*, Board of Director Characteristics, and Earnings Management. In: Journal of Accounting and Economics, 33. Jg., S. 375-400.

KLEIN, BENJAMIN/CRAWFORD, ROBERT/ALCHIAN, ARMEN (1978): Vertical *Integration*, Appropriable Rents, and the Competitive Contracting Process. In: Journal of Law and Economics, 21. Jg., S. 297-326.

KLIMECKI, RÜDIGER, G. (2004): Motivationsorientierte *Organisationsmodelle*. In: Handwörterbuch Unternehmensführung und Organisation, hrsg. v. Georg Schreyögg und Axel v. Werder. 4. Aufl., Stuttgart: Schäffer Poeschel, Sp. 915-922.

KNOBLAU, JOCHEN (1968): *Leitungsmacht* und Verantwortlichkeit bei Bestehen eines Beherrschungsvertrages nach der Regelung des neuen Aktiengesetzes vom 6.9.1965 (BGBl I S. 1089). Diss. Univ. Würzburg.

KOCK, MARTIN/DINKEL, RENATE (2004): Die zivilrechtliche *Haftung* von Vorständen für unternehmerische Entscheidungen. In: Neue Zeitschrift für Gesellschaftsrecht, 7. Jg., S. 441-448.

KÖSTLER, ROLAND/KITTNER, MICHAEL/ZACHERT, ULRICH/MÜLLER, MATTHIAS (2006): *Aufsichtsratspraxis*: Handbuch für die Arbeitnehmervertreter im Aufsichtsrat. 8. Aufl., Frankfurt am Main: Bund-Verlag.

KÖSTLER, ROLAND/BÜGGEL, ANNELIESE (2003): Gesellschafts- und *Mitbestimmungsrecht* in den Ländern der Europäischen Gemeinschaft. Arbeitshilfen für Aufsichtsräte, Heft 11, hrsg. v. der Hans-Böckler-Stiftung. Düsseldorf.

KOLBECK, ROSEMARIE (1993): *Rechtsformwahl*. In: Handwörterbuch der Betriebswirtschaftslehre, Bd. 3, hrsg. v. Waldemar Wittmann, Werner Kern, Richard Köhler, Hans-Ulrich Küpper und Klaus v. Wysocki. 5. Aufl., Stuttgart: Schäffer-Poeschel, Sp. 3741-3759.

KOLVENBACH, WALTER (1988): *Statut* für die Europäische Aktiengesellschaft. In: Der Betrieb, 41. Jg., S. 1837-1840.

KOPPENSTEINER, HANS-G. (2004): *Kommentierungen*. In: Kölner Kommentar zum *Aktiengesetz*, 3. Aufl. 2004 ff., hrsg. v. Wolfgang Zöllner und Ulrich Noack. Köln u. a.: Heymanns.

KOPPENSTEINER, HANS-G. (2002): *Kommentierungen*. In: Gesetz betreffend die Gesellschaften mit beschränkter Haftung (*GmbHG*): Kommentar, begr. v. Heinz Rowedder, hrsg. v. Christian Schmidt-Leithoff. 4. Aufl., München: Vahlen.

KORNBLUM, UDO/HAMPF, THORSTEN/NAß, NICOLE (2000): Neue württembergische *Rechtstatsachen* zum Unternehmens- und Gesellschaftsrecht. In: GmbH-Rundschau, 91. Jg., S. 1240-1251.

KORT, MICHAEL (2002): *Kommentierungen.* In: Großkommentar zum Aktiengesetz, hrsg. v. Klaus J. Hopt und Herbert Wiedemann. 4. Aufl. 1993 ff., Berlin-New York: de Gruyter.

KOSIOL, ERICH (1962): *Organisation* der Unternehmung. Wiesbaden: Gabler.

KOSIOL, ERICH (1972): Die *Unternehmung* als wirtschaftliches Aktionszentrum: Einführung in die Betriebswirtschaftslehre. 2. Aufl., Reinbek bei Hamburg: Rowohlt.

KOTTER, JOHN P. (1982a): The General *Managers.* New York-London: The Free Press.

KOTTER, JOHN P. (1982b): What *Effective* General Managers Really Do. In: Harvard Business Review, 60. Jg., Heft 6, S. 156-167.

KRAFT, ALFONS (2005): *Kommentierungen.* In: Betriebsverfassungsgesetz: Gemeinschaftskommentar, mitbegr. v. Wolfgang Thiele und Fritz Fabricius, bearb. v. Alfons Kraft, Günther Wiese, Peter Kreutz, Hartmut Oetker, Thomas Raab und Christoph Weber. 8. Aufl., Neuwied-Kriftel: Luchterhand.

KREBS, PETER (1995): Ungeschriebene *Prinzipien* der handelsrechtlichen Stellvertretung als Schranken der Rechtsfortbildung – speziell für Gesamtvertretungsmacht und Generalvollmacht. In: Zeitschrift für das gesamte Handelsrecht und Wirtschaftsrecht, 159. Bd., S. 635-662.

KREIKEBAUM, HARTMUT (1997): Strategische *Unternehmensplanung.* 6. Aufl., Stuttgart u. a.: Kohlhammer.

KREMER, THOMAS (2008): *Kommentierungen.* In: Kommentar zum Deutschen Corporate Governance Kodex: Kodex-Kommentar, v. Henrik-M. Ringleb, Thomas Kremer, Marcus Lutter und Axel v. Werder. 3. Aufl., München: Beck.

KRIEGER, GERD (1996): Zur (Innen-)Haftung von *Vorstand* und Geschäftsführung. In: Gesellschaftsrecht 1995, hrsg. v. Hartwig Henze, Wolfram Timm und Peter Westermann. Köln: RWS Verlag Kommunikationsforum, S. 149-177.

KRIEGER, GERD (2007): *Kommentierungen.* In: Münchener Handbuch des Gesellschaftsrechts. Band 4: Aktiengesellschaft, hrsg. v. Michael Hoffmann-Becking. 3. Aufl., München: Beck.

KRIEGER, GERD (2003): Interne Voraussetzungen für die Abgabe der *Entsprechenserklärung* nach § 161 AktG. In: Festschrift für Peter Ulmer zum 70. Geburtstag am 2. Januar 2003, hrsg. v. Mathias Habersack, Peter Hommelhoff, Uwe Hüffer und Karsten Schmidt. Berlin: de Gruyter, S. 365-380.

KRONSTEIN, WERNER/HAWKINS, GERARD L. (1983): Die *Haftung* der Organwalter und Gesellschafter von Tochtergesellschaften in den USA. In: Recht der internationalen Wirtschaft, 29. Jg., S. 249-257.

KROPFF, BRUNO (2004): *Kommentierungen.* In: *Arbeitshandbuch* für Aufsichtsratsmitglieder, hrsg. v. Johannes Semler und Kersten v. Schenck. 2. Aufl., München: Beck/Vahlen.

KROPFF, BRUNO (1965): *Aktiengesetz.* Textausgabe des Aktiengesetzes vom 6.9.1965 (Bundesgesetzbl. I S. 1089) und des Einführungsgesetzes zum Aktiengesetz vom 6.9.1965 (Bundesgesetzbl. I S. 1185) mit Begründung des Regierungsentwurfs, Bericht des Rechtsausschusses des Deutschen Bundestags, Verweisungen und Sachverzeichnis, zusammengestellt v. Bruno Kropff. Düsseldorf: Verlagsbuchhandlung des Instituts der Wirtschaftsprüfer.

KROPFF, BRUNO (1984): Zur *Konzernleitungspflicht.* In: Zeitschrift für Unternehmens- und Gesellschaftsrecht, 13. Jg., S. 112-133.

KROPFF, BRUNO (2000): *Kommentierungen.* In: Münchener Kommentar zum *Aktiengesetz,* hrsg. v. Bruno Kropff und Johannes Semler. 2. Aufl. 2000 ff., München: Beck/Vahlen.

KRÜGER, WILFRIED (1989): *Machtdefizit* und Führungsstärke an der Unternehmungsspitze. In: Unternehmensverfassung in der privaten und öffentlichen Wirtschaft: Festschrift für Prof. Dr. Erich Potthoff zur Vollendung des 75. Lebensjahres, hrsg. v. Peter Eichhorn. Baden-Baden: Nomos, S. 119-131.

KRÜGER, WILFRIED (1994): *Organisation* der Unternehmung. 3. Aufl., Stuttgart u. a.: Kohlhammer.

KRÜGER, WILFRIED/V. WERDER, AXEL (1993): Zentralbereiche – Gestaltungsmuster und Entwicklungstrends in der Unternehmungspraxis. In: Zentralbereiche – Theoretische Grundlagen und praktische Erfahrungen, hrsg. v. Erich Frese, Axel v. Werder und Werner Maly. Stuttgart: Schäffer-Poeschel.

KRUSE, HEINRICH W. (2000): *Kommentierungen.* In: Abgabenordnung, Finanzgerichtsordnung: Kommentar zur AO 1977 und FGO (ohne Steuerstrafrecht), v. Klaus Tipke und Heinrich W. Kruse. 16. Aufl. 1996 ff., Köln: O. Schmidt.

KUBIS, DIETMAR (2004): *Kommentierungen*. In: Münchener Kommentar zum Aktiengesetz, hrsg. v. Bruno Kropff und Johannes Semler. 2. Aufl. 2000 ff., München: Beck/Vahlen.

KUBICEK, HERBERT/WELTER, GÜNTER (1985): *Messung* der Organisationsstruktur: Eine Dokumentation von Instrumenten zur quantitativen Erfassung von Organisationsstrukturen. Stuttgart: Enke.

KÜBLER, FRIEDRICH (1994): *Aktienrechtsreform* und Unternehmensverfassung. In: Die Aktiengesellschaft, 39. Jg., S. 141-148.

KÜBLER, FRIEDRICH/ASSMANN, HEINZ-DIETER (2006): *Gesellschaftsrecht*: Die privatrechtlichen Ordnungsstrukturen und Regelungsprobleme von Verbänden und Unternehmen. Ein Lehrbuch für Juristen und Wirtschaftswissenschaftler. 6. Aufl., Heidelberg: C. F. Müller.

KÜPPER, HANS-ULRICH (2005): *Controlling*: Konzeption, Aufgaben und Instrumente. 4. Aufl., Stuttgart: Schäffer-Poeschel.

KÜTING, KARLHEINZ (1980): Unternehmungspolitische *Aspekte* bei der Wahl zwischen einem faktischen und einem Vertragskonzern. In: Die Betriebswirtschaft, 40. Jg., S. 375-385.

KUST, EGON (1980): Zur *Sorgfaltspflicht* und Verantwortlichkeit eines ordentlichen und gewissenhaften Geschäftsleiters. In: Wertpapier-Mitteilungen, 34. Jg., S. 758-765.

LAKIES, THOMAS (2003): Das *Weisungsrecht* des Arbeitgebers (§ 106 GewO) – Inhalt und Grenzen. In: Betriebs-Berater, 58. Jg., S. 364-369.

LAßMANN, ARNDT (1992): Organisatorische *Koordination*: Konzepte und Prinzipien zur Einordnung von Teilaufgaben. Wiesbaden: Gabler.

LAUX, HELMUT (2007): *Entscheidungstheorie*. 7. Aufl., Berlin-Heidelberg: Springer.

LAUX, HELMUT/LIERMANN, FELIX (2005): *Grundlagen* der Organisation: die Steuerung von Entscheidungen als Grundproblem der Betriebswirtschaftslehre. 6. Aufl., Berlin u. a.: Springer.

LEICHT, THOMAS (1980): Der *Arbeitsdirektor* des Mitbestimmungsgesetzes 1976. Diss. Univ. Freiburg (Breisgau).

LEßMANN, JOCHEN (1992): Die *Grenzen* des arbeitgeberseitigen Direktionsrechts. In: Der Betrieb, 45. Jg., S. 1137-1142.

LEUPOLD, Andreas (1993): Die Europäische *Aktiengesellschaft* unter besonderer Berücksichtigung des deutschen Rechts. Chancen und Probleme auf dem Weg zu einer supranationalen Gesellschaftsform. Aachen: Shaker.

LICHTMAN, CARY M./HUNT, RAYMOND G. (1971): *Personality* and Organization Theory: A Review of Some Conceptual Literature. In: Psychological Bulletin, 76. Jg., S. 271-294.

LIEB, MANFRED/MATTHIAS, JACOB (2006): *Arbeitsrecht*. 9. Aufl., Heidelberg: Müller.

LIEBSCHER, THOMAS (2005): Ungeschriebene *Hauptversammlungszuständigkeiten* im Lichte von Holzmüller, Macrotron und Gelatine. In: Zeitschrift für Unternehmens- und Gesellschaftsrecht, 34. Jg., S. 1-33.

LIKERT, RENSIS (1967): The Human *Organization*. Its Management and Value. New York u. a.: McGraw-Hill.

LINCK, RÜDIGER (2007): *Kommentierungen*. In: Arbeitsrechts-Handbuch: Systematische Darstellung und Nachschlagewerk für die Praxis, v. Günter Schaub, Ulrich Koch, Rüdiger Linck und Hinrich Vogelsang. 12. Aufl., München: Beck.

LINDERMANN, EDGAR (1987): *Doppelmandat* gleich Haftungsdurchgriff? In: Die Aktiengesellschaft, 32. Jg., S. 225-239.

LIPPERT, HANS-D. (1976): *Überwachungspflicht*, Informationsrecht und gesamtschuldnerische Haftung des Aufsichtsrates nach dem Aktiengesetz 1965. Bern: Peter Lang.

LÖWISCH, MANFRED (2004): *Kommentierungen*. In: J. von Staudingers Kommentar zum Bürgerlichen Gesetzbuch mit Einführungsgesetz und Nebengesetzen, begr. v. Julius von Staudinger. 13. Bearb., Berlin: Sellier/de Gruyter.

LÖWISCH, MANFRED (2007): *Arbeitsrecht*: ein Studienbuch. 8. Aufl., Düsseldorf: Werner.

LOOS, GEROLD (1972): *Wahl* der Unternehmensform. In: Handbuch des Konzernmanagement, hrsg. v. Gert Ellenberger et al. München: Verlag Moderne Industrie, S. 153-201.

LORSCH, JAY W. (1996): German Corporate *Governance* and Management: An American's Perspective. In: Grundsätze ordnungsmäßiger Unternehmungsführung (GoF) für die Unternehmungsleitung (GoU), Überwachung (GoÜ) und Abschlussprüfung (GoA), hrsg. v. Axel v. Werder. Sonderheft 36/1996 der Zeitschrift für betriebswirtschaftliche Forschung, S. 199-225.

LORSCH, JAY W./BAUGHMAN, JAMES P./REECE, JAMES/MINTZBERG, HENRY (1978): Understanding *Management*. New York u. a.: Harper & Row.

LORSCH, JAY W./MacIVER, ELIZABETH (1989): *Pawns* or Potentates. The Reality of America's Corporate Boards. Boston: Harvard Business School Press.

LOUVEN, KLAUS (1999): Aus der *Rechtsprechung* des Bundessozialgerichts zum sozialrechtlichen Status des GmbH-Geschäftsführers. In: Der Betrieb, 52. Jg., S. 1061-1064.

LÜCK, WOLFGANG (1999): Audit *Committees*: Prüfungsausschüsse zur Sicherung und Verbesserung der Unternehmensüberwachung in deutschen Unternehmen. In: Der Betrieb, 52. Jg., S. 441-443.

LUTTER, MARCUS (1979): Zur *Entwicklung* des Unternehmensrechts. In: Betriebswirtschaftslehre und Recht: Bericht von der wissenschaftlichen Tagung des Verbandes der Hochschullehrer für Betriebswirtschaft e. V. vom 17. bis 19. Mai 1978 in Nürnberg, hrsg. v. Anton Heigl und Peter Uecker. Wiesbaden: Gabler, S. 31-66.

LUTTER, MARCUS (Hrsg.) (1978): Die europäische *Aktiengesellschaft*: Eine Stellungnahme zur Vorlage der Kommission an den Ministerrat der Europäischen Gemeinschaften über das Statut für Europäische Aktiengesellschaften vom 30. April 1975. 2. Aufl., Köln u. a.: Heymanns.

LUTTER, MARCUS (1988): Zur *Abwehr* räuberischer Aktionäre. In: 40 Jahre Der Betrieb. Festschrift Der Betrieb, v. Herbert Helmrich. Stuttgart: Schäffer, S. 193-210.

LUTTER, MARCUS (1990): Genügen die vorgeschlagenen *Regelungen* für eine „Europäische Aktiengesellschaft"? In: Die Aktiengesellschaft, 35. Jg., S. 413-421.

LUTTER, MARCUS (1995): Das dualistische *System* der Unternehmensverwaltung. In: Corporate Governance, hrsg. v. Eberhard Scheffler. Wiesbaden: Gabler, S. 5-26.

LUTTER, MARCUS (2004): Begriff und Erscheinungsformen der *Holding*. In: Holding-Handbuch: Recht, Management, Steuern, hrsg. v. Marcus Lutter. 4. Aufl., Köln: O. Schmidt, S. 1-29.

LUTTER, MARCUS (2000): *Haftung* und Haftungsfreiräume des GmbH-Geschäftsführers: 10 Gebote an den Geschäftsführer. In: GmbH-Rundschau, 91. Jg., S. 301-312.

LUTTER, MARCUS (2001): Vergleichende Corporate *Governance* – Die deutsche Sicht. In: Zeitschrift für Unternehmens- und Gesellschaftsrecht, 30. Jg., S. 224-237.

LUTTER, MARCUS (2002): Die *Erklärung* zum Corporate Governance Kodex gemäß § 161 AktG: Pflichtverstöße und Binnenhaftung von Vorstands- und Aufsichtsratsmitgliedern. In: Zeitschrift für das gesamte Handelsrecht und Wirtschaftsrecht, 166. Bd., S. 523-543.

LUTTER, MARCUS (2002): *Kodex* guter Unternehmensführung und Vertrauenshaftung. In: Festschrift für Jean Nicolas Druey zum 65. Geburtstag, hrsg. v. Rainer J. Schweizer, Herbert Burkert und Urs Gasser. Zürich u. a.: Schulthess, S. 463-478.

LUTTER, MARCUS/HOMMELHOFF, PETER (2004): *Kommentierungen*. In: GmbH-Gesetz: Kommentar, v. Marcus Lutter und Peter Hommelhoff. 16. Aufl., Köln: O. Schmidt.

LUTTER, MARCUS/KRIEGER, GERD (2002): *Rechte* und Pflichten des Aufsichtsrats. 4. Aufl., Köln: O. Schmidt.

MACHARZINA, KLAUS (2005): *Unternehmensführung*: Das internationale Managementwissen. Konzepte-Methoden-Praxis. 5. Aufl., Wiesbaden: Gabler.

MALIK, FREDMUND (1996): *Strategie* des Managements komplexer Systeme. 5. Aufl., Bern u. a.: Haupt.

MALY, WERNER (1996): Die *Entwicklung* von Grundsätzen ordnungsmäßiger Unternehmungsführung aus Sicht der Praxis. In: Grundsätze ordnungsmäßiger Unternehmungsführung (GoF) für die Unternehmungsleitung (GoU), Überwachung (GoÜ) und Abschlussprüfung (GoA), hrsg. v. Axel v. Werder. Sonderheft 36/1996 der Zeitschrift für betriebswirtschaftliche Forschung, S. 179-197.

MANZ, GERHARD/MAYER, BARBARA/SCHRÖDER, ALBERT (Hrsg.) (2005): Europäische Aktiengesellschaft SE. *Handkommentar*. Baden-Baden.

MARCH, JAMES G./SIMON, HERBERT A. (1993): *Organizations*. 2. Aufl., Cambridge, Mass. u. a.: Blackwell.

MARTENS, KLAUS-P. (1979): Die *Gruppenabgrenzung* der leitenden Angestellten nach dem Mitbestimmungsgesetz. München: Beck.

MARTENS, KLAUS-P. (1980): Der *Arbeitsdirektor* nach dem Mitbestimmungsgesetz. Köln: RWS Verlag Kommunikationsforum.

MARTENS, KLAUS-P. (1982): Das *Arbeitsrecht* der leitenden Angestellten. Wiesbaden-Stuttgart: Forkel.

MARTENS, KLAUS-P. (1984): *Grundlagen* des Konzernarbeitsrechts. In: Zeitschrift für Unternehmens- und Gesellschaftsrecht, 13. Jg., S. 417-459.

MARTENS, KLAUS-P. (1991): Die *Organisation* des Konzernvorstands. In: Festschrift für Theodor Heinsius zum 65. Geburtstag am 25. September 1991, hrsg. v. Friedrich Kübler, Hans-J. Mertens und Winfried Werner. Berlin-New York: de Gruyter, S. 523-544.

MARTINDALE, JAMES B./HUBBELL, JOHN H. (2007): Martindale-Hubbell *Law* Directory. New Providence, NJ: Martindale-Hubbell.

MAYER, COLIN (1998): Financial *Systems* and Corporate Governance: A Review of the International Evidence. In: Journal of Institutional and Theoretical Economics, 154. Jg., S. 144-165.

McCLELLAND, DAVID C./BURNHAM, DAVID H. (1976): *Power* is the Great Motivator. In: Harvard Business Review, 54. Jg., Heft 2, S. 100-110.

McGREGOR, DOUGLAS (2006): The Human *Side* of Enterprise. New York u. a.: McGraw-Hill.

MECKL, REINHARD (2004): *Regionalorganisation*. In: Handwörterbuch Unternehmensführung und Organisation, hrsg. v. Georg Schreyögg und Axel v. Werder. 4. Aufl., Stuttgart: Schäffer Poeschel, Sp. 1253-1262.

MEIER-KRENZ, ULRICH (1988): Die *Erweiterung* von Mitbestimmungsrechten des Betriebsrats durch Tarifvertrag. In: Der Betrieb, 41. Jg., S. 2149-2153.

MEISER, MICHAEL (1984): *Leitungsautonomie* im divisionalisierten Konzern. Frankfurt am Main u. a.: Peter Lang

MENKE, RAINARD/PORSCH, WINFRIED (2004): Verfassungs- und europarechtliche *Grenzen* eines Gesetzes zur individualisierten Zwangsoffenlegung der Vergütung der Vorstandsmitglieder. In: Betriebs-Berater, 59. Jg., S. 2533-2537.

MERTENS, HANS-J. (1987): *Rechtsprechung*. In: Die Aktiengesellschaft, 32. Jg., S. 38-40.

MERTENS, HANS-J. (1996): *Kommentierungen*. In: Kölner Kommentar zum *Aktiengesetz*, hrsg. v. Wolfgang Zöllner. 2. Aufl. 1986 ff., Köln u. a.: Heymanns.

MERTENS, HANS-J. (1997): *Kommentierungen*. In: Gesetz betreffend die Gesellschaften mit beschränkter Haftung (*GmbHG*): Großkommentar, begr. v. Max Hachenburg, hrsg. v. Peter Ulmer. 8. Aufl., Berlin-New York: de Gruyter.

MEYER, ERIK (1980): *Delegation*. In: Handwörterbuch der Organisation, hrsg. v. Erwin Grochla. 2. Aufl., Stuttgart: Poeschel, Sp. 546-551.

MEYER-LANDRUT, JOACHIM (1973): *Kommentierungen*. In: Aktiengesetz: Groß-kommentar, v. Carl H. Barz et al. 3. Aufl. 1970 ff., Berlin-New York: de Gruyter.

MEYKE, ROLF (2004): Die *Haftung* des GmbH-Geschäftsführers. 4. Aufl., Köln: RWS Verlag Kommunikationsforum.

MILES, RAYMOND E./SNOW, CHARLES C. (1984): *Fit*, Failure, and the Hall of Fame. In: California Management Review, 26. Jg., S. 10-28.

MILLSTEIN, IRA M./ALBERT, MICHEL/CADBURY, SIR ADRIAN/DENHAM, ROBERT E./FEDDERSEN, DIETER/TATEISI, NOBUO (1998): Corporate *Governance*: Verbesserung der Wettbewerbsfähigkeit und der Kapitalbeschaf-fung auf globalen Märkten. Ein Bericht der Beratergruppe für die Wirtschaft in Corporate Governance-Fragen an die OECD. Paris: OECD.

MINTZBERG, HENRY (1973): The *Nature* of Managerial Work. New York u. a.: Harper & Row.

MINTZBERG, HENRY (1975): The Manager's Job: *Folklore* and Fact. In: Harvard Business Review, 53. Jg., Heft 4, S. 49-61.

MINTZBERG, Henry (1989): Mintzberg on *Management*: Inside our Strange World of Organizations. New York-London: The Free Press.

MINUTH, THORSTEN (2005): *Führungssysteme* der Europäischen Aktiengesell-schaft (SE): Wettbewerb zwischen alternativen Führungsstrukturen im Kraftfeld des deutschen Unternehmensrechts. Berlin: Duncker & Humblot.

MITCHELL, RONALD K./AGLE, BRADLEY R./WOOD, DONNA J. (1997): Toward a *Theory* of Stakeholder Identification and Salience: Defining the Prin-ciple of Who and What Really Counts. In: Academy of Management Review, 22. Jg., S. 853-886.

MOHN, REINHARD (1986): *Dialogbeitrag* zu Prof. Dr. Bleicher und Dr. Paul: „Das amerikanische Board-Modell im Vergleich zur deutschen Vor-stands-/Aufsichtsratsverfassung – Stand und Entwicklungstenden-zen". In: Die Betriebswirtschaft, 46. Jg., S. 525-526.

MONKS, ROBERT A. G./MINOW, NELL (2004): Corporate *Governance*. 3. Aufl., Malden u. a.: Blackwell.

MOTHES, HARALD (1975): Praktische *Probleme* des Betriebsbegriffs im Be-triebsverfassungsgesetz. Diss. Univ. Köln.

MÜLBERT, PETER O. (1996): *Aktiengesellschaft*, Unternehmensgruppe und Kapi-talmarkt: die Aktionärsrechte bei Bildung und Umbildung einer

Unternehmensgruppe zwischen Verbands- und Anlegerschutzrecht. 2. Aufl., München: Beck.

MÜLBERT, PETER O. (1997): *Shareholder* Value aus rechtlicher Sicht. In: Zeitschrift für Unternehmens- und Gesellschaftsrecht, 26. Jg., S. 129-172.

MÜLBERT, PETER O. (1993 ff.): *Kommentierungen*. In: Großkommentar zum Aktiengesetz, hrsg. v. Klaus J. Hopt und Herbert Wiedemann. 4. Aufl. 1993 ff., Berlin-New York: de Gruyter.

MÜLLER, HANS-P. (1977): Der Leitende *Angestellte* im System der Mibestimmung. In: Der Betrieb, 30. Jg., Beilage 11 zu Heft 30.

MÜLLER, GERHARD (1981): *Gedanken* zum Begriff des leitenden Angestellten i. S. des § 5 Abs. 3 BetrVG. In: Der Betrieb, 34. Jg., Beilage 23 zu Heft 40.

MÜLLER, GERHARD (1983): *Fragen* zu den Gruppen der leitenden Angestellten im § 5 Abs. 3 BetrVG. In: Der Betrieb, 36. Jg., S. 1597-1602 (Teil I) und S. 1653-1657 (Teil II).

MÜLLER, STEFAN (2006): Die *Rentenversicherungspflicht* von GmbH-Geschäftsführern im Spiegel der Rechtssprechung. In: Der Betrieb, 59. Jg., S. 614-616.

NEUN, JOSEF (2005): *Gründung*. In: Die Europäische Aktiengesellschaft: Recht, Steuern und Betriebswirtschaft der Societas Europaea (SE), hrsg. v. Manuel R. Theisen und Martin Wenz. 2. Aufl., Stuttgart: Schäffer-Poeschel, S. 51-169.

NIEDENHOFF, HORST-UDO (1995): *Mitbestimmung* in den EU-Staaten. 2. Aufl., Köln: Deutscher Instituts-Verlag.

OETKER, HARTMUT (1999): *Kommentierungen*. In: Großkommentar zum Aktiengesetz, hrsg. v. Klaus J. Hopt und Herbert Wiedemann. 4. Aufl. 1993 ff., Berlin-New York: de Gruyter.

OETKER, HARTMUT (2005): Die *Mitbestimmung* der Arbeitnehmer in der Europäischen Gesellschaft. In: Die Europäische Gesellschaft. Prinzipien, Gestaltungsmöglichkeiten und Grundfragen aus der Praxis, hrsg. v. Marcus Lutter und Peter Hommelhoff. Köln: O. Schmidt, S. 277-318.

ORDELHEIDE, DIETER (1986): Der *Konzern* als Gegenstand betriebswirtschaftlicher Forschung und Praxis. In: Betriebswirtschaftliche Forschung und Praxis, 38. Jg., S. 293-312.

OSER, PETER/ORTH, CHRISTIAN/WADER, DOMINIC (2003): Die *Umsetzung* des Deutschen Corporate Governance Kodex in der Praxis. In: Der Betrieb, 56. Jg., S. 1337-1341.

OSER, PETER/ORTH, CHRISTIAN/WADER, DOMINIC (2004): *Beachtung* der Empfehlungen des Deutschen Corporate Governance Kodex. In: Betriebs-Berater, 59. Jg., S. 1121-1126.

OSTERTAG, ADI (Hrsg.) (1981): *Arbeitsdirektoren* berichten aus der Praxis. Köln: Bund-Verlag.

O'SULLIVAN, MARY (2001): *Contests* for Corporate Control. Corporate Governance and Economic Performance in the United States and Germany. Oxford u. a.: Oxford University Press.

O'SULLIVAN, MARY (2000): The Innovative *Enterprise* and Corporate Governance. In: Cambridge Journal of Economics, 24. Jg., S. 393-416.

OTTO, HANSJÖRG/SCHWARZE, ROLAND/KRAUSE, RÜDIGER (1998): Die *Haftung* des Arbeitnehmers. 3. Aufl., Karlsruhe: VVW.

O. V. (1985): American *Jurisprudence*. A Modern Comprehensive Text Statement of American Law. Vol. 18 B. 2. Aufl., Rochester, NY u. a.: Lawyers Co-operative Publ.

PAEFGEN, WALTER (2002): Unternehmerische *Entscheidungen* und Rechtsbindung der Organe in der AG. Köln: O. Schmidt.

PALM, HEINZ (2004): *Kommentierungen*. In: Erman Bürgerliches Gesetzbuch: Handkommentar mit EGBGB, ErbbauVO, HausratsVO, LPartG, ProdHaftG, UKlaG, VAHRG und WEG, hrsg. v. Harm P. Westermann. 11. Aufl., Münster-Köln: Aschendorff/O. Schmidt.

PAPADAKIS, VASSILIS M./LIOUKAS, SPYROS/CHAMBERS, DAVID (1998): Strategic Decision-making *Processes*: The Role of Management and Context. In: Strategic Management Journal, 19. Jg., S. 115-147.

PELTZER, MARTIN (2003): Vorstand/Board: *Aufgaben*, Organisation, Entscheidungsfindung und Willensbildung – Rechtlicher Rahmen. In: Handbuch Corporate Governance: Leitung und Überwachung börsennotierter Unternehmen in der Rechts- und Wirtschaftspraxis, hrsg. v. Peter Hommelhoff, Klaus J. Hopt und Axel v. Werder. Köln-Stuttgart: O. Schmidt/Schäffer-Poeschel, S. 223-244.

PELTZER, MARTIN (2004): Deutsche Corporate Governance: Ein *Leitfaden*. 2. Aufl., München: Beck.

PFEFFER, JEFFREY (1997): New *Directions* for Organization Theory: Problems and Prospects. New York-Oxford: Oxford University Press.

PICOT, ARNOLD (Hrsg.) (1995): Corporate *Governance*. Unternehmensüberwachung auf dem Prüfstand. Stuttgart: Schäffer-Poeschel.

Picot, Arnold/Reichwald, Ralf/Wigand, Rolf T. (2003): Die grenzenlose *Unternehmung*: Information, Organisation und Management. 5. Aufl., Wiesbaden: Gabler.

Picot, Arnold/Schuller, Susanne (2004): *Institutionenökonomie*. In: Handwörterbuch der Organisation, hrsg. v. Georg Schreyögg und Axel v. Werder. 4. Aufl., Stuttgart: Schäffer-Poeschel, Sp. 514-521.

Picot, Arnold/Dietl, Helmut/Franck, Egon (2005): *Organisation*: eine ökonomische Perspektive. 4. Aufl., Stuttgart: Schäffer-Poeschel.

Plous, Scott (1993): The *Psychology* of Judgment and Decision Making. New York u. a.: McGraw-Hill.

Pohle, Klaus/v. Werder, Axel (2002): Corporate *Governance* - Generelle Kodizes und unternehmensindividuelle Leitlinien. In: Meilensteine im Management, Bd. IX: Corporate Governance, Shareholder Value and Finance, hrsg. v. Hans Siegwart, Julian I. Mahari und Markus Ruffner. Basel-München: Helbing & Lichtenhahn/Vahlen, S. 735-757.

Porter, Michael E. (1985): Competitive *Advantage*: Creating and Sustaining Superior Performance. New York-London: Macmillan.

Potthoff, Erich (1957): Der Kampf um die *Montan-Mitbestimmung*. Köln: Bund-Verlag.

Potthoff, Erich (1996): *Board-System* versus duales System der Unternehmensverwaltung – Vor- und Nachteile. In: Betriebswirtschaftliche Forschung und Praxis, 48. Jg., S. 253-268.

Potthoff, Erich (1998): *Wandlungen* der Aufsichtsratstätigkeit im Wandel der Weltwirtschaft. In: Organisation im Wandel der Märkte. Erich Frese zum 60. Geburtstag, hrsg. v. Horst Glaser, Ernst F. Schröder und Axel v. Werder. Wiesbaden: Gabler, S. 317-342.

Potthoff, Erich/Trescher, Karl/Theisen, Manuel R. (2003): Das *Aufsichtsratsmitglied*: Ein Handbuch der Aufgaben, Rechte und Pflichten. 6. Aufl., Stuttgart: Schäffer-Poeschel.

Prahalad, Coimbatore K. (1997): Corporate *Governance* or Corporate Value Added? Rethinking the Primacy of Shareholder Value. In: Studies in International Corporate Finance and Governance Systems. A Comparison of the U.S., Japan, and Europe, hrsg. v. Donald H. Chew. New York-Oxford: Oxford University Press, S. 46-56.

Preis, Ulrich (1992): *Direktionsrecht*. In: Handwörterbuch der Organisation, hrsg. v. Erich Frese. 3. Aufl., Stuttgart: Schäffer-Poeschel, Sp. 513-521.

PREIS, ULRICH (2003): *Arbeitsrecht*: Praxis-Lehrbuch zum Individualarbeitsrecht. 2. Aufl., Köln: O. Schmidt.

PREIS, ULRICH (2007): *Kommentierungen*. In: Erfurter Kommentar zum Arbeitsrecht, hrsg. v. Thomas Dieterich, Rudi Müller-Glöge, Ulrich Preis und Günter Schaub. 7. Aufl., München: Beck.

PRIBILLA, PETER/REICHWALD, RALF/GOECKE, ROBERT (1996): *Telekommunikation* im Management: Strategien für den globalen Wettbewerb. Stuttgart: Schäffer-Poeschel.

PRIESTER, HANS-JOACHIM (1984): *Stichentscheid* bei zweiköpfigem Vorstand. In: Die Aktiengesellschaft, 29. Jg., S. 253-256.

PRIGGE, STEFAN (1998): A *Survey* of German Corporate Governance. In: Comparative Corporate Governance. The State of the Art and Emerging Research, hrsg. v. Klaus J. Hopt, Hideki Kanda, Mark J. Roe, Eddy Wymeersch und Stefan Prigge. Oxford: Clarendon Press, S. 943-1044.

PROSS, HELGE (1965): *Manager* und Aktionäre in Deutschland: Untersuchungen zum Verhältnis von Eigentum und Verfügungsmacht. Frankfurt am Main: Europäische Verlags-Anstalt.

PRZYBYLSKI, CHRISTIAN (1983): Die mitbestimmungsrechtliche *Bedeutung* des Arbeitsdirektors nach dem MitbestG 1976. Eine Untersuchung zur Zulässigkeit und Umfang der Wahrnehmung von Arbeitnehmerinteressen durch den Arbeitsdirektor in einer Aktiengesellschaft. Frankfurt am Main u. a.: Peter Lang.

PUGH, DEREK S./HICKSON, DAVID J./HININGS, CHRISTOPHER R./TURNER, CHRISTOPHER (1969): The *Context* of Organization Structures. In: Administrative Science Quarterly, 14. Jg., S. 91-114.

PUGH, DEREK S./HICKSON, DAVID J. (1976): Organizational *Structure* in its Context: The Aston Programme I. Westmead u. a.: Saxon House/Lexington Books.

PUGH, DEREK S./HININGS, C. R. (Hrsg.) (1976): Organizational Structure: *Extensions* and Replications. The Aston Programme II. Westmead-Farnborough: Saxon House.

PUGH, DEREK S./PAYNE, ROY L. (Hrsg.) (1977): Organizational *Behaviour* in its Context: The Aston Programme III. Farnborough, Hants.: Saxon House.

RAAB, THOMAS (2005): *Kommentierungen*. In: Betriebsverfassungsgesetz: Gemeinschaftskommentar, mitbegr. v. Wolfgang Thiele und Fritz Fabricius, bearb. v. Alfons Kraft, Günther Wiese, Peter Kreutz, Hartmut

Oetker, Thomas Raab und Christoph Weber. 8. Aufl., Neuwied-Kriftel: Luchterhand.

RAATZ, GÜNTHER (1968): *Personalführung* und Delegation der Verantwortung. In: Zeitschrift für betriebswirtschaftliche Forschung, 20. Jg., S. 185-201.

RAISER, THOMAS (1997): *Kommentierungen.* In: Gesetz betreffend die Gesellschaften mit beschränkter Haftung (GmbHG): Großkommentar, begr. v. Max Hachenburg, hrsg. v. Peter Ulmer. 8. Aufl., Berlin-New York: de Gruyter.

RAISER, THOMAS (2002): *Mitbestimmungsgesetz*: Kommentar. Mit Textausgabe der Wahlordnungen. 4. Aufl., Berlin: de Gruyter Recht.

RAISER, THOMAS (2006): Unternehmensmitbestimmung vor dem Hintergrund europarechtlicher *Entwicklungen.* Verhandlungen des 66. Deutschen Juristentages Stuttgart 2006, Band I: Gutachten / Teil B. München: Beck.

RAISER, THOMAS/VEIL, RÜDIGER (2005): *Recht* der Kapitalgesellschaften: Ein Handbuch für Praxis und Wissenschaft. 4. Aufl., München: Vahlen.

RAPPAPORT, ALFRED (1998): Creating *Shareholder* Value. The New Standard for Business Performance. 2. Aufl., New York: The Free Press/Macmillan.

RECKENFELDERBÄUMER, MARTIN (2004): *Zentralbereiche.* In: Handwörterbuch der Organisation, hrsg. v. Georg Schreyögg und Axel v. Werder. 4. Aufl., Stuttgart: Schäffer-Poeschel, Sp. 1665-1673.

REGIERUNGSKOMMISSION DEUTSCHER CORPORATE GOVERNANCE KODEX (2007): *Mitteilung* für die Presse zur Plenarsitzung der Regierungskommission, am 14. Juni 2007.

REIMER, SABINE (2001): Die *Generalvollmacht* im Handels- und Gesellschaftsrecht. Diss. Univ. Gießen.

REISERER, KERSTIN (1999): Der *GmbH-Geschäftsführer* in der Sozialversicherung – Scheinselbständiger, Arbeitnehmerähnlicher oder freier Unternehmer? In: Betriebs-Berater, 54. Jg., S. 2026-2032.

RICHARDI, REINHARD (1972): Die *Wahl* des Betriebsrats. In: Der Betrieb, 25. Jg., S. 483-488.

RICHARDI, REINHARD (2006): *Kommentierungen.* In: Betriebsverfassungsgesetz mit Wahlordnung: Kommentar, hrsg. v. Reinhard Richardi. 10. Aufl., München: Beck.

RICHARDI, REINHARD/WLOTZKE, OTFRIED (Hrsg.) (2000): Münchener Handbuch zum *Arbeitsrecht*. 2. Aufl., München: Beck.

RIEGER, HARALD (2001): *Gesetzeswortlaut* und Rechtswirklichkeit im Aktiengesetz. In: Festschrift für Martin Peltzer zum 70. Geburtstag, hrsg. v. Marcus Lutter, Manfred Scholz und Walter Sigle. Köln: O. Schmidt, S. 339-357.

RINGLEB, HENRIK-M. (2008): *Kommentierungen*. In: Kommentar zum Deutschen Corporate Governance Kodex: Kodex-Kommentar, v. Henrik-M. Ringleb, Thomas Kremer, Marcus Lutter und Axel v. Werder. 3. Aufl., München: Beck.

ROE, MARK J. (2000): Political *Preconditions* to Separating Ownership From Corporate Control. In: Stanford Law Review, 53. Jg., S. 539-606.

ROMANO, ROBERTA (1987): The *State* Competition Debate in Corporate Law. In: Cardozo Law Review, 8. Jg., S. 709-757.

ROSE, GERD/GLORIUS-ROSE, CORNELIA (1995): *Unternehmungsformen* und -verbindungen: Rechtsformen, Beteiligungsformen, Konzerne, Kooperationen, Umwandlungen (Formwechsel, Verschmelzungen und Spaltungen) in betriebswirtschaftlicher, rechtlicher und steuerlicher Sicht. 2. Aufl., Köln: O. Schmidt.

VON ROSENSTIEL, LUTZ (1980): *Gruppen* und Gruppenbeziehungen. In: Handwörterbuch der Organisation, hrsg. v. Erwin Grochla. 2. Aufl., Stuttgart: Poeschel, Sp. 793-804.

VON ROSENSTIEL, LUTZ (2007): *Grundlagen* der Organisationspsychologie: Basiswissen und Anwendungshinweise. 6. Aufl., Stuttgart: Schäffer-Poeschel.

ROSENTHAL, PHILIP (1971): Provokatorische *Gedanken* für den Unternehmer heute. Vortrag, gehalten in der Sitzung des Betriebswirtschaftlichen Ausschusses im BDA am 15.6.1967. Zitiert nach: Die Organisation der Geschäftsführung: Leitungsorganisation, verfasst vom Arbeitskreis Dr. Krähe der Schmalenbach-Gesellschaft. 2. Aufl., Opladen: Westdeutscher-Verlag, S. 61.

ROSS, STEPHEN A. (1973): The Economic *Theory* of Agency: The Principal's Problem. In: American Economic Review, 63. Jg., S. 134-139.

ROSSITER, PETER (2004): Supporting the Audit *Committee* After Sarbanes-Oxley: A Practical Guide. In: Bank Accounting & Finance, August, S. 14-22.

ROST, FRIEDHELM (2007): *Kommentierungen*. In: Gemeinschaftskommentar zum Kündigungsschutzgesetz und zu sonstigen kündigungsschutzrechtlichen Vorschriften, bearb. v. Gerhard Etzel, Peter Bader, Ernst Fischermeier, Hans-W. Friedrich, Jürgen Griebeling, Gert-A. Lipke, Thomas Pfeiffer, Friedhelm Rost, Andreas M. Spilger, Norbert Vogt, Horst Weigand und Ingeborg Wolff. 8. Aufl., Neuwied: Luchterhand.

ROTH, GÜNTER H (2005): *Kommentierungen*. In: Gesetz betreffend die Gesellschaften mit beschränkter Haftung (GmbHG), v. Holger Altmeppen und Günther H. Roth. 5. Aufl., München: Beck.

RÜHLI, EDWIN (1996): *Unternehmungsführung* und Unternehmungspolitik, Band 1. 3. Aufl., Bern-Stuttgart: Haupt.

RUPPEL, MICHAEL K. (2006). *Vorstandsorganisation*. Eine Betrachtung aus gruppenpsychologischer Perspektive. Lohmar-Köln: Eul.

SAAGE, GUSTAV (1973): Die *Haftung* des Aufsichtsrats für wirtschaftliche Fehlentscheidungen des Vorstandes nach dem Aktiengesetz. In: Der Betrieb, 26. Jg., S. 115-121.

SÄCKER, FRANZ J. (1977): Die *Geschäftsordnung* für das zur gesetzlichen Vertretung eines mibestimmten Unternehmens befugte Organ. In: Der Betrieb, 30. Jg., S. 1993-2000.

SÄCKER, FRANZ J. (1987): Zur *Problematik* von Mehrfachfunktionen im Konzern. In: Zeitschrift für das gesamte Handelsrecht und Wirtschaftsrecht, 151. Bd., S. 59-71.

SÄCKER, FRANZ J. (2004): Rechtliche *Anforderungen* an die Qualifikation und Unabhängigkeit von Aufsichtsratsmitgliedern. In: Die Aktiengesellschaft, 49. Jg., S. 180-186.

SANDERS, PIETER (1960): Auf dem Wege zu einer europäischen *Aktiengesellschaft*? In: Außenwirtschaftsdienst des Betriebs-Beraters, 6. Jg., S. 1-5.

SALZBERGER, WOLFGANG (2004): *Board* of Directors. In: Handwörterbuch Unternehmensführung und Organisation, hrsg. v. Georg Schreyögg und Axel v. Werder. 4. Auflage, Stuttgart: Schäffer Poeschel, Sp. 99-105.

VON SAMSON-HIMMELSTJERNA, ALEXANDER (1983): *Überblick* über die Gesellschaftsformen der Vereinigten Staaten von Amerika. In: Recht der internationalen Wirtschaft, 29. Jg., S. 152-159.

SANDERS, PIETER (1960): Auf dem Wege zu einer europäischen *Aktiengesellschaft*? In: Außenwirtschaftsdienst des Betriebs-Beraters, 6. Jg., S. 1-5.

SANDROCK, OTTO (2004): Gehören die deutschen *Regelungen* über die Mitbestimmung auf Unternehmensebene wirklich zum deutschen ordre public? In: Die Aktiengesellschaft, 49. Jg., S. 57-66.

SCHAAF, ANDREAS (1999): Die *Praxis* der Hauptversammlung: Erfolgreiche Vorbereitung und Durchführung bei der Publikums-AG. 2. Aufl., Köln: RWS Verlag Kommunikationsforum.

SCHANZ, GÜNTHER (1995): *Organisationsgestaltung*: Management von Arbeitsteilung und Koordination. 2. Aufl., München: Vahlen.

SCHANZ, GÜNTHER (1992): *Partizipation*. In: Handwörterbuch der Organisation, hrsg. v. Erich Frese. 3. Aufl., Stuttgart: Schäffer-Poeschel, Sp. 1901-1914.

SCHAUB, GÜNTER (2007): *Kommentierungen*. In: Arbeitsrechts-Handbuch: Systematische Darstellung und Nachschlagewerk für die Praxis, v. Günter Schaub, Ulrich Koch und Rüdiger Linck. 12. Aufl., München: Beck.

SCHAUß, WOLFGANG (1973): Das *Weisungsrecht* des herrschenden Unternehmens bei Bestehen eines Beherrschungsvertrags (§ 308 AktG): Zugleich ein Beitrag zu den Möglichkeiten der betriebswirtschaftlichen Gestaltung der konzerninternen Organisation. Diss. Univ. Frankfurt am Main.

SCHEFFLER, EBERHARD (Hrsg.) (1995): Corporate *Governance*. Wiesbaden: Gabler.

SCHEFFLER, EBERHARD (2005): *Konzernmanagement*: Betriebswirtschaftliche und rechtliche Grundlagen der Konzernführungspraxis. 2. Aufl., München: Vahlen.

SCHEIFELE, BERNHARD H. (1993): Die Vermögensschaden-Haftpflichtversicherung für *Manager* in den Vereinigten Staaten von Amerika: das haftungsrechtliche Bezugsfeld, die Ausgestaltung und das Zusammenwirken der Directors' and Officers' Liability Insurance mit anderen, dem Schutze der Directors und Officers vor persönlicher Haftung dienenden Vorsorgeeinrichtungen. Karlsruhe: VVW.

SCHERER, ANDREAS G. (2006): *Kritik* der Organisation oder Organisation der Kritik? – Wissenschaftstheoretische Bemerkungen zum kritischen Umgang mit Organisationstheorien. In: Organisationstheorien, hrsg. v. Alfred Kieser und Mark Ebers. 6. Aufl., Stuttgart: Kohlhammer, S. 19-61.

SCHERTLER, WALTER (1998): *Unternehmensorganisation*: Lehrbuch der Organisation und strategischen Unternehmensführung. 7. Aufl., München-Wien: Olderbourg.

SCHEWE, GERHARD (2004): *Spartenorganisation*. In: Handwörterbuch Unternehmensführung und Organisation, hrsg. v. Georg Schreyögg und Axel v. Werder. 4. Aufl., Stuttgart: Schäffer Poeschel, Sp. 1333-1341.

SCHEWE, GERHARD (2005): *Unternehmensverfassung*: Corporate Governance im Spannungsfeld von Leitung, Kontrolle und Interessenvertretung. Berlin u. a.: Springer.

SCHIESSL, MAXIMILIAN (1992): Gesellschafts- und mitbestimmungsrechtliche Probleme der *Spartenorganisation* (Divisionalisierung). In: Zeitschrift für Unternehmens- und Gesellschaftsrecht, 21. Jg., S. 64-86.

SCHIESSL, MAXIMILIAN (2003): Leitungs- und *Kontrollstrukturen* im internationalen Wettbewerb: Dualistisches System und Mitbestimmung auf dem Prüfstand. In: Zeitschrift für das gesamte Handelsrecht und Wirtschaftsrecht, 167. Bd., S. 235-256.

SCHILLING, JOSEPH (2000): Ende der Schonzeit für *Manager*? Die D&O-Versicherung im Jahr 2000. In: Versicherungswirtschaft, 55. Jg., S. 788-790.

SCHIRMER, FRANK (1992): *Arbeitsverhalten* von Managern. Wiesbaden: Gabler.

SCHLAUS, WILHELM (1971): Das stellvertretende *Vorstandsmitglied*. In: Der Betrieb, 24. Jg., S. 1653-1654.

SCHLOCHAUER, URSULA (2007): *Kommentierungen*. In: Kommentar zum Betriebsverfassungsgesetz, v. Harald Hess, Ursula Schochauer, Michael Worzalla und Dirk Glock. 7. Aufl., München-Unterschleißheim: Luchterhand.

SCHMALENBACH, EUGEN (1911): Die *Überwachungspflicht* des Aufsichtsrats. In: Zeitschrift für handelswissenschaftliche Forschung, 5. Jg., S. 271-283.

SCHMIDT, BERNDT T. (1993): Integrierte *Konzernführung* – Konzept und empirische Untersuchung von 75 großen und mittelständischen Konzernen. Aachen: Shaker.

SCHMIDT, KARSTEN (2002): *Gesellschaftsrecht*. 4. Aufl., Köln u. a.: Heymanns.

SCHMIDT, KARSTEN (2002): *Kommentierungen*. In: Kommentar zum GmbH-Gesetz: mit Anhang Konzernrecht, v. Franz Scholz. 9. Aufl., Köln: O. Schmidt.

SCHMIDT, REINHARD H. (2001): *Kontinuität* und Wandel bei der Corporate Governance in Deutschland. In: Neuere Ansätze in der Betriebswirtschaftslehre – in memoriam Karl Hax, hrsg. v. Gert Laßmann. Sonderheft 47/2001 der Zeitschrift für betriebswirtschaftliche Forschung, S. 61-87.

SCHMIDT, REINHART (2004): *Mitbestimmung* in internationalen Unternehmen. In: Handwörterbuch der Organisation, hrsg. v. Georg Schreyögg und Axel v. Werder. 4. Aufl., Stuttgart: Schäffer-Poeschel, Sp. 888-896.

SCHMIDT, REINHARD H./MAßMANN, JENS (1999): Drei *Mißverständnisse* zum Thema „Shareholder Value". In: Unternehmensethik und die Transformation des Wettbewerbs. Shareholder-Value – Globalisierung – Hyperwettbewerb. Festschrift für Horst Steinmann zum 65. Geburtstag, hrsg. v. Brij N. Kumar, Margit Osterloh und Georg Schreyögg. Stuttgart: Schäffer-Poeschel, S. 125-157.

SCHMIDT, REINHARD H./HACKETHAL, ANDREAS/TYRELL, MARCEL (2002): The *Convergence* of Financial Systems in Europe. In: German Financial Markets and Institutions: Selected Studies. Special Issues No. 1 des Schmalenbach Business Review, hrsg. v. Günter Franke, Günther Gebhardt und Jan P. Krahnen, S. 7-53.

SCHMIDT, REINHARD H./WEIß, MARCO (2003): *Shareholder* vs. Stakeholder: Ökonomische Fragestellungen. In: Handbuch Corporate Governance: Leitung und Überwachung börsennotierter Unternehmen in der Rechts- und Wirtschaftspraxis, hrsg. v. Peter Hommelhoff, Klaus J. Hopt und Axel v. Werder. Köln-Stuttgart: O. Schmidt/Schäffer-Poeschel, S. 107-127.

SCHNEIDER, DIETER (1997): Betriebswirtschaftslehre, Band 3: Theorie der *Unternehmung*. München-Wien: Oldenbourg.

SCHNEIDER, DIETER (2004): *Theorie* der Unternehmung. In: Handwörterbuch der Organisation, hrsg. v. Georg Schreyögg und Axel v. Werder. 4. Aufl., Stuttgart: Schäffer-Poeschel, Sp. 1428-1441.

SCHNEIDER, SVEN (2005): „Unternehmerische Entscheidungen" als *Anwendungsvoraussetzung* für die Business Judgment Rule. In: Der Betrieb, 58. Jg., S. 707-712.

SCHNEIDER, UWE H. (1981): *Konzernleitung* als Rechtsproblem. In: Betriebs-Berater, 36. Jg., S. 249-259.

SCHNEIDER, UWE H. (2002): *Kommentierungen*. In: Kommentar zum GmbH-Gesetz: mit Anhang Konzernrecht, Bd. II, §§ 45-87, v. Franz Scholz. 9. Aufl., Köln: O. Schmidt.

SCHNEIDER, UWE H. (2006): *Kommentierungen*. In: Kommentar zum *GmbH-Gesetz*: mit Anhang Konzernrecht, Bd. I, §§ 1-34, v. Franz Scholz. 10. Aufl., Köln: O. Schmidt.

SCHNEIDER, UWE H. (2007): Organpflichten und *Haftung* in der GmbH und GmbH & Co. KG. In: Handbuch Managerhaftung. Risikobereiche und Haftungsfolgen für Vorstand, Geschäftsführer, Aufsichtsrat, hrsg. v. Gerd Krieger und Uwe H. Schneider. Köln: O. Schmidt, S. 13-37.

SCHNEIDER, UWE H./STRENGER, CHRISTIAN (2000): Die "Corporate Governance-Grundsätze" der *Grundsatzkommission* Corporate Governance (German Panel on Corporate Governance). In: Die Aktiengesellschaft, 45. Jg., S. 106-113.

SCHNEIDER-LENNÉ, ELLEN R. (1995): Das anglo-amerikanische *Board-System*. In: Corporate Governance, hrsg. v. Eberhard Scheffler. Wiesbaden: Gabler, S. 27-55.

SCHOLZ, CHRISTIAN (1996): Virtuelle *Organisation*: Konzeption und Realisation. In: Zeitschrift Führung und Organisation, 65. Jg., S. 204-210.

SCHRAMM, KARL-H. (2001): *Kommentierungen*. In: Münchener Kommentar zum Bürgerlichen Gesetzbuch, hrsg. v. Kurt Rebmann, Franz J. Säcker und Roland Rixecker. 4. Aufl. 2000 ff., München: Beck.

SCHREYÖGG, GEORG (1989): Zu den problematischen *Konsequenzen* starker Unternehmenskulturen. In: Zeitschrift für betriebswirtschaftliche Forschung, 41. Jg., S. 94-113.

SCHREYÖGG, GEORG (2003): *Organisation*: Grundlagen moderner Organisationsgestaltung. 4. Aufl., Wiesbaden: Gabler.

SCHUBERT, WERNER/KÜTING, KARLHEINZ (1978): *Aspekte* der aktienrechtlichen Eingliederung und Verschmelzung. In: Der Betrieb, 31. Jg., S. 121-128.

SCHÜPPEN, MATTHIAS (2002): To comply or not to comply – that's the question! "Existenzfragen" des Transparenz- und Publizitätsgesetzes im magischen Dreieck kapitalmarktorientierter *Unternehmensführung*. In: Zeitschrift für Wirtschaftsrecht, 23. Jg., S. 1269-1279.

SCHWALBACH, JOACHIM (2004): *Effizienz* des Aufsichtsrats. In: Die Aktiengesellschaft, 49. Jg., S. 186-190.

SCHWARK, EBERHARD (1978): *Spartenorganisation* in Großunternehmen und Unternehmensrecht. In: Zeitschrift für das gesamte Handelsrecht und Wirtschaftsrecht, 142. Bd., S. 203-227.

SCHWARK, EBERHARD (1987): Gesellschaftsrechtliche *Bemerkungen* zu „Management-Holding" von Rolf Bühner. In: Die Betriebswirtschaft, 47. Jg., S. 239-242.

SCHWARK, EBERHARD (2003): Virtuelle *Holding* und Bereichsvorstände – eine aktien- und konzernrechtliche Betrachtung. In: Festschrift für Peter Ulmer zum 70. Geburtstag am 2. Januar 2003, hrsg. v. Mathias Habersack, Peter Hommelhoff, Uwe Hüffer und Karsten Schmidt. Berlin: de Gruyter Recht, S. 605-626.

SCHWARK, EBERHARD (2004): Globalisierung, Europarecht und *Unternehmensmitbestimmung* im Konflikt. In: Die Aktiengesellschaft, 49. Jg., S. 173-180.

SCHWARZ, GÜNTER CHRISTIAN (2006): *Verordnung* (EG) Nr. 2157/2001 des Rates über das Statut der Europäischen Gesellschaft (SE): SE-VO. Kommentar. München.

SCHWARZ, HORST (1983): *Betriebsorganisation* als Führungsaufgabe: Organisation – Lehre und Praxis. 9. Aufl., Landsberg am Lech: Verlag Moderne Industrie.

SEIBERT, ULRICH (2002): Im Blickpunkt: Der Deutsche Corporate Governance *Kodex*. In: Betriebs-Berater, 57. Jg., S. 581-584.

SEIBT, CHRISTOPH H. (2002): Deutscher Corporate Governance *Kodex* und Entsprechens-Erklärung (§ 161 AktG-E). In: Die Aktiengesellschaft, 47. Jg., S. 249-259.

SEIBT, CHRISTOPH H. (2003): Deutscher Corporate Governance Kodex: Antworten auf *Zweifelsfragen* der Praxis. In: Die Aktiengesellschaft, 48. Jg., S. 465-477.

SEIBT, CHRISTOPH H. (2004): *Drittelbeteiligungsgesetz* und Fortsetzung der Reform des Unternehmensmitbestimmungsrechts: Analyse des Zweiten Gesetzes zur Vereinfachung der Wahl der Arbeitnehmervertreter in den Aufsichtsrat. In: Neue Zeitschrift für Arbeitsrecht, 21. Jg., S. 767-776.

SEIBT, CHRISTOPH H. (2008): *Kommentierungen*. In: Kommentar zum Aktiengesetz, hrsg. v. Karsten Schmidt und Marcus Lutter. Köln: O. Schmidt.

SEIBT, CHRISTOPH H./WILDE, CHRISTIAN (2003): *Informationsfluss* zwischen Vorstand und Aufsichtsrat bzw. innerhalb des Board. In: Handbuch Corporate Governance: Leitung und Überwachung börsennotierter Unternehmen in der Rechts- und Wirtschaftspraxis, hrsg. v. Peter Hommelhoff, Klaus J. Hopt und Axel v. Werder. Köln-Stuttgart: O. Schmidt/Schäffer-Poeschel, S. 377-403.

SEIDEL, EBERHARD (1977): *Organisation* und Recht. Konsequenzen der zunehmenden Außenbestimmung betrieblicher Organisation für die betriebswirtschaftliche Organisationslehre. In: Zeitschrift Führung und Organisation, 46. Jg., S. 443-448.

SEIDEL, EBERHARD/REDEL, WOLFGANG (2000): *Führungsorganisation*. 2. Aufl., München-Wien: Oldenbourg.

SEMLER, FRANZ-JÖRG (2007): *Kommentierungen*. In: Münchener *Handbuch* des Gesellschaftsrechts, Band 4: Aktiengesellschaft, hrsg. v. Michael Hoffmann-Becking. 2. Aufl., München: Beck.

SEMLER, JOHANNES (1987): *Doppelmandats-Verbund* im Konzern. In: Festschrift für Ernst C. Stiefel zum 80. Geburtstag, hrsg. v. Marcus Lutter, Walter Oppenhoff, Otto Sandrock und Hanns Winkhaus. München: Beck, S. 719-762.

SEMLER, JOHANNES (2001): *Leitung* und Überwachung der Aktiengesellschaft: die Leitungsaufgabe des Vorstands und die Überwachungsaufgabe des Aufsichtsrats. 2. Aufl., Köln: Heymanns.

SEMLER, JOHANNES (2004): *Kommentierungen*. In: Münchener Kommentar zum *Aktiengesetz*, hrsg. v. Bruno Kropff und Johannes Semler. 2. Aufl. 2000 ff., München: Beck/Vahlen.

SEMLER, JOHANNES (2004): *Kommentierungen*. In: *Arbeitshandbuch* für Aufsichtsratsmitglieder, hrsg. v. Johannes Semler und Kersten v. Schenck. 2. Aufl. 2000 ff., München: Beck/Vahlen.

SEMLER, JOHANNES (2005): Zur aktienrechtlichen *Haftung* der Organmitglieder einer Aktiengesellschaft. In: Die Aktiengesellschaft, 50. Jg., S. 321-336.

SHAW, MARVIN E. (1981): *Group* Dynamics. The Psychology of Small Group Behavior. 3. Aufl., New York u. a.: McGraw-Hill.

SIEBEN, GÜNTER/SCHILDBACH, THOMAS (1994): Betriebswirtschaftliche *Entscheidungstheorie*. 4. Aufl., Düsseldorf: Werner.

SIEG, OLIVER (2002): *Tendenzen* und Entwicklungen der Managerhaftung in Deutschland. In: Der Betrieb, 55. Jg., S. 1759-1764.

SIMON, HERBERT A./KOZMETSKY, GEORGE/GUETZKOW, HAROLD/TYNDALL, GORDON (Hrsg.) (1954): *Centralization* vs. Decentralization in Organizing the Controller's Department: A Research Study and Report. New York: Controllership Foundation.

SINA, PETER (1990): Voraussetzungen und Wirkungen der *Delegation* von Geschäftsführer-Verantwortung in der GmbH. In: GmbH-Rundschau, 81. Jg., S. 65-68.

SÖHN, HARTMUT (2002): *Kommentierungen*. In: Abgabenordnung, Finanzgerichtsordnung: Kommentar, begr. v. Walter Hübschmann, Ernst Hepp und Armin Spitaler. 10. Aufl., Köln: O. Schmidt.

SÖLLNER, ALFRED/WALTERMANN, RAIMUND (2003): *Grundriss* des Arbeitsrechts. 13. Aufl., München: Vahlen.

SOLOMON, LEWIS D./PALMITER, ALAN R. (1999): *Corporations*: Examples and Explanations. 3. Aufl., Gaithersburg: Aspen Law and Business.

SPECKBACHER, GERHARD (2004): *Stakeholder-Ansatz*. In: Handwörterbuch der Organisation, hrsg. v. Georg Schreyögg und Axel v. Werder. 4. Aufl., Stuttgart: Schäffer-Poeschel, Sp. 1319-1326.

SPENCER STUART (2003): Der Spencer Stuart Board *Index*. Deutschland 2002/03. Frankfurt am Main.

SPIE, ULRICH (1985): Der *Personalmanager* im Vorstand: das Berufsbild des Arbeitsdirektors im Spannungsfeld von Recht und Praxis. Stuttgart: Schäffer.

SPIE, ULRICH/PIESKER, HERBERT (1983): Der *Geschäftsbereich* des Arbeitsdirektors. Heidelberg: Verlagsgesellschaft Recht und Wirtschaft.

SPITZBARTH, REIMAR (1962): Die rechtliche *Stellung* des Generalbevollmächtigten. In: Betriebs-Berater, 17. Jg., S. 851-854.

SPITZBARTH, REIMAR/PREUß, NICOLA (2007): *Vollmachten* im Unternehmen: Handlungsvollmacht – Prokura – Generalvollmacht. 4. Aufl., Berlin: Erich Schmidt.

STAEHLE, WOLFGANG H. (1999): *Management*: eine verhaltenswissenschaftliche Perspektive. 8. Aufl., München: Vahlen.

STEHLE, HEINZ/STEHLE, ANSELM (2005): Die rechtlichen und steuerlichen Wesensmerkmale der verschiedenen *Gesellschaftsformen*: vergleichende Tabellen. 19. Aufl., Stuttgart u. a.: Boorberg.

STEIN, URSULA (1984): Das faktische *Organ*. Köln u. a.: Heymanns.

STEIN, URSULA (1997): *Kommentierungen*. In: Gesetz betreffend die Gesellschaften mit beschränkter Haftung (GmbHG): Großkommentar, begr. v. Max Hachenburg, hrsg. v. Peter Ulmer. 8. Aufl., Berlin-New York: de Gruyter.

STEINLE, CLAUS (1992): Delegation. In: Handwörterbuch der Organisation, hrsg. v. Erich Frese. 3. Aufl., Stuttgart: Schäffer-Poeschel, Sp. 500-513.

STEINLE, CLAUS/KRUMMAKER, STEFAN (2004): Profit-*Center*. In: Handwörterbuch der Organisation, hrsg. v. Georg Schreyögg und Axel v. Werder. 4. Aufl., Stuttgart: Schäffer-Poeschel, Sp. 1190-1196.

STEINMANN, HORST/GERUM, ELMAR (1978): *Reform* der Unternehmensverfassung. Methodische und ökonomische Grundüberlegungen. Köln u. a.: Heymanns.

STEINMANN, HORST/SCHREYÖGG, GEORG/KOCH, JOCHEN (2005): *Management*: Grundlagen der Unternehmensführung. Konzepte-Funktionen-Fallstudien. 6. Aufl., Wiesbaden: Gabler.

STEWART, ROSEMARY (1976): *Contrasts* in Management: A Study of Different Types of Managers' Jobs: Their Demands and Choices. Maidenhead: McGraw-Hill.

STEWART, ROSEMARY (1982): *Choices* for the Managers. Englewood Cliffs: Prentice Hall.

STEWART, ROSEMARY (1988): *Managers* and their Jobs: A Study of the Similarities and Differences in the Ways Managers Spend their Time. London u. a.: Macmillan.

STRATOUDAKIS, PANAGIOTIS (1961): Organisation der *Unternehmensführung*. Wiesbaden: Gabler.

STREECK, WOLFGANG (2004): *Mitbestimmung*, unternehmerische. In: Handwörterbuch der Organisation, hrsg. v. Georg Schreyögg und Axel v. Werder. 4. Aufl., Stuttgart: Schäffer-Poeschel, Sp. 879-888.

STREYL, ANNEDORE (1997): Zur konzernrechtlichen *Problematik* von Vorstands-Doppelmandaten. Heidelberg: Verlag Recht und Wirtschaft.

STRIEDER, THOMAS (2005): *Anmerkungen* zur individualisierten Angabe von Vorstandsbezügen im Anhang des Jahresabschlusses. In: Der Betrieb, 58. Jg., S. 957-960.

SUDHOFF, HEINRICH/SUDHOFF, MARTIN (2002): Der *Gesellschaftsvertrag* der GmbH: systematischer Kommentar mit Formular- und Texthandbuch. 8. Aufl., München: Beck.

SÜNDERMANN, MICHAEL (1972): Die *Verantwortlickeit* der Verwaltungsmitglieder in der Aktiengesellschaft. Diss. Univ. Erlangen-Nürnberg.

SYDOW, JÖRG (1992): Strategische *Netzwerke*. Evolution und Organisation. Wiesbaden: Gabler.

TALAULICAR, TILL/GRUNDEI, JENS/V. WERDER, AXEL (2001): Corporate Governance deutscher *Start-ups*: Ergebnisse einer empirischen Erhebung. In: Finanz Betrieb, 3. Jg., S. 511-519.

TALAULICAR, TILL/GRUNDEI, JENS/V. WERDER, AXEL (2005): *Strategic* Decision Making in Start-Ups: The Effect of Top Management Team Organization and Processes on Speed and Comprehensiveness. In: Journal of Business Venturing, 20. Jg., S. 519-541.

TEICHMANN, CHRISTOPH (2005): Die monistische *Verfassung* der Europäischen Gesellschaft. In: Die Europäische Gesellschaft. Prinzipien, Gestaltungsmöglichkeiten und Grundfragen aus der Praxis, hrsg. v. Marcus Lutter und Peter Hommelhoff. Köln: O. Schmidt, S. 195-222.

TEICHMANN, CHRISTOPH (2006): Binnenmarktkonformes *Gesellschaftsrecht*. Berlin: de Gruyter.

TENBRUNSEL, ANN E./GALVIN, TIFFANY L./NEALE, MARGARET A./BAZERMAN, MAX H. (1996): *Cognitions* in Organizations. In: Handbook of Organization Studies, hrsg. v. Stewart R. Clegg, Cynthia Hardy u. Walter R. Nord. London u. a.: Sage, S. 313-337.

THEISEN, MANUEL R. (1993): *Haftung* und Haftungsrisiko des Aufsichtsrats – Theorie und Praxis. In: Die Betriebswirtschaft, 53. Jg., S. 295-318.

THEISEN, MANUEL R. (2000): Der *Konzern*: betriebswirtschaftliche und rechtliche Grundlagen der Konzernunternehmung. 2. Aufl., Stuttgart: Schäffer-Poeschel.

THEISEN, MANUEL R. (2003): Aufsichtsrat/Board: *Aufgaben*, Besetzung, Organisation, Entscheidungsfindung und Willensbildung. In: Handbuch Corporate Governance: Leitung und Überwachung börsennotierter Unternehmen in der Rechts- und Wirtschaftspraxis, hrsg. v. Peter Hommelhoff, Klaus J. Hopt und Axel v. Werder. Köln-Stuttgart: O. Schmidt/Schäffer-Poeschel, S. 285-304.

THEISEN, MANUEL R. (2004): *Aufsichtsrat*. In: Handwörterbuch der Organisation, hrsg. v. Georg Schreyögg und Axel v. Werder. 4. Aufl., Stuttgart: Schäffer-Poeschel, Sp. 62-70.

THEISEN, MANUEL R./WENZ, MARTIN (Hrsg.) (2005): Die Europäische *Aktiengesellschaft*: Recht, Steuern und Betriebswirtschaft der Societas Europaea (SE). 2. Aufl., Stuttgart: Schäffer-Poeschel.

THEUVSEN, LUDWIG (2004): *Non-Profit-Organisationen*. In: Handwörterbuch Unternehmensführung und Organisation, hrsg. v. Georg Schreyögg und Axel v. Werder. 4. Aufl., Stuttgart: Schäffer-Poeschel, Sp. 948-954.

THIBIERGE (1959): Le *Statut* des Sociétés Étrangères. In: 57ᵉ Congrès des Notaires de France tenu à Tours. Paris, S. 270 ff.

THOMAS, ALEXANDER (1991): *Grundriß* der Sozialpsychologie, Bd. 1: Grundlegende Begriffe und Prozesse. Göttingen u. a.: Verlag für Psychologie Hogrefe.

THOMAS, ALEXANDER (1992): Grundriß der *Sozialpsychologie*, Bd. 2: Individuum – Gruppe – Gesellschaft. Göttingen u. a.: Verlag für Psychologie Hogrefe.

THÜMMEL, RODERICH C. (2003): Persönliche *Haftung* von Managern und Aufsichtsräten: Haftungsrisiken bei Managementfehlern, Risikobegrenzung und D & O-Versicherung. 3. Aufl., Stuttgart u. a.: Boorberg.

THÜMMEL, RODERICH C./SPARBERG, MICHAEL (1995): *Haftungsrisiken* der Vorstände, Geschäftsführer, Aufsichtsräte und Beiräte sowie deren Versicherbarkeit – Anmerkungen zu Directors' und Officers' Policen in Deutschland. In: Der Betrieb, 48. Jg., S. 1013-1019.

THÜSING, GREGOR (2006): *Kommentierungen.* In: Betriebsverfassungsgesetz mit Wahlordnung: Kommentar, hrsg. v. Reinhard Richardi. 9. Aufl., München: Beck.

TIEVES, JOHANNES (2001): Der *Unternehmensgegenstand* der Kapitalgesellschaft. Köln: O. Schmidt.

TIMM, WOLFRAM (1980): Die Aktiengesellschaft als *Konzernspitze*: die Zuständigkeitsordnung bei der Konzernbildung und Konzernumbildung. Köln u. a.: Heymanns.

TIMM, WOLFRAM (1987): *Grundfragen* des „qualifizierten" faktischen Konzerns im Aktienrecht: Bemerkungen zur „Banning"-Entscheidung des OLG Hamm vom 3.11.1986. In: Neue Juristische Wochenschrift, 40. Jg., S. 977-987.

TOMAT, OLIVER (2005): *Kommentierungen.* In: Münchener Anwaltshandbuch Aktienrecht, hrsg. v. Matthias Schüppen und Bernhard Schaub. München: Beck.

TRENKLE, THOMAS (1983): *Organisation* der Vorstandsentscheidung. Eine empirische Analyse. Frankfurt am Main u. a.: Peter Lang.

TRÜMNER, RALF (2006): *Kommentierungen.* In: BetrVG – Betriebsverfassungsgesetz mit Wahlordnung, §§ 121 InsO und EBR-Gesetz: Kommentar für die Praxis, hrsg. v. Wolfgang Däubler, Michael Kittner und Thomas Klebe. 10. Aufl. Frankfurt am Main: Bund-Verlag.

Tschöpe, Ulrich (1994): Der räumliche *Geltungsbereich* des arbeitsrechtlichen Gleichbehandlungsgrundsatzes. In: Der Betrieb, 47. Jg., S. 40-42.

Tschöpe, Ulrich (Hrsg.) (2007): Anwalts-Handbuch *Arbeitsrecht*. 5. Aufl., Köln: O. Schmidt.

Tversky, Amos/Kahneman, Daniel (1974): *Judgment* Under Uncertainty: Heuristics and Biases. In: Science, 135. Jg., S. 1124-1131.

Ulmer, Peter (1981): *Kommentierungen*. In: Mitbestimmungsgesetz, erl. v. Peter Hanau und Peter Ulmer. München: Beck.

Ulmer, Peter (2002): Der Deutsche Corporate Governance Kodex – ein neues *Regulierungsinstrument* für börsennotierte Aktiengesellschaften. In: Zeitschrift für das gesamte Handelsrecht und Wirtschaftsrecht, 166. Bd., S. 150-181.

Ulmer, Peter (2002): Paritätische *Arbeitnehmermitbestimmung* im Aufsichtsrat von Großunternehmen – noch zeitgemäß? In: Zeitschrift für das gesamte Handelsrecht und Wirtschaftsrecht, 166. Bd., S. 271-277.

Ulrich, Hans (1970): Die *Unternehmung* als produktives soziales System. Grundlagen der allgemeinen Unternehmungslehre. 2. Aufl., Bern-Stuttgart: Haupt.

van Hulle, Karel/ Drinhausen, Florian /Maul, Silja (2007): Handbuch zur Europäischen Gesellschaft (*SE*). München: Beck.

van Venrooy, Gerd J. (1982): *Beeinträchtigung* der dienstvertraglichen Freistellung des GmbH-Geschäftsführers von Weisungen durch den GmbH-Gesellschaftsvertrag und durch Gesellschafterbeschlüsse? In: GmbH-Rundschau, 73. Jg., S. 175-181.

Vance, Stanley C. (1983): Corporate *Leadership*. Boards, Directors and Strategy. New York u.a.: McGraw-Hill.

Varallo, Gregory V./Dreisbach, Daniel A. (1996): *Fundamentals* of Corporate Governance. A Guide for Directors and Corporate Counsel. Chicago: American Bar Asociation.

Veelken, Winfried (1975): Der *Betriebsführungsvertrag* im deutschen und amerikanischen Aktien- und Konzernrecht. Baden-Baden: Nomos.

Vetter, Eberhard (2000): Aktienrechtliche *Probleme* der D&O-Versicherung. In: Die Aktiengesellschaft, 45. Jg., S. 453-458.

Vetter, Eberhard (2007): *Risikobereich* und Haftung: Organisation (Geschäftsverteilung und Delegation) und Überwachung. In: Handbuch Managerhaftung. Risikobereiche und Haftungsfolgen für Vorstand, Geschäftsführer, Aufsichtsrat, hrsg. v. Gerd Krieger und Uwe H. Schneider. Kökn: O. Schmidt, S. 453-493.

VINTEN, GERALD (2001): *Shareholder* Versus Stakeholder – Is There A Governance Dilemma? In: Corporate Governance – An International Review, 9. Jg., S. 36-47.

VOLHARD, RÜDIGER (2004): *Kommentierungen*. In: Münchener Kommentar zum Aktiengesetz, hrsg. v. Bruno Kropff und Johannes Semler. 2. Aufl. 2000 ff., München: Beck/Vahlen.

VOLKMANN, GERT/WENDELING-SCHRÖDER, ULRIKE (1981): Divisionale *Unternehmensorganisation* und Interessenvertretung der Arbeitnehmer. In: WSI-Mitteilungen, 34. Jg., S. 287-297.

VOLLMER, LOTHAR (1979): Die mitbestimmte *GmbH*: Gesetzliches Normalstatut, mitbestimmungsrechtliche Satzungsgestaltungen und gesellschaftsrechtlicher Minderheitenschutz. In: Zeitschrift für Unternehmens- und Gesellschaftsrecht, 8. Jg., S. 135-172.

VOSSBERG, HEINRICH (1984): *Neuorganisation* bei Bayer – Die Antwort auf das Wachstum. In: Zeitschrift Führung und Organisation, 53. Jg., S. 461-464.

WAGNER, JOACHIM (1976): *Stellung* und Verantwortlichkeit des Geschäftsführers einer GmbH. Diss. Univ. Köln.

WAHL, ADALBERT (1970): Die *Stellung* des Vorstandes einer unverbundenen Aktiengesellschaft im alten und neuen Aktienrecht. Diss. Univ. Würzburg.

WAHLERS, HENNING W. (1990): Art. 100a EWGV - Unzulässige *Rechtsgrundlage* für den geänderten Vorschlag einer Verordnung über das Statut der Europäischen Aktiengesellschaft? In: Die Aktiengesellschaft, 35. Jg., S. 448-458.

WALGENBACH, PETER/BECK, NIKOLAUS (2004): *Messung* von Organisationsstrukturen. In: Handwörterbuch der Organisation, hrsg. v. Georg Schreyögg und Axel v. Werder. 4. Aufl., Stuttgart: Schäffer-Poeschel, Sp. 843-853.

WALSH, JAMES P./SEWARD, JAMES K. (1990): On the *Efficiency* of Internal and External Corporate Control Mechanisms. In: Academy of Management Review, 15. Jg., S. 421-458.

WARD, RALPH D. (1997): 21st Century Corporate *Board*. New York u. a.: Wiley.

WATRIN, CHRISTOPH (2001): Internationale *Rechnungslegung* und Regulierungstheorie. Wiesbaden: Deutscher Universitäts-Verlag.

WEBER, JÜRGEN (2004): *Controlling*. In: Handwörterbuch der Organisation, hrsg. v. Georg Schreyögg und Axel v. Werder. 4. Aufl., Stuttgart: Schäffer-Poeschel, Sp. 152-159.

WEBER, ULRICH/EHRICH, CHRISTIAN (1996): *Direktionsrecht* und Änderungskündigung bei Veränderungen im Arbeitsverhältnis. In: Betriebs-Berater, 51. Jg., S. 2246-2254.

WEBER, ULRICH/LOHR, MARTIN (2000): Aktuelle *Rechtsprechung* zur Innenhaftung von GmbH-Geschäftsführern nach § 43 Abs. 2 GmbHG. In: GmbH-Rundschau, 91. Jg., S. 698-704.

WEDDE, PETER (2006): *Kommentierungen*. In: Betriebsverfassungsgesetz mit Wahlordnung, §§ 121-128 InsO und EBR-Gesetz: Kommentar für die Praxis, hrsg. v. Wolfgang Däubler, Michael Kittner und Thomas Klebe. 10. Aufl., Frankfurt am Main: Bund-Verlag.

WEIMER, JEROEN/PAPE, JOOST C. (1999): A *Taxonomy* of Systems of Corporate Governance. In: Corporate Governance – An International Review, 7. Jg., S. 152-166.

WELGE, MARTIN K./KUBICEK, HERBERT (1987): *Unternehmungsführung*. Band 2: Organisation. Stuttgart: Poeschel.

WELGE, MARTIN K./AL-LAHAM, Andreas (2004): Strategisches *Management*: Grundlagen-Prozess-Implementierung. 4. Aufl., Wiesbaden: Gabler.

WELGE, MARTIN K./FESSMANN, KLAUS D. (1980): *Effizienz*, organisatorische. In: Handwörterbuch der Organisation, hrsg. v. Erwin Grochla. 2. Aufl., Stuttgart: Poeschel, Sp. 577-592.

WENDELING-SCHRÖDER, ULRIKE (1980): Die kollektivvertragliche *Sicherung* der Mitbestimmung bei Umstrukturierungen im Unternehmen: Dargestellt am Beispiel der Divisionalisierung/Spartenorganisation. In: Das Mitbestimmungsgespräch, 26. Jg., S. 200-203.

WENDELING-SCHRÖDER, ULRIKE (1984): *Divisionalisierung*, Mitbestimmung und Tarifvertrag: zur Möglichkeit der Mitbestimmungssicherung in divisionalisierten Unternehmen und Konzernen. Köln u. a.: Heymann.

WENZ, MARTIN (1993): Die *Societas* Europaea (SE): Analyse der geplanten Rechtsform und ihre Nutzungsmöglichkeiten für eine europäische Konzernunternehmung. Berlin: Duncker & Humblot.

WEIßHAUPT, FRANK (2004): Holzmüller-Informationspflichten nach den Erläuterungen des BGH in Sachen *„Gelatine"*. In: Die Aktiengesellschaft, 49. Jg., S. 585-592.

v. WERDER, AXEL (1986): *Konzernstruktur* und Matrixorganisation. In: Zeitschrift für betriebswirtschaftliche Forschung, 38. Jg., S. 586-607.

v. WERDER, AXEL (1986): *Organisationsstruktur* und Rechtsnorm: Implikationen juristischer Vorschriften für die Organisation aktienrechtlicher Einheits- und Konzernunternehmungen. Wiesbaden: Gabler.

v. WERDER, AXEL (1987): Die *Führungsorganisation* der GmbH – Grundtypen und Konsequenzen. In: Die Betriebswirtschaft, 47. Jg., S. 151-164.

v. WERDER, AXEL (1987): *Organisation* der Unternehmungsleitung und Haftung des Top-Managements. In: Der Betrieb, 40. Jg., S. 2265-2273.

v. WERDER, AXEL (1993): *Rechtsform* und Organisation der Unternehmensführung. In: Handbuch Unternehmung und Europäisches Recht, hrsg. v. Elmar Gerum. Stuttgart: Schäffer-Poeschel, S. 63-95.

v. WERDER, AXEL (1994): Unternehmungsführung und *Argumentationsrationalität*: Grundlagen einer Theorie der abgestuften Entscheidungsvorbereitung. Stuttgart: Schäffer-Poeschel.

v. WERDER, AXEL (1995): *Konzernstrukturen*. In: Handbuch Unternehmungsführung: Konzepte, Instrumente, Schnittstellen, hrsg. v. Hans Corsten und Michael Reiß. Wiesbaden: Gabler, S. 147-158.

v. WERDER, AXEL (1995): *Konzernmanagement*. In: Die Betriebswirtschaft, 55. Jg., S. 641-661.

v. WERDER, AXEL (1996): *Grundsätze* ordnungsmäßiger Unternehmungsführung (GoF) – Zusammenhang, Grundlagen und Systemstruktur von Führungsgrundsätzen für die Unternehmungsleitung (GoU), Überwachung (GoÜ) und Abschlussprüfung (GoA). In: Grundsätze ordnungsmäßiger Unternehmungsführung (GoF) für die Unternehmungsleitung (GoU), Überwachung (GoÜ) und Abschlussprüfung (GoA), hrsg. v. Axel v. Werder. Sonderheft 36/1996 der Zeitschrift für betriebswirtschaftliche Forschung, S. 1-26.

v. WERDER, AXEL (1996): Grundsätze ordnungsmäßiger *Unternehmungsleitung* (GoU) – Bedeutung und erste Konkretisierung von Leitlinien für das Top-Management. In: Grundsätze ordnungsmäßiger Unternehmungsführung (GoF) für die Unternehmungsleitung (GoU), Überwachung (GoÜ) und Abschlussprüfung (GoA), hrsg. v. Axel v. Werder. Sonderheft 36/1996 der Zeitschrift für betriebswirtschaftliche Forschung, S. 27-73.

v. WERDER, AXEL (1996): Unipersonale *Führung* der Europäischen Aktiengesellschaft? Organisationstheoretische Kritik ausgewählter Kommissionsvorschläge zur Leitungsorganisation der Societas Europaea. In: Regulierung und Unternehmenspolitik, hrsg. v. Dieter Sadowski, Hans Czap und Hartmut Wächter. Wiesbaden: Gabler, S. 257-277.

V. WERDER, AXEL (1996): *Rechtsformenwahl* als Element der Unternehmensverfassung. In: Produktion und Management „Betriebshütte", Teil 1, hrsg. v. Walter Eversheim und Günther Schuh. 7. Aufl., Berlin-Heidelberg: Springer, S. 2-20 - 2-25.

V. WERDER, AXEL (1996): *Organisationsstrategien* US-amerikanischer Großunternehmungen im Umweltmanagement. In: Der Betrieb, 49. Jg., S. 2553-2565.

V. WERDER, AXEL (1997): *Vorstandsentscheidungen* nur auf der Grundlage ‚sämtlicher relevanter Informationen'? Zur sachgerechten Konkretisierung der "Sorgfalt eines ordentlichen und gewissenhaften Geschäftsleiters" durch Grundsätze ordnungsmäßiger Entscheidungsfundierung. In: Zeitschrift für Betriebswirtschaft, 67. Jg., S. 901-922.

V. WERDER, AXEL (1998): Zur *Begründung* organisatorischer Gestaltungen. In: Organisation im Wandel der Märkte: Erich Frese zum 60. Geburtstag, hrsg. v. Horst Glaser, Ernst F. Schröder und Axel v. Werder. Wiesbaden: Gabler, S. 479-509.

V. WERDER, AXEL (1998): Shareholder Value-Ansatz als (einzige) *Richtschnur* des Vorstandshandelns? In: Zeitschrift für Unternehmens- und Gesellschaftsrecht, 27. Jg., S. 69-91.

V. WERDER, AXEL (1999): *Effizienzbewertung* organisatorischer Strukturen. In: Wirtschaftswissenschaftliches Studium, 28. Jg., S. 412-417.

V. WERDER, AXEL (1999): Grundsätze ordnungsmäßiger Unternehmensleitung in der *Arbeit* des Aufsichtsrats. In: Der Betrieb, 52. Jg., S. 2221-2224.

V. WERDER, AXEL (2001): Grundsätze ordnungsmäßiger Unternehmensleitung im *Konzern*: Weiterentwicklung genereller Managementstandards für die Konzernunternehmung. In: Konzernmanagement: Corporate Governance und Kapitalmarkt, hrsg. v. Horst Albach, Wiesbaden: Gabler, S. 145-173.

V. WERDER, AXEL (Hrsg.) (2001): German *Code* of Corporate Governance (GCCG): Konzeption, Inhalt und Anwendung von Standards der Unternehmensführung. 2. Aufl., Stuttgart: Schäffer-Poeschel.

V. WERDER, AXEL (2003): Ökonomische *Grundfragen* der Corporate Governance. In: Handbuch Corporate Governance: Leitung und Überwachung börsennotierter Unternehmen in der Rechts- und Wirtschaftspraxis, hrsg. v. Peter Hommelhoff, Klaus J. Hopt und Axel v. Werder. Köln-Stuttgart: O. Schmidt/Schäffer-Poeschel, S. 3-27.

V. WERDER, AXEL (2004): *Modernisierung* der Mitbestimmung. In: Die Betriebswirtschaft, 64. Jg., S. 229-243.

V. WERDER, AXEL (2004): *Überwachungseffizienz* und Unternehmensmitbestimmung. In: Die Aktiengesellschaft, 49. Jg., S. 166-172.

V. WERDER, AXEL (2004): Organisatorische *Gestaltung* (Organization Design). In: Handwörterbuch Unternehmensführung und Organisation, hrsg. v. Georg Schreyögg und Axel v. Werder. 4. Aufl., Stuttgart: Schäffer Poeschel, Sp. 1088-1101.

V. WERDER, AXEL (2005): Ist die *Mitbestimmung* ein Hemmschuh für deutsche Unternehmen im internationalen Wettbewerb? In: Unternehmenserfolg im internationalen Wettbewerb, hrsg. v. Werner Brandt und Arnold Picot. Stuttgart: Schäffer-Poeschel, S. 275-300.

V. WERDER, AXEL (2008): *Kommentierungen*. In: Kommentar zum Deutschen Corporate Governance Kodex: Kodex-Kommentar, v. Henrik-M. Ringleb, Thomas Kremer, Marcus Lutter und Axel v. Werder. 3. Aufl., München: Beck.

V. WERDER, AXEL/FELD, CHRISTA (1996): *Sorgfaltsanforderungen* der US-amerikanischen Rechtsprechung an das Top Management. In: Recht der Internationalen Wirtschaft, 42. Jg., S. 481-493.

V. WERDER, AXEL/GRUNDEI, JENS (2004): Konzeptionelle *Grundlagen* der Center-Organisation: Gestaltungsmöglichkeiten und Effizienzbewertung. In: Center-Organisation: Gestaltungskonzepte, Strukturentwicklung und Anwendungsbeispiele, hrsg. v. Axel v. Werder und Harald Stöber. Stuttgart: Schäffer-Poeschel, S. 11-54.

V. WERDER, AXEL/MALY, WERNER/POHLE, KLAUS/WOLFF, GERHARDT (1998): *Grundsätze* ordnungsmäßiger Unternehmensleitung (GoU) im Urteil der Praxis: Ergebnisse einer Erhebung bei deutschen Top-Managern. In: Der Betrieb, 51. Jg., S. 1193-1198.

V. WERDER, AXEL/STÖBER, HARALD (Hrsg.) (2004): *Center-Organisation*: Gestaltungskonzepte, Strukturentwicklung und Anwendungsbeispiele. Stuttgart: Schäffer-Poeschel.

V. WERDER, AXEL/TALAULICAR, TILL (2005): Kodex *Report 2005*: Die Akzeptanz der Empfehlungen und Anregungen des Deutschen Corporate Governance Kodex. In: Der Betrieb, 58. Jg., S. 841-848.

V. WERDER, AXEL/TALAULICAR, TILL (2006): Kodex *Report 2006*: Die Akzeptanz der Empfehlungen und Anregungen des Deutschen Corporate Governance Kodex. In: Der Betrieb, 59. Jg., S. 841-846.

V. WERDER, AXEL/TALAULICAR, TILL (2007): Kodex *Report 2007*: Die Akzeptanz der Empfehlungen und Anregungen des Deutschen Corporate Governance Kodex. In: Der Betrieb, 60. Jg., S. 869-875.

V. WERDER, AXEL/TALAULICAR, TILL/KOLAT, GEORG L. (2003): Kodex *Report 2003*: Die Akzeptanz der Empfehlungen des Deutschen Corporate Governance Kodex. In: Der Betrieb, 56. Jg., S. 1857-1863.

V. WERDER, AXEL/TALAULICAR, TILL/KOLAT, GEORG L. (2004): Kodex *Report 2004* – Die Akzeptanz der Empfehlungen und Anregungen des Deutschen Corporate Governance Kodex. In: Der Betrieb, 57. Jg., S. 1377-1382.

V. WERDER, AXEL/WIECZOREK, BERND J. (2007): Anforderungen an *Aufsichtsratsmitglieder* und ihre Normierung. In: Der Betrieb, 60. Jg., S. 297-303.

WESTERMANN, HARM P. (2004): *Kommentierungen*. In: Erman Bürgerliches Gesetzbuch: Handkommentar mit EGBGB, ErbbauVO, Hausrats-VO, LPartG, ProdHaftG, UKlaG, VAHRG und WEG, hrsg. v. Harm P. Westermann. 11. Aufl., Münster-Köln: Aschendorff/O. Schmidt.

WESTHOFF, STEFAN (2007): *Kommentierungen*. In: Anwalts-Handbuch Arbeitsrecht, hrsg. v. Ulrich Tschöpe. 5. Aufl., Köln: O. Schmidt.

WHISLER, THOMAS L. (1964): Measuring *Centralization* of Control in Business Organizations. In: New Perspectives in Organization Research, hrsg. v. William W. Cooper, Harold J. Leavitt und Maynard W. Shelly. New York: Wiley, S. 314-333.

WHYTE, GLEN (1989): *Groupthink* Reconsidered. In: Academy of Management Review, 14. Jg., S. 40-56.

WIEDEMANN, HERBERT (2000): *Gesellschaftsrecht*: Ein Lehrbuch des Unternehmens- und Verbandsrechts, Bd. 1: Grundlagen. 2. Aufl., München: Beck.

WIESE, GÜNTHER (2005): *Kommentierungen*. In: Betriebsverfassungsgesetz: Gemeinschaftskommentar, mitbegr. v. Wolfgang Thiele und Fritz Fabricius, bearb. v. Alfons Kraft, Günther Wiese, Peter Kreutz, Hartmut Oetker, Thomas Raab und Christoph Weber. 8. Aufl., Neuwied-Kriftel: Luchterhand.

WIESNER, GEORG (1982): Die leitenden *Angestellten* im Spannungsfeld zwischen Betriebs- und Unternehmensverfassung: Bemerkungen zum

Beschluss des Bundesarbeitsgerichts vom 29. 1. 1980, BB 1980 S. 1374 ff. In: Betriebs-Berater, 37. Jg., S. 949-956.

WIESNER, GEORG (2007): *Kommentierungen*. In: Münchener Handbuch des Gesellschaftsrechts. Band 4: Aktiengesellschaft, hrsg. v. Michael Hoffmann-Becking. 3. Aufl., München: Beck.

WILDSCHÜTZ, MARTIN (2007): *Kommentierungen*. In: Handbuch des Fachanwalts Arbeitsrecht, hrsg. v. Klemens Dörner, Stefan Luczak und Martin Wildschütz. 6. Aufl., Köln: Luchterhand.

WILLIAMSON, OLIVER E. (1975): *Markets* and Hierarchies – Analysis and Antitrust Implications: A Study in the Economics of Internal Organization. New York-London: The Free Press/Macmillan.

WILLIAMSON, OLIVER E. (1985): The Economic *Institutions* of Capitalism: Firms, Markets, Relational Contracting. New York: Free Press.

WILLIAMSON, OLIVER E. (1996): Economic *Organization*: The Case for Candor. In: Academy of Management Review, 21. Jg., S. 48-57.

WINDBICHLER, CHRISTINE (1985): Zur *Trennung* von Geschäftsführung und Kontrolle bei amerikanischen Großgesellschaften. Eine neue Entwicklung und europäische Regelung im Vergleich. In: Zeitschrift für Unternehmens- und Gesellschaftsrecht, 14. Jg., S. 50-73.

WINDBICHLER, CHRISTINE (2004): *Kommentierungen*. In: Großkommentar zum Aktiengesetz, hrsg. v. Klaus J. Hopt und Herbert Wiedemann. 4. Aufl. 1993 ff., Berlin-New York: de Gruyter.

WINDBICHLER, CHRISTINE (2004): *Arbeitnehmerinteressen* im Unternehmen und gegenüber dem Unternehmen – Eine Zwischenbilanz. In: Die Aktiengesellschaft, 49. Jg., S. 190-196.

WIRTH, GERHARD (2001): Neuere Entwicklungen bei der *Organhaftung* – Sorgfaltspflichten und Haftung der Organmitglieder bei der AG. In: Gesellschaftsrecht 2001: Tagungsband zum RWS-Forum am 8. und 9. März 2001 in Berlin, hrsg. v. Hartwig Henze und Michael Hoffmann-Becking. Köln: RWS Verlag Kommunikationsforum, S. 99-122.

WISWEDE, GÜNTER (1992): *Gruppen* und Gruppenstrukturen. In: Handwörterbuch der Organisation, hrsg. v. Erich Frese. 3. Aufl., Stuttgart: Schäffer-Poeschel, Sp. 735-754.

WISWEDE, GÜNTER (2004): *Rollentheorie*. In: Handwörterbuch der Organisation, hrsg. v. Georg Schreyögg und Axel v. Werder. 4. Aufl., Stuttgart: Schäffer-Poeschel, Sp. 1289-1296.

WITT, PETER (2001): *Konsistenz* und Wandlungsfähigkeit von Corporate Governance-Systemen. In: Theorie der Unternehmung. Ergänzungsheft 4/2001 der Zeitschrift für Betriebswirtschaft, hrsg. v. Horst Albach und Peter-J. Jost. Wiesbaden: Gabler, S. 73-97.

WITT, PETER (2003): *Vorstand*/Board: Aufgaben, Organisation, Entscheidungsfindung und Willensbildung – Betriebswirtschaftliche Ausfüllung. In: Handbuch Corporate Governance: Leitung und Überwachung börsennotierter Unternehmen in der Rechts- und Wirtschaftspraxis, hrsg. v. Peter Hommelhoff, Klaus J. Hopt und Axel v. Werder. Köln-Stuttgart: O. Schmidt/Schäffer-Poeschel, S. 245-260.

WITTE, EBERHARD (1978): Die *Verfassung* des Unternehmens als Gegenstand betriebswirtschaftlicher Forschung. In: Die Betriebswirtschaft, 38. Jg., S. 331-340.

WITTE, EBERHARD (1980): Der Einfluß der *Arbeitnehmer* auf die Unternehmenspolitik: eine empirische Untersuchung. In: Die Betriebswirtschaft, 40. Jg., S. 541-559.

WITTE, EBERHARD (1981): Der *Einfluß* der Anteilseigner auf die Unternehmenspolitik. In: Zeitschrift für Betriebswirtschaft, 51. Jg., S. 733-779.

WITTE, EBERHARD (1982): Das *Einflußsystem* der Unternehmung in den Jahren 1976 und 1981: empirische Befunde im Vergleich. In: Zeitschrift für betriebswirtschaftliche Forschung, 34. Jg., S. 416-434.

WITTE, EBERHARD/BRONNER, ROLF (1974): Die Leitenden *Angestellten*: Eine empirische Untersuchung. München: Beck.

WORZALLA, MICHAEL (2007): *Kommentierungen*. In: Kommentar zum Betriebsverfassungsgesetz, v. Harald Hess, Ursula Schochauer, Michael Worzalla und Dirk Glock. 7. Aufl., München-Unterschleißheim: Luchterhand.

WYMEERSCH, EDDY (1998): A Status *Report* on Corporate Governance Rules and Practices in Some Continental European States. In: Comparative Corporate Governance: The State of the Art and Emerging Research, hrsg. v. Klaus J. Hopt, Hideki Kanda, Mark J. Roe, Eddy Wymeersch und Stefan Prigge. Oxford: Clarendon Press, S. 1045-1199.

XIE, BIAO/DAVIDSON, WALLACE N./DADALT, PETER J. (2003): *Earnings* Management and Corporate Governance: The Role of the Board and the Audit Committee. In: Journal of Corporate Finance, 9. Jg., S. 295-316.

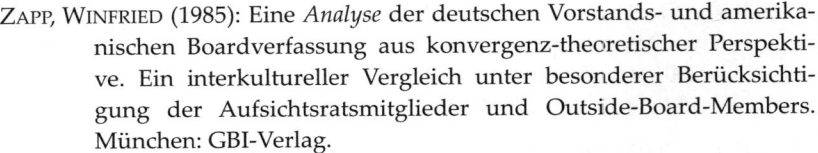

ZAPP, WINFRIED (1985): Eine *Analyse* der deutschen Vorstands- und amerikanischen Boardverfassung aus konvergenz-theoretischer Perspektive. Ein interkultureller Vergleich unter besonderer Berücksichtigung der Aufsichtsratsmitglieder und Outside-Board-Members. München: GBI-Verlag.

ZINGALES, LUIGI (2000): In *Search* of New Foundations. In: Journal of Finance, 55. Jg., S. 1623-1653.

ZÖLLNER, WOLFGANG (1977): *GmbH* und GmbH & Co. KG in der Mitbestimmung. In: Zeitschrift für Unternehmens- und Gesellschaftsrecht, 7. Jg., S. 319-334.

ZÖLLNER, WOLFGANG (2005): *Kommentierungen*. In: GmbH-Gesetz: Gesetz betreffend die Gesellschaften mit beschränkter Haftung, begr. v. Adolf Baumbach, fortgef. v. Alfred Hueck. 18. Aufl., München: Beck.

ZÖLLNER, WOLFGANG/LORITZ, KARL-G. (2007): *Arbeitsrecht*: ein Studienbuch. 6. Aufl., München: Beck.

Stichwortverzeichnis

Swetlana Franken
Verhaltensorientierte Führung
Individuen – Gruppen – Organisationen
2007. XII, 327 S.,
Br. EUR 29,90
ISBN 978-3-8349-0651-9

Jörg Freiling | Martin Reckenfelderbäumer
Markt und Unternehmung
Eine marktorientierte Einführung
in die Betriebswirtschaftslehre
2., überarb. u. erw. Aufl. 2007
XXX, 478 S., Br. EUR 34,90
ISBN 978-3-8349-0572-7

Urs Fueglistaller | Christoph Müller |
Thierry Volery
Entrepreneurship
Modelle – Umsetzung – Perspektiven
Mit Fallbeispielen aus Deutschland,
Österreich und der Schweiz
2008. XXVI, 512 S.,
Br. EUR 39,90
ISBN 978-3-8349-0729-5

Michael Grabinski
Management Methods and Tools
Practical Know-how for Students,
Managers, and Consultants
2007. XVI, 257 pp.
Softc. EUR 29,90
ISBN 978-3-8349-0383-9

Harald Hungenberg
**Strategisches Management
in Unternehmen**
Ziele – Prozesse – Verfahren
4., überarb. u. erw. Aufl. 2006.
XXVI, 602 S., Br. EUR 42,90
ISBN 978-3-8349-0288-7

Hartmut Kreikebaum |
Dirk Ulrich Gilbert | Glenn O. Reinhardt
**Organisationsmanagement
internationaler Unternehmen**
Grundlagen und moderne
Netzwerkstrukturen
2., vollst. überarb. u. erw. Aufl. 2002.
XVI, 243 S., Br. EUR 28,90
ISBN 978-3-409-23147-3

Klaus Macharzina | Joachim Wolf
Unternehmensführung
Das internationale Managementwissen
Konzepte – Methoden – Praxis
5., grundl. überarb. Aufl. 2005.
XL, 1.137 S., Geb. EUR 54,90
ISBN 978-3-409-63150-1

Klaus North
**Wissensorientierte
Unternehmensführung**
Wertschöpfung durch Wissen
4., akt. u. erw. Aufl. 2005.
XII, 353 S., Br. EUR 36,90
ISBN 978-3-8349-0082-1

Walter Schertler
Strategisches Affinity-Group-Management
Wettbewerbsvorteile durch ein neues
Zielgruppenverständnis
2006. XVI, 196 S.,
Br. EUR 24,90
ISBN 978-3-8349-0466-9

Götz Schmidt
Einführung in die Organisation
Modelle – Verfahren – Techniken
2., akt. Aufl. 2002. X, 179 S.,
Br. EUR 32,90
ISBN 978-3-409-21504-6

Änderungen vorbehalten. Stand: Januar 2008.
Erhältlich im Buchhandel oder beim Verlag.

Gabler Verlag . Abraham-Lincoln-Str. 46 . 65189 Wiesbaden . www.gabler.de

GABLER

Management | Unternehmensführung | Organisation

Georg Schreyögg | Jochen Koch
Grundlagen des Managements
Basiswissen für Studium und Praxis
2007. XIV, 461 S., Br. EUR 24,90
ISBN 978-3-8349-0376-1

Georg Schreyögg
Organisation
Grundlagen moderner
Organisationsgestaltung
Mit Fallstudien
4., vollst. überarb. u. erw. Aufl. 2003.
XVI, 649 S.,
Br. EUR 36,90
ISBN 978-3-409-47729-1

Albrecht Söllner
**Einführung in das Internationale
Management**
Eine institutionenökonomische Perspektive
2008. XXII, 478 S., Br. EUR 39,90
ISBN 978-3-8349-0404-1

Claus Steinle
Ganzheitliches Management
Eine mehrdimensionale Sichtweise
integrierter Unternehmungsführung
2005. XL, 910 S., Geb. EUR 44,90
ISBN 978-3-8349-0059-3

Horst Steinmann | Georg Schreyögg
Management
Grundlagen der Unternehmensführung
Konzepte – Funktionen – Fallstudien
6., vollst. überarb. Aufl. 2005. XX, 952 S.,
Geb. EUR 44,90
ISBN 978-3-409-63312-3

Elke Weik | Rainhart Lang (Hrsg.)
Moderne Organisationstheorien 1
Handlungsorientierte Ansätze
2., überarb. Aufl. 2005. XII, 359 S.,
Br. EUR 36,90
ISBN 978-3-409-21874-0

Elke Weik | Rainhart Lang (Hrsg.)
Moderne Organisationstheorien 2
Strukturorientierte Ansätze
2003. VIII, 364 S., Br. EUR 36,90
ISBN 978-3-409-12390-7

Martin K. Welge | Andreas Al-Laham
Strategisches Management
Grundlagen – Prozess –
Implementierung
5., vollst. überarb. Aufl. 2008.
XXVIII, 1.025 S., Geb. EUR 54,90
ISBN 978-3-8349-0313-6

Axel v. Werder
Führungsorganisation
Grundlagen der Corporate Governance,
Spitzen- und Leitungsorganisation
2008. XXVIII, 445 S., Br. EUR 44,90
ISBN 978-3-8349-0678-6

Joachim Wolf
**Organisation, Management,
Unternehmensführung**
Theorien und Kritik
2., akt. Aufl. 2005. XXII, 490 S.,
Br. EUR 39,90
ISBN 978-3-409-22475-8

Kerstin Wüstner
Arbeitswelt und Organisation
Ein interdisziplinärer Ansatz
2006. X, 280 S., Br. EUR 29,90
ISBN 978-3-8349-0144-6

Änderungen vorbehalten. Stand: Januar 2008.
Erhältlich im Buchhandel oder beim Verlag.

Gabler Verlag . Abraham-Lincoln-Str. 46 . 65189 Wiesbaden . www.gabler.de

GABLER

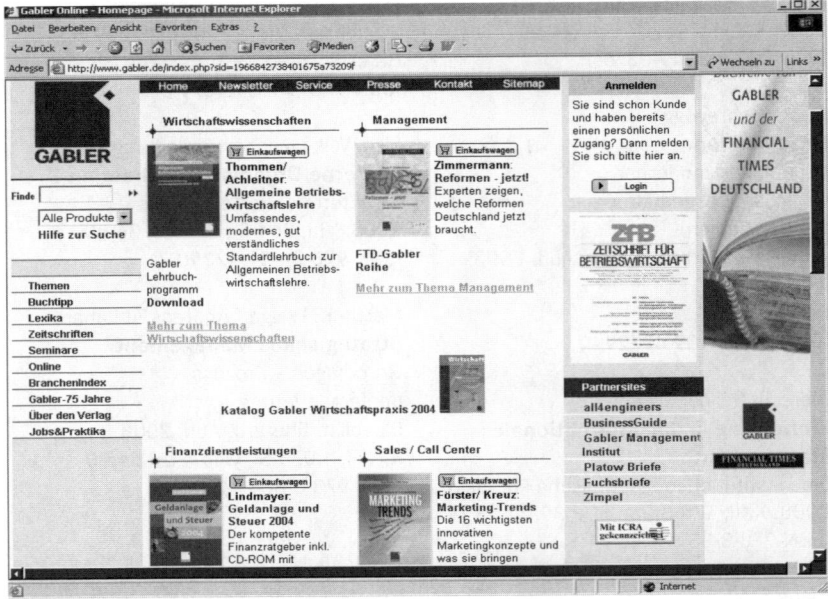